原书第5版

# 离散事件系统仿真

杰瑞·班克斯（Jerry Banks）

[美] 约翰·S. 卡森二世（John S. Carson II） 著
巴里·L. 尼尔森（Barry L. Nelson）
戴维·M. 尼科尔（David M. Nicol）

王谦 译

## Discrete-Event System Simulation
### Fifth Edition

机械工业出版社
China Machine Press

## 图书在版编目（CIP）数据

离散事件系统仿真（原书第 5 版）/（美）杰瑞·班克斯（Jerry Banks）等著；王谦译 . —北京：机械工业出版社，2019.4

书名原文：Discrete-Event System Simulation, Fifth Edition

ISBN 978-7-111-61956-7

I. 离… II. ①杰… ②王… III. 离散事件系统 - 系统仿真 IV. TP271

中国版本图书馆 CIP 数据核字（2019）第 025549 号

**本书版权登记号：图字 01-2017-0485**

本书全面论述了离散事件系统仿真的所有重要方面，讨论了数据收集与分析、解析技术的使用、模型的验证以及适当的仿真实验设计，并特别注重离散事件系统仿真在制造、服务及计算方面的应用。本书共五部分，分为 14 章。主要内容包括：离散时间系统仿真基础知识、电子表格仿真案例、基本原理、仿真软件、仿真中的统计模型、排队模型、随机数的生成器、随机变量的生成、输入建模、仿真模型的校核和校准及验证、绝对性能的估计、相对性能的估计、生产与物料搬运系统仿真、网络化计算机系统仿真等。本书适合作为高等院校计算机、电子信息类专业的本科生、硕士生教材，也可供相关专业人士参考使用。

出版发行：机械工业出版社（北京市西城区百万庄大街 22 号 邮政编码：100037）

责任编辑：唐晓琳　　　　　　　　　　　　责任校对：李秋荣

印　　刷：北京瑞德印刷有限公司　　　　　版　　次：2019 年 4 月第 1 版第 1 次印刷

开　　本：185mm×260mm　1/16　　　　　印　　张：30.5

书　　号：ISBN 978-7-111-61956-7　　　　定　　价：139.00 元

Jerry Banks 教授的《Discrete-Event System Simulation》(Fifth Edition)是国际仿真界的经典著作之一，国际上许多知名大学将这本书作为教科书或参考书，与 Averill Law 的《System Modeling and Analysis》一书并称国际仿真学界的两本圣经级教材，畅销不衰，具有很大的影响力。相比而言，Jerry Banks 的教材在学术性、体例性方面更适合日常教学使用。

作为运筹学领域的一项新技术，系统仿真在工业工程、供应链管理等领域的应用由来已久，历经数十年的理论发展和产业应用，日臻成熟，并作为与数学规划、统计学并驾齐驱的三大定量化管理技术而蓬勃发展，目前已经广泛应用于生产、服务、金融、医疗、港口、交通、计算机通信、呼叫中心等行业。在中国，系统仿真在管理领域的应用刚刚起步，译者从 2009 年开始接触了很多国内企业的管理咨询项目，这些企业涉及多个行业和领域，其中不乏国际知名企业，我们发现中国企业管理者对于系统仿真知之甚少，更谈不上应用仿真技术解决实际管理问题。多年来，感觉自己像一个布道者，向诸多企业和企业家介绍系统仿真的应用价值和效果。同时，我们也发现国内高水平的、面向管理决策领域的中文仿真教材实在太少了，并且大多侧重于理论描述，案例内容过少，学生学习起来有难度，也不容易掌握仿真的应用方法和应用问题，本书则规避了这些不足，在综合性和整体性方面表现得更好。

随着系统仿真理论不断发展和技术上不断突破，以系统仿真为手段和工具，可以解决越来越多的复杂问题（企业管理中的大部分问题都适合采用系统仿真方法加以研究和解决，其中不乏 NP-Hard 问题），尤其是与优化算法（比如遗传算法、模拟退火等）进行集成，更是未来仿真应用的发展趋势。但是本书在这个方面着墨较少，需要读者进行拓展阅读。

本书可以作为本科生和研究生的教材。其中，本科生教学可使用前 8～10 章，这部分内容主要介绍仿真基础知识和相关理论，书中的很多案例对理论学习具有很好的支撑作用；硕士研究生的讲授内容可侧重第 9～14 章，主要涉及方案比较、仿真优化和仿真应用等知识。

在翻译过程中，译者发现原书有一些错误，做了适当更正并在相应页以脚注的形式加以说明。另外，对于书中未深入介绍但译者认为对读者有指导性的概念也以脚注的形式给出。译稿中可能存在错误和不足之处，恳请广大读者不吝批评、指正。

稍有遗憾的是，作为教材，本书并未涉及具体仿真软件的学习使用，对于初学者会降低实践体验性，影响学生的学习热情。译者在多年的仿真课程教学中使用 SIMIO 和 ARENA 软件，采用理论和实践相结合的方式，获得了不错的教学效果，并且建立了一个仿真学习网站（www. simcourse. com），网站涵盖了教学课件和相关资料，以及针对 SIMIO 和 ARENA 的教学视频，供大家免费在线学习使用。今后还将持续更新和完善，希望与本书相结合，解决学生实践教学中的困难和问题。

在本书翻译过程中，得到了很多人的帮助和支持。南开大学商学院管理科学与工程系的一些学生参与部分章节的翻译工作，在此对（排名不分先后）陈妍希、耿丽萍、赵子琪、秦源、马潇逸、于艺、赵琳等同学表示感谢！美国西北大学的 Barry Nelson 教授（原书作者之一）对本书的出版非常支持，并提供了必要的信息和帮助。本书在翻译过程中也得到了中国台湾"清华大学"林则孟教授、美国加州周玮民教授、中国南京大学王少尉教授，以及南开大学商学院梁峰教授的悉心指正，在此一并表示感谢！机械工业出版社华章公司的编辑朱劼老师对本书出版给予了大力支持，同时对我的拖延症也非常容忍，衷心感谢她的理解与宽容；唐晓琳编辑在后期校对、校核工作上也付出了极大的热情和耐心，在此深表谢意！机械工业出版社华章公司的张敬柱、温莉芳两位总经理和张玖龙老师对译者给予了充分的信任，在选题和立项过程中给予了大力支持，谨此致以诚挚的感谢！

在本书近两年的翻译过程中，一直得到家人的大力支持，感谢他们的无私付出和耐心陪伴！

译者

2018 年 12 月

在本书中，我们介绍了离散事件仿真知识体系的主要内容，尤其强调使用案例介绍仿真原理及其在制造业、服务业和计算机领域的应用。与早期版本一样，第5版仍然面向高年级本科生或硕士生，为他们介绍仿真的基础知识，也适用于进阶课程或中级课程。与上一版相比，我们增加了更多的材料，并对部分章节进行了全面修订。网站 www.bcnn.net 可以搭配本书使用。虽然本书不依托任何一种仿真语言，但是我们延续使用 Excel 制作案例并作为仿真支持工具，第4版就是如此。

本书第一部分包含第1~4章。第1章回答如下问题：仿真是什么？仿真用来做什么？仿真在什么情况下才是合适的工具？仿真的优点和缺点分别有哪些？仿真包含哪些类型？如何开展仿真项目？在这一版中，我们增加了很多真实仿真案例的摘要信息。

第2章介绍如何使用 Microsoft Excel 进行仿真。该章利用抛掷硬币、使用简单离散分布模拟随机服务时间和到达时间等例子，介绍什么是随机数。从随机数定义出发，教师可以从该章后续给出的排队论、库存系统或其他类型系统案例中，选择合适的内容讲授给学生。该章所有的例子都基于公共框架构建，并且强调模型定义、使用 Excel 建模所需定义的变量、系统输入的规范化、系统输出和系统性能度量——所有这些知识点都以简单方式呈现给学生，因为第5章才会介绍统计学知识。应用 Excel 进行仿真建模（相关内容可以在本书网站上找到），有助于实现手动实验，这样可以很好地向学生展示仿真概念。此外，学生还可以通过学习相关 Excel 案例，完成该章后面的练习题。

虽然使用 Excel 有助于教师讲授仿真概念、演示统计变量的影响，尤其是分析和展示仿真结果，但是使用电子表格讲授仿真的基础知识还存在严重的缺陷。因此，第3章讨论"事件"和"流程"这两个概念的核心通用架构，"事件"和"流程"是几乎所有离散事件仿真软件的设计基础。第4章对于仿真工具的发展进行了历史回顾，并以 GPSS 和 Java 为例进行介绍。我们也介绍当前常见仿真软件的最新特性和实施能力。仿真软件发展的很快，该章给出了软件供应商的网址，以便读者可以获取最新的信息。

本书第二部分包括第5章和第6章，知识内容涉及系统仿真所用到的统计学和排队论的相关背景知识。第5章汇集本书后续会用到的所有统计学背景知识。第6章介绍排队队列的概念、几个简单的稳态排队系统模型，以及评价排队系统性能的测度指标。在这一版中，我们增加了"粗略建模"技术的介绍，"粗略建模"是在开展排队系统仿真之前实施的一个步骤。该章中的一些案例基于 MATLAB 编程。电子表格文件 QueueingTools. xls 在本书网站上可以找到，该文件用于计算该章所有排队系统案例的系统性能指标。

本书第三部分包含第7章和第8章。这部分内容旨在介绍生成仿真输入的相关概念及算法，最终目的不是为学生传授最新的方法，而是让他们能够明智而慎重地选择所用工具。电子表格文件 RandomNumberTools. xls 包含能够生成大量随机数的 VBA 代码，这部分内容在第7章中论及。第8章介绍一些生成随机变量的相关算法。

本书第四部分包括第9~12章。

第9章聚焦于如何使用数据驱动仿真过程，特别是研究如何选用统计分布代表仿真模型中的随机输入变量。在这一版中，替换了该章关键的例子，新的例子更加短小，用于描述在输入建模过程中会出现的困难之处，尤其是可能出现的违背"独立同分布假设"的情况。该章也介绍如何在无数据可用的情况下实现输入建模。

第 10 章提出了这样一些问题：我们怎样才能知道所建模型是正确的？模型的精确度是怎样的？有哪些技术可以帮助我们评价和评估模型的准确性和正确性。

在这一版中，我们对仿真输出分析的章节进行了重新命名：第 11 章为"绝对性能评价"，第 12 章为"相对性能评价"。这代表了我们观念的变化，即关键问题不在于模拟多少个系统方案，而是彼此孤立或相互关联的系统性能指标是否值得我们去研究。我们使用时效性更强的案例替换了这两章的全部原有案例。电子表格文件 SimulationTools. xls 内含多种统计分析方法，全部功能操作可以使用菜单点选完成，并可在本书配套网站上获得。此外，在这一版中，第 12 章关于元建模的内容，特别强调了仿真实验过程的相关问题，而不像一般教材中讨论回归分析问题。

本书第五部分也是最后一部分，包含生产与物料搬运系统仿真，以及网络化计算机系统仿真两部分内容。

第 13 章分析生产与物料搬运系统性能测度的一些问题，也包括一个小型车间系统仿真的扩展案例及其分析。

第 14 章由第 4 版中第 14 章和第 15 章合并而成，但是删除了 CPU 和内存的仿真内容，增加了关于无线网络系统仿真的新内容。特别地，我们介绍描述用户移动性的一般模型，介绍无线电信号广播模型的复杂性和难度范围。本书配套网站包含了该章所使用的仿真案例，也提供了包含更多支持材料的链接地址。

本书在以下两种课程中可以作为教材使用：

针对工程学、计算机科学或管理学专业的学生开设的介绍性仿真课程（如果不使用仿真工具辅助教学，可以包括第 1~9 章全部以及第 10~12 章的部分内容；如果教学过程中使用仿真软件作为配套工具，那么可以不讲授第 4 章的内容，并依据需要适当增加第 13~14 章的内容）。

进阶课程或中级课程（包含第 10~12 章的所有内容，使用配套仿真软件作为教学工具时，适当选取第 13 章或第 14 章的内容）。

我们由衷地感谢通用汽车公司研发部允许我们使用本书第三位作者为该公司开发的软件工具作为 SimulationTools. xls 的主要内容，同时也非常感谢 Feng Yang 和 Jun Xu 为本书所使用的程序代码做的修改工作。Ira Gerhardt 应用 MATLAB 语言对以前版本中使用 Maple 语言开发的例子进行了重新编写，在此一并致谢。

Jerry Banks

John S. Carson II

Barry L. Nelson

David M. Nicol

第 1 章增加了很多真实案例的摘要信息。

第 2 章以三个简单的电子表格仿真案例为开端，覆盖了仿真的基本知识——如何获得随机数，如何从某个简单离散分布中获取随机变量的值，以及诸如活动、系统状态等几个关键概念，教师可以从随后给出的 9 个例子（抛掷硬币、排队论、库存策略、可靠性以及项目活动网络等）中任选几个，用于介绍仿真建模的基本概念以及如何使用仿真模型开展仿真实验。

第 4 章更新了仿真软件的相关材料。

第 6 章增加了关于在排队系统仿真之前应做的"粗略建模"工作的案例研究，并使用 MATLAB 替换了 Maple 程序代码。电子表格文件 QueueingTools. xls 实现了对排队系统性能指标的计算过程，该文件可以在本书配套网站上找到。

第 7 章和第 8 章新增了一个电子表格文件 RandomNumberTools. xls，其中包含使用 VBA 开发的长周期随机数发生器和随机变量生成器，可用于第 8 章所涉及的所有统计分布。

第 9 章使用多个简单例子更换了以前版本所用的核心案例，新案例介绍了输入建模过程中可能出现的难点。案例原有的 Maple 程序代码也使用 MATLAB 代码进行替换。

第 11 章和第 12 章分别重新命名为"绝对性能评价"和"相对性能评价"。这两章的部分案例进行了更新，还包含一个电子表格文件 SimulationTools. xls（同样可以在本书配套网站上找到），这两章所涉及的统计学方法在该电子表格文件中都可以找到具体的实现方式。第 12 章关于元模型的内容，在本书中更强调仿真实验中会出现的问题，而不像一般教科书中常会提及的回归分析方法。

第 14 章包含对计算机系统和网络系统的仿真分析，更新了关于无线网络系统仿真的材料。我们介绍了如何对用户在无线网域的移动过程建模，也特别介绍了使用随机路点模型可能出现的问题。我们也介绍了对无线电信号广播过程进行建模的方法（以便读者了解什么时候广播信息才能被实际接收），并指出其复杂性：从最简单的自由传输模型，到需要强大算力支撑的射线追踪模型。

Jerry Banks 教授于 1999 年从佐治亚理工学院工业工程与系统工程学院退休，其后他在 Brooks 自动化公司担任高级仿真技术顾问；本书发表之际，他还是墨西哥蒙特雷科技大学的教授。他以第一作者、联合作者、编著者或合作编著者的身份，承担或参与了 12 本书、一套文献汇编、多本教材的编写工作，并发表了大量的科技论文。他也是 John Wiley 公司于 1998 年发行的《仿真手册》的编者，该书获得了美国出版商协会专业学术出版部颁发的"杰出工程手册奖"。他还是以下几本书的作者或联合作者：《AutoMod 入门指南(第 2 版)》《SIMAN V 和 CINEMA V 语言介绍》《GPSS/H 入门指南(第 2 版)》《技术预测与管理(第 2 版)》以及《质量控制原理》。他是从事仿真咨询业务的 Carson/Banks 联合公司的共同创始人，其后该公司被 AutoSimulations 公司收购。他还是很多技术学会的正式会员，其中包括工业工程学会(IIE)，并作为该学会在冬季仿真大会委员会中的机构代表服务了八年时间，期间担任了两年的冬季仿真大会委员会主席一职。他是 1999 年 INFORMS 学院所颁发的"仿真杰出服务奖"的获得者，并于 2002 年获得 IIE 会士称号。

John S. Carson II 是一名独立的仿真顾问。早期在仿真服务机构和软件行业中从事管理和咨询工作，包括曾经供职于 AutoSimulations 公司和 Brooks 自动化公司的 AutoMod 工作组。他是提供仿真服务的 Carson/Banks 联合公司的共同创始人和总裁，在多个仿真应用领域有超过 30 年的实践经验，涉及的领域包括制造业、分销、仓储和物流、订单履行系统、邮政系统、交通与捷运系统、港口运营(集装箱码头和大宗散货装卸)，以及医疗系统。他还在佐治亚理工学院和佛罗里达大学讲授仿真和运筹学等课程。

Barry L. Nelson 是美国西北大学工业工程与管理科学系 Charles Deering McCormick 讲席教授、系主任。他的研究主要涉及随机系统模型的计算机仿真实验的设计与分析，特别是多元输入建模和输出分析、仿真优化和元建模。所涉及的应用领域包括金融工程、计算机性能建模、质量控制、制造和运输系统。他是《Naval Research Lagistics》杂志主编、INFORMS 会士、《Operations Research》杂志仿真领域的编辑、INFORMS(后来的 TIMS)学院仿真分部主席，以及冬季仿真大会执行委员会主席。

David M. Nicol 是伊利诺伊大学厄巴纳-香槟分校电子与计算机工程学教授，长期耕耘在并行与分布式离散系统仿真领域，并做出了巨大的贡献，他的博士论文是该领域早期为数不多的几篇论文之一。他也曾投身于并行算法、并行架构下工作负荷映射算法、系统仿真性能分析以及可靠性建模及分析等研究。他的研究贡献包括 180 多篇论文，这些成果均发表于计算机科学杂志和会议论文集。他的研究工作很大程度上基于产业界和政府所面临的问题，他曾与来自美国国家航空航天局、IBM、美国电话电报公司、贝尔通信研究所、摩托罗拉公司、洛斯阿拉莫斯国家实验室、桑地亚国家实验室以及橡树岭国家实验室的学者们紧密合作，同时也是多个航天公司和通信公司的成员。他的近期研究关注超大规模系统的建模与仿真问题，尤其是通信系统和其他电信基础设施的系统安全评估问题。1997~2003 年，他曾任《ACM Transactions on Modeling and Computer Simulation》杂志的主编。Nicol 教授是 IEEE 会士、ACM 会士，以及 ACM SIGSIM 杰出贡献奖的首位获得者。

译者序
前言
新版内容调整
关于作者

# 第一部分　离散事件系统仿真概述

## 第1章　仿真初识 ·················· 2
1.1　何时适用仿真 ············· 2
1.2　何时不适用仿真 ··········· 3
1.3　仿真的优势与劣势 ········· 3
1.4　应用领域 ················· 4
1.5　近年来的应用 ············· 7
1.6　系统与系统环境 ··········· 8
1.7　系统要素 ················· 9
1.8　离散系统与连续系统 ······· 9
1.9　系统模型 ················ 10
1.10　模型的种类 ············· 10
1.11　离散事件系统仿真 ······· 11
1.12　仿真研究的步骤 ········· 11
参考文献 ····················· 15
练习题 ······················· 16

## 第2章　电子表格仿真案例 ········· 17
2.1　电子表格仿真基础········· 17
2.1.1　如何模拟随机性 ······· 18
2.1.2　案例中的随机数
生成器 ············ 19
2.1.3　如何使用电子表格 ····· 20
2.1.4　如何进行硬币投掷仿真 ·· 21
2.1.5　如何模拟随机服务时间 ·· 22
2.1.6　如何模拟顾客随机到达
时间 ·············· 24
2.1.7　电子数据表格的仿真
框架 ·············· 25
2.2　硬币投掷游戏 ············ 27

2.3　使用电子表格进行排队系统
仿真 ··············· 29
2.3.1　排队模型 ············· 29
2.3.2　单服务台排队系统仿真 ··· 32
2.3.3　双服务台排队系统仿真 ··· 37
2.4　使用电子表格进行库存系
统仿真 ············· 40
2.4.1　报刊经销商问题仿真 ···· 42
2.4.2　$(M, N)$ 库存策略仿真 ··· 45
2.5　其他仿真案例 ············ 47
2.5.1　可靠性问题仿真 ······· 47
2.5.2　飞机轰炸仿真 ········· 50
2.5.3　订货提前期需求的分布
估计 ·············· 52
2.5.4　活动网络仿真 ········· 54
2.6　小结 ··················· 56
参考文献 ····················· 57
练习题 ······················· 57

## 第3章　基本原理 ················ 65
3.1　离散事件仿真的相关概念 ·· 65
3.1.1　事件调度/时间推进算法 ··· 68
3.1.2　全局视角 ············· 71
3.1.3　采用事件调度法进行手工
仿真 ·············· 73
3.2　列表处理 ················ 81
3.2.1　列表的基本属性和操作 ·· 81
3.2.2　使用数组处理列表 ····· 82
3.2.3　使用动态分配链表 ····· 84
3.2.4　先进仿真技术 ········· 86
3.3　小结 ··················· 86
参考文献 ····················· 86
练习题 ······················· 86

## 第4章　仿真软件 ················ 88
4.1　仿真软件历史 ············ 88

4.1.1 探索期(1955~1960) ········ 89
4.1.2 诞生期(1961~1965) ········ 89
4.1.3 初始期(1966~1970) ········ 90
4.1.4 发展期(1971~1978) ········ 90
4.1.5 增强期(1979~1986) ········ 90
4.1.6 集成期(1987~2008) ········ 91
4.1.7 远期(2009~2011) ········ 91
4.2 仿真软件的选择 ············ 92
4.3 一个仿真案例 ············ 94
4.4 使用 Java 进行仿真 ········ 95
4.5 使用 GPSS 语言进行仿真 ··· 103
4.6 使用 SSF 进行仿真 ········ 108
4.7 仿真环境 ················ 110
4.7.1 AnyLogic ············ 111
4.7.2 Arena ················ 111
4.7.3 AutoMod ············ 112
4.7.4 Enterprise Dynamics ··· 113
4.7.5 ExtendSim ············ 113
4.7.6 Flexsim ············ 114
4.7.7 ProModel ············ 115
4.7.8 SIMUL8 ············ 115
4.8 实验和统计分析工具 ········ 116
4.8.1 共同特性 ············ 116
4.8.2 产品 ················ 116
参考文献 ···················· 118
练习题 ···················· 119

**第二部分 数学模型和统计模型**

**第5章 仿真中的统计模型** ········ 130
5.1 术语和概念回顾 ············ 130
5.1.1 离散型随机变量 ········ 130
5.1.2 连续型随机变量 ········ 131
5.1.3 累积分布函数 ········ 132
5.1.4 数学期望 ············ 133
5.1.5 众数 ················ 135
5.2 一些有用的统计模型 ········ 135
5.2.1 排队系统 ············ 135
5.2.2 库存和供应链系统 ····· 137
5.2.3 可靠性和可维护性 ····· 137

5.2.4 有限数据 ············ 137
5.2.5 其他分布 ············ 138
5.3 离散分布 ················ 138
5.3.1 伯努利试验和伯努利
分布 ················ 138
5.3.2 二项分布 ············ 138
5.3.3 几何分布与负二项分布 ··· 139
5.3.4 泊松分布 ············ 140
5.4 连续分布 ················ 142
5.4.1 均匀分布 ············ 142
5.4.2 指数分布 ············ 143
5.4.3 伽马分布 ············ 145
5.4.4 爱尔朗分布 ············ 146
5.4.5 正态分布 ············ 148
5.4.6 韦布尔分布 ············ 151
5.4.7 三角分布 ············ 153
5.4.8 对数正态分布 ········ 154
5.4.9 贝塔分布 ············ 155
5.5 泊松分布 ················ 155
5.5.1 泊松分布的性质 ········ 157
5.5.2 非平稳泊松过程 ········ 157
5.6 经验分布 ················ 158
5.7 小结 ···················· 160
参考资料 ···················· 161
练习题 ···················· 161

**第6章 排队模型** ··············· 167
6.1 排队系统的特点 ············ 167
6.1.1 顾客总体 ············ 168
6.1.2 系统容量 ············ 168
6.1.3 到达过程 ············ 169
6.1.4 排队行为和排队规则 ····· 170
6.1.5 服务时间和服务规则 ····· 170
6.2 排队论中的符号 ············ 172
6.3 排队系统长期性能度量指标 ··· 172
6.3.1 按时间衡量的系统中顾客
平均数 $L$ ············ 172
6.3.2 顾客在系统中的平均逗留
时间 $w$ ············ 174
6.3.3 守恒公式：$L = \lambda w$ ········ 175

6.3.4 服务台利用率 ·········· 176
6.3.5 排队系统的成本问题 ······ 180
6.4 无限总体马尔可夫模型的稳态
行为 ·················· 181
6.4.1 符合泊松到达且具有无限
容量的单服务台排队系统：
$M/G/1$ ·············· 182
6.4.2 多服务台排队系统：
$M/M/c/\infty/\infty$ ·········· 185
6.4.3 具有泊松到达、有限容量
的多服务台排队系统：
$M/M/c/N/\infty$ ········· 188
6.5 有限顾客源模型的稳态表现
（$M/M/c/K/K$） ··········· 189
6.6 排队网络 ·············· 192
6.7 粗略建模：简单描述 ········ 193
6.8 小结 ·················· 195
参考文献 ·················· 196
练习题 ·················· 196

# 第三部分　随机数

## 第7章　随机数的生成 ········· 202
7.1 随机数的性质 ·········· 202
7.2 伪随机数的产生 ········· 202
7.3 随机数生成技术 ········· 203
7.3.1 线性同余法 ·········· 203
7.3.2 组合线性同余生成器 ····· 206
7.3.3 随机数流 ············ 208
7.4 随机数检验 ············ 208
7.4.1 频度检验 ············ 210
7.4.2 自相关检验 ·········· 212
7.5 小结 ·················· 214
参考文献 ·················· 215
练习题 ·················· 215

## 第8章　随机变量的生成 ······· 218
8.1 逆变换法 ·············· 218
8.1.1 指数分布 ············ 219
8.1.2 均匀分布 ············ 221
8.1.3 韦布尔分布 ·········· 222

8.1.4 三角分布 ············ 222
8.1.5 经验型连续分布 ········ 223
8.1.6 不存在闭式反函数的连续型
分布 ·················· 226
8.1.7 离散分布 ············ 227
8.2 舍选法 ················ 230
8.2.1 泊松分布 ············ 231
8.2.2 非平稳泊松过程 ········ 233
8.2.3 伽马分布 ············ 234
8.3 特征法 ················ 235
8.3.1 正态分布和对数正态分布的
直接变换 ·············· 235
8.3.2 卷积法 ·············· 236
8.3.3 其他特征法 ·········· 237
8.4 小结 ·················· 237
参考文献 ·················· 237
练习题 ·················· 238

# 第四部分　仿真数据分析

## 第9章　输入建模 ············ 242
9.1 数据采集 ·············· 242
9.2 透过数据识别分布 ········ 246
9.2.1 直方图 ·············· 246
9.2.2 选择分布族 ·········· 249
9.2.3 Q-Q图 ·············· 250
9.3 参数估计 ·············· 252
9.3.1 基准统计量：样本均值和
样本方差 ·············· 252
9.3.2 建议采用的估计量 ······ 254
9.4 拟合优度检验 ·········· 259
9.4.1 卡方检验 ············ 259
9.4.2 等概率区间卡方检验 ····· 261
9.4.3 K-S拟合优度检验 ······ 263
9.4.4 $p$ 值和"最佳拟合" ···· 264
9.5 拟合非平稳泊松过程 ······ 265
9.6 不依赖数据选择输入模型 ···· 266
9.7 多元输入模型及时间序列输入
模型 ·················· 267
9.7.1 协方差和相关系数 ······ 268

9.7.2 多元输入模型 ……………… 269

9.7.3 时间序列输入模型 ……… 270

9.7.4 由正态分布转换为任意
分布 ………………………… 271

9.8 小结 ……………………………… 273

参考文献 ………………………… 274

练习题 ………………………………… 275

## 第 10 章 仿真模型的校核、校准与
验证 ……………… 281

10.1 模型的构建、校核与验证 …… 282

10.2 仿真模型的校核 ……………… 282

10.3 模型的校准和验证 …………… 286

10.3.1 表面效度 …………… 287

10.3.2 模型假设的验证 …… 287

10.3.3 输入-输出转换验证 … 288

10.3.4 输入-输出验证：使用历史
输入数据 …………… 295

10.3.5 输入-输出验证：使用图灵
测试 ………………… 298

10.4 小结 ……………………………… 299

参考文献 ………………………… 299

练习题 ………………………………… 301

## 第 11 章 绝对性能评价 ……………… 303

11.1 依据输出分析划分的仿真
类型 ………………………… 303

11.2 输出数据的随机特性 ……… 305

11.3 绝对性能指标及其估计 ……… 307

11.3.1 点估计 ……………… 307

11.3.2 置信区间估计 ……… 309

11.4 终态仿真输出分析 ………… 310

11.4.1 统计背景 …………… 310

11.4.2 特定精度下的置信
区间 ………………… 313

11.4.3 分位数 ………………… 314

11.4.4 通过摘要数据估计概率和
分位数 ……………… 316

11.5 稳态仿真的输出分析 ……… 316

11.5.1 稳态仿真的初始偏差 … 317

11.5.2 稳态仿真的误差估计 …… 320

11.5.3 稳态仿真的重复仿
真法 ………………… 323

11.5.4 稳态仿真的样本容量 …… 325

11.5.5 稳态仿真的组均值法 …… 327

11.5.6 稳态分位数 ………… 329

11.6 小结 ……………………………… 330

参考文献 ………………………… 331

练习题 ………………………………… 331

## 第 12 章 相对性能评价 ……………… 338

12.1 两个系统方案的比较 ……… 338

12.1.1 独立抽样法 …………… 341

12.1.2 公共随机数法 ……… 341

12.1.3 满足特定精度的置信
区间 ………………… 346

12.2 多个系统方案的比较 ……… 346

12.2.1 用于多重比较的
Bonferroni 法 ……… 347

12.2.2 最优方案择选 ……… 349

12.3 元建模技术 …………………… 353

12.3.1 简单线性回归 ……… 353

12.3.2 元建模与计算机仿真 …… 357

12.4 仿真优化 ……………………… 359

12.4.1 仿真优化的含义 …… 360

12.4.2 仿真优化的困难 …… 361

12.4.3 使用稳健启发式算法 …… 362

12.4.4 描述：随机搜索 …… 364

12.5 小结 ……………………………… 366

参考文献 ………………………… 366

练习题 ………………………………… 367

# 第五部分 应用

## 第 13 章 生产与物料搬运系统
仿真 ……………… 374

13.1 生产与物料搬运仿真 ……… 374

13.1.1 生产系统模型 ……… 375

13.1.2 物料搬运系统模型 …… 376

13.1.3 一些常见的物料搬运
设备 ………………… 377

13.2 仿真目标和性能测度 ……… 378

13.3 生产与物料搬运系统仿真的
　　　相关问题 ·············· 379
　　13.3.1 对宕机和故障建模 ······· 379
　　13.3.2 轨迹还原模型 ·········· 382
13.4 生产与物料搬运系统仿真的
　　　案例研究 ·············· 384
13.5 生产案例：组装生产线
　　　仿真 ················· 386
　　13.5.1 系统描述和模型假设 ····· 386
　　13.5.2 预仿真分析 ··········· 388
　　13.5.3 仿真模型与设计系统
　　　　　　分析 ············· 389
　　13.5.4 站点利用率分析 ········ 389
　　13.5.5 潜在系统改进方案
　　　　　　分析 ············· 390
　　13.5.6 gizmo 装配线仿真总结 ··· 391
13.6 小结 ················· 391
参考文献 ·················· 392
练习题 ··················· 392

第 14 章　网络化计算机系统
　　　　　　仿真 ··············· 400
14.1 引言 ················· 400
14.2 仿真工具 ·············· 402
　　14.2.1 面向进程的方法 ········· 403

14.2.2 面向事件的方法 ········· 405
14.3 模型输入 ·············· 406
　　14.3.1 调制泊松过程（MPP） ····· 407
　　14.3.2 泊松–帕累托过程 ········ 409
　　14.3.3 帕累托–长度相位时间 ··· 411
　　14.3.4 万维网流量 ··········· 413
14.4 面向无线系统的移动模型 ····· 413
14.5 OSI 堆栈模型 ············ 415
14.6 无线系统的物理层 ········· 417
　　14.6.1 传播模型 ············ 417
　　14.6.2 确定接收器 ··········· 421
14.7 媒体访问控制 ··········· 423
　　14.7.1 令牌传输协议 ········· 423
　　14.7.2 以太网 ············· 426
14.8 数据链路层 ············ 428
14.9 TCP 协议 ·············· 429
14.10 模型结构 ············· 435
　　14.10.1 结构 ············· 435
　　14.10.2 DML 案例 ··········· 436
14.11 小结 ················ 439
参考文献 ·················· 439
练习题 ··················· 440

附录 A ···················· 442
索引 ····················· 455

# 离散事件系统仿真概述

第 1 章　仿真初识

第 2 章　电子表格仿真案例

第 3 章　基本原理

第 4 章　仿真软件

# 仿 真 初 识

所谓**仿真**，就是按照时间进度模拟现实世界中各种处理过程或系统过程的操作。无论采用手工操作还是计算机处理，仿真都是通过人类智慧活动对系统进行研究，并基于这种研究活动的观测结果，对实际系统进行合理分析和推断，以了解其特性。

对于一个行为随时间而变化的系统，可以使用仿真**模型**来研究它。该仿真模型往往需要对所研究系统进行一系列假设。这种假设会以数学的、逻辑的、符号关联的形式实现，涉及系统中的各类**实体**和研究对象。仿真模型一旦开发和验证完毕，即可用于研究现实系统所面临的各种 what-if 问题。在仿真过程中，通过考察系统元素的各种可能变化，可以预测其对系统整体性能的影响。应用仿真研究某个系统，不必等到该系统建成之后，而是在系统设计阶段就可以进行。综上所述，仿真模型既可以作为分析工具对现有系统进行基于因素变化的系统效果预测，也可以作为设计工具检验新系统在各种潜在环境下的运行性能。

某些实际案例可对应的模型非常简单，可以使用数学方法求解。这些**解**（solution）可以使用微积分、概率论、代数或其他数学技法获得。此类解通常包括一个或多个数值型参数，这些参数被称为**系统性能指标**（measures of performance of the system）。然而，很多现实系统过于复杂，以至于无法使用数学方法求解。这种情况下，可以使用基于数值求解和计算机技术的仿真方法，用于模拟随时间变化的系统行为。通过仿真获得的输出数据，可视为现实系统的观测抽样。这些仿真生成的数据被用于评价系统性能。

本书只针对一类仿真建模（即离散事件仿真建模）进行概念和方法的介绍。第 1 章首先讨论何时适用仿真、仿真的优势和劣势，以及仿真应用的范围。然后介绍系统和模型的相关概念。最后给出建立和应用系统仿真模型的步骤。

## 1.1 何时适用仿真

专用仿真语言的出现、基于低成本完成大规模计算的能力，以及仿真所具有的优势，这些因素使得系统仿真跻身于广泛使用和可接受的运筹学和系统分析工具之列。包括 Naylor[1966] 和 Shannon[1998] 在内的很多学者都讨论过仿真在何种情况下可以作为合适的工具加以使用。他们普遍认为，仿真可用于如下目标：

1）仿真技术使得研究复杂系统或其子系统之间的内部互动关系成为可能。

2）可对影响系统的信息变化、组织变化和环境变化进行模拟，进而观测这些变化对模型行为的影响。

3）仿真模型设计过程中所获得的相关知识，对于研究系统改进具有重要价值。

4）通过调整仿真输入，就可以观测对应输出的变化情况，从而有助于我们了解哪一个输入是关键变量，以及变量之间是如何相互影响的。

5）仿真可以作为教学工具来弥补解析法的不足。

6）仿真可在新方案或新策略实施之前，对其进行实验，以便对可能发生的情况做出预判。

7）仿真可用于验证解析解。

8）可通过模拟设备的不同能力，确定设备可需数量。

9）以训练为目的而设计的仿真模型使得离线学习成为可能，这既不会对正常运作的系统造成影响，也不会因此而增加成本。

10）仿真动画可以展示系统的运行过程，从而使方案可视化。

11）现代系统（工厂、晶圆制造厂、服务组织，等等）是如此复杂，以至于其内部交互过程只能通过仿真进行研究。

## 1.2 何时不适用仿真

Banks 和 Gibson[1997]的文章给出了不适用仿真的十条法则。

**法则一**：当能够借助**常识**（common sense）解决系统问题时，就不应该使用仿真。例如，某机构提供自动发号机供顾客使用，如果每小时到达 100 名顾客，一台发号机平均每小时可服务 12 名顾客。确定所需发号机的最低数量，就不必使用仿真。通过计算（100/12 ＝8.33）即可知道至少需要 9 台设备。

**法则二**：如果能够使用解析方法求解，就不必借助仿真。例如，某种条件下，上例中顾客在队列中的平均排队时间可以使用本书第 6 章介绍的工具求解（该工具可在 www. bcnn. net 网站找到）。

**法则三**：如果仿真成本高于直接实验的成本，就不要使用仿真。例如，在免下车（drive-in）快餐店，决定到底是采用手持终端和语音通信设备供顾客订餐，还是增加额外的订餐台，是以缩短顾客的等待时间，由此产生的直接实验费用并不高昂，因而无须使用仿真。

**法则四**：如果仿真成本超过所节省的费用，则不要使用仿真。完整的仿真过程有很多步骤且必须完全执行（将在 1.12 节中介绍）。如果一项仿真研究的投入为 2 万美元，而由此只能节省 1 万美元，那么就不需要仿真了。

**法则五和法则六**：如果资源或者时间不充裕，不要应用仿真。如果仿真投入需要 2 万美元而目前只有 1 万美元，建议不要进行仿真。与此类似，如果决策需要在两周内完成，而应用仿真需要一个月才能给出结论，那么也不建议使用。

**法则七**：仿真过程需要使用数据，有时是大量的数据。如果没有数据可用，甚至连估计的数据都没有，则不建议使用。

**法则八**：该法则关心模型**校核**（verify）和**验证**（validate）能力的问题。如果可用于校核和验证的时间或人力不足，则不宜采用仿真。

**法则九**：如果管理者有不切实际的期望，比如他们要求太多，但预留的时间很少，或者仿真的作用被高估，则不建议使用仿真。

**法则十**：如果系统行为过于复杂或者无法进行定义，则不建议使用仿真。人的行为有时对于建模而言过于复杂。

## 1.3 仿真的优势与劣势

直观上，仿真能够迎合用户，因为它模仿实际系统可能出现的情况，或者帮助认知一个尚在设计阶段的系统。仿真输出数据是对实际系统输出的直接写照。此外，不依赖于牵强的假设（比如假设不同随机变量遵从同一个统计分布）而建立一个系统的仿真模型是可能的，而这些假设多用于解析模型之中。由于这样或那样的原因，仿真成为问题求解的常用技术。

相对于优化模型，仿真模型更侧重"**运行**(run)"而非"**求解**(solve)"。给定某个输入集和模型特征参数之后，仿真模型就可以运行，所模拟的系统行为会被观测到。改变输入参变量或模型特征参数会生成一系列的**场景**(scenario)，这些场景就是我们要评估的方案。一个好的解决方案——无论是基于现有系统或新设计系统——将被推荐实施。

仿真具有很多优势，也有很多劣势。Pegden、Shannon 和 Sadowski[1995]对此进行了整理。仿真的部分优势如下：

1）可以在不影响现有系统正常运行的情况下研究和分析新策略、处理过程、决策规则、信息流、组织流程等。

2）可以在不消耗资源的情况下测试新硬件设计方案、物理布局、交通系统等带来的收益。

3）针对某种现象发生可能的成因或机理，可检验其可行性。

4）仿真环境下，时间可以被压缩或延长，以实现所研究现象的加速或减速。

5）借助仿真，可以内窥系统变量之间的相互作用。

6）借助仿真，可以内窥影响系统性能的诸多变量的重要性。

7）基于仿真的瓶颈分析，可揭示哪些过程或环节会造成生产流程、信息、物料等要素的过度延迟。

8）仿真研究有助于理解系统整体是如何运行的，而不是每个人主观臆想的那样。

9）可以回答 what-if 的问题。这对于新系统设计而言尤为有用。

仿真的某些劣势如下：

1）建模需要特殊训练。建模具有艺术性，需要时间和经验的积累。如果两个模型由不同的技术人员完成，也许两个模型有一定的相似性，但却可能具有本质上的差别。

2）仿真结果难以预测。大多数仿真输出实质上是一些随机的变量（仿真输出基于随机性输入），因此难以辨别哪些输出值是系统本质的真实体现，哪些是随机性造成的。

3）仿真模型和分析工作需要耗费时间和金钱。如果削减建模和分析所需的资源，会导致工作效果不充分。

4）某些问题可通过仿真求解，但是更适宜使用解析法求解，如 1.2 节中模拟顾客排队的例子，该问题可以采用**闭式**(closed-form)排队模型求解。

如果为仿真辩解的话，上述四点不足也有其应对策略：

1）仿真软件开发商提供高效的开发工具包，其中包含一些模型，只需要输入数据即可使用。此类模型被称为**模拟器**(simulator)或**模板**(template)。

2）许多仿真软件开发商在软件包中集成了输出分析的能力，可对相关系统进行全面分析。

3）目前的仿真执行速度很快，未来会更快，这既源于硬件能力的提升，也缘于仿真软件的不断发展。例如，有些仿真软件提供叉车、传送带和自动导引车辆（AGV）等内置运输类构件，可以方便地对物料搬运系统建模。

4）闭式模型无法用于分析我们在实践中遇到的大多数复杂系统。本书作者中的两位长期从事咨询业务，他们从未遇到可以使用闭式方法求解的复杂问题。

## 1.4　应用领域

仿真应用的范围是非常广泛的。冬季仿真大会（Winter Simulation Conference，WSC）有助于了解最新的仿真应用和理论进展。会议针对初学者和高级用户均提供大量示例和演示。冬季仿真大会由六个技术性团体和美国国家标准与技术研究所(National Institute of Standards and Technology，NIST)赞助。这六个技术性团体是：美国统计协会(American Statistical Association，ASA)、计算设备/仿真特别兴趣组织联盟(Association for Computing Machinery/Special Interest Group on Simulation，ACM/SIGSIM)、电气及电子工程师学会—系统、人与控制分会(Institute of Electrical and Electronics Engineers：Systems，Man and Cybernetics Society，IEEE/SMCS)、工业工程师学会(Institute of Industrial Engineers，IIE)、运筹与管理科学学会仿真分会(Institute for Operations Research and the Management Sciences：Simulation Society，INFORMS-SIM)，以及国际建模与仿真学会(Society for Modeling and Simulation International，SCS)。每年举办的冬季仿真大会的相关信息可以从 www.wintersim.org 网站获得。冬季仿真大会各议题相关论文可以从 http://informs-sim.org 处获得。近年来冬季仿真大会上的报告内容，按领域分列如下：

**生产制造**
- 选择最适合的瓶颈工序识别方法
- 造船厂生产模型的自动化研发
- 制造工业流程的实物模拟器(emulation)
- 针对制造系统性能改善的系统维护方案优化
- 汽车零部件产业生产管理
- 日本汽车制造厂生产线设计

**晶圆制造**
- 基于生产批次派工的范式转换
- 基于多重入过程的多芯片封装线的调度
- 封装测试工厂执行层的能力分配决策
- 基于环路控制的在制品和加工周期管理

**业务流程管理**
- 关于服务请求指派问题的新策略
- 流程执行监控与调整方案
- 零售商店的销售品管理
- 小型零售店的销售预测

**建设工程和项目管理**
- 在多个施工现场分配有限的钢筋加工设备
- 重复性项目(一个项目内包括多个同样的建筑)施工
- 用于道路施工项目计划改进的交通系统优化
- 用于隧道竖井建模的模板开发
- 用于隧道施工计划的决策支持工具开发

**物流、运输和分销**
- 驳船运输系统的运营策略
- 生化恐怖袭击事件中紧急医疗救助的执行方案
- 复杂邮政运输网络分析
- 集装箱码头的运营绩效改进
- 基于实时数据的集装箱堆场起重机(厂桥)分派
- 航空公司货物装载用具(unit loading device)的库存管理

- 基于策略变更预测的库存系统研究
- 食品分销中心的货位分配

**军事**

- 战区内多国物流配送
- 加拿大军事行动的未来可持续发展检验
- 更换 MK19 自动榴弹发射系统的可行性研究
- 基于不对称作战的多军种联合训练
- 多目标无人飞行器任务计划
- 作战需求驱动的联盟合作开发

**医疗保健**

- 旨在减少预约提前期和病人爽约率的干涉方案研究
- 通过智慧化思考，提升医院绩效
- 急诊室流程精益化改善的效果检验
- 降低急诊室的过度拥挤
- 易变质药物的库存建模
- 门诊治疗中心建设
- 传染性疾病控制策略
- 手术室和术后资源的均衡化
- 结肠癌筛查检测的成本效用分析

**其他**

- 带有多路回馈控制的劳动力资源行动方案管理
- 球洞尺寸对高尔夫击打效果的因素分析
- 在野外火灾扩散仿真中应用粒子滤波技术
- 封闭栖息地中捕食者-猎物关系分析
- 集约型生猪养殖系统
- 呼叫中心电话呼入实时等待时间估计
- 针对公立大学的爆发性流感预防计划

在发表于 ICS Newsletter 中的一篇关于仿真未来发展的论文（Banks，2008）中，包括该领域知名专家在内的 16 名仿真人士，针对下述问题进行了回答："长期而言，或者说三年之后，仿真软件会有哪些显著的新成就？"。这篇文章中列出了专家们的观点：

- 在一些重要思想和方法（例如基于 Agent 建模）被仿真软件提供商采纳之后（这将在今后若干年内发生），计算机所蕴含的强大力量将推动仿真建模的发展进程。例如，在未来某个时间，我们将能够仿真大型供应链和制造工厂的详细运行过程。
- 仿真建模更像"装配"活动，而非"从无到有的"构建过程。我们可以使用智能的、参数化的组件像搭积木一样构建模型，无须定义大量的、详细的处理逻辑。
- 在解决复杂问题方面取得进展。针对现实世界中的复杂问题提供工具化产品，仿真软件开发商需要重新思考的核心问题是：由谁提供能力，由谁提供愿景？这是取得长远进展的核心所在。如果由开发商提供能力和愿景，那么最终用户就会被开发商的规范所束缚。这对于简单问题很有效，但对解决复杂问题无益。对那些真正的难题，用户更了解问题之所在。显而易见的解决方法是仿真软件开发商提供真正的第一手的好"点子"（well-thought-out collections），以及合并或组装这些"点子"的方法。

- 仿真软件将与控制软件实现更紧密的结合。
- 仿真模型开发人员将可以在组织内部的不同应用之间共享一个仿真模型。
- 仿真应用不再局限于设计层面，也将用于组织的日常运营决策。
- 置于高性能服务器上的仿真模型可以通过基于网页的接口进行访问。
- 更完善且更易于使用的针对人类个体行为的模型将会出现（例如，嵌入离散事件模型中基于 Agent 的模型）。
- 未来将出现越来越多的协作化仿真项目开发。
- 成熟的接口标准，以及与网络服务技术的一体化，不仅可以实现仿真软件之间的集成使用，还可以实现标准化，从而简化仿真软件调用其他应用程序接口的方式。
- 解析方式求解技术（例如线性规划）将与仿真技术实现集成。
- 虽然仿真领域的"显著性"成果将来源于计算技术和软件工程领域的进展，但是都无法超越由仿真软件社区所产生的、由 SIMULA 67 引入主流软件开发的面向对象范式。

## 1.5  近年来的应用

本节中，我们将梳理近年来的一些仿真应用成果。这些成果来自于我们所提及的文献，读者可以查看文献以进行更深入的了解。

- **题目：土耳其军队利用仿真方法对油料供应系统进行建模和优化**

  作者：1. Sabuncuoglu, A. Hatip

  发表：《Interfaces》杂志，2015 年 11～12 月期

  挑战：土耳其军队油料供应系统的分析工作

  所用技术：1) 多场景下现有系统和改进系统的性能度量；2) 开发基于遗传算法的仿真优化模型，对系统性能进行优化；3) 进行大量的仿真实验

  收益：数百万美元

- **题目：PLATO 系统助力雅典夺冠：用于组织转换和资源管理的奥运竞技知识模型**

  作者：D. A. Beis, P. Poucopoulos, Y. Pyriotis, K. G. Zografos

  发表：《Interfaces》杂志，2016 年 1～2 月期

  挑战：针对场馆运营规划和设计，开发了一套系统化流程；研发了一套内容丰富的模型库，可提供给今后的奥运承办方以及其他体育赛事使用。

  所用技术：基于仿真的知识模型和资源管理技术和工具，以及其他决策分析方法。

  收益：超过 6970 万美元

- **题目：Schlumberger 利用仿真方法进行国土地震调查项目投标和项目执行**

  作者：P. W. Mullarkey, G. Butler, S. Gavirneni, D. J. Morrice

  发表：《Interfaces》杂志，2007 年 3～4 月期

  挑战：快速且精确地测算地震调查的费用

  所用技术：开发一套仿真工具，用于测算人员数量、调查领域、地理区域，以及气候条件等因素对调查成本和项目工期的影响。

  收益：每年 150～300 万美元

- **题目：利用运筹学方法帮助 SRC 公司重塑运营战略**

  作者：S. L. Ahire, M. F. Gorman, D. Dwiggins, O. Mudry

发表：《Interfaces》杂志，2007 年 11～12 月期

挑战：在高度竞争的传统印刷市场提供富有竞争力的定价能力，实现总成本最小化

所用技术：1)利用回归方法估计成本和时间；2)建立优化模型决定订单选择战略；
3)针对生产-分销网络构建仿真模型。

收益：每年超过 1000 万美元

- **题目：应用仿真手段解决基于需求导向的服务业人力排班问题**

作者：M. Zottolo，O. M. Ülgen，E. Williams

发表：2007 冬季仿真大会论文集，编辑：S. G. Henderson，B. Biller，M. -H. Hsieh，
J. Shortle，J. D. Tew，and R. R. Barton

实施方：PMC(www.pmcorp.com)

顾客：美国主流家用电器制造公司

挑战：耗时、费力、低效的排班方式，不仅造成顾客不满意、服务水平降低，也使
现场管理者苦不堪言

技术：1)针对不同班组建立人力排班仿真模型，考虑每天不同时段的顾客需求变化
和服务时间波动等因素；2)确定工作标准；3)为输入数据、排班方案存储和
发布开发应用数据接口；仿真工具的实施和员工使用培训。

收益：预计为该顾客在美国的多个分支机构节省 8000 万美元

- **题目：在家电制造企业应用仿真手段提升生产线末端产品分拣和物料搬运及理货
计划**

作者：M. Zottolo，O. M. Ülgen，E. Williams

出品：PMC(www.pmcorp.com)

顾客：美国主要汽车租赁公司

发表：2007 冬季仿真大会论文集，编辑：S. G. Henderson，B. Biller，M. -H. Hsieh，
J. Shortle，J. D. Tew，and R. R. Barton

挑战：针对几种家电制成品(以存货单位 SKU(Stock Keeping Unit)计量)，确定最
有效的配货方式，在拥有 12 个车道的分拣系统中实现物料搬运和叉车数量
的最小化。货物分拣及物料搬运是一个复杂问题，具备应用离散事件系统进
行仿真分析的条件，主要是因为产品组合不确定，配货数量大，并且间接成
本较高。

技术：在仿真建模以及仿真实验中会遇到：1)如何将不同的 SKU 分配到不同的车
道；2)分拣规则和数量；3)SKU 的批量大小

收益：一次性投入 5 万美元，估计每年收益 10 万美元

## 1.6 系统与系统环境

实施系统建模之前，需要对系统以及系统边界有所了解。所谓**系统**，是指为了实现某
种目标而组合在一起的对象的集合，这些对象之间依照规则彼此交互、相互依存。汽车制
造厂的生产系统就是一个例子，机器设备、零部件以及人工操作在流水线中共同协作，完
成优质产品的生产。

系统常常被系统外部环境发生的变化所影响，我们说这些变化发生在系统外部环境之
中[Gordon，1978]。在开展系统建模的时候，需要确定系统与其外部环境之间的边界。边
界的划分取决于所研究问题的目标(问题目标不同，边界也可能不同)。

例如，在工厂系统案例中，决定订单到达的因素可看作工厂外部环境影响的结果，因而这些因素是外部环境的一部分。然而，如果考虑到产品供应对市场需求的影响，那么工厂生产与市场订单就存在一定的联系，此时这种联系就必须被视为系统内部活动。与之类似，在银行系统案例中，银行所能支付的最大利率是受到限制的。如果只是研究一家银行，那么这个问题可以看作环境约束，然而，如果研究货币法案对银行业的影响问题，那么银行利率的设定就是系统内部活动 [Gordon，1978]。

## 1.7　系统要素

为理解和分析系统，我们需要定义一些术语。**实体**（entity）是存在于系统中的、所研究的对象。**属性**（attribute）是实体的特征。**活动**（activity）是指具有一定长度的时间段。以银行系统为例，顾客是实体，顾客账户余额是属性，存款是活动。

针对某个研究目标所确立的系统中的实体，也许是进行其他研究的系统实体的一部分（子集）[Law，2007]。例如，在上述银行系统中，如果要确定办理一般性存取款业务的柜员数量，那么系统可被定义为仅包括普通柜员和排队顾客在内的真实银行系统的一部分。如果研究目标调整为确定办理特定业务的柜员数量（从事现金支票业务、对公业务，等等），那么系统边界就需要扩展。

**状态**（state）是描述系统中与研究目标相关的所有变量的集合。在银行的例子中，状态变量包括繁忙柜员的数量、排队等候和正在接受服务的顾客数量，以及下一位顾客的到达时间。**事件**（event）是引起系统状态变化的**瞬间发生的事情**（instantaneous occurrence）。**内生**（endogenous）是指在系统内部发生的活动和事件。**外生**（exogenous）是指发生在外部环境中、对系统造成影响的活动和事件。在银行案例中，顾客到达是一个外生事件，顾客完成服务则是一个内生事件。

表 1-1 列举了不同系统中的实体、属性、活动、时间和状态变量。表中仅列举了系统要素的部分内容。只有确立了研究目标，才能确定所有系统要素及其内容。明确了研究目标，我们才能确定待研究系统的方方面面，并制定出完整的要素列表。

表 1-1　系统及其要素

| 系统 | 实体 | 属性 | 活动 | 事件 | 状态变量 |
|---|---|---|---|---|---|
| 银行 | 顾客 | 支票账户余额 | 存款 | 到达；离开 | 繁忙柜员数量；等待顾客数量 |
| 快速铁路 | 乘客 | 起点；终点 | 旅行 | 抵达起始车站；到达目的地 | 在各个车站等候的乘客数量；行驶列车中的乘客数量 |
| 生产车间 | 机器设备 | 速度；能力；故障率 | 焊接；冲压 | 故障 | 机器状态（繁忙、空闲、宕机） |
| 通信系统 | 信息 | 长度；目的地址 | 传输 | 到达目的地址 | 待传输信息数量 |
| 库存 | 仓库 | 仓储能力 | 物料回收 | 物料需求 | 库存水平；积压的需求 |

## 1.8　离散系统与连续系统

系统分为离散型和连续型两大类。"现实系统很少能单纯地归类为离散系统或连续系统，但对于大多数系统而言，总有一种类型居于支配地位，所以将其划分为离散系统或者连续系统还是有可能的" [Law，2007]。所谓**离散系统**（discrete system），是指系统状态变量仅在时间轴的离散点集上发生改变。银行是一个离散系统，其状态变量（例如银行中的顾客数)仅在新顾客到达或顾客完成服务离开那一刻才发生改变。图 1-1 描述了顾客数量的离散变化过程。

**连续系统**(continuous system)是指其状态变量随时间变化而连续变化的系统。一个连续系统的例子是大坝的水位高度:降雨期间或之后的一段时间内,水会流入大坝所围成的湖中;出于防洪和发电的目的,会进行开闸放水;蒸发也会影响水位高度。图 1-2 描述了状态变量"大坝水位高度"的连续变化情况。

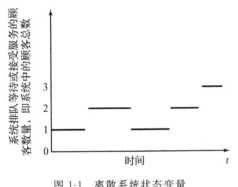

图 1-1 离散系统状态变量

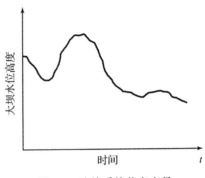

图 1-2 连续系统状态变量

## 1.9 系统模型

我们有时希望研究一个系统,以了解其内部要素之间的关系,或者预测新方案对系统运作的影响。某些情况下,可以借助系统本身进行实验,然而这种方法并不总是可行,因为新系统可能并不存在,仅停留在概念模式或设计阶段。即使系统存在,也可能无法使用其进行实验。在银行案例中,如果减少柜员数量以研究顾客队列长度的变化情况,很可能会造成顾客的不满,从而将其银行账户转至该银行的竞争者处。因此,系统研究多借助系统模型来完成。

我们曾经为西澳大利亚某港口的重新设计进行仿真咨询。港口计划为装卸码头投资 3 亿美元,我们不建议港口投资者花很多钱对该投资项目进行仿真,因为仅仅了证明该码头现有能力不足而进行仿真是不值得的。

**模型**是指为进行系统研究而定义的"系统表示"(representation of a system)。对大多数研究而言,只需要考虑那些会影响所研究问题的系统因素,这些因素需要在系统模型中得到展现。按照定义,模型是对实际系统的简化,另一方面,模型在某些地方又要足够详细,以保证获得与真实情况一致的有效结论。针对同一个系统,如果研究目标不同,则需要建立不同的模型。

正如系统要素包括实体、属性以及活动,模型中也要体现这些内容。然而,模型只需包括那些与研究目标相关的要素即可。我们将在第 3 章中对模型要素进行更广泛的讨论。

## 1.10 模型的种类

模型分为数学模型和物理模型。数学模型运用系统符号和数学公式来表征系统。仿真模型是一类特殊的数学模型。物理模型是研究对象的放大或者缩小版本,例如原子的放大模型,或者太阳系的缩微模型。

仿真模型可进一步划分为**静态型**(static)与**动态型**(dynamic)、**确定型**(deterministic)与**随机型**(stochastic)、**离散型**(discrete)与**连续型**(continuous)。静态仿真模型也称为蒙特

卡罗仿真(Monte Carlo Simulation)，表征的是处于某个指定时刻的系统(系统特性不随时间变化而改变)。动态仿真模型则表征特性随时间而改变的系统。从上午 9 点到下午 4 点的银行系统仿真就是一个动态仿真过程。

不包含随机变量的仿真模型是确定型的。在确定型模型中，若模型输入一定，则输出是确定且唯一的。如果所有病人都按照预约时间抵达，那么牙科诊所中的病人到达就是确定型的。随机型仿真模型的输入中包含一个以上的随机型变量，随机输入会导致输出的随机性。由于仿真输出具有随机性，因此它被认为是对仿真模型真实属性的一次估计。银行系统仿真案例通常包含随机的顾客到达间隔时间和随机的服务时间。那么，在随机型仿真中，仿真输出度量指标(measure)，如排队等待顾客的平均数、每位顾客的平均等待时间，被看作系统真实特征的统计估计。

15

1.7 节给出了离散系统和连续系统的定义。离散模型和连续模型也可以用类似的方式进行定义。然而，离散仿真模型并不总是用于离散系统建模，同样的，连续仿真模型也不总是用于连续系统建模。罐体和管道可以使用离散方式建模，虽然我们都知道液体流动是连续的。此外，仿真模型也可以是混合型的，也就是离散型和连续型的混合使用。选择离散型还是连续型(或二者同时使用)仿真模型取决于所研究系统的特征以及研究对象。如果重点考察数据包的特性以及传递过程，那么通信信道就可以采用离散方式建模。相反，如果重点考察信道中数据流的整体特性，那么使用连续方式建模更合适。本书重点讨论动态型、随机型和离散型仿真模型。

## 1.11　离散事件系统仿真

本书是一本关于**离散事件系统仿真**(discrete-event system simulation)的教材。离散事件系统仿真是对这样的系统进行建模：系统状态变量仅在离散的时间点发生改变。仿真模型使用数值方法而非解析方法进行分析和求解。解析方法采用数学演绎推导法对模型求解。例如，微积分可用于计算库存模型中的最小成本策略。数值方法采用数字计算方法(computational procedures)求解数学模型。采用数值方法的仿真模型，其结果是"运行出来的"而非"解析出来的"，也就是说，通过模型假设人工再现系统的过去，然后搜集观测值，用于分析和评价系统的真实性能。针对实际问题所构建的仿真模型规模较大，需要存储和管理的数据也十分巨大，因此仿真过程需要借助计算机来完成。

总体说来，本书介绍的是离散事件系统仿真，需要采用数值方法进行建模和分析，需要借助计算机加以实现。

## 1.12　仿真研究的步骤

图 1-3 给出了指导建模人员进行仿真研究的详尽而完整的步骤。类似的图表和分析也可以在其他文献中找到[Shannon，1975；Gordon，1978；Law，2007]。图 1-3 中各个图框旁的数字指示的步骤会在后面有更详细的描述。仿真研究的步骤如下：

### 1. 问题构想

研究工作应从问题描述开始。如果由决策者或者问题提出者进行问题描述，分析人员应确保对该问题有清晰的理解。如果由分析人员进行问题描述，一定要经决策者理解并认可。虽然图 1-3 中没有明确提出，但需要了解的是，在研究过程中，偶尔需要对问题描述进行完善和修订。在很多案例中，决策者和分析人员会意识到某个问题的存在，但是需要经过很长时间才能对该问题有实质上的理解。

16

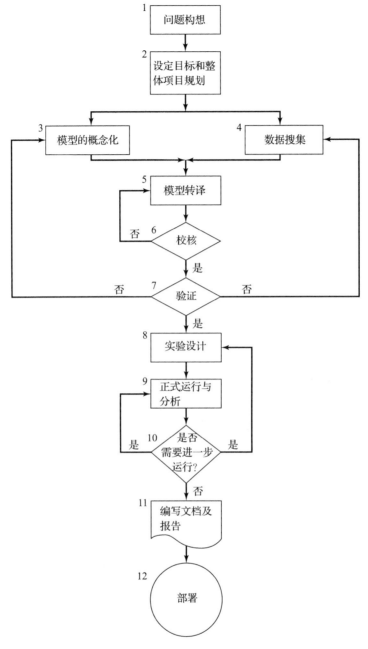

图 1-3 仿真研究步骤

### 2. 设定目标和整体项目规划

问题目标指明了需要通过仿真回答的疑问。因此，首先需要确定仿真手段是否就是解决该问题及相应目标的最合适的方法。如果认为仿真是适用的，那么整体项目计划中还应该包括多个系统备选方案的说明，以及对备选方案的性能评价方法。研究计划还应包括所需人员、成本、各阶段工作天数，以及各阶段结束时的预期成果。

### 3. 模型的概念化

系统建模兼具科学性与艺术性。Pritsker[1998]对这个步骤发表了长篇大论。Morris

[1967]认为"虽然不可能提出一套保证每个仿真建模项目都成功的操作指南，但仍有一些通用性准则可以遵循。"善于提炼出问题本质的能力有助于提升建模技巧，选择或调整那些揭示系统特征的基本假设，可以使模型得到增强和细化，最终得到有用的近似解。因此，最好从建立简单模型起步，逐步加深模型的复杂度。然而，模型复杂度不宜超过模型预期目标的要求，违反该原则只会增加建模成本和运算成本。模型和实际系统不必一一对应，只需包含实际系统的主要特征即可。

我们建议，在模型概念化设计工作中，让模型的最终用户参与其中。用户参与一方面可以增强最终模型的质量，也可以增加用户对于模型应用的信心。（第 2 章介绍了一系列仿真模型。第 6 章介绍了可通过解析法求解的排队模型。然而，只有将源于真实系统的经验与从书本上获得的知识一起使用，才能够切实指导建模工作。）

### 4. 数据搜集

模型构建与输入数据搜集之间存在持续不断地相互作用和影响的关系[Shannon，1975]。随着模型越来越复杂，所需要的输入数据也会随之改变。在整个仿真研究过程中，数据搜集会占用大量时间，因而需要尽早启动，一般在模型构建的初期就应该开始。

很大程度上，研究目标决定所需搜集数据的内容。银行案例中，如果希望研究柜员数量变化情况下的排队顾客数量，所需数据就应该包括顾客到达时间间隔的统计分布（一天不同时段中统计分布是不同的）、柜员的服务时间分布，以及在各种情况下顾客排队队列长度的历史分布，最后一类数据用于仿真模型验证。（第 9 章讨论了数据搜集和数据分析；第 5 章讨论了仿真模型中常用的统计分布。Henderson[2003]对此也有精彩的论述。）

### 5. 模型转译

针对大多数现实系统所构建的模型，需要庞大的信息存储和计算能力，因此模型需要以计算机可识别的格式进行研制。大多数情况下，我们使用术语"程序"表示计算机编码的模型，即使建模过程中很少或者完全不用编写程序代码的时候也使用该术语。建模人员需要决定是使用仿真语言（simulation language），例如 GPSS/H（将在第 4 章讨论），还是使用专用仿真软件（special-purpose simulation software）。针对制造系统或者物料搬运系统，第 4 章介绍了 AnyLogic、Arena、AutoMod、Enterprise Dynamics、Extend、Flexsim、ProModel 以及 SIMUL8。比较而言，仿真语言功能更强大，也更具灵活性。如果所研究的问题可以使用仿真软件，则能够减少模型的开发时间。大多数仿真软件都提供额外的功能以增强其灵活性，当然不同软件的建模灵活度具有很大差异。

18

### 6. 校核

用于计算机编程的代码校核（程序代码调试）同样适用于仿真建模。软件是否能够正确运行？对于复杂系统而言，虽然具有一定的可能性，但是不进行大量调试而实现成功建模是很困难的；如果模型的输入参数和逻辑结构都能由计算机程序完美体现，那么校核工作就完成了。大多数情况下，人们对于完成此步骤的标准是有共识的。（第 10 章介绍了仿真模型校核，Sargent[2007]对此也有论述。）

### 7. 验证

验证常常通过模型校准（calibration）完成，即通过迭代对比模型与现实系统之间的行为差异，不断获得更深入的理解，从而实现模型的改进。这是一个重复的过程，直至模型精度达到可接受的程度为止。前面提到的银行案例中，目标是考察当前状况下顾客等待队列的长度，因此需要围绕这个目标进行数据搜集。验证的一种方式就是分析仿真模型是否可以重复生成系统的度量指标值。（第 10 章介绍了仿真模型的验证，Sargent[2007]对此也有研究。）

## 8. 实验设计

对于具有多个备选方案的系统，需要确定对哪些方案进行仿真。通常，需要依据已经完成的仿真运算和分析结果来确定最终的方案。对于待仿真的每一个系统方案，决定是否对其进行仿真时，都需要考虑初始化阶段的时间长度、仿真运行时长，以及每个方案的重复仿真次数（number of replication）。（第 11 章和第 12 章讨论了实验设计问题，Sanchez[2007]对此主题也进行了深入的研究。）

## 9. 正式运行与分析

仿真模型的正式运行及其后续分析用于估计系统方案的性能。第 11 章和第 12 章讨论了仿真实验分析的问题，第 4 章介绍如何使用 AutoStat（包含在 AutoMod 之中）、OptQuest（与很多仿真软件集成）以及 SimRunner（包含在 ProModel 之中）等软件完成当前步骤。

## 10. 是否需要进一步运行

即使运行分析已经完成，分析人员还需要决定是否进行更多次仿真，以及哪一个方案需要更多地实验。

## 11. 编写文档和报告

需要编写两类文档：程序文档和过程报告。程序文档有多种用途。如果程序会被开发它的分析人员或者其他分析人员重复使用，他们需要了解程序是如何运行的，这样可以增强大家对模型的信任度，最终用户和决策者才能以分析结果为依据进行决策。此外，如果程序被修改，拥有详细的记录也是有百利而无一害的。由于缺少文本记录而造成的不便，更容易让分析人员意识到文档维护的重要性。文档编写的另一个原因是，最终用户可以根据意愿调整参数，以了解输入参数和输出性能之间的关系，或者寻找能够实现输出优化的那些参数。

Musselman[1998]讨论了过程报告对于记录仿真项目历史过程的重要性。项目报告记录了工作和决策的时间列表，这对于保证项目正确进行很有价值。Musselman 建议经常性地报告（至少每个月一次），以便那些非日常工作也能被记录在案，通过及早消除误解，项目成功的概率就会得到提高，各种问题也更容易得到解决。Musselman 还建议通过维护项目日志从而提供全面的记录，这些记录包括项目完成情况、变更请求、关键性决策，以及其他重要事项。

站在报告者的角度，Musselman 建议经常发布此类报告，不一定非得有重要成果才发布通报。Musselman 的座右铭是"相对于一个竣工时点，在项目工期中设置多个里程碑会有更多好处"。在完成最终报告之前，可能的话，还可以提供模型规范说明、原型演示、动画、培训效果、事中分析、程序文档、过程报告以及演示文件。他建议这些可交付物应在项目生命周期内按时完成。

所有分析结果都应在最终报告中给予清晰反映和准确体现，这样可以让最终用户（而非决策者）检查模型的最终形式、待议的系统方案、方案比较的指标、仿真实验的结果，以及对所研究问题的推荐方案。进一步地，如果决策来自于更高层级的管理者，则最终报告还需要由最终用户和决策者进行一轮鉴定，以确保模型和建模过程的可信度。

## 12. 部署

部署工作成功与否取决于前面所有 11 个步骤的执行效果，也和系统分析人员是否让最终用户全程参与息息相关。如果最终用户全程参与了仿真模型的建设过程，对模型及其输出完全了解，那么成功部署的可能性就会大大提升[Pritsker，1995]。反之，如果参与者未就模型及其潜在假设进行充分沟通，无论仿真模型做得多么好，实施过程也会遇到问题。

图 1-3 中所示的仿真建模过程可以划分为四个阶段。

- 第一阶段包含第 1 步（问题构想）和第 2 步（设定目标和整体项目规划），是问题发现和定位阶段。问题的最初表述往往非常模糊，最初的目标通常会被重新设定，最初的项目计划往往会进行调整。此类重复校准和再度厘清的情况，有可能在本阶段或后续阶段发生（例如，分析人员可能重复第一阶段的工作）。

- 第二阶段涉及建模和数据采集，包括第 3 步（模型的概念化）、第 4 步（数据搜集）、第 5 步（模型转译）、第 6 步（校核），以及第 7 步（验证）。这些步骤之间相互影响、相互作用。将最终用户排除在本阶段工作之外，将为成果部署埋下失败的伏笔。

20

- 第三阶段与模型运行有关，包括第 8 步（实验设计）、第 9 步（正式运行与分析）和第 10 步（是否需要进一步运行）。该阶段必须针对仿真模型的实验设计，制定全面可信的实施方案。实质上，离散事件随机仿真就是一类统计试验。由于输出变量包含随机误差，因此需要借助合适的统计分析方法对其进行估计。与此相反，如果只依靠一次仿真运行的结果就对系统性能做出推断，往往会得出错误的结论，这显然是不对的。

- 第四阶段也就是部署阶段，包括第 11 步（编写文档和报告）和第 12 步（部署）。成功的部署有赖于最终用户持续的参与，以及前面各阶段工作的顺利完成。在整个过程中，第 7 步（验证）或许是最关键的，因为无效的模型肯定导致错误的结论，一旦实施就会带来危险，并且浪费投资。

## 参考文献

BANKS, J. [2008], "Some Burning Questions about Simulation." *ICS Newsletter*, INFORMS Computing Society, Spring.

BANKS, J., and R. R. GIBSON [1997], "Don't Simulate When: 10 Rules for Determining when Simulation Is Not Appropriate," *IIE Solutions*, September.

GORDON, G. [1978], *System Simulation*, 2d ed., Prentice-Hall, Englewood Cliffs, NJ.

HENDERSON, S. G. [2003], "Input Model Uncertainty: Why Do We Care and What Should We Do About It?" in *Proceedings of the Winter Simulation Conference*, eds. S. Chick, P. J. Sánchez, D. Ferrin, and D. J. Morrice, New Orleans, LA, Dec. 7–10, pp. 90–100.

KLEIJNEN, J. P. C. [1998], "Experimental Design for Sensitivity Analysis, Optimization, and Validation of Simulation Models," in *Handbook of Simulation*, ed. J. Banks, John Wiley, New York.

LAW, A. M. [2007], *Simulation Modeling and Analysis*, 4th ed., McGraw–Hill, New York.

MORRIS, W. T. [1967], "On the Art of Modeling," *Management Science*, Vol. 13, No. 12.

MUSSELMAN, K. J. [1998], "Guidelines for Success," in *Handbook of Simulation*, ed. J. Banks, John Wiley, New York.

NAYLOR, T. H., J. L. BALINTFY, D. S. BURDICK, and K. CHU [1966], *Computer Simulation Techniques*, Wiley, New York.

PEGDEN, C. D., R. E. SHANNON, and R. P. SADOWSKI [1995], *Introduction to Simulation Using SIMAN*, 2d ed., McGraw–Hill, New York.

PRITSKER, A. A. B. [1995], *Introduction to Simulation and SLAM II*, 4th ed., Wiley & Sons, New York.

PRITSKER, A. A. B. [1998], "Principles of Simulation Modeling," in *Handbook of Simulation*, ed. J. Banks, John Wiley, New York.

SANCHEZ, S.R. [2007], "Work Smarter, Not Harder: Guidelines for Designing Simulation Experiments," in *Proceedings of the 2007 Winter Simulation Conference*, eds. S. G. Henderson, B. Biller, M.-H. Hsieh, J. Shortle, J. D. Tew, and R. R. Barton, Washington, DC, Dec. 9–12, pp. 84–94.

SARGENT, R.G. [2007], "Verification and Validation of Simulation Models," in *Proceedings of the 2007 Winter Simulation Conference*, eds. S. G. Henderson, B. Biller, M.-H. Hsieh, J. Shortle, J. D. Tew, and R. R. Barton, Washington, DC, Dec. 9–12, pp. 124–137.

SHANNON, R. E. [1975], *Systems Simulation: The Art and Science*, Prentice-Hall, Englewood Cliffs, NJ.

SHANNON, R. E. [1998], "Introduction to the Art and Science of Simulation," in *Proceedings of the Winter Simulation Conference*, eds. D. J. Medeiros, E. F. Watson, J. S. Carson, and M. S. Manivannan, Washington, DC, Dec. 13–16, pp. 7–14.

21

## 练习题

1. 针对下述系统，定义其实体、属性、活动、事件和状态变量：
   a）咖啡厅          b）杂货店          c）自助洗衣店          d）快餐店
   e）医院急诊室      f）拥有 10 辆出租车的出租车公司          g）自动装配线
2. 考虑图 1-3 中的仿真过程完成以下工作：
   a）通过合并相似的活动，将现有步骤至少减少两步。给出你的合理解释。
   b）通过拆分当前步骤或新增步骤，在现有步骤基础上至少增加两个步骤。给出你的合理解释。
3. 某机构针对一个交通路口开展一项仿真活动，目的是提高当前的交通流量。针对图 1-3 中的步骤 1 和 2 进行三次迭代，逐步增加复杂度。
4. 针对意大利面烹饪问题进行仿真，研究一个人什么时候开始烹饪才能在晚上 7 点钟准时开饭。从网上下载一个意大利面的烹制菜谱（或者找朋友要一份烹饪菜谱）。尽你所能，依据图 1-3 提供的仿真步骤中数据搜集阶段的内容，了解一下你需要哪些信息，以便仿真模型包含菜谱中的每一步。该系统的事件、活动和状态变量有哪些？
5. 你使用支票簿的过程中有哪些相关的事件和活动？
6. 1.1 节给出了使用仿真的很多原因，但是还会有其他原因，检索冬季仿真大会论文集，看看是否还能找到其他原因。（冬季仿真大会的论文可以在 www. informs-cs. org/wsc-papers. html 找到。）
7. 在 www. informs-cs. org/wscpapers. html 所提供的冬季仿真大会的论文中，阅读与你研究兴趣相关的论文，准备一个报告，分析作者如何落实图 1-3 中给出的每一个步骤。
8. 从习题 7 所给的网址中，检索最近几年发表的论文，挑选你感兴趣的另外一个仿真应用领域，编写一份报告（报告内容要求如习题 7）。
9. 从习题 7 所给的网址中，检索最近几年发表的论文，找到一个最不常见的仿真应用领域，编写一份报告（报告内容要求如习题 7）。
10. 从 1.12 节中任选一个步骤，介绍其所用方法论。
11. 前往冬季仿真大会主页 www. wintersim. org，了解下述内容：
    a）上一届仿真大会有哪些先进的应用展示，下一届会有哪些？
    b）下届冬季仿真大会在哪里召开？何时召开？
12. 前往冬季仿真大会主页 www. wintersim. org，了解下述内容：
    a）参加人数最多的一届冬季仿真大会是何时召开的？有多少人出席？
    b）自第一届冬季仿真大会召开以来，中间停办过几次？
    c）自第一届冬季仿真大会召开以来，哪两届会议之间的间隔时间最长？
    d）自第 25 届冬季仿真大会开始，你能分析出会议地点是如何选定的么？
13. 向冬季仿真大会提交论文的流程是怎样的？
14. 将最近一届冬季仿真大会的赞助商，按照软件赞助商和其他类型赞助商进行分类。
15. 冬季仿真大会创建目的和历史是什么？
16. 使用你喜欢的搜索引擎查找网页"离散事件仿真输出分析（discrete event simulation output analysis）"，并准备一份报告，分析一下你发现的内容。
17. 使用你喜欢的搜索引擎查找网页"供应链仿真（supply chain simulation）"，并准备一份报告，分析一下你发现的内容。
18. 使用你喜欢的搜索引擎查找网页"基于网页的仿真（web based simulation）"，并准备一份报告，分析一下你发现的内容。

# 电子表格仿真案例

本章将以电子表格（spreadsheet）为例对仿真过程进行介绍。本章所使用的案例相对简单，有些可以手工完成，手工仿真结果与使用电子表格进行仿真的结果是一致的。我们的主要目标是介绍和说明仿真的一些重要概念，而不是传授如何规划和开发一个基于电子表格的仿真模型，只是用这些简单的电子表格模型讲解仿真模型中的关键元素。这些关键元素涉及从仿真模型组件到仿真实验的多项内容。

虽然某些类型的、基于现实问题的仿真模型，例如风险分析、金融分析、可靠性问题等，完全可以使用电子表格进行建模和求解，但是电子表格对于大部分复杂现实问题的动态仿真，以及基于事件的仿真具有很大的局限性。通常，这些复杂模型使用仿真软件或者通用程序设计语言进行开发，而不以电子表格为工具，对此我们将在第 3 章进一步介绍。

24

我们所设计的电子表格案例包括蒙特卡罗仿真，以及基于时序的事件驱动的动态仿真。要进行电子表格仿真，需要设计一个仿真表，该仿真表根据时间推进完成系统状态的调整。虽然该仿真表包含一些通用元素，但是通常情况下这些元素是具有特殊性的，也就是说，它们是针对所研究的问题而定制化设计的。由于这些元素本质上是个性化的，因此我们需要设计一个通用框架，以实现动态离散事件仿真。该框架的相关条款留待第 3 章讨论。

本章将介绍的关键元素包括：使用随机数表示不确定性；使用描述统计量来预测排队系统和库存模型的系统性能；从输入、活动、事件、状态变量、输出和响应等角度，考察仿真模型的优点。上述主题将在后续章节中进行系统性讨论，本章主要通过案例进行介绍。

2.1 节包含基础知识，例如生成随机样本，以及构成仿真模型的基本构成要素，本书后面的案例将使用这里学到的概念和技巧。本章其他小节中的例子涉及诸多领域，包含硬币投掷、排队和队列、库存策略、可靠性、目标攻击（投掷炸弹或投掷飞镖），以及项目网络分析，等等。在这些例子中，我们并未过多关注模型实施问题，而是着重介绍如何识别模型构成要素（输入、事件、状态，等等），如何进行一次简单仿真实验，以及介绍试验和重复仿真等概念。

本章所有案例都有一个基于 Excel 的电子表格文件，可从网址 www.bcnn.net 获得。电子表格文件所包含的说明和注释，可为每个案例提供技术细节，包括建模细节，这些技术细节有助于学生修改现有模型或开发新的电子表格仿真模型，正如某些习题要求的那样。

## 2.1 电子表格仿真基础

本节中，我们会介绍一些基本知识，这些知识有助于我们开发本章后面的仿真案例。我们将学习如何在电子表格中生成随机数，以及了解在手工仿真时从哪里获得这些随机数。我们将学习在一些简单情况下如何生成随机样本，例如硬币投掷、排队仿真中的服务时间与到达时间、库存模型中的随机需求，等等。这里介绍的方法对于本章案例中使用的全部简单离散统计分布而言是足够的。

### 2.1.1　如何模拟随机性

本书所涉及的仿真模型大多包含一个或多个随机变量。这在硬币投掷实验中是显而易见的：需要建立一种机制，用于模拟随机投掷过程，最终产生硬币正面（head）或反面（tail）两种情况。在排队模型中，当服务时间和顾客到达间隔时间既无法预知也无法预测时，也许它们都遵从某种统计模式，也就是说，可以使用特定的统计分布对其进行描述。

如何进行随机取值？我们将在第 7 章和第 8 章介绍隐藏在随机数和随机变量生成背后的理论。本章我们提出一个实用的话题：如何产生用于电子表格仿真和手工仿真中的随机变量？

任何随机数值的产生都需要首先生成一个介于 0～1 之间的随机数。术语**"随机数"**（random number）是指一个随机生成的、介于 0～1 之间的数值。相比之下，**"随机变量"**（random variable）是指服从于特定统计分布的随机生成的数值。生成随机数列的方法称为**随机数生成器**（Random Number Generator，RNG），我们将在第 7 章进行介绍。

随机数生成器所生成的数列，应具备两个重要的统计学特性：

1）这些数字应在 0～1 之间均匀分布。

2）待生成随机数与已生成随机数之间是统计独立的。

均匀性是指随机数落在区间 $(a, b)$（$a$ 和 $b$ 均位于 0～1 之间）之间的概率等于区间长度 $b-a$。统计独立是指即使知道了已经生成的数列，也无法以任何形式预测后续的生成值。此外，统计独立也意味着相邻随机数的相关系数为零（不相关）。

由此生成的数列通常被称作**伪随机数**（pseudo-random numbers）。原因之一是存在这样的悖论：我们既想获得统计均匀且相互独立的数列，也想控制其生成过程。我们希望任何时候都能够重复生成完全相同的随机数列，因为这可以帮助控制和再现仿真实验。另一个现实原因是，这有助于仿真模型的开发和调试。

通常情况下，我们怎样获得这些随机数呢？它们来自哪里？（下文中，VBA 代表 Visual Basic 应用程序，是 VB 程序设计语言在 Excel 和其他 Microsoft Office 应用程序中的应用实例。）以下是一些随机数的基本来源。

1）在 Excel 中，我们可以在单元格的嵌入公式中使用内置工作表函数 RAND。RAND 函数生成 0～1 之间的数值。使用 RAND 函数生成 0～1 之间一个随机数值的典型公式如下：

```
=RAND()
```

较复杂的表达式（例如生成 0 或 1 这两个数值中的其中一个）应该用如下方式书写：

```
=IF(RAND()<=0.5,0,1)
```

需要注意的是，IF 函数检验第一个参数的条件，如果条件为真，则返回其后的第一个数值；否则，返回第二个数值。

2）Excel 也提供工作表函数 RANDBETWEEN()，用于返回指定的大小两个数值之间均匀分布的整数。Excel 及其某些附加程序也提供产生随机数的其他函数，但我们在此不使用。

3）在 Excel 工作表的单元格中，我们可以调用用户编写的 VBA 函数，或者使用 Excel 的内部 VBA 函数库，例如 Rnd() 或者第 7 章介绍的 VBA 函数（MRG32k3a），该函数可在本书配套网站上获得。本章的电子表格案例均使用 VBA 函数 Rnd01()，它可以在单元格中直接调用。(Rnd01() 只是调用 Excel 内部 VBA 库函数 Rnd()。)

4) 仿真软件提供必要的方法，可以依据相当多的统计分布或者数据来产生随机数和随机变量。

5) 大部分通用程序设计语言提供内置函数来产生随机数，而且提供很多小工具用来从各种统计分布中产生样本值。如果没有这些函数和工具，模型开发人员可以依据第 7 章和第 8 章中介绍的算法自行编写程序代码。

6) 对于手工(纸上作业法)仿真，可以使用物理方法的随机数生成器，例如投掷一枚或多枚硬币，或是掷骰子。这些方法仅适用于最简单的案例，另一种可能的方法是依据特定分布所制作的随机数表或随机变量表加以实现。

工作表函数 RAND() 和 VBA 函数 Rnd() 都不应该用于专业化工作，因为它们都有一定的缺陷。例如，VBA 函数 Rnd() 返回单精度值(精度为小数点后 5 位)，而 RNG 返回双精度值(大约小数点后 15 位)。其次，Rnd() 具有短周期，即在生成不多的数值之后会发生循环。其循环周期为 $2^{24}$，约 1677 万。对于均匀性和独立性这两个关键特征，RAND() 函数具有更短的周期和更严重的缺陷。(请参阅第 7 章，从中可详细了解随机数生成器的循环周期，以及随机数生成器均匀性和统计独立性的其他重要问题。还需要注意的是，Microsoft 更改了 Office 2003 中的 RAND() 函数，据报道，它既有漏洞又有缺陷，因而遭到广泛批评。)我们仅在案例 2.1 中使用 RAND() 函数，也仅限于教学目的。由于随时都可以获得更好的随机数生成器(包括 VBA 函数 MRG32k3a，它包含在本书网站 Excel 文件 "RandomNumberTools. xls" 中，我们在本书第 7 章和第 8 章将对其进一步介绍)，因此，我们认为在专业化工作中没有理由再去使用低效的随机数生成器。

大多数随机数生成器可以使用用户指定的数值(称为**种子值**)进行初始化。电子表格案例中 "Reset Seed&Run" 按钮对应的 VBA 代码承担了如何为 VBA 的 Rnd() 生成器设置种子值的功能。显然，无法为 Excel 的 RAND 生成器设置种子值(这是不使用它的另一个原因)。MRG32k3a 生成器(在 "RandomNumberTools. xls" 中)需要与 VBA 函数 InitializeRNSeed() 一起使用，并通过后者设置种子值。通过设定种子值，用户可以令随机数生成器重复生成一个数列。这对于调试仿真模型和重复仿真实验来说很有价值。请你记住，我们正在模拟随机性，重复性控制是我们需要的一个特性，而不是缺陷。

## 2.1.2　案例中的随机数生成器

每个案例的电子表格都包含大量的 VBA 函数，用于在一些简单案例中生成随机变量。我们建议在开发新模型时，读者以现有电子表格模型为起点，这样，本书所有案例中的 VBA 函数都可用于新模型。

在电子表格的工作表中，用于在单元格中生成随机数的 VBA 函数和 Excel 工作表函数包括：

1) Rnd01()：可生成 0~1 之间的随机数。

2) DiscreteUniform(min, max)：在最小值 min 和最大值 max 之间生成一个随机整数，其中 min 和 max 可以是数字，也可以是包含 min 和 max 值的单元格地址。

3) DiscreteEmp(rCumProb, rValues)：用于从两个 Excel 单元格范围(区域)确定的离散(经验)分布中生成样本，其中 rCumProb 代表存储累积概率值的单元格范围，rValue 则是存储对应数值的单元格范围。

4) Uniform(low, high)：产生介于 low 和 high 之间的、服从连续均匀分布的实数值

（不仅限于整数），low 和 high 是具体数值或者包含该数值的单元格地址。

　　5）NORMSINV(Rnd01())：用以生成服从均值为 0、标准差为 1 的标准正态分布的随机变量。

　　上述函数中，除了 NORMSINV() 之外，都是本章案例会用到的 VBA 函数。NORM-SINV() 是一个 Excel 工作表函数，可以生成服从标准正态分布的随机变量。我们建议不要使用工作表函数 RAND() 和 RANDBETWEEN()。使用电子表格进行仿真时，可以访问上述任一函数，无论这个函数是否被使用；因此，本书中的电子表格案例是进行后续练习的一个不错的起点。

　　到目前为止，我们不要求读者能够完全理解上述这些功能是如何实现的，相关内容将在第 7 章和第 8 章中介绍。我们的目标是希望读者了解每个函数生成的随机值的本质特征，并且在案例修改或是创建一个新的电子表格模型之类的练习中可以用到它们。这些功能将在后面的案例进行更详细的介绍。

### 2.1.3　如何使用电子表格

　　电子表格仿真模型位于每个解决方案文件（Excel 电子表格文件）的名为"One Trial"的工作表（sheet）中。该工作表包含模型输入的定义和规范，**仿真表**（simulation table）包含多个公式，这些公式用于生成仿真所需的每一行数据，也用于计算表示仿真运行结果的一些汇总统计指标（通常用直方图表示）。工作表中有两个按钮控制仿真进程：

　　1）点击一次"Generate New Trial"按钮，就会进行一次新的仿真，每次都会使用一个新的随机数列。

　　2）点击"Reset Seed & Run"按钮，程序会使用用户指定的数值（在邻近单元格内）作为随机数生成器的种子值，并使用该种子值进行仿真。默认种子值是我们随意指定的 12345。

　　任何时候想返回初始结果，都可以通过点击"Reset Seed & Run"按钮实现。

　　Experiment 工作表允许用户每次使用不同的随机数重复执行"One Trial"工作表来进行仿真实验，并将指定的模型响应值（存储在 Link 单元格中）记录到 Response Table 中。用户可以确定试验次数，例如设定为 100，这意味着"One Trial"工作表将运行 100 次，得到 100 个响应值，并记录在 Response Table 中。这种模式被称作**重复仿真**（replication），重复仿真的次数即试验次数。

　　所有试验的实验结果汇总在 Experiment 工作表的 Multi-Trial Summary 表中。这些汇总统计指标包括频率分布、对应的直方图以及常用统计指标（例如，样本平均值、中位数、最小值和最大值等）。2.2 节的表 2-6 是一个相关示例。

　　在 Experiment 工作表上运行实验，需要使用以下两个按钮：

- 每次点击"Run Experiment"按钮，实验将运行事先指定的次数。每次点击都会使用不同的随机数。
- 每次点击"Reset Seed & Run"按钮，程序使用用户指定的种子值（在邻近单元格内）作为随机数生成器的种子值（默认值为 12345）并运行实验。每次点击都会生成完全相同的结果。

　　本章所给案例的运行结果都是通过点击"Reset Seed&Run"按钮获得的，这就保证读者可以再现相同的仿真结果。每个解决方案文件都包含了必要的说明和解释，也包括模型逻辑的实现细节。一些解决方案文件还有一个名为 Explain 的工作表，对模型的某些内容进行了较为详细的解释。

### 2.1.4 如何进行硬币投掷仿真

如何在电子表格中实现硬币投掷仿真呢？我们所给出的解决方案展示了如何在电子表格仿真中使用服从均匀分布的随机数生成器。

#### 例 2.1 硬币投掷试验

我们想要模拟连续十次投掷硬币。所使用的硬币是"均衡的"，即硬币正面朝上和反面朝上的概率是相等的，即两种情况出现的概率均为 0.5。我们可以多次运行仿真模型，并将所得结果与现实生活中投掷硬币的预期结果加以比较。这是蒙特卡罗仿真的一个案例，无须追踪事件或仿真时钟。

表 2-1 给出的解决方案在电子表格文件 Example2.1CoinToss.xls 中。实际上，电子表格里包含四个方案，前两个方案使用 RAND() 随机数生成器，后两个方案使用内部 VBA 函数 Rnd01()。留给大家作为一个练习（在本章的最后），为这四个方案统计结果的不一致性给出合理解释，无论点击"Generate New Trial"多少次，这四个方案得出的结果都是不一样的。

**表 2-1  投掷硬币仿真表**

| | B | C | D | E | F | G | H | I |
|---|---|---|---|---|---|---|---|---|
| 11 | | 解决方案♯1A | | 解决方案♯1B | | 解决方案♯2A | | 解决方案♯2B |
| 12 | | | 解决方案 | 解决方案 | | | 解决方案 | 解决方案 |
| 13 | | | using RN | using | | | using RN | using |
| 14 | 投掷 | RAND() | from ColC | RAND() | 投掷 | Rnd01() | from ColG | Rnd01() |
| 15 | 1 | 0.731 708 9 | T | T | 1 | 0.987 111 4 | T | T |
| 16 | 2 | 0.828 583 7 | T | T | 2 | 0.022 559 8 | H | H |
| 17 | 3 | 0.070 116 8 | H | T | 3 | 0.000 835 6 | H | T |
| 18 | 4 | 0.214 729 5 | H | H | 4 | 0.212 768 6 | H | T |
| 19 | 5 | 0.861 317 9 | T | H | 5 | 0.858 615 9 | T | H |
| 20 | 6 | 0.415 909 8 | H | H | 6 | 0.550 336 2 | T | H |
| 21 | 7 | 0.749 231 7 | T | H | 7 | 0.524 373 0 | T | H |
| 22 | 8 | 0.967 166 1 | T | T | 8 | 0.888 435 1 | T | T |
| 23 | 9 | 0.482 308 9 | H | T | 9 | 0.211 111 8 | H | T |
| 24 | 10 | 0.673 889 7 | T | H | 10 | 0.768 042 7 | T | H |

硬币投掷模型的电子表格处理逻辑很简单。第二个解决方案（E 列）为

`=IF(RAND()<=0.5,"H","T")`

第四个解决方案（I 列）为：

`=IF(Rnd01()<=0.5,"H","T")`

每次调用 RAND() 函数或是 Rnd01() 函数，都会产生一个新的随机数。"One Trial"工作表记录在 10 次投掷过程中正面与反面出现的频率，并在直方图中以图形方式表示。

第一个解决方案和第三个解决方案使用的是两步法，当我们希望所生成的随机数能够

被多次使用时，可以使用这种方法。C列和G列包含生成的随机数，D列和H列包含试验结果（"正面向上"或是"反面向上"）。第四个解决方案是例2.4中硬币投掷游戏的基础。

对于后面所有的电子表格仿真，我们使用 VBA 函数 Rnd01()，或是基于 Rnd01() 的 VBA 函数，而不使用 RAND() 函数。然而，在专业性更强的仿真项目中，我们建议使用 VBA 函数 MRG32k3a，该函数在文件"RandomNumberTools.xls"中可以找到，我们将在第 7 章中对其进行介绍。正如之前所说，Excel 工作表中的 RAND() 函数，以及 VBA 的 Rnd() 函数，都有严重的局限性和缺陷，因此只能作为非正式或教学使用。

### 2.1.5  如何模拟随机服务时间

以下案例将介绍如何从任意的离散分布中生成随机样本。这个例子很简单，服务时间的全部可能取值只有三个。这个例子的关键之处在于从随机数到随机变量（此处为服从特定概率分布的服务时间）的转换准则，使用这个准则可以很容易地生成服从任何一种有限取值离散分布的随机变量。

本节和 2.1.6 节（模拟顾客到达时间）介绍的方法将多次在本章后续案例中使用。

#### 例 2.2  随机服务时间

要完成一个自动电话信息服务，每位呼叫者可能耗时 3 分钟、6 分钟或 10 分钟。上述三种服务时长占比分别为 30%、45% 和 25%。我们将在电子表格里模拟生成这些服务时间，目的在于学习如何从一个离散分布中生成随机样本，以便为排队模型、库存管理模型以及其他后续案例做准备。这也是蒙特卡罗仿真的一个例子。

表 2-2 给出了输入数据规范和部分仿真表格（包含前四个呼叫者），来源于文件 Example2.2ServiceTimes.xls。输入数据规范定义了服务时间概率和累积概率。累积概率一直增加，直到 1.0 为止。我们将会看到，随机变量的生成用到了累积概率。该方法以一个随机数开始，并在获得所期望的随机变量之后结束。本例中，我们期望得到的随机变量是服从特定分布的随机服务时间。电子仿真表给出了 25 个呼叫者服务时间的频率分布结果（或直方图）。

30

图 2-1 说明了如何把随机数转换成服务时间。我们可以想象把一个飞镖投向一个特殊的标靶（例如圆形标靶），假设飞镖总是会击中标靶，如果将标靶的半径长度视为单位 1（注：我们可以把标靶看成一个由很多同心圆构成的圆饼，由于每次投掷都会落在标靶上，则每次飞镖都会落在一个

表 2-2  服务时间的输入数据规范及仿真表

|  | A | B | C | D |
|---|---|---|---|---|
| 4 |  |  |  |  |
| 5 |  | 服务时间 | 概率 | 累积概率 |
| 6 |  |  |  |  |
| 7 |  | 3 | 0.30 | 0.30 |
| 8 |  | 6 | 0.45 | 0.75 |
| 9 |  | 10 | 0.25 | 1.00 |
| 10 |  |  |  |  |
| 11 |  | 呼叫数= |  | 25 |
| 12 |  | 仿真表 |  |  |
| 13 |  | 步数 | 活动 |  |
| 14 |  |  |  |  |
| 15 |  | 呼叫者 | 服务时间 |  |
| 16 |  | 1 | 6 |  |
| 17 |  | 2 | 6 |  |
| 18 |  | 3 | 10 |  |
| 19 |  | 4 | 6 |  |

同心圆上，每一个同心圆都代表某个数值，这个圆的半径介于 0～1 之间），则飞镖的落点概率等同于在一条长度为 1 的线段（表示为 0～1）上任一点着陆的概率。于是，每次都可以通过飞镖的落点生成相应的数值。

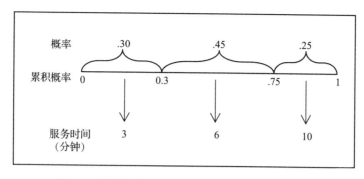

图 2-1　从随机数到服务时间的"随机投掷"转换

在图 2-1 中，概率（显示在表中靠上的位置）用标靶区域中无重叠的区段（同心圆带）表示，且整体累加值必须为 1。累积概率由线上的点表示，箭头表示转换。算法的实现方法如下：首先，选择一个随机数，设为 R。如果 R 在第一个区间，即 R 小于或等于 0.30，该过程生成一个 3 分钟的样本服务时间。类似的，如果 R 在 0.30 与 0.75 之间，服务时间就是 6 分钟，如果 R 大于 0.75，服务时间就是 10 分钟。这个算法很容易推广到任何离散分布。

为了说明上述步骤，我们首先生成 5 个随机数，在 Excel 中（使用 RAND 函数或 Rnd01 函数或任何其他随机数生成器），或是从随机数表（例如附录表 A-1）里取出 5 个样本。假设这 5 个随机数为

0.9871　　0.0226　　0.0008　　0.2128　　0.8586

在用图 2-1 说明的方式转换后，得到的服务时间为

10　　　　3　　　　3　　　　3　　　　10

在小样本中（这里样本大小为 5），我们不能预期每个值出现的频率接近于概率。但是，在一个足够大的样本中，样本频率应该是相当接近于概率的。你可以用电子表格文件 Example2.2ServiceTimes.xls 进行实验，看看小样本频率与假设概率的差别有多大。

在 Excel 中，我们可能会认为针对只有几个可能取值的分布（此处只有 3 种取值可能），使用以下公式（工作表中的 IF 函数）就可实现转换，例如

```
=IF(Rnd01()<=0.30,3,IF(Rnd01()<=0.75,6),10)        （这是错误的!!）
```

这种求解方法导致了一个严重错误：每次引用 Rnd01() 函数都会生成一个新的随机数；而我们的转换过程只需一个随机数（你可以用这个错误的方法修改 Example2.2ServiceTimes.xls，看看概率如何变化）。要解决上述问题，可以用两个单元格进行修改，第一个单元格放置 Rnd01 函数生成的结果，第二个单元格含有修正后的 IF 语句。

更好的方法是使用 VBA 函数 DiscreteEmp()（适用于离散经验分布，该分布由手中现有的数据确定）。要查看此函数的具体用法，请参阅电子表格文件 Example2.2ServiceTimes.xls。生成一个随机服务时间的典型单元格表达式如下：

```
=DiscreteEmp($D$7:$D$9, $B$7:$B$9)
```

$D$7:$D$9 是包含累积概率的单元格区域（range of cells），而 $B$7:$B$9 是包含所需服务时间数值的单元格区域。"离散"意味着只有列出的值才会被生成。这两个单元格区域都必须是列向量（即所有数据都位于同一列内），并且两列的长度必须相等，即包含相同数量的单元格。每个行或列地址中的"$"表示这是一个绝对地址而不是相对地址。这样，在一个单元格中输入计算服务时间的公式之后，可以很容易地将该公式复制和粘贴到

其他单元格里面)。

31
~
32

内置 VBA 函数 DiscreteEmp() 的使用方法可以很容易地推广到本章使用简单离散分布进行模型输入的大部分案例(和练习)中。使用 DiscreteEmp() 函数,需要在工作表里设置两个区域,一个用于累积概率,另一个用于所求数值。该函数可用于生成分布中的任何可能的数值。

在后续的案例中,请记住图 2-1,它准确说明了 DiscreteEmp() 函数的计算过程。虽然其 VBA 函数实现只涉及一个循环,并且对非程序员来说可能很复杂,但是它遵从了图 2-1 所蕴含的简单逻辑——在特定标靶上投掷飞镖、区间分割以及转换过程。

### 2.1.6 如何模拟顾客随机到达时间

本节的目标是学习如何生成随机到达间隔时间(连续到达的间隔时间),以及计算顾客或其他实体到达系统的时间。像例 2.2 中的服务时间一样,到达间隔时间是仿真生成的持续时间段,被称为**活动时间**(activity time)或**活动**(activity)。它们不同于**到达时间**(arrival time),到达时间是用在仿真时钟中表示实体到达设施的那一时刻。(瞬间)

仿真时钟是每个动态离散事件仿真的关键组成部分。在所有 Excel 电子表格求解方案中,仿真时钟时间被标记在仿真表的适当列标题之上,以便区分活动时间(例如,服务时间或顾客到达间隔时间)和经过计算获得的仿真时钟时间。任何情况下,仿真时钟时间代表一个事件发生的时刻。例如,在排队模型中,某个顾客的到达、某项服务的开始,或是一项服务的结束,这些都是事件。

### 例 2.3 随机到达时间

对电话信息服务机构的电话呼叫(服务时间在例 2.2 中定义),发生在到达间隔为离散分布的随机时间(时刻),间隔时间的全部可能取值为 1、2、3 或 4 分钟,且各可能取值概率相等。我们来介绍如何生成顾客到达间隔时间和到达时间(到达时刻)。

由于本例中有一个事件,即到达事件,因此它是我们第一个动态的、基于事件模型的例子(即使它非常简单)。所谓"动态",可以简单理解为"基于时间变化的",即系统状态随时间变化而改变;"动态的、基于事件的"表示模型是由事件驱动的,而事件则随着时间的推进而发生。

顾客到达间隔时间可以采用例 2.2 中生成服务时间的相同方式随机生成。然而,电子表格提供了另一个 VBA 函数,用来简化生成服从离散均匀分布的随机变量。**均匀**(uniform)表示所有值的产生具有相等的概率。在这个例子中,所有到达间隔的可能取值为 1、2、3 或者 4 分钟,每个值出现的概率都是 0.25。对于这样的离散均匀分布,电子表格提供了 VBA 函数 DiscreteUniform(),此函数包含两个参数:你可以输入包含最小值的单元格地址和包含最大值的单元格地址,或者在函数中直接输入最小值和最大值,例如:

```
= DiscreteUniform($G$5,$G$6)
```

或

33

```
= DiscreteUniform(1,4)
```

DiscreteUniform(low, high) 函数是由一行 VBA 代码实现的,如下所示:

```
DiscreteUniform = low + Int((high - low + 1)*Rnd())
```

在本例中,需要按照下式书写:

```
DiscreteUniform = 1 + Int(4 * Rnd())
```

Rnd()函数生成一个0~1之间的随机数(在VBA函数中,这个数总是小于1,但是可能等于0);Int()是一个VBA函数,对其参数采用向下取整(截断truncate)获得。(注意,4 * Rnd()生成了位于0.0与3.99999之间的实数,因此,向下取整后加1,就能够生成我们所期望的位于1~4之间的数值。大家想一想,为什么要假设1~4的取值概率相等?)

表2-3显示了从Example2.3Arrival-Times.xls电子表格模型中获取的到达间隔时间的输入数据规范和仿真表的一部分。如步骤1(第14行)所示,假设第一次顾客到达事件发生在仿真时钟的零时刻(第一位顾客的假设到达时间与具体模型相关,它可以发生在任何时刻,既可以是常数也可

表 2-3  到达时间的输入数据规范及仿真表

| | A | B | C | D |
|---|---|---|---|---|
| 4 | | 到达间隔时间 | | |
| 5 | | (分钟) | | |
| 6 | | 最小值 | 1 | |
| 7 | | 最大值 | 4 | |
| 8 | | | | |
| 9 | | 呼叫数= | | 25 |
| 10 | | 仿真表 | | |
| 11 | | 步数 | 活动时间 | 仿真时钟时间 |
| 12 | | | 到达间隔 | |
| 13 | | 呼叫者 | 时间 | 到达时间 |
| 14 | | 1 | | 0 |
| 15 | | 2 | 2 | 2 |
| 16 | | 3 | 1 | 3 |
| 17 | | 4 | 3 | 6 |

以是随机数值)。到达间隔时间是通过DiscreteUniform(1,4)函数随机、独立产生的。借助一个简单公式,即上一个顾客的到达时间(到达时刻)加上当前顾客的到达间隔时间,就可以计算出当前顾客的到达时间(到达时刻)。(你可以验证到达时间的电子表格计算公式是否符合这样的逻辑。)

---

例2.3是本书中第一个包含事件(即到达事件)以及与该事件相关的事件发生时间(即事件到达的仿真时钟时间)的案例。值得注意的是,表2-3将活动时间(activity time)与仿真时钟时间(CLOCK time)进行了区分。

34

### 2.1.7  电子数据表格的仿真框架

**仿真表**(simulation table)所提供的逻辑架构及实施步骤确立了一套实施电子表格仿真的通用指导准则。在前面已经介绍的几个仿真表案例中,例2.3中的表2-3是迄今为止最好的成果,因为它包含了仿真时钟时间(用于到达事件),这使其成为一类最简单的、动态的、基于事件的仿真模型。

首先,模型开发人员必须定义模型输入、系统状态和模型输出。**输入**(input)是**外生变量**(exogenous variable),通常独立于其他系统特性。例如,硬币投掷中正面朝上的概率,排队系统中服务时间和顾客到达间隔时间的分布,或者库存模型中的需求分布。这些输入用于生成随机活动时间和其他随机变量。其他输入(如决策策略或参数)可以是常数。

**输出**(output)是用于计算系统性能的度量指标。例如,一项输出是某一位顾客在队列中的排队等待时间,或库存系统中某一笔业务的成本,那么与之相关的**响应**(response)就分别是队列中所有顾客的平均排队等待时间,或库存系统中单位时间的平均成本。

每个仿真表都是针对当前问题而定制的。表中的每一列都必须是下述类型之一:

1)与模型输入相关联的活动时间。

2）由模型输入定义的任何其他随机变量。

3）系统状态。

4）事件，或是事件发生的仿真时钟时间（仿真时刻）。

5）模型输出。

6）有时还包括模型的响应。

模型的构成要素（活动、状态、事件，等等）将在第 3 章进行深入分析和详细介绍。对于我们在这里所讨论的电子表格仿真，上面列出的构成要素已经足够了。

通常，模型响应（也称为系统性能度量指标）的计算是在仿真完成之后，在仿真表外部进行的。例如，在排队模型中，每一个顾客在队列中的等待时间是模型输出，而所有顾客的平均等待时间则是模型响应。因此，首先依据仿真表获得模型输出值，然后再计算响应指标值。

活动时间是用常量或统计分布定义的时间段，如服务时间或到达间隔时间。活动表示为时间的一个持续过程，而事件发生时间则为某一时刻。

系统状态包括排队模型中的服务台状态（繁忙或空闲），以及库存模型中的库存水平，等等。通常，系统状态集包括沿时间维度进行仿真（或从一个步骤到下一个步骤）所需的全部信息，也包含使仿真逻辑更简单、更透明因而更容易理解的相关量值或信息。只要模型的逻辑是正确的，模型越简单就越有助于人们理解。这是非常重要的，在验证模型逻辑是否正确的时候尤其如此（该主题将在第 10 章讨论）。

表 2-4 的一行表示仿真中的一步，每一步仿真通常与一个或多个事件的发生、一个实体（例如顾客）在系统中的流程进度相关。这样设计仿真表，可以使得每一步的仿真计算都只依赖于以下三个因素：当前这一步的模型输入、上一步的一个或多个步骤、之前的计算结果。

一般来说，模型开发人员无论以电子表格方式还是手动方式进行仿真，都应遵循如下准则：

1）确定仿真模型每一个输入变量的特性。常见的输入变量多以常数或概率分布表示。

表 2-4　通用型仿真表

| 步骤 | 活动和系统状态 | | | | | | 输出 |
|---|---|---|---|---|---|---|---|
| | $x_{i1}$ | $x_{i2}$ | $\cdots$ | $x_{ij}$ | $\cdots$ | $x_{ip}$ | $y_i$ |
| 1 | | | | | | | |
| 2 | | | | | | | |
| 3 | | | | | | | |
| $\vdots$ | | | | | | | |
| $n$ | | | | | | | |

2）确定与问题相关的活动、事件和系统状态。

3）根据研究目标或与研究目标相关的具体问题，确定模型响应或系统性能度量指标。

4）确定计算模型响应所需的模型输出。

5）构建仿真表。仿真表的一种通用形式如表 2-4 所示。此表包含 $p$ 个活动；多个系统状态变量 $X_{ij}$，$j=1$，2，$\cdots$，$p$；一个仿真输出变量 $y_i$，$i=1$，2，$\cdots$，$n$。第一步是在仿真表中填入初始化数据。当使用电子表格模型时，开始的一步或几步（通常只是第一步）通常不同于后续步骤，这是由计算公式定义的。

6）在第 $i$ 步中，需要为所有活动生成各自的值，然后计算系统状态和系统输出 $y_i$。随机输入值的计算可以依据第一步给定的统计分布进行抽样。输出通常取决于输入、系统状态以及其他可能的输出指标。

7）当仿真完成后，使用模型输出计算模型响应或系统性能度量指标值。

在本章后续各节中，我们将看到几个在不同类型仿真表中进行的电子表格仿真案例，包括硬币投掷游戏，以及几个应用案例（排队系统、库存管理、可靠性和网络分析等）。硬币投掷游戏提出了一个简单的问题，但是我们相信大多数读者会对答案感到惊讶。

两个排队系统的例子分别介绍了单服务台和双服务台的排队系统。第一个库存管理案例研究的问题具有闭式解，因此，我们可以对仿真解和解析解进行比较。第二个库存管理案例属于经典的订货点法。

其余例子包括飞机轰炸模型、可靠性模型、用于估计复杂随机变量统计分布的蒙特卡罗模型（提前期需求），以及项目活动网络模型。飞机轰炸模型介绍如何使用服从正态分布的随机数。

## 2.2 硬币投掷游戏

在硬币投掷实验中，你和对手各自领先的机会是均等的吗？（双方的机会各占 1/2，也就是说，你在大约一半的投掷过程中是领先的，对手也是如此）还是说你们当中的某一个会在大部分时间内领先？

在下面的例子中，我们将更详细地介绍电子表格的设计布局，以及两个主要工作表（"one Trial"和"Experiment"）和仿真运行按钮的设计，还会介绍所使用的术语：**试验**（trial，或重复仿真 replication）和**实验**（experiment）。模型逻辑的详细介绍（所使用的公式、函数调用，等等）都已经写在 Excel 文件之中，可以在网站 www.bcnn.net 中找到。

### 例 2.4 硬币投掷游戏

Charlize 为她的两个朋友 Harry 和 Tom 一共投币 100 次。当硬币正面朝上时，Harry 赢 1 美元而 Tom 输 1 美元，反之 Tom 赢 1 美元而 Harry 输 1 美元。Charlize 负责记录他们各自的胜负次数。每一次投掷之后，要么 Harry 领先，要么 Tom 领先，要么他们的胜负次数相等。

我们想了解的是，在每一局（trial 或 replication）游戏中（一局游戏恰好投掷 100 次），究竟是 Harry 和 Tom 领先的机会各为 1/2，还是其中一人在大部分时间内领先？

我们并不关心谁是最后的胜者，也不关心硬币正反面出现的比例（显然，长期实验之后应该接近 50：50），我们关注的是在游戏的过程中 Harry 和 Tom 领先或者落后的概率。值得注意的是，领先和落后的概率并不是这个问题仅有的两个解（还有平手的情况），因此，二者概率之和不会超过 1。

具体来说，以下哪种情况更易出现，并且各自的可能性是多大呢？

1）在完成一局全部 100 次投掷之后，Harry 和 Tom 各自有 50% 的概率领先对手。举个例子，Harry 在投掷过程中有 45～55 次处于领先，同样 Tom 也有 45～55 次领先。

2）Harry 在投掷过程中领先 95 次以上。

3）Harry 在投掷过程中领先不足 5 次。

在看到答案之前，你可以猜一猜结果。表 2-5 给出了输入数据规范以及仿真表中前 14 次投掷的结果，表中内容来自 Example2.4Coin-

表 2-5　硬币投掷游戏输入规范及仿真表

|  | A | B | C | D |
|---|---|---|---|---|
| 4 |  |  |  |  |
| 5 |  | 硬币 | 概率 | 累积概率 |
| 6 |  |  |  |  |
| 7 |  | 正面 | 0.50 | 0.50 |
| 8 |  | 反面 | 0.50 | 1.00 |
| 9 |  |  |  |  |
| 10 |  | 投掷次数＝100 |  |  |
| 11 |  | 仿真表 |  |  |
| 12 |  | 步数 | 状态 | 输出 |
| 13 |  | 投掷序号 | 结果 | 获胜 |
| 14 |  | 1 | T | －$1 |
| 15 |  | 2 | H | 0 |
| 16 |  | 3 | T | －1 |
| 17 |  | 4 | H | 0 |
| 18 |  | 5 | H | 1 |
| 19 |  | 6 | T | 0 |
| 20 |  | 7 | H | 0 |
| 21 |  | 8 | T | 0 |
| 22 |  | 9 | T | －1 |
| 23 |  | 10 | H | 0 |
| 24 |  | 11 | T | －1 |
| 25 |  | 12 | H | 0 |
| 26 |  | 13 | T | －1 |

Game. xls，采用默认种子值（12345），通过按下"Reset Seed & Run"按钮之后得到。"One Trial"工作表包含一个执行 100 次投掷游戏的仿真程序和运行结果。

如果检查电子表格（使用随机数生成器的默认种子值进行的试验）中的"One Trial"工作表，会发现在第 13 次投掷时，Harry 赢得的钱是负数（他输了钱），并且直到游戏结束一直都是负数。事实上，在这局游戏中，Tom 在 100 次投掷中有 92 次处于领先，但是最终他赢得的钱只有 6 美元，而 Harry 在 100 次投掷中仅仅领先两次。两人在 100 次投掷中有 6 次总输赢是相等的（输赢值为 0，最后一次出现在第 12 次投掷中）。

目前来看，我们还不能仅仅通过一局游戏（相当于点击一次"Generate New Trial"按钮，每一局游戏都是投掷 100 次）来回答前面提出的问题。为了进行多局游戏，我们使用"Experiment"工作表并且设置试验局数（C3 单元）为 400 ⊖（对于我们当前的目标而言，大一些的试验局数才是有意义的）。然后，按下"Reset Seed & Run"按钮，它设置种子的默认值（12345）并且在试验中使用这个种子。以上操作意味着"One Trial"工作表被执行了 400 次（局），且每一局试验结束后，结果都被记录在"Experiment"工作表中。这个电子表格包括公式、函数的注释和说明，还有模型逻辑和期望输出值收集的技术细节。

表 2-6 显示的是试验详情（400 局试验及其响应值）以及前 11 局试验（前 11 局游戏）的响应值表，外加多局试验的汇总值。图 2-2 是多局试验汇总后的频率直方图。

表 2-6　硬币投掷游戏的实验工作表

|  | A | B | C | D | E | F |
|---|---|---|---|---|---|---|
| 3 | | 试验局数： | 400 | | | |
| 4 | | 性能度量指标： | | | | |
| 5 | | 度量指标名称 | | Link | | |
| 6 | | "最后一局中"Harry 在 100 次投掷中领先的次数 | | 31 | | |
| 7 | | | | | | |
| 8 | | | | | | |
| 9 | | 响应表 | | 多局试验汇总值 | | |
| 10 | 试验（局） | Harry 领先的投掷次数 w | | 区间 | 频数 | 相对频率 |
| 11 | 1 | 2 | | 0 to 5 | 73 | 18.3% |
| 12 | 2 | 91 | | 45 to 55 | 28 | 7.0% |
| 13 | 3 | 1 | | 95 to 100 | 46 | 11.5% |
| 14 | 4 | 76 | | | | |
| 15 | 5 | 17 | | | | |
| 16 | 6 | 11 | | 平均数 | 48.2 | |
| 17 | 7 | 94 | | 中位数 | 50 | |
| 18 | 8 | 95 | | | | |
| 19 | 9 | 78 | | 最小值 | 0 | |
| 20 | 10 | 0 | | 最大值 | 100 | |
| 21 | 11 | 40 | | | | |

基于 400 局试验（trials 或 replication）的实验结果可能会出乎许多人的意料：

⊖ 本例中实验（experiment）包含 400 局试验（trial 或 replication），每局试验包含 100 次投掷（toss）。

Harry 大部分时间落后，在 400 局游戏中有 73 局(18.3%)只领先不足 5 次。

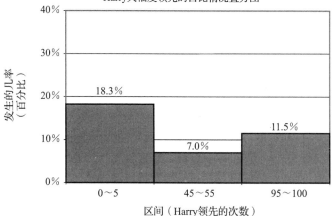

图 2-2　400 局试验中 Harry 领先情况直方图

Harry 和 Tom 大概持平，400 局游戏中有 28 局(7.0%)，Harry 和 Tom 的领先次数大致相等。

Harry 大部分时间领先，400 局游戏中有 46 局(11.5%)，Harry 在 100 次投掷中领先 95 次以上。

当然，上面这三种情况并不是全部的可能性，所以上面三种情况的频率值相加之和不等于 400，因为还有其他的情况(例如 Harry 领先次数在 60~70 次之间或者 TOM 领先的情况)。你可能会有疑惑：如何解释领先"0 到 5 次"比"95 次到 100 次"更容易出现，并且两者都比 Harry 和 Tom 领先次数相等的概率大？这种差异究竟有多大？这些结果是否推翻了硬币"均衡"(硬币正反面有相等出现概率)的假设？这些结果有没有说明 Harry 和 Tom 最终输赢的钱是多少？

你可以通过点击"Run Experiment"按钮进行多轮实验，从而观察各轮实验结果的变化。由于每轮实验由 400 局游戏组成，因此根据直觉，其结果应该不会有太大的差异。除非使用另一组随机数(可以点击"Reset & Run"按钮回到原始数据和初始结果)，否则每轮实验结果都是完全一样的。为了验证此处基于 400 局游戏的结果(也就是 400 局试验)，你可以在一次仿真中运行更多局，比如 4000 局试验。在第 11 和 12 章，我们将使用统计学方法评估给定数量试验结果的精确度，将会看到随着试验局数的增加，精确度也不断提高。

## 2.3　使用电子表格进行排队系统仿真

首先，我们来描述排队模型的构成元素。我们使用两个例子：一个单服务台模型和一个双服务台模型，两者都是动态的、基于事件的模型。

### 2.3.1　排队模型

排队系统由**顾客总体**(calling population)、到达类型、服务机制、系统容量和排队规则组成。第 5 章将对排队系统的属性进行详细介绍。图 2-3 给出的是一个简单的**单通道**(single-

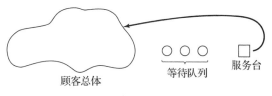

图 2-3　单通道排队系统

channel)排队系统。顾客总体的成员可能是顾客、电话呼叫或者修理厂的工作,在这里我们称之为个体或实体(unit)。

在本章的一些简单模型中,我们假设有无限的潜在顾客总体和恒定的到达速度。也就是说,无论有多少已到达或者仍在系统中的个体,到达间隔时间仍然服从相同的统计学分布。个体按照随机方式到达,它们一旦加入等待队列,最终都会得到服务。此外,服务时间的长度是随机的,服从特定的随机分布,且该分布不随时间改变。系统容量没有限制,意味着队列中可以容纳任意数量的个体。最后,个体服务次序基于到达顺序(通常称为FIFO(First In First Out,先进先出)或者 FCFS(First Come First Serve,先到先服务)),服务次序规则既适用于单服务台也适用于并行的多服务台。

服务和到达分别由服务时间分布和到达间隔时间分布决定,这已经分别在例 2.2 和2.3 中论述过。对于任何单通道队列或者多通道队列来说,总有效到达率必须低于总服务率,否则等待队列长度将会无限增长。当队列无限增长时,就会被称作爆发性或不稳定队列。(Harrison 和 Nguyen[1995]提到,在一些重入型排队网络(re-entrant queueing networks)中,个体在离开系统之前会在同一个服务台接受多次服务,并不能保证到达率低于服务率这一条件。有趣的是,这种情况首次被注意到不是在理论研究中,而是在半导体制造厂的实际生产过程中)。还有更复杂的情况,比如,到达率只在短期内比服务率大很多,或者带路由选择的排队网络。尽管如此,本章只涉及最基本的排队问题。

如何将系统状态、事件和仿真时钟的概念运用到排队模型中呢?排队模型的系统状态通常由系统中的个体数量和服务台状态(繁忙或者空闲)组成。事件是导致系统状态在瞬间发生变化的诸多条件的集合。在单通道(或者任何多通道)队列系统中,事件分为到达事件、服务开始事件和顾客离开事件(也被称为服务完成事件)。仿真时钟用来跟踪所仿真的时间。

41

当顾客离开事件发生时,仿真处理过程如图 2-4 的流程图所示。顾客离开事件会造成系统状态变化,此时如果没有个体在队列中等待,则服务台转为空闲;如果有一个或更多个体在队列中等待,则下一个个体开始接受服务,在这两种情况下,系统中的个体数量减一。

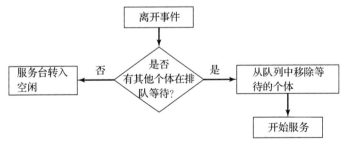

图 2-4 顾客离开事件流程图

图 2-5 是顾客到达事件流程图。当个体进入系统后,如果服务台空闲,则立刻开始服务;如果服务台繁忙,则该个体进入队列。图 2-6 是个体的行动方案。如果服务台繁忙,个体进入队列;如果服务台空闲且队列为空,个体开始接受服务。不存在队列非空且服务台空闲的情况。

服务完成之后,服务台空闲或者被下一个个体占用。图 2-7 描述了队列状态的

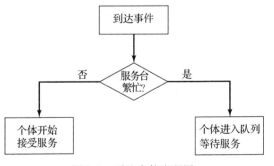

图 2-5 到达事件流程图

两种结果之间的关系。如果队列非空，另一个个体占用服务台，则服务台保持繁忙状态。如果队列为空，则服务台转为空闲。图 2-7 中的阴影部分对应这两种可能性。

| | | 队列状态 | |
|---|---|---|---|
| | | 非空 | 空 |
| 服务台状态 | 繁忙 | 进入队列 | 进入队列 |
| | 空闲 | 不可能情况 | 开始服务 |

图 2-6　个体到达后可能的活动情况

| | | 队列状态 | |
|---|---|---|---|
| | | 非空 | 空 |
| 服务台状态 | 繁忙 | ░░░ | 不可能情况 |
| | 空闲 | 不可能情况 | ░░░ |

图 2-7　服务完成后的服务台状态

42

在大多数仿真中，很多事件的发生时间是随机的，这种随机性用来模拟现实生活中的不确定性。例如，杂货店收银员不能确定下一位顾客什么时候到达，或者银行柜员不知道要花多长时间完成一笔业务。在这些例子中，我们需要从数据收集分析或者主观估计与假设中，开发相应的数据统计模型。为便于使用，我们假设到达间隔时间和服务时间服从简单的离散概率分布。

仿真过程中发生的事件该如何进行描述呢？排队系统仿真通常需要维护一个事件列表，该列表决定下一步发生的事件。这个事件列表记录不同类型事件的未来发生时间。第 3 章将描述基于事件列表的仿真过程。出于简化目的，在本章中，我们通过个体跟踪而非仿真列表完成仿真，这仅仅是为了满足电子表格仿真的简单性，并不是通用的仿真方法。第 3 章所介绍的更多的系统化方法，对于复杂的现实问题仿真（还有更有趣的学生仿真）才具有实际价值。

表 2-7 是专为单通道队列设计的仿真表，它基于先进先出（FIFO）服务规则。它记录每一个事件发生的时刻（注意，它不包含输出列，在下一个案例中才会添加）。这个仿真表根据预设的到达间隔时间序列（如下）计算到达时间：

2　　　4　　　1　　　2　　　6

列 B、C 和 E 都是仿真时钟时间<sup>⊖</sup>（时刻）。B 列是到达时间，根据生成的到达间隔时间单独计算。E 列是顾客离开（或者服务完成）时间，由 D 列生成的输入和 C 列的服务开始时间计算而来。可以看出，C 列（服务开始时间）的计算稍具挑战性。对于一个刚到达的个体，其服务开始时间取以下两个时间中最迟的那一个：一是该个体的到达时间，二是排在该个体前面那个个体的离开时间。（对于双服务台或多服务台队列来说，计算服务完成时间并不容易。）

如表 2-7 所示，第 1 位顾客在时刻 0 到达且立刻开始服务，服务时间需要 2 分钟。服务在时刻 2 结束。第 2 位顾客在时刻 2 到达并且在时刻 3 结束服务。注意，第 4 位顾客在时刻 7 到达，但是服务直到时刻 9 才开始。之所以延迟是因为顾客 3 在时刻 9 才结束服务。

43

表 2-7　基于仿真时钟的仿真表

| A | B | C | D | E |
|---|---|---|---|---|
| 顾客数量 | 到达事件<br>（仿真时钟） | 服务开始时间<br>（仿真时钟） | 服务时间<br>（仿真时钟） | 服务结束时间<br>（仿真时钟） |
| 1 | 0 | 0 | 2 | 2 |
| 2 | 2 | 2 | 1 | 3 |
| 3 | 6 | 6 | 3 | 9 |

---

⊖　本书中 simulation CLOCK time 虽然翻译成 "仿真时钟时间"，但是它实际上是指某个时刻（瞬间），并不表示一个时间段，这与服务时间（service time）、排队时间（time in queue）以及活动（activity）是有区别的。为了符合日常说话方式，我们翻译成 "时间" 而非 "时刻"，请读者在阅读过程中注意鉴别。

（续）

| A | B | C | D | E |
|---|---|---|---|---|
| 顾客数量 | 到达事件<br>（仿真时钟） | 服务开始时间<br>（仿真时钟） | 服务时间<br>（仿真时钟） | 服务结束时间<br>（仿真时钟） |
| 4 | 7 | 9 | 2 | 11 |
| 5 | 9 | 11 | 1 | 12 |
| 6 | 15 | 15 | 4 | 19 |

　　表 2-8 和图 2-8 给出了按照发生时间对顾客到达和离开事件进行排序的结果。在表 2-8 中，当按照仿真时钟时间进行排序时，事件顺序不一定符合顾客到达的顺序。事件按照仿真时钟时间进行排序是第 3 章所介绍的离散事件仿真的基础。

表 2-8　事件按照时间进行排序

| 事件类型 | 顾客编号 | 仿真时间 | 事件类型 | 顾客编号 | 仿真时间 |
|---|---|---|---|---|---|
| 到达 | 1 | 0 | 离开 | 3 | 9 |
| 离开 | 1 | 2 | 到达 | 5 | 9 |
| 到达 | 2 | 2 | 离开 | 4 | 11 |
| 离开 | 2 | 3 | 离开 | 5 | 12 |
| 到达 | 3 | 6 | 到达 | 6 | 15 |
| 到达 | 4 | 7 | 离开 | 6 | 19 |

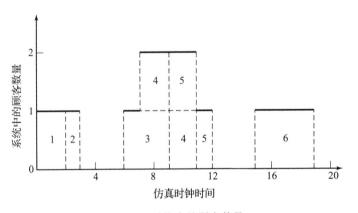

图 2-8　系统中的顾客数量

　　图 2-8 是系统中随时间变化的顾客数量，它是表 2-8 中事件列表的直观展示。从时刻 0 到时刻 2 顾客 1 在系统中，顾客 2 在时刻 2 到达、时刻 3 离开，时刻 3 到时刻 6 内系统中没有顾客。在某些时间段内系统中会有两位顾客，比如在时刻 8，顾客 3 和顾客 4 都在系统中。另外，在某些时刻，事件会同时发生，比如在时刻 9，顾客 5 到达而顾客 3 离开。

### 2.3.2　单服务台排队系统仿真

　　第一个案例是单服务台排队模型。我们将举例说明如何计算主要输出和性能指标，例如顾客平均等待时间和服务台处于空闲状态的时间占比。

**例 2.5　杂货店结账，单服务台排队模型**

　　一个小型杂货店只有一个收银台。顾客随机到达，相隔时间为 1～8 分钟。假设到达间

隔时间是整数，且这 8 个取值具有相等的概率。如表 2-9 所示，这是一个离散均匀分布。服
务时间变化范围为 1～6 分钟（也取整数值），
其概率如表 2-10 所示。我们的目标是通过
模拟 100 位顾客的到达和服务对系统进行分
析，并计算排队模型常用的一些性能指标。

表 2-9　到达间隔时间分布

| | G | H |
|---|---|---|
| 4 | 顾客到达间隔时间 | |
| 5 | （分钟） | |
| 6 | 最小值 | 1 |
| 7 | 最大值 | 8 |

　　实际上，100 个样本量太小了，可能不
足以得出可靠的结论。根据具体问题的实
际目标，可通过增加样本量（顾客数量），
或进行多次试验（重复仿真次数）来提高结
果的准确性，如 Experiment 工作表中所介
绍的，这是第 11 章将要讨论的内容。第二
个问题是仿真初始条件，也将在第 11 章进
行讨论。在杂货店仿真中，初始时刻设定
系统是空的（没有任何顾客），这或许与实
际情况不一致，但是除非刻意研究系统初
始状态或到达平稳状态的运行过程，否则
可设置系统初始状态为空。为便于计算，
我们假设初始条件是杂货店为空，且忽略
任何与此相关的因素。

表 2-10　服务时间分布

| | A | B | C | D |
|---|---|---|---|---|
| 4 | | | | |
| 5 | | 服务时间 | 概率 | 累积概率 |
| 6 | | （分钟） | | |
| 7 | | 1 | 0.10 | 0.10 |
| 8 | | 2 | 0.20 | 0.30 |
| 9 | | 3 | 0.30 | 0.60 |
| 10 | | 4 | 0.25 | 0.85 |
| 11 | | 5 | 0.10 | 0.95 |
| 12 | | 6 | 0.05 | 1.00 |

45

　　2.1.5 节和 2.1.6 节分别介绍了如何从服务时间和到达间隔时间分布中生成服务时间
和到达时间，同样的方法也适用于后续案例。对于手工仿真，则使用附录中表 A-1 中的随
机数。从表 A-1 的随机位置开始，沿某一方向进行取值，这种做法会比较稳妥。切记针对
同一个问题，不要重复使用相同的随机数流，否则，统计偏差或其他稀奇古怪的问题可能
会对结果造成影响。

　　表 2-11 取自文件 Example2.5SingleServer.xls，展示了单通道队列仿真表的一部分，
有些列给出了汇总值和平均值（在仿真表上部）。第一步，在单元格中填写第 1 位顾客信息
以进行初始化，假设第 1 位顾客在时刻 0 到达，经过 2 分钟也就是在时刻 2（第 1 个随机服
务时间）时，该顾客完成服务。第 1 位顾客之后，后续行的计算基于当前顾客的到达间隔
时间和服务时间的随机取值，以及前一位顾客的完成时间。对电子表格而言，仿真逻辑体
现在仿真表单元格的公式之中。

　　接下来，第 2 位顾客在时刻 5（分钟）到达，且到达后立即接受服务，第 2 位顾客并未
排队等待，因而服务台有 3 分钟的空闲时间。

　　越过几位顾客，来看看第 5 位顾客的情况。该顾客在第 16 分钟到达且发现服务台繁
忙。在第 18 分钟，排在其前面的顾客离开，第 5 位顾客在等待了 2 分钟之后开始接受服
务。重复上述过程，直到完成所有 100 位顾客的服务。EXAMPLE2.5SingleServer.xls 包
含实现我们刚才所说仿真逻辑的相关公式。为了更好地理解这些公式，你可以先用手工仿
真试做几步，理解相关逻辑之后，再体会这些公式是如何实现手工仿真逻辑的。

　　G、I、J 列用于收集三个模型输出值，分别为：每位顾客在队列中的排队时间、每位
顾客在系统中的逗留时间，以及上一位顾客的离开时间与当前顾客到达时间之间的服务台
空闲时间（如果有的话）。然后，再用这些模型输出计算几个系统性能指标，即所有顾客在
队列和系统中的平均逗留时间，以及服务台的空闲时间占比。

为了计算系统性能指标，可使用表 2-11 中已经计算好的响应值。表 2-11 列出了到达间隔时间、服务时间、顾客排队等待时间、顾客在系统中的逗留时间以及服务台空闲时间等响应指标的总计值和均值。这些数据来自电子表格仿真中"One Trial"工作表第一次试验（使用默认种子值 1234））所生成的结果。有了这些结果，我们就可以计算排队模型的一些典型的性能评价指标。

表 2-11　杂货店仿真的模型响应及仿真表(前 11 位顾客)

| | A | B | C | D | E | F | G | H | I | J |
|---|---|---|---|---|---|---|---|---|---|---|
| 15 | | 总计 | 420 | | 320 | | 163 | | 483 | 106 |
| 16 | | 平均值 | 4.24 | | 3.20 | | 1.63 | | 4.83 | 1.07 |
| 17 | | 顾客的数量＝ | | 100 | | | | | | |
| 18 | | 仿真表 | | | | | | | | |
| 19 | | 步数 | 活动 | 仿真时间 | 活动 | 仿真时间 | 输出 | 仿真时间 | 输出 | 输出 |
| 20 21 22 | | 顾客 | 到达间隔时间（分钟） | 到达时间 | 服务时间（分钟） | 服务开始时间 | 排队时间（分钟） | 服务结束时间 | 顾客在系统中的总时间（分钟） | 服务台空闲时间（分钟） |
| 23 | | 1 | 0 | 0 | 2 | 0 | 0 | 2 | 2 | |
| 24 | | 2 | 5 | 5 | 2 | 5 | 0 | 7 | 2 | 3 |
| 25 | | 3 | 5 | 10 | 4 | 10 | 0 | 14 | 4 | 3 |
| 26 | | 4 | 4 | 14 | 4 | 14 | 0 | 18 | 4 | 0 |
| 27 | | 5 | 2 | 16 | 3 | 18 | 2 | 21 | 5 | 0 |
| 28 | | 6 | 8 | 24 | 2 | 24 | 0 | 26 | 2 | 3 |
| 29 | | 7 | 7 | 31 | 3 | 31 | 0 | 34 | 3 | 5 |
| 30 | | 8 | 39 | 39 | 5 | 39 | 0 | 44 | 5 | 5 |
| 31 | | 9 | 5 | 44 | 1 | 44 | 0 | 45 | 1 | 0 |
| 32 | | 10 | 2 | 46 | 6 | 46 | 0 | 52 | 6 | 1 |
| 33 | | 11 | 1 | 47 | 4 | 52 | 5 | 56 | 9 | 0 |

1）顾客的平均排队等待时间是 1.63 分钟，计算如下：

$$平均等待时间(分钟) = \frac{所有顾客的排队总时长(分钟)}{顾客总数}$$

$$= \frac{163}{100} = 1.63 \text{ 分钟}$$

2）在排队过程中，顾客必须排队等待的概率是 0.46，计算如下：

$$排队概率(wait) = \frac{排过队的顾客总数}{顾客总数} = \frac{46}{100} = 0.46$$

3）服务台空闲时间占比约为 25%，计算如下：

$$服务台空闲概率 = \frac{服务台总空闲时间(分钟)}{仿真总时长(分钟)} = \frac{106}{426} = 0.25$$

因此，服务台繁忙时间约为 75%。

4）平均服务时间为 3.20 分钟，计算如下：

$$平均服务时间(分钟) = \frac{总服务时间(分钟)}{顾客总数} = \frac{320}{100} = 3.20 \text{ 分钟}$$

这个计算结果可以与由服务时间分布得到的期望服务时间进行比较，使用如下方程：

$$E(S) = \sum_{s=0}^{\infty} sp(s)$$

以及表 2-10 给出的分布，运用数学期望的计算公式得出：

$$期望服务时间 = 1 \times 0.10 + 2 \times 0.20 + 3 \times 0.30 + 4 \times 0.25$$
$$+ 5 \times 0.10 + 6 \times 0.05 = 3.2 \text{ 分钟}$$

期望服务时间恰好等于本次仿真试验的平均服务时间。通常这种情况是不会发生的，这里只是一个巧合。

5）平均到达间隔时间为 4.24 分钟，计算如下：

$$平均到达间隔时间（分钟）= \frac{所有顾客的到达间隔时间合计（分钟）}{顾客到达总数 - 1} = \frac{420}{99} = 4.24 \text{ 分钟}$$

由于初次到达发生在零时刻，因此我们把时间划分为 99 份，而非 100 份。算出端点为 $a=1$、$b=8$ 的离散均匀分布的平均值，可作为平均到达间隔时间的期望值，并与上面的结果进行比较。期望均值计算如下：

$$E(A) = \frac{a+b}{2} = \frac{1+8}{2} = 4.5 \text{ 分钟}$$

可见，期望均值稍高于平均值。然而，随着仿真时间延长，顾客到达间隔时间的平均值趋于理论上的期望均值 $E(A)$。

6）所有排过队顾客的平均排队等待时间约为 3.54 分钟，计算如下：

$$所有排过队顾客的平均排队等待时间（分钟）= \frac{所有顾客的排队总时长（分钟）}{排过队的顾客总数}$$
$$= \frac{163}{46} = 3.54 \text{ 分钟}$$

需要注意的是，这与所有顾客的平均排队等待时间是不一样的，许多顾客在服务开始之前未曾排队（有 54 名顾客）。对于所有顾客，平均排队等待时间是 163/100＝1.63 分钟。排过队的顾客人数为 46，来自于仿真表"排队等待时间"所含 G 列，是通过统计排队时间不为零的数值个数得到的，或从图 2-9（显示 100 个等待时间的直方图）获得。

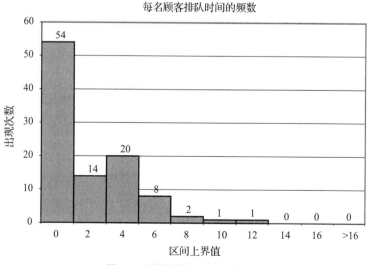

图 2-9 顾客排队时间频数分布

7）顾客在系统中的平均逗留时间为 4.83 分钟，有两种计算方法。

第一种方法：

$$顾客在系统中的平均逗留时间（分钟）= \frac{所有顾客在系统中的总逗留时间（分钟）}{顾客总数}$$

$$= \frac{483}{100} = 4.83（分钟）$$

第二种方法，需要了解以下关系是成立的：

$$顾客在系统中的平均逗留时间（分钟）= 顾客平均排队等待时间（分钟）$$
$$+ 顾客平均服务时间（分钟）$$

依据前面计算的第 1 个和第 4 个指标，计算可得

$$顾客在系统中的平均逗留时间 = 1.63 + 3.20 = 4.83 分钟$$

我们现在感兴趣的是：试验中前 100 名顾客的平均排队等待时间，每天是如何变化的？我们运行"One Trial"工作表一次（相当于一天），可以从中获得 100 名顾客的相关输出。如果在"Experiment"工作表中将"试验次数"设置为 50，就可以作 50 次试验，相当于仿真 50 天。

在例 2.5 中，第一次试验中 100 名顾客各自的排队等待时间值的频率在图 2-9 中给出[⊖]。如直方图所示，54% 的顾客没有经历过排队等待，而那些排过队的顾客中，有 34% 的顾客排队等待时间少于 4 分钟（多于 0 分钟）。这些结果以及图 2-9 中的直方图只代表一次试验的结果，并不能回答我们所提出的问题。

为了回答我们的问题，请打开"Experiment"表格，设置"试验次数"为 50，然后点击按钮"Reset Seed & Run"。这样就得到了 50 个平均排队时间的估计值（每一个估计值都来自于 100 名顾客）。基于 50 次试验的顾客平均排队等待时间是 1.32 分钟。图 2-10 给出了经过 50 次试验获得的 50 个平均排队等待时间，描述了平均排队等待时间在 50 天中每天是如何变化的。

49
~
50

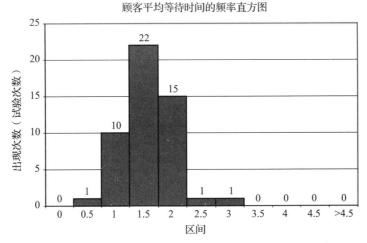

图 2-10　基于 50 次试验的顾客平均排队等待时间的频数分布

使用电子表格仿真进行试验并做过一些练习后，你也许会发现随机性和输入数据的假设条件所带来的影响。举例来说，如果进行 400 次试验或 10 次试验，而不是 50 次试验，

---

⊖　在本章后续的所有直方图中，各个区间（bin）的上限值在 $x$ 轴上用图例（legend）标出，即使图例显示在区间的中间位置也代表的是区间的上限值而非中间值。

会发生什么情况？随着试验次数的变化，图 2-10 中分布图形的形状会发生多大变化？为什么图 2-9 中的数据范围(0~12 分钟)比图 2-10 中的数据范围(0.5~3 分钟)宽这么多？

### 2.3.3 双服务台排队系统仿真

第二个案例是拥有两个服务台的排队模型，这两个服务台具有不同的服务时间。

#### 例 2.6 Able-Baker 呼叫中心问题

某计算机技术支持中心有两名工作人员 Able 和 Baker 接听电话，他们负责回答并解决相关的计算机问题。电话呼入的间隔时间为 1~4 分钟，分布情况如表 2-12 所示。由于 Able 更为熟练，因此其提供服务的速度要快于 Baker。两人的服务时间分布如表 2-13 和表 2-14 所示。

如果电话呼入时，两人均处于空闲状态，则由 Able 接听电话；如果两人都忙碌，则电话呼入需要等待。这在任何顾客必须排队等待的排队模型中，基本上都是一样的。通常而言，仿真用到的顾客到达时间、服务时间、仿真时钟时间都是连续变量(取值为实数)，但是在本题中它们都是离散的、整数型的(在其他例子中也会使用数值取整的方式)。这样做只是为了方便我们论述和分析，也便于读者理解前面介绍过的随机变量生成方法。

表 2-12 请求技术支持的电话呼入到达间隔分布

|  | B | C | D |
|---|---|---|---|
| 4 | 呼入间隔时间的分布 | | |
| 5 | 间隔时间<br>(分钟) | 概率 | 累积概率 |
| 6 | | | |
| 7 | | | |
| 8 | 1 | 0.25 | 0.25 |
| 9 | 2 | 0.40 | 0.65 |
| 10 | 3 | 0.20 | 0.85 |
| 11 | 4 | 0.15 | 1.00 |

表 2-13 Able 的服务时间分布

|  | F | G | H |
|---|---|---|---|
| 4 | Able 的服务时间分布 | | |
| 5 | 服务时间<br>(分钟) | 概率 | 累积概率 |
| 6 | | | |
| 7 | | | |
| 8 | 2 | 0.30 | 0.30 |
| 9 | 3 | 0.28 | 0.58 |
| 10 | 4 | 0.25 | 0.83 |
| 11 | 5 | 0.17 | 1.00 |

表 2-14 Baker 的服务时间分布

|  | I | J | K |
|---|---|---|---|
| 4 | Baker 的服务时间分布 | | |
| 5 | 服务时间<br>(分钟) | 概率 | 累积概率 |
| 6 | | | |
| 7 | | | |
| 8 | 3 | 0.35 | 0.35 |
| 9 | 4 | 0.25 | 0.60 |
| 10 | 5 | 0.20 | 0.80 |
| 11 | 6 | 0.20 | 1.00 |

某种意义上，本例与例 2.5 中单服务台的情况有些类似，只是仿真逻辑(仿真表中的电子表格公式)更为复杂，这是由两个原因造成的：第一，这里是两个服务台；第二，两个服务台具有不同的服务时间。本例的完整答案在电子表格文件 Example2.6AbleBaker.xls 里给出，解决方案的一部分内容以及一些估计电话呼入排队等待时间所需的摘要数据都在表 2-15 中给出。Excel 文件中有详细的仿真步骤说明，包括每一步计算的内在逻辑(公式)。(为了理解这些内容，首先进行一次手工仿真是有好处的。你可以使用包含步骤 1(表 2-15 中第 20 行)、到达间隔时间和服务时间列的仿真表进行手工仿真，并与 2-15 中的结果进行比较。)

我们的目标是估算电话呼入的排队等待(持机等待)时间，即等待 Able 或 Baker 接听的时间。为估计该指标以及所需的其他系统性能指标，我们进行一次仿真，并模拟前 100 个电话呼入的情形。

**表 2-15　呼叫中心案例(前 100 次试验)仿真表**

| | B | C | D | E | F | G | H | I | J | K | L | M |
|---|---|---|---|---|---|---|---|---|---|---|---|---|
| 13 | 总计 | | | | | | | | | | 73 | 432 |
| 14 | | 呼人数量= | | | 100 | | 随机数生成器种子值 | | | 12 345 | | |
| 15 | | | | | | 仿真表 | | | | | | |
| 16 | 步数 | 活动 | 仿真时钟 | 仿真时钟 | 仿真时钟 | 状态 | 活动 | 仿真时钟 | 仿真时钟 | 仿真时钟 | 输出 | 输出 |
| 17 | 呼叫编号 | 间隔时间(分钟) | 到达时间 | 当 Able 空闲 | 当 Baker 空闲 | 所选择的服务台 | 服务时间(分钟) | 服务开始时间 | 服务结束时间 | 服务结束时间 | 呼叫等待时间(分钟) | 在系统内逗留时间(分钟) |
| 18/19 | | | | | | | | | Able | Baker | | |
| 20 | 1 | | 0 | 0 | 0 | Able | 4 | 0 | 4 | | 0 | 4 |
| 21 | 2 | 1 | 1 | 4 | 0 | Baker | 4 | 1 | | 5 | 0 | 4 |
| 22 | 3 | 1 | 2 | 4 | 5 | Able | 3 | 4 | 7 | | 2 | 5 |
| 23 | 4 | 3 | 5 | 7 | 5 | Baker | 3 | 5 | | 8 | 0 | 3 |
| 24 | 5 | 2 | 7 | 7 | 8 | Able | 5 | 7 | 12 | | 0 | 5 |
| 25 | 6 | 2 | 9 | 12 | 8 | Baker | 5 | 9 | | 14 | 0 | 5 |
| 26 | 7 | 1 | 10 | 12 | 14 | Able | 5 | 12 | 17 | | 2 | 7 |
| 27 | 8 | 2 | 12 | 17 | 14 | Baker | 4 | 14 | | 18 | 2 | 6 |
| 28 | 9 | 4 | 16 | 17 | 18 | Able | 2 | 17 | 19 | | 1 | 3 |
| 29 | 10 | 1 | 17 | 19 | 18 | Baker | 3 | 18 | | 21 | 1 | 4 |

我们依据表 2-15 进行分析。假设电话呼入 1 在仿真时钟的零时刻拨通电话，Able 恰好空闲，呼入 1 立即得到服务。服务时间由表 2-13 给定的分布生成，为 4 分钟。表 2-13 是根据例 2.2(随机投掷飞镖)生成的。因此，呼入 1 在仿真时钟第 4 分钟的时候结束服务，并且呼入 1 没有排队等待。

按照例 2.3 中的步骤，从表 2-12 取得第一个间隔时间为 1 分钟，即呼叫 2 在仿真时钟时间 1 分钟时拨通电话。此时 Able 正处于繁忙状态，因此 Baker 为呼叫 2 服务。

呼叫 3 由 Able 服务，服务于第 4 分钟开始并于第 7 分钟结束。从表 2-15 可以看到，呼叫 3 在第 2 分钟时拨通了电话，由于此时工作人员都在忙，因此它不得不排队等待。

图 2-11 的频率表显示，在这个包含 100 个呼叫的试验里，100 个呼叫之中有 78 个(78%)没有排队等待，16 个等待了 1 分钟，只有小部分呼叫的等待时间超过 3 分钟。在其他试验中，使用不同随机数可能会得到相似或截然不同的结果；在模拟 100 个电话呼入时，只有通过实验才能确定其内在的差异性。

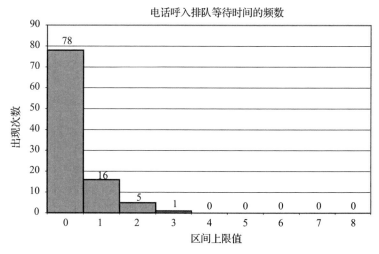

图 2-11　第一次试验中电话呼入排队等待时间的频数

对于图 2-11 中电话呼入的排队等待时间，其分布函数是右偏的。在"One Trial"表中，重复点击按钮"Generate New Trial"，可以观察到呼入排队等待时间分布通常在其右侧有一条又长又细的尾巴。随着高频区间(右侧区间)逐渐接近于 0，这能说明电话呼入在本质上具有何种特征呢？一次试验不能为得出可靠的结论提供足够的数据，但是电子表格仿真有一个最大的优势——即使变异性比较明显，通过"Experiment"工作表可以进行任意多次仿真，一定程度上可以消除变异性的影响。

由表 2-15 可知，所有电话呼入的排队等待时间共计 73 分钟，或者平均每个呼叫 0.73 分钟。然而，由图 2-11 中的直方图可知，0.73 分钟这个指标不能很好地反映电话呼入的等待时间。因为本次试验中有 78% 的电话呼入没有经历排队等待，只有少部分呼入的等待时间达到 3 分钟。这说明选择合适的系统性能指标是非常重要的，取决于模型的目的和目标。毕竟，不必等待的呼叫者不会抱怨，但那些等待很长时间的呼叫者并不关心平均等待时间是多少(0.73 分钟)。(实际上，在随后的一些试验中，平均等待时间是相当高的，并且分布更加右偏。你可以多点击"Generate New Trial"按钮几次，看看这个系统会有多大的随机变异性。每次试验代表了不同的一天。)

接下来，我们提出这样的问题：平均呼叫等待时间(前 100 名顾客)每天是如何变化

52
～
54

的? 使用"Experiment"工作表,将一天视为一次试验,设置"试数"为 400(代表 400 天)。所得平均等待时间的直方图如图 2-12 所示。注意,图 2-12 中的直方图不是一次试验的直方图(图 2-11 才是)。

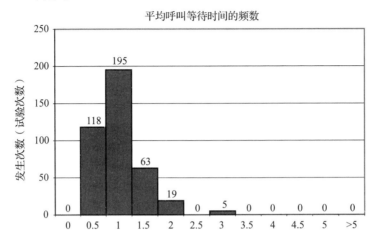

平均呼叫等待时间的频数

图 2-12　400 次试验的平均呼叫等待时间的频数

从图 2-12 可以看出,约 22%的平均等待时间(87/400)超过 1 分钟,大约 78%(313/400)等于或不足 1 分钟,仅有约 1.25%(5/400)超过 2 分钟。可以看到,第一次试验(0.73 分钟)的结果落在频率最高的组里,但也有几天的平均等待时间更高。这个例子说明模拟一天(一次试验)很可能并不代表长期的系统性能。

总之,Able 与 Baker 是否以及在何种程度上应对服务需求,取决于你所制定的标准,以及顾客等待所造成的成本或价值损失。可以预料,增加额外的服务台可能会减少呼叫的排队等待时间,甚至降为零。但是,必须在减少顾客等待所带来的收益和增加服务台所产生的成本之间进行权衡。

## 2.4　使用电子表格进行库存系统仿真

仿真应用的一个重要领域是库存系统。图 2-13 展示的是比较简单的(M, N)库存管理策略,其盘点周期为 N 个时间单元,最大库存水平为 M。也就是说,每隔 N 个时间单元,盘点一次库存量,然后发放一个采购订单,用于将库存水平提升至 M。

为简单起见,在图 2-13 中,订货提前期(从发出采购订单至货物到达的间隔时间)设为 0;订单一旦发出,会立即到达供应商手中。而在实际生活中,订货提前期的差异性很大,建模

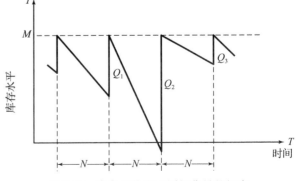

图 2-13　库存系统中不同订货量的概率

的时候不是将其设定为已知常量,就是将其作为随机变量。

一般而言,需求数量是无法确定的,因此订货量使用概率分布表示。在图 2-13 中,在该时间段上的需求是均匀的。现实上,需求不一定是均匀的,会随时间变化而波动。

在第一次库存盘点之后,发出一张订货量为 $Q_1$ 的采购订单,该订单可使库存水平最高达到 $M$。每次库存盘点都要重复这样的过程。

需要注意的是,在第二个盘点期,库存数量降到零以下,意味着发生缺货。图 2-13 中,发生缺货就需要延期交货(backorder),当订购的货物到达时,要首先满足延期交货的物品需求。为了避免缺货,需要设置一个库存缓冲量或者安全库存。在某些库存系统中,当库存耗尽的时候,会产生销售损失,而不是延期交货<sup>⊖</sup>。

库存系统可能的收入和成本来源主要有:

1)销售收入。

2)销售成本。

3)仓储成本(carrying cost),即仓库中货物保管的成本。

4)订货成本,与发放订货单有关的费用。

5)销售损失或延期交货成本。

6)报废成本。

7)报废或坏损货物的回收收入。

库存成本可以看作为了购买库存品而借入资金时所支付的利息(或等同于自有资金未进行有效投资而造成的损失)。库存成本还包括物品搬运和存储空间的成本,以及雇用保安和其他类似成本。订货成本可能包括物品发运和运输费用,以及基于订单数量的折扣。

如果想要改进一个库存系统,就需要不断进行权衡。一种选择是维持较高的库存量(带来较高的库存成本),这就需要频繁地清点库存,后果是频繁地购货和补货,由此也会产生更高的相关费用——订货费。还有一种成本和缺货有关,一旦出现缺货,会令顾客不满意,从而导致销售损失。较大的库存量会降低缺货的概率。应通过改变库存策略或决策参数,在各类成本之间进行权衡,从而实现库存系统总成本的最小化。

总成本(或总利润)是库存系统的度量指标,受到库存策略的影响。例如,在图 2-13 中,决策者可以控制最大库存水平 M 和库存盘点周期长度 N,从而实现总成本的优化。

库存系统和库存策略中的一些参数,有一些是可控的,而另外一些不可控。可控变量是决策变量或库存策略变量。对于仓库中的每种物品(item),可控变量包括:

1)最大库存水平 M。

2)盘点周期 N。

3)订单量(用于补货)Q。

4)补货提前期 L。

如果订货提前期不可控,它就是个随机变量;否则,订货提前期就是一个已知的常数(例如,准时制生产系统中,零件订购会准时到达),会受到严格控制,这种情况下,订货提前期就是库存策略变量(policy variable)。

(M,N)库存系统中可能发生的事件包括:物品需求、库存盘点、生成补货订单,以及采购到货。若假设订货提前期为 0(图 2-13 就是如此),则最后两类事件会同时发生。

---

⊖ 缺货时,顾客会选择从其他商家购买,而不是等待到货,所以形成销售损失而不是延期交货。

在本章案例和习题中，我们将模拟多种库存系统和库存策略。

### 2.4.1    报刊经销商问题仿真

在接下来的案例中，报刊经销商需要决定报纸的进货量。在这个问题以及其他类似问题中，我们只考虑一个时间周期(时间长度固定)，并且仅进行一次采购。在每个周期的期末，剩余库存报刊作为废纸被折价、丢弃或回收。很多现实问题都具有类似的特征，包括某些备件、容易腐烂的商品、时尚性商品和特殊的季节性商品[Hadley and Whitin，1963]。

**例 2.7    报刊经销商问题** _____

某报刊经销商以每份 33 美分的价格购买报纸，并以每份 50 美分的价格出售。如果报纸在当天没有卖出，就会以每份 5 美分的价格作为废纸出售。报纸以 10 份为基准计量单位，也就是说，经销商可购买 50、60 或 70 份报纸，以此类推。订购量 $Q$ 是唯一的策略决策变量。与某些库存问题不同，此处的订购量 $Q$ 是固定的数值，由于剩余报纸会作为废纸处理，因此最终库存总是零。

报纸每天的销量分为三种情况："好""一般"和"差"。报刊经销商不能预测某一天会是哪种情况。表 2-16 给出了按每日需求量进行分类的分布。表 2-17 给出了每日销售量的分布。

表 2-16    报纸每日需求的分布(根据每天需求情况分类)

| | B | C | D | E | F | G | H |
|---|---|---|---|---|---|---|---|
| 4 | 报刊需求分布 | | | | | | |
| 5 | 需求 | 需求概率 | | | 累积概率 | | |
| 6 | | 好 | 一般 | 差 | 好 | 一般 | 差 |
| 7 | 40 | 0.03 | 0.10 | 0.44 | 0.03 | 0.10 | 0.44 |
| 8 | 50 | 0.05 | 0.18 | 0.22 | 0.08 | 0.28 | 0.66 |
| 9 | 60 | 0.15 | 0.40 | 0.16 | 0.23 | 0.68 | 0.82 |
| 10 | 70 | 0.20 | 0.20 | 0.12 | 0.43 | 0.88 | 0.94 |
| 11 | 80 | 0.35 | 0.08 | 0.06 | 0.78 | 0.96 | 1.00 |
| 12 | 90 | 0.15 | 0.04 | 0.00 | 0.93 | 1.00 | 1.00 |
| 13 | 100 | 0.07 | 0.00 | 0.00 | 1.00 | 1.00 | 1.00 |

我们希望计算出报摊应订购报纸的最佳数量(订货量 $Q$ 的最优值)。这将通过仿真 20 天的需求(在 "OneTrial" 工作表中)并记录每天所获利润(给定订货量)来实现。每次试验完成后计算出总利润(模型响应或性能指标)。我们使用 "Experiment" 工作表，针对 "给定订货量"(例如，70 份报纸)进行多次仿真。最后，在合理范围内(40、50、60、70 份，等等)改变订货量，并根据 20 天内的总利润对不同的订货策略进行比较。

表 2-17    报纸销售情况类型及其分布

| | J | K | L |
|---|---|---|---|
| 4 | 销售情况类型 | | |
| 5 | 类型 | 概率 | 累积概率 |
| 6 | | | |
| 7 | 好 | 0.35 | 0.35 |
| 8 | 一般 | 0.45 | 0.80 |
| 9 | 差 | 0.20 | 1.00 |

每日利润由以下关系式得到：

利润 ＝ 销售收入－报纸成本－超额需求导致的利润损失＋废报纸处理收入

由于每份报纸的销售收入是 50 美分，购买成本是每份 33 美分，因此若无法满足需求会带来每份报纸 17 美分的利润损失。虽然对缺货成本的计算存在争议，但却使问题变得更有趣。废报纸的残值为 5 美分。

表 2-18 所示为订购量等于 70 份时的仿真表，摘自电子表格文件 Example2.7-News-Dealer. xls。第一天，实际需求是 50 份报纸，有 70 份报纸可以销售，因此有 20 份成为废纸。从销售 50 份报纸中获得的收入是 \$25.00，卖废纸收入 \$1.00，因此第一天的利润计算如下：

第一天收益 ＝ \$ 25.00 － \$ 23.10 － 0 ＋ \$ 1.00 ＝ \$ 2.90

其余每天的利润也可以通过这种方法计算出来。20 天的总利润等于每一天利润之和，如表 2-18 所示，因此结果为 \$114.70。由于每天的计算结果相互独立，因此该类型库存问题通常比排队问题更容易使用电子表格求解。

表 2-18  订购量为 70 份的仿真表

|  | B | C | D | E | F | G | H | I |
|---|---|---|---|---|---|---|---|---|
| 16 | 仿真表 | | | | | | | |
| 17 | | | | | | | | |
| 18 | | 销售<br>情况 | | | 超额需求<br>导致的 | 废报纸 | 每日 | 每日 |
| 19 | 天数 | 类型 | 需求 | 销售<br>收入 | 利润损失 | 处理收入 | 成本 | 利润 |
| 20 | 1 | 一般 | 50 | \$25.00 | \$0.00 | \$1.00 | \$23.10 | \$2.90 |
| 21 | 2 | 一般 | 50 | \$25.00 | \$0.00 | \$1.00 | \$23.10 | \$2.90 |
| 22 | 3 | 一般 | 70 | \$35.00 | \$0.00 | \$0.00 | \$23.10 | \$11.90 |
| 23 | 4 | 好 | 80 | \$35.00 | \$1.70 | \$0.00 | \$23.10 | \$10.20 |
| 24 | 5 | 差 | 40 | \$20.00 | \$0.00 | \$1.50 | \$23.10 | － \$1.60 |
| 25 | 6 | 一般 | 50 | \$25.00 | \$0.00 | \$1.00 | \$23.10 | \$2.90 |
| 26 | 7 | 差 | 50 | \$25.00 | \$0.00 | \$1.00 | \$23.10 | \$2.90 |
| 27 | 8 | 一般 | 70 | \$35.00 | \$0.00 | \$0.00 | \$23.10 | \$11.90 |
| 28 | 9 | 好 | 40 | \$20.00 | \$0.00 | \$1.50 | \$23.10 | － \$1.60 |
| 29 | 10 | 好 | 100 | \$35.00 | \$5.10 | \$0.00 | \$23.10 | \$6.80 |
| 30 | 11 | 一般 | 70 | \$35.00 | \$0.00 | \$0.00 | \$23.10 | \$11.90 |
| 31 | 12 | 差 | 50 | \$25.00 | \$0.00 | \$1.00 | \$23.10 | \$2.90 |
| 32 | 13 | 一般 | 50 | \$25.00 | \$0.00 | \$1.00 | \$23.10 | \$2.90 |
| 33 | 14 | 差 | 40 | \$20.00 | \$0.00 | \$1.50 | \$23.10 | － \$1.60 |
| 34 | 15 | 好 | 80 | \$35.00 | \$1.70 | \$0.00 | \$23.10 | \$10.20 |
| 35 | 16 | 好 | 70 | \$35.00 | \$0.00 | \$0.00 | \$23.10 | \$11.90 |
| 36 | 17 | 好 | 80 | \$35.00 | \$1.70 | \$0.00 | \$23.10 | \$10.20 |
| 37 | 18 | 差 | 40 | \$20.00 | \$0.00 | \$1.50 | \$23.10 | － \$1.60 |
| 38 | 19 | 一般 | 70 | \$35.00 | \$0.00 | \$0.00 | \$23.10 | \$11.90 |
| 39 | 20 | 好 | 100 | \$35.00 | \$5.10 | \$0.00 | \$23.10 | \$6.80 |
| 40 | | | | | | | 总利润＝ | \$114.70 |

用 Example2.7NewsDealer. xls 文件中的 "Experiment" 工作表，设置一个仿真实验（experiment），包含 400 次试验（trial），每次试验模拟运行 20 天。平均总利润（20 天）为 \$135.49（400 次试验的平均值）。20 天之中最小利润是 \$86.60，最大利润是 \$198.00。如图 2-14 所示，在 400 次试验中，只有 38 次试验的 20 天总利润超过 160 美元。（区间下方标识的数值是该区间的上限值。）

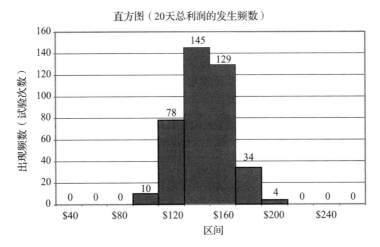

图 2-14　报刊经销商每日订购 70 份报纸时(20 天周期)总利润的发生频数

表 2-18 中一次试验的利润为 $114.70，该值处于图 2-14 中的左侧(数值较低的一侧)。这再次说明，一次试验(20 天)的结果不能代表系统的长期表现，同时也说明，在得出结论之前，进行大量仿真试验以及进行仔细的统计分析(将在第 11 章和第 12 章进行学习)是必要的。

在"One Trial"表中重复点击"Generate New Trial"按钮，观察每日利润是如何变化的。可以看到，在标题为"每日利润额的出现频数"(显示 20 天中每一天的变化情况)的直方图中，以及 20 天总利润的直方图中，输出结果的变化幅度相当大。图 2-15 绘制出20 天试验中前 4 天的试验结果，可以看出，这几天的直方图相对于 20 天总利润的直方图而言，其形状变化更大。

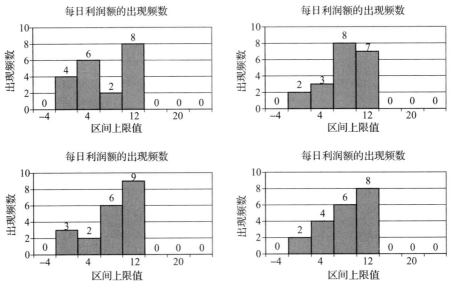

图 2-15　报刊经销商问题每日利润计算结果的 4 个直方图

练习 28 要求通过实验确定报刊经销商订购报纸的最佳数量。为了应用仿真方法来求解这个问题，需要设置一个方案(每天订购一定数量的报纸)并进行大量试验。将方案在合理范围(例如 40、50、60，等等)内调整，进行重复仿真直至找到最优解。为了确信估计出的仿真偏差是真实的，而不是随机产生的，需要采用第 11 章和第 12 章中的统计方法。

### 2.4.2 (M，N)库存策略仿真

接下来的案例是一个具有固定盘点期(N)，最大库存水平(M)，随机需求和随机订货提前期的经典(M，N)库存策略模型。

**例 2.8 冰箱库存问题**

某冰箱销售公司，每隔固定天数(N)进行一次库存盘点，然后确定下单补货的数量。目前的策略是订购数量按照一个标准确定(即最大库存水平 M)，并有如下关系：

订货数量 ＝ 最大库存水平 － 期末库存数量 ＋ 缺货数量

举例来说，如果最大库存水平(M)是 11 台冰箱，盘点期(N)是 5 天，在第 5 天的期末库存数量是 3 台，因此，在该周期的第 5 天，应向供应商发放一个 8 台冰箱的采购订单。另一方面，如果在第 5 天发生缺货，差额是 2(即销售数量超过库存数为 2)，那么就应该订购 13 台冰箱；最先收货的两台冰箱，应优先销售给最早下单并愿意等待(延期未交货)的顾客。(相反，库存不足时会造成顾客流失，发生销售损失。)

日常需求或顾客每天购买冰箱的数量是随机分布的，如表 2-19 所示。公司为了补货而发放采购订单，订货提前期是 1~3 天的随机分布，如表 2-20 所示。假设采购订单在每天下班的时候才发送给供货商。若订货提前期为 0，则意味着采购订单发出之后的转天早晨就能收到供应商发来的冰箱，并且这些冰箱当天就可以进行销售。如果提前期为 1 天(表 2-20 中对应的累积概率值最小者)，那么供应商的货物会在订单发放之后的第二个早晨到达，并且可于当天进行销售。

**表 2-19 每日需求分布**

|  | B | C | D |
|---|---|---|---|
| 4 | 每日需求分布 | | |
| 5 | 需求 | 概率 | 累积概率 |
| 6 | | | |
| 7 | 0 | 0.10 | 0.10 |
| 8 | 1 | 0.25 | 0.35 |
| 9 | 2 | 0.35 | 0.70 |
| 10 | 3 | 0.21 | 0.91 |
| 11 | 4 | 0.09 | 1.00 |

**表 2-20 提前期分布**

|  | F | G | H |
|---|---|---|---|
| 4 | 提前期分布 | | |
| 5 | 提前期 | 概率 | 累积概率 |
| 6 | （天） | | |
| 7 | 1 | 0.60 | 0.60 |
| 8 | 2 | 0.30 | 0.90 |
| 9 | 3 | 0.10 | 1.00 |

表 2-21 是最大库存水平(M)为 11 台冰箱时的库存策略仿真表，来自电子表格文件 Example2.8RefrigInventory.xls。假设仿真的初始条件为：初始库存为 3 台冰箱，之前一个 8 台冰箱的补货订单会在 2 天后到达。(如有需要，这些数值都可以在电子表格文件中进行更改。)

从下面的仿真表中，我们选定几个日期说明仿真逻辑。8 台冰箱的采购订单在第一个周期的第 3 天上午到货，库存余额从 0 提高到 8。第一个周期剩余时间的需求使库存余额在第 5 天结束时降为 3 台。因此，此时会发放一个 8 台冰箱的采购订单，订货提前期为 2 天，该订单会在第 2 个周期的第 7 天上午到货。

表 2-21    11 台冰箱的库存策略仿真表

| | B | C | D | E | F | G | H | I | J | K |
|---|---|---|---|---|---|---|---|---|---|---|
| 13 | 仿真表 | | | | | | | | | |
| 14 | 步骤 | 状态 | 状态 | 状态 | 输入 | 状态 | 状态 | 状态 | 活动 | 状态 |
| 15 | 时钟 | | 循环周期日期 | 期初库存 | | 期末库存数 | 短缺数量 | 未收货的采购订单（数量） | 提前期（天） | 采购订单到货剩余天数 |
| 16 | | 循环周期 | | | 需求 | | | | | |
| 17 | 日期 | | | | | | | | | |
| 18 | 0 | 0 | 5 | — | — | 3 | 0 | 8 | 2 | 2 |
| 19 | 1 | 1 | 1 | 3 | 2 | 1 | 0 | 8 | | 1 |
| 20 | 2 | 1 | 2 | 1 | 1 | 0 | 0 | | | |
| 21 | 3 | 1 | 3 | 8 | 2 | 6 | 0 | | | |
| 22 | 4 | 1 | 4 | 6 | 1 | 5 | 0 | | | |
| 23 | 5 | 1 | 5 | 5 | 2 | 3 | 0 | 8 | 1 | 1 |
| 24 | 6 | 2 | 1 | 3 | 3 | 0 | 0 | | | |
| 25 | 7 | 2 | 2 | 8 | 2 | 6 | 0 | | | |
| 26 | 8 | 2 | 3 | 6 | 3 | 3 | 0 | | | |
| 27 | 9 | 2 | 4 | 3 | 2 | 1 | 0 | | | |
| 28 | 10 | 2 | 5 | 1 | 3 | 0 | 2 | 13 | 2 | 2 |
| 29 | 11 | 3 | 1 | 0 | 1 | 0 | 3 | 13 | | 1 |
| 30 | 12 | 3 | 2 | 0 | 2 | 0 | 5 | | | |
| 31 | 13 | 3 | 3 | 13 | 2 | 6 | 0 | | | |
| 32 | 14 | 3 | 4 | 6 | 3 | 3 | 0 | | | |
| 33 | 15 | 3 | 5 | 3 | 1 | 2 | 0 | 9 | 1 | 1 |
| 34 | 16 | 4 | 1 | 2 | 0 | 2 | 0 | | | |
| 35 | 17 | 4 | 2 | 11 | 4 | 7 | 0 | | | |
| 36 | 18 | 4 | 3 | 7 | 2 | 5 | 0 | | | |
| 37 | 19 | 4 | 4 | 5 | 3 | 2 | 0 | | | |
| 38 | 20 | 4 | 5 | 2 | 3 | 0 | 1 | 12 | 1 | 1 |
| 39 | 21 | 5 | 1 | 0 | 2 | 0 | 3 | | | |
| 40 | 22 | 5 | 2 | 12 | 1 | 8 | 0 | | | |
| 41 | 23 | 5 | 3 | 8 | 4 | 4 | 0 | | | |
| 42 | 24 | 5 | 4 | 4 | 1 | 3 | 0 | | | |
| 43 | 25 | 5 | 5 | 3 | 1 | 2 | 0 | 9 | 1 | 1 |
| 44 | 总计 | | | | | 69 | 14 | | | |
| 45 | 平均值 | | | | 2.04 | 2.76 | 0.56 | | | |

第 10 天出现的缺货现象，造成有订单不能按时交货（延期未交货），同时发出一张包含 13 台冰箱的采购订单。由于订货提前期为 2 天，在订单到达之前会产生额外的缺货，因此当 13 台冰箱到货时，延期未交货加上当前的需求使库存余额下降到 6 台。

在 25 天的仿真过程中，会经历 5 次库存盘点事件，平均期末库存约为 2.76(69/25) 台。在 25 天中有 5 天存在缺货状况。

例 2.8 中，任何时刻供应商手中的订单都没有超过一张，当订货提前期很长的时候，这

种情况就难以避免了,因此需要对前面的订货量公式进行修改,修改之后的公式如下所示:

$$订货数量 = 最大库存水平 - 期末库存 - 已订购数量 + 缺货数量$$

上式中引入已订购⊖(On order)数量,可以保证不会发生重复订货的情况。

在"One Trial"工作表中,重复点击"Generate New Trial"按钮将会使用不同的随机数运行每一次试验,对于时长为 25 天的仿真,运行结果是每日库存余额会有很大波动。(运行试验时请观察直方图的变化。)相反,在"Experiment"工作表中将试验次数设置为 100,通过单击"Run Experiment"按钮重复进行仿真实验,你会发现平均每日库存余额的变化很小(平均每次试验 25 天)。从图 2-16 的直方图中可以看出,25 天的平均值通常在 1~5 台之间变化。这种波动性说明了一些众所周知的原因:平均值的变化要小于单个观测值的变化。上述结论的实际表现,取决于所设定的目标和具体问题。

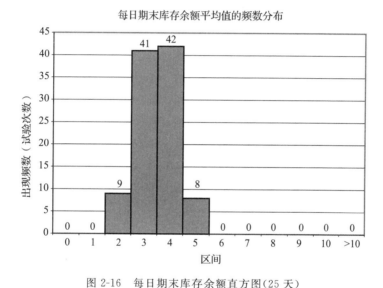

图 2-16 每日期末库存余额直方图(25 天)

电子表格文件 Example2.8RefrigInventory.xls 允许改变订货策略(即 $M$ 和 $N$ 的值)。同样也允许对每日需求和订货提前期的统计分布做一些更改,前提是要满足一定的限制条件:订货提前期必须是一天或几天,盘点周期必须大于最大订货提前期,以及可能的其他限制;否则,逻辑公式在应用过程中可能会出现错误。

62
~
64

## 2.5 其他仿真案例

本节包括四个不同类型的案例:可靠性问题,飞机轰炸问题,订货提前期需求的分布估计,以及项目活动网络。

### 2.5.1 可靠性问题仿真

下面的例子将对更换铣床轴承的两个方案进行比较。这是一个蒙特卡罗仿真,而不是基于动态事件的仿真模型,因为它不包含事件和仿真时钟时间。对每个轴承的寿命随机仿真 15 次,并计算成本。

---

⊖ 已订购是指已经下达了采购订单,但是尚未到货的情况(供应商尚未发货、货物在途、未检验入库,等等)。

### 例 2.9　更换铣床的轴承

一台铣床的 3 个轴承都会发生故障。每个轴承寿命的分布是相同的，如表 2-22 所示。当有一个轴承发生故障时，铣床即停止工作，需要派遣一名技师安装一个新轴承（每个轴承成本为 32 美元）。技师到达现场所需的时间是随机变化的，其分布在表 2-23 给出。铣床的停机成本估计为每分钟 10 美元。技师维修的直接成本是每小时 30 美元。技师更换一个轴承需要 20 分钟，更换两个轴承需要 30 分钟，更换 3 个轴承需要 40 分钟。工程人员提出了一个新方案，即当一个轴承发生故障时，更换铣床的全部 3 个轴承。管理层需要对该方案进行评估，并以轴承运行 10 000 小时的总成本作为评价指标。

表 2-24 来自电子表格文件 Example2.9CurrentBearings. xls，是基于当前方案（当一个轴承发生故障时，只更换这个轴承）进行 15 次仿真以后的结果。需要注意的是，尽管存在多个轴承同时故障的情况，但这在实际生活中不太可能发生，并且由于我们假设轴承寿命是 100 小时的倍数（这使我们可以用简单的离散分布而非更真实的连续分布简化处理过程）。在当前方案中，假设每个轴承发生故障的时间都不一样，因此发生任何故障时不会有两个或两个以上的轴承被同时更换。

**表 2-22　轴承寿命分布**

|  | B | C | D |
|---|---|---|---|
| 3 | 轴承寿命分布 | | |
| 4 | 轴承寿命 | 概率 | 累积概率 |
| 5 | | | |
| 6 | 1000 | 0.10 | 0.1 |
| 7 | 1100 | 0.13 | 0.23 |
| 8 | 1200 | 0.25 | 0.48 |
| 9 | 1300 | 0.13 | 0.61 |
| 10 | 1400 | 0.09 | 0.70 |
| 11 | 1500 | 0.12 | 0.82 |
| 12 | 1600 | 0.02 | 0.84 |
| 13 | 1700 | 0.06 | 0.90 |
| 14 | 1800 | 0.05 | 0.95 |
| 15 | 1900 | 0.05 | 1.00 |

**表 2-23　技师到达现场所需时间分布**

|  | F | G | H |
|---|---|---|---|
| 4 | 轴承寿命分布 | | |
| 5 | 轴承寿命 | 概率 | 累积概率 |
| 6 | | | |
| 7 | 5 | 0.60 | 0.60 |
| 8 | 10 | 0.30 | 0.90 |
| 9 | 15 | 0.10 | 1.00 |

**表 2-24　基于当前方案的轴承更换仿真表**

|  | B | C | D | E | F | G | H |
|---|---|---|---|---|---|---|---|
| 17 | 仿真表 | | | | | | |
| 18 | | 轴承 1 | | 轴承 2 | | 轴承 3 | |
| 19 | 步骤 | 寿命 | 停工时间 | 寿命 | 停工时间 | 寿命 | 停工时间 |
| 20 | | （小时） | （分钟） | （小时） | （分钟） | （小时） | （分钟） |
| 21 | 1 | 1000 | 5 | 1700 | 10 | 1300 | 10 |
| 22 | 2 | 1200 | 5 | 1100 | 5 | 1100 | 5 |
| 23 | 3 | 1200 | 10 | 1000 | 10 | 1300 | 10 |
| 24 | 4 | 1500 | 5 | 1000 | 10 | 1100 | 15 |
| 25 | 5 | 1700 | 5 | 1900 | 15 | 1200 | 5 |
| 26 | 6 | 1200 | 5 | 1200 | 10 | 1500 | 10 |
| 27 | 7 | 1300 | 5 | 1500 | 5 | 1100 | 10 |
| 28 | 8 | 1700 | 5 | 1700 | 5 | 1400 | 15 |
| 29 | 9 | 1000 | 5 | 1300 | 5 | 1800 | 15 |
| 30 | 10 | 1800 | 10 | 1300 | 5 | 1200 | 5 |
| 31 | 11 | 1200 | 5 | 1100 | 5 | 1500 | 5 |
| 32 | 12 | 1100 | 5 | 1800 | 5 | 1100 | 10 |
| 33 | 13 | 1300 | 10 | 1200 | 5 | 1700 | 10 |
| 34 | 14 | 1300 | 10 | 1100 | 5 | 1300 | 10 |
| 35 | 15 | 1100 | 5 | 1300 | 5 | 1300 | 10 |
| 36 | 总计 | 19 600 | 95 | 20 200 | 105 | 19 900 | 145 |

通过一次仿真实验，可以估算出当前方案的成本：

$$轴承成本 = 45 个 \times 32 美元 / 个 = 1440 美元$$
$$延迟时间成本 = (95 + 105 + 145) 分钟 \times 10 美元 / 分钟 = 3450 美元$$
$$维修期间成本 = 45 个 \times 20 分钟 / 个 \times 10 美元 / 分钟 = 9000 美元$$
$$机器成本 = 45 个 \times 20 分钟 / 个 \times (30 美元 /60 分钟) = 450 美元$$
$$总成本 = 1440 + 3450 + 9000 + 450 = 14\,340 美元$$

全部 45 个轴承的总寿命为 $(19\,600 + 20\,200 + 19\,900) = 59\,700$ 小时。因此，每 10 000 轴承小时的总成本为 $(14\,340/5.97) = 2402$ 美元。

表 2-25 是改进方案的仿真表，来自电子表格文件 Example2.9ProposedBearings.xls。对于第一组轴承，第一次发生故障是在 1100 小时的时候，此时更换全部 3 个轴承，即使没有发生故障的轴承还有很长的工作寿命也要被更换。比如，轴承 1 还能再持续工作 200 小时。

**表 2-25  基于新方案的轴承更换仿真表**

|  | B | C | D | E | F | G |
|---|---|---|---|---|---|---|
| 17 | 仿真表 | | | | | |
| 18 |  | 轴承 1 | 轴承 2 | 轴承 3 | 第一个轴承 |  |
| 19 |  | 寿命 | 寿命 | 寿命 | 故障发生 |  |
| 20 | 步骤 | （小时） | （小时） | （小时） | 时间（小时） | 停工时间 |
| 21 | 1 | 1300 | 1100 | 1300 | 1100 | 10 |
| 22 | 2 | 1100 | 1200 | 1500 | 1100 | 5 |
| 23 | 3 | 1100 | 1400 | 1800 | 1100 | 15 |
| 24 | 4 | 1200 | 1500 | 1100 | 1100 | 10 |
| 25 | 5 | 1700 | 1300 | 1300 | 1300 | 5 |
| 26 | 6 | 1700 | 1100 | 1000 | 1000 | 10 |
| 27 | 7 | 1000 | 1900 | 1200 | 1000 | 10 |
| 28 | 8 | 1500 | 1700 | 1300 | 1300 | 15 |
| 29 | 9 | 1300 | 1100 | 1800 | 1100 | 5 |
| 30 | 10 | 1200 | 1100 | 1300 | 1100 | 5 |
| 31 | 11 | 1000 | 1200 | 1200 | 1000 | 10 |
| 32 | 12 | 1500 | 1700 | 1200 | 1200 | 10 |
| 33 | 13 | 1300 | 1700 | 1000 | 1000 | 10 |
| 34 | 14 | 1800 | 1200 | 1100 | 1100 | 10 |
| 35 | 15 | 1300 | 1300 | 1100 | 1100 | 10 |
| 36 | 总计 | | | | 16 600 | 145 |

根据一次仿真实验的结果，可以估算出改进方案的成本：

$$轴承成本 = 45 个 \times 32 美元 / 个 = 1440 美元$$
$$延迟时间成本 = 145 分钟 \times 10 美元 / 分钟 = 1450 美元$$
$$维修期间成本 = 15 组 \times 40 分钟 / 组 \times 10 美元 / 分钟 = 6000 美元$$
$$机器成本 = 15 组 \times 40 分钟 / 组 \times (30 美元 /60 分钟) = 300 美元$$
$$总成本 = 1440 + 1450 + 6000 + 300 = 9190 美元$$

**轴承**总寿命为 $(16\,600 \times 3) = 49\,800$ 小时。因此，每 10 000 轴承小时的总成本为

（$9190/4.98）＝1845 美元。新方案使得轴承寿命每 10 000 小时节约成本 557 美元。

　　例 2.9 对应的电子表格解决方案是：当前方案对应 Example2.9CurrentBearings. xls，改进方案对应 Example2.9ProposedBearings. xls。在这两个电子表格文件中，用户可以改变多项输入值：轴承寿命的分布、技师到达现场所需时间的分布、成本参数、一个轴承或一组轴承的维修时间。

### 2.5.2　飞机轰炸仿真

　　接下来模拟一个飞机轰炸的任务。实际弹着点会偏离预定目标，二者之间距离的误差是随机的且服从正态分布。第 5 章将介绍正态分布，第 8 章将介绍生成服从正态分布的随机样本的方法。电子表格解决方案能够产生这些正态随机变量，手工仿真可以从表 A-2 中获得服从标准正态分布的随机数值。

　　回忆一下，正态分布的概率密度函数（钟型曲线）是关于均值对称的，且其幅宽由标准差决定。使用正态分布表示误差是一个常见的做法，本例中用于描述弹着点与目标位置之间的偏差。这个例子是一个纯粹的蒙特卡罗抽样实验，因为它既不包含事件也不包含仿真时钟时间，因此这不是一个动态离散事件仿真模型。

### 例 2.10　飞机轰炸任务

　　一架轰炸机（配备常规型而非激光制导炸弹）试图摧毁一个军火库，如图 2-17 所示。如果一枚炸弹落入目标区内的任意位置，则记命中一次，否则记为脱靶。（请注意，当目测一枚炸弹落在目标边界线上，它可能命中目标也可能脱靶，模型通过数学方法计算出是否命中目标，即使用 $(X, Y)$ 坐标和分段线性边界方程来确定炸弹是否命中。）

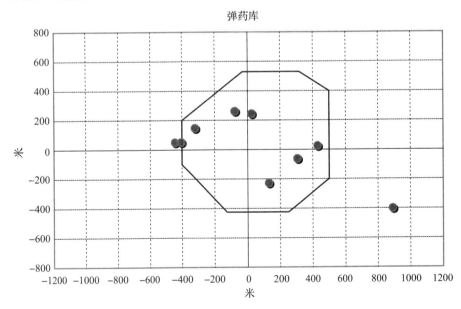

图 2-17　进行 10 次投弹之后的军火库形势图

　　轰炸机水平飞行并携带 10 枚炸弹，瞄准点的坐标是 $(0, 0)$。假设实际爆炸点与目标点之间的距离服从正态分布，且沿飞行方向的标准差为 400 米，与飞行方向相垂直方向的标准差为 200 米。现在要求模拟投弹操作，估算命中目标的炸弹数量（一共有 10 枚炸弹）。

　　考虑服从标准正态分布的变量 $Z$，其数学期望为 0，标准差为 1，具有如下分布：

$$Z = \frac{X - \mu}{\sigma}$$

其中，$X$ 是正态随机变量，$\mu$ 是均值，$\sigma$ 是标准差。因此，给定 $\mu = 0$，标准差 $\sigma_X = 400$，$\sigma_Y = 200$，可得

$$X = 400Z_i$$
$$Y = 200Z_j$$

其中，$(X, Y)$ 是仿真得出的弹着点坐标。

69

使用下标 $i$ 和 $j$ 标注 $Z$，是为了有别于 $x$ 和 $y$。那么 $Z$ 值是多少？在哪里能找到呢？本例中，$Z$ 是数学期望为 0、标准差为 1 的随机正态分布变量，可以通过均匀分布随机数生成，这个问题将在第 7 章介绍。我们既可以使用附录中的表 A-2 进行手工仿真，也可以使用 2.1.2 节中的 Excel 公式进行电子表格仿真。

举例来说，表 A-2 中的前两个随机数值是 0.23 和 $-0.17$，由此计算可得第一枚炸弹的 $(x, y)$ 坐标为 $(92.0, 34.0)$，这是使用查表的数值分别乘以各自的标准差（分别为 400 和 200）而得到的。

表 2-26 展示了一次轰炸的仿真结果。在电子表格文件 Example2.10Target.xls 中，使用 2.1.2 节介绍的函数 NORMASINV(Rnd01())，生成具有所需标准差的正态随机变量，下式

```
=$E5*NORMSINV(Rnd01())
```

生成 $x$ 坐标（即单元格 E5 所包含的 $x$ 轴方向的标准差），$y$ 坐标的求解函数与此类似。

表 2-26 飞机轰炸仿真

| | F | G | H | I | J | K | L | M | N | O | P | Q |
|---|---|---|---|---|---|---|---|---|---|---|---|---|
| 3 | | 每枚炸弹的落点 | | | | | | | | | | |
| 4 | 炸弹 | 1 | 2 | 3 | 4 | 5 | 6 | 7 | 8 | 9 | 10 | 命中数量 |
| 5 | X | 891.8 | $-1257.3$ | 429.6 | 24.5 | $-321.0$ | $-77.3$ | 131.4 | 304.5 | $-442.7$ | $-403.9$ | |
| 6 | Y | $-400.7$ | $-159.4$ | 25.3 | 243.6 | 146.5 | 260.7 | $-228.3$ | $-62.0$ | 49.7 | 51.0 | |
| 7 | 命中? | 脱靶 | 脱靶 | 命中 | 命中 | 命中 | 命中 | 命中 | 命中 | 脱靶 | 脱靶 | 6 |

基于所假设的目标形状和标准差，使用电子表格文件 Example2.10Target.xls 进行 400 次试验（每次试验包含 10 枚炸弹），图 2-18 中的直方图表示轰炸命中频数，即每次试验中经过仿真得到的命中次数（命中次数的可能取值为 0~10）。

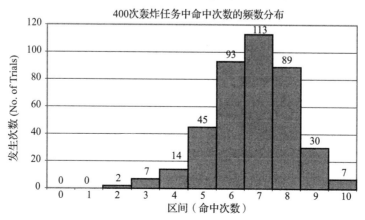

图 2-18 轰炸任务命中次数直方图（400 次试验）

从"Experiment"表中的"Multi-Trial Summary"（多次试验汇总）表格中可以看到，每次试验的命中次数介于 2～10 之间，平均命中次数为 6.77。（虽然也会出现零命中或一次命中的情况，但是由于我们进行了 400 次重复仿真，在现有假设条件下，实验结果表明零命中或一次命中的情况是基本不可能发生的。）如果只模拟一次（进行一次试验），很可能会产生误导性的结果。图 2-18 提供了有价值的信息。例如，在 17%（400 次中有 68 次）的试验中命中次数低于 5 次（包含 5 次）。有 60%（400 次中有 239 次）的试验包括 7 次或以上的命中次数。

可以在电子表格文件 Example2.10Target.xls 中编辑目标区域的各端点坐标$(X, Y)$，从而更改目标图形的形状，前提是保证图形是凸的（convex）。你也可以更改标准差，标准差越小，靠近目标的可能性越大；反之，标准差越大，偏离目标的可能性越大。在电子表格仿真中，具有仿真弹着点$(X, Y)$的炸弹能否击中目标，需要使用基础代数中的线性不等式来确定，详细信息在 Excel 电子表格文件中进行说明。

### 2.5.3  订货提前期需求的分布估计

下一个案例旨在确定订货提前期需求（lead-time demand）的统计分布。订货提前期是指从发出补货订单到收到订单货物之间的时间间隔。在此期间，顾客需求仍在不断产生，在此期间所产生的顾客总需求即为订货提前期需求。

这个模型也是蒙特卡罗仿真的案例之一，因为它同样不是动态的、基于事件的仿真。实质上，这个模型没有事件和仿真时钟，是纯粹的抽样实验，目的是估计复杂的统计分布。订货提前期需求的分布通常用于制订更好的库存策略，实现成本最小化，减少延期未交货和销售损失。

首先，我们假设订货提前期和顾客需求都是随机变量，这样，订货提前期需求就是由订货提前期内所有顾客需求的总和（或 $\sum_{i=0}^{T} D_i$，其中 $T$ 是订货提前期，$D_i$ 是第 $i$ 个时段内的需求）确定的随机变量。通过模拟多个提前期周期以及提前期中的各个时段，产生随机需求并求和，然后以计算结果绘制直方图，从而得到订货提前期需求的分布。

### 例 2.11  订货提前期需求

某公司大量出售新闻纸（单位：卷）。每日需求由以下概率分布给出：

| 每日需求（卷） | 3 | 4 | 5 | 6 |
|---|---|---|---|---|
| 概率 | 0.20 | 0.35 | 0.30 | 0.15 |

订货提前期是由以下分布给出的随机变量：

| 提前期（天） | 1 | 2 | 3 |
|---|---|---|---|
| 概率 | 0.36 | 0.42 | 0.22 |

表 2-27 给出的仿真表来自电子表格文件 Example2.11LeadTimeDemand.xls。不同于以往的问题，本例中仿真过程的一个特征，是每次循环中所产生的需求数量是随机的。如果生成的订货提前期是 2 天，则需要生成并求和 2 个随机需求；如果订货提前期为 3 天，则需要生成并求和 3 个随机需求。

表 2-27 提前期需求仿真表

| | B | C | D | E | F | G |
|---|---|---|---|---|---|---|
| 13 | 仿真表 | | | | | |
| 14 | | | | | | |
| 15 | 循环周期 | 提前期 | 需求日期 1 | 需求日期 2 | 需求日期 3 | 提前期需求 |
| 16 | | | | | | |
| 17 | 1 | 2 | 3 | 5 | | 8 |
| 18 | 2 | 1 | 4 | | | 4 |
| 19 | 3 | 2 | 3 | 5 | | 8 |
| 20 | 4 | 3 | 4 | 5 | 4 | 13 |
| 21 | 5 | 3 | 4 | 5 | 6 | 15 |
| 22 | 6 | 1 | 3 | | | 3 |
| 23 | 7 | 1 | 6 | | | 6 |
| 24 | 8 | 2 | 5 | 6 | | 11 |
| 25 | 9 | 2 | 3 | 5 | | 8 |
| 26 | 10 | 3 | 4 | 3 | 5 | 12 |
| 27 | 11 | 1 | 4 | | | 4 |
| 28 | 12 | 1 | 5 | | | 5 |
| 29 | 13 | 3 | 4 | 4 | | 14 |
| 30 | 14 | 1 | 6 | | | 6 |
| 31 | 15 | 1 | 3 | | | 3 |
| 32 | 16 | 2 | 5 | 3 | | 8 |
| 33 | 17 | 2 | 4 | 6 | | 10 |
| 34 | 18 | 3 | 4 | 5 | 5 | 14 |
| 35 | 19 | 3 | 4 | 3 | 6 | 13 |
| 36 | 20 | 2 | 5 | 6 | | 11 |

你可以生成多个周期，然后使用电子表格文件进行仿真，并对全部周期的需求汇总，得到订货提前期需求。通过直方图可以看到订货提前期需求的分布，如图 2-19 所示。以上结果是这样获得的：使用电子表格文件 Example2.11LeadTimeDemand.xls 的 "One Trial" 工作表，点击 "Reset Seed & Run" 按钮，仿真 20 个周期。或者重复点击 "Generate New Trial" 按钮，可以看到订货提前期需求在 20 个周期中是如何变化的。

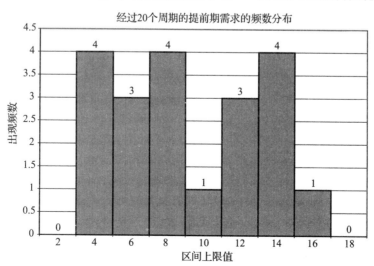

图 2-19 提前期需求的频数分布(经过 20 个周期)

将上述经过 20 个周期的仿真结果与"Experiment"电子表格仿真结果（进行 200 次试验，每次试验模拟一个订货提前期需求）进行对比，可以发现，由于依赖的是小样本，因此图 2-19 中的直方图也许不能代表订货提前期需求的分布形状。这说明为了获得所需响应变量的准确估计，设立足够大的样本数量（试验次数）是非常重要的。

### 2.5.4    活动网络仿真

假设有一个项目，要求完成大量的活动（activity），每个活动所需时间是固定的或随机的。其中的一些活动必须按照特定的顺序进行，其他活动则可以并行。这样项目以活动网络（activity network）的形式表示，如图 2-20 所示。在图中，弧（arc）表示活动，节点（node）表示活动开始或结束。

在图 2-20 所示网络中，有三条路径（path），每条路径都始于"开始"节点并结束于"终止"节点。每条路径表示一个必须按顺序完成的活动序列。不同路径的活动可以并行。每个活动的时间都标注在弧上，如 U(2，4) 表示一个随机变量，其服从 2～4 分钟的均匀分布。路径完成时间是构成路径的各个活动的时间之和。所有活动必

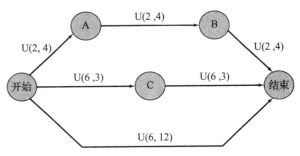

图 2-20    例 2.12 的活动网络

须全部完成，整个项目才能结束，因此，项目完成时间是所有路径的最大完成时间。

与以往案例不同，本例将使用连续均匀分布，也就是说，位于区间下限与上限之间的任何取值都是可行的，而不仅限于整数。插件"BCNNvba. xla"中提供的 VBA 函数 Uniform() 可用于任何电子表格模型之中，可写在一行 VBA 代码中或一个简单的公式中，把 VBA 随机数生成器 Rnd() 所产生的 0～1 均匀随机数转换成任何其他指定范围的均匀随机数值，方法如下：

```
' In the Uniform function, low is the lower limit,
'                          high is the upper limit.
' Type ''Double'' is a real value (double precision).
Function Uniform(low As Double, high As Double) As Double
    Uniform = low + (high - low) * Rnd()
End Function
```

我们希望这个简单的公式直观易懂。随机数生成的方法将在第 7 章中讨论。由于 Rnd() 所生成的随机数在区间 (0，1) 上是均匀的，因此函数 Uniform() 将在指定的区间 (low，high) 上产生均匀分布的随机数值。

Pritsker[1995] 是将仿真技术应用于项目活动网络的先驱者。虽然例 2.12 使用了蒙特卡罗仿真，但是对于一些活动网络模型而言，由于具有很高的复杂度，因此需要使用离散事件仿真软件或专为此类模型所设计的软件包。

### 例 2.12    项目仿真

朋友三人想要为周末的访客准备早餐，早餐包括培根、鸡蛋和烤面包。他们进行了分工，每个人准备其中一项。图 2-20 表示活动之间的顺序，每条路径代表一个人的任务，显示如下：

| | | | | |
|---|---|---|---|---|
| 上方的路径 | 开始 | → | A | 打鸡蛋 |
| | A | → | B | 搅拌鸡蛋 |
| | B | → | 结束 | 炒鸡蛋 |
| 中间的路径 | 开始 | → | C | 烤面包 |
| | C | → | 结束 | 在烤面包片上涂抹黄油 |
| 下方的路径 | 开始 | → | 结束 | 煎培根 |

每项活动的结束时间是不确定的，由图 2-20 中相关弧上所示的均匀分布表示。这三位朋友想要估计备餐时间服从何种分布，以便告诉访客具体的开餐时间。使用时间分布（而不仅仅是期望均值或平均备餐时间），他们可以估计在指定时间内准备好早餐的概率。模型在电子表格文件 Example2.12Project.xls 中给出。

因为连续均匀分布的期望均值是区间下限值和上限值之间的中点，因此图 2-20 的项目网络中的每条路径都有 9 分钟的平均值。根据每个均匀分布的下限值，可以看到每条路径的最短时间是 6 分钟，最长时间为 12 分钟。了解这些时间是否有助于预测项目总完成时间呢？

对于这个问题来说，项目完成时间是所有路径时间的最大值。通过电子表格仿真，可以对大量试验的任务时间进行抽样，并得到可能的项目完成时间范围和分布。"One Trial"工作表可以实现一次仿真实验，其逻辑和公式比之前的案例简单得多，读者可自行研究。

通过"Experiment"工作表可以进行多次试验，并估计项目完成时间的可能范围以及其他统计估计值。我们将"Number of Trials（试验次数）"设置为 400，然后单击"Reset Seed & Run"按钮一次以运行实验。使用默认种子值并进行 400 次试验，可得如下结果：

| | |
|---|---|
| 样本均值 | 10.21 分钟 |
| 最小值 | 6.65 分钟 |
| 最大值 | 11.99 分钟 |

关键路径是在一次特定试验中的最长路径，也就是说，该路径的时间就是项目完成时间。通过 400 次试验，每次试验使用不同的随机数，每条路径都有一定的概率成为关键路径。对于 400 次试验中的每一次试验，只有实验（experiment）决定了哪条路径是关键路径，频率计算如下：

| | |
|---|---|
| 上方路径 | 25.50%（全部试验占比值） |
| 中间路径 | 32.25% |
| 下方路径 | 42.25% |

因此我们可以得到如下的结论："培根是最后完成的工作"的概率约为 42.25%。为什么不是每条路径都有 1/3 的概率呢？42.25% 的概率值有多准确呢？通过重复点击"Run Experiment"按钮，可以了解到这一估计值是如何变化的。每次点击都会有几个百分点的变化。这种随机变化的大小取决于实验中的试验次数（本例为 400 次）。第 11 章将介绍一些统计分析技术，用于估算可能的统计误差（这种技术称为置信区间）。

项目完成时间使用图 2-21 中的随机表或直方图表示。从图中我们得出以下推论：
- 备餐用时小于等于 9 分钟的概率大约是 10.5%（400 次试验中出现 42 次）。
- 备餐用时为 11~12 分钟的概率大约是 24.25%（400 试验中出现 97 次）。

需要注意的是，标记为"12.0"的区间实际上指的是 11.0~12.0 分钟的区间，因为我们总是使用上限值标识一个区间。

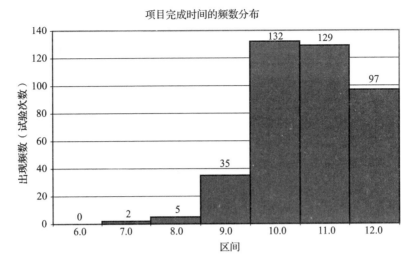

图 2-21　基于 400 次试验的项目完成时间直方图

　　回忆一下，三条路径的平均时间都是 9 分钟，从直方图可知，用时超过 9 分钟的概率大约是 89.5%，换句话说，依据每条路径的平均值，我们不太可能了解项目完成时间的分布，因为它是由最慢的一个任务序列决定的。

## 2.6　小结

　　本章旨在通过一些案例介绍仿真的几个关键概念，以及一些通用型的仿真应用，为后续章节奠定基础。

　　我们针对每一个具体问题个性化地设计了仿真表，并使用这些仿真表介绍结构化的知识点。仿真表中的列表示活动时间或其他随机输入（如需求）、事件发生的仿真时钟时间、系统状态和模型输出，仿真表中的行代表仿真顺序，如顾客或一天的需求。每个单元格中的公式实现仿真逻辑或计算模型输出。这些案例对仿真的相关工作给了了介绍：了解输入数据的特征，依据输入假设生成随机变量，定义和计算模型响应（性能度量指标），以及分析最终的响应指标。

　　模型输入可以定义为常量（体现为策略方案、决策参数），或者定义为简单的统计分布（诸如服务时间、到达间隔时间、订货提前期和需求量，等等）。独立于仿真表，但需要使用模型输出和其他数据，则模型响应（系统性能指标）可以在一次试验或一次仿真中计算获得。这些模型响应包括合计值、平均值和频数分布（用于绘制直方图）。

　　在第 9 章中，我们将学习如何应用统计分布来表示随机变化的模型输入，以及如何选择合适的分布。在本章案例中，我们介绍了如何从四种分布类型中生成随机样本：离散经验分布、离散均匀分布、连续均匀分布和正态分布。（经验分布意味着分布基于已有数据和特定概率。）电子表格仿真案例文件（可在本书网站 www.bcnn.net 找到）提供了生成各类分布的 VBA 函数。你可能会在本章后面的习题中用到它们。生成随机数和随机变量的一般性内容会在第 7 章和第 8 章中介绍。

　　仿真表中的事件是通过使用随机变量或特定模型逻辑（公式）生成的。排队仿真案例，特别是双通道排队案例，介绍了连续到达队列的顾客之间可能会存在一些复杂的关联关系。由于存在这些复杂性，即便针对相对简单的排队网络和其他中等复杂的模型，使用仿真表也可能失败或变得十分复杂。出于这样或那样的原因，因此需要一种更加系统性的方法，例如第 3 章介绍的事件排程法。本书其余章节将对相关主题进行更详细的讨论。

我们介绍了运行实验（由多次试验组成）的想法和必要性，看到了仿真结果的统计变异性，以及开展深入分析的必要性（将在第 11 章和第 12 章讨论）。

我们希望本章提供的案例，能够让读者了解本书其余章节设立的必要性。

## 参考文献

HADLEY G., AND T.M. WHITIN [1963], *Analysis of Inventory Systems*, Prentice-Hall, Englewood Cliffs, NJ.

HARRISON, J.M., AND V. NGUYEN [1995], "Some Badly Behaved Closed Queueing Networks," *Proceedings of IMA Workshop on Stochastic Networks*, eds. F. Kelly and R.J. Williams.

PRITSKER, A. A. B. [1995], *Introduction to Simulation and SLAM II*, 4th ed., John Wiley, New York.

SEILA, A., V. CERIC, AND P. TADIKAMALLA [2003], *Applied Simulation Modeling*, Duxbury, Belmont, CA.

## 练习题

### 工作表和手工练习

要学习如何实现 Excel 中的示例，可以访问网址 www. bcnn. net，也可以在工作表中找到文字说明。利用工作表进行仿真求解需要一个或多个 VBA 函数，因此，获取可行的 VBA 函数的最简单方法就是从现有工作表模型中查找，比如，可以从本书案例中借鉴近似度最高的例子，还有就是到 Excel 插件 BCNNvba. xla 中寻找。Excel 中的 VBA 函数就是封装在 VBA 环境（内置在电子表格文件中，或者作为插件被调用）中的 VB 模块，因此可以在单元格的公式中直接调用。

无论使用电子表格完成哪一个习题，你都可以从本章的例子中任选一个，然后对"One trial"工作表中的输入和仿真表进行删除、修改或添加，并使用修改后的模型进行仿真。也可以在"Experiment"工作表中，修改"Link"文字下面单元格中的响应指标，还可以根据需要随意修改文本标题和列标题。在 2.1.5 节中介绍的所有基于 VBA 的函数都可以在插件 BCNNvba. xla 中找到。无论本章的例子中是否使用，插件中的每个函数都可用在任何一个电子表格文件之中。

1. 考虑一个连续运营的加工车间（Jop Shop），作业（Job）到达间隔时间分布如下表所示：

| 到达间隔时间（小时） | 概率 | 到达间隔时间（小时） | 概率 |
|---|---|---|---|
| 0 | 0.23 | 2 | 0.28 |
| 1 | 0.37 | 3 | 0.12 |

作业加工时间服从均值为 50 分钟、标准差为 8 分钟的正态分布。构建一个仿真表，并模拟 10 个作业的加工过程。假设仿真开始时，有一个作业正在加工（预计 25 分钟内完成），还有一个作业（加工时间为 50 分钟）在队列中排队。试回答如下问题：

a) 这 10 个新作业在队列中的平均排队等待时间是多少？

b) 这 10 个新作业的平均加工时间是多少？

c) 这 10 个新作业在系统中的停留时间最长是多少？

2. 面包师希望了解每天需要烘焙多少打百吉饼（一打等于 12 个），购买百吉饼的顾客数量分布如下表所示：

| 每日顾客数量 | 8 | 10 | 12 | 14 |
|---|---|---|---|---|
| 概率 | 0.35 | 0.30 | 0.25 | 0.10 |

顾客分别订购 1~4 打百吉饼的可能性服从下表中的分布:

| 每位顾客订购的百吉饼数量 | 1 | 2 | 3 | 4 |
|---|---|---|---|---|
| 概率 | 0.4 | 0.3 | 0.2 | 0.1 |

每打百吉饼的售价为 8.40 美元,成本为 5.8 美元,当天闭店后未售出的百吉饼以半价销售给当地的一家杂货店。在周期为 5 天的仿真过程中,每天应该烘焙多少打百吉饼(近似 5 的倍数)?

3. 针对一个具有 $i$ 条通道的排队系统,仿照图 2-4 和 2.5 开发和绘制流程图。

4. 某小镇只有一辆出租车,上午 9 点到下午 5 点之间运营。目前考虑新增一辆车。服务需求分布如下表所示:

| 呼叫间隔时间(分钟) | 15 | 20 | 25 | 30 | 35 |
|---|---|---|---|---|---|
| 概率 | 0.14 | 0.22 | 0.43 | 0.17 | 0.04 |

完成一次服务的时间分布如下表所示:

| 服务时间(分钟) | 5 | 15 | 25 | 35 | 45 |
|---|---|---|---|---|---|
| 概率 | 0.12 | 0.35 | 0.43 | 0.06 | 0.04 |

对当前系统和新增一辆出租车的新系统分别仿真 5 天,比较两个系统在顾客等待时间以及其他相关度量指标方面的差异。

5. 随机变量 $X$, $Y$, $Z$ 服从以下分布:

$$X \sim N(\mu = 100, \sigma^2 = 100)$$
$$Y \sim N(\mu = 300, \sigma^2 = 225)$$
$$Z \sim N(\mu = 40, \sigma^2 = 64)$$

模拟 50 次随机变量 $W$ 的值:

$$W = \frac{X + Y}{Z}$$

针对仿真结果制作一个区间宽度为 3 的直方图。

6. 假设有三个互不相关的随机数 $A$、$B$ 和 $C$,变量 $A$ 服从 $\mu = 100$ 和 $\sigma^2 = 400$ 的正态分布,变量 $B$ 服从 $p(b) = 1/5$,$b = 0$,1,2,3,4 的离散均匀分布,变量 $C$ 的分布如下表所示:

| 变量 $C$ 的值 | 概率 | 变量 $C$ 的值 | 概率 |
|---|---|---|---|
| 10 | .10 | 30 | .50 |
| 20 | .25 | 40 | .15 |

变量 $D$ 定义如下:

$$D = (A - 25B)/(2C)$$

使用仿真方法估算 $D$ 的值,样本规模为 100。

7. 使用仿真方法估算某库存系统每周销售损失的平均值,系统描述如下:

a) 一旦库存水平达到或者低于 10 个单位，就要立即订货，且一次只能生成一张订单。

b) 每次的订货量为 $20-I$，$I$ 为订货时的库存水平。

c) 若库存水平为零时发生新的需求，则产生销售损失。

d) 日需求量服从正态分布，均值为 5 个单位、标准差为 1.5 个单位(仿真时需求数取最接近的整数，如果需求出现负数，则令其为零)。

e) 提前期服从 0～5 天的均匀分布(只取整数)。

f) 仿真开始时，库存量为 18 个单位。

g) 为简化起见，假设订单在每个交易日结束时下达，在提前期完成之后收到。因此，若提前期为 1 天，订单在发放的第二天早上就可以收货。

h) 仿真时长为 5 周。

8. 某制造厂有一部电梯，可承载 400 公斤物料，有三种装在箱子里的物料相继到达工厂，需要使用电梯进行运送。这些物料及其到达间隔时间分布如右表所示：

电梯需要 1 分钟时间到达二楼，2 分钟卸货，再用 1 分钟返回一楼。电梯未达满载状态时不会离开一楼。模拟一个小时的系统运行过程，并回答：一箱物料 A 的平均运送时间(从到达至卸货之间的时间)是多少？一箱物料 B 的平均等待时间是多少？1 小时内运送了多少箱物料 C？

| 物料 | 重量(公斤) | 到达间隔时间(分钟) |
|---|---|---|
| A | 200 | 5±2(均匀分布) |
| B | 100 | 6(常数) |
| C | 50 | $P(2)=0.33$ |
|  |  | $P(3)=067$ |

9. 实数型随机变量 $X$，$Y$(非整数)服从如下均匀分布：
$$X \sim 10 \pm 10(均匀分布)$$
$$Y \sim 10 \pm 8(均匀分布)$$

a) 模拟 200 次随机变量 $Z$ 的值
$$Z = XY$$
使用直方图表示 $Z$ 的取值范围和平均值。

b) 同(a)，只是 $Z$ 值满足
$$Z = X/Y$$

10. 当前有两块钢板需要装配，每块钢板的中间位置都有一个钻孔，这两块钢板将由钢钉组装在一起。两块钢板的装配需要各自对齐，即将各自的左下角与 $(0, 0)$ 点对齐，钢板上中心孔的位置为 $(3, 2)$，横纵轴两个方向的定位标准差为 0.0045。小孔直径服从正态分布(均值为 0.3，标准差为 0.005)，钢钉直径也服从正态分布(均值为 0.29，标准差为 0.004)。请回答，钢钉可以穿过钢板的几率有多大？使用 50 次仿真观测值获得你的答案。

提示：空隙 $= Min(h_1, h_2) - [(x_1-x_2)^2+(y_1-y_2)^2]^{0.5} - p$，其中

$h_i =$ 钢板孔径，$i =$ 钢板 1，2

$p =$ 钢钉直径

$x_i =$ 距离钢板圆孔中心点的横向距离，$i =$ 钢板 1，2

$y_i =$ 距离钢板圆孔中心点的纵向距离，$i =$ 钢板 1，2

11. 在上面的习题中，钢钉太松就会晃动，当 $Min(h_1, h_2) - p \geqslant 0.006$ 时会发生晃动。钢板组装之后发生晃动的概率有多大？(条件概率，以钢钉穿过钢板为条件。)

12. 在一个圆的圆周上随机取三个点。用蒙特卡罗抽样方法估算它们在同一个半圆上的概率。重复仿真 5 次。

13. 以下为统计学的两个定理：

**定理1**：假设 $Z_1$，$Z_2$，$\cdots Z_k$ 是服从正态分布的、独立的随机变量，均值为 $\mu = 0$，方差为 $\sigma^2 = 1$。则随机变量

$$\chi^2 = Z_1^2 + Z_2^2 + \cdots + Z_k^2$$

被称为自由度为 $k$ 的卡方分布，简写为 $\chi_k^2$。

**定理2**：假设 $Z \sim N(0，1)$，$V$ 是自由度为 $k$ 的卡方分布随机变量。若 $Z$ 和 $V$ 彼此独立，则随机变量

$$T = \frac{Z}{\sqrt{V/k}}$$

称作自由度为 $k$ 的 $t$ 分布，简写为 $t_k$

用自由度为 3 的 $t$ 分布随机生成一个样本，可以使用下面的随机数，需要用多少就用多少，但是必须按照顺序使用：

| 随机数 | 随机正态分布值 |
|---|---|
| 0.6729 | 1.06 |
| 0.1837 | −0.72 |
| 0.2572 | 0.28 |
| 0.8134 | −0.18 |
| 0.5251 | −0.63 |

请问，使用 $t$ 分布生成一个随机样本，需要使用多少随机数和标准正态随机变量？

14. 某银行有一个免下车(drive-in)柜员窗口，该窗口前可以停放一辆车办理业务，还有一个空位可供另一辆车排队。若顾客驾车到达时，免下车窗口的汽车队列已满，则顾客需要泊车之后到银行大厅里面办理业务。顾客到达间隔时间和服务时间分布如下：

| 到达间隔时间 | 概率 | 服务时间 | 概率 |
|---|---|---|---|
| 0 | 0.09 | 1 | 0.20 |
| 1 | 0.17 | 2 | 0.40 |
| 2 | 0.27 | 3 | 0.28 |
| 3 | 0.20 | 4 | 0.12 |
| 4 | 0.15 | | |
| 5 | 0.12 | | |

对免下车柜员的服务过程进行仿真(要求仿真 10 位顾客)。这 10 位顾客中第 1 位顾客的到达时间是随机的。仿真开始时，免下车窗口前面的队列中已经有一位顾客在办理业务，还有一位顾客在排队等候。请回答：10 位顾客中有多少位顾客需要下车到银行里面办理业务？

15. 估算 Cedar Bog 湖的占地面积(单位：英亩)。如下所示，湖的尺寸用英尺来计量。

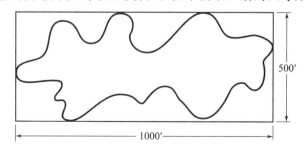

试用仿真来估算 Cedar Bog 湖的面积。（一英亩折合 43 560 平方英尺。）

16. 对于例 2.6，假设新增一个服务员 Charlie 之后的平均排队等待时间近乎为 0，该服务台的费用为 20 美元/小时，如果电话呼叫等待的平均成本为 200 美元/小时，请问是否应该新增这个服务台？

17. 对于例 2.12，为什么各条路径的完工时间等于总完工时间的概率不是 1/3？

18. 对于例 2.11，提前期需求等于 3 或 4 的唯一方法，是产生一个需求，其提前期为 1 天，需求数量为 3 或 4。这种情况发生的概率为 $0.36(0.20+0.35)=0.198$，照此计算，提前期需求等于 11 或 12 的概率是多少？提前期需求等于 18 的概率是多少？（使用解析而非仿真方式求解。）

19. 运行例 2.4 中的实验（包含 4000 次硬币投掷试验），请解释为什么在 100 次投掷中 Harry 领先次数小于等于 5 的概率应该大于领先 95 次或以上的概率。为什么这种情况对 Tom 也是成立的？

**基于电子表格案例的练习**

20. 修改 2.1.5 节的例 2.2，使用公式"WRONG!!"产生服务时间。产生足够数量的服务时间，比如 400 个，然后绘制直方图。样本频率与每个服务时间值的理论概率有多大差异？解释为什么每次的结果都会不同，即为什么所用公式是错误的。

21. 对于例 2.5，假设到达分布是 1～10 分钟的均匀分布（要求取整数）。进行 50 次试验，得出各组的频率和图 2-10 中的频数有什么差别？

83

22. 对于例 2.5，将服务时间分布变更如下：

| 服务时间（分钟） | 1 | 2 | 3 | 4 | 5 | 6 |
|---|---|---|---|---|---|---|
| 概率 | 0.05 | 0.10 | 0.20 | 0.30 | 0.25 | 0.10 |

进行 50 次试验，所得平均等待时间与例 2.5 中的结果有什么不同？如果有差别，你认为是什么原因造成的？

23. 对于例 2.5 中的实验，分别运行 25、50、100、200 和 400 次。（每次试验使用不同的随机数流）平均等待时间的最小和最大值有什么不同？如果确有不同，该如何解释？

24. 对于例 2.6，进行 10 个实验（experiment），每个实验包含 100 次试验（trial）。每个实验中平均排队时间小于等于 3 分钟的试验占比是多少？在全部 1000 次仿真试验中，平均排队等待时间小于等于 2 分钟的呼叫占比是多少？

25. 对于例 2.6，进行一个包含 400 次试验的实验。试解释最小平均等待时间与最大平均等待时间的跨度范围为什么那么大？

26. 对于例 2.6，运行 10 个实验（每个实验包含 50 次试验），再运行 10 个实验（每个实验包含 400 次试验）。如果两组实验的输出结果有差异的话，请给出解释。

27. 修改例 2.6 中的电子表格文件，使得 Able 和 Baker 各自处理的电话呼叫数量能够显示出来，那么在 400 次试验中他们各自处理了多少呼叫？

28. 对于例 2.7，基于 50 次试验，确定最优的报纸订购方案。

29. 对于例 2.7，完成 10 个实验，每个实验包含 400 次试验。每日利润的最大和最小值之间的最大差值是多少？

30. 使用例 2.8 中的电子表格文件，进行 100 次试验，在 $M=11$、$N=4,5,6$ 时期末平均库存是多少？

31. 使用例 2.8 中的电子表格文件，进行 100 次试验，在 $N=5$、$M=10,11,12$ 时期末平均库存是多少?

32. 根据例 2.8, 修改电子表格文件以建立销售损失模型, 即使用销售损失代替货物短缺。并研究销售损失的情况。

33. 例 2.9 中, 轴承成本为多少时, 当前系统和改进系统的每 10 000 轴承小时的总成本相同? 对当前系统和改进系统分别进行 10 次实验, 每次实验包含 400 次试验, 使用实验结果回答上述问题。

34. 调整例 2.9(当前系统或改进系统)中实验表的直方图组距, 以 50 美元为最小组距进行设置(例如, 如果最小值是 1528.46 美元, 那么第一个单元就以 1500 开始美元)。这样调整有什么好处?

35. 使用例 2.9 中的电子表格文件(改进后的系统), 运行 10 个实验(每个实验包含 40 次试验), 记录实验结果的范围(最大值, 最小值)。然后, 计算平均区间范围。接下来在每次实验中包含 400 次试验, 还像之前一样处理, 如果结果有所不同, 请给出解释。

36. 对例 2.10 中的电子表格文件重新设置 $\sigma_x = 600$ 米, $\sigma_y = 300$ 米。保持原目标不变。进行 200 次试验, 平均命中次数是多少?

37. 对例 2.10 中的电子表格文件重新设置 $\sigma_x = 300$ 米, $\sigma_y = 600$ 米。保持原目标不变。进行 200 次试验。平均命中次数是多少?

38. 对例 2.10 中的电子表格文件重新设置 $\sigma_x = 300$ 米, $\sigma_y = 150$ 米。保持原目标不变。进行 200 次试验。平均命中次数是多少? 解释本题与上一道题的结果有哪些不同。

39. 对例 2.10 中的电子表格文件重新设置 $\sigma_x = 2\sigma_y$。保持原目标不变。进行 400 次试验, 若平均命中次数为 6.0 左右, 则 $\sigma_x$ 应取值多少?

40. 在例 2.11 中, 假设你希望更好地估算提前期需求分布, 你会选择:(1)增加 "One Trial" 工作表的运行次数;(2)增加 "Experiment" 工作表中的试验次数? 请说明你的理由。

41. 例 2.11 中, 假设你想要更好地估算提前期需求的均值。你该怎么做?

42. 例 2.11 中, 假设需求数量为 3, 4, 5 和 6 是等可能的。进行 400 次试验。比较由原输入数据和新输入数据所得出的平均提前期需求之间的差异。

43. 例 2.11 中, 令需求数量取值 1, 2, 3 是等概率的。运行一个包含 400 次试验的实验。比较由原输入数据和新输入数据所得出的平均提前期需求之间的差异。

44. 例 2.12 中, 实验 20 次, 每次实验包含 400 次试验。记录中间那条路径是最长路径(关键路径)的次数。你估计该事件的概率大约是多少?

45. 上题中, 中间路径被选为最长路径时, 其对应时间长度的最小值和最大值是多少? 如果只运行一次仿真, 得到了最小(或最大)值, 并作为最终结果呈报, 会如何? 你对此该如何评价?

46. 例 2.12 中, 假设第三条路径(图 2-20 中最下面的一条路)变为由 6 个服从 $U(1, 2)$ 分布的活动组成。调整电子表格以适应这种情况。调整后哪条路径被选中(总活动时间最长, 即为关键路径)的频率最高? 从这道题目中你得到了哪些启示?

47. 使用 Excel 文件并利用公式 $= -10 * LN(RAND())$, 在一列中产生 1000 个数值。

   a) 计算该列数据的描述性统计量, 包括最小值、最大值、均值、中位数和标准差。

   b) 把数据分为 10 个区间, 每个区间宽度为 5, 第 1 个区间开始于 0, 第 11 个区间表示数字(如果存在的话)。

c) 该直方图是否与你熟悉的某一分布有些相似？如果是，它是什么分布？

提示：在 Excel 中，使用公式 FREQUENCY 或 COUNT 计算各组频率。

48. 使用 Excel 并利用公式＝RAND()，产生 12 列数值，每一列包含 250 个数。
在单元格 M1 中，输入公式＝SUM(A1:L1)－6，然后复制公式到 M 列中其余的 249
个单元格中。

a) 计算 M 列数据的描述性统计量，包括最小值、最大值、均值、中位数和标准差。

b) 把 M 列中的数据划分为 9 个区间，第 1 个区间包含所有小于或等于－3.5 的值；其
余 7 个区间（原文为 6）宽度均等于 1，最后一个区间包含所有大于 3.5 的值。

c) 该直方图是否与你熟悉的某个分布有些相似？如果是，那是什么分布？

提示 1：在 Excel 中，使用公式 FREQUENCY 或 COUNT 计算每组频率。

提示 2：M 栏中的值可以作为表 A-2 的粗略近似值来使用。

49. 使用 Excel 并利用公式＝INT(RAND() * 100000)，产生一个可以替代表 A-1 的表。

50. 用 Excel 设计一个蒙特卡罗实验来估算 $\pi$ 的值，例如用在圆面积方程式中

$$A = \pi r^2$$

提示：想象一下，在一个边长为 1 的正方形中放置一个半径为 1 的四分之一圆，向正
方形中随机投掷飞镖，利用落点频率计算 $\pi$ 的值。

51. 某大学生准备做下一年度的财务计划（单位：美元）。费用包括下面已知的必要花销：

| | |
|---|---|
| 学费 | 8400 |
| 住宿费 | 5400 |

此外，还有许多不确定的费用，变动范围如下：

| | |
|---|---|
| 餐费 | 900～1350 |
| 娱乐费 | 600～1200 |
| 交通费 | 200～600 |
| 书费 | 400～800 |

他计划使用下一年度的收入支付上述费用，可确定的收入账目如下：

| | |
|---|---|
| 政府奖学金 | 3000 |
| 父母赞助 | 4000 |

还有一些收入是不确定的，变动范围如下：

| | |
|---|---|
| 服务生 | 3000～5000 |
| 图书馆助理 | 2000～3000 |

该生计划申请一笔贷款。请你设计一个基于电子表格的仿真模型，运行 1000 次试验，
预测贷款金额的概率分布。所有可变量均可视为在给定范围内服从均匀分布。

52. Bally1090 型老虎机的每个滚轮上有 22 个平面，每个滚轮上的符号及其数量如下所示：

| 符号 | 轮子 1 | 轮子 2 | 轮子 3 |
|---|---|---|---|
| 樱桃 | 2 | 5 | 2 |
| 橘子 | 2 | 3 | 7 |
| 李子 | 5 | 1 | 10 |
| 铃铛 | 10 | 2 | 1 |
| 条纹 | 2 | 10 | 1 |
| 7 | 1 | 1 | 1 |

86

奖项及回报金额如下：

| 组合 | 回报 | 组合 | 回报 |
| --- | --- | --- | --- |
| 左侧是樱桃 | 2 | 三个李子 | 20 |
| 右侧是樱桃 | 2 | 李子/李子/条纹 | 14 |
| 任意两个樱桃 | 5 | 条纹/李子/李子 | 14 |
| 三个樱桃 | 20 | 三个铃铛 | 20 |
| 三个橘子 | 20 | 铃铛/铃铛/条纹 | 18 |
| 橘子/橘子/条纹 | 10 | 条纹/铃铛/铃铛 | 18 |
| 条纹/橘子/橘子 | 10 | 三个条纹 | 50 |
| | | 三个 7 | 100 |

87   使用 Excel 仿真 1000 次，假设每次需投注 1 美元，那么最终的输赢金额会是多少？

# 基 本 原 理

本章将应用离散事件仿真方法，为复杂系统建模搭建一个通用框架，该框架涵盖所有离散事件仿真模型的基本建构模块：实体、属性、活动和事件。在离散事件仿真中，系统模型是根据其在每个时间点上的状态来构建的，是依据流经系统的实体和代表系统资源的实体构建的，是依据引起系统状态改变的活动和事件构建的。离散系统模型适用于这样的系统：系统状态变化只发生在离散时间点上。

在第 4 章中描述的仿真语言和软件(统称为仿真工具包)是离散事件仿真的基本工具集。少数仿真工具包还具有连续型仿真或"离散/连续混合型"仿真模型的开发能力。本章重点讨论离散事件的概念和方法。第 4 章更侧重于讨论个别仿真工具包的应用能力和高级开发能力。

本章将介绍和阐述所有有关离散事件仿真软件工具包的基本概念和方法。这些概念和方法不限于任何特定的仿真软件。许多软件包的术语和我们在书中使用的不一致，大部分软件包使用高层级的构件，目的是使建模过程更简单、更加面向应用领域。例如，本章将讨论实体的基本抽象概念，第 4 章则讨论实体的具体实现，比如仿真工具包中内置的机器、传送带和车辆，这些制造、物料搬运以及其他领域的功能组件，可以促进仿真模型的开发。

本书第五部分将讨论特定领域的仿真应用问题。主题包括第 13 章所涉及的制造和物料搬运系统，以及第 14 章所涉及的计算机系统仿真。

3.1 节涵盖离散事件仿真的一般原则和概念、事件调度/时间推进算法，以及三个常用视角：事件调度(event scheduling)、进程交互(process interaction)和活动扫描(activity scanning)。3.2 节介绍列表处理的一些概念，列表处理是离散事件仿真软件中所使用的非常重要的方法。第 4 章将介绍在一些常用仿真软件中如何实现上述概念。

88

## 3.1 离散事件仿真的相关概念

在第 1 章中，我们简要介绍了系统和系统模型的概念。本章将专门分析以离散方式变化的动态随机系统(涉及时间因素和随机因素)。本节对这些概念进行了扩展，并提出离散事件系统模型的开发框架。下表简要定义了主要概念，并通过实例说明：

| 系统(system) | 为完成一个或多个目标、随时间推移而交互作用的实体的集合(例如人和机器) |
|---|---|
| 模型(model) | 系统的抽象表示，通常包含对一个系统的状态、实体及其属性、集合、过程、事件、活动和延迟的结构性、逻辑性或数学关系的描述 |
| 系统状态(system state) | 任意时刻进行系统描述所需全部必要信息的变量集 |
| 实体(entity) | 模型中需要精确表示的所有系统对象或组件(例如，一台服务器、一名顾客、一台机器) |
| 属性(attribute) | 给定实体的特性(例如排队顾客的优先级，加工车间中的工艺顺序) |
| 列表(list) | 以某种逻辑方式排列的、具有永久或临时关联关系的实体集合(例如，队列中所有按照先到先服务的原则或者优先级顺序进行排队的顾客) |

（续）

| | |
|---|---|
| **事件**(event) | 改变系统状态的、瞬间发生的事情（例如一位新顾客的到来） |
| **事件通知**(event notice) | 当前或未来发生的事件的记录，以及执行该事件所需的所有相关数据，至少应包含事件类型和事件时间 |
| **事件列表**(event list) | 记录未来事件的通知列表，根据事件发生时间排序，也称为未来事件列表（Future Event List，FEL） |
| **活动**(activity) | 具有一定长度的时间段，当它开始时就可知其持续的时间长度（虽然定义的形式可能是统计学分布），例如，服务时间或顾客到达间隔时间（注：在仿真程序处理逻辑中，服务时间或到达间隔是在活动开始时就可以确定其时间长度的） |
| **延迟**(delay) | 无法确定长度的时间段，只有在结束时才可知其持续长度。例如，顾客在"后进先出"队列中的排队时间。当延迟开始之后，持续时间（结束排队）取决于 后续顾客的到达情况（注：由于后续顾客到达的随机性，因此无法确定当前顾客的排队时长） |
| **仿真时钟**(simulation clock) | 表示仿真时间的变量，称为仿真时钟 |

对于相同或相似的概念，不同仿真工具包使用不同术语表示。例如，列表有时被称为集合（sets）、队列（queue）或链（chain）。集合或列表（list）用于存储实体和事件通知。列表中的实体总是按一定的规则排序，如"先进先出"或"后进先出"，或按某个实体属性排序，例如按照优先级或截止日期等实体属性。未来事件列表总是按照事件通知中记录的事件时间（event time，实为仿真时钟内的事件发生时刻）进行排序。3.2节讨论了一些列表处理的方法，并介绍了一些针对有序集或列表的高效处理方法。

活动通常是指服务时间、到达间隔时间，以及由建模人员设计和定义的处理时间（processing time）。活动的持续时间可以用多种方法指定：

- **确定型**：例如，恰好5分钟。
- **统计型**：例如，从集合{2，5，7}中等概率地随机抽取。
- **基于系统变量和（或者）实体属性的函数**：例如，铁矿石运输船的装载时间是以船舶载重吨位和每小时装载率为变量的函数。

无论如何定义，活动的持续时间总是遵从其定义，并从它开始的那一刻开始计时，活动的持续时间不受其他事件发生的影响（除非一些仿真软件允许这么做，此时仿真模型包含逻辑上取消或延迟处于进程中的活动）。为了跟踪活动和它们预期的完成时间，在某个活动开始的那一刻，会创建一个事件通知，其中包含一个事件时间，也就是这个活动的结束时间。例如，如果当前仿真时钟已推进到第100分钟，此时一个时长5分钟的检验活动刚刚开始，则一个事件通知将被创建，它包含了事件类型（检查结束事件）和事件时间（100＋5＝105分钟）。

与活动不同，延迟时间不能人为预先确定，而需要根据系统条件来确定。通常，延迟的持续时间是待测量的，是模型运行的一个结果输出。特别的，当某些逻辑条件成立或有其他事件发生时，延迟就会结束。例如，一位顾客在等待队列中的延迟（排队时间）可能取决于排在他前面的顾客数量以及服务时间，也与服务台或设备的数量有关。

有时，延迟被称为"有条件等待"，活动被称为"无条件等待"。活动的完成是一个事件，常被称为"首要事件"（primary event），通过在未来事件列表中放置一个事件通知对其进行管理。与之相反，延迟是通过在另一个列表中放置相关联的实体（该列表可能代表一个等待队列（waiting line）），直到系统条件允许开始处理该实体的那一刻，延迟才结束。延迟完成有时被称为"有条件事件"（conditional event）或"次要事件"（secondary event），但是与延迟相关的这些事件既不以事件通知表示，也不会出现在未来事件列表之中。

我们研究的系统是动态的，也就是说，系统随时间推移而发生变化。因此，系统状态、实体属性和活跃实体的数量、集合中的内容，以及进程中的活动和延迟都是时间的函数，恒久地随着时间的推移而不断变化。而仿真时间本身则是由一个被称为"仿真时钟"的变量来表示。

90

## 例 3.1　呼叫中心(继续讨论)

让我们再次思考例子 2.6 中 Able-Baker 呼叫中心系统，一个离散事件模型有以下组件：

- **系统状态**

  $L_Q(t)$，时刻 $t$ 等待服务的呼叫数量；

  $L_A(t)$，0 或 1 分别代表 Able 在时刻 $t$ 是空闲还是繁忙。

  $L_B(t)$，0 或 1 分别代表 Baker 在时刻 $t$ 是空闲还是繁忙。

- **实体**

  呼叫或服务台都不需要显式地表示出来(它们的状态变量除外)，除非需要计算某些呼叫的平均值(可以比较例 3.4 和例 3.5 进行了解)。

- **事件**

  到达事件。

  Able 的服务完成事件。

  Baker 的服务完成事件。

- **活动**

  到达间隔时间，在表 2-12 中定义。

  Able 的服务时间，在表 2-13 中定义。

  Baker 的服务时间，在表 2-14 中定义。

- **延迟**

  在 Able 或 Baker 空闲之前，电话呼叫在队列中的等待时间。

针对模型组件的定义提供了对模型的静态描述，此外，还需要描述组件之间的动态联系和互动关系。这是因为有如下一些问题需要回答：

1）每个事件如何影响系统状态、实体属性，以及集合内容？

2）活动是如何定义的(确定值、概率值，或用数学方程表示的值)？什么事件标志着一个活动的开始或结束？活动开始可以与系统状态无关么？或者只能在系统处于某个特定状态条件下活动才能开始？(例如，加工"活动"只能在机器闲置、未损坏且不在维修的情况下才能开始。)

3）各类延迟的开始(结束)是由哪些事件触发的？在什么条件下延迟开始或结束？

4）零时刻的系统状态是什么？什么事件在零时刻先于模型生成，即由该事件启动仿真进程？

离散事件仿真是对随时间变化的系统过程进行建模，所有系统状态只能在离散分布的时间点上发生变化，换句话说，在这些离散点时一定有事件发生。离散事件仿真(以下简称为仿真)通过产生一系列代表系统随时间演变的系统快照(或系统映像)实现推进。在给定时间(仿真时钟 CLOCK＝$t$)的系统快照包括：仿真时刻 $t$ 的系统状态；一个未来事件列表(包括当前进程中的所有活动及其各自的结束时间)；所有实体的状态；所有集合中的当前成员；用于累加计算的统计量和计数器的当前值，这些统计量和计数器将在仿真结束时

91

用于汇总统计。系统快照的原型如图 3-1 所示(不是每一个模型都包含图 3-1 中的全部元素，本章其他案例将进一步描述。)

| 仿真时钟 | 系统状态 | 实体和属性 | 集 1 | 集 2 | 集… | 未来事件列表<br>(FEL) | 累积统计量<br>和计数器 |
|---|---|---|---|---|---|---|---|
| $t$ | $(x, y, z, \cdots)$ | | | | | $(3, t_1)$—时刻 $t_1$ 时产生的<br>第三类事件<br><br>$(1, t_2)$时刻 $t_2$ 时产生的<br>第一类事件<br><br>$\vdots$　$\vdots$ | |

图 3-1　仿真时刻 $t$ 时的系统快照原型

### 3.1.1　事件调度/时间推进算法

仿真时间的推进机制，以及确保所有事件按照正确时间顺序产生的保障机制都基于未来事件列表(FEL)。FEL 包含未来将要发生的所有事件的事件通知。对未来事件进行调度意味着：在某个活动开始的时刻，活动时长已经计算出来或者根据某个特定的统计分布抽样获得，连同活动结束事件及其发生时间，都被放入 FEL 之中。在真实世界里，大多数未来事件是无法预计的，仅仅是发生而已，例如，随机的设备故障事件或随机的顾客到达事件。在仿真模型中，这样的随机事件通过"活动结束"代表，而活动时间则使用统计分布表征。

在任何给定时刻 $t$，FEL 包含所有已经预计要发生的未来事件，并且所有相关事件都按时间排序，这些事件的时间满足

$$t < t_1 \leqslant t_2 \leqslant t_3 \leqslant \cdots \leqslant t_n$$

时刻 $t$ 是仿真时钟的当前值，也是仿真时间的当前值。随着时间的推移，与时刻 $t_1$ 相关的事件被称为即将发生的事件，即它是下一个会发生的事件。仿真时间 CLOCK $= t$ 时的系统快照更新后，仿真时钟被更新为 CLOCK $= t_1$，即将发生事件的事件通知被从 FEL 中移除，也就是说该事件已经执行完毕。执行即将发生的事件意味着创建了一个位于时刻 $t_1$ 的新系统快照，该快照是基于时刻 $t$ 的旧快照和即将发生事件的内容而创建的。在时刻 $t_1$，新的未来事件可能发生也可能不发生，但是如果发生，就需要创建事件通知，并把它们放在 FEL 的恰当位置。时刻 $t_1$ 的新系统快照更新后，仿真时钟会推进到下一个待发生事件时间，这也意味着这个事件已被执行完毕。上述过程循环往复，直到仿真结束。为了推进仿真时钟和建立系统快照，而必须由仿真器(或仿真语言)执行的活动序列，称为**事件调度/时间推进算法**(event-scheduling/time-advanced algorithm)，其步骤如图 3-2 所示(将在后续章节中进行介绍)。

<table>
<tr><td colspan="5">时刻 $t$ 时的旧系统快照</td></tr>
<tr><td>时钟</td><td>系统状态</td><td>…</td><td>未来事件列表 FEL</td><td>…</td></tr>
<tr><td>$t$</td><td>$(5, 1, 6)$</td><td></td><td>$(3, t_1)$—时刻 $t_1$ 时产生的第三类事件<br>$(1, t_2)$—时刻 $t_2$ 时产生的第一类事件<br>$(1, t_3)$—时刻 $t_3$ 时产生的第一类事件<br>$\vdots$　$\vdots$　$\vdots$<br>$(2, t_n)$—时刻 $t_n$ 时产生的第二类事件</td><td></td></tr>
</table>

图 3-2　推进仿真时间以及更新系统映像

**事件调度/时间推进算法**

- 步骤 1：从 FEL 上移除即将发生事件的事件通知（事件 3，时间 $t_1$）。
- 步骤 2：推进时钟到即将发生事件的时间（即推进时钟从 $t$ 到 $t_1$）。
- 步骤 3：执行即将发生的事件；更新系统状态，更改实体属性，并根据需要更新集合中的成员。
- 步骤 4：生成未来事件（如果需要的话），把事件通知放入 FEL，并按照事件时间排序。（例如，事件 4 发生在时间 $t^*$，其中 $t_2 < t^* < t_3$。）
- 步骤 5：更新累积统计量和计数器。

**时刻 $t_1$ 时的新系统快照**

| 时钟 | 系统状态 | … | 未来事件列表 FEL | … |
|---|---|---|---|---|
| $t_1$ | (5，1，5) | | $(1，t_2)$——时刻 $t_2$ 时产生的第一类事件 | |
| | | | $(4，t_*)$——时刻 $t_*$ 时产生的第四类事件 | |
| | | | $(1，t_3)$——时刻 $t_3$ 时产生的第一类事件 | |
| | | | $\vdots$　　　$\vdots$　　　　$\vdots$ | |
| | | | $(2，t_n)$——时刻 $t_n$ 时产生的第二类事件 | |

图 3-2　（续）

随着仿真过程的进行，FEL 的长度和内容不断变化，因此仿真软件对 FEL 管理的有效性将对仿真模型的运行时间产生重要影响。对列表的管理被称为列表处理（list processing）。FEL 的主要处理操作包括：移除即将发生的事件、向列表中添加新事件、偶尔移除其他一些事件（取消个别事件）。由于即将发生的事件通常是在列表的顶部，因此这种移除操作是非常高效的。增加新事件（或取消旧事件）时需要对列表进行搜索，搜索效率取决于列表逻辑结构以及搜索方式。除 FEL 以外，模型中的所有集合都存在一定的逻辑顺序，同时，从集合中添加和删除实体的操作也需要有效的列表处理技术。3.2 节对仿真中的列表处理进行了简要介绍。

从 FEL 中移除和增加事件的步骤和方法如图 3-2 所示。发生在时刻 $t_1$ 的事件 3 代表一个在 Server 3 上的服务完成事件。对于时刻 $t$ 而言，事件 3 是一个即将发生的事件，所以它在事件调度/时间推进算法的第 1 步（图 3-2）中就从 FEL 上被移除了。在第 4 步中，发生在时刻 $t^*$ 的事件 4（到达事件）被生成，确定事件 4 在 FEL 中正确位置的一种可行方法，就是自顶向下进行搜索：

如果 $t^* < t_2$，把事件 4 排在 FEL 的顶部。

如果 $t_2 \leqslant t^* < t_3$，把事件 4 排在 FEL 的第 2 位。

如果 $t_3 \leqslant t^* < t_4$，把事件 4 排在 FEL 的第 3 位。

…

如果 $t_n \leqslant t^*$，把事件 4 排在 FEL 的最后一位。

（在图 3-2 中，假定 $t^*$ 在 $t_2$ 和 $t_3$ 之间）。另一种方式是进行自下而上的搜索。管理和维护 FEL 最低效的方法，是把它作为一个无序的列表保存（在顶部或底部的任意位置进行添加操作），这就需要在图 3-2 的步骤 1 处，也就是每一次时钟推进之前，从头到尾地搜索整个列表，找到即将发生的事件（即将发生的事件是在 FEL 中时间最近的事件。）

时刻 0 的系统快照是由初始条件和所谓的外生事件（exogenous event）定义的，初始条

93
～
95

件定义了时刻 0 的系统状态。例如，在图 3-2 中，如果 $t=0$，那么状态(5，1，6)可能代表在系统中三个不同位置上的初始顾客数量。外生事件是指发生在系统外部并对系统产生影响的事件。一个典型的例子是排队系统中的顾客到达事件。在时刻 0，产生第一位顾客到达事件，并且记录在 FEL 中(这意味着 FEL 已经记录了它的事件通知)。到达间隔时间是一个活动，当仿真时钟推进到第一个到达事件时间，会产生第二个到达事件时间。首先，产生一个到达间隔时间(称之为 $a^*$)；$a^*$ 被加到当前仿真时钟时间 CLOCK$=t$，可得未来事件时间 $t+a^*=t^*$，用于在 FEL 上定位新的未来事件通知。生成外部到达流的方法称为**自举法**(bootstrapping)，自举法展示了如何在事件调度/时间推进算法的步骤 4 中生成未来事件。自举法如图 3-3 所示。前三个到达事件的间隔时间分别是 3.7、0.4 和 3.3 个时间单位，到达间隔时间的结束就是一个首要事件。

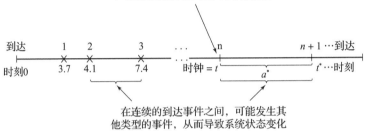

图 3-3　用自举法产生外部到达流

未来事件生成的第二个例子(图 3-2 的步骤 4)是由排队系统仿真中的服务完成事件引起的。假设当前仿真时钟 CLOCK$=t$，当某个顾客完成服务时，如果下一个顾客已经在系统中，则将为下一位顾客生成一个新的服务时间 $s^*$。通过在 FEL 中增加一个新的事件通知(事件时间为 $t^*$，类型为服务完成事件)，以保证下一个服务完成事件在未来时刻 $t^*=t+s^*$ 时产生。此外，如果顾客到达事件发生时，系统中至少有一个服务台空闲，则生成该顾客的服务完成事件并对其排程。服务时间是一类活动。服务开始事件是基于条件的，仅当顾客到达时恰好有空闲的服务台，才会触发它。服务完成事件是一类首要事件。请注意，条件性事件(如服务开始事件)是在首要事件发生时被触发的，且必须满足特定的系统条件。**只有首要事件才会出现在 FEL 之中**。

第三个例子是机器发生故障时交替发生的运转(run times)和宕机(down times)情况。在时刻 0，生成第一个运转活动，运转结束事件被放在 FEL 中并依据事件时间进行排程。一旦运转结束事件发生，则立即生成一个宕机活动，同时宕机结束事件也会被置入 FEL 并排程。当仿真时钟推进到宕机结束事件发生的那一刻，立即生成一个运转活动，同时运转结束事件被排入 FEL 中。这样，在仿真过程中运转和宕机不断交替。运转和宕机都属于活动范畴，运转结束和宕机结束都是首要事件。

每个仿真模型都必须有一个终止事件，这里称之为 $E$，它决定了仿真模型将运行多久。一般有两种方法终止仿真过程：

1) 在时刻 0，指定一个在未来时刻 $T_E$ 发生的仿真终止事件。因此，在开始仿真之前，仿真运行的时间长度$[0, T_E]$是已知的。例如，$T_E=40$ 小时的车间生产仿真。

2) 运行长度 $T_E$ 是由仿真模型本身确定的。通常情况下，$T_E$ 是某一特定事件发生的时刻。例如，$T_E$ 可能是某个服务中心第 100 个服务完成事件的时间，也可以是某个复杂系统出现故障的时间，也可以是在军事战役仿真中，我方脱离战斗或将敌人全部歼灭的时间(以首先发生的那个时间为准)，也可以是分销中心完成当天所有订单的过程中最后一个货柜发运的时间。

例 2 中的 $T_E$ 是事先未知的。实际上，$T_E$ 很可能是人们进行仿真时所研究的一个重要统计量。

### 3.1.2 全局视角

当使用仿真软件或者手工仿真时，建模人员会采用一种**全局视角**(world view)或设计思路构建模型。最常用的全局视角是上一节讨论的**事件调度全局视角**(event scheduling world view)，此外还有**进程交互全局视角**(process-interaction world view)和**活动扫描全局视角**(activity-scanning world view)。即使某个仿真工具包不直接支持以上一个或多个全局视角，但了解这些不同的方法将使得建模人员在模拟一个给定系统时可以有更多的选择。

综上所述，可以看到，当使用事件调度法时，仿真分析人员关注的是事件以及事件对系统状态的影响。事件调度全局视角将在 3.1.3 节的手工仿真和第 4 章的 Java 仿真中进行介绍。

当使用支持进程交互法的仿真软件时，仿真分析人员考虑更多的是系统进程。分析师会定义仿真模型的实体或对象、它们流经系统时的生命周期、所需资源，以及排队等待资源。更确切地说，这个过程就是一个实体的生命周期，这个生命周期由各种各样的事件和活动组成，有些活动可能需要使用一个或多个能力有限的资源。这样或那样的约束会影响流程并与之交互。最简单的例子是实体被迫在队列(列表)中等待，因为另外一个实体正在占用它所需要的资源。进程交互法很受欢迎，因为它具有直觉上的吸引力，而且采用该方法的仿真软件允许分析师描述高级块(block)或网络结构的过程流，这样进程之间的交互就可以自动完成，不再需要人工处理。

在更精确的术语中，进程是一个按时间排序的事件、活动和延迟的列表，并且包括对资源的需求，过程定义了流经系统的实体的生命周期。图 3-4 展示的是一个"顾客进程"的例子。在图中，我们看到两个顾客进程之间的交互情况：直到前一个顾客的"服务完成事件"发生，顾客 $n+1$ 才结束等待。通常情况下，许多进程并存于同一个模型之中，并且进程之间的交互可能相当复杂。

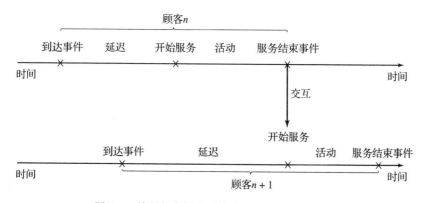

图 3-4　单服务台排队系统中两个交互顾客进程

应用进程交互法的时候，每当遇到延迟发生，系统会自动地将事件置入 FEL，将实体放入列表，这些操作对于建模人员而言是不可见的，此时会出现当其他进程运行的时候，某个进程被暂时中止运行的情况。建模人员对这些概念需要有基本的了解，而且还需要对所使用仿真工具包的内置功能和运行规则有深入的理解。Schriber 和 Brunner[2003]对此进行了研究，并提供了相关知识内容，有兴趣的读者可以参考。

事件调度法和进程交互法都使用了**可变时间推进步幅**（variable time advance），也就是说，当所有事件和系统状态都在同一个时刻产生或改变，则仿真时钟直接推进到 FEL 中下一个将要发生的事件时间。相反，活动扫描法使用一个固定的时间增量和基于规则的方法，以此来决定这些活动可以在仿真时间的哪一个时间点开始。

在活动扫描法中，建模人员更关注模型的活动，以及那些或繁或简的活动开始条件。每次仿真时钟推进时，模型会检查各项活动的开始条件，如果条件得到满足，那么相应的活动就会开始。活动扫描法的支持者认为该方法概念简单，因此可以使用模块化方式建模，更易于维护和理解，也便于其他分析人员将来对其进行修改。然而，这些支持者也承认，该方法需要重复扫描才能确定一个活动是否可以开始，这会导致计算机运行变慢。因此，纯粹的活动扫描法已被"三相法"（three-phase approach）所替代（三相法的概念更加复杂）。它使活动扫描法具有了一些事件调度的功能，支持可变的时间推进步幅，从而避免了不必要的扫描，同时保留了活动扫描法的主要优点。

在三相法中，事件被认为是持续时间为零的活动。如果按照这个定义，那么活动就可以分为两类，姑且称之为 B 型活动和 C 型活动：

**B 型活动**　必然发生的活动，包括所有首要事件和无条件的活动。

**C 型活动**　有条件的活动或事件。

B 型活动和事件可以提前排程，就像在事件调度法中那样，它支持可变的时间推进步幅。FEL 中只包含 B 型事件。在每一次时间推进完成之时，也就是说，本次时间推进所涉及的全部 B 型事件都结束之后，才能进行条件扫描，决定是否有满足条件的 C 型活动可以开始。总而言之，在三相法中，仿真就是重复执行以下三个阶段的内容，直至完成：

**阶段 A**　从 FEL 中移除即将发生事件，推进时钟至该事件时间。从 FEL 中移除在同一时刻发生的所有其他事件。

**阶段 B**　执行所有从 FEL 中移除的 B 型事件。（这可以释放一些资源，或改变系统状态。）

**阶段 C**　扫描触发每个 C 型活动的条件，激活满足条件的 C 型活动；重复扫描，直到没有额外的 C 型活动可以开始，并且不再有事件发生时停止。

三相法提高了活动扫描法的执行效率。此外，支持者称活动扫描法和三相法特别擅长于处理复杂的资源调配问题，在此类问题中，为了完成不同的任务，需要对资源进行复杂的组合。活动扫描法和三相法可以保证那些需要在特定仿真时刻被释放的资源能够及时释放，从而不影响将其分配给新的任务。

**例 3.2　呼叫中心（继续讨论）**

对于例 3.1 中的呼叫中心模型，如果我们采用三相法替代活动扫描法，则在阶段 C 中各活动的条件如下：

| 活动 | 条件 |
|---|---|
| 由 Able 提供服务的时间 | 队列中有一个呼叫，Able 空闲 |
| 由 Baker 提供服务的时间 | 队列中有一个呼叫，Baker 空闲，Able 繁忙 |

如果采用进程交互视角，我们将从电话呼入及其"生命周期"的角度看待模型。让我

们考察一个在对象到达时开始的生命周期，顾客进程如图 3-4 所示。

总而言之，进程交互法已经应用到一些仿真工具软件之中，这些工具软件在美国很流行，我们将在第 4 章中进一步介绍。另一方面，某些基于活动扫描法的仿真软件在英国和欧洲很流行，其中一些仿真软件支持模型部分地基于事件调度法，然后与进程交互法结合使用。最后要说明的是，一些仿真软件虽然号称是基于流程图、框图、网络结构而设计的，但是仔细研究后可以发现，其实就是进程交互概念的应用特例。

### 3.1.3 采用事件调度法进行手工仿真

在进行事件调度仿真的过程中，需要使用仿真表来记录随着时间推移而变化的连续系统快照。

**例 3.3 单通道排队问题** _____

再次考虑例 2.5 中那个只有一个收银台的杂货店，当时使用了一种专门的方式进行仿真。系统由在队列中等待的顾客以及一名(如果有的话)正在结账的顾客组成，本例设置仿真时间为 60 分钟。模型包括如下组件：

- **系统状态**

  ($LQ(t)$ 和 $LS(t)$)，其中 $LQ(t)$ 是等待队列中的顾客数量，$LS(t)$ 是在 $t$ 时刻接受服务的顾客数量(0 或者 1)。

- **实体**

  服务台和顾客在建模过程中没有明确体现，只是通过状态变量有所涉及。

- **事件**

  到达事件(A)

  离开事件(D)

  仿真停止事件(E)，设定在时刻 60 时发生。

- **事件通知**

  (A，$t$)，表示在未来时刻 $t$ 发生了一个到达事件。

  (D，$t$)，表示在未来时刻 $t$ 有一位顾客离开。

  (E，60)，表示在未来时刻 60 发生的仿真终止事件。

- **活动**

  到达间隔时间，在表 2-9 中定义。

  服务时间，在表 2-10 中定义。

- **延迟**

  顾客在等待队列中花费的时间。

_____

事件通知被写为(事件类型，事件时间)。此模型中，未来事件列表总是包含 2～3 个事件通知。先前在图 2-4 和图 2-5 中描述的顾客到达事件和顾客离去事件的效果图，在图 3-5 和图 3-6 中进行了更详细的描述。

表 3-1 是用于收银台仿真的仿真表。除第一个开始事件以外，读者应该研究所有的系统快照，并尝试根据上一个快照和事件逻辑(如图 3-5 和图 3-6 所示)构建下一个快照。到达时

98

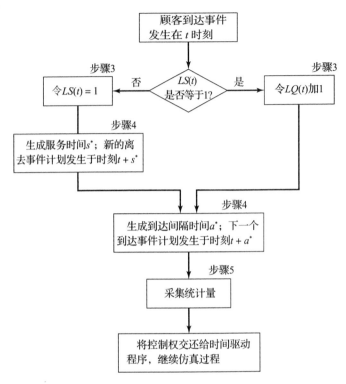

图 3-5   顾客到达事件的运行过程

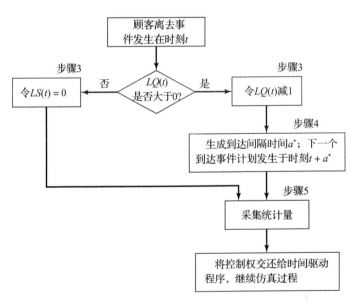

图 3-6   顾客离去事件的运行过程

间和服务时间与表 2-11 中的数据相同：

| 到达间隔时间 | 1 | 1 | 6 | 3 | 7 | 5 | 2 | 4 | 1 | ... |
| 服务时间 | 4 | 2 | 5 | 4 | 1 | 5 | 4 | 1 | 4 | ... |

初始条件是第一位顾客在时刻 0 到达，并立即开始接受服务。初始条件从表 3-1 中可

以反映出来：仿真时刻 0(CLOCK＝0)的系统快照，$LQ(0)=0$，$LS(0)=1$，以及未来事件列表中的一位顾客离去事件和一位顾客到达事件。仿真预计在时刻 60 时停止。仅仅需要采集两个统计量：服务台利用率和最大队列长度。服务台利用率等于服务台总繁忙时间($B$)除以总时间($T_E$)，总繁忙时间 $B$ 和最大队列长度 $MQ$ 的值将在仿真持续过程中逐渐累加。表 3-1 中增加了标题为"说明"的列，用于帮助读者理解(该列中 $a^*$ 和 $s^*$ 分别代表所生成的顾客到达间隔时间和服务时间)。

[100]

表 3-1　收银台仿真表

| 时钟 | 系统状态 | | 未来事件列表 FEL | 说明 | 累计统计量 | |
|---|---|---|---|---|---|---|
| | $LQ(t)$ | $LS(t)$ | | | B | MQ |
| 0 | 0 | 1 | (A，1)(D，4)(E，60) | 发生第一个到达事件；规划下一个到达事件，到达间隔时间为 $a^*=1$；规划第一个离去事件，服务时间 $s^*=4$。 | 0 | 0 |
| 1 | 1 | 1 | (A，2)(D，4)(E，60) | 发生第二个到达事件(A，1)；规划下一个到达事件，到达间隔时间为 $a^*=1$；有一位顾客排队 | 1 | 1 |
| 2 | 2 | 1 | (D，4)(A，8)(E，60) | 发生第三个到达事件(A，2)；规划下一个到达事件，到达间隔时间为 $a^*=6$；有两位顾客排队 | 2 | 2 |
| 4 | 1 | 1 | (D，6)(A，8)(E，60) | 发生第一个顾客离去事件(D，4)；规划下一个离去事件，服务时间为 $s^*=2$；有一位顾客排队 | 4 | 2 |
| 6 | 0 | 1 | (A，8)(D，11)(E，60) | 发生第二个顾客离去事件(D，6)；规划下一个离去事件，服务时间为 $s^*=5$；没有顾客排队 | 6 | 2 |
| 8 | 1 | 1 | (D，11)(A，11)(E，60) | 发生第四个到达事件(A，8)；规划下一个到达事件，到达间隔时间为 $a^*=3$；有一位顾客排队 | 8 | 2 |
| 11 | 1 | 1 | (D，15)(A，18)(E，60) | 发生第五个到达事件(A，11)；规划下一个到达事件，到达间隔时间为 $a^*=7$；发生第三个顾客离去事件(D，11)，规划下一个离去事件，服务时间 $s^*=4$；有一位顾客排队 | 11 | 2 |
| 15 | 0 | 1 | (D，16)(A，18)(E，60) | 发生第四个顾客离去事件(D，15)；规划下一个离去事件，服务时间 $s^*=1$ | 15 | 2 |
| 16 | 0 | 0 | (A，18)(E，60) | 发生第五个顾客离去事件(D，16) | 16 | 2 |
| 18 | 0 | 1 | (D，23)(A，23)(E，60) | 发生第六个到达事件(A，18)；规划下一个到达事件，到达间隔时间 $a^*=5$；规划下一个离去事件，服务时间 $s^*=5$ | 16 | 2 |
| 23 | 0 | 1 | (A，25)(D，27)(E，60) | 发生第七个到达事件(A，23)；规划下一个到达事件，到达间隔时间 $a^*=2$；发生第六次顾客离去事件(D，23) | 21 | 2 |

[101]

　　一旦完成 CLOCK＝0 时刻的系统快照，仿真就会开始。在时刻 0，即将发生的事件是(A，1)。仿真时钟被推进到时刻 1，并从未来事件列表中移除(A，1)。由于在时刻 $0 \le t \le 1$ 之间，$LS(t)=1$(服务台在这 1 分钟之内是繁忙的)，累计繁忙时间从 $B=0$ 增加到 $B=1$。根据图 3-6 中的事件逻辑，设置 $LS(1)=1$(服务台状态变为繁忙)。未来事件列表中剩余 3 个未来事件：(A，2)，(D，4)和(E，60)。接下来，仿真时钟被推进到时刻 2，此时一位顾客到达事件被执行。表 3-1 剩余内容的解读工作留给读者完成。

　　表 3-1 中的仿真过程发生在时段[0，23]上。在仿真时刻 23 时系统变为空，但恰好有一个到达事件也发生在时刻 23。在 23 个时间单位中，服务台有 21 个时间单位处于繁忙状

态，且最大队列长度为2。当然，由于仿真时间过短，因此不能指望一定可以获得可靠的结论。本章习题1要求读者继续进行本例仿真，并将结果与例2.5进行比较。请注意，仿真表给出的是全部时间的系统状态，而不仅仅是表中列出的那些时刻（瞬间）。比如，从时刻11到时刻15的这段时间内，系统中有一名顾客在接受服务，还有一名顾客在队列中等待。

当仿真软件应用事件调度算法的时候，该仿真软件只维护一组系统状态和其他属性值，也就是说，系统只维护一个快照（当前快照或者部分更新的快照）。用Java或其他通用语言实现事件调度算法时，应遵循以下规则：新的快照只能来源于前一个快照、新生成的随机变量和事件逻辑（见图3-5和图3-6）；旧的快照随着时钟推进将被忽略；当前快照必须包含继续仿真所需的全部信息。

### 例3.4　收银台仿真（继续例3.3）

在例3.3的收银台仿真中，假设仿真分析师想要估计在系统中停留时间大于等于5分钟顾客的平均响应时间以及这部分顾客于全部顾客占比的平均值。此处，响应时间定义为顾客在系统中的停留时间。为了估计这些平均值，有必要对例3.3的模型进行扩展，以便明确记录每一位顾客的相关信息。此外，为了在顾客离去时能够计算每一名顾客的响应时间，也需要知道他们各自的到达时间。因此，包含到达时间属性的顾客实体将被添加到例3.3的模型组件列表之中。这些顾客实体将被存储在称为"收银台队列"（check outline）的列表之中，并被标记为C1，C2，C3，…。最后，未来事件列表中事件通知的信息也将被扩充，从而表明哪些顾客会受到即将发生事件的影响。例如，$(D，4，C1)$意味着顾客C1将在时刻4离开。增加的模型组件如下：

**实体**

$(Ci，t)$，表示在时刻$t$到达的顾客$Ci$。

**事件通知**

$(A，t，Ci)$，未来时刻$t$时顾客$Ci$到达。

$(D，t，Cj)$，未来时刻$t$时顾客$Cj$离开。

**集合**

"收银台队列"，当前在收银台的所有顾客的集合（包括正在接受服务的顾客，以及排队等待的顾客），按照到达的先后顺序排队。

---

有三个新的累计统计量需要进行数据采集：$S$，截止到当前时刻，所有离去顾客的响应时间之和；$F$，在收银台逗留时间大于等于5分钟的顾客总数；$N_D$，截止到当前时刻，离开系统的顾客总数。只要发生顾客离去事件，这三个统计量的值就会被更新。对应的数据更新逻辑应该写入图3-6中顾客离去事件的步骤5之中。

表3-2是例3.4所使用的仿真表。由于相同数值的到达间隔时间和服务时间数据将被重复使用，因此除了新增内容外（Comment列已被删除），表3-2与表3-1基本相同。新增内容是计算累计统计量$S$、$F$和$N_D$所必需的信息。例如，在时刻4，顾客C1离开，顾客实体C1从名为"收银台"的列表中删除；"到达时间"属性记为0，那么这名顾客的响应时间就是4分钟。因此，$S$增加4分钟，$N_D$增加一名顾客，但是$F$不增加，因为该顾客在系统中的停留时间不超过5分钟。同样地，在时刻23，当离去事件$(D，23，C6)$执行后，顾客C6的响应时间计算方法为

$$响应时间 = 仿真时间 - 到达时刻 = 23 - 18 = 5（分钟）$$

即$S$增加5分钟，$F$和$N_D$都增加一名顾客。

表 3-2 例 3.4 所使用的仿真表格

| 仿真时间 | 系统状态 | | 收银台队列 | 未来事件列表 | 累计统计量 | | |
|---|---|---|---|---|---|---|---|
| | LQ(t) | LS(t) | | | S | $N_D$ | F |
| 0 | 0 | 1 | (C1, 0) | (A, 1, C2) (D, 4, C1) (E, 60) | 0 | 0 | 0 |
| 1 | 1 | 1 | (C1, 0) (C2, 1) | (A, 2, C3) (D, 4, C1) (E, 60) | 0 | 0 | 0 |
| 2 | 2 | 1 | (C1, 0) (C2, 1) (C3, 2) | (D, 4, C1) (A, 8, C4) (E, 60) | 0 | 0 | 0 |
| 4 | 1 | 1 | (C2, 1) (C3, 2) | (D, 6, C2) (A, 8, C4) (E, 60) | 4 | 1 | 0 |
| 6 | 0 | 1 | (C3, 2) | (A, 8, C4) (D, 11, C3) (E, 60) | 9 | 2 | 1 |
| 8 | 1 | 1 | (C3, 2) (C4, 8) | (D, 11, C3) (A, 11, C5) (E, 60) | 9 | 2 | 1 |
| 11 | 1 | 1 | (C4, 8) (C5, 11) | (D, 15, C4) (A, 18, C6) (E, 60) | 18 | 3 | 2 |
| 15 | 0 | 1 | (C5, 11) | (D, 16, C5) (A, 18, C6) (E, 60) | 25 | 4 | 3 |
| 16 | 0 | 0 | | (A, 18, C6) (E, 60) | 30 | 5 | 4 |
| 18 | 0 | 1 | (C6, 18) | (D, 23, C6) (A, 23, C7) (E, 60) | 30 | 5 | 4 |
| 23 | 0 | 1 | (C7, 23) | (A, 25, C8) (D, 27, C7) (E, 60) | 35 | 6 | 5 |

从这个时间长度为 23 分钟的仿真实验可知，平均响应时间 $S/N_D=35/6=5.83$ 分钟，停留时间大于等于 5 分钟的顾客比例是 $F/N_D=0.83$。由于仿真时间太短，因此无法判定这些估计值的精确度。例 3.4 旨在说明如下概念：在许多仿真模型中，由仿真获得的信息（如统计量 $S/N_D$ 和 $F/N_D$）在一定程度上指明了仿真模型的结构。

103

### 例 3.5 卡车卸货问题

某矿井使用 6 辆自卸卡车，将煤炭从矿井入口运送到铁路。图 3-7 是自卸卡车的运营流程图。每辆卡车均由两台装载机负责装货。装满后，卡车立即行驶到称重点进行称重。装载点和称重点的队列都采用"先到先服务"规则。卡车从装载点到称重点的行驶时间忽略不计。称重后，卡车行驶一段时间（卡车卸货时间包含在内），返回矿井处的装载队列。

装载时间、称重时间和行驶时间的统计分布分别由表 3-3、表 3-4 和表 3-5 给出。这些活动的时间与 2.1.5 节中例 2.2 的服务时间的生成方式一样，即使用累积概率，将单

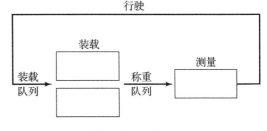

图 3-7 卡车卸货问题

位区间划分为多个子区间，每个子区间的长度对应每个值的概率。随机数也来自于表 A-1 或 Excel 软件的随机数生成器。在获得一个随机数之后，该随机数落入的子区间决定下一个随机活动的时间长度。

104

表 3-3 自动倾卸卡车的装载时间分布

| 装载时间 | 概率 | 累积概率 | 随机数区间 |
|---|---|---|---|
| 5 | 0.30 | 0.30 | $0.0 \leqslant R \leqslant 0.3$ |
| 10 | 0.50 | 0.80 | $0.3 < R \leqslant 0.8$ |
| 15 | 0.20 | 1.00 | $0.8 < R \leqslant 1.0$ |

表 3-4 自卸卡车的称重时间分布

| 称重时间 | 概率 | 累积概率 | 随机数区间 |
|---|---|---|---|
| 12 | 0.70 | 0.70 | $0.0 \leqslant R \leqslant 0.7$ |
| 16 | 0.30 | 1.00 | $0.7 < R \leqslant 1.0$ |

表 3-5 自卸卡车的行驶时间分布

| 行驶时间 | 概率 | 累积概率 | 随机数区间 |
|---|---|---|---|
| 40 | 0.40 | 0.40 | $0.0 \leqslant R \leqslant 0.4$ |
| 60 | 0.30 | 0.70 | $0.4 < R \leqslant 0.7$ |
| 80 | 0.20 | 0.90 | $0.7 < R \leqslant 0.9$ |
| 100 | 0.10 | 1.00 | $0.9 < R \leqslant 1.0$ |

进行仿真的目的是估计装载机和称重点的利用率（繁忙时间占总时间的百分比）。该模型具有以下元素：

- **系统状态**

  在仿真时刻 $t$ 的状态值 $[LQ(t)，L(t)，WQ(t)，W(t)]$，其中

  $LQ(t)=$ 装载队列中排队等待卡车的数量

  $L(t)=$ 正在装载卡车的数量（0，1 或 2）

  $WQ(t)=$ 称重队列中排队等待卡车的数量；

  $W(t)=$ 正在称重卡车的数量

- **实体**

  六辆自卸卡车（$DT1$，…，$DT6$）。

- **事件通知**

  （$ALQ$，$t$，$DTi$），卡车 $DTi$ 在时刻 $t$ 到达装载队列（$ALQ$）

  （$EL$，$t$，$DTi$），卡车 $DTi$ 在时刻 $t$ 结束装载

  （$EW$，$t$，$DTi$），卡车 $DTi$ 在时刻 $t$ 结束称重

- **列表**

  装载队列列表，包含所有等待装载的卡车，按照"先到先服务"规则排序。

  称重队列列表，包含所有等待称重的卡车，按照"先到先服务"规则排序。

- **活动**

  装载时间、称重时间、行驶时间。

- **延迟**

  在装载队列中的延迟，以及在称重点的延迟。

表 3-6 是本例所使用的仿真表。首先需要填写表的第一行，以完成初始化工作，我们假设在时刻 0，5 辆卡车位于装载点，1 辆卡车位于称重点。为了简单起见，我们将从以下表格中获取（随机生成）活动时间。

| 装载时间 | 10 | 5 | 5 | 10 | 15 | 10 | 10 |
|---|---|---|---|---|---|---|---|
| 称重时间 | 12 | 12 | 12 | 16 | 12 | 16 | |
| 行驶时间 | 60 | 100 | 40 | 40 | 80 | | |

当装载结束事件（$EL$）发生时，也就是卡车 $j$ 在时刻 $t$ 时发生装载结束事件，此时有可能触发其他事件。如果称重点是空闲的 $[W(t)=0]$，则卡车 $j$ 开始称重，未来事件列表中将添加一个称重结束事件（$EW$）；否则，卡车 $j$ 加入称重点的排队队列。如果此时恰好有一辆卡车等候在装载队列中，那么它将被从装载队列中移除，并开始装载作业，而未来事件列表则会添加一个装载结束事件（$EL$）。装载结束事件发生逻辑和其他两类事件的处理逻辑，都应被添加到例 3.3 对应的图 3-5 和图 3-6 之中。这些事件逻辑图的绘制留给读者作为练习（见本章习题 2）。

为了帮助读者理解，在表 3-6 中，每当排程一个新的事件，该事件的时间会被记为"$t+$(活动时间)"。例如，在时刻 0，即将发生的事件是在时刻 5 发生的装载结束事件（$EL$），则推进时钟到 $t=5$，然后卡车 3 加入称重队列（因为称重点被其他车辆占用），卡车 4 开始装载。因此，下一个装载结束事件（$EL$）对应卡车 4，预计发生时间为时刻 10，由"当前时刻+装载时间"$=5+5=10$ 计算获得。

表 3-6 自卸卡车运营仿真表

| 仿真时钟 $t$ | 系统状态 | | | | 列表 | | 未来事件列表 | 累计统计量 | |
|---|---|---|---|---|---|---|---|---|---|
| | $LQ(t)$ | $L(t)$ | $WQ(t)$ | $W(t)$ | 装载队列 | 称重队列 | | $B_L$ | $B_S$ |
| 0 | 3 | 2 | 0 | 1 | DT4<br>DT5<br>DT6 | | (EL, 5, DT3)<br>(EL, 10, DT2)<br>(EW, 12, DT1) | 0 | 0 |
| 5 | 2 | 2 | 1 | 1 | DT5<br>DT6 | DT3 | (EL, 10, DT2)<br>(EL, 5+5, DT4)<br>(EW, 12, DT1) | 10 | 5 |
| 10 | 1 | 2 | 2 | 1 | DT6 | DT3<br>DT2 | (EL, 10, DT4)<br>(EW, 12, DT1)<br>(EL, 10+10, DT5) | 20 | 10 |
| 10 | 0 | 2 | 3 | 1 | | DT3<br>DT2<br>DT4 | (EW, 12, DT1)<br>(EL, 20, DT5)<br>(EL, 10+15, DT6) | 20 | 10 |
| 12 | 0 | 2 | 2 | 1 | | DT2<br>DT4 | (EL, 20, DT5)<br>(EW, 12+12, DT3)<br>(EL, 25, DT6)<br>(ALQ, 12+60, DT1) | 24 | 12 |
| 20 | 0 | 1 | 3 | 1 | | DT2<br>DT4<br>DT5 | (EW, 24, DT3)<br>(EL, 25, DT6)<br>(ALQ, 72, DT1) | 40 | 20 |
| 24 | 0 | 1 | 2 | 1 | | DT4<br>DT5 | (EL, 25, DT6)<br>(EW, 24+12, DT2)<br>(ALQ, 72, DT1)<br>(ALQ, 24+100, DT3) | 44 | 24 |
| 25 | 0 | 0 | 3 | 1 | | DT4<br>DT5<br>DT6 | (EW, 36, DT2)<br>(ALQ, 72, DT1)<br>(ALQ, 124, DT3) | 45 | 25 |
| 36 | 0 | 0 | 2 | 1 | | DT5<br>DT6 | (EW, 36+16, DT4)<br>(ALQ, 72, DT1)<br>(ALQ, 36+40, DT2)<br>(ALQ, 124, DT3) | 45 | 36 |
| 52 | 0 | 0 | 1 | 1 | | DT6 | (EW, 52+12, DT5)<br>(ALQ, 72, DT1)<br>(ALQ, 76, DT2)<br>(ALQ, 52+40, DT4)<br>(ALQ, 124, DT3) | 45 | 52 |
| 64 | 0 | 0 | 0 | 1 | | | (ALQ, 72, DT1)<br>(ALQ, 76, DT2)<br>(EW, 64+16, DT6)<br>(ALQ, 92, DT4)<br>(ALQ, 124, DT3)<br>(ALQ, 64+80, DT5) | 45 | 64 |

（续）

| 仿真 | 系统状态 | | | | 列表 | | 未来事件列表 | 累计统计量 | |
|---|---|---|---|---|---|---|---|---|---|
| 时钟 $t$ | $LQ(t)$ | $L(t)$ | $WQ(t)$ | $W(t)$ | 装载队列 | 称重队列 | | $B_L$ | $B_S$ |
| 72 | 0 | 1 | 0 | 1 | | | (ALQ, 76, DT2)<br>(EW, 80, DT6)<br>(EL, 72+10, DT1)<br>(ALQ, 92, DT4)<br>(ALQ, 124, DT3)<br>(ALQ, 144, DT5) | 45 | 72 |
| 76 | 0 | 2 | 0 | 1 | | | (EW, 80, DT6)<br>(EL, 82, DT1)<br>(EL, 76+10, DT2)<br>(ALQ, 92, DT4)<br>(ALQ, 124, DT3)<br>(ALQ, 144, DT5) | 49 | 76 |

为了估算装载机和称重点的利用率，需要维护两个累计统计量：

$$B_L = 从时刻 0 到 t，两台装载机的总繁忙时间$$

$$B_S = 从时刻 0 到 t，称重点的总繁忙时间$$

从时刻 0 到 20，两台装载机都在工作，所以在时刻 20，$B_L=40$，但是，从时刻 20 到 24，只有一台装载机工作，因此在间隔时间 $[20，24]$ 内，$B_L$ 只累加 4。同样，从时刻 25 到 36，两台装载机都空闲 ($L(25)=0$)，因此 $B_L$ 不变。对于表 3-6 中历时相对较短的仿真过程，利用率估计如下：

$$装载机平均利用率 = \frac{49/2}{76} = 0.32$$

$$称重点平均利用率 = \frac{76}{76} = 1.00$$

上述估计值不能准确评估装载机和称重站点的长期"稳态"利用率，需要更长时间的仿真才能够抵消在时刻 0 假设条件（6 辆卡车中有 5 辆卡车需要装载）的影响，从而实现准确估计。另一方面，如果分析师对系统在短期（例如 1 或 2 小时）运行之后的瞬态行为感兴趣，假设初始条件是给定的，那么表 3-6 的结果可以认为代表了系统的瞬态行为（当然只是通过一次抽样得到的瞬态值）。如果希望获得更多的抽样值，就需要进行更多次仿真，并且每次仿真需要相同的初始条件，但要使用不同的随机数流来产生活动时间。

表 3-6 是自卸卡车运营仿真表，此表已经做了某种程度的简化处理，并未将卡车明确地作为实体建模，也就是说，事件通知可以写为 $(EL，t)$，等等。用于过程跟踪的状态变量只记录系统各部分的卡车数量，而不是每辆卡车的详细情况。使用这种方法，也能够获得相同的利用率。另一方面，如果要估计的是"系统"平均响应时间，或者在"系统"中耗时超过 30 分钟的卡车占比（这里"系统"包括装载机、装载队列、称重队列和称重点在内），那么自卸卡车实体 ($DTi$) 以及车辆到达装载点时间就是建模时不可缺少的元素了。每当有卡车离开称重点，这辆卡车的响应时间可以用如下公式计算：当前仿真时刻 ($t$) 减去属性"到达时间"的值。这个新响应时间将用于更新累计统计量的值：$S=$ 所有已通过"系统"卡车的总响应时间，$F=$ 响应时间超过 30 分钟的卡车数量。在某种程度上，本例重申了一个原则：模型复杂度取决于所要估计的系统性能指标。

**例 3.6 自卸卡车问题(继续讨论)** ————————————————————

对于例 3.5 的自卸卡车问题,如果采用活动扫描法,开始每个活动的条件如下:

| 活动 | 条件 |
|------|------|
| 装载时间 | 卡车在装载队列的最前端,并且至少有一个装载机空闲。 |
| 称重时间 | 卡车在称重队列的最前端,并且称重点空闲。 |
| 行驶时间 | 卡车刚刚完成称重作业。 |

如果采取进程交互法,我们将从卡车及其"生命周期"的角度出发构建模型。如果将装载队列视为生命周期的起点,我们可以使用图 3-8 来描述卡车的装卸流程。

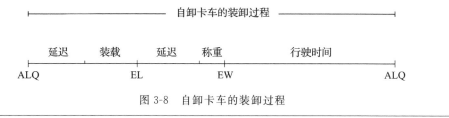

图 3-8 自卸卡车的装卸过程

## 3.2 列表处理

列表处理涉及处理实体列表和未来事件列表的一些方法。仿真软件既为分析师提供了明确的使用方法,也指明了隐藏在仿真语言背后的仿真机制,此外还包括分析师或模型本身使用列表和执行列表基本操作的工具。

3.2.1 节将介绍关于列表的基本属性和可执行的列表操作。3.2.2 节将讨论如何使用数组(array)处理列表以及如何使用数组索引创建链表(linked list)。相比于 3.2.3 节讨论的动态分配链表(dynamically allocated linked lists),数组在实现基本操作方面是一种更简单的机制。最后,3.2.4 节将简要介绍一些更先进的列表管理技术。

讨论列表处理的目的不是为了帮助读者在通用语言(如 Visual Basic、C、C++,或 Java)中应用列表和处理列表,而是希望读者增加对列表及其基本概念和操作的理解。

106
~
108

### 3.2.1 列表的基本属性和操作

如前所述,列表是一组经过排序或等级化的记录。在仿真中,每条记录代表一个实体或一个事件通知。

列表是经过排序的,所以列表有顶部或头部(排序后列表的第一条记录),有遍历列表的方法(比如找到列表上第二条、第三条记录),有底部或尾部(列表中的最后一条记录)。头指针是一个变量,指向或指代列表的头记录。有些列表还会设定一个指向列表尾部的尾指针。

为了方便讨论,我们将一个实体以及该实体的属性或事件通知统称为一条**记录**(record)。实体标识符及其属性是实体记录的字段;事件类型、事件时间和任何其他的事件相关数据是事件通知记录的字段。列表中每个记录还有另外一个字段,该字段保存指向列表中下一条记录的"后向指针"(next pointer),它提供了一种遍历列表的方法。有些列表还需要一个"前向指针"(previous pointer),用于"自底向上"地遍历列表。

无论哪种类型的列表,列表处理的主要活动都是将记录添加到列表中,以及从列表中删除记录。具体而言,列表的主要操作如下:

1)从列表顶部删除记录。

2）从列表的任意位置删除记录。

3）将记录添加到列表的顶部或底部。

4）将记录添加到列表的任意位置，该位置是按照排序规则确定的。

上述第一项和第三项操作，即删除或添加一条记录到列表的顶部或底部，可以通过调整两个记录指针以及头指针或尾指针，在最短的时间内实现。其余两项操作至少需要对列表进行一次部分搜索，提升这两项操作的效率是列表处理技术的主要目标。

在事件调度法中，当仿真时间被推进后，即将发生的事件将被执行，此时首先执行删除操作，即移除未来事件列表中排在最顶部的事件。如果有任意一个事件被取消，或一个实体依赖其某个属性（这些属性是开展活动的基础，例如，优先级和截止日期）从列表中被移除，则第二类删除操作被执行。当一个实体加入先进先出队列的队尾（使用列表处理队列），则执行第三类操作，即添加一个实体到列表的尾部。最后，如果队列按照最近到期日优先（earlist due date first）的规则排序，那么当实体到达队列时，它不是被添加到列表的顶部或底部，而是被添加到依据到期日排序规则所确定的位置。

使用计算机进行仿真，无论使用通用语言（如 Visual Basic、C、C++，或 Java），还是使用仿真软件工具包，每条实体记录和事件通知都会被存储在计算机内存的某个物理位置上。这会出现两种可能：1）所有记录都存储在数组中。数组使用计算机内存的连续位置存储连续的记录。因此，这些记录可以通过数组索引被引用，你可以把数组索引想象成矩阵中的行号。2）所有实体和事件通知可以使用结构体（C 语言）或类（Java）代表，只在需要时才为其分配内存，并通过记录或结构指针进行跟踪。

大多数仿真软件工具包都使用动态分配的记录和指针跟踪列表中的项。因为数组在概念上更为简单，所以我们首先在 3.2.2 节中通过数组和数组索引介绍链表的概念，然后在 3.2.3 节中介绍动态分配记录和指针的概念。

### 3.2.2　使用数组处理列表

使用数组实现列表存储，可以通过记录的数组完成，也就是说，每个数组元素都是一条记录，该记录包含跟踪列表中事件通知或条目所需的字段。为了方便起见，我们用符号 $R(i)$ 代表数组中的第 $i$ 条记录，它的具体存储方式依赖于所使用的语言。大多数现代仿真工具包不使用数组存储列表，而是使用动态分配记录，即在第一次使用记录的时候创建它，不需要的时候销毁它。

数组对于指定记录的操作是有优势的，比如，只需引用 $R(i)$ 就能快速找到第 $i$ 条记录。但是，当需要把记录添加到列表中间，或者列表需要重新排列时，使用数组就没有优势了。此外，数组大小通常是固定的，在编译阶段或在程序开始运行的初始分配阶段就必须确定。在仿真应用中，任何列表的最大记录数量都是很难（或不可能）预测的。在仿真过程中，一个列表中的记录数量会呈现巨大的变化。更糟糕的是，大多数仿真模型都需要一个以上的列表；如果将它们保存在独立的数组中，那么每个数组都必须确保能够存储最大容量的列表，这会占用过多的内存。

在使用数组存储列表时，有两种基本方法可以实现在排序列表中的顺序搜索。一种方法是把第一条记录存储在 $R(1)$ 中，第二条记录存储在 $R(2)$ 中，以此类推，最后一条记录存储在 $R(tailptr)$ 中，$tailptr$ 指向列表中的最后一条记录。虽然这种方法概念简单、易于理解，但是却非常低效，除非应用于那些不足 5 条记录的短列表中。例如，一个列表包含 100 条记录，现在要在位置 41 处添加一条记录，因此需要将列表中最后 60 条记录物理地依次下移一个位置，以便为新记录腾出空间。即使是先进先出列表，删除列表中顶部的记录也是低效的，因为所有剩余的记录都必须在数组中物理地上移一个位置。这里我们不再详细讨论列表的物理重排方法，我们真正需要的，是在不使用物理方法移动计算机内存记录的情况下，能够实现搜索和逻辑重排序的列表处理方法。

在第二种方法中，需要创建一个变量，称其为头指针（head pointer），用 $headptr$ 表示，它指向列表顶部的那条记录。例如，如果位置 $R(11)$ 的记录位于排序列表的顶端，那么 $headptr$ 的值就是 11。此外，每条记录都有一个字段，用于存储指向列表中下一条记录的索引或指针（或称前向指针）。为方便起见，令 $R(i, next)$ 代表指向下一条记录的索引字段。

### 例 3.7  位于称重队列的自卸卡车列表

我们继续讨论例 3.5 中的卡车问题。假设在表 3-6 的仿真时刻 10，有 3 辆卡车在称重点队列中排队，排队顺序为 DT3、DT2 和 DT4。我们进一步假设，仿真模型需要追踪卡车的一个属性：卡车到达称重队列的时间，每次到达就更新一次时间。最后，假设用于存储实体记录的数组维度从 1 到 6，每一辆卡车对应数组中的一条记录。每个实体对应的记录包含 3 个字段：第一个是实体标识符，第二个是到达称重队列的时间，最后一个是前向指针，如下所示：

[DTi,到达称重点队列的时间,下一条记录的索引值]

在首次到达称重队列之前，以及在添加到称重队列列表之前，卡车对应记录的第二个字段和第三个字段是没有意义的。在时刻 0，记录被初始化如下：

$$R(1) = [DT1, 0.0, 0]$$
$$R(2) = [DT2, 0.0, 0]$$
$$\vdots$$
$$R(6) = [DT6, 0.0, 0]$$

当处于表 3-6 的仿真时刻 10 时，称重队列中的实体列表被定义如下：

$$headptr = 3$$
$$R(1) = [DT1, 0.0, 0]$$
$$R(2) = [DT2, 10.0, 4]$$
$$R(3) = [DT3, 5.0, 2]$$
$$R(4) = [DT4, 10.0, 0]$$
$$R(5) = [DT5, 0.0, 0]$$
$$R(6) = [DT6, 0.0, 0]$$
$$tailptr = 4$$

此时如果想遍历列表，需要从头指针开始，转到第一条记录，取出它的前向指针，然后重复上述操作，并按照逻辑顺序创建列表。例如：

$$headptr = 3$$
$$R(3) = [DT3, 5.0, 2]$$
$$R(2) = [DT2, 10.0, 4]$$
$$R(4) = [DT4, 10.0, 0]$$

$R(4)$ 中前向指针字段的值为 0，和 $tailptr = 4$ 一样，都表明 DT4 已经是列表的最后一条记录。

在先进先出列表中使用前向指针进行索引，会使添加和删除实体记录的操作更为简便。比如，在本例中，卡车加入和离开称重队列的操作很简便。在仿真时刻 12，卡车 DT3 离开称重队列开始称重。为了从列表的顶部移除 DT3 实体记录，只需把列表第一条记录（DT3 对应记录）的前向指针赋值给列表头指针即可，即

$$headptr = R(headptr, \text{next})$$

在这个例子中，我们得到

$$headptr = R(3, \text{next}) = 2$$

这表示卡车 DT2 所对应的记录 $R(2)$ 目前已经位于列表顶端（变为列表中的第一条记录）。

相似地，在仿真时刻 20，卡车 DT5 到达称重队列并加入队尾。为了把实体 DT5 的记录添加到列表的尾部，需要执行以下操作步骤：

$$R(tailptr, \text{next}) = 5 \text{（更新之前列表尾记录的前向指针字段）}$$
$$tailptr = 5 \text{（更新列表尾指针的值）}$$
$$R(tailptr, \text{next}) = 0 \text{（对于新的尾记录，将其前向指针设置为零）}$$

当所处理的列表是排序列表时，如未来事件列表，或按实体属性排序的实体列表时，这种方法会变得稍微复杂一些。对于排序列表，在列表中的任何地方添加或删除一条记录，除了列表的头部或尾部之外，通常都需要进行搜索。参照例 3.8。

请注意，在自卸卡车问题中，装载队列也可以使用相同的 6 条记录和相同的数组实现。因为每辆自卸卡车实体最多只能在装载列表和称重列表之一中出现，而卡车在装载、称重和行驶过程中，则不会出现在上述两个列表的任何一个之中。

### 3.2.3    使用动态分配链表

在通用程序语言（如 C++、Java）以及大多数仿真语言中，仅当实体被创建时，实体记录才会被动态创建，并且只要有事件被规划到未来事件列表之中，相应的事件通知就会被动态创建。进行仿真所使用的开发语言，或者它们依托运行的操作系统，会自行维护计算机内存中的一个空闲链表块，并根据程序运行的需要为其分配内存。（这是链表的另一个应用！）当实体"死亡"，即退出仿真系统，或者事件发生后，不再需要事件通知，相应的记录就会被释放，该记录所使用的内存块就可以被后续实体使用，程序语言或操作系统会把这块内存添加到空闲列表之中。

在此我们不关心分配和释放计算机内存的细节，我们可以假设，在需要内存时，必要的操作已经发生。应用动态分配方法，记录将通过指针引用，而不是通过数组索引。当一条记录经由 C++ 或 Java 程序分配内存之后，内存分配程序会返回指向这一条记录的指针，而该指针必须存储在另一条记录的变量或字段中，以便后续使用。指向记录的指针可以看作该记录在计算机内存中的物理地址或逻辑地址。

在下面的例子中，我们将使用与上一节（3.2.2 节）相同的记录符号，即

**实体：**        [ID, 属性, 前向指针]

**事件通知：**    [事件类型, 事件时间, 其他数据, 前向指针]

但我们不会像之前那样通过数组符号 $R(i)$ 来引用它们，因为这样做会产生歧义。如果因为某个原因，我们需要得到列表中的第三条记录，那就必须遍历列表，累计记录数，直至找到第三条记录。与数组不同，你没有办法直接存取第 $i$ 个记录，因为这些记录可以存储在计算机内存的任意位置，而不是像数组那样连续存储。

**例 3.8 未来事件列表和自卸卡车问题**

从表 3-6 开始,对例 3.5 中自卸卡车问题的事件通知进行了扩展,它包括指向未来事件列表中下一个事件通知的指针,事件通知可用如下方式表示:

$$[\text{event type}, \text{event time}, DTi, nextptr],$$

例如,

$$[EL, 10, DT3, nextptr]$$

其中,$EL$ 是自卸卡车 DT3 在未来时刻 10 时发生的装载结束事件,$nextptr$ 字段指向未来事件列表中的下一条记录。请记住,记录可以存储在计算机内存的任何地方,特别要记得:这些记录没有必要连续存储。图 3-9 是在仿真时刻 10 时的未来事件列表,摘自表 3-6。每一条记录的第四个字段是指针值,指向未来事件列表中的下一条记录。

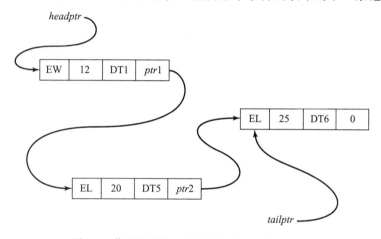

图 3-9 作为链表处理的自卸卡车未来事件列表

C++、Java 以及其他通用语言使用不同标识从指针变量中获取数据。为了方便讨论,我们定义 $R$ 为指向记录的指针,则

$$R \to 事件类型, R \to 事件时间, R \to 下一条记录$$

分别代表指针 $R$ 指向的事件通知中的事件类型、事件时间和下一个记录。例如,如果 $R$ 为未来事件列表中仿真时刻 10 时的头指针,则

$$R \to 事件类型 = EW$$
$$R \to 事件时间 = 12$$
$$R \to 下一条记录,为指向未来事件列表中第二个事件通知的指针$$

所以

$$R \to 下一条记录 \to 事件类型 = EL$$
$$R \to 下一条记录 \to 事件时间 = 20$$
$$R \to 下一条记录 \to 下一条记录代表指向 FEL 第三个通知的指针$$

如果其中一个指针指向 0(或者空),那么该指针所在记录是列表中的最后一项,而列表尾指针 $tailptr$ 则指向这一条记录,如图 3-9 所示。

以上介绍的称为"单链列表"(single-linked lists),这是因为列表中有一个单向的、从头至尾的链接关系(linkage)。使用尾指针主要是为了方便和提高效率,尤其在列表尾部添加记录的时候更是如此。当然,尾指针并不是必需的,因为总可以通过遍历列表找到最

113

后一条记录，但利用尾指针可以使某些操作更有效率。

出于特定的目的，有时除了要求从列表头部开始遍历或搜索列表之外，还需要从列表尾部开始遍历或搜索列表。为满足这种需求，可以使用双链列表（double-linked list）。双链列表的记录有两个指针字段，一个指向下一条记录，一个指向上一条记录。Cormen 等 [2001] 和 Sedgewick[1998] 对于数组、单链列表、双链列表，以及搜索和遍历列表进行了研究和论述，有兴趣的读者可以参考。

### 3.2.4　先进仿真技术

许多现代仿真软件使用的列表处理技术和列表表示方法比双链列表更有效。但大多数方法对于本书来说太复杂了，在此我们只简要介绍一些更先进的思想。

加快处理双链列表的一个想法是，除了使用头指针和尾指针之外，还可以使用中间指针。通过特殊技术，中间指针将始终指向列表大致中间的位置。然后，当一条新的记录被添加到列表中时，该算法首先检查中间记录，以决定是从列表头部开始搜索，还是从列表中间开始搜索。从理论上来讲，除了一些维护中间指针的开销，这种技术可以减少一半的搜索时间。少数先进技术会使用一个或多个中间指针，这取决于列表的长度。

一些高级算法使用列表而非双链列表进行处理，例如堆（heap）或树（tree）。这个话题超出了本书的范围，读者可以参考 Cormen 等 [2001] 和 Sedgewick[1998] 的著作。

## 3.3　小结

本章介绍了仿真中的一些主要概念和构建元素，其中最重要的是实体、属性、事件和活动。此外，我们讨论了三大全局视角：事件调度视角、进程交互视角和活动扫描视角。最后，为了帮助读者理解系统仿真最重要的一项技术方法，3.2 节介绍了列表处理的基本概念。

下一章将对一些广泛使用或流行的仿真软件进行介绍，其中大部分都是支持进程交互法的软件工具包。

[114]

## 参考文献

CORMEN, T. H., C. E. LEISEROON, AND R. L. RIVEST [2001], *Introduction to Algorithms*, 2nd ed., McGraw-Hill, New York.

SCHRIBER, T. J., AND D. T. BRUNNER [2003], "Inside Simulation Software: How it Works and Why it Matters," *Proceedings of the 2003 Winter Simulation Conference*, S. Chick, P. J. Sánchez, D. Ferrin, and D. J. Morrice, eds., New Orleans, LA, Dec. 7–10, pp. 113–123.

SEDGEWICK, R. [1998], *Algorithms in C++*, 3d ed., Addison-Wesley, Reading, MA.

## 练习题

给读者的提示：对于大多数习题，读者应在明确下述定义的基础上构建模型：

1）系统状态。

2）系统实体及其属性。

3）集合，以及可能加入集合的实体。

4）事件和活动；事件通知。

5）计算累计统计量所需的变量。

第二，读者应该要么使用事件调度方法开发事件逻辑（如例 3.3 的图 3-5 和图 3-6），要么开发系统流程(如图 3-4 所示),为使用进程交互法做准备。

大多数问题都包含基于区间 $[a, b]$ 均匀分布的活动。进行手工仿真时,假设 $a$, $a+1$, $a+2$, $\cdots$, $b$ 是唯一可能的值,也就是说,活动时间是一个离散型随机变量。离散性假设将简化手工仿真。

1. 问题包括:

a) 使用事件调度法,继续表 3-1 中例 3.3 的(手工)收银台仿真。使用之前在表 2-11 生成和使用的到达间隔时间和服务时间,以及例 2.5 中的仿真表。(即表 2-11 的列 C 和 E。)继续实验,直到所有到达的顾客接受服务。在使用完最后的到达间隔时间后,假定没有更多的顾客到达。

b) 再做一次练习 1(a),添加必要的模型组件来估计平均响应时间和在系统中逗留大于等于 5 分钟的顾客占比。(提示:参见示例 3.4 和表 3-2)

c) 讨论手工仿真相对于计算机仿真的优点是什么。

2. 为例 3.5 中的自卸卡车问题构造事件逻辑图。 |115|

3. 对于例 3.5 中的自卸卡车问题,需要估计平均响应时间和响应时间大于等于 30 分钟的比例。响应时间开始于卡车到达称重队列之时,终止于卡车结束称重之时。添加用于估算这两个系统性能指标所需要的模型构件和累计统计量。仿真 8 小时。

4. 准备一个与表 3-2 格式一样的表格,直至仿真时刻 15,使用如下到达间隔时间和服务时间 5。仿真终止事件发生在时刻 30。

到达间隔时间:　1　5　6　3　8

服务时间:　　　3　5　4　1　5

5. 继续使用表 3-2 进行手工仿真,直到呼叫者 C7 离开。

6. 将表 3-2 的数据更换如下,并重复进行仿真:

到达间隔时间:　4　5　2　8　3　7

服务时间:　　　5　3　4　6　2　7

按照表 3-2 的格式准备一张表,仿真终止时间发生在时刻 25。

7. 应用手工仿真,使用事件调度法重做例 2.6(Able-Baker 呼叫中心问题)。

8. 应用手工仿真,使用事件调度法重做例 2.8($(M, N)$ 库存系统问题)。

9. 应用手工仿真,使用事件调度法重做例 2.9(轴承更换问题)。

10. 用下面的数据重做例 3.5:

装载时间:　10　5　10　10　5　　10　5

称重时间:　12　16　12　12　16　12　12

行驶时间:　40　60　40　80　100　40

|116|

# 仿 真 软 件

本章首先讨论仿真软件的历史，并对其未来发展趋势进行预测。当前仿真软件刚刚步入发展中期。我们所积累的经验、Richard Nance 教授所写的文章、冬季仿真大会上的小组讨论，以及本书一位作者最近的一篇文章，构成了我们论述的基础。

接下来，我们将讨论仿真软件的功能和属性。如果你将要购买仿真软件，那么应该关注什么呢？成本、学习的便利性、使用的便利性，还是对于你所关心系统问题的建模能力？或者动画能力？在讨论仿真软件的特性之后，我们将讨论与选择仿真软件相关的其他问题和疑虑。

用来开发仿真模型的软件可以划分为三类。第一类，计算机通用语言，如 C、C++ 和 Java；第二类，仿真编程语言，如 GPSS/H 和 SIMAN V；第三类，基于集成平台的仿真软件，这一类软件虽然种类繁多（可以通过成本、应用领域或动画类型进行区分），但是它们具有共同特征，例如图形用户界面，以及适用所有（大多数）仿真问题的运行环境。许多仿真集成平台包含仿真编程语言，但还有一些采用类似于流程图的图形设计方法。

第一类软件中，我们讨论 Java 仿真。Java 是一种通用编程语言，并非专门为仿真而设计。之所以选择 Java，是因为它应用广泛，可用性强。现在，几乎没有人会单独使用编程语言来开发离散事件仿真模型。然而，在某些应用领域，还是有人会使用基于 Java 或其他通用语言的仿真工具包。了解如何使用通用语言开发仿真模型，有助于理解第 3 章所讨论的基本概念和算法的实现方式。

第二类软件中，我们讨论 GPSS/H，一个高度结构化的进程交互仿真语言。GPSS 为相对简单的排队系统仿真而设计，比如车间生产（Job Shop），但它已被用来仿真复杂系统。GPSS 最先由 IBM 公司推出，现在有各种版本的 GPSS 语言，GPSS/H 是应用最广泛的一个版本。

第三类软件中，我们挑选一些仿真软件工具包进行讨论。现在有很多仿真软件工具包可供选择，我们选择了几个目前还在使用并且已经流行很多年的仿真工具软件，分别对应不同的仿真建模方法。

输出分析工具是仿真集成环境的一个重要组成内容，用来完成仿真实验和辅助分析。为了界定所期望软件特性的范围，我们把四类工具置入仿真环境之中：1）通常情况下，统计分析工具计算汇总统计值、置信区间和其他统计量。一些仿真软件工具包支持仿真模型的预热（warm-up）期测定、实验设计以及敏感性分析；2）许多仿真软件工具包提供优化技术，其基础算法包括遗传算法、进化算法、禁忌搜索、散点搜索，以及其他一些新近出现的启发式算法；3）除了支持统计分析和优化工具之外，仿真平台还提供数据管理、场景定义和运行管理。4）数据管理为模型分析相关的所有输入和输出数据的管理提供支持。

## 4.1  仿真软件历史

我们对仿真软件历史的讨论基于 Nance[1995]的文章，Nance 教授将 1955～1986 年分为五个阶段。还有一些信息来自于 1992 年冬季仿真会议上题为"仿真视角的开创者"［Wilson

等，1992]的小组讨论成果。这次大会期间，八名早期的仿真用户发表了他们对于仿真历史划分的观点。我们增加了第六个时期，也就是最近的一个时期，然后预测未来的发展。

1) 1955～1960——探索期

2) 1961～1965——诞生期

3) 1966～1970——初始期

4) 1971～1978——发展期

5) 1979～1986——增强期

6) 1987～2008——集成期

7) 2009～2011——远期

下面将简要介绍上述历史过程。正如 Nance[1995]所指出的，自 1981 年以来，至少有 137 种仿真编程语言见诸报道，自那以后又涌现了更多的仿真编程语言。我们在此讨论的简短历史远不够全面。但我们提到的仿真语言和仿真软件工具包经历了时间的考验存留至今，可以说是当前各类仿真软件的先导者。

118

## 4.1.1　探索期 (1955～1960)

早期的仿真模型是用 FORTRAN 或其他通用编程语言开发的，那时缺少专用仿真编程语言的支持。在这个时期，专家们为了使仿真更方便，进行了大量努力以统一仿真的相关概念，致力于开发可重用代码。K. D. Tocher 和 D. G. Owen[1960]的通用仿真编程语言被认为是第一个"编程语言的成果"。Tocher 确定并开发了可以在后续仿真项目中重复使用的程序代码。

## 4.1.2　诞生期 (1961～1965)

今天所使用的仿真程序设计语言(Simulation Programming Languages，SPL)的前身出现在 1961 年到 1965 年的这个时期。就像 Harold Hixson 在 Wilson 等[1992]的著作中所说，"最开始有 FORTRAN、ALCOL 和 GPSS"，也就是说，某些仿真工具包是以 FORTRAN 为基础的(比如 SIMSXRIPT 和 GASP)，然后基于 ALGOL 开发出 SIMULA 和 GPSS。

第一个进程交互 SPL 是 GPSS，它是由 IBM 的 Geoffrey Gordon 开发的，大约出现在 1961 年。Gordon 开发了 GPSS(General Purpose Simulation System，通用仿真系统)，用于通信系统和计算机系统的快速仿真，因其易用性而迅速扩展到其他应用领域。GPSS 基于框图表示(类似于流程图)，并且适合于各种类型的排队模型。正如 Reitman 在 Wilson 等[1992]的著作中所报道的，早在 1965 年 GPSS 被连接到一个交互式显示终端，它可以暂停并显示仿真过程中的结果，也就是今天常用的交互式仿真技术的前身，但这在当时太昂贵了，因而没有获得广泛使用。

早在 1963 年，Harry Markowitz(后来他的投资组合理论获得了诺贝尔奖)第一次针对 SIMSCRIPT 的主要概念提出了指导意见。兰德公司(RAND Corporation)在美国空军的赞助下开发出 SIMSCRIPT 语言。最初的 SIMSCRIPT 受 FORTRAN 影响很大，但在后续版本中，开发者打破它的 FORTRAN 语言限制，创造了 SIMSCRIPT 自己的仿真程序设计语言 SPL。SIMSCRIPT 的第一个版本基于事件调度算法。

美国国家钢铁公司应用研究实验室的专家 Phillip J. Kiviat 在 1961 年开始研发 GASP (General Activity Simulation Program，通用活动仿真语言)。最初，GASP 以通用编程语言 ALGOL 为基础，但后来决定基于 FORTRAN。像 GPSS 一样，GASP 使用工程师熟悉的流程图符号。严格说来，GASP 不是一门语言，而是一个 FORTRAN 程序集，它使得在 FORTRAN 环境下进行仿真更方便。

还有很多其他仿真程序设计语言也在这个时期出现。其中值得一提的是 SIMULA，SIMULA 是 ALGOL 的拓展，在挪威开发并在欧洲广泛使用，此外还有 CSL（控制和仿真语言，Control and Simulation Language），CSL 采用活动扫描法。

### 4.1.3　初始期（1966～1970）

在这一时期，人们审订且完善了仿真的相关概念，促进了各种仿真语言全局视角的更一致表述。几种主要的仿真程序设计语言日渐成熟，并得到更广泛的应用。

硬件的快速发展和用户需求促使一些仿真语言做出重大改进，尤其是 GPSS。GPSS/360 是 GPSS 早期版本的扩展版，适用于 IBM 360 计算机。GPSS/360 的流行促使至少六个硬件厂商和其他组织发展各自的 GPSS 版本或类似于 GPSS 的程序语言。

SIMSCRIPT II 代表了仿真程序设计语言的巨大进步。SIMSCRIPT II 通过采用类似于英语的"自由式语言"和"高容忍度"编译器，尝试让用户更多关注模型设计而非程序设计语言本身。

ECSL 由 CSL 派生，在英国发展并流行。在欧洲，SIMULA 中添加了类和继承的概念，成为现代面向对象编程语言的先行者。

### 4.1.4　发展期（1971～1978）

在这一时期，GPSS 的主要改进来自 IBM 公司以外的组织。Norden Systems 公司的 Julian Reitman 引领了 GPSS/NORDEN 的发展，他的工作是开创性的，为人们提供了一个互动的、可视化的在线环境。Wolverine 软件公司的 James O. Henriksen 开发了 GPSS/H。1977 年，IBM 的中央处理器使用了该语言，后来微型计算机和个人计算机也使用了该语言。值得注意的是，GPSS/H 经过编译后的运行速度比标准版本的 GPSS 快 5～30 倍。在新增了一些包括交互式调试器在内的新特性之后，GPSS/H 已经成为目前主要使用的GPSS 的版本。

普渡大学的 Alan Pritsker 对 GASP 做了重大改造，并于 1974 年提出 GASP IV。GASP IV 中除了时间类型事件，还添加了状态类型事件；除了事件调度法，还添加了活动扫描法。

在此期间，专家们为简化建模过程做了很多努力。SIMULA 对系统定义进行了拓展，尝试将高级用户的透视图自动转换为可执行的仿真模型。类似的努力还包括交互式程序生成器（interactive program generator）、问卷式编程工具（Programming by Questionnaire）、自然语言接口，以及自动语言映射器等。正如自动编程技术早期过于乐观一样，这些努力在通用型建模中受到了严重制约——也就是说，遭遇到现实系统不可避免的复杂性。然而，简化仿真建模的努力仍在继续，针对个别应用领域的仿真系统设计是其中最为成功的。

### 4.1.5　增强期（1979～1986）

在第五个时期，出现了适合台式计算机和微型计算机的仿真程序设计语言。在这一时期，主要仿真程序设计语言在保持自身基本结构的基础上，将其应用范围拓展到多种计算机和微处理机。

GASP 派生出两个主要语言：SLAM II 和 SIMAN。SLAM（替代建模仿真语言）由 Pritsker 和 Associates 公司研发，试图提供多种建模视角，并结合多种建模能力［Pritsker 和 pegden，1979］。也就是说，SLAM 包含基于 GASP 的事件调度方法、网络化的全局视角（进程交互法的另一种变形），以及支持连续仿真的组件。有了 SLAM，你既可以任选一种全局视角，也可以选择将三种视角混合使用。

SIMAN（SIMulationANalysis，仿真分析）拥有诸如 GASP IV 等 SPL 所具有的一般建模能力，还具有类似于 SLAM 和 GPSS 的框图组件。在两年多时间里，C. DennisPegden 把 SIMAN 作为其在大学任教期间的个人项目进行研发，后来，他创立了系统建模公司（Systems Modeling Corporation）并将 SIMAN 推向市场。SIMAN 是第一个可以在 IBM PC 上执行的主要仿真语言，运行于 MS-DOS 环境之中。与 GASP 类似，SIMAN 支持事件调度法，通过使用 FORTRAN 以及 FORTRAN 程序集，使用与 GPSS 和 SLAM 某些方面相似的框图法，以及支持连续仿真的组件进行编程。

### 4.1.6　集成期（1987~2008）

在这一时期，值得注意的是 SPL 在个人计算机上的增长以及具有图形用户界面、动画和其他可视化仿真环境的出现。AutoMod 和 Extend 是两个最早提供集成环境的仿真软件工具包。如今，几乎所有仿真软件工具包都拥有模型构建、模型调试、动画和模型交互的集成运行环境。许多软件包还包含输入数据分析器和输出分析器。一些工具包尝试用工艺流程图或框图，以及使用"填空化"窗口来简化建模过程，而无须事先学习编程语法。仿真动画也从示意图演化为二维和三维的可变比例绘图。

最近，基于网络的仿真（web-based simulation）取得了进展。人们普遍认为，仿真可以应用到供应链管理中，仿真与实物模拟器（emulation）的集成使用具有很好的前景。（实物模拟器是一种人造的设备，可以模拟诸如 www. demo3d. com 中展示的物料搬运设备。）

### 4.1.7　远期（2009~2011）

在 ICS Newsletter［banks，2008］的一篇文章中，文章作者之一询问一个仿真专家小组（其中包括该领域的知名专家），了解他们对于离散事件仿真未来发展的认识和设想。第一个问题是："近期，比如说三年内，仿真软件会出现什么引人注目的成果？"

最经常提到的仿真未来发展方向，包括更多地使用虚拟现实（virtual reality）、改进的用户界面、更好的动画，以及范式转变（例如，在离散事件建模中大量采用基于 Agent 的建模方法）。虽然迄今为止，基于 Agent 的建模方法已广泛用于群体行为建模（内乱、战争，甚至研究人们起立鼓掌的原因）和社会现象建模（季节性人口迁移、污染、疾病传播以及有性繁殖，等等），但是它在工业和商业领域的仿真应用才刚刚起步。

基于 Agent 的建模方法用于模拟在网络中具有自主性个体（Agent）的行为以及个体之间的行为交互，从而评估 Agent 群体对系统的影响。Agent 可以是有能动作用（Agency）的人、动物或其他实体，然而它们不是被动的（passive），而是能够进行主动决策的主体，对过往场景和所做决策具有记忆能力，并表现出一定的学习能力。总之，Agent 是积极的，可以展示出认知、记忆和学习能力。它们可以是（也可以不是）目标导向的。

每个 Agent 的行为都是按照一组本地规则进行管理的，也就是说，Agent 会使用预先定义好的模式对身边环境或附近环境进行响应。我们感兴趣的是 Agent 群体所产生的行为模式，我们称之为"涌现行为"（emergent behavior）。

一个有趣且众所周知的例子就是"鸟群"（boids），即在给定的二维或三维域中模拟鸟的飞行，成群结队飞行的鸟群具有个体飞行所不具备的行为。（你可以在互联网上找到许多鸟群模型的例子，每个模型都是基于相似但不相同的假设或规则。比如www. navgen. com/3d. boids就是一例。）集群飞行行为（flocking behavior）不是脚本化或明确设计好的，而是从一组相当简单的规则中自然产生的（结果令人惊讶）。它的基本规则是：如果一只鸟接近另外一只或几只鸟，那么它就会自我调整，以使飞行方向和速度与其他鸟一致。大多数可以从互联网上找到的鸟群仿真案例中，鸟群的飞行是没有目标的，也就是说，它们没有目的地，只是飞翔而已。而在至少一个例子中，鸟群飞行是有目标的，此时存在两个或者两个以上的鸟群，其中一个鸟群里的成员会攻击并杀死其他鸟群中的成员。

基于Agent的建模软件工具包和工具有很多，下面仅列举几个：

- AnyLogic（www. xjtek. com），将在4.7.1节中进行介绍
- Ascape（www. nutechsolutions. com）
- MASON（cs. gmu. edu/%7Eeclab/projects/mason）
- NetLogo（ccl. northwestern. edu/netlogo）
- StarLogo（education. mit. edu/starlogo）
- Swarm（www. swarm. org）
- RePast（www. repast. sourceforge. net）

4.7节将介绍各种仿真软件工具包的相关信息，包括供应商网址。从这些网址中可以了解对当前仿真软件发展方向的认识和看法。

## 4.2　仿真软件的选择

本章将简要介绍一些仿真软件工具包。《OR/MS Today》杂志每两年就会刊登一次仿真软件的行业调查[Swain，2007]。2007年刊介绍了48种产品，包括诸如数据输入分析器（input-data analyzer）等仿真支撑工具。

选择仿真软件时，需要考虑许多相关特性[Banks，1996]。表4-1～表4-5列举了一些特性并对其进行了简要描述。我们对评估和选择仿真软件提供如下建议。

表 4-1　建模特性

| 特性 | 描述 |
| --- | --- |
| 建模视角 | 进程间的相互作用，基于事件的视角，以及持续建模，根据需要建模 |
| 数据输入分析能力 | 从原始数据中估计经验分布或统计分布 |
| 图形化建模 | 流程图，框图，或网络化方法 |
| 条件路由 | 根据预先定义的条件和属性确定实体的通行路径 |
| 仿真程序开发 | 使用高级仿真语言来添加流程逻辑的能力 |
| 语法 | 易于理解，语义一致，清晰明白，类似于英语的表达方式 |
| 模型输入的灵活性 | 仿真模型可以从外部文件、数据库或电子表格中接收数据，或者交互式接收数据 |
| 建模简洁性 | 功能强大的活动、操作块和节点 |
| 随机性 | 包含可从常用统计分布生成随机变量的生成器，例如：<br>● 指数分布<br>● 三角分布<br>● 均匀分布<br>● 正态分布 |

（续）

| 特性 | 描述 |
|---|---|
| 专业化组件和模板 | 物料搬运：运输车辆，传送带、桥式起重机，自动化存取设备（AS/RS），等等<br>• 处理液态和散装材料<br>• 通信系统<br>• 计算机系统<br>• 呼叫中心<br>• 其他 |
| 用户自定义对象 | 可复用的对象、模板、子模板 |
| 连续流 | 罐体、管道，或者散装料传送带 |
| 通用程序语言接口 | 在 C、C++、Java 或其他通用程序语言中的连接代码 |

表 4-2　运行环境

| 特性 | 描述 |
|---|---|
| 运行速度 | 针对不同场景和重复仿真需要运行很多次<br>影响仿真模型的开发和实验 |
| 模型大小；变量和属性的数量 | 不应该有内在的限制 |
| 交互调试程序 | 在模型运行时监控仿真的细节和过程。有能力中断、设置陷阱、设定终止条件、单步执行；能够显示状态、属性和变量，等等 |
| 模型状态和数据 | 在仿真过程中随时可以显示模型状态和数据 |
| 运行环境许可证 | 在运行环境(注：运行环境不同于开发环境，只能运行已经设计完成的模型而不能进行建模操作)中，可以改变参数，并运行模型(不是改变逻辑或新建一个模型) |

表 4-3　动画和布局特性

| 特性 | 描述 |
|---|---|
| 动画类型 | 真实图形缩放，或使用图标表示(比如流程框图) |
| 导入和目标文件 | 计算机辅助设计(矢量格式)图纸、图标(位图或光栅图形) |
| 维度 | 二维，二维透视效果，三维 |
| 动作 | 实体运动，或者状态指示器 |
| 动作质量 | 平滑运动，或者跳跃运动 |
| 公共对象库 | 外部扩展的预绘制图形 |
| 导航能力 | 平移，缩放，旋转 |
| 视角 | 用户定义 |
| 显示步长 | 控制动画的速度 |
| 可选择的对象 | 根据用户选择显示实时变化的状态信息和统计信息 |
| 硬件要求 | 标准的或专用视频卡 |

表 4-4　输出特性

| 特性 | 描述 |
|---|---|
| 场景管理器 | 创建用户自定义场景，并用于仿真 |
| 运行管理器 | 管理仿真运行(场景和响应)，并且为未来的分析保存运行结果 |
| 预热能力 | 用于稳态分析 |
| 独立重复仿真 | 使用不同的随机数 |
| 优化 | 遗传算法，禁忌搜索，等等 |
| 标准化的报告 | 汇总报告，包括平均数、总数、最小值、最大值等 |
| 定制化报告 | 为管理者定制的演示报告 |

（续）

| 特性 | 描述 |
|------|------|
| 统计分析 | 置信区间，实验设计等 |
| 业务图表 | 直方图、饼图、时间线等 |
| 成本模块 | 包含基于活动的成本 |
| 文件导出 | 将仿真结果输出到电子表格和数据库中，便于用户处理和分析 |
| 数据库维护 | 使用有组织的方式存储仿真输出 |

表 4-5　供应商支持和产品文件

| 特性 | 描述 | 特性 | 描述 |
|------|------|------|------|
| 培训 | 定期安排高质量的课程 | 支持 | 电话，电子邮件，网络 |
| 文档 | 高质量，完整性，在线 | 升级与维护 | 针对用户需求，定期发布新版本 |
| 帮助系统 | 普通的或者上下文相关的 | 记录 | 稳定的历史记录，记录与用户的关系 |
| 学习教程 | 用于学习工具包或者特定的性能 | | |

1）不要只关注一个特性，比如易于使用。还要考虑可获得资料和信息的准确性和详细程度、是否容易学习、供应商支持能力如何，以及是否适合解决你的问题。

2）运行速度很重要。不要只想着在夜间和周末运行你的模型，实际上，运行速度会影响开发进度。在调试期间，分析师必须等待模型运行到特定点时才能使得错误发生，只有错误一再出现，才能识别导致错误的原因。

3）谨防广告宣传和演示文件。许多广告只展示了软件好的一面。同样地，演示文件很好地解决了测试问题，但那可能并不是你所面临的问题。

4）要求供应商针对你要研究的问题开发一个简化模型。

5）尤其要注意以"是"和"否"作为条目的"检查表"。例如，虽然许多工具包提供传送带实体，但是在具体使用的时候，还需要考虑其是否具有灵活可变和还原真实情况的能力，所以具体实现的能力是很重要的。再比如，许多工具包提供一个运行环境的许可证，但是不同软件包在价格和性能上的差异还是很大的。

6）用户会询问仿真模型是否可与外部程序相连，或者使用由外部语言（如 C、C++ 或 Java）编写的代码或程序进行调用。这应该是仿真程序包所具有的一个良好特性，尤其是当外部程序已经存在，并且适用于当前的研究目的时，这个特性尤其重要。然而，更重要的问题是，仿真工具包和语言是否足够强大，从而可以避免在任何外部编程语言中撰写仿真运行逻辑。

122
～
125

7）在图形化建模环境和基于仿真语言的建模环境之间需要进行权衡。图形化建模环境可以消除程序语言语法所导致的学习曲线（learning curve），但是它无法消除真实模型中的进程逻辑设计和调试工作。要注意所谓的"无须编程"宣传语，除非能确认使用该软件包所提供的块、节点或进程流程图可以近乎完美地匹配你的问题域或程序设计（客制化进程逻辑），在这种情况下"无须编程"仅指语法层面的简化，而不是指程序逻辑的开发，否则就不是真正的"无须编程"。

## 4.3　一个仿真案例

### 例 4.1　收银台：典型的单服务台排队模型

对于某杂货店的收银台，可以使用单服务台排队模型对其建模。当为 1000 名顾客提供完服务时，仿真过程终止。此外，假设顾客到达间隔时间服从均值为 4.5 分钟的指数分布；服务时间服从正态分布，均值为 3.2 分钟、标准差为 0.6 分钟（这里是近似值，因为服务时间总为正值，而正态分布有可能取负值）。当收银员繁忙的时候，会形成排队队列，假设顾客进入队列之后就不能离开。该案例在例 3.3 和 3.4 中进行了手工仿真，采用的是事件调度方法。这个模型包含两类事件：顾客到达事件和顾客离去事件。图 3-5 和图 3-6 记录了事件逻辑。

以下三个小节将介绍如何使用 Java、GPSS/H 和 SSF（可扩展仿真框架）进行这种单服务台排队模型仿真。虽然这个例子比起复杂系统模型要简单得多，但是它包含了离散事件仿真的全部关键要素。

## 4.4　使用 Java 进行仿真

Java 是在仿真中广泛应用的编程语言。然而，Java 并不针对仿真分析提供任何专门的功能集（facilities），所以使用 Java 开发仿真程序必须对所有细节进行编程，包括事件调度/时间推进算法、统计值的累加计算、按照特定的概率分布进行抽样，以及报告生成器，等等。除非运行时库（runtime library）确实提供了随机数生成器，否则还要自己编写随机的生成代码。不同于 FORTRAN 或 C 语言，基于面向对象技术的 Java 实际上支持大型模型的模块化构建。大多数专用仿真语言隐藏了事件调度的细节，而在 Java 中，所有细节都必须清晰编程。包括 SSF[Cowie，1999]在内的仿真库，通过提供对标准化仿真功能的调用以及隐藏底层的调度细节，可以在一定程度上减轻开发者的负担。

网上有很多 Java 的学习资源，我们假设你对 Java 已有一定的了解。任何用 Java 编写的离散事件仿真模型都包含 4.3 节提到的仿真组件：系统状态、实体和属性、集合、事件、活动和延迟，以及下面列出的其他组件。为了便于开发和调试，最好使用模块化方法构建 Java 模型。下面介绍的组件几乎适用于所有使用 Java 编写的模型。

**仿真时钟**　定义仿真时间的变量

**初始化函数**　定义零时刻系统状态的函数

**最近时间事件函数**　识别即将发生事件（imminent event）的函数，也就是未来事件列表中时间标记最小的事件

**事件函数**　当事件（任何类型的事件）发生时，更新系统状态（以及累计统计值）的函数

**随机变量生成器**　从所需要的概率分布中生成样本值

**主程序**　保持对事件调度算法的整体控制

**报告生成器**　从累计统计量中计算汇总统计值，并在仿真结束时打印报告的函数

图 4-1 展示了 Java 仿真程序的整体架构，这是图 3-2 所描述的事件调度/时间推进算法的扩展（图 4-1 的步骤参考自图 3-2 中的 5 个步骤）。

仿真开始时，设置 CLOCK 为 0，累计统计量的初始值为 0，生成初始事件（初始事件至少有一个），将初始事件放入未来事件列表，并定义时刻 0 的系统状态。然后，仿真程序开始循环，反复将当前即将发生的事件传递给相应的事件函数，直至仿真结束。在每一步迭代中，找到即将发生事件之后，并在呼叫事件函数之前，需要将仿真时钟推进到即将发生事件对应的时刻。（回想一下，在两个相邻事件发生的间隔时间内，系统状态和实体属性的值没有改变。其实，这是离散事件仿真定义所规定的：系统状态只在事件发生时才改变。）接下来，调用相应的事件函数执行即将发生事件，更新累计统计量，生成未来事件（被放置在未来事件列表中）。执行即将发生事件意味着系统状态、实体属性、集合成员被

修改，以此来体现这样一个事实——事件已经发生了。值得注意的是，事件函数中的所有活动都发生在某个仿真时刻(一瞬间)。在事件函数的执行过程中，CLOCK 的值是不变的。如果仿真没有结束，控制权将再次交给时间推进函数，然后交给相应的事件函数，以此类推。当仿真结束时，控制权传递到报告生成器，从采集的累计统计量中汇总出所需数据，并列印到报告中。

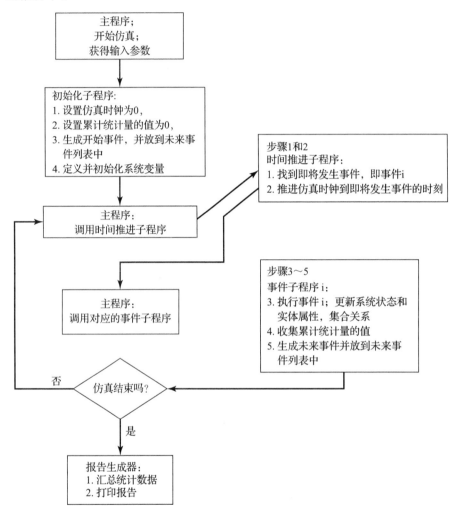

图 4-1　事件调度仿真程序的整体结构

以计算机运行时间为度量的仿真模型的运行效率在很大程度上取决于未来事件列表和其他集合的处理技术。正如 4.3 节讲过的，即将发生事件的移除和新事件的添加是未来事件列表的两类主要操作。Java 包含通用高效的数据结构，可用于列表搜索和优先级设置；它通常会为满足应用程序的此类需求而建立一个定制化接口。在下面的例子中，我们使用定制化接口来实施事件列表和顾客队列列表，其内在的优先级队列组织是高效率的，因为列表的访问成本只与列表中元素数量的对数成正比。

**例 4.2　使用 Java 语言进行单服务台排队系统仿真**

现在，我们使用 Java 对例 4.1 的杂货店收银台问题进行仿真。这个例子的手工仿真过程在例 3.3 和例 3.4 给出，系统状态、属性、集合、事件、活动和延迟也都已经分析和定义。

类 Event 代表事件，它存储事件类型（arrival 或 departure）代码和事件时间戳，它关联用于创建事件和访问其数据的方法（函数），还关联函数 compareTo，该函数用于将该事件与另一个事件（作为参数传递）进行比较，并报告该事件发生时间是否小于、等于或大于所比较的事件时间。该模型所用方法和控制流程如图 4-2 所示，图 4-2 是在图 4-1 的基础上针对当前问题的调整结果。表 4-6 列出了用于系统状态、实体属性和集合、活动持续时间、累计统计量和汇总统计量，以及用于从指数和正态分布生成样本的函数，还有所需的全部其他方法。

127
≀
128

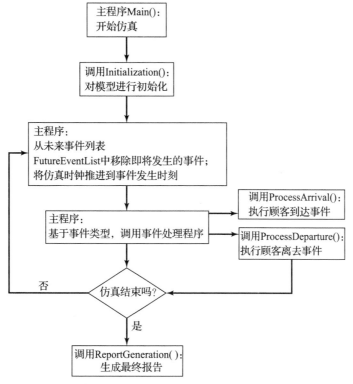

图 4-2 单服务台排队系统的 Java 仿真程序的整体架构

表 4-6 单服务台排队系统的 Java 仿真模型的变量、函数和方法定义

| 变量 | 描述 |
| --- | --- |
| 系统变量 | |
| QueueLength | 当前时刻排队顾客数量（尚未接受服务） |
| NumberInService | 当前时刻正在接受服务的顾客数量 |
| 实体属性和集 | |
| Customers | 系统中按照先到先服务规则排队的顾客队列 |
| 未来事件列表 | |
| FutureEventList | 按照优先级排队的列表中的等候事件 |
| 活动持续时间 ⊖ | |
| InterArrivalTime | 前一位顾客与下一位顾客的到达间隔时间 |
| ServiceTime | 最近一个开始服务顾客的服务时间 |
| 输入参数 | |
| MeanInterarrivalTime | 到达间隔时间均值（4.5 分钟） |
| MeanServiceTime | 服务时间均值（3.2 分钟） |

⊖ 原著中两个变量分别名为 MeanInterArrivalTime 和 MeanServiceTime，与输入参数的前两个变量同名，疑为错误。译者做了修改。

（续）

| 变量 | 描述 |
|---|---|
| SIGMA | 服务时间的标准差(0.6 分钟) |
| TotalCustomers | 仿真终止标准——接受服务顾客的数量(1000 名) |
| 仿真变量 | |
| Clock | 仿真时钟的当前值 |
| 统计累计值 | |
| LastEventTime | 上一个事件的发生时间 |
| TotalBusy | 服务台处于繁忙状态的总时间(截止到目前) |
| MaxQueueLength | 等待队列的最大长度(截止到目前) |
| SumResponseTime | 所有离开的顾客响应时间的总和(截止到当前时刻) |
| NumberOfDepartures | 离开的顾客数量(截止到当前时刻) |
| LongService | 在收银台逗留时间多于 4 分钟顾客的数量(截止到当前时刻) |
| 汇总统计值 | |
| RHO＝BusyTime/Clock | 服务台繁忙的时间占比(此处 Clock 的值是仿真结束所对应的时刻) |
| AVGR | 平均响应时间(等于 SumResponseTime/TotalCustomers) |
| PC4 | 在收银台逗留 4 分钟以上的顾客比例 |

| 函数 | 描述 |
|---|---|
| exponential(mu) | 以均值 mu 从指数分布中生成样本的函数 |
| normal(xmu，SIGMA) | 以均值 xmu 和标准差 SIGMA 从正态分布中生成样本的函数 |

| 方法 | 描述 |
|---|---|
| Initialization | 初始化方法 |
| ProcessArrival | 执行到达事件的事件方法 |
| ProcessDeparture | 执行离开事件的事件方法 |
| ReportGeneration | 报告生成器 |

如图 4-3 所示，程序入口点和控制逻辑通过类 Sim 完成定义。类变量 EventList 和 Queue 被声明，由于这些类都是被除 Sim 以外的其他程序使用，所以根据 Java 规则，其声明应在其他文件中给出。Java 内置类变量 Random 也被声明，这个类的实例可以产生随机数流。Main 方法控制事件调度/时间推进算法的整体流程。

主程序首先给描述模型参数的变量赋值；它创建随机数生成器实例、事件列表和顾客队列(queue)；然后调用 Initialization 方法初始化其他变量，例如用于统计数据采集的变量。然后程序控制进入循环，当且仅当 TotalCustomers(已经接受服务的顾客数量)满足条件(例如，等于 1000)时才能退出该循环。在循环内，通过调用优先级队列的 getMin 函数获得即将发生事件的副本，然后通过调用 dequeue 函数将该事件从未来事件列表中删除。全局仿真时钟 Clock 被推进到即将发生事件所包含的事件时间，然后根据事件类型调用 ProcessArrival 或 ProcessDeparture 函数。当仿真结束时，调用 ReportGeneration 函数来创建和打印最终报告。

图 4-4 给出了 Sim 类中 Initialization 方法的程序代码。仿真时钟、系统状态、以及其他变量都被初始化。值得注意的是，第一个到达事件是通过生成一个本地 Event 变量来创建的，该变量的构造函数接受到达事件的类型和时间。通过调用 Sim 类中的 exponential 方法，随机生成事件的时间戳(time-stamp，即事件发生时间)，该时间戳被传递给随机数流，与指数分布的均值一起使用进行抽样计算。通过调用函数 enqueue，将该事件插入到未来事件列表之中。以上逻辑假设在仿真时间 Clock＝0 时，系统是空闲的，因此进行初始化之时无须安排顾客离去事件。如果初始条件不同，那么可以直接修改程序代码，通过向 FutureEventList 和 Customers 中添加事件加以解决。

```
class Sim {

// Class Sim variables
public static double Clock, MeanInterArrivalTime, MeanServiceTime,
        SIGMA, LastEventTime, TotalBusy, MaxQueueLength, SumResponseTime;
public static long  NumberOfCustomers, QueueLength, NumberInService,
        TotalCustomers, NumberOfDepartures, LongService;

public final static int arrival = 1;
public final static int departure = 2;

public static EventList FutureEventList;
public static Queue Customers;
public static Random stream;

public static void main(String argv[]) {

  MeanInterArrivalTime = 4.5; MeanServiceTime = 3.2;
  SIGMA                = 0.6; TotalCustomers  = 1000;
  long seed            =     Long.parseLong(argv[0]);
  stream = new Random(seed);            // initialize rng stream
  FutureEventList = new EventList();
  Customers = new Queue();

  Initialization();

  // Loop until first "TotalCustomers" have departed
  while(NumberOfDepartures < TotalCustomers ) {
    Event evt = (Event)FutureEventList.getMin();  // get imminent event
    FutureEventList.dequeue();                     // be rid of it
    Clock = evt.get_time();                        // advance in time
    if( evt.get_type() == arrival ) ProcessArrival(evt);
    else  ProcessDeparture(evt);
    }
  ReportGeneration();
}
```

图 4-3　单服务台排队系统仿真的 Java 主程序

```
  public static void Initialization()    {
    Clock = 0.0;
    QueueLength = 0;
    NumberInService = 0;
    LastEventTime = 0.0;
    TotalBusy = 0 ;
    MaxQueueLength = 0;
    SumResponseTime = 0;
    NumberOfDepartures = 0;
    LongService = 0;

    // create first arrival event
    Event evt =
     new Event(arrival, exponential( stream, MeanInterArrivalTime));
    FutureEventList.enqueue( evt );
    }
```

图 4-4　单服务台排队系统仿真的 Java 初始化代码

　　图 4-5 给出了 Sim 类中的 ProcessArrival 方法的程序代码，通过调用它可以处理每个顾客到达事件。单服务台排队系统到达事件的基本逻辑在图 3-5 中给出（其中，LQ 对应于 QueueLength，LS 对应于 NumberInService）。首先，将新到达的顾客添加到顾客排队队列 Customers 中。接下来，如果服务台空闲（NumberInService＝＝0），那么新到达顾客将立即开始接受服务，此时调用 Sim 类中的 ScheduleDeparture 方法来执行该调度。顾客到达时如果队列为空则不会更新累计统计量的值，只是有可能调整最大队列长度。顾客到达时如果队列不空，则不会引起顾客离去事件的调度过程，但确实会增加服务台的总繁忙时间，所增加的繁忙时间量为当前事件与其前一个事件之间的间隔时间（因为如果服务台现在是繁忙的，则在处理完前一个事件之前，至少总会有一名顾客接受服务）。在上述任何一种情况下，新的顾客到达事件负责调度下一位顾客到达事件，即产生一个随机到达间隔时间并计算出新到达事件的发生时刻。依据仿真时间产生顾客到达事件，相当于在当前 Clock 的基础上累加一个服从指数分布的增量（即前后两位顾客的到达间隔时间），该事件被插入到未来事件列表之中，将记录上一个已处理完成事件的事件时间的变量 LastEventTime 设置为系统当前时刻，并且将控制权返回给 Sim 类的 main 方法。

```
public static void ProcessArrival(Event evt) {
  Customers.enqueue(evt);
  QueueLength++;
  // if the server is idle, fetch the event, do statistics
  // and put into service
  if( NumberInService == 0) ScheduleDeparture();
  else TotalBusy += (Clock - LastEventTime);  // server is busy

  // adjust max queue length statistics
  if (MaxQueueLength < QueueLength) MaxQueueLength = QueueLength;

  // schedule the next arrival
  Event next_arrival =
   new Event(arrival, Clock+exponential(stream,MeanInterArrivalTime));
  FutureEventList.enqueue( next_arrival );
  LastEventTime = Clock;
}
```

图 4-5　单服务台排队系统仿真 Java 顾客到达事件方法

　　Sim 类的 ProcessDeparture 方法执行顾客离去事件，与 ScheduleDeparture 方法一起列于图 4-6 中。图 3-6 给出了顾客离去事件的逻辑流程图。在将事件从顾客排队队列中删除之后，将检查正在服务的顾客数。如果当前有顾客排队，则需要安排下一个顾客离去事件，这个顾客离去事件会立刻导致排队队列中排在最前面的顾客开始接受服务。然后，更新所有响应时间之和、服务台繁忙时间之和、服务时间超过 4 分钟的顾客数量，以及顾客离开人数等累计统计量。（注意，当发生顾客离去事件时，最大队列长度的值不能改变。）还需要注意的是，顾客按照先到先服务的顺序从 Customers 中被删除，因此，离去顾客的响应时间变量 response 可以通过如下方式计算：用当前仿真时间减去离去顾客的到达时间（到达时间可从 Customers 队列中移除的到达事件的副本获得）。在累加顾客离开总人数并保存该事件时间之后，控制权将返回主程序。

　　图 4-6 也给出了 ScheduleDeparture 方法的逻辑，ScheduleDeparture 可由 ProcessArrival 和

ProcessDeparture 调用,目的是安排下一位顾客开始接受服务。sim 类中的 normal 方法用于生成服从正态分布的服务时间,在生成非负样本值之前会被重复调用。ScheduleDeparture 负责创建类型为 departure 的新事件,其事件时间等于当前仿真时间加上刚刚由 Normal 方法抽样获得的服务时间。该事件被添加到 FutureEventList 之中,正在服务的顾客数量设置为 1,等待队列(QueueLength)的顾客数量减 1,因为该顾客已经接受服务,不再处于排队状态。

```java
public static void ScheduleDeparture() {
  double ServiceTime;
  // get the job at the head of the queue
  while (( ServiceTime = normal(stream,MeanServiceTime, SIGMA)) < 0 );
  Event depart = new Event(departure,Clock+ServiceTime);
  FutureEventList.enqueue( depart );
  NumberInService = 1;
  QueueLength--;
}

public static void ProcessDeparture(Event e) {
 // get the customer description
 Event finished = (Event) Customers.dequeue();
 // if there are customers in the queue then schedule
 // the departure of the next one
 if( QueueLength > 0 ) ScheduleDeparture();
 else NumberInService = 0;
 // measure the response time and add to the sum
 double response = (Clock - finished.get_time());
 SumResponseTime += response;
 if( response > 4.0 ) LongService++; // record long service
 TotalBusy += (Clock - LastEventTime );
 NumberOfDepartures++;
 LastEventTime = Clock;
}
```

图 4-6   单服务台排队系统仿真的 Java 顾客离去事件函数

图 4-7 给出了报告生成器代码,即 Sim 类的 ReportGeneration 方法。汇总统计量 RHO、AVGR 和 PC4 使用表 4-6 中的公式计算;然后,输入参数在报告中列印,紧随其后的是汇总统计量。在仿真结束时打印输入参数是有益的,一是为了验证这些数值是否正确,二是便于确认这些值未在仿真过程中被不小心更改。

图 4-8 提供了 Sim 类中用来生成随机变量的函数 exponential 和 normal 的代码。这两个函数都要调用函数 nextDouble,nextDouble 是 Java 内置的 Random 类方法,用于生成 (0,1)均匀分布随机数。我们使用 Random 是为了便于解释,更高级的随机数生成器可以由开发者自主设计,这一点将在第 7 章介绍。在第 8 章,我们将讨论生成指数分布和正态分布随机变量的技术,该技术首先需要生成服从 $U(0,1)$ 均匀分布的随机数。读者可参阅第 7 章和第 8 章以获得更多相关内容。

杂货店收银台仿真模型的输出内容如图 4-9 所示。需要强调的是,仿真模型输出的统计量是包含随机误差的估计值。这些输出值会受到很多因素影响,包括碰巧用到的特定随机数、时刻 0 的初始条件、仿真运行时长(本例中共有 1000 位顾客离开),等等。第 11 章将讨论估算这类估计值标准误差的方法。

```
public static void ReportGeneration() {
double RHO   = TotalBusy/Clock;
double AVGR  = SumResponseTime/TotalCustomers;
double PC4   = ((double)LongService)/TotalCustomers;


System.out.print( "SINGLE SERVER QUEUE SIMULATION ");
System.out.println( "- GROCERY STORE CHECKOUT COUNTER ");
System.out.println( "\tMEAN INTERARRIVAL TIME                      "
   + MeanInterArrivalTime );
System.out.println( "\tMEAN SERVICE TIME                           "
   + MeanServiceTime );
System.out.println( "\tSTANDARD DEVIATION OF SERVICE TIMES         "
   + SIGMA );
System.out.println( "\tNUMBER OF CUSTOMERS SERVED                  "
   + TotalCustomers );
System.out.println();
System.out.println( "\tSERVER UTILIZATION                          "
   + RHO );
System.out.println( "\tMAXIMUM LINE LENGTH                         "
   + MaxQueueLength );
System.out.println( "\tAVERAGE RESPONSE TIME                       "
   + AVGR + "  MINUTES" );
System.out.println( "\tPROPORTION WHO SPEND FOUR ");
System.out.println( "\t MINUTES OR MORE IN SYSTEM                  "
   + PC4 );
System.out.println( "\tSIMULATION RUNLENGTH                        "
   + Clock + " MINUTES" );
System.out.println( "\tNUMBER OF DEPARTURES                        "
   + TotalCustomers );
 }
```

图 4-7  单服务台排队系统 Java 仿真报告生成器

```
public static double exponential(Random rng, double mean) {
 return -mean*Math.log( rng.nextDouble() );
}

public static double SaveNormal;
public static int  NumNormals = 0;
public static final double  PI = 3.1415927 ;

public static double normal(Random rng, double mean, double sigma) {
        double ReturnNormal;
        // should we generate two normals?
        if(NumNormals == 0 ) {
          double r1 = rng.nextDouble();
          double r2 = rng.nextDouble();
          ReturnNormal = Math.sqrt(-2*Math.log(r1))*Math.cos(2*PI*r2);
          SaveNormal   = Math.sqrt(-2*Math.log(r1))*Math.sin(2*PI*r2);
          NumNormals = 1;
        } else {
          NumNormals = 0;
          ReturnNormal = SaveNormal;
        }
        return ReturnNormal*sigma + mean ;
 }
```

图 4-8  单服务台排队系统仿真的随机变量生成器

```
SINGLE SERVER QUEUE SIMULATION - GROCERY STORE CHECKOUT COUNTER
         MEAN  INTERARRIVAL  TIME                    4.5
         MEAN  SERVICE  TIME                          3.2
         STANDARD DEVIATION OF SERVICE TIMES         0.6
         NUMBER OF CUSTOMERS SERVED                  1000

         SERVER UTILIZATION                          0.671
         MAXIMUM LINE LENGTH                         9.0
         AVERAGE RESPONSE TIME                       6.375 MINUTES
         PROPORTION WHO SPEND FOUR
          MINUTES OR MORE IN SYSTEM                  0.604
         SIMULATION RUNLENGTH                        4728.936 MINUTES
         NUMBER OF DEPARTURES                        1000
```

图 4-9  单服务台排队系统 Java 仿真输出结果

在某些仿真应用中，人们希望在固定时间长度（例如，TE＝12 小时＝720 分钟）之后停止仿真。在这种情况下，还需要定义一类事件，即 stop 事件，并在仿真初始化过程中安排和规划此类事件。当停止事件发生时，需要更新累计统计量，以及调用报告生成器程序。为此，需要对主程序和 Initialization 方法做一些更改。本章习题 1 要求读者进行这些更改。习题 2 做进一步考虑，即在仿真时间 Clock＝TE 时，在收银台排队的所有顾客都被允许离开商店（当然是在结账之后才能离开），但是在时刻 TE 之后不再允许新顾客进入商店。

135
～
136

## 4.5　使用 GPSS 语言进行仿真

GPSS 是一种高度结构化的专用仿真编程语言，它基于进程交互方法，且针对排队系统设计。块图（block diagram）提供了一种简便方法来描述被模拟的系统。GPSS 中有 40 多个标准块（block）。实体调用事务处理（transaction）的过程可被视为实体流经块图的过程。块表示影响事务处理流程（transaction flow）的事件、延迟和其他活动（action）。因此，GPSS 可对事务处理（实体、顾客、运输货物）流经系统（例如，排队网络、具有稀缺资源的队列）的各种情况进行建模。块图转换为块声明，再加上控制语句，结果就是 GPSS 模型。

GPSS 的第一个版本由 IBM 在 1961 年发布。这是第一个"进程—交互式"仿真语言，自 1961 年发布以来，GPSS 即被广泛应用并经多方改进，GPSS/H 是当今使用最广泛的版本。例 4.3 即基于 GPSS/H。

GPSS/H 是 Wolverine 软件公司的产品（www. wolverinesoftware. com［Banks，Carson，Sy，1995；Henriksen，1999］），它是一款灵活、强大的仿真工具。不同于早期的 IBM 版本，GPSS/H 包括以下特点：内置文件和屏幕输入/输出（I/O），使用算术表达式作为块操作数，拥有交互式调试器，执行速度更快，具有可扩展的控制语句、普通变量和数组、浮点型仿真时钟，内置数学函数和随机变量生成器。

GPSS/H 配套的动画运行器 Proof Animation 是 Wolverine 软件公司的产品［Henriksen，1999］。Proof Animation 提供二维或三维动画，并可按比例缩放。Proof Animation 可以采用后处理模式（在仿真运行结束之后）或并发模式运行。在后处理模式中，动画由两个文件驱动：用于静态背景的布局文件，以及跟踪文件（包含可使对象运动以及产生其他动态事件的指令）。Proof Animation 可与任何使用 ASCII 跟踪文件的仿真程序包集成使用，它既可以与仿真过程同步运行（此时将跟踪文件指令作为消息发送给仿真模型），也可以使用其动态链接库（Dynamic Link Library，DLL）对其进行直接控制。

### 例 4.3　使用 GPSS/H 进行单服务台排队系统仿真

　　关于例 4.2 中所描述的杂货店收银台模型，图 4-10 给出了它的运行块图，图 4-11 给出了它的 GPSS 程序代码。请注意，图 4-11 中的程序是块图及补充定义和控制语句的转译。（在下面讨论中，所有非保留字都以斜体显示。）

　　在图 4-10 中，块 GENERATE 代表到达事件，到达间隔时间由 RVEXPO（1，&IAT）指定。RVEPO 代表"随机变量，服从指数分布"（random variable, exponentially distributed），1 表示所使用的随机数流编号，&IAT 表示指数分布的均值源自被称为安珀变量（Amper Variable，或称为替代变量）的 &IAT，安珀变量的命名以 "&" 开头。因为早期 IBM 版本对于支持常规全局变量有一定限制，用户无权为其命名，所以 Wolverine 将安珀变量引入到 GPSS 中。

　　接下来的块是 QUEUE，队列名是 SYSTIME。需要注意的是，块 QUEUE 并不是 GPSS 中构建队列的必备元素，它的真正作用在于与块 DEPART 相结合并从队列及子系统中收集数据。在例 4.3 中，我们想要测得系统响应时间，即系统中一次事务处理所需的时间。为此，我们在事务进入系统的节点放置一个 QUEUE 块，以及与 QUEUE 配对的 DEPART 块。在 DEPART 节点处，事务完成其处理过程，随后其响应时间被自动记录下来。使用 DEPART 块的目的

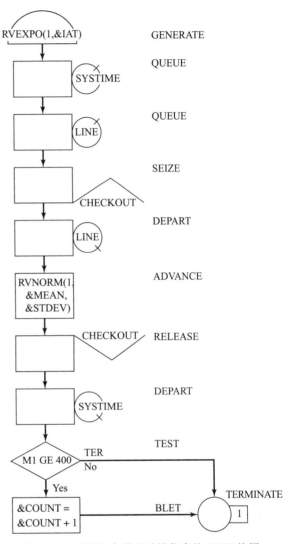

图 4-10　单服务台排队系统仿真的 GPSS 块图

是发出一个信号，表明某个事务处理的数据收集工作到此完成。对于队列建模而言，成对地使用 QUEUE 块与 DEPART 块不是必需的，二者主要在数据采集时组合使用。

　　下一个 QUEUE 块（队列名为 LINE）用于柜台前面队列的数据收集。顾客在收银台结账时可能需要排队，也可能不需要排队。在抵达一个空闲的收银台，或者移动到队列最前面时，顾客会"占用"一位收银员，系统使用 SEIZE 块占用名为 CHECKOUT 的资源来表示。一旦顾客"占用"了一位收银员，关于该顾客在队列中的各项统计数据也就收集完成了，这里使用块 DEPART 离开名为 LINE 的队列表示。顾客在收银台的服务时间使用块 ADVANCE 表示。RVNORM 表示"随机变量，正态分布"（random variable, normally distributed）。仍然使用 1 号随机数流，正态分布的均值由安珀变量 &MEAN 给出，标准差则由另一个安珀变量 &STDEV 给出。接下来，顾客释放 CHECKOUT 资源，该过程使用 RELEASE 块代表。响应时间的数据采集工作完成的标志由块 DEPART 离开队列 SYSTIME 表示。

137

```
        SIMULATE
*
*       Define Ampervariables
*
        INTEGER        &LIMIT
        REAL           &IAT,&MEAN,&STDEV,&COUNT
        LET            &IAT=4.5
        LET            &MEAN=3.2
        LET            &STDEV=.6
        LET            &LIMIT=1000
*
*       Write Input Data to File
*
        PUTPIC         FILE=OUT,LINES=5,(&IAT,&MEAN,&STDEV,&LIMIT)
Mean interarrival time                      **.**   minutes
Mean service time                           **.**   minutes
Standard deviation of service time          **.**   minutes
Number of customers to be served            *****


*
*       GPSS/H Block Section
*
        GENERATE       RVEXPO(1,&IAT)   Exponential arrivals
        QUEUE          SYSTIME          Begin response time data collection
        QUEUE          LINE             Customer joins waiting line
        SEIZE          CHECKOUT         Begin checkout at cash register
        DEPART         LINE             Customer starting service leaves queue
        ADVANCE        RVNORM(1,&MEAN,&STDEV)  Customer's service time
        RELEASE        CHECKOUT         Customer leaves checkout area
        DEPART         SYSTIME          End response time data collection
        TEST GE        M1,4,TER         Is response time GE 4 minutes?
        BLET           &COUNT=&COUNT+1  If so, add 1 to counter
TER     TERMINATE      1
*
        START          &LIMIT           Simulate for required number
*
*       Write Customized Output Data to File
*
        PUTPIC         FILE=OUT,LINES=7,(FR(CHECKOUT)/1000,QM(LINE),_
        QT(SYSTIME),&COUNT/N(TER),AC1,N(TER))
        Server utilization                   .***
        Maximum line length                  **
        Average response time                **.**     minutes
        Proportion who spend four minutes    .***
             or more in the system
        Simulation runlength                 ****.** minutes
        Number of departures                 ****
*
        END
```

图 4-11　单服务台排队系统仿真的 GPSS/H 程序代码

接下来，TEST 块用于检测顾客在系统中的总驻留时长（M1）是否大于或等于 4 分钟（M1 是 GPSS/H 中的保留字，用于自动追踪事务在系统中停留的总时间长度）。GPSS/H 奉行的准则是"如果为真，就通过"（if true, pass through）。因此，当一名顾客在系统中的总停留时间大于等于 4 分钟，后面的块 BLET 会令计数器 &COUNT 加 1；反之，若结果为假，即一名顾客在系统中的时间小于 4 分钟时，程序转而运行块 TER。TER 写在块 TERMINATE 的前面，用于从系统中移除交易实体。TERMINATE 块的值为 1，表示又一个业务完成了，限定值(或已完成的顾客数)需要加 1(注：限定值的作用是判断仿真终止的条件是否满足，例如当限定值为 1000 时，即已完成服务的顾客数达到 1000 时，仿真终止。)

在图 4-11 中，位于块前后的那些行都是控制语句(从 GENERATE 到 TERMINATE，一共有 11 个块)。其中，以"*"开头的控制语句(control statement)是注释(comment)，部分注释行用于隔开程序段落；SIMULATE 指令告诉 GPSS/H 进行一次仿真，若将其省去，则 GPSS/H 只对模型进行编译及查错，而并不运行；INTEGER 和 REAL 控制指令用于定义整数型和实数型安珀变量。值得一提的是，安珀变量 &COUNT 似乎应定义为整数型，但是在后面的运算中它将除以一个实数型变量，因此如果它是一个整数型变量，而整数型变量除以实数型变量会发生截断(truncation)，这是我们不希望出现的情况。四个赋值语句(LET)提供仿真所需的数据，虽然这四个数据可以直接写入程序中，但是，首选的做法是将它们置于程序顶端的安珀变量中，这样既能够非常容易和方便地修改数值，还可以方便地修改为从数据文件中读取它们。

为确保模型数据的正确性，也为了让模型可以尝试不同的方案，一个好的办法就是进行数据"回声"(echo)。这一操作由控制语句 PUTPIC(代表"put picture")完成。PUT-PIC 后面的 5 行代码提供格式信息，用星号标记(称为图形格式化)。在 PUTPIC 执行时，星号将由四个安珀变量的值替代。也就是说，"**.**"代表小数点前后各两位的数值。

START 指令用于控制仿真的执行。由它启动仿真过程，创建一个"仿真终止"(termination-to-go)计数器，计数器的初始值为运算数 &LIMIT，进而控制仿真长度。

仿真结束后，第二个 PUTPIC 指令用于将所需输出数据写入到文件 OUT 中。所有统计结果均由 GPSS 自动采集。带括号的第一项输出是服务台利用率。FR(CHECKOUT)/1000 表示资源 CHECKOUT 的利用率，由于 FR(CHECKOUT)以 1000 为上限，因此其分母用于计算百分数。QM(LINE)表示仿真过程中队列 LINE 长度的最大值。QT(SYSTIME)表示队列 SYSTIME 的平均排队时间。&COUNT/N(TER)表示响应时间大于等于 4 分钟的顾客数除以带有 TER 标签顾客的数量(即 N(TER))的结果。ACI 是仿真时钟时间，它的最大值即为仿真长度。

图 4-12 显示的是自定义输出文件 OUT 的内容，标准 GPSS/H 输出文件如图 4-13 所示。虽然文件 OUT 中的大部分内容都可在标准 GPSS/H 文件中找到，但自定义输出文件更简洁，且使用了与现实问题相关的术语而非 GPSS 术语。还有很多其他理由可以说明自定义输出文件是有用的。例如，如果模型重复运行 50 次，我们希望得到响应值中的最小值、最大值及平均值，那么在程序代码中直接使用相关指令就可以得到想要的结果，并且格式非常简洁，而无须从 50 个标准输出文件中抽取所需数据。

```
Mean interarrival time              4.50    minutes
Mean service time                   3.20    minutes
Standard deviation of service time  0.60    minutes
Number of customers to be served    1000

Server utilization                  0.676
Maximum line length                 7
Average response time               6.33    minutes
Proportion who spend four minutes   0.646
    or more in the system
Simulation runlength                4767.27 minutes
Number of departures                1000
```

图 4-12 单服务台排队系统的 GPSS/H 仿真输出报告

RELATIVE CLOCK: 4767.2740    ABSOLUTE CLOCK: 4767.2740

| BLOCK | CURRENT | | TOTAL | BLOCK | CURRENT | TOTAL |
|---|---|---|---|---|---|---|
| 1 | | | 1003 | TER | | 1000 |
| 2 | | | 1003 | | | |
| 3 | | 3 | 1003 | | | |
| 4 | | | 1000 | | | |
| 5 | | | 1000 | | | |
| 6 | | | 1000 | | | |
| 7 | | | 1000 | | | |
| 8 | | | 1000 | | | |
| 9 | | | 1000 | | | |
| 10 | | | 646 | | | |

|  | | | --AVG-UTIL-DURING-- | | | | | | | |
|---|---|---|---|---|---|---|---|---|---|---|
| FACILITY | TOTAL TIME | AVAIL TIME | UNAVL TIME | ENTRIES | AVERAGE TIME/XACT | CURRENT STATUS | PERCENT AVAIL | SEIZING XACT | PREEMPTING XACT | |
| CHECKOUT | 0.676 | | | 1000 | 3.224 | AVAIL | | | | |

| QUEUE | MAXIMUM CONTENTS | AVERAGE CONTENTS | TOTAL ENTRIES | ZERO ENTRIES | PERCENT ZEROS | AVERAGE TIME/UNIT | $AVERAGE TIME/UNIT | QTABLE NUMBER | CURRENT CONTENTS |
|---|---|---|---|---|---|---|---|---|---|
| SYSTIME | 8 | 1.331 | 1003 | 0 | 0 | 6.325 | 6.235 | | 3 |
| LINE | 7 | 0.655 | 1003 | 334 | 33.3 | 3.111 | 4.665 | | 3 |

| RANDOM STREAM | ANTITHETIC VARIATES | INITIAL POSITION | CURRENT POSITION | SAMPLE COUNT | CHI-SQUARE UNIFORMITY |
|---|---|---|---|---|---|
| 1 | OFF | 100000 | 103004 | 3004 | 0.83 |

图 4-13 单服务台排队系统仿真的标准 GPSS/H 输出报告

## 4.6　使用 SSF 进行仿真

可扩展仿真框架(Scalable Simulation Framework，SSF)是一种应用程序接口(API)，是面向对象的、基于进程视图仿真的功能集。这些 API 用于支持实现高性能应用(例如，用于并行计算环境)。SSF 的 API 有 C++ 和 Java 两个版本，可分别应用于两种语言之中。SSF 具有广泛的用户基础——特别是使用扩展框架 SSFNet(www. ssfnet. org)进行通信网络仿真。第 14 章讨论的网络仿真会使用 SSFNet。

SSF API 定义了五个基本类。Process 类用于实现线程控制，派生类中的 action 方法包含线程的执行体；Entity 类用于描述仿真对象，它包含状态变量、进程和通信端点(endpoint)；inChannel 和 outChannel 类是通信端点；Event 类定义了实体间的信息传递过程。两个模型实体之间进行的通信，是通过将一个 Event 写入一个 outChannel 实现的，一段时间之后，相关信息可在一个或多个 inChannel 中获取。作为 inChannel 的输入，process 可以被暂停，直到某个事件激活它为止。以上内容将在使用 SSF 构建单服务台排队模型时进行详细说明。

图 4-14 给出了在单服务台排队模型中使用 SSF 生成到达事件逻辑的源代码。这个例子建立在两个 SSF 进程之上，其中一个 SSF 进程生成作业(jobs)并将它们添加到系统中，

```
// SSF MODEL OF JOB ARRIVAL PROCESS
class SSQueue extends Entity {

 private static Random rng;
 public static final double MeanServiceTime = 3.2;
 public static final double SIGMA = 0.6;
 public static final double MeanInterarrivalTime = 4.5;
 public static final long ticksPerUnitTime = 1000000000;
 public long generated=0;
 public Queue Waiting;
 outChannel out;
 inChannel in;

 public static long TotalCustomers=0, MaxQueueLength=0, TotalServiceTime=0;
 public static long LongResponse=0, SumResponseTime=0, jobStart;

 class arrival {
  long id,  arrival_time;
  public arrival(long num, long a) { id=num; arrival_time = a; }
 }

 class Arrivals extends process {
    private Random rng;
    private SSQueue owner;
    public Arrivals (SSQueue _owner, long seed) {
        super(_owner); owner = _owner;
        rng = new Random(seed);
    }
    public boolean isSimple() { return true; }
    public void action() {
       if ( generated++ > 0 ) {
         // put a new Customer on the queue with the present arrival time
         int Size = owner.Waiting.numElements();
         owner.Waiting.enqueue( new arrival(generated, now()));
         if( Size == 0) owner.out.write( new Event() );    // signal start of burst
       }
       waitFor(owner.d2t( owner.exponential(rng, owner.MeanInterarrivalTime)) );
   }
  }
 }
```

图 4-14　作业到达进程的 SSF 模型

另一个 SSF 进程对排队作业进行处理。类 SSQueue 包含全部的仿真实验方案，它使用辅助的 Random 类（用于生成随机数）和 Queue 类（用于实现包含一般对象的先进先出队列）。SSQueue 类定义仿真实验常量（"公有静态常量"类型），还包含 SSF 通信端点 out 和 in，两个进程之间通过这些端点进行通信。SSQueue 也定义了一个内部类 arrival，用于存储每个作业的标识和到达时间。

　　Arrivals 类是 SSF 进程，其构造函数存储实体标识，并创建一个随机数生成器（该随机数生成器通过传递给它的种子进行初始化）。在除初始化之外的调用中，action 方法产生新的到达顾客并将其加入队列，然后中断运行（通过 SSF 中的 waitFor 方法）以等待一个到达间隔时间值的生成。在初次调用时，action 方法会越过作业生成步骤，并中断运行以等待一个到达间隔时间值的生成。再次，需要对调用 waitfor 的细节进行说明。SSQueue 对象调用 Arrival 类的构造函数并被标识为该构造函数的"所有者"。Arrival 类包含一个辅助方法 exponential，它通过特定的随机数流，对具有特定均值的指数分布随机变量进行抽样。Arrival 类还包含 d2t 及 t2d 两种方法，用于实现离散的、基于"瞬间"（tick）的整型时钟与双精度浮点时钟之间的相互转化。在调用 waitFor 方法时，我们使用之前所见的程序代码、以双精度格式进行指数分布抽样，随后使用 d2t 方法将其转化为整数型的仿真时钟时间，这里所使用的换算系数是 SSQueue 的一个常量，每一个单位时间定义为 $10^9$ 个瞬间（tick）。

　　本例所使用的 SSF 进程间通信方法较为保守。由于服务是非抢先的（non-preemptive），当一个作业的服务过程完成时，提供服务的进程会检查顾客排队队列（在变量 owner. Waiting 中），以确定是否需要为下一位顾客提供服务。因此，只有当作业到达空系统时，服务台进程才会被告知有一个作业等待处理（注：如果队列中尚有作业排队，则服务台进程会自动导入一个作业），这一步骤通过使用其所有者的 out 端口在 Arrive. action 中实现。

　　最后需要注意的是，在 SSF 术语中，Arrival 是一个"简单"进程（simple process）。这意味着 action 中每一条可能造成进程暂停的指令，都是正常运行语义下最后一个被执行的指令。Arrivals 类告诉 SSF，简单地重写缺省方法 isSimple，就可以返回值 true，而非缺省值（false）。使用简单进程的关键原因是性能——它不需要存储任何状态变量，而只需存储进程从暂挂点复苏的条件。进程复苏的时候，将从 action 的第一行开始执行。

　　图 4-15 中给出 Server 进程的程序代码。与 Arrival 进程相同，其构造函数被 SSQueue 的实例调用，并获得该 SSQueue 实例的标识以及一个随机数种子值。和 Arrival 一样，Server 也属于简单进程。Server 通过状态变量 in_service 记住哪个作业正在接受服务，通过状态变量 Service_time 保存处于服务状态作业的服务时间的随机采样值。只有在两种情况下 SSF 内核才会调用 action，一是某个作业刚刚完成服务，二是 Arrival 进程刚刚通过 inChannel 通知 Server。我们可通过观察变量 in_service 对上述情况加以识别，如果尚有作业处于服务状态，则 in_service 为非空。这种情况下，某些统计变量需要被更新。上述操作完成后，会检查是否还有排队等待的顾客。排在最前面的顾客会被从排队队列中移除，并被复制至 in_service 变量。Server 进程对该顾客的服务时间进行抽样，并在调用 waitFor 之后暂停运行。如果排队队列中没有等待的顾客，则 Server 进程执行 waitOn 指令之后暂停运行，直到 Arrival 进程通过新的事件将其唤醒。

　　SSF 打通了纯粹的 Java 模型与完全基于专业化仿真语言的模型之间的隔阂，它既提供了通用编程语言所具有的灵活性，也为仿真提供了实质性的支持。

141
～
144

```
// SSF MODEL OF SINGLE SERVER QUEUE : ACCEPTING JOBS
class Server extends process {
 private Random rng;
 private SSQueue owner ;
 private arrival in_service;
 private long service_time;

 public Server(SSQueue _owner, long seed) {
       super(_owner);
       owner = _owner;
       rng = new Random(seed);
 }
 public boolean isSimple() { return true; }

 public void action() {
    //  executes due to being idle and getting a job, or by service time expiration.
    //  if there is a job awaiting service, take it out of the queue
    //  sample a service time, do statistics, and wait for the service epoch

    // if in_service is not null, we entered because of a job completion
    if( in_service != null ) {
       owner.TotalServiceTime += service_time;
       long in_system = (now() -in_service.arrival_time);
       owner.SumResponseTime  +=  in_system;
       if( owner.t2d(in_system) > 4.0 ) owner.LongResponse++;
       in_service = null;
       if( owner.MaxQueueLength < owner.Waiting.numElements() + 1 )
            owner.MaxQueueLength = owner.Waiting.numElements() + 1;
       owner.TotalCustomers++;
    }
    if( owner.Waiting.numElements() > 0 ) {
       in_service = (arrival)owner.Waiting.dequeue();
       service_time = -1;
       while ( service_time < 0.0 )
         service_time = owner.d2t(owner.normal( rng, owner.MeanServiceTime, owner.SIGMA));
                                                    // model service time
       waitFor( service_time );
    } else {
       waitOn( owner.in );  // we await a wake-up call
    }
  }
}
```

图 4-15  单服务台排队系统的 SSF 模型：Server

## 4.7  仿真环境

本章后续各节所介绍的仿真软件都是基于 Microsoft Windows 2000 或 XP，并运行于 PC 环境之中。大部分软件可运行于 Microsoft Windows Vista 操作系统。虽然每种软件都有各自的特点，但是也有许多共同点。

这些共同特征包括：图形化用户接口、动画，以及用于系统性能评价的输出数据的自动采集功能。实际上，对于所有仿真软件而言，仿真结果都会以表格或图形的方式在标准格式的报告中展示，并可以在仿真过程中交互显示。不同方案的输出结果可以图形或表格方式进行直观的比较。大多数仿真软件提供统计分析能力，包含置信区间（用于系统性能评价以及方案之间的比较）的计算，以及其他分析方法。部分统计分析方法将在 4.8 节介绍。

本章所介绍的仿真软件均采用"进程—交互"全局视角，少数仿真软件还支持"事件—调度"建模法以及"离散—连续混合"建模法。至于动画，一些仿真软件偏重于二维和三维的比例尺绘图，另外一些则偏重于示意图或流程图类型的动画。少数软件包同时支持上述两种动画模式。几乎所有仿真软件都会提供动态商务图形的绘制，包括折线图、直方图及饼状图。

除了本章介绍的内容，下列网站也可为读者提供相关信息：

145

| AnyLogic | www.anylogic.com |
| Arena | www.arenasimulation.com |
| AutoMod | www.automod.com |
| Enterprise Dynamics | www.incontrol.ne |
| ExtendSim | www.extendsim.com |
| Flexsim | www.flexsim.com |
| ProModel | www.promodel.com |
| SIMUL8 | www.simul8.com |

## 4.7.1 AnyLogic

AnyLogic 是一款功能全面的仿真软件，它支持离散事件（以进程为中心）建模、基于 Agent 的建模（Agent-based Modeling）以及系统动力学（System Dynamic）等三种建模方式。AnyLogic 的核心理念是建模人员可以自行选择与所研究问题最一致的建模方法（或者多种方法组合使用）和抽象层，从而可以准确把握制造、物流、业务流程、人力资源、顾客行为的复杂性、异质性，以及经济、社会系统在宏观层面的动态性和交互性。

AnyLogic 包括用于进程建模（顾客源、延迟、队列、资源池，等等）的对象库，支持 Agent 建模所需的元素（空间、机动性、网络、交互、多种行为定义方式，等等），以及用于系统动力学建模的"存量—流量图"（stock-and-flow diagram）。AnyLogic 仿真引擎支持混合（离散加连续）时间模式。

使用 AnyLogic 开发的仿真模型（以及模型开发环境）是基于 Java 的，因而可以实现跨平台应用和部署。仿真模型可以作为 Java 小程序（applet）在网页上发布，因此远程用户可以在 Web 浏览器中运行它们。模型有许多"扩展点"（extention point），用户可以在这里输入 Java 表达式和操作命令，从而实现与模型的运行交互和控制。

动画编辑器是 AnyLogic 模型开发环境的一部分。该编辑器支持大量不同的图形样式、控件（滑块、按钮、文本输入等）、图片、GIS（Geographical Information System，地理信息系统）地图，支持 CAD 绘图文件导入，支持按比例尺绘制动画以及分层动画。例如，用户可以使用聚合图标（aggragated indicator）对一个制造流程构建全局视角，也可以针对其中的某道工序设计详细的动画，并可随意在两种视图之间切换。

AnyLogic 支持使用统计分布拟合软件 Stat∷Fit（www.geerms.com）处理模型的输入数据，它支持 AnyLogic 的概率分布语法。仿真输出结果可以在模型内进行统计处理和可视化处理（提供各种图表和直方图），也可导出到数据库、文本文件或电子表格。

AnyLogic 实验框架包括简单模拟、参数调整、仿真结果比较、灵敏度分析、蒙特卡罗仿真、模型校准（calibration）、优化，以及用户自由定义的实验。OptQuest 优化引擎（参见 4.8.2 节）被完整地集成到 AnyLogic 之中。

AnyLogic 有两个版本：高级版（advanced）与专业版（Professional）。专业版允许用户以独立的 Java 应用程序形式输出模型，并可在其中嵌入 GIS 地图和 CAD 图形。该版本集成了版本控制软件，以便更好地进行团队合作；它包含一个全功能调试器，允许用户在仿真运行过程中保存当前状态，以便在后期研究中实现状态复原。它还包括一个行人库（Pedestrian Library），用于针对客流密集区域的高精度物理层建模。

## 4.7.2 Arena

Arena 基本版（Basic Edition）和专业版（Professional Edition）由 Rockwell Automation 公司提供。Arena 是一款通用型仿真软件，适用于离散系统和连续系统仿真。

Arena 基本版面向业务流程以及其他需要高层级（宏观或中观）分析能力的系统建模。它使用分层流图实现流程的动态性，并将系统信息存储在电子表格之中。它具有内置的基于活动的成本核算功能，并与 Microsoft Visio（一款流程图绘图软件）紧密集成。

Arena 专业版面向开发详细度更高（微观层面）的离散系统和连续系统建模，于 1993 年首次发布。Arena 专业版采用面向对象设计方法，构建完全的图形化开发环境。仿真模型使用称为"模块"（*modules*）的图形化对象，定义系统逻辑和自然组件（机器、操作员、职员或医生）。模块包括图标以及在对话窗口输入的数据，将图标连接在一起就可以表示实体流（entity flow）。将模块有组织地集合在一起就构成了模板（*template*）。模板是为了满足各类应用建模而提供通用目标功能的核心模块的集合。除了标准功能（诸如资源、队列、过程逻辑、系统数据）以外，Arena 还有针对制造、物料搬运、流水作业系统而设计的包含不同模块的多个模板。Arena 专业版还可以通过其内置的连续系统建模能力和专用的流式作业模板，用于离散系统/连续系统的混合建模，例如制药和化工生产。该版本还支持用户制作反映真实系统组件的自定义仿真对象，包括术语、过程逻辑、数据、性能度量指标和动画。

Arena 系列产品还包括专为呼叫中心和高速生产线而设计的产品，即 Arena Contact Center 和 Arena Packaging Edition。这些产品可以与专业版集成使用。

Arena 的核心是 SIMAN 仿真语言。Arena 的开放式架构包括嵌入式 Visual Basic 应用程序（VBA），支持与其他应用程序之间的数据传输以及用户接口开发。至于动画，Arena 核心建模结构伴有标准图形库，可以实现队列、资源状态和实体流的动画效果。Arena 二维动画使用 Arena 内置绘图工具实现，并可与剪贴画、AutoCAD、Visio 和其他图形一起使用。Arena 3DPlayer 可用于创建三维图像，用于展示 Arena 模型的三维动画。

输入分析器（Input Analyzer）可自动选择适合的统计分布及参数，以表征现有数据，例如处理时间和间隔时间。OptQuest 优化引擎（在 4.8.2 节介绍）已经完全集成到 Arena 中。输出分析器（Output Analyzer）和过程分析器（Process Analyzer）（在 4.8.2 节介绍）可以实现不同设计方案之间的自动比较。

### 4.7.3 AutoMod

AutoMod 产品套件由 Applied Materials 公司提供。它包括 Automod 仿真软件，用于实验和分析的 AutoStat，以及用于制作三维动画和 AVI 电影的 AutoView。AutoMod 主要用于制造系统和物料搬运系统。AutoMod 的优势在于开发细节度高的、大型化的模型，适用于规划、运营决策支持和控制系统检验等问题。

AutoMod 包含适用于大多数通用物料搬运系统的内置模板，包括车辆系统、传送带、自动化存储仓库、桥式起重机、积放式传送带（power and free conveyors）以及机器人系统。AutoMod 还包含一个强大的模型间通信模块，支持模型与控制系统以及其他仿真模型进行通信。

AutoMod 的路径行进车辆系统可模拟叉车（lift truck）、行人或手推车、自动导引车辆、拖车、火车、架空运输车、单轨车辆、卡车和汽车，等等。所有这些可运动模板都基于三维比例尺绘图（自行绘制，或以二维或三维形式由 CAD 文件导入）。模板中的所有组件都是高度参数化的，例如，传送带模板包含传送带、为传送带提供动力的电机、用于负载感应或移除的站点以及电子眼（photo-eyes），这些组件都包括长度、宽度、速度、加速度和类型（集聚式或非集聚式）以及其他专用参数，这些参数都可依据需要进行设置。当被模拟的"产品"沿着传送系统移动时，产品(负载)的尺寸以及传送带各部分的属性都被精确计量，从而为获得极其准确的仿真结果提供了可靠的工具。

除了物料搬运模板，AutoMod 还包含完整的仿真编程语言。AutoMod 模型由一个或多个系统组成。这些系统可以是基于流程的(其中定义了流和控制逻辑)，也可以是基于运动的(基于某个物料搬运模板开发)。一个模型可以包含任意数量的系统(没有尺寸限制)，该模型可以存储起来并作为其他模型的对象而重用。模型的流程可以包含复杂逻辑，从而控制生产材料(负载)或消息的流动。由负载执行的流程逻辑可简可繁，可以实现仿真所需要的行为。三维动画可以从任何角度或视角，以实时模式或加速模式观看。用户可自由缩放、平移或旋转仿真模型的三维场景。

在 AutoMod 的全局视角下，负载(产品、零件、等等)从一个处理过程移动到另一个处理过程，并争夺资源(设备、操作员、车辆、传送带空间以及队列)。负载是活动的实体，在每个处理过程中执行动作指令。负载可以直接从一个过程移动到另一个过程，或者借助传送带或车辆运输系统移动。

AutoStat(将在 4.8.2 节介绍)与 AutoMod 模型配合使用，可以为用户提供完整的仿真环境、定义场景、确定预热期、开展实验设计(依据定义好的方案)，以及统计分析。它还提供基于进化策略的优化能力。

### 4.7.4　Enterprise Dynamics

Enterprise Dynamics 是由 Incontrol Simulation Software 公司提供的仿真平台。Enterprise Dynamics 是一种面向对象的、基于事件调度的离散事件模拟器，具有内置功能仿真编程语言 4DScript。Enterprise Dynamics 附带 Atoms 库，支持在核心应用领域实施快速建模，这些领域包括制造系统和物料搬运系统、物流及运输系统。Atoms 的一个分割套件和应用程序提供了机场模拟器，可对包括行李和客流在内的机场系统进行建模。

Enterprise Dynamics 具有基于 OpenGL 的三维可视化引擎，可在"虚拟现实"中提供三维视像，可在仿真阶段和建模阶段分别观看。

当出厂标配的 Atom 库不足以满足特殊建模需求时，模型外观和行为的附加要求可在仿真语言 4DScript 中进行定制化开发，4DScript 提供超过 1500 个可用函数。模型代码可以"在模型运行中"改变，而不需要重新编译或停止仿真。其他支持模型开发的平台特性包括 CAD 绘图导入向导、在 RDBMS(SQL Server、Oracle、MySQL、Access)中存储大型模型的结构和数据所需的数据库接口(ODBC 和 ADO)、XML(支持与其他系统进行信息交换)，以及 ActiveX 接口(使用可隐藏在后台运行的 Enterprise Dynamics 仿真引擎，开发客制化仿真解决方案)。

Enterprise Dynamics 的一个相对较新的功能是"实物模拟器"(emulation)附加组件，它提供一个生产系统仿真模型接口，可以使用逻辑软件进行管理。这样，用户可以在制造出实际硬件之前测试该逻辑软件。该硬件仿真接口可用于不同层级(宏观到微观)，从直接的 PLC(可编程逻辑控制器，Programmable Logic Controller)通信(使用 OPC(接口标准，OLE for Process Control))测试 PLC 电路，到仿真测试与逻辑软件相连的高级接口。

如果需要，仿真结果可以导出到 MS Office 应用程序进行进一步分析。OptQuest 优化引擎(参见第 4.8.2 节)与 Enterprise Dynamics 实现完全集成。

### 4.7.5　ExtendSim

ExtendSim 产品系列由 Imagine That 公司提供[Krahl，2008]。ExtendSim OR 用于离

散事件仿真和"离散—连续系统"混合仿真。ExtendSim AT 为基于实体到达速率的批处理系统提供离散速率模块，ExtendSim Suite 支持三维动画。

ExtendSim CP 仅用于连续建模。ExtendSim 将用户拖放界面与用于创建自定义组件的开发环境相结合。图形对象（称为块，block）既表示逻辑元素也表示自然元素。建模可以采用图形化方式，通过放置和连接不同的块，并在块对话框中输入参数来完成。模型也可以使用 ExtendSim 脚本编写方式创建。

每个 ExtendSim 块都包含一个图标、用户接口、动画、预编译代码和在线帮助。元素块包括创建（Create）、队列（Queue）、活动（Activity）、资源池（Resource pool）和退出（Exit）。活动实体（在 ExtendSim 中称为项目 item）来自 Create 块，并通过连接线（item connector）从一个块移动到另一个块。单独的数值连接线（value connector）允许对块参数进行附加计算，或检索用于生成报告的统计信息。输入参数可以在模型运行期间交互更改，可以来自内部或外部源。模型输出动态地以图形和表格方式显示。块被集中组织到通用元件库以及专用应用库（高速包装线和化学生产线）之中。第三方开发人员已经为不同的产业用户（vertical markets）开发了 ExtendSim 库，包括供应链动态库、通信系统库以及"纸浆—纸张处理库"。

ExtendSim 提供了基于块图流程的图标式动画。产品套件中包含了与逻辑仿真模型可分离可集成的三维动画模拟器，三维动画可与仿真过程并行或在其后期运行。可以将多个块整合在一起构成子模型（例如子装配线或子功能流程），进而可以纳入模型工作表中的层次化块之中。ExtendSim 支持多层次结构，层次化块可以存储在库中以供重复使用。复制关键参数并进行分组、列示在工作表中，以便用户查看。ExtendSim 还支持基于 Agent 的建模、基于活动的成本核算，以及具有置信区间的输出数据统计分析。ExtendSim 包括进化优化器（Evolutionary Optimizer）以及集成的关系数据库。块参数和数据表与 ExtendSim 数据库表动态链接，用于数据的集中管理。

ExtendSim 支持 Microsoft 组件对象模型（COM/ActiveX）、开放数据库连接（ODBC）和用于互联网数据交换的文件传输协议（FTP）。新块的创建可以使用分层方式或使用编译后的基于 C 编程环境完成。基于消息的语言包括专用仿真功能和用户接口开发工具。ExtendSim 具有开放式架构——提供了用于块修改和定制开发的源代码。该架构还支持链接或直接使用采用外部语言编写的代码和程序。

### 4.7.6 Flexsim

Flexsim 仿真软件由位于 Utah 州 Orem 市的 Flexsim Software Products 公司开发[Nordgren，2003]。Flexsim 是一个面向离散事件的、面向对象的模拟器，使用 Open GL 技术在 C++ 环境下开发。动画以三维和虚拟现实形式显示。所有视图都可以在模型开发或运行阶段并行显示。Flexsim 在图形化的三维"点击—拖拽"仿真环境中集成了 Microsoft 的 Visual C++ IDE 和编译器。

2007 年，Flexsim 引入了一种预编译语言 Flexscript，Flexscript 不需要在模型运行之前进行编译。Flexsim 目前提供 Flexscript 和 C++ 两种方式用于构建复杂算法。通过拖放对象，可以在 Flexsim 中创建任何流式系统或面向过程的仿真模型。Flexsim 提供了为特殊需求定制对象的能力。用户可以将修改后的对象添加到自己的用户库中，这些对象可以在用户组织内存储和共享。强大的缺省设置支持建模人员快速建立和运行模型。Flexsim 为离散事件、连续系统和基于 Agent 的建模提供对象库。

2008 年，Flexsim 发布离散事件仿真软件 DS，可以实现在计算机网络或互联网上运行大型模型，模型的处理工作可分布在任意数量的处理器上。Flexsim DS 可使用数百台连接在一起的计算机进行大型复杂系统建模。Flexsim DS 支持多用户模型协同（multi-user model collaboration）。建模团队可以通过互联网开展远程协作，完成模型构建、结果分析和仿真实验等工作。Flexsim DS 支持模型演化和协作设计，所有工作都在虚拟现实环境中实现。

|150|

### 4.7.7　ProModel

ProModel 是由 ProModel 公司（该公司创建于 1988 年）开发的，主要用于制造系统建模和仿真，也常用于非制造系统建模。ProModel 公司也提供用于医疗仿真（MedModel）和服务系统仿真（ServiceModel）的相关产品。

ProModel 是 Microsoft 的金牌认证合作伙伴，并为 Microsoft Visio 提供了一个名为 Process Simulator 的插件，用于模拟不同行业、产业的流程图、价值流图和设施布局。ProModel 也提供 Microsoft Project 插件，用于对具有可变作业时间和共享资源的所有类型的项目建模。

除了提供针对各种流程和项目建模的解决方案，ProModel 还提供了几种针对特定类型规划问题的仿真产品，包括医院急诊部模拟器 EDS（用于急诊部的资源需求决策和患者流动情况分析）、组合投资模拟器（用于可视化、分析和优化产品和项目组合），还有一些产品成功用于美国国防部的资源能力规划。

ProModel 提供二维和三维动画能力，以及仿真过程中的动态绘图工具和可更新计数器。动画布局随着模型开发而自动创建，并可使用来自预定义库的图形，或由用户自行导入图形。

用户可以使用图形化用户界面以及模型构件进行建模。ProModel 构件包括操作员、叉车、传送带、起重机、自动导引车、（水、油）泵及（水、油）罐等。ProModel 可以根据用户输入的成本率，自动跟踪和采集原材料、人工、设备的相关成本数据。

ProModel 具有与 Microsoft Excel 和其他商业数据库的接口，用于集成解决方案的开发。它还具有一个 COM 接口，用于客制化开发、创建与其他应用程序的连接。ProModel 支持协作建模，多个模型的构建与维护可以分开进行，需要时再集成到一起运行。

除了生成标准的和定制的输出报告，ProModel 还可以将数据导出到 Excel 以便开展更广泛的分析，也可以到输出到 Minitab 中，以自动创建六西格玛（$6\sigma$）的六种图表和过程能力图。ProModel 运行界面允许用户定义多个实验方案并进行"肩并肩"比较（side-by-side comparison）。SimRunner（在 4.8.2 节中讨论）提供仿真优化的能力，它基于进化策略算法（遗传算法的一种变体）。OptQuest 优化引擎（在 4.8.2 节中讨论）也被完全集成到 ProModel 之中。

### 4.7.8　SIMUL8

SIMUL8 由 SIMUL8 公司于 1995 年发布。在 SIMUL8 中，通过使用计算机鼠标绘制工作流，使用图标和箭头表示系统中的资源和队列，从而实现模型的创建。图标的所有属性都有默认值，从而可以在建模过程中尽早查看动画，在属性框中也提供了更详细的属性。SIMUL8 主要关注服务行业应用，在服务业中人们从事交易活动，或者他们本身就是活动的对象（例如银行、呼叫中心或医院）。

|151|

与其他仿真软件相同，SIMUL8 中也存在"模板"（template）和"组件"（component）的

概念。面向特定的重复性决策活动,利用模板或预制件可以快速调整参数以满足特殊的企业问题。组件是用户定义的图标,可以在仿真项目中重复使用及共享。使用模板和组件,不仅减少了仿真建模时间,也可以标准化作业或问题处置的流程,并且通常可以消除仿真项目中数据收集阶段的大部分工作。

SIMUL8 公司希望将仿真广泛应用于各行各业,而不仅仅由高度专业化的仿真工程师掌握。这意味着该产品具有非常不同的定价策略和技术支持方式,也意味着软件必须具有自我判知的能力,以便自动应对不同的场景,并在可能出现无效分析时为用户提供帮助。

SIMUL8 将仿真模型和数据以 XML 格式保存,从而方便与其他应用程序之间进行传输;具有"前端"开发接口,可以用于客制化数据输入;支持 COM/ActiveX,从而外部应用程序可以构建和控制 SIMUL8 仿真模型。

SIMUL8 有一个基于网络的版本,该版本允许任何人使用互联网浏览器运行模型,并提供两个版本:标准版和专业版。两个版本提供相同的仿真能力,但专业版增加了三维效果、"虚拟现实"仿真视图、可与企业数据库相连的数据库、优化器、版本追踪和其他可能只对全职仿真建模人员有用的功能。

## 4.8 实验和统计分析工具

### 4.8.1 共同特性

事实上,所有仿真软件都不同程度地支持对仿真输出结果进行统计分析。近年来,许多仿真软件都将"优化"作为一种分析工具添加进来。为支持输出分析,许多仿真软件提供场景(scenario)定义、运行管理能力、数据输出(到电子表格和其他外部程序)功能。

优化(optimization)用于寻找"近似最优解"。用户必须定义一个目标函数(objective function)或者适应度函数(fitness function),通常是成本函数或类似成本的函数,需要在额外产出量和额外资源消耗量之间进行权衡之后,才能获得该成本函数的优化解。时至今日,现有的系统优化方法在处理大多数随机和非线性仿真输出时仍有困难。元启发式算法(metaheuristics)领域的发展为仿真优化提供了一些新的方法,这些方法基于人工智能、神经网络、遗传算法、进化策略、禁忌算法以及分散搜索等算法。

### 4.8.2 产品

本节将简要探讨 Arena 的输出和过程分析器、AutoMod 的 AutoStat、OptQuest(应用于大量仿真产品中)以及 ProModel 的 SimRunner。

#### 1. Arena 的输出和过程分析器

Arena 自带输出分析器(output analyzer)和过程分析器(process analyzer)。此外,Arena 使用 OptQuest 进行优化。

输出分析器能够提供置信区间、多方案比较以及预热期设定(以减少初始条件所引起的偏差)等功能,能够创建各种图形、图表及直方图,平滑响应输出,以及进行相关性分析。

过程分析器为 Arena 的综合实验设计添加了复杂场景管理能力。它允许用户定义场景,执行所需仿真并分析结果。它允许任意数目的控制变量(control)和响应(response)。可以在仿真运行完成之后再添加响应。Arena 过程分析器会依据任何一个响应目标(或基于响应目标的汇总值或统计值)对所有场景进行排序(ranking)。用户可查看多个仿真(或不同情境)响应结果的二维或三维统计图表。

## 2. AutoStat

AutoStat 是 AutoMod 系列产品中的运行管理器和统计分析产品。AutoStat 提供大量的分析技术和能力，包括稳态分析的预热期测定、置信区间确定与比较、实验设计、灵敏度分析，以及通过进化策略进行优化。

使用 AutoStat，终端用户可以通过定义因素(factor)及其取值范围，从而定义任意数量的场景。因素包括模型输入参数，如资源能力、车辆数量或者车辆运行速度。数据文件(一个指定的单元格或整个文件)也能够被定义为输入因素。以数据文件作为输入因素，用户就可以使用数据文件中确定的输入数值进行实验，例如，多个生产排程方案、不同日期的顾客订单方案、不同的人力资源排班方案，等等。任何标准输出或用户自定义输出都可以被指定为一个响应输出。对于每一个已定义的响应输出，AutoStat 计算其描述性统计值(平均值、标准差、最小值和最大值)和置信区间。新的响应还可在仿真运行之后进行定义，因为 AutoStat 从所有的仿真运行中存储并压缩了标准输出值和自定义输出值。AutoStat 提供各种图表和图形进行图形化比较。

AutoStat 可帮助确定哪些数值和替代值是统计显著的，即观测结果很可能不是由于随机波动而是由于较高的概率所造成的。AutoStat 支持使用公共随机数法(common random numbers)进行相关抽样(见第 12 章)。这项抽样技术可以降低成对(paired)样本之间的方差，从而更好地指出模型变化的真实原因。

AutoStat 可基于局域网开展分布式仿真，并可以将所有仿真结果返回至用户计算机。基于多台计算机和 CPU 的支持，用户可以利用下班后闲置的计算机，获得更多的仿真运行能力。这一点在多因素分析和优化研究中尤为有用，因为二者都需要进行大量的仿真运算。AutoStat 还具有诊断能力，能够自动识别异常运行情况，这里所说的"异常"是由用户定义的。

AutoStat 也可以与 AutoSched AP 一起作用。AutoSched AP 是基于规则的仿真软件，用于半导体工业的有限能力排程。

## 3. OptQuest

OptQuest 由科罗拉多大学的 Fred Glover、James Kelly 和 Manuel Laguna 开发，他们是 OptTek System 公司的联合创始人[April 等，2003]。OptQuest 基于多种算法：分散搜索、禁忌搜索、线性规划/整数规划，以及数据挖掘技术，包含神经网络。分散搜索是一种基于种群(population-based)的方法，它通过对现有解进行组合从而创造新的解。禁忌搜索是一种适应性记忆搜索技术，它在搜索更好的解的过程中会避开那些出现过的解。数据挖掘筛选出来的解有可能不那么好。混合使用这些算法，可以在寻求最优解的过程中避免局部最优情况。OptTek 方法的一些特性包括：

- 处理标准数学规划问题中一些无法由方程和公式指明的非线性、不连续关系的能力。
- 处理多种约束条件(线性和非线性)的能力。
- 处理多目标的能力。
- 为支持决策分析所提供的创建解的有效边界的能力。
- 解决供给、需求、价格、成本、流体速率、排队到达率等包含不确定性因素的问题的能力。

OptQuest 的核心技术也已植入许多仿真应用之中，从项目投资组合管理到人力资源优化等。

### 4. SimRunner

SimRunner 出自 Promodel 公司，Promodel 公司前身为密西西比州立大学的 Royce Bowden 仿真优化研究所[Harrell 等，2003]。SimRunner 可用于 ProModel、MedModel 以及 ServiceModel 软件。

SimRunner 使用遗传算法和进化策略算法，两者都是进化算法的变体。进化算法在处理一个问题的所有解集的过程中，采用这样的方式：剔除不好的解，使得较好的解持续向最优解方向进化，最终获得一个满意解。这些基于种群（解的集合）的直接检索技术能够避免陷入局部最优解。通过对非线性、多模式、多维、不连续、随机性等一系列广泛现实难题求解的成功应用，进化算法已被证明具有强健性（robust，或称鲁棒性）。

在 SimRunner 中调用进化算法之前，用户首先利用 ProModel 提供的宏指令确定输入因子（整数型或实数型决策变量），然后设定由仿真输出响应构成的目标函数。SimRunner 在用户给定的约束条件下操控输入因子的取值，以寻求目标函数的最小值或最大值，或实现用户给定的目标值。优化输出报告包括优化过程中每个被评估方案的目标函数均值的置信区间，以及对所评估方案仿真输出的响应曲面的三维图形。所评估的方案可由目标函数值（系统默认）、定义目标函数的单次仿真输出响应或任意决策变量值进行排序。

除了多元优化模块，SimRunner 还包括如下模块：帮助用户估算稳态仿真预热期（初始偏差）的模块；在指定误差精度和置信水平下，获取目标函数均值估计所需的仿真次数的模块。上述两个模块的价值在于准确估计目标函数均值，这对于成功的决策和仿真优化是必需的。

## 参考文献

APRIL, J., F. GLOVER, J. P. KELLY, AND M. LAGUNA [2003], "Practical Introduction to Simulation Optimization," *Proceedings of the 2003 Winter Simulation Conference*, eds. S. Chick, P. J. Sánchez, D. Ferrin, and D. J. Morrice, New Orleans, LA, Dec. 7–10, pp. 71–78.

BANKS, J., J. S. CARSON, AND J. N. SY [1995], *Getting Started with GPSS/H*, 2d ed., Wolverine Software Corporation, Annandale, VA.

BANKS, J. [1996], "Interpreting Software Checklists," *OR/MS Today*, Vol. 22, No. 3, pp. 74–78.

BANKS, J. [2008], "Some burning questions about simulation," *ICS Newsletter*, Spring.

COWIE, J. [1999], "Scalable Simulation Framework API Reference Manual," www.ssfnet.org/SSFdocs/ssfapiManual.pdf.

HARRELL, C. R., B. K. GHOSH, AND R. BOWDEN [2003], *Simulation Using ProModel*, 2d ed., New York: McGraw-Hill.

HENRIKSEN, J. O. [1999], "General-Purpose Concurrent and Post-Processed Animation with Proof," *Proceedings of the 1999 Winter Simulation Conference*, eds. P. A. Farrington, H. B. Nembhard, D. T. Sturrock, G. W. Evans, Phoenix, AZ, Dec. 5–8, pp. 176–181.

KRAHL, D. [2008], "ExtendSim 7" *Proceedings of the 2008 Winter Simulation Conference*, eds. S.J. Mason, R.R. Hill, L. Mönch, O. Rose, T. Jefferson, and J.W. Fowler, Miami, FL, Dec. 7–10 pp. 215–221.

NANCE, R. E. [1995], "Simulation Programming Languages: An Abridged History," *Proceedings of the 1995 Winter Simulation Conference*, eds. C. Alexopoulos, K. Kang, W. R. Lilegdon, and D. Goldsman, Arlington, VA, Dec. 13–16, pp. 1307–1313.

NORDGREN, W. B. [2003], "Flexsim Simulation Environment," *Proceedings of the 2003 Winter Simulation Conference*, eds. S. Chick, P. J. Sánchez, D. Ferrin, and D. J. Morrice, New Orleans, LA, Dec. 7–10, pp. 197–200.

PRITSKER, A. A. B., AND C. D. PEGDEN [1979], *Introduction to Simulation and SLAM*, John Wiley, New York.

SWAIN, J. J. [2007], "New Frontiers in Simulation: Biennial Survey of Discrete-Event Simulation Software Tools," *OR/MS Today*, October, Vol.34, No. 5, pp. 23–43.

TOCHER, D. D., AND D. G. OWEN [1960], "The Automatic Programming of Simulations," *Proceedings of the Second International Conference on Operational Research*, eds. J. Banbury and J. Maitland, pp. 50–68.

WILSON, J. R., et al. [1992], "The Winter Simulation Conference: Perspectives of the Founding Fathers," *Proceedings of the 1992 Winter Simulation Conference*, eds. J. Swain, D. Goldsman, R. C. Crain, and J. R. Wilson, Arlington, VA, Dec. 13–16, pp.37–62.

155

## 练习题

在接下来的习题中,读者需要编写模型代码,使用通用编程语言(例如 C、C++ 或 Java)、专用模拟语言(例如 GPSS/H)或任何想要使用的仿真环境。

大多数问题所包含的活动,均服从区间为 $[a, b]$ 的均匀分布。假设 $a$ 和 $b$ 之间的所有值都有可能被选取,那么活动时间就是连续型随机变量。

均匀分布用 $U(a, b)$ 表示,其中 $a$ 和 $b$ 是区间端点,或用 $m \pm h$ 表示,其中 $m$ 是平均值,$h$ 是分布的"延展"。这四个参数有如下等式关系:

$$m = \frac{a+b}{2} \quad h = \frac{b-a}{2}$$
$$a = m - h \quad b = m + h$$

一些均匀随机变量生成器需要给定 $a$ 和 $b$ 的值,而其他一些则需要给定 $m$ 和 $h$ 的值。

还有一些问题中的活动被假设为服从正态分布,用 $N(\mu, \sigma^2)$ 表示,其中 $\mu$ 是均值,$\sigma^2$ 是方差。(由于活动时间是非负的,因此只有当 $\mu \geqslant k\sigma$ 时,正态分布才是适用的,其中 $k$ 至少为 4,如果大于等于 5 就更好了。如果生成的活动时间值是负的,则舍弃该值。)其他的问题使用指数分布,其参数为 $\lambda$ 或均值为 $1/\lambda$。第 5 章将会回顾这些分布;第 8 章会介绍如何生成具有这些分布的随机变量。所有计算机语言都有能够从这些分布中生成样本的工具。对于 C、C++ 或 Java 仿真,学生可以使用 4.4 节中给出的函数从正态分布和指数分布中生成样本。

1. 对收银台的 Java 模型(例 4.2)进行必要的修改,使仿真恰好运行 60 小时后结束。

2. 在习题 1 的基础上再做修改,假设在第 60 小时仍然等候在收银台的顾客都可以接受服务,但是 60 小时之后到达柜台的顾客将不会被服务。对 Java 代码进行必要的修改并运行模型。

3. 任选一个仿真软件,完成习题 1 和习题 2。

4. 在一个大都市中,每 $15 \pm 10$ 分钟就会派出一辆救护车。15% 的呼叫是"假警报",它要求 $12 \pm 2$ 分钟内完成。其余所有呼叫可分为两种情况。第一种是严重事故,它们占"真警报"的 15%,需要 $25 \pm 5$ 分钟完成。剩余呼叫需要 $20 \pm 10$ 分钟完成。假设现在有足够数量的救护车,且每辆车时刻处于待命状态。对该系统进行仿真,直到完成 500 次急救呼叫。

5. 在习题 4 中,估计救护车完成一次呼叫所花费时间的均值。

156

6. a)在习题 4 中,假设只有一辆救护车可用。当救护车被派出时,任何到达的呼叫都必须等待。请问一辆救护车能够满足工作负荷吗? b)使用 $x$ 辆救护车进行仿真,其中 $x=1$,2,3,4,对这几个互斥方案进行比较,依据呼叫等待时长、需要排队等待呼叫的百分比,以及救护车被派出的时间占比。

7. 在 Dusty Plains 机场，Drafty 航空公司的值机柜台有四名代理员。乘客每 $30\pm30$ 秒到达柜台办理手续。完成一位乘客的值机手续需要 $100\pm30$ 秒。Drafty 航空公司打算用自动乘客值机设备（APCID）替换代理员。一台 APCID 设备需要 $120\pm45$ 秒为一位乘客进行值机。请问需要多少台 APCID 设备才可以使乘客平均等待时间不大于拥有四名代理员情形下的等待时间？仿真时间设定为 10 小时。

8. 高速公路将两个大城市相连。车辆以每 $20\pm15$ 秒的速率离开第一个城市。20％的车辆中有 1 名乘客，30％的车辆有 2 名乘客，10％有 3 名乘客，10％有 4 名乘客。其余 30％的车辆是公共汽车，每辆公共汽车可载客 40 人。所有车辆在两个大城市之间行驶需要 $60\pm10$ 分钟。如果将 5000 人运送到第二个城市，需要多长时间？

9. 每隔 $25\pm10$ 秒就会有一个人到达肉食柜台。柜台分为两个分区：一个分区卖牛肉，另一个卖鸡肉。人们购买各种肉类的占比如下：50％的人只买牛肉；30％的人只买鸡肉；20％的人既买牛肉也买鸡肉。每名服务员服务一名顾客的一个订单大约需要 $45\pm20$ 秒。除了"既买牛肉也买鸡肉"的顾客会下两个订单以外，其余顾客都只会下一个订单。假设有足够多的服务员可以随时处理所有在场顾客的订单（注：顾客不用排队，服务员可理解为排队论中的服务台）。服务完成 200 名顾客，需用时多久？

10. 习题 9 中，仿真过程中至多需要多少名服务员？若保证所有顾客都无须排队等待，那么你计算出来的服务员人数是否足够？

11. 在习题 9 中，以 $x$ 名服务员进行仿真，其中 $x=1$，2，3，4。当所有服务员都处于忙碌状态，就会有顾客排队。对于每个 $x$ 值，估计处于忙碌状态服务员的均值。

12. 一个不分性别的理发店只有一把理发座椅，每隔 $20\pm15$ 分钟到达一位顾客。顾客中的 50％需要干剪，30％需要造型设计，20％只需要简单的修剪。干剪需要 $15\pm5$ 分钟，造型设计需要 $25\pm10$ 分钟，修剪需要 $10\pm3$ 分钟。模拟 400 名顾客完成理发的情况。将各类顾客的给定比例与仿真结果进行比较。结果合理吗？

13. 某机场有两个大厅。1 号大厅中，乘客以 $15\pm2$ 秒/位的速率到达。2 号大厅中，乘客以 $10\pm5$ 秒/位的速率到达。在 1 号大厅中穿行需要 $30\pm5$ 秒，在 2 号大厅中穿行需要 $35\pm10$ 秒。两个大厅都通往门厅，门厅靠近行李领取处。从门厅到达行李领取处需要 $10\pm3$ 秒。只有 60％的乘客会到行李领取处。仿真 500 名乘客通过机场系统的情况。这些乘客中有多少人通过行李领取处？在这个问题中，通过行李领取处的期望值可以使用公式 $0.60(500)=300$ 来计算。仿真估计与该期望值有多接近？如果存在差异，为什么？

14. 在多阶段检查门诊，患者以 $5\pm2$ 分钟一位的速率进入听力测试区。听力检查需要花费 $3\pm1$ 分钟/人。80％的患者没有问题，可直接进行下一项检测。其余 20％患者中，一半需要简单的诊断，耗时 $2\pm1$ 分钟/人，然后以相同的误诊概率（50％）进行复检；另一半可带着药物回家。对该系统进行仿真，估计完成 200 名患者的检查需要多长时间。（注：带药回家的患者不能算做"完成"。）

15. 考虑一家有四名柜员的银行。柜员 3 和柜员 4 只处理企业账户；柜员 1 和柜员 2 只处理普通账户。顾客以 $3\pm1$ 分钟一位的速率到达银行，33％的顾客办理企业账户业务。两类顾客可以随机选择各自类型的两个柜员中的一个办理业务。（假设顾客选择队列时不考虑队列长度，并且一经确定不再变换队列。）一笔企业账户业务需要 $15\pm10$ 分钟完成，一笔普通账户业务需要 $6\pm5$ 分钟完成。模拟该银行系统，一共完成 500 笔业务。各类柜员繁忙的时间占比分别是多少？各类顾客在银行中的平均停留时间分别是多少？

16. 重做习题 15，但是假设顾客会选择处理其对应类型账户柜员的最短队列进行排队。

17. 在习题 15 和 16 中，估计企业顾客和普通顾客的平均延迟时间(延迟是在队列中排队所花费的时间，不包括服务时间。)估计排队队列的平均长度，以及延迟超过 1 分钟的顾客占比的平均值。

18. 三台不同类型的机器用于加工一种特殊型号的零件，每天加工 1 小时。加工时间如下：

| 设备 | 加工一个零件的时间 |
| --- | --- |
| 1 | $20\pm4$ 秒 |
| 2 | $10\pm3$ 秒 |
| 3 | $15\pm5$ 秒 |

假设一天中的前三个小时内，零件由传送带以每 $15\pm5$ 秒一个的速率送达。机器 1 在每天的第一个小时内可用，机器 2 在第二个小时内可用，机器 3 在第三个小时内可用。应设置多大的暂存区，以摆放等待加工的零件？暂存区内的零件是否时刻处于"积压"状态？为什么？

158

19. 某自助餐厅每隔 $30\pm20$ 秒就会有一名顾客到达。顾客中的 40％ 去三明治柜台，一名工作人员做一个三明治需要 $60\pm30$ 秒。其余 60％ 到主柜台，主柜台有一名服务生，可以在 $45\pm30$ 秒内将准备好的一份膳食放到盘子上。所有顾客由一名收银员负责结账，每名顾客需要耗时 $25\pm10$ 秒。对于所有顾客来说，吃饭需要 $20\pm10$ 分钟。吃完饭后，10％ 的顾客返回餐厅吃甜点，还需要在餐厅中另外花费 $10\pm2$ 分钟。仿真该系统，直到 100 名顾客离开自助餐厅。当仿真停止时，自助餐厅里剩下多少顾客，他们在做什么？

20. 30 辆载有 C-5N 运输机零部件的卡车同时离开亚特兰大前往萨凡纳港。根据过去的经验，一辆卡车全程需要行驶 $6\pm2$ 小时。40％ 的驾驶员途中会停车喝咖啡，这需要额外花费 $15\pm5$ 分钟。a)对如下情况建模：对于每位驾驶员，有 40％ 的概率会停车喝咖啡，最后一辆卡车什么时候到达萨凡纳港？b)对如下情况建模：恰好有 40％ 的驾驶员停车喝咖啡，最后一辆卡车什么时候到达萨凡纳港？

21. 顾客按照每 $40\pm35$ 秒一位的速率到达 Last 国民银行，顾客通常从两名柜员中随机选择一位接受服务。一名柜员需要 $75\pm25$ 秒为一位顾客提供服务。一旦顾客加入某一队列，将一直留在该队列中，直到业务完成。一些顾客希望银行采用 Lotta 信托银行所使用的单队列方式(注：即多个服务台共享一个顾客队列，而不是每个服务台各自拥有一个顾客队列)。对于顾客来说，哪种方法可以更快地得到服务？仿真 1 个小时，然后采集汇总的统计信息；再仿真 8 小时。依据以上仿真结果，比较两种排队规则的优劣，评判依据为柜员工作负荷强度(繁忙时间占比)、顾客平均等待时间、等待时间(服务开始前的时间)超过 1 分钟和超过 3 分钟的顾客占比。

22. Loana 工具公司出租电锯。顾客以 $30\pm30$ 分钟一位的速率到达。Dave 和 Betty 负责接待顾客。Dave 可以在 $14\pm4$ 分钟内完成一笔电锯出租业务，Betty 则需要 $10\pm5$ 分钟。返还电锯顾客与租用电锯顾客的到达具有相同的分布。Dave 和 Betty 需要 2 分钟与顾客检查返还的电锯。按照先到先服务的规则。当没有顾客的时候，或者 Betty 独自忙碌时，Dave 整理返还的电锯以便再次出租。对于每个电锯，维护和清洁分别需要 $6\pm4$ 分钟和 $10\pm6$ 分钟。每当 Dave 空闲时，他便开始下一次维护或清理工作。在完成维护或清理后，如果有顾客排队等待，Dave 将开始为顾客提供服务。Betty 一直接待顾客(早上 8:00 开始到下午 6:00 的营业期间不负责清理或维修)。尝试模拟该系统,从早上 8:00 开始(此时店中没有顾客),下午 6:00 关门;下午 7:00 之间进行电锯的清理或维修以便再次出租。从下午 6:00 到下午 7:00,Dave 和 Betty 会一起进行维护和清洁工作,以便电锯可以再次租赁。请估计租用电锯顾客的平均排队等待时间。

23. 在习题 22 中,更改关于维护和清理的规则。现在 Betty 负责所有的整理和清洁工作。在完成电锯清理后,如果有顾客排队,她会帮助 Dave。(也就是说,除非没有顾客排队或者商店里没有顾客,否则 Dave 和 Betty 都可以为新到的顾客提供服务,并都负责检查回收的电锯。)之后 Betty 继续维护和清理工作。a)估计租用电锯顾客的平均等待时间。在此基础上比较上述两个规则;b)估计必须等待超过 5 分钟的顾客比例。在此基础上比较这两个规则;c)讨论上述两个评判标准的优缺点,以便更好地比较这两个规则。你能否给出其他评判标准?

24. 位于美国洛杉矶的 Lower Altoona 大学只有一台彩色打印机供学生使用。每隔 $15\pm10$ 分钟便会有一名学生到达并使用 $12\pm6$ 分钟。如果打印机繁忙,60% 的学生会先离开并在 10 分钟之后返回,如果打印机仍然繁忙,这 60% 学生中的 50% 将再次离开并将在 15 分钟后再次返回。如果 500 名学生使用了打印机,那么相应地又有多少学生没有成功使用? 打印需求和打印服务每天 24 小时持续不间断。

25. 一个仓库有 1000 立方米的空间存放箱子。箱子有三种尺寸:小号(1 立方米)、中号(2 立方米)和大号(3 立方米)。箱子按照以下速率达到仓库:小号箱子每 $10\pm10$ 分钟一个;中号箱子每 15 分钟一个;大号箱子每 $8\pm8$ 分钟一个。如果箱子只进不出,使用仿真来确定填满一个空的仓库需要多长时间?

26. Go Ape! 公司(Go Ape! 是一家从事户外探险旅行的公司)购买了一台 Banana II 型计算机来处理所有的网络检索需求。公司雇员每隔 $10\pm10$ 分钟使用一次计算机,一次网络检索活动需要 $7\pm7$ 分钟。计算机所用的 monkey 程序语言每隔 $60\pm60$ 分钟会发生一次系统故障,故障持续 $8\pm4$ 分钟。故障发生后,正在进行的网络检索将从中断的地方恢复处理。模拟此系统运行 24 小时。估计平均系统响应时间(系统响应时间是指检索请求到达服务器直至检索任务完成之间的间隔时间长度。)请你估计一下,在计算机发生系统故障的情况下,正在进行检索操作的雇员平均需要等待多长时间。

27. Able、Baker 和 Charlie 是 Sonic Drive-In 公司(提供车辆修理和保养服务)的三名店员,汽车每隔 $5\pm5$ 分钟到达一辆,店员服务一位顾客的时间为 $10\pm6$ 分钟。相比之下,顾客更偏好 Able,其次是 Baker,最后是 Charlie。如果顾客想选择的服务员正在忙碌,那么他/她会按照偏好顺序,选择第一个可用的店员进行服务。模拟 1000 个服务完成的情况。估计 Able、Baker 和 Charlie 的工作负荷强度(忙碌时间占总时间的百分比)。

28. Jiffy 洗车店采用五阶段操作法,每辆车每个阶段耗时 $2\pm1$ 分钟。洗车店可容纳 6 辆车排队等待。洗车设备一共可容纳 5 辆汽车(每个阶段可以有一辆车),每辆车按洗车工序通过系统,只有前车前移的时候,后面的车才能跟进。每 $2.5\pm2$ 分钟会有一辆汽车到达洗车店。如果汽车不能进入店内,它会离开并前往 Speedy 洗车店。请估计每小时未能进入 Jiffy 洗车店的车辆数量(仿真 12 小时)。

29. 工人以每 $10\pm4$ 分钟一名的速率来到一个内部供应商店。工人的请料单由三名店员中的任意一人进行处理;每名店员需要 $22\pm10$ 分钟处理完成一张请料单。所有请料单最后都会交给唯一的一名收银员,收银员处理一张请料单需要花费 $7\pm6$ 分钟。仿真该系统 120 小时。a)根据 120 小时的仿真结果,估算每名店员的工作负荷强度。

b)120 小时内，有多少工人获得完整的服务？三名店员一共可以服务多少工人？有多少工人到达商店？这三名店员总是同时处于忙碌状态吗？处于忙碌状态店员的平均数是多少？ `160`

30. 顾客以每隔 4.5 分钟一位的速率到达理发店。如果理发店已满（它最多可以容纳 5 名顾客，即最多 2 名顾客在理发，3 名顾客排队等候），30% 的潜在顾客会先离开，然后在 $60\pm20$ 分钟内返回理发店，其余的潜在顾客离开后不再返回。理发店有两位理发师，第一位理发师完成一次理发需要 $8\pm2$ 分钟；第二位理发师喜欢聊天，所以需要 $12\pm4$ 分钟。当两位理发师都空闲时，顾客更喜欢第一位理发师（假设所有顾客都是第一次来，所以他们没有固定的理发师）。模拟该系统，直到 300 名顾客完成理发。a)估计止步率(balking rate)，即每分钟因理发店满员而未能进入理发店的顾客人数；b)估计每分钟因满员而未入店且不再返回的顾客人数；c)顾客在理发店的平均停留时间（包括排队等待时间和理发时间）是多少？d)顾客理发的平均时间是多少（不包括排队等候）？e)理发店内的平均顾客数是多少？

31. 人们以每 $8\pm2$ 分钟一人的速率到达"显微镜下的世界"展览会。一次只有一个人可以使用显微镜观看，每次观看需要 $5\pm2$ 分钟。人们可以购买 1 美元的"特权"票，这样他/她就有排队优先级。大约 50% 的观众愿意购买"特权"票，前提是在他们到达时，队列中有一人或多人排队。展览从上午 10:00 持续到下午 4:00，中间不休息。模拟该系统 24 小时，计算"特权"票的销售额。

32. 有两台机器可用于零件钻孔（零件分为 A 和 B 两种型号）。A 型零件以每 $10\pm3$ 分钟一个的速率到达，B 型零件以每 $3\pm2$ 分钟一个的速率到达。对于 B 型零件，工人会选择一台空闲的机器对其加工，如果两台机器（品牌分别为 Dewey 和 Truman）都处于忙碌状态，工人会随机选择一台机器，并一直等待该机器空闲下来。A 型零件必须尽快钻孔，因此，如有机器可用就马上分配给它，优先选择 Dewey；如果两台机器都不可用，则 A 型零件排在 Dewey 的等待队列的最前面。所有加工工作需要 $4\pm3$ 分钟完成。模拟完成 100 个 A 型零件的加工过程。估计 A 型零件的平均排队等待数量。

33. 某计算机中心有两台彩色打印机。学生以每 $8\pm2$ 分钟一人的速率到达。教授具有更高的优先级，所以会中断学生的使用，教授以每 $12\pm2$ 分钟一人的速率到达。还有一名系统分析师，他可以中断任何人的使用，但他首先会中断学生的使用，其次才是教授。系统分析师在彩色打印机上花费 $6\pm4$ 分钟，然后在 $20\pm5$ 分钟内返回。教授和学生在彩色打印机上花费 $4\pm2$ 分钟。如果某人被中断，则他加入到队列的前面并尽可能快地恢复打印工作。模拟该系统，完成 50 位教授和分析师的打印行为。估计每小时发生的中断次数以及学生排队队列的平均长度。

34. 零件在钻床上加工，以每 $5\pm3$ 分钟一个的速率到达，每个零件（常规作业）需要 $3\pm2$ 分钟进行加工。每隔 $60\pm60$ 分钟会有一个紧急加工零件（紧急作业）到达，需要 $12\pm3$ 分钟完成加工。紧急作业会中断任何的常规作业。当常规作业恢复加工时，其所需加工时间仅为剩余处理时间。模拟 10 个紧急作业的加工过程。估计每种类型零件的平均系统响应时间（响应时间是零件在系统中花费的总时间）。 `161`

35. 普通电子邮件以每 $35\pm10$ 秒一封的速率生成，且一次只能传输一封，传输一封普通邮件的时间为 $20\pm5$ 秒。此外，每隔 $6\pm3$ 分钟会有一封紧急电子邮件（传输时间为 $10\pm3$ 秒），会优先占用传输线路。所有邮件在重新提交传输之前，都必须经过 2 分钟的再处理。重新提交后，该邮件会排在队列前端。模拟该系统 90 分钟的运行。估计传输线路的繁忙时间占比。

36. 考虑工人打包箱子的场景。箱子以每 $15\pm3$ 分钟一个的速度到达，打包一个箱子需要 $10\pm3$ 分钟。每小时工人会被打断一次，进行 $16\pm3$ 分钟的特殊订单包装。完成特殊订单后，工人继续完成之前中断的订单。模拟 40 小时。估计系统内等待打包箱子数量大于 5 的时间占总时间的平均比例，以及等待打包箱子的平均数。

37. 病人到达 H 医院急诊室的时间约为 $40\pm19$ 分钟。每个病人将由 Slipup 医生或 Gutcut 医生进行治疗。其中 20% 的病人被分级为 NIA(需要立即治疗)，其余则为 CW(可以等待)。NIA 病人的优先级最高(为 3)，需要尽快接受医生的治疗(需时 $40\pm37$ 分钟)，经过治疗后，NIA 病人的优先级被减至 2，只能等到医生再次空闲时才能给予进一步的治疗(需时 $30\pm25$ 分钟)，然后出院。CW 病人最初的优先级为 1，在轮到他们的时候，他们将接受 $15\pm14$ 分钟的治疗，随后 CW 病人的优先级被调至 2，重新等待医生给予最终的诊疗(需时 $10\pm8$ 分钟)。请对该系统进行 20 天的连续模拟，每天 24 小时。模型运行的前两天为初始化阶段(即预热期)。在第 0 天、第 2 天和第 22 天末获取报告数据，请回答：为了使仿真系统运行接近稳态条件，为期两天的初始化是否足够长？a)从 NIA 患者抵达到第一个 NIA 患者开始接受医生治疗的这段时间内，NIA 患者等待队列的平均和最大队列长度是多少？NIA 患者无须等待的概率有多大？针对 NIA 患者最初的等待时间绘制表格和分布图；NIA 患者等候时间少于 5 分钟的比例有多大？b)针对所有患者在系统中的总停留时长，绘制表格和分布图。估算 90% 分位点的值 $x$，即 90% 的病人在系统中的停留时间少于 $x$ 分钟。c)针对所有病人，分析他们初次治疗到离开医院的时间长度，绘制表格和分布图，估计 90% 分位点值。(注意：大多数仿真软件提供对指定变量分布进行制表的功能。)

38. 人们到达某报摊的时间遵循均值为 0.5 分钟的指数分布。其中 55% 的人只购买晨报，25% 的人购买晨报和华尔街日报。其余的人只购买华尔街日报。一名售货员负责华尔街日报的销售，另一名售货员负责晨报销售。两份报纸都买的顾客由销售华尔街日报的售货员服务。对于所有购买行为，每次服务时间均服从均值 40 秒、标准差 4 秒的正态分布。计算各类购买行为的排队统计数据。如何能使系统更高效，给出你的建议(仿真时间为 4 小时)。

39. Bernie 公司承揽房屋改造及扩建业务。完成一个项目所需时间服从均值 17 天、标准差为 3 天的正态分布。Bernie 获得项目合同的间隔周期服从均值 20 天的指数分布。Bernie 只有一名员工。对于存在等待情况的那些项目，估计这些项目的平均排队等待时间(从签署合同到正式开工)。同时，估算员工的平均空闲时间占比。进行仿真直到完成 100 个项目。

40. 零件抵达一台机器的到达间隔时间服从指数分布，均值为 60 秒。所有零件需要 5 秒的准备和安装校准时间。下表包含三种不同类型零部件的比例。每种零件的加工时间服从正态分布，均值和标准差也列于表中。

| 零件类型 | 比例 | 均值（秒） | 标准差（秒） |
|---|---|---|---|
| 1 | 50 | 48 | 8 |
| 2 | 30 | 55 | 9 |
| 3 | 20 | 85 | 12 |

找出完成各类零件的加工时间的统计分布？加工时间超过 60 秒的零件占全部零件的比例有多大？零件平均等待时间为多少？模拟一天 8 小时。

41. 某商店的购物时间具有如下分布：

| 购物花费时间 | 购物顾客人数 | 购物花费时间 | 购物顾客人数 |
| --- | --- | --- | --- |
| 0～10 | 90 | 30～40 | 145 |
| 10～20 | 120 | 40～50 | 88 |
| 20～30 | 270 | 50～60 | 28 |

购物后，顾客选择 6 个收银台中的一个进行结账。结账时间服从均值为 5.1 分钟、标准差为 0.7 分钟的正态分布。顾客到达收银台的间隔时间服从均值为 1 分钟的指数分布。收集每个收银台的统计数据（包括顾客排队等待结账的时间）。将完成购物所需时间的分布、完成购物并结账时间的分布制成表格。请回答，在商店中停留时间超过 45 分钟的顾客占比是多少？仿真一天 16 小时。

163

42. 待加工零件的到达间隔时间如下：

| 到达间隔时间（秒） | 比例 |
| --- | --- |
| 10～20 | 0.20 |
| 20～30 | 0.30 |
| 30～40 | 0.50 |

现有三种类型的零件：A、B 和 C。产品占比，以及加工时间分布（服从正态分布）的均值和标准差均在下表中列出：

| 零件类型 | 比例 | 均值 | 标准差 |
| --- | --- | --- | --- |
| A | 0.5 | 30 秒 | 3 秒 |
| B | 0.3 | 40 秒 | 4 秒 |
| C | 0.2 | 50 秒 | 7 秒 |

每台机器可加工任意类型的零件，但是一次只能加工一件。使用仿真进行如下比较：一台机器与两台并行机器之间的比较；两台机器和三台并行机器之间的比较。采用哪个指标进行比较会好一些？

43. 某工厂生产 4 种零件，每张订单只能订购一种零件。订单到达间隔时间服从均值为 10 分钟的指数分布。下表列出了订单所订购零件类型的比例，以及职员（工厂只安排一位职员负责订单处理）填写每种订单所需时间。

| 零件类型 | 百分比 | 服务时间（分钟） | 零件类型 | 百分比 | 服务时间（分钟） |
| --- | --- | --- | --- | --- | --- |
| A | 40 | N(6.1, 1.3) | C | 20 | N(11.8, 4.1) |
| B | 30 | N(9.1, 2.9) | D | 10 | N(15.1, 4.5) |

零件 A 和 B 的订单在填写完成后，马上就可以进行拣货；但是零件 C 和 D 的订单必须在填写完成后等待 10±5 分钟才能拣货。请以表格的形式列出所有订单（不分类型）完成发货所需时间（订单到达与完成发货的间隔时间）的分布。请回答：所需时间少于 15 分钟的订单占比是多少？少于 25 分钟的订单占比是多少？（完成一次仿真，要求初始化时间为 8 小时，正式运行时间为 40 小时。注意不要使用 8 小时初始化阶段所搜集到的任何数据。）

44. 现有三台相互独立的机器用于生产某种装饰品，这三台机器均包含一种重要的零件，这种零件需要频繁地维修。为了提高生产量，要求手边总有 2 个空闲的备用零件（即共有 2＋3＝5 个零件）。使用两小时后，零件被从机器上取下并交给维修工，维修工能够在 30±20 分钟内完成维修工作。维修后的零件被放入备件池中，等待被安装在下一台需要的机器上。除此之外，维修工还有其他任务，即维修其他优先级更高的零部件，此类零部件每隔 60±20 分钟到达一个，每次维修需要 15±15 分钟。此外，维修工在 2 小时内有 15 分钟的休息时间，也就是说，维修人员工作 1 时 45 分，休息 15 分钟，再工作 1 时 45 分，再休息 15 分钟，如此类推。请回答以下问题：

a)该模型的初始状态是什么？即零时刻的零件在哪里，它们处于何种状态？这样的状态是"稳态"吗？b)进行重复仿真，每次仿真包含 8 小时的初始化时间和 40 小时的正常运行时间。在同一台计算机上进行 4 次统计独立的仿真实验（仿真运行 4 次，每次使用不同的随机数流）。c)估计处于繁忙状态的机器数量平均值，以及维修工繁忙时间占比。d)每个零件预计一天 8 小时的成本为 50 美元（不管它们每天使用多长时间），维修工的人工成本为每小时 20 美元。一台机器每小时生产出的产品价值为 100 美元。编写一个表达式，体现用于装饰品生产的每小时总成本（维修工并不是所有时间都用于装饰品生产的相关维修）。根据仿真结果，评价该表达式是否正确。

45. Wee Willy Widget 商店对各类工件进行检测和维修。该商店包含五个工作站，工作流程如下：

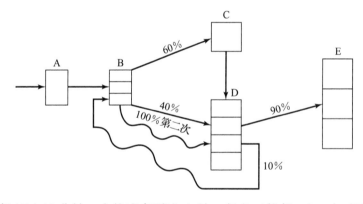

常规工件以每 15±13 分钟一个的速率到达 A 站，紧急工件每 3±4 小时到达一个，除了 C 站以外，紧急工件具有最高的优先级。在 C 站，所有工件（包括常规工件和紧急工件）放在传送带上一起进行清洗和除油工作。对于第一次过站的工件，加工和维修次数如下：

| 站点 | 机器或工人数量 | 加工/维修时间（分钟） | 描述 |
| --- | --- | --- | --- |
| A | 1 | 12±2 | 收货员 |
| B | 3 | 40±20 | 拆卸和零件更换 |
| C | 1 | 20 | 脱脂 |
| D | 4 | 50±40 | 重新组装和调试 |
| E | 3 | 40±5 | 包装与发运 |

工件可能有两个加工工序（经过 D 站后有 10% 的工件需要返修，这些工件的加工工序有所不同）：A→B→C→D→E 和 A→B→D→E，上表中的时间适用于所有工序。然而，大约 10% 的工件从 D 站出来后被送回 B 站做进一步加工（加工时间需要 30±10 分

钟时间），然后被送回 D 并最终到 E，此类工件的路径如下：

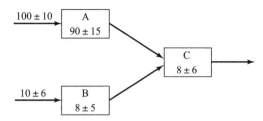

运行一小时之后开始计算，每隔两小时，除油站点 C 关闭 10±1 分钟用于维修，维修工作只能在当前工件加工完成之后才能开始。请回答：

a) 使用仿真模型，独立运行 3 次，其中一次运行 8 小时，之前有 2 小时的初始化运行。输出结果代表了三种典型的工作日。我们感兴趣的测度指标是每个工件的平均响应时间（一个工件在店内花费的总时间）。真实情景中的商店在上午从来不会空闲，但是如果仿真模型没有进行初始化，就会出现空闲的情况。因此，对模型进行 2 小时的初始化，然后收集第 2 小时到第 10 小时的运行数据。"预热"期会消除平均响应时间的下行偏差。需要指出的是，这 2 小时的预热期是一种将仿真模型置于更真实环境中的技术措施。针对每一次仿真，分别计算其平均响应时间。以三次仿真为基础，获得一个全面的估计值。

b) 管理者考虑在最忙的站点（A、B、C 或者 D 中的一个）增加一名工人。该设想能否显著提高平均响应时间？

c) 作为 b) 的替代方案，管理者考虑用一台更快的机器替换 C 站中的现有机器，新机器加工部件时间仅为 14 分钟。该方案能否显著提高平均响应时间？

46. 某建筑材料公司使用两台牵引型拖拉机为卡车装货。装载时间服从指数分布，平均装货时间为 6 分钟。卡车到达间隔时间服从到达率为 16 辆/小时的指数分布。卡车及司机等待一小时的成本是 50 美元。如果安装一个能够在恒定 2 分钟时间装满卡车的上悬式料斗机，该公司在运行 10 小时/天的情况下能节约多少钱？（假定当前所使用的拖拉机可以充分地为料斗机的传送带加载建筑材料。注：当安装料斗机之后，拖拉机只需要将材料运送到料斗机的传送带上即可，传送带会将材料运送到料斗上，然后通过漏斗倾泻到停在漏斗口下方的卡车上，而不再需要由拖拉机直接将物料搬运和倾倒在卡车上。）

47. 某铣床加工中心有 10 台机器。每台机器无故障运行时间服从均值为 20 小时的指数分布。维修时间服从 3～7 小时的均匀分布。选取合适的运行时长和初始状态进行仿真，并回答如下问题：a) 需要几名维修人员，才能保证任何时刻处于运行状态的机器数量的均值大于 8？b) 如果有两名维修人员，估计处于运行或维修状态中的机器数量。

48. 有 40 人等待通过一扇旋转门，每个人的通过时间为 2.5±1.0 秒。对该系统进行 10 次独立仿真，确定这 40 人全部通过旋转门的时间范围和平均时间。

49. 读者从当地图书馆借阅《飘》，持有时间为 21±10 天。图书馆仅有一本藏书。你是预约队列中的第 6 个人（在你之前有 5 个人排队）。进行 50 次仿真，确定你能在 100 天内借到该书的概率。

50. 工件以每 300±30 秒一个的速率到达，工件加工需要经过四道工序：工序 OP10 需要 50±20 秒，OP20 需要 70±25 秒，OP30 需要 60±15 秒，OP40 需要 90±30 秒。a) 对加工过程进行仿真，直到完成 250 个工件的加工。b) 将上述四道工序合并为一个加工

166

过程，时间为 $240\pm100$ 秒，使用该分布进行仿真。在这两个方案中，完成 250 个工件的平均加工时间是否发生变化？

51. 在同一台机器上加工两类工件。Ⅰ类工件每 $50\pm30$ 秒到达一个，每次加工时间为 $35\pm20$ 秒。Ⅱ类工件每 $100\pm40$ 秒到达一个，一次加工时间为 $20\pm15$ 秒。仿真 8 小时，系统中等待加工工件的平均数量是多少？

52. 在同一台机器上可以处理两类工件。Ⅰ类工件每 $80\pm30$ 秒到达一个，每次加工时间为 $35\pm20$ 秒。Ⅱ类工件每 $100\pm40$ 秒到达一个，每次加工时间为 $20\pm15$ 秒。工程师判断该机器还有富余的加工能力。仿真 8 小时，试确定 $X$ 的值，使得在Ⅲ类工件到达率为 $X\pm0.4X$、加工时间为 30 秒的情况下，等待加工工件数量的平均值小于等于 2。

53. 使用电子表格软件，生成 1000 个服从均匀分布（均值为 10，区间长度为 2）的随机数。按照间隔为 0.5 的标准。在 8～12 之间绘出这些数值的直方图。考察每个间隔中的仿真结果与期望值的一致程度。

167

54. 使用电子表格软件，生成 1000 个服从指数分布（均值为 10）的随机数值。所生成的最大值是多少？所生成数字中小于 10 的数占比多少？画出生成值的直方图。

（提示：如果在你所使用的电子表格软件中找不到指数生成器，可以使用公式 $-10\times$ LOG$(1-R)$，其中 $R$ 是服从 $[0,1]$ 均匀分布的随机数，LOG 是自然对数（以 $e=2.718281828459$ 为底）。该公式的理性推导将在第 8 章中给出。）

55. 网络上有很多"鸟群"（boids）仿真[⊖]，上网找两个案例。对于每一个案例，了解其所遵循的规则。对比这两种规则，至少回答以下问题：a)鸟群飞行在二维或三维空间中吗？它们是在有界的还是无界的区域中飞行？（提示：它们遇到边界或者墙会转向吗？或者它们是否总是出现在另一侧？如果是，这就暗示两个看起来明确的边界其实是连在一起的，并非真正的边界。）对模型中鸟群飞行的环境或世界进行描述。b)模型是否有用户可调的参数？这些参数可能包含鸟群的数量、贴近度（在产生行为干扰之前，鸟群之间所能允许的最近距离）、速度，等等。列出所有这些参数。c)开始仿真多久才

168

会出现成群结队飞行的现象？

---

⊖ boids 可译为群体模拟、鸟群等

# 数学模型和统计模型

第 5 章　仿真中的统计模型
第 6 章　排队模型

# 仿真中的统计模型

针对现实问题建模，很少能够完全预测系统中的实体活动。模型设计者眼中的世界是随机的而非确定性的。造成这种情况的原因有很多。修理工维修一台损坏的机器所花的时间与故障的复杂度有关，与修理工是否带着合适的替换零件或工具到现场有关，还与维修过程中是否有其他修理工提供协助有关，也与机器操作工是否进行过设备维护培训有关，等等。对于模型设计者而言，这些不确定变化是随机出现的，无法预知。然而，有些统计模型或许可以很好地描述维修时间。

要构建一个好的模型，首先要对所研究的问题进行抽样，然后通过合理的猜测（或使用统计分析软件），建模人员从已知的统计分布中选择一个，估算其分布参数，进而检测所选分布及参数与实际数据的拟合程度。只有经过不断的努力，选择一个合适的分布形式，蕴含各种假设的仿真模型才能被最终接受。上述步骤将在第 9 章中讨论。

5.1 节将回顾概率术语和概念。统计模型的典型应用以及分布形式，将在 5.2 节讨论。5.3 节和 5.4 节将讨论我们所挑选的一些离散分布和统计分布，这些分布会在本书的其他章节出现，用于描述不同背景下的各类概率性事件。本章所讨论到的一些分布，或者仅仅提及而未作讨论的那些分布，可以从其他渠道了解[Devore，1999；Hines and Montgomery，1990；Law and Kelton，2000；Papoulis，1990；Ross，2002；Walpole and Myers，2002]。5.5 节将介绍泊松过程以及它与指数分布之间的关系。5.6 节将介绍经验分布。

[171]

## 5.1 术语和概念回顾

### 5.1.1 离散型随机变量

设 $X$ 为随机变量，若其取值个数是有限的，或者是无限可数的，则称 $X$ 为离散型随机变量。$X$ 的所有可能取值记作 $x_1$，$x_2$，…。在有限取值个数的情况下，该数列的长度是有限的，在无限可数的情况下，数列的长度是无限的。

例 5.1 ————————————————————————————————————————

在车间中观测每星期到达的作业数量。随机变量 $X$ 为

$$X = 每星期到达的作业数量$$

$X$ 的可能取值构成定义域，用 $R_X$ 代表，这里 $R_X = \{0，1，2，…\}$。

设 $X$ 为离散型随机变量，其所有取值 $x_i$ 来源于定义域 $R_X$，$p(x_i) = P(X = x_i)$ 表示随机变量 $X$ 等于 $x_i$ 时的概率。$p(x_i)$，$i = 1$，2，…应满足两个条件：

1) 对于所有的 $i$，$P(x_i) \geqslant 0$；

2) $\sum_{i=1}^{\infty} p(x_i) = 1$

数对 $(x_i，p(x_i))$，$i = 1$，2，…称为 $X$ 的概率分布，$p(x_i)$ 是随机变量 $X$ 的概率质量函数（probability mass function，pmf），也称为分布律。

**例 5.2** _____

考察只有一个骰子的投掷实验。$X$ 代表每次投掷后骰子向上那一面的点数，则 $R_X = \{1, 2, 3, 4, 5, 6\}$。假设骰子被灌了铅，恰好使得各点数出现的概率与其大小成正比，则该随机实验的分布律如下：

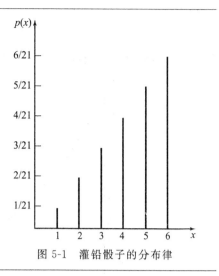

图 5-1　灌铅骰子的分布律

| $x_i$ | 1 | 2 | 3 | 4 | 5 | 6 |
|-------|------|------|------|------|------|------|
| $p(x_i)$ | 1/21 | 2/21 | 3/21 | 4/21 | 5/21 | 6/21 |

本例中，前述概率条件得到满足，即对于 $i = 1, 2, \cdots, 6$，有 $p(x_i) \geqslant 0$ 且 $\sum_{i=1}^{\infty} p(x_i) = 1/21 + \cdots + 6/21 = 1$。图 5-1 所示为其分布图。

|172|

### 5.1.2　连续型随机变量

如果随机变量 $X$ 的取值范围空间 $R_X$ 由一个或多个区间构成，则 $X$ 被称为连续型随机变量。对于连续型随机变量 $X$ 而言，其值介于区间 $[a, b]$ 之间的概率由下式定义：

$$P(a \leqslant X \leqslant b) = \int_a^b f(x)\mathrm{d}x \tag{5.1}$$

函数 $f(x)$ 是随机变量 $X$ 的概率密度函数（probability density function，pdf），且满足

1) 对于 $R_X$ 中的所有取值 $x$，有 $f(x) \geqslant 0$；

2) $\int_{R_X} f(x)\mathrm{d}x = 1$；

3) 如果 $x$ 不属于 $R_X$，则 $f(x) = 0$。作为公式 5.1 的引申，对于任何特定取值 $x_0$，有 $P(X = x_0) = 0$，这是因为

$$\int_{x_0}^{x_0} f(x)\mathrm{d}x = 0$$

|173|

$P(X = x_0) = 0$ 也意味着下列等式成立：

$$P(a \leqslant X \leqslant b) = P(a < X \leqslant b) = P(a \leqslant X < b) = P(a < X < b) \tag{5.2}$$

图 5-2 是公式 5.1 的图形化表示，图中阴影区域表示随机变量 $X$ 在区间 $[a, b]$ 之中的概率。

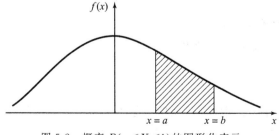

图 5-2　概率 $P(a < X < b)$ 的图形化表示

**例 5.3** _____

某设备用于检测飞机机翼的裂痕，设备寿命用连续型随机变量 $X$ 表示，且 $X$ 的所有取值 $x \geqslant 0$。设备寿命（单位：年）的概率密度函数如下：

$$f(x) = \begin{cases} \dfrac{1}{2}\mathrm{e}^{-x/2}, & x \geqslant 0 \\ 0, & \text{其他} \end{cases}$$

图 5-3 是概率密度函数的图形。我们说，随机变量 $X$ 服从均值为 2 的指数分布。

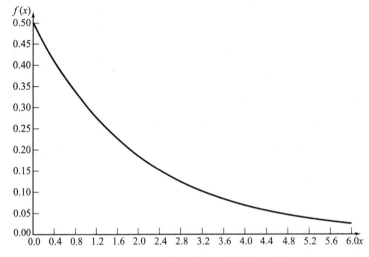

图 5-3　检测设备寿命的概率密度函数

设备寿命 $X$ 介于 2～3 年之间的概率计算如下：

$$P(2 \leqslant X \leqslant 3) = \frac{1}{2}\int_2^3 \mathrm{e}^{-x/2}\mathrm{d}x = -\mathrm{e}^{-3/2} + \mathrm{e}^{-1} = -0.223 + 0.368 = 0.145$$

### 5.1.3　累积分布函数

累积分布函数（cumulative distribution function，cdf）用 $F(x)$ 表示，累积分布函数用于计算随机变量 $X$ 小于某一个特定值 $x$ 的概率，即 $F(x) = P(X \leqslant x)$。

若 $X$ 是离散型随机变量，则

$$F(x) = \sum_{\substack{\text{所有} \\ x_i \leqslant x}} p(x_i) \tag{5.3}$$

若 $X$ 是连续型随机变量，则

$$F(x) = \int_{-\infty}^x f(t)\mathrm{d}t \tag{5.4}$$

累积分布函数的部分特性如下：

1）$F$ 是非减函数。若 $a < b$，则 $F(a) \leqslant F(b)$；

2）$\lim\limits_{x \to \infty} F(x) = 1$；

3）$\lim\limits_{x \to -\infty} F(x) = 0$。

所有关于随机变量 $X$ 的概率问题都可以使用累积分布函数进行解释，例如，

$$P(a < X \leqslant b) = F(b) - F(a) \quad \text{对于所有 } a < b \tag{5.5}$$

对于连续型分布，不仅公式（5.5）成立，而且公式（5.2）中的概率还等于 $F(b) - F(a)$。

**例 5.4**

对于例 5.2 的掷骰子游戏，其累积分布函数如下表所示。

| $x$ | $(-\infty, 1)$ | $[1, 2)$ | $[2, 3)$ | $[3, 4)$ | $[4, 5)$ | $[5, 6)$ | $[6, \infty)$ |
|---|---|---|---|---|---|---|---|
| $F(x)$ | 0 | 1/21 | 3/21 | 6/21 | 10/21 | 15/21 | 21/21 |

其中，$[a, b) = \{a \leqslant x < b\}$。本例的累积分布函数如图 5-4 所示。

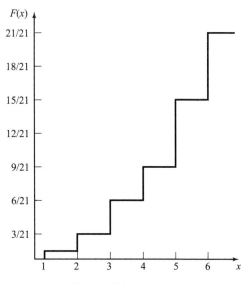

图 5-4　掷骰子案例的累积分布函数

如果 $X$ 是离散型随机变量，其概率值为 $x_1$，$x_2$，$\cdots$，其中 $x_1 < x_2 < \cdots$，则其累积分布函数是一个阶梯函数，在区间 $[x_{i-1}, x_i)$ 内累积分布函数的值是一个常数，然后发生跳跃，在 $x_i$ 处变为 $p(x_i)$。本例中，$p(3) = 3/21$，对应的是 $x = 3$ 时的累积概率值。

**例 5.5**
  例 5.3 中设备寿命的累积分布函数为

$$F(x) = \frac{1}{2} \int_0^x e^{-t/2} \mathrm{d}t = 1 - e^{-x/2}$$

设备寿命不低于两年的概率为

$$P(0 \leqslant X \leqslant 2) = F(2) - F(0) = F(2) = 1 - e^{-1} = 0.632$$

设备寿命为 2～3 年之间的概率为

$$P(2 \leqslant X \leqslant 3) = F(3) - F(2) = (1 - e^{-3/2}) - (1 - e^{-1})$$
$$= - e^{-3/2} + e^{-1} = -0.223 + 0.368 = 0.145$$

这和例 5.3 中的计算结果是一致的。

### 5.1.4　数学期望

  数学期望是概率论的一个重要概念。如果 $X$ 是一个随机变量，其数学期望用 $E(X)$ 表示，对于离散分布和连续分布而言，数学期望分别被定义为：

$$E(X) = \sum_{\text{所有} i} x_i p(x_i) \quad X \text{ 为离散型变量} \tag{5.6}$$

和

$$E(X) = \int_{-\infty}^{\infty} x f(x) \mathrm{d}x \quad X \text{ 为连续型变量} \tag{5.7}$$

随机变量 $X$ 的数学期望 $E(X)$ 也称为均值（使用符号 $\mu$ 代表），或称为 $X$ 的一阶矩（first moment）。当 $n \geqslant 1$ 时，$E(X^n)$ 被称为随机变量 $X$ 的 $n$ 阶矩，离散型和连续型随机变量 $X$ 的 $n$ 阶矩 $E(X^n)$ 的计算公式分别为：

$$E(X^n) = \sum_{\text{所有} i} x_i^n p(x_i) \quad X \text{ 为离散型变量} \tag{5.8}$$

和

$$E(X^n) = \int_{-\infty}^{\infty} x^n f(x) \mathrm{d}x \quad X \text{ 为连续型变量} \tag{5.9}$$

随机变量 $X$ 的方差使用 $V(X)$、$\mathrm{var}(X)$ 或 $\sigma^2$ 等符号表示，方差 $V(X)$ 被定义为

$$V(X) = E[(X - E[X])^2]$$

计算 $V(X)$ 的一个有用的公式是

$$V(X) = E(X^2) - [E(X)]^2 \tag{5.10}$$

均值 $E(X)$ 用于表征随机变量的集中化趋势。方差描述随机变量 $X$ 与其均值之间的距离平方和的数学期望，也就是说，方差 $V(X)$ 是对随机变量 $X$ 围绕其均值 $E(X)$ 分散程度的测度值。标准差记为 $\sigma$，是方差 $\sigma^2$ 的平方根。均值 $E(X)$ 和标准差 $\sigma = \sqrt{V(X)}$ 使用相同的量纲。

**例 5.6** _____

例 5.2 中掷骰子试验的均值和方差计算如下：

$$E(X) = 1 \times \left(\frac{1}{21}\right) + 2 \times \left(\frac{2}{21}\right) + \cdots + 6 \times \left(\frac{6}{21}\right) = \frac{91}{21} = 4.33$$

通过公式（5.10）计算方差 $V(X)$，首先使用公式（5.8）计算 $E(X^2)$，如下式

$$E(X^2) = 1^2 \times \left(\frac{1}{21}\right) + 2^2 \times \left(\frac{2}{21}\right) + \cdots + 6^2 \times \left(\frac{6}{21}\right) = 21$$

则

$$V(X) = 21 - \left(\frac{91}{21}\right)^2 = 21 - 18.78 = 2.22$$

以及

$$\sigma = \sqrt{V(X)} = 1.49$$

**例 5.7** _____

例 5.3 设备寿命的均值和方差计算如下：

$$E(X) = \frac{1}{2} \int_0^{\infty} x \mathrm{e}^{-x/2} \mathrm{d}x = -x \mathrm{e}^{-x/2} \Big|_0^{\infty} + \int_0^{\infty} \mathrm{e}^{-x/2} \mathrm{d}x$$

$$= 0 + \frac{1}{1/2} \mathrm{e}^{-x/2} \Big|_0^{\infty} = 2 \text{ 年}$$

使用公式（5.10）计算方差 $V(X)$，首先采用公式（5.9）计算 $E(X^2)$，如下所示：

$$E(X^2) = \frac{1}{2} \int_0^{\infty} x^2 \mathrm{e}^{-x/2} \mathrm{d}x$$

则有

$$E(X^2) = -x^2 \mathrm{e}^{-x/2} \Big|_0^{\infty} + 2 \int_0^{\infty} x \mathrm{e}^{-x/2} \mathrm{d}x = 8$$

可得

$$V(X) = 8 - 2^2 = 4 \text{ 年}^2$$

和

$$\sigma = \sqrt{V(X)} = 2\text{年}$$

对于大多数分析员来说，具有 2 年均值和 2 年标准差的设备寿命 $X$ 具有相当大的变异幅度。

### 5.1.5　众数

众数也是一种统计描述指标，在本章的多个模型中都会用到。对于离散型随机变量，众数是随机变量取值中出现频率（次数）最多的那个数值。对于连续型随机变量，众数是概率密度函数峰值（最大值）所对应的那个数值。众数可能不唯一。如果众数有两个，则随机变量 $X$ 的概率密度函数是双峰的（bimodal）。

## 5.2　一些有用的统计模型

仿真方法应用于多个领域，会面临各种各样的问题，于是分析人员引入了概率性事件的概念。第 2 章列举了排队系统、库存管理和系统可靠性等例子。排队系统中，到达间隔时间和服务时间常常是不确定的。库存模型中，需求间隔时间和提前期（订单发放和订单收货之间的间隔时间）可能是随机的。在可靠性模型中，无故障运行时间（两次故障之间的间隔时间）可能遵从某个概率。在上述例子中，如果可以获知所研究问题的统计分布，那么仿真分析员就会希望使用随机事件和特定的统计模型对其进行研究。在本章后续段落中，我们将讨论适用于上述应用领域的那些统计模型。也会对有限数据情形下的统计模型应用加以讨论。

### 5.2.1　排队系统

第 2 章给出了一个排队问题的例子。在第 2 章、第 3 章和第 4 章中，此类问题使用仿真求解。在这些排队系统的例子中，到达间隔时间和服务时间大多是不确定的；当然，到达间隔时间可以是固定的常量（汽车装配线上的装配件是匀速移动的），服务时间也可以是常量（同样在汽车装配线上，机械手自动点焊时间就是固定长度的）。下面这个例子描述了随机性的到达间隔时间是如何产生的。

**例 5.8**

机修工到达一个集中设置的工具存放点领用工具，具体数据如表 5-1 所示。服务员进行登记和检验，并将所需工具发放给机修工。数据采集于上午 10 点开始，连续记录了 20 个到达间隔时间。不用记录实际时间，我们只需要从给定的起点时刻记录绝对时间就可以了，即第一名机修工在零时刻到达，第二名机修工在 7 分 13 秒到达，以此类推。

179

表 5-1　机修工到达时间

| 到达数量 | 到达时间<br>(时:分::秒) | 到达间隔时间<br>(时:分::秒) | 到达数量 | 到达时间<br>(时:分::秒) | 到达间隔时间<br>(时:分::秒) |
|---|---|---|---|---|---|
| 1 | 10:05::03 | —— | 6 | 10:35::43 | 3::24 |
| 2 | 10:12::16 | 7::13 | 7 | 10:39::51 | 4::08 |
| 3 | 10:15::48 | 3::32 | 8 | 10:40::30 | 0::39 |
| 4 | 10:24::27 | 8::39 | 9 | 10:41::17 | 0::47 |
| 5 | 10:32::19 | 7::52 | 10 | 10:44::12 | 2::55 |

（续）

| 到达数量 | 到达时间<br>（时:分::秒） | 到达间隔时间<br>（时:分::秒） | 到达数量 | 到达时间<br>（时:分::秒） | 到达间隔时间<br>（时:分::秒） |
|---|---|---|---|---|---|
| 11 | 10:45::47 | 1::35 | 17 | 11:16::31 | 5::08 |
| 12 | 10:50::47 | 5::00 | 18 | 11:17::18 | 0::47 |
| 13 | 11:00::05 | 9::18 | 19 | 11:21::26 | 4::08 |
| 14 | 11:04::58 | 4::53 | 20 | 11:24::43 | 3::17 |
| 15 | 11:06::12 | 1::14 | 21 | 11:31::19 | 6::36 |
| 16 | 11:11::23 | 5::11 | | | |

**例 5.9**

　　另一种展现到达间隔时间的方法，是记录每一个时间段内的到达数量。上例中，所有 20 次到达都发生在 1.5 小时内，我们可以很方便地查看每 10 分钟间隔内的到达情况。即，在第一个 10 分钟内，只有一名机修工到达，发生在 10:05:03 时刻。在第二个 10 分钟内，有两名机修工到达，以此类推。按照这种方式的汇总结果如表 5-2 所示。图 5-5 是对应的直方图。

　　到达间隔时间的分布和固定时间段内到达数量的分布，这两个概念对排队系统仿真是非常重要的。到达事件有很多种形式：机器发生故障、作业到达加工车间、零部件开始在生产线上进行组装、订单物品抵达仓库、数据包传送至计算机系统、电话呼入到达呼叫中心，等等。

　　服务时间可以是固定时长的，也可以是随机的。如果服务时间是完全随机的，仿真中常用指数分布作为服务时间的统计分布，当然也有其他可能。虽然服务时间有时是常量，但是某些随机因素会导致其发生或正或负的波动。例如，机床加工 10 厘米长柄的时间是固定的，然而由于材料硬度或所用工具可能存在轻微差异，这两种情况都会造成每个长柄的加工时间是不一样的。这种情况下，正态分布更适于描述服务时间。

　　有一种特殊的情形，即所研究的问题看似服从正态分布，但是随机变量要求大于或小于某个特定值，这时需要采用截尾正态分布（truncated normal distribution）。

　　伽马分布和韦布尔分布也用于描述到达间隔时间和服务时间（实际上，指数分布是伽马分布和韦布尔分布的特例）。指数分布、伽马分布和韦布尔分布之间的差异在于概率密度函数众数位置以及尾部形状（shape of tail）不同。指数分布的众数在原点位置，而伽马分布和韦布尔分布的众数位置与所选参数值有关。伽马分布具有长尾，这与指数分布很相像；韦布尔分布的尾迹比指数分布下降得更快或者更缓慢，这在现实中意味着，如果服务时间较长的情况频繁出现，则使用韦布尔分布能够比指数分布更好地描述服务时间。

表 5-2　连续时间段的到达情况

| 时间段 | 到达数量 | 时间段 | 到达数量 |
|---|---|---|---|
| 1 | 1 | 6 | 1 |
| 2 | 2 | 7 | 3 |
| 3 | 1 | 8 | 3 |
| 4 | 3 | 9 | 2 |
| 5 | 4 | — | — |

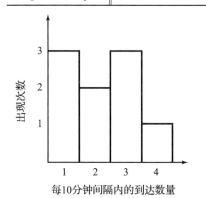

图 5-5　固定时间长度内到达数量的直方图

### 5.2.2 库存和供应链系统

在真实的库存和供应链系统中，一般来说至少包含三个随机变量：（1）每张订单或每个时间段内的物品需求数量；（2）需求之间的间隔时间；（3）提前期（提前期被定义为订单发出到订单收货之间的间隔时间）。在简单库存系统的数学模型中，一段时间内的需求是固定的，提前期为零或是常数。然而，在大多数现实案例中，尤其是仿真模型中，不同时间的需求是随机变化的，需求数量也是随机变化的，如图 5-6 所示。

为便于进行数学计算，库存理论中针对需求和提前期所做的分布假设大多进行了简化处理，但在实际环境中这些假设是不成立的。在实际应用中，提前期通常使用伽马分布[Hadley 和 Whitin，1963]。与解析模型不同，仿真模型能够支持更合理、更真实的假设。

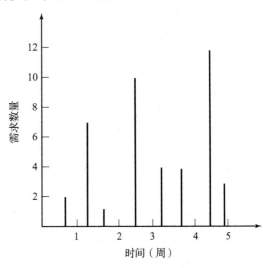

图 5-6　随时间变化的随机需求

几何分布、泊松分布和负二项分布为多种需求模式提供了广泛的分布类型。作为负二项分布的一种特殊形式，几何分布的众数是常数（注：几何分布的众数为 0 或 1，依赖于试验成功的概率是否小于等于 1），即至少产生一个需求。如果需求数据的分布具有长尾，则适用于负二项分布。泊松分布常用于需求建模，因其简单而广泛采用，并被大家所熟知。泊松分布的尾迹通常短于负二项分布，这意味着如果使用泊松分布将不太可能获得很高的需求量，而负二项分布则有所不同（前提是两个模型具有相同的需求期望值）。

[182]

### 5.2.3 可靠性和可维护性

无故障运行时间（time-to-failure）可使用很多统计分布进行描述，包括指数分布、伽马分布和韦布尔分布。如果只发生随机性故障，那么无故障运行时间可以使用指数分布建模。伽马分布可用于备用冗余（standby redundancy）的情况，系统中每一个部件的无故障运行时间服从指数分布。韦布尔分布被广泛用于表征无故障运行时间，可以对现实中的多种情况近似建模[Hines 和 Montgomery，1990]。当系统由大量零部件构成，并且系统故障是由大量严重的零部件缺陷（或某些可能的零部件缺陷）所导致，则使用韦布尔分布比较适合。某些情况下，如果多数系统故障是由于零部件磨损造成的，那么适合采用正态分布[Hines 和 Montgomery，1990]。对数正态分布对于描述某些类型零部件的无故障运行时间是比较有效的。

### 5.2.4 有限数据

很多情况下，仿真工作在数据采集完成之前就已经开始了。对于数据不完全和有限数据的情况，有三种分布可用：均匀分布、三角分布和贝塔分布。当已知间隔时间或服务时间是随机的，且缺乏足够的信息时，可以使用均匀分布[Gordon，1975]。然而，也有不适用均匀分布的情况，我们称之为"最大无知分布"（distribution of maximum ignorance），此时只要确定随机变量取值的连续范围就可以了，其他都不必做（例如确定分布参数）。三角分布适用于可假设随机变量最小值、最大值和众数的情况。贝塔分布提供针对单元区间（unit interval）可变的分布形式，即通过适当的调整，贝塔分布可随区间的变化而变化。均匀分布是贝塔分布的特殊形式。Pegden、Shannon 和 Sadowski 于 1995 的文献中针对有限数据问题进行了讨论，这将在第 9 章中进行深入讨论。

### 5.2.5　其他分布

还有几种分布也可用于离散系统仿真。伯努利分布和二项分布是两种离散分布，可针对具体问题进行建模。超指数分布（hyper-exponential distribution）类似于指数分布，具有更大的可变性，可能适用于某些情形。

## 5.3　离散分布

离散型随机变量用于描述那些仅仅产生整型值的随机现象。5.2 节中给出了多个例子，例如库存品的需求量就是整数。下面我们讨论四种分布。

### 5.3.1　伯努利试验和伯努利分布

设想一个包含 $n$ 次试验的实验，每一次试验都只有两种可能：成功或失败。令 $X_j = 1$ 代表第 $j$ 次试验成功，$X_j = 0$ 代表第 $j$ 次试验失败。

如果每次试验都是独立的，每次试验结果只有两种可能（成功或失败），且在每次试验中成功的概率保持不变，则称 $n$ 重伯努利试验为伯努利过程（Bernoulli Process），则有

$$p(x_1, x_2, \cdots, x_n) = p_1(x_1) \cdot p_2(x_2) \cdots p_n(x_n)$$

以及

$$p_j(x_j) = p(x_j) = \begin{cases} p, & x_j = 1, j = 1, 2, \cdots, n \\ 1 - p = q, & x_j = 0, j = 1, 2, \cdots, n \\ 0, & \text{其他} \end{cases} \tag{5.11}$$

对于一次试验，公式（5.11）中的分布函数被称为伯努利分布，其均值和方差计算如下：

$$E(X_j) = 0 \cdot q + 1 \cdot p = p$$

和

$$V(X_j) = \left[ (0^2 \cdot q) + (1^2 \cdot p) \right] - p^2 = p(1 - p)$$

### 5.3.2　二项分布

若随机变量 $X$ 记录 $n$ 重伯努利试验的成功次数，则 $X$ 服从二项分布，定义其概率为 $p(x)$，则有

$$p(x) = \begin{cases} \dbinom{n}{x} p^x q^{n-x}, & x = 0, 1, 2, \cdots, n \\ 0, & \text{其他} \end{cases} \tag{5.12}$$

公式（5.12）用于计算特定次数成功试验的概率，其含义为：前 $x$ 次试验都是成功的，成功的试验用 $S$ 表示，接着是 $n-x$ 次失败的试验，失败的试验用 $F$ 表示，即

$$P(\overbrace{SSS\ldots\ldots\ldots SS}^{x}\ \overbrace{FF\ldots\ldots\ldots FF}^{n-x}) = p^x q^{n-x}$$

其中 $q = 1 - p$。其中

$$\binom{n}{x} = \frac{n!}{x!(n-x)!}$$

成功和失败的次数分别记为 $S$ 和 $F$。一种计算二项分布均值和方差的简便方法，是将 $X$ 看作 $n$ 个独立的伯努利随机变量，每个伯努利随机变量的均值和方差分别是 $p$ 和 $p(1-p) = pq$，则有

$$X = X_1 + X_2 + \cdots + X_n$$

均值 $E(X)$ 由下式可得

$$E(X) = p + p + \cdots + p = np \qquad (5.13)$$

方差 $V(X)$ 可使用下式计算

$$V(X) = pq + pq + \cdots + pq = npq \qquad (5.14)$$

**例 5.10**

现有一条生产线用于制造计算机芯片，其不良品率为 $2\%$。每天从流水线上随机抽取 50 个芯片，如果样本中包含两个以上的不良品，则生产停工。请按照当前的抽样方案计算停工的概率。

考察抽样过程为 $n = 50$ 的伯努利试验，$p = 0.02$；则样本中不良品芯片的总数量 $X$ 服从二项分布，即

$$p(x) = \begin{cases} \binom{50}{x}(0.02)^x(0.98)^{50-x}, & x = 0,1,2,\cdots,50 \\ 0, & \text{其他} \end{cases}$$

以下公式的右侧，即样本中不超过两个不良品芯片的概率，相对而言更容易计算：

$$P(X > 2) = 1 - P(X \leqslant 2)$$

概率 $P(X \leqslant 2)$ 可由下式计算

$$\begin{aligned} P(X \leqslant 2) &= \sum_{x=0}^{2} \binom{50}{x}(0.02)^x(0.98)^{50-x} \\ &= (0.98)^{50} + 50 \times 0.02 \times 0.98^{49} + 1225 \times 0.02^2 \times 0.98^{48} \\ &\doteq 0.92 \end{aligned}$$

依据抽样过程计算可得，任何一天内生产线停工的概率近似于 0.08。每次随机抽取的 50 个样本中不良品数量的均值为

$$E(X) = np = 50 \times 0.02 = 1$$

方差为

$$V(X) = npq = 50 \times 0.02 \times 0.98 = 0.98$$

二项分布的累积分布函数由 Banks、Heikes[1984]以及其他学者以表格形式给出计算结果。这些表格显著降低了计算诸如概率 $P(a < X \leqslant b)$ 的难度。在 $n$ 和 $p$ 取特定值的情况下，可以使用泊松分布和正态分布近似估算二项分布[Hines 和 Montgomery，1990]。

### 5.3.3 几何分布与负二项分布

几何分布与连续伯努利试验有关：随机变量 $X$ 被定义为完成第一次成功试验所需的总试验次数。随机变量 $X$ 的分布律为

$$p(x) = \begin{cases} q^{x-1}p, & x = 1,2,\cdots \\ 0, & \text{其他} \end{cases} \qquad (5.15)$$

事件$\{X=x\}$是指前 $x-1$ 次试验都是失败的，而最后一次试验（第 $x$ 次试验）是成功的。一次试验失败的概率是 $q=1-p$，一次试验成功的概率是 $p$，则有

$$P(FFF\cdots FS) = q^{x-1}p$$

均值和方差分别为

$$E(X) = \frac{1}{p} \tag{5.16}$$

和

$$V(X) = \frac{q}{p^2} \tag{5.17}$$

更一般地，负二项分布是直到取得 $k$ 次成功的伯努利试验次数的分布，其中 $k=1$，2，…。如果随机变量 $Y$ 服从参数为 $p$ 和 $k$ 的负二项分布，则 $Y$ 的分布律由下式给出

$$p(y) = \begin{cases} \dbinom{y-1}{k-1}q^{y-k}p^k, & y=k,k+1,k+2,\cdots \\ 0, & \text{其他} \end{cases} \tag{5.18}$$

服从负二项分布的随机变量 $Y$ 可视为 $k$ 个独立的服从几何分布的随机变量之和，易得 $E(Y)=k/p$ 和 $V(X)=kq/p^2$。

186

例 5.11 ———————————————————————————————————————

在产品检测工序中，有 40% 的喷墨打印机被检查出质量问题而被拒绝入库。我们计算第 1 台通过检测的打印机恰好是第 3 台被检测产品的概率。由于每一次检测均是一次伯努利试验，其中 $q=0.4$ 及 $p=0.6$，则有

$$p(3) = 0.4^2 \times 0.6 = 0.096$$

也就是说，从任意一台打印机开始统计，第 1 台通过检验的打印机恰好是第 3 台检测品的概率仅为 10% 左右。若计算第 3 台检测品恰好是第 2 台通过检验的打印机的概率，可以使用负二项分布公式 (5.18)。

$$p(3) = \binom{3-1}{2-1}0.4^{3-2}\times 0.6^2 = \binom{2}{1}0.4\times 0.6^2 = 0.288$$

_____

### 5.3.4 泊松分布

泊松分布对于很多随机过程都具备较好的表征能力，并且易于计算。泊松分布由 S. D. Poisson 在 1837 年的一本关于犯罪学和民事审判的书中首先提出。（这本书的书名是 *Recherches sur la probabilité des jugements en matière criminelle et en matière civile*。由此可知，由一代又一代概率论教授流传下来的关于泊松分布起源的说法是不正确的，他们的说法是：泊松分布最早用于研究普鲁士军队中士兵被马踩伤致死事件的发生概率。）

泊松分布的分布律由下式给出

$$p(x) = \begin{cases} \dfrac{e^{-\alpha}\alpha^x}{x!}, & x=0,1,\cdots \\ 0, & \text{其他} \end{cases} \tag{5.19}$$

其中 $\alpha>0$。泊松分布的一个重要性质是其均值和方差都等于 $\alpha$，即

$$E(X) = \alpha = V(X)$$

累积分布函数的计算公式如下所示

$$F(x) = \sum_{i=0}^{x} \frac{\mathrm{e}^{-\alpha}\alpha^{i}}{i!} \qquad (5.20)$$

对于参数 $\alpha=2$ 的泊松分布，其分布律和累积分布函数的图形如图 5-7 所示。累积分布函数的数值在表 A-4 中给出。

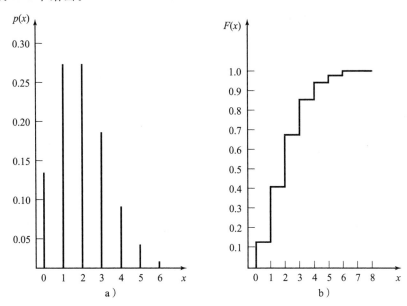

图 5-7　泊松分布的分布律和累积分布函数

**例 5.12**

现有一名计算机维修工程师，当有服务需求的时候会被"传呼"，每小时的传呼次数服从参数 $\alpha=2$ 的泊松分布。我们使用公式(5.19)计算下一个小时发生 3 次传呼的概率为

$$p(3) = \frac{\mathrm{e}^{-2}2^{3}}{3!} = \frac{0.135 \times 8}{6} = 0.18$$

相同的结果可以从图 5-7 中的左侧图形中获得，也可以从表 A-4 中计算得出。

$$F(3) - F(2) = 0.857 - 0.677 = 0.18$$

**例 5.13**

在例 5.12 中，计算一小时内维修师被传呼两次以上的概率

$$P(2 \text{ 次或以上}) = 1 - p(0) - p(1) = 1 - F(1) = 1 - 0.406 = 0.594$$

其中，累积概率 $F(1)$ 可从图 5-7 右侧的图形或表 A-4 中读取。

187
〜
188

**例 5.14**

库存系统中，提前期需求是指从订单发放到订单接收的这一段间隔时间内，某种物料的累计需求量，即

$$L = \sum_{i=1}^{T} D_{i} \qquad (5.21)$$

其中，$L$ 代表提前期需求，$D_i$ 是第 $i$ 个时段内产生的需求，$T$ 是提前期包含的时段数量。$D_i$ 和 $T$ 都可以是随机变量。

仓库经理希望在提前期内将缺货概率控制在一定范围，例如，将提前期内的库存短缺概率限定在 5% 以内。

如果提前期需求服从泊松分布,这对确定"再订货点"具有很大帮助。所谓再订货点(reorder point),就是发放新采购订单时的库存水平(存货数量)。

假定提前期需求服从均值 $\alpha = 10$ 的泊松分布,且希望不发生缺货的概率为 95%,因此,我们希望找到一个最小值 $x$,使得提前期需求总量不超过 $x$ 的概率大于等于 0.95。使用公式(5.20)的前提是找到最小值 $x$,使下式成立:

$$F(x) = \sum_{i=0}^{x} \frac{e^{-10} 10^i}{i!} \geqslant 0.95$$

通过查表 A-4 或者计算 $p(0)$,$p(1)$,$\cdots$ 可知,当 $x = 15$ 时将得到希望的结果。

## 5.4 连续分布

连续型随机变量用于描述那些在某些区间内任意取值的变量,例如,无故障运行时间、枝条的长度,等等。在本节中,我们将介绍 9 种连续型分布。

### 5.4.1 均匀分布

若随机变量 $X$ 在区间 $[a, b]$ 上服从均匀分布,则其概率密度函数由下式给出:

$$f(x) = \begin{cases} \dfrac{1}{b-a}, & a \leqslant x \leqslant b \\ 0, & \text{其他} \end{cases} \tag{5.22}$$

累积分布函数计算公式如下:

$$F(x) = \begin{cases} 0, & x < a \\ \dfrac{x-a}{b-a}, & a \leqslant x < b \\ 1, & x \geqslant b \end{cases} \tag{5.23}$$

请注意

$$P(x_1 < X < x_2) = F(x_2) - F(x_1) = \frac{x_2 - x_1}{b - a}$$

对于所有的 $x_1$ 和 $x_2$,且满足 $a \leqslant x_1 < x_2 \leqslant b$,上式与区间 $[a, b]$ 的长度成反比。均匀分布的均值为

$$E(X) = \frac{a + b}{2} \tag{5.24}$$

方差为

$$V(X) = \frac{(b-a)^2}{12} \tag{5.25}$$

当 $a = 1$、$b = 6$ 时,均匀分布的概率密度函数和累积分布函数如图 5-8 所示。

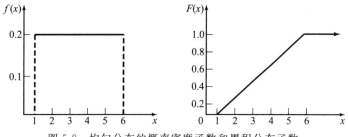

图 5-8 均匀分布的概率密度函数和累积分布函数

均匀分布在仿真中发挥极其重要的作用。仿真过程中用于产生随机事件的随机数就是服从[0，1]区间的均匀分布。大量用于生成服从均匀分布随机数的方法被开发出来，第 7 章将介绍其中的一些方法。仿真过程中，服从均匀分布的随机数被用于随机变量抽样，而这些随机变量则服从其他分布，这部分内容将在第 8 章中讨论。

**例 5.15** _____

现在来看一下仓库营运管理的仿真问题。大约每隔 3 分钟会产生一个呼叫，要求叉车工打理某一个储位。假设呼叫间隔时间服从均值为 3 分钟的均匀分布。通过公式(5.25)，可以认为均值为 3 的均匀分布很可能具有 $a=0$、$b=6$ 的参数值。运用有限的数据(比如近似 3 分钟的均值)以及相关知识(对所研究变量在随机性方面的知识)，就可以估计均匀分布，哪怕估计出来会有很大的方差，至少在得到更多数据之后还可以对其进行修正。

190

**例 5.16** _____

在上午 6：40 到 8：40 之间，公共汽车每隔 20 分钟到达某个车站，某位乘客不知道车辆运营时刻表，他会在每天 7：00 到 7：30 之间随机地(服从均匀分布)到达该车站，则该乘客等候公交车超过 5 分钟的概率是多少？

该乘客候车时间超过 5 分钟的情况，只有在他到达车站的时间介乎 7：00～7：15 或 7：20～7：30这两个时间段才会出现。如果 $X$ 指代的是乘客抵达车站时间超过 7：00 的分钟数，则所求概率为

$$P(0 < X < 15) + P(20 < X < 30)$$

此时，$X$ 是在区间(0，30)上服从均匀分布的随机变量，因此，所求概率等于

$$F(15) + F(30) - F(20) = \frac{15}{30} + 1 - \frac{20}{30} = \frac{5}{6}$$

## 5.4.2　指数分布

若随机变量 $X$ 服从参数为 $\lambda > 0$ 的指数分布，则其概率密度函数为

$$f(x) = \begin{cases} \lambda e^{-\lambda x}, & x \geqslant 0 \\ 0, & 其他 \end{cases} \tag{5.26}$$

图 5-9 和图 5-3 所示为指数分布的概率密度函数，图 5-9 还给出了指数分布的累积分布函数。

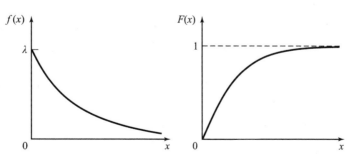

图 5-9　指数分布的概率密度函数和累积分布函数

指数分布常用于针对到达间隔时间(要求到达时间是完全随机的)和服务时间(要求服务时间是高度随机的)建模。在这些例子中，$\lambda$ 是速率(rate)，代表每小时到达数量或者每

分钟服务次数。指数分布也用于零部件的运行寿命建模，但是要求此种零部件会发生不可预见的彻底损坏，例如电灯泡损坏，此时 $\lambda$ 代表故障频率。

图 5-10 给出了一些不同参数的指数分布的概率密度函数。注意，曲线与纵轴的交点值总是等于 $\lambda$ 的值，并且所有的概率密度函数曲线最终都会相交。（请思考这些曲线为什么会相交。）

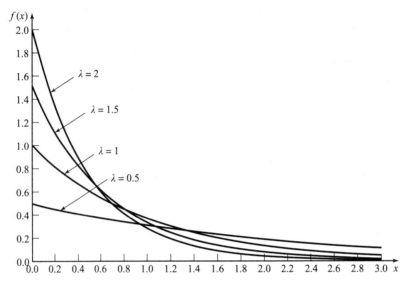

图 5-10　几种指数分布的概率密度函数

指数分布的均值和方差由下式给出

$$E(X) = \frac{1}{\lambda} \quad 及 \quad V(X) = \frac{1}{\lambda^2} \tag{5.27}$$

从上式可以看出，指数分布的均值和标准差是相等的。累积分布函数可证明由公式 (5.26) 进行积分获得。

$$F(x) = \begin{cases} 0, & x < 0 \\ \int_0^x \lambda e^{-\lambda t} dt = 1 - e^{-\lambda x}, & x \geqslant 0 \end{cases} \tag{5.28}$$

**例 5.17** _____

假设有一台可使用数千小时的工业用照明灯，其寿命服从指数分布，故障率 $\lambda = 1/3$（平均每 3000 小时出现一次故障）。照明灯可以使用 3000 小时（均值）以上的概率为 $p(X > 3) = 1 - P(X \leqslant 3) = 1 - F(3)$。可以使用公式 (5.28) 计算 $F(3)$ 的值，得到

$$P(X > 3) = 1 - (1 - e^{-3/3}) = e^{-1} = 0.368$$

无论 $\lambda$ 如何取值，这个计算结果总是相同的。也就是说，服从指数分布的随机变量大于均值的概率是 0.368，且与 $\lambda$ 取值无关。

工业照明灯的使用寿命介于 2000～3000 小时之间的概率为

$$P(2 \leqslant X \leqslant 3) = F(3) - F(2)$$

使用公式 (5.28) 计算累积分布函数的值，则有

$$F(3) - F(2) = (1 - e^{-3/3}) - (1 - e^{-2/3}) = -0.368 + 0.513 = 0.145$$

指数分布的重要特征之一就是"无记忆性"，即，对于所有的 $s \geqslant 0$ 和 $t \geqslant 0$，有

$$P(X > s + t \mid X > s) = P(X > t) \tag{5.29}$$

令 $X$ 代表一个零件的寿命(如电池、灯泡、计算机芯片、激光器,等等),并且假设 $X$ 服从指数分布。公式(5.29)说明,在该零件已经使用了 $s$ 小时的前提下,其总体寿命至少为 $s+t$ 小时的概率,与该零件以全新状态使用至少 $t$ 小时的概率相同。如果该零件在时刻 $s$ 时仍旧正常使用(若 $X>s$),则该零件剩余寿命 $(X-s)$ 等于一个新零件从开始使用时的寿命。也就是说,该零件不会"记住"已经使用了 $s$ 小时,已使用的零件和新零件具有一样的性能。

公式(5.29)可使用条件概率进行检验,即

$$P(X>s+t\,|\,X>s) = \frac{P(X>s+t)}{P(X>s)} \qquad (5.30)$$

公式(5.28)可用于决定公式(5.30)的分子和分母,则有

$$P(X>s+t\,|\,X>s) = \frac{e^{-\lambda(s+t)}}{e^{-\lambda s}} = e^{-\lambda t} = P(X>t)$$

**例 5.18**

继续考虑例 5.17 中的工业照明灯案例,如果它已经使用了 2500 小时,那么可以使用公式(5.29)和(5.28)得出继续使用 1000 小时的概率:

$$P(X>3.5\,|\,X>2.5) = P(X>1) = e^{-1/3} = 0.717$$

例 5.18 描述了指数分布的"无记忆"特性,即一个服从指数分布的、已经使用了一段时间的零件与一个全新的零件具有相同的品质。对于一个新的零件而言,其寿命大于 1000 小时的概率也是 0.717。一般而言,假设一个零部件的寿命服从参数为 $\lambda$ 的指数分布且已使用任意时长,则其剩余寿命仍然服从参数为 $\lambda$ 的指数分布。指数分布是连续型分布中唯一具有无记忆特性的分布。(几何分布是离散型分布中唯一具有无记忆特性的分布。)

## 5.4.3 伽马分布

用于定义伽马分布的函数是伽马函数,对于所有 $\beta>0$,伽马函数为

$$\Gamma(\beta) = \int_0^\infty x^{\beta-1} e^{-x} dx \qquad (5.31)$$

对公式(5.31)进行分步积分,则有

$$\Gamma(\beta) = (\beta-1)\Gamma(\beta-1) \qquad (5.32)$$

若 $\beta$ 是整数,则使用 $\Gamma(1)=1$ 及公式(5.32),可得

$$\Gamma(\beta) = (\beta-1)! \qquad (5.33)$$

可以认为伽马函数是阶乘概念对所有正数的推广,而不仅仅是整数。

若随机变量 $X$ 服从参数为 $\beta$ 和 $\theta$ 的伽马分布,其概率密度函数由下式给出

$$f(x) = \begin{cases} \dfrac{\beta\theta}{\Gamma(\beta)}(\beta\theta x)^{\beta-1} e^{-\beta\theta x}, & x>0 \\ 0, & \text{其他} \end{cases} \qquad (5.34)$$

其中,$\beta$ 称为形状参数(shape parameter),$\theta$ 称为尺度参数(scale parameter)。$\theta=1$ 而参数 $\beta$ 取不同值的几个伽马分布,其图形如图 5-11 所示。

伽马分布均值和方差的计算公式如下

$$E(X) = \frac{1}{\theta} \qquad (5.35)$$

$$V(X) = \frac{1}{\beta\theta^2} \qquad (5.36)$$

随机变量 $X$ 的累积分布函数为

$$F(x) = \begin{cases} 1 - \displaystyle\int_x^\infty \frac{\beta\theta}{\Gamma(\beta)}(\beta\theta t)^{\beta-1}\mathrm{e}^{-\beta\theta t}\,\mathrm{d}t, & x > 0 \\ 0, & x \leqslant 0 \end{cases} \tag{5.37}$$

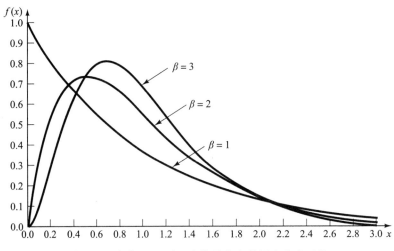

图 5-11　参数 $\theta=1$ 时几个伽马分布的概率密度函数

当 $\beta$ 为整数时，伽马分布与指数分布有如下关系：如果随机变量 $X$ 是 $\beta$ 个彼此独立的服从相同参数指数分布（参数为 $\beta\theta$）的随机变量 $X_j(j=1, 2, \cdots, \beta)$ 之和，则随机变量 $X$ 服从参数为 $\beta$ 和 $\theta$ 的伽马分布。也就是说，若

$$X = X_1 + X_2 + \cdots + X_\beta \tag{5.38}$$

其中，$X_j$ 的概率密度函数为

$$g(x_j) = \begin{cases} (\beta\theta)\mathrm{e}^{-\beta\theta x_j}, & x \geqslant 0 \\ 0, & \text{其他} \end{cases}$$

且 $X_j$ 彼此独立，则 $X$ 的概率密度函数由公式(5.34)给定。需要指出的是，当 $\beta=1$ 时，公式(5.34)就是指数分布，与公式(5.38)一致。

### 5.4.4　爱尔朗分布

当 $\beta=k$ 且皆为整数时，公式(5.34)所给的概率密度函数常称为 $k$ 阶爱尔朗分布。爱尔朗是一个丹麦电话工程师，他是排队论的早期创立者。爱尔朗分布可放在如下场景中理解：考虑一个由 $k$ 个基站(station)组成的电话系统，完成顾客的一次呼叫服务，需要串行通过所有基站。新到来的顾客呼叫只有等到前一个呼叫完成所有的基站访问之后才能进入第一个基站。每个基站的服务时间服从参数为 $k\theta$ 的指数分布。公式(5.35)和公式(5.36)分别代表伽马分布的均值和方差，其有效性与 $\beta$ 的取值无关。然而，当 $\beta=k$ 且均为整数时，公式(5.38)可以用相当直接的方式求得分布均值，此时，随机变量之和的均值等于每一个随机变量均值之和，即

$$E(X) = E(X_1) + E(X_2) + \cdots + E(X_k)$$

若每一个服从指数分布的随机变量 $X_j$ 的均值等于 $1/k\theta$，则有

$$E(X) = \frac{1}{k\theta} + \frac{1}{k\theta} + \cdots + \frac{1}{k\theta} = \frac{1}{\theta}$$

如果随机变量 $X_j$ 相互独立，则"随机变量之和的方差"等于"每一个随机变量方差之

和"，或写成

$$V(X) = \frac{1}{(k\theta)^2} + \frac{1}{(k\theta)^2} + \cdots + \frac{1}{(k\theta)^2} = \frac{1}{k\theta^2}$$

当 $\beta=k$ 且等于正整数时，公式(5.37)给定的累积分布函数可通过各分项积分获得，即

$$F(x) = \begin{cases} 1 - \sum_{i=0}^{k-1} \dfrac{e^{-k\theta x}(k\theta x)^i}{i!}, & x > 0 \\ 0, & x \leqslant 0 \end{cases} \tag{5.39}$$

等于各泊松分项(均值 $\alpha=k\theta x$)之和。当形状参数为整数时，泊松分布的累积分布函数表也可用于求解公式(5.39)中累积分布函数的值。

**例 5.19** ────────────────────────────────

一位电气工程专业的大学教授计划夏天离家出行，他希望安装一个全天候开启的防盗警示灯。这套设备由两个灯泡组成，当第一个灯泡损坏时，系统会自动点亮第二个灯泡。灯泡的包装盒上写着"平均寿命 1000 小时，寿命服从指数分布"的字样。教授预计离开 90 天(2160 小时)。如果教授在夏末返回时，防盗灯仍亮着的概率有多大？

系统能够持续运行至少 $x$ 小时的概率称为可靠性方程 $R(x)$：

$$R(x) = 1 - F(x)$$

在这个例子中，系统总寿命可由公式(5.38)求出，此时灯泡数为 $\beta=k=2$，$k\theta=1/1000$(每小时)，所以 $\theta=1/2000$(每小时)。那么，$F(2160)$ 可通过公式(5.39)计算获得，如下所示：

$$F(2160) = 1 - \sum_{i=0}^{1} \frac{e^{-2 \times (1/2000) \times 2160}[2 \times (1/2000) \times 2160]^i}{i!}$$

$$= 1 - e^{-2.16} \sum_{i=0}^{1} \frac{(2.16)^i}{i!} = 0.636$$

因此，当教授返回时防盗灯仍然亮着的概率大约为 36%。

196

**例 5.20** ────────────────────────────────

医师将体检分为三个阶段，各阶段的服务时间均服从均值为 20 分钟的指数分布。计算整个体检时间不超过 50 分钟的可能性，以及体检时间的期望值。在这个例子中，阶段 $k=3$，$k\theta=1/20$，则 $\theta=1/60$(每分钟)，因此，$F(50)$ 可由公式(5.39)计算获得，即

$$F(50) = 1 - \sum_{i=0}^{2} \frac{e^{-3 \times (1/60) \times 50}[3 \times (1/60) \times 50]^i}{i!} = 1 - \sum_{i=0}^{2} \frac{e^{-5/2}(5/2)^i}{i!}$$

进一步地，可以使用表 A-4 中泊松分布的累积分布函数计算：

$$F(50) = 1 - 0.543 = 0.457$$

即，完成全部三个阶段的总体检时间不超过 50 分钟的概率为 0.457。全部体检时间的期望值由公式(5.35)计算获得

$$E(X) = \frac{1}{\theta} = \frac{1}{1/60} = 60 \text{ 分钟}$$

此外，随机变量 $X$ 的方差 $V(X)=1/\beta\theta^2=1200$ 分钟$^2$。爱尔朗分布的众数为

$$众数 = \frac{k-1}{k\theta} \tag{5.40}$$

则，本例的众数值为

$$众数 = \frac{3-1}{3 \times (1/60)} = 40 \text{ 分钟}$$

### 5.4.5  正态分布

若随机变量 $X$ 的概率密度函数为

197

$$f(x) = \frac{1}{\sigma\sqrt{2\pi}} \exp\left[-\frac{1}{2}\left(\frac{x-\mu}{\sigma}\right)^2\right], \quad -\infty < x < \infty \tag{5.41}$$

则称其服从正态分布，且均值 $-\infty < \mu < \infty$，方差 $\sigma^2 > 0$。

大多数人使用符号 $X \sim N(\mu, \sigma^2)$ 代表服从均值 $\mu$、方差 $\sigma^2$ 的正态分布的随机变量 $X$。正态分布的概率密度函数如图 5-12 所示。

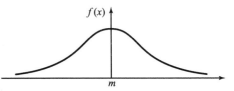

图 5-12  正态分布的概率密度函数

正态分布的一些特殊性质如下：

1) $\lim\limits_{x\to-\infty} f(x) = 0$，$\lim\limits_{x\to\infty} f(x) = 0$。即，当 $x$ 趋近负无穷时 $f(x)$ 逼近于 0；同样地，当 $x$ 趋近正无穷时 $f(x)$ 也逼近于 0。

2) $f(\mu - x) = f(\mu + x)$，即，概率密度函数是关于 $\mu$ 的对称函数。

3) 概率密度函数的最大值位于 $x = \mu$ 处。正态分布的均值和众数是相等的。

正态分布的累积分布函数由下式给出

$$F(x) = P(X \leqslant x) = \int_{-\infty}^{x} \frac{1}{\sigma\sqrt{2\pi}} \exp\left[-\frac{1}{2}\left(\frac{t-\mu}{\sigma}\right)^2\right] \mathrm{d}t \tag{5.42}$$

公式(5.42)不能使用闭式(closed form)方法求解，虽然可以使用数值法求解，但是显然需要对每一对 $(\mu, \sigma^2)$ 进行积分。然而，通过变量变形，即令 $z = (t - \mu)/\sigma$，则可以实现独立于 $\mu$ 和 $\sigma$ 的估值计算。若 $X \sim N(\mu, \sigma^2)$，令 $z = (X - \mu)/\sigma$，可得

$$F(x) = P(X \leqslant x) = P\left(Z \leqslant \frac{x-\mu}{\sigma}\right) = \int_{-\infty}^{(x-\mu)/\sigma} \frac{1}{\sqrt{2\pi}} \mathrm{e}^{-z^2/2} \mathrm{d}z$$

$$= \int_{-\infty}^{(x-\mu)/\sigma} \phi(z) \mathrm{d}z = \Phi\left(\frac{x-\mu}{\sigma}\right) \tag{5.43}$$

198

下式

$$\phi(z) = \frac{1}{\sqrt{2\pi}} \mathrm{e}^{-z^2/2}, \quad -\infty < z < \infty \tag{5.44}$$

是均值为 0、方差为 1 的正态分布的概率密度函数。若 $Z \sim N(0, 1)$，则称 $Z$ 服从标准正态分布。标准正态分布的概率密度函数如图 5-13 所示。标准正态分布的累积分布函数由下式给出

$$\Phi(z) = \int_{-\infty}^{z} \frac{1}{\sqrt{2\pi}} \mathrm{e}^{-t^2/2} \mathrm{d}t \tag{5.45}$$

公式(5.45)用途广泛。表 A-3 给出了 $z \geqslant 0$ 时 $\Phi(z)$ 的概率。我们将给出几个例子说明如何使用公式(5.43)和表 A-3。

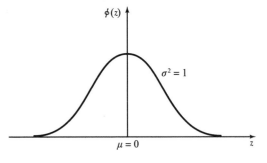

图 5-13  标准正态分布的概率密度函数

例 5.21 _____

假设已知 $X \sim N(50, 9)$，计算 $F(56) = P(X \leqslant 56)$ 的值。使用公式 (5.43)，由表 A-3 查表可得

$$F(56) = \Phi\left(\frac{56 - 50}{3}\right) = \Phi(2) = 0.9772$$

图 5-14 给出了上述计算结果的直观解释。图 5-14a 所示为 $X \sim N(50, 9)$ 的概率密度函数图形，标注点 $x_0 = 56$，阴影部分即为所求概率。图 5-14b 所示为标准正态分布 $Z \sim N(0, 1)$，图 5-14a 中 $x_0 = 56$ 对应图 5-14b 中 $x = 2$ 的位置（因为 $X \sim N(50, 9)$ 的 $\sigma = 3$，所以 $x_0 = 56$ 的位置对应为 $2\sigma$，标准正态分布的 $\sigma = 1$，因此 $x_0 = 56$ 和 $x = 2$ 具有对应关系）。清楚了以上关联，有助于理解如何使用标准正态分布进行概率计算。

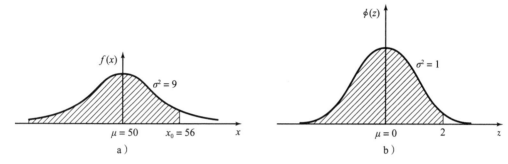

图 5-14 转化为标准正态分布

例 5.22 _____

远洋船舶的装船时间 $X$（单位：小时）服从正态分布 $N(12, 4)$。$X$ 小于 10 小时的概率记为 $F(10)$，则

$$F(10) = \Phi\left(\frac{10 - 12}{2}\right) = \Phi(-1) = 0.1587$$

$\Phi(-1) = 0.1587$ 通过查表 A-3 并利用正态分布的对称性（symmetry property）获得。请注意，$\Phi(1) = 0.8413$，则 0.8413 的补集（也就是 0.1587）是包含在右侧长尾中的，即图 5-15a 中的阴影部分。在图 5-15b 中，利用正态分布的对称性可以计算阴影部分的概率为 $\Phi(-1) = 1 - \Phi(1) = 0.1587$。（照此逻辑，可得 $\Phi(2) = 0.9772$ 以及 $\Phi(-2) = 1 - \Phi(2) = 0.0228$，一般来说，$\Phi(-x) = 1 - \Phi(x)$。）

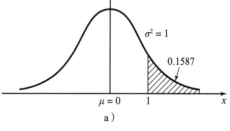

装船时间等于或大于 12 小时的概率也可以通过观察法获得，即使用图 5-16 所示的正态分布概率密度函数的对称性和均值获得。图 5-16a 中的阴影部分说明了我们起初讨论的问题（即计算 $P(X < 12)$ 的值），所以 $P(X > 12) = 1 - F(12)$。图 5-16b 中所示的标准正态分布用于求解 $F(12) = \Phi(0) = 0.50$，那么 $P(X > 12) = 1 - 0.50 = 0.50$。（图 5-16a 和图 5-16b 中由正态分布概率密度函数构成的阴影均涵盖了总面积的 50%。）

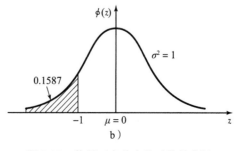

图 5-15 使用正态分布的对称性求解

装船时间介于 $10\sim12$ 小时之间的概率可使用本例前面的结论，由下式求解

$$P(10 \leqslant X \leqslant 12) = F(12) - F(10) = 0.5000 - 0.1587 = 0.3413$$

图 5-17a 中的阴影部分即为所求。图 5-17b 显示了该问题对应于标准正态分布的求解图例，其概率借助表 A-3，可得 $F(12) - F(10) = \Phi(0) - \Phi(-1) = 0.5000 - 0.1587 = 0.3413$。

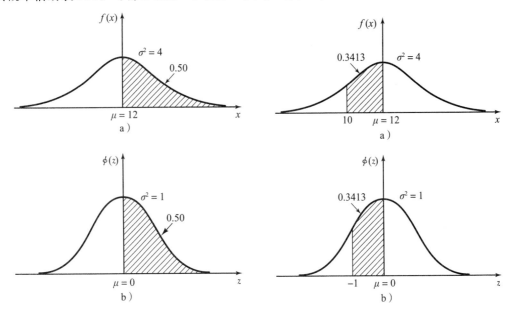

图 5-16　通过观察法进行概率求解　　　图 5-17　船舶装载问题的标准正态转换

**例 5.23**

在咖啡店中，顾客从开始排队到开始自助服务的排队时间长度服从 $N(15, 9)$。顾客需要等待 $14\sim17$ 分钟的概率计算如下：

$$P(14 \leqslant X \leqslant 17) = F(17) - F(14) = \Phi\left(\frac{17-15}{3}\right) - \Phi\left(\frac{14-15}{3}\right)$$
$$= \Phi(0.667) - \Phi(-0.333)$$

图 5-18a 中阴影部分代表概率 $F(17) - F(14)$。图 5-18b 中的阴影代表该问题与标准正态分布的等价概率 $\Phi(0.667) - \Phi(-0.333)$。由表 A-3 可查得，$\Phi(0.667) = 0.7476$。此外，$\Phi(-0.333) = 1 - \Phi(0.333) = 1 - 0.6304 = 0.3696$，则有 $\Phi(0.667) - \Phi(-0.333) = 0.3780$。即，顾客排队所花时间在 $14\sim17$ 分钟之间的概率为 $0.3780$。

201
∼
202

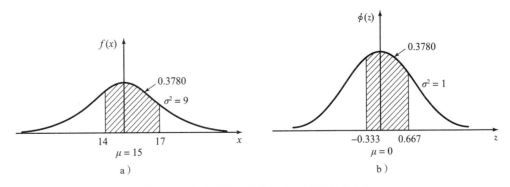

图 5-18　咖啡店问题转换为标准正态分布求解

**例 5.24**

某产品的订货提前期需求 $X$ 近似服从均值为 25、方差为 9 的正态分布。现在希望知道如果提前期延长 5%，订货提前期需求数量有何变化？如此一来，问题就变成需要找到一个 $x_0$ 且满足 $P(X>x_0)=0.05$，如图 5-19a 所示。该问题的等价问题为图 5-19b 中的阴影部分。因此

$$P(X>x_0)=P\left(Z>\frac{x_0-25}{3}\right)$$
$$=1-\varPhi\left(\frac{x_0-25}{3}\right)=0.05$$

或等价于

$$\varPhi\left(\frac{x_0-25}{3}\right)=0.95$$

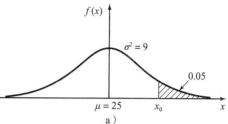

由表 A-3 可知 $\varPhi(1.645)=0.95$，因而，$x_0$ 可解得

$$\frac{x_0-25}{3}=1.645$$

或

$$x_0=29.935$$

因此，当该产品的库存水平降至 30 单位的时候进行订货，仅有 5% 的概率会发生需求超过可用库存（即库存品耗尽）的情况。

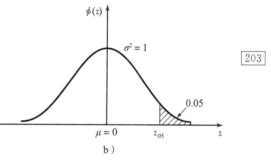

图 5-19  订货提前期问题中确定 $x_0$ 的位置

### 5.4.6  韦布尔分布

若随机变量 $X$ 的概率密度函数具有如下形式

$$f(x)=\begin{cases}\dfrac{\beta}{\alpha}\left(\dfrac{x-\upsilon}{\alpha}\right)^{\beta-1}\exp\left[-\left(\dfrac{x-\upsilon}{\alpha}\right)^{\beta}\right], & x\geqslant\upsilon\\ 0, & \text{其他}\end{cases}\tag{5.46}$$

则称随机变量 $X$ 服从韦布尔分布。

韦布尔分布的三个参数分别为：位置参数(location parameter)$\upsilon(-\infty<\upsilon<\infty)$、尺度参数(scale parameter)$\alpha(\alpha>0)$、形状参数(shape parameter)$\beta(\beta>0)$。当 $\upsilon=0$ 时，韦布尔分布的概率密度函数变为如下形式：

$$f(x)=\begin{cases}\dfrac{\beta}{\alpha}\left(\dfrac{x}{\alpha}\right)^{\beta-1}\exp\left[-\left(\dfrac{x}{\alpha}\right)^{\beta}\right], & x\geqslant0\\ 0, & \text{其他}\end{cases}\tag{5.47}$$

图 5-20 给出了当 $\upsilon=0$ 及 $\alpha=1$ 时几个韦布尔分布的概率密度函数图形，当 $\beta=1$ 时，韦布尔分布简化为：

$$f(x)=\begin{cases}\dfrac{1}{\alpha}\mathrm{e}^{-x/\alpha}, & x\geqslant0\\ 0, & \text{其他}\end{cases}$$

是参数为 $\lambda=1/\alpha$ 的指数分布。

韦布尔分布的均值和方差分别给定如下：

$$E(X) = \nu + \alpha\Gamma\left(\frac{1}{\beta}+1\right) \tag{5.48}$$

$$V(X) = \alpha^2\left[\Gamma\left(\frac{2}{\beta}+1\right)-\left[\Gamma\left(\frac{1}{\beta}+1\right)\right]^2\right] \tag{5.49}$$

其中，函数 $\Gamma(\cdot)$ 由公式(5.31)定义。可以看到，虽然位置参数 $\nu$ 对于方差没有影响，但是均值会随着 $\nu$ 的变化而同向增减。韦布尔分布的累积分布函数由下式给出

$$F(x) = \begin{cases} 0, & x < \nu \\ 1 - \exp\left[-\left(\dfrac{x-\nu}{\alpha}\right)^\beta\right], & x \geqslant \nu \end{cases} \tag{5.50}$$

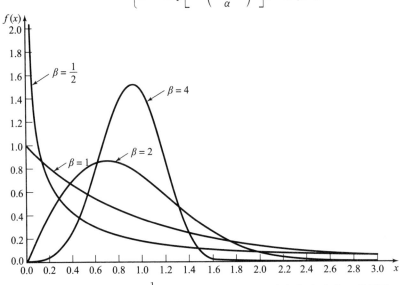

图 5-20　$\nu = 0$；$\alpha = 1$；$\beta = \frac{1}{2}$，1，2，4 时韦布尔分布的概率密度函数图形

205

### 例 5.25

已知某元器件的无故障运行时间服从韦布尔分布，参数为 $\nu = 0$，$\alpha = 200$ 小时，$\beta = 1/3$。由公式(5.48)可计算出该元器件的平均无故障运行时间为

$$E(X) = 200\Gamma(3+1) = 200(3!) = 1200 \text{ 小时}$$

设备在使用 200 小时之内发生故障的概率，可以由公式(5.50)计算得出，有

$$F(2000) = 1 - \exp\left[-\left(\frac{2000}{200}\right)^{1/3}\right] = 1 - e^{-\sqrt[3]{10}} = 1 - e^{-2.15} = 0.884 ^\ominus$$

### 例 5.26

在某国际机场，飞机落地以及清理跑道所花的时间服从韦布尔分布，其参数为 $\nu = 1.34$ 分钟，$\alpha = 0.04$ 分钟，$\beta = 0.5$。如果一架进场飞机需要花费 1.5 分钟以上的时间降落和清理跑道，请计算这种情况发生的概率。本例中，$P(X > 1.5)$ 计算如下：

$$\begin{aligned}
P(X \leqslant 1.5) &= F(1.5) \\
&= 1 - \exp\left[-\left(\frac{1.5-1.34}{0.04}\right)^{0.5}\right] \\
&= 1 - e^{-2} = 1 - 0.135 = 0.865
\end{aligned}$$

因此，进场飞机需要花费 1.5 分钟以上的时间降落和清理跑道的概率为 0.135。

---

$\ominus$　原书为 $1-e^{-\sqrt[3]{10}}$，疑为编者笔误，译者做了修改。

### 5.4.7　三角分布

若随机变量 $X$ 服从三角分布，则其概率密度函数由下式给出

$$f(x) = \begin{cases} \dfrac{2(x-a)}{(b-a)(c-a)}, & a \leqslant x \leqslant b \\ \dfrac{2(c-x)}{(c-b)(c-a)}, & b < x \leqslant c \\ 0, & \text{其他} \end{cases} \quad (5.51)$$

其中，$a \leqslant b \leqslant c$。众数在点 $x = b$ 处。三角分布的概率密度函数如图 5-21 所示。参数 $(a, b, c)$ 可用于计算均值和众数，均值的计算公式如下

$$E(X) = \frac{a+b+c}{3} \quad (5.52)$$

由公式(5.52)，众数由下式计算

$$\text{众数} = b = 3E(X) - (a+c) \quad (5.53)$$

因为 $a \leqslant b \leqslant c$，则有

$$\frac{2a+c}{3} \leqslant E(X) \leqslant \frac{a+2c}{3}$$

众数比均值更多地用于三角分布的表征和描述。如图 5-21 所示，概率密度函数最高点的纵坐标为

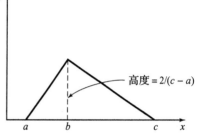

图 5-21　三角分布的概率密度函数

$2/(c-a)$。三角分布方差 $V(X)$ 的计算留给读者作为练习。三角分布的累积分布函数由下式给出：

$$F(x) = \begin{cases} 0, & x \leqslant a \\ \dfrac{(x-a)^2}{(b-a)(c-a)}, & a < x \leqslant b \\ 1 - \dfrac{(c-x)^2}{(c-b)(c-a)}, & b < x \leqslant c \\ 1, & x > c \end{cases} \quad (5.54)$$

**例 5.27** ────────────────────────────────

中央处理单元(CPU)运行程序的时间服从三角分布，其参数分别为 $a = 0.05\text{ms}$，$b = 1.1\text{ms}$，$c = 6.5\text{ms}$。试计算 CPU 进行某项处理的计算时间低于 2.5ms 的概率是多少？$F(2.5)$ 由累积分布函数图形中的两个区间 $[0.05, 1.1]$ 及 $[1.1, 2.5]$ 之和组成。利用公式(5.54)，两部分的面积可以一步计算得出，有

$$F(2.5) = 1 - \frac{(6.5-2.5)^2}{(6.5-0.05)(6.5-1.1)} = 0.541$$

因此，CPU 处理时间低于 2.5ms 的概率为 0.541。

**例 5.28** ────────────────────────────────

现有某种电子传感器，用于评估内存芯片的质量。经过检验后，有问题的芯片将被丢弃。根据历史数据，我们可以给出过去 24 小时中每小时废品芯片数量的最小值、最大值以及全天的平均值。由于缺乏进一步信息，质量控制部门假设报废芯片近似服从三角分布。现有数据显示，过去一天内每小时报废数量的最小值为 0，最大值为 10，平均值为 4。即给定 $a = 0$，$c = 10$ 及 $E(X) = 4$，则 $b$ 的值可由公式(5.53)获得：

$$b = 3 \times 4 - (0 + 10) = 2$$

因此，众数的值为 $2/(10-0)=0.2$，据此绘图 5-22。

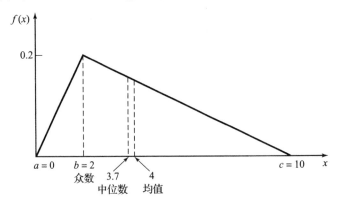

图 5-22    三角分布的众数、中位数和均值

中位数是指将概率密度函数图形面积进行平分的点坐标（即左右面积各占总面积的50％）。本例中，中位数的值为 3.7，图 5-22 中标出了中位数的位置。如要确定三角分布中位数的值，则首先需要确定中位数是位于众数的左侧还是右侧。本例中，众数左侧面积可由公式（5.54）计算，即

$$F(2) = \frac{2^2}{20} = 0.2$$

由此可以确定，中位数位于 $b$ 和 $c$ 之间。使用公式（5.54）并设定 $F(x)=0.5$，可得下式，

$$0.5 = 1 - \frac{(10-x)^2}{10 \times 8}$$

可解得中位数 $x$ 的值为

$$x = 3.7$$

从本例可以看出，均值、众数和中位数不一定相等。

### 5.4.8  对数正态分布

若随机变量 $X$ 的概率密度函数由下式给定

$$f(x) = \begin{cases} \dfrac{1}{\sqrt{2\pi}\sigma x} \exp\left[-\dfrac{(\ln x - \mu)^2}{2\sigma^2}\right], & x > 0 \\ 0, & \text{其他} \end{cases}$$

(5.55)

则称 $X$ 服从对数正态分布，其中 $\sigma^2 > 0$。对数正态分布的均值和方差分别为

$$E(X) = e^{\mu + \sigma^2/2} \qquad (5.56)$$

$$V(X) = e^{2\mu + \sigma^2}(e^{\sigma^2} - 1) \qquad (5.57)$$

图 5-23 显示了三个对数正态分布的概率密度函数，均值都为 1，方差分别为 1/2、1 和 2。

值得注意的是，参数 $\mu$ 和 $\sigma^2$ 并不是对数正态分布的均值和方差。这些参数源于 $Y \sim N(\mu, \sigma^2)$，

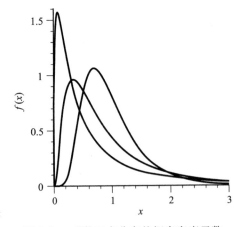

图 5-23    对数正态分布的概率密度函数

则 $X=e^Y$ 服从参数为 $\mu$ 和 $\sigma^2$ 的对数正态分布。若对数正态分布的均值和方差分别记为 $\mu_L$ 和 $\sigma_L^2$，则参数 $\mu$ 和 $\sigma^2$ 可由下式给出

$$\mu = \ln\left(\frac{\mu_L^2}{\sqrt{\mu_L^2+\sigma_L^2}}\right) \tag{5.58}$$

$$\sigma^2 = \ln\left(\frac{\mu_L^2+\sigma_L^2}{\mu_L^2}\right) \tag{5.59}$$

209

**例 5.29**

　　某类投资存在波动性，其投资回报率服从对数正态分布，均值为 20%，标准差为 5%。试计算对数正态分布的参数。根据现有信息可知，$\mu_L=20$，$\sigma_L^2=5^2$，则由公式(5.58)和(5.59)可得：

$$\mu = \ln\left(\frac{20^2}{\sqrt{20^2+5^2}}\right) \doteq 2.9654$$

$$\sigma^2 = \ln\left(\frac{20^2+5^2}{20^2}\right) \doteq 0.06$$

## 5.4.9　贝塔分布

　　若随机变量 $X$ 的概率密度函数由下式给出

$$f(x) = \begin{cases} \dfrac{x^{\beta_1-1}(1-x)^{\beta_2-1}}{B(\beta_1,\beta_2)}, & 0<x<1 \\ 0, & 其他 \end{cases} \tag{5.60}$$

则 $X$ 服从参数 $\beta_1>0$ 和 $\beta_2>0$ 的贝塔分布，其中 $B(\beta_1,\beta_2)=\Gamma(\beta_1)\Gamma(\beta_2)/\Gamma(\beta_1+\beta_2)$。通常，贝塔分布的累积分布函数没有闭式形式(closed-form)。

　　贝塔分布非常灵活，且具有从 0～1 的有限定义域，如图 5-24 所示。在实践中，我们经常需要定义范围为 $(a,b)$ 而不是 $(0,1)$ 的贝塔分布，其中 $a<b$。这通过定义一个新的随机变量就可以实现，即

$$Y = a + (b-a)X$$

随机变量 $Y$ 的均值和方差分别由下式给出

$$a + (b-a)\left(\frac{\beta_1}{\beta_1+\beta_2}\right) \tag{5.61}$$

及

$$(b-a)^2\left(\frac{\beta_1\beta_2}{(\beta_1+\beta_2)^2(\beta_1+\beta_2+1)}\right) \tag{5.62}$$

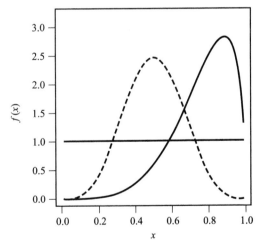

图 5-24　几个贝塔分布的概率密度函数

210

## 5.5　泊松分布

　　考虑随机事件，如到达加工车间的作业、到达邮件服务器的邮件、抵达码头的船舶、到达呼叫中心的电话呼入、工厂中发生故障的设备，等等。这些事件可由计数函数 $N(t)$，$t\geqslant0$ 进行描述。$N(t)$ 代表上述事件在 $[0,t]$ 时段内发生的次数。观测从时刻 0 开始，无论时刻 0 是否有到达产生。对于每一个时段 $[0,t]$，$N(t)$ 是基于观测的随机变量，其可能的

取值为整数 0，1，2…

若满足下列假设，则称计数过程 $\{N(t)，t \geqslant 0\}$ 具有平均到达率为 $\lambda$ 的泊松分布。

1）每次仅产生一个到达事件；

2）$\{N(t)，t \geqslant 0\}$ 是稳态增加的：在时刻 $t$ 和 $t+s$ 之间到达数量的分布仅依赖于间隔时间 $s$，而与起始时刻 $t$ 无关。因此，到达时间完全是随机的，并没有高峰期和低谷期的区别；

3）$\{N(t)，t \geqslant 0\}$ 是独立增加的：在各个非重叠的时间段上，每一个时段内的到达数量是独立的随机变量。那么，某个时间区间内的到达数量对于后续期间的到达数量没有影响。未来事件的到达完全是随机产生的，与过去时段内的到达数量无关。

若事件到达服从泊松分布，即满足上述三个假设，则 $N(t)=n$ 的概率由下式给出

$$P[N(t) = n] = \frac{e^{-\lambda t}(\lambda t)^n}{n!} \qquad 对于 \ t \geqslant 0 \ 且 \ n = 0,1,2,\cdots \qquad (5.63)$$

比较公式（5.63）和（5.19），可知 $N(t)$ 服从参数 $\alpha = \lambda t$ 的泊松分布，则其均值和方差可由下式给出

$$E[N(t)] = \alpha = \lambda t = V[N(t)]$$

对于 $s < t$ 的任何时刻 $s$ 和 $t$，平稳增加的假设暗示着随机变量 $N(t) - N(s)$，即从时刻 $s$ 到时刻 $t$ 的间隔时间内到达数量，服从均值为 $\lambda(t-s)$ 的泊松分布，则有

$$P[N(t) - N(s) = n] = \frac{e^{-\lambda(t-s)}[\lambda(t-s)]^n}{n!} \qquad 对于 \ n = 0,1,2,\cdots$$

及

$$E[N(t) - N(s)] = \lambda(t-s) = V[N(t) - N(s)]$$

现在，我们考虑泊松过程中事件到达的时刻。令第一个事件发生在时刻 $A_1$，第二个事件发生在时刻 $A_1 + A_2$，以此类推，如图 5-25 所示，则 $A_1$，$A_2$，…是彼此连续的间隔时间。若 $t$ 时刻之后才发生第一次到达事件，其前提条件是当且仅当在时段 $[0，t]$ 中没有事件到达，所以有

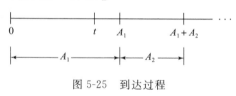

图 5-25    到达过程

$$\{A_1 > t\} = \{N(t) = 0\}$$

因此有

$$P(A_1 > t) = P[N(t) = 0] = e^{-\lambda t}$$

上面等式中的右侧部分来自于公式（5.63），则第一次到达事件发生在 $[0，t]$ 时段内的概率由下式给出

$$P(A_1 \leqslant t) = 1 - e^{-\lambda t}$$

上式是参数为 $\lambda$ 的指数分布的累积分布函数。因此，$A_1$ 服从均值 $E(A_1)=1/\lambda$ 的指数分布，相同地，所有到达间隔时间 $A_1$，$A_2$，…相互独立且均服从均值为 $1/\lambda$ 的指数分布。作为泊松分布另一种定义形式，可以表明，如果到达间隔时间服从指数分布且相互独立，并且满足前面所给出的三个假设条件，则截止到 $t$ 时刻的到达事件个数 $N(t)$ 是一个泊松过程，服从泊松分布。

我们曾经介绍过，指数分布具有无记忆性，也就是说，在间隔时间为 $s$ 的未来时段内，发生事件到达的概率与上一个事件的到达时间无关。那么，到达事件发生概率仅与间隔时间 $s$ 的长度有关。因此，无记忆性质是与泊松分布的彼此独立、平稳增长特性相关的。

有关泊松分布的更多阅读资料可以从多个渠道获得，包含 Parzen[1999]、Feller[1968]和 Ross[2002]等文献。

**例 5.30** _____

作业到达机床加工点服从泊松分布，均值 $\lambda = 2$ 个作业/小时。因此，到达间隔时间服从指数分布，相邻两次到达事件的间隔时间的期望值为 $E(A) = 1/\lambda = \frac{1}{2}$ 小时。

### 5.5.1　泊松分布的性质

Ross[2002]以及其他学者讨论了用于离散系统仿真的泊松过程的几个性质。第一个性质是随机分割（random splitting）。考虑一个泊松过程 $\{N(t)，t \geqslant 0\}$，到达率为 $\lambda$，如图 5-26 中左侧部分所示。

假设每次事件发生时，所发生的事件不是类型 I 就是类型 II。我们进一步假设，I 类事件发生的概率为 $p$，II 类事件发生的概率为 $1 - p$，所有事件的发生是相互独立的。

令 $N_1(t)$ 和 $N_2(t)$ 分别代表在 $[0，t]$ 时段内 I 类事件和 II 类事件发生次数的随机变量，且 $N(t) = N_1(t) + N_2(t)$。可知 $N_1(t)$ 和

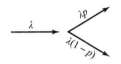

图 5-26　随机分割

$N_2(t)$ 均为泊松过程，到达率分别为 $\lambda p$ 及 $\lambda(1 - p)$，如图 5-26 所示。进一步地，可知两个泊松过程彼此独立。

**例 5.31　随机分割** _____

假设作业到达车间事件服从到达率为 $\lambda$ 的泊松分布，其中 1/3 作业具有高优先级，其余 2/3 具有低优先级。假设 I 类事件对应于高优先级作业，II 类事件对应于低优先级作业。若 $N_1(t)$ 和 $N_2(t)$ 如前定义，则两个随机变量均服从泊松过程，到达率分别为 $\lambda/3$ 和 $2\lambda/3$。

213

**例 5.32** _____

例 5.31 中到达率 $\lambda = 3$ 次/小时，则 2 小时内没有高优先级作业到达的概率服从泊松分布，其参数为 $\alpha = \lambda p t = 2$，则

$$P(0) = \frac{e^{-2} 2^0}{0!} = 0.135$$

现在，考虑与随机分割相反的情况，我们称之为双到达流的池化（pooling of two arrival streams），图 5-27 给出了这种情况。从中可以看出，若 $N_i(t)$ 为相互独立的、服从到达率为 $\lambda_i$（$i = 1$ 或 2）的泊松过程的随机变量，则 $N(t) = N_1(t) + N_2(t)$ 是具有到达率 $\lambda_1 + \lambda_2$ 的随机过程。

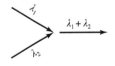

图 5-27　池化过程

**例 5.33　池化过程** _____

一个到达率 $\lambda_1 = 10$ 次/小时的泊松到达流与另外一个到达率 $\lambda_2 = 17$ 次/小时的泊松到达流合并，合并后的到达过程是具有到达率 $\lambda = 27$ 次/小时的泊松过程。

### 5.5.2　非平稳泊松过程

如果我们保留 5.5 节所给出的假设 1 和 3，但是放弃假设 2（平稳增加假设），那么我

们就有了非平稳泊松过程（NonStationary Poisson Process，NSPP），以时刻 $t$ 的到达率 $\lambda(t)$ 进行刻画和表征。NSPP 适用于规定时间内到达率变化的情况，包括餐馆的下单量、工作时间内的电话呼叫，以及下午 6 点左右的比萨外卖订单。

研究 NSPP 的关键是时间长度 $t$ 内的到达期望数，即

$$\Lambda(t) = \int_0^t \lambda(s)\mathrm{d}s$$

作为到达率函数，$\lambda(t)$ 必须是非负的、可积的。对于到达率为 $\lambda$ 的平稳泊松过程，如所期望的那样，有 $\Lambda(t) = \lambda t$。

|214|

令 $T_1$，$T_2$，$\cdots$ 是服从到达率 $\lambda = 1$ 的平稳泊松过程 $N(t)$ 的到达时间，此外，令 $\mathcal{T}_1$，$\mathcal{T}_2$，$\cdots$ 是服从到达率 $\lambda(t)$ 的非平稳泊松过程 $\mathcal{N}(t)$ 的到达时间。非平稳泊松过程与平稳泊松过程的基本关系为：

$$T_i = \Lambda(\mathcal{T}_i)$$
$$\mathcal{T}_i = \Lambda^{-1}(T_i)$$

换句话说，一个非平稳泊松过程可以转换为到达率为 1 的平稳泊松过程，一个到达率为 1 的平稳泊松过程也可以转换成到达率为 $\lambda(t)$ 的非平稳泊松过程，两类转化均与 $\Lambda(t)$ 有关。

**例 5.34** ─────────────────────────────────────────

假设从上午 8 点到中午 12 点期间，邮局的顾客到达率为 2 人/分钟，然后直到下午 4 点，到达率降至 1 人/2 分钟，那么上午 11 点至下午 2 点之间到达顾客人数的概率分布是怎样的？

令 $t = 0$ 对应早上 8 点那一刻，该问题可使用非平稳泊松过程 $\mathcal{N}(t)$ 进行建模，其到达率方程为：

$$\lambda(t) = \begin{cases} 2, & 0 \leqslant t < 4 \\ \dfrac{1}{2}, & 4 \leqslant t \leqslant 8 \end{cases}$$

因此，$0 \sim t$ 时间段内到达数量的期望值为

$$\Lambda(t) = \begin{cases} 2t, & 0 \leqslant t < 4 \\ \dfrac{t}{2} + 6, & 4 \leqslant t \leqslant 8 \end{cases}$$

需要注意的是，计算 $4 \leqslant t \leqslant 8$ 期间内到达数量的期望值，需要累计以下两部分的结果：

|215|

$$\Lambda(t) = \int_0^t \lambda(s)\mathrm{d}s = \int_0^4 2\mathrm{d}s + \int_4^t \frac{1}{2}\mathrm{d}s = \frac{t}{2} + 6$$

由于下午 2 点和上午 11 点分别对应于 $t = 6$ 和 $t = 3$，因此有

$$P[\mathcal{N}(6) - \mathcal{N}(3) = k] = P[N(\Lambda(6)) - N(\Lambda(3)) = k] = P[N(9) - N(6) = k]$$
$$= \frac{\mathrm{e}^{9-6}(9-6)^k}{k!} = \frac{\mathrm{e}^3(3)^k}{k!}$$

其中，$N(t)$ 是到达率为 1 的平稳泊松过程。

## 5.6　经验分布

经验分布（具有离散和连续两种形式）是这样一种分布：其参数来自于样本数据的观测值。经验分布有别于参数型分布（如指数分布、正态分布或者泊松分布），参数型分布由少量参数表征，如均值和方差。当不可能或没有必要确定某个随机变量服从一个特定的参数

型分布时，可使用经验分布进行研究。经验分布的一个优势是无须制定超越样本观测值的任何假设，然而，这一点也是它的一个劣势，因为样本值也许未涵盖全部可能的值域。

**例 5.35  离散型经验分布**

在某家本地餐馆，午餐时间顾客成批到达，每批顾客 1～8 人不等，我们观测了以往 300 批次的顾客到达数量，并在表 5-3 中进行了汇总。相对频率数据列在表 5-3 中，并在图 5-28 中以直方图的形式给出。图 5-29 给出了基于观测数据的累积分布函数，图 5-29 称为基于给定数据的经验分布。

**表 5-3  顾客分批到达人数的分布**

| 每批次到达的顾客人数 | 频率 | 相对频率 | 累积相对频率 |
|---|---|---|---|
| 1 | 30 | 0.10 | 0.10 |
| 2 | 110 | 0.37 | 0.47 |
| 3 | 45 | 0.15 | 0.62 |
| 4 | 71 | 0.24 | 0.86 |
| 5 | 12 | 0.04 | 0.90 |
| 6 | 13 | 0.04 | 0.94 |
| 7 | 7 | 0.02 | 0.96 |
| 8 | 12 | 0.04 | 1.00 |

216

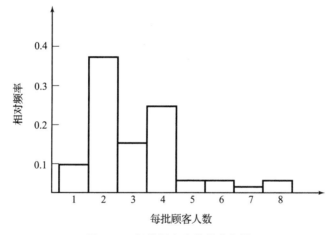

图 5-28  每批顾客人数的直方图

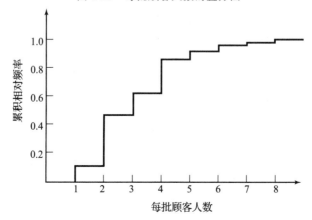

图 5-29  每批顾客人数的经验累积分布函数

**例 5.36 连续型经验分布** _____

我们搜集了 100 次传送带系统因故障而进行维修的时间，结果列在表 5-4 中，例如有 21 次的维修时间介于 0~0.5 小时，以此类推。经验分布的累积分布函数如图 5-30 所示，图中的分段线性曲线通过连接 $[x, F(x)]$ 点获得，点和点之间用直线相连。第一组点对是 $(0，0)$ 和 $(0.5，0.21)$，然后连接 $(0.5，0.21)$ 和 $(1.0，0.33)$，以此类推。关于该方法的更多讨论将在第 8 章介绍。

217

表 5-4 传送带的维修时间

| 间隔时间（小时） | 频率 | 相对频率 | 累积相对频率 |
| --- | --- | --- | --- |
| $0 < x \leqslant 0.5$ | 21 | 0.21 | 0.21 |
| $0.5 < x \leqslant 1.0$ | 12 | 0.12 | 0.33 |
| $1.0 < x \leqslant 1.5$ | 29 | 0.29 | 0.62 |
| $1.5 < x \leqslant 2.0$ | 19 | 0.19 | 0.81 |
| $2.0 < x \leqslant 2.5$ | 8 | 0.08 | 0.89 |
| $2.5 < x \leqslant 3.0$ | 11 | 0.11 | 1.00 |

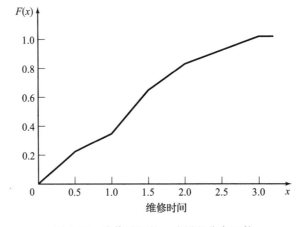

图 5-30 维修时间的经验累积分布函数

## 5.7 小结

大多数情况下，仿真分析人员眼中的世界是依概率而存在的，而非确定性的。本章旨在回顾几个重要的概率分布，使读者熟悉本书后续章节所使用的符号，以及揭示概率分布如何应用在仿真环境之中。

仿真的一个主要任务是搜集和分析系统输入数据，其中第一步是假设输入数据的概率分布类型，这个步骤需要通过比较概率密度函数或分布律与所采集数据的直方图，以及充分了解特定分布的自然过程的基础上加以实现（计算机软件有助于辅助这项工作，相关内容将在第 9 章讨论）。本章倾向于让读者强化理解各类统计分布的性质，并使读者深入了解概率分布的诞生背景。此外，输入数据的概率模型常用于在仿真中生成随机事件。

218

通过本章的学习，相信一些概率或统计特性已经给读者留下了深刻的印象，如离散分布、连续分布和经验分布之间的差异、泊松分布及其特征、伽马分布和韦布尔分布的多样性，等等。

## 参考资料

BANKS, J., AND R. G. HEIKES [1984], *Handbook of Tables and Graphs for the Industrial Engineer and Manager*, Reston Publishing, Reston, VA.

DEVORE, J. L. [1999], *Probability and Statistics for Engineers and the Sciences*, 5th ed., Brooks/Cole, Pacific Grove, CA.

FELLER, W. [1968], *An Introduction to Probability Theory and Its Applications*, Vol. I, 3d ed., Wiley, New York.

GORDON, G. [1975], *The Application of GPSS V to Discrete System Simulation*, Prentice-Hall, Englewood Cliffs, NJ.

HADLEY, G., AND T. M. WHITIN [1963], *Analysis of Inventory Systems*, Prentice-Hall, Englewood Cliffs, NJ.

HINES, W. W., AND D. C. MONTGOMERY [1990], *Probability and Statistics in Engineering and Management Science*, 3d ed., Wiley, New York.

LAW, A. M., AND W. D. KELTON [2000], *Simulation Modeling & Analysis*, 3d ed., McGraw-Hill, New York.

PAPOULIS, A. [1990], *Probability and Statistics*, Prentice Hall, Englewood Cliffs, NJ.

PARZEN, E. [1999], *Stochastic Process*, Classics in Applied Mathematics, 24, Society for Industrial & Applied Mathematics, Philadelphia, PA.

PEGDEN, C. D., R. E. SHANNON, AND R. P. SADOWSKI [1995], *Introduction to Simulation Using SIMAN*, 2d ed., McGraw-Hill, New York.

ROSS, S. M. [2002], *Introduction to Probability Models*, 8th ed., Academic Press, New York.

WALPOLE, R. E., AND R. H. MYERS [2002], *Probability and Statistics for Engineers and Scientists*, 7th ed., Prentice Hall, Upper Saddle River, NJ.

## 练习题

1. 某生产过程用于制造游艇舷外发动机的配套交流发电机。在引擎组装厂进行测试时，平均有 1% 的交流发电机不能按所需标准运行。当一大批交流电机运抵组装工厂时，从中抽取 100 台进行测试，若有两台以上不合格，则退回全部电机。试问货物被退回的概率是多少？

2. 某种用在涂料中、具有阻燃效果的工业化学试剂被研发出来，本地销售代表依据以往经验，估计 48% 的营销电话会带来销售订单。那么：

   a) 一天之中，第 1 张销售订单源自于第 4 个营销电话的概率是多少？

   b) 若一天中打出 8 个营销电话，那么获得 6 张销售订单的概率是多大？

   c) 若午饭前打出 4 个营销电话，至多收到一张订单的概率有多大？ 219

3. 一项最新的调查显示，82% 的 25 岁单身女性将会结婚。使用二项分布，计算 20 个样本中有 2~3 个女性不结婚的概率？

4. 老鹰队当前胜率为 55%，未来两周内老鹰队将有 5 场比赛，请问其胜场多于负场的概率有多大？

5. Joe Coledge 是 Lower Alatoona 大学橄榄球队中排名第 3 的四分卫，Joe 在比赛中的上场概率是 0.40，那么：

   a) Joe 第一次登场比赛发生在赛季第 4 场的概率有多大？

   b) Joe 在前 5 场比赛中登场次数低于 2 次的概率是多少？

6. 随机变量 $X_1$ 和 $X_2$ 均服从参数 $\lambda=1$ 的指数分布，试计算 $P(X_1+X_2>2)$。

7. 请证明几何分布具有无记忆性。

8. 飓风每年袭击佛罗里达海岸的次数服从均值为 0.8 的泊松分布，那么：

   a) 一年之内飓风袭击佛罗里达海岸 2 次以上的概率是多少？

   b) 一年内只有一次飓风袭击的概率是多少？

9. 银行免下车窗口服务柜台的顾客到达服从泊松分布，到达率为 1.2 次/分钟，那么：

   a）未来 1 分钟内没有顾客到达的概率是多少？

   b）未来 2 分钟内没有顾客到达的概率是多少？

10. 数据显示，某州立大学期中时会有 1.8% 的新生退学。在随机抽取一个 200 人的新生样本中，退学学生人数等于小于 3 人的概率是多少？

11. Lane Braintwain 是一名很受欢迎的学生。Lane 平均每晚会接到 4 个电话（服从泊松分布）。那么明天晚上，Lane 收到电话呼叫次数超过均值一个标准差的概率是多少？

12. 某种聚光镜的订货提前期需求服从均值为 6 单位的泊松分布。请为仓库管理者设计一张表格，其中标明为实现下述需求覆盖率的采购订单数量：50%、80%、90%、95%、97%、97.5%、99%、99.5% 及 99.9%。

13. 随机变量 $X$ 的分布律由 $p(x)=1/(n+1)$ 指定，且取值范围 $R_X=\{0,1,2,\cdots,n\}$，则称其服从离散均匀分布。

    a）计算均值和方差。提示：

    $$\sum_{i=1}^{n} i = \frac{n(n+1)}{2} \quad \text{且} \quad \sum_{i=1}^{n} i^2 = \frac{n(n+1)(2n+1)}{6}$$

    b）若 $R_X=\{a,a+1,a+2,\cdots,b\}$，计算 $X$ 的均值和方差。

14. 卫星在轨寿命（单位：年）由下面的概率密度函数给出

    $$f(x)=\begin{cases}0.4e^{-0.4x}, & x\geqslant 0 \\ 0, & \text{其他}\end{cases}$$

    a）卫星使用 5 年后仍然"存活"的概率？

    b）卫星入轨后 3～6 年内失效的概率？

15. 某大型计算机发生系统崩溃的次数服从泊松分布，故障到达率均值为每 36 小时一次。计算下一次系统崩溃发生在上一次崩溃之后 24～48 小时之内的概率。

16. 当 $n$ 较大 $p$ 较小的时候，即 $p<0.1$，泊松分布可用于近似估计二项分布。使用泊松分布进行近似计算时，需令 $\lambda=np$。在滚珠生产过程中，出现起泡或者压痕的滚珠不宜销售。已知平均每 800 个滚珠中有 1 个滚珠具有一个或多个缺陷。试问在 4000 个滚珠样本中发现少于 3 个问题滚珠的概率是多少？

17. 对于服从指数分布的随机变量 $X$，找出合适的 $\lambda$ 值，使之满足下式

    $$P(X\leqslant 3)=0.9P(X\leqslant 4)$$

18. 发生在某工业区的意外事件，每次只有一起，事件彼此独立，具有完全随机性，平均每周发生一次意外事件。那么在未来 3 周内不发生意外事件的概率是多少？

19. 某零部件的无故障工作时间服从均值为 10 000 小时的指数分布。

    a）该零部件已经使用了 10 000 小时（寿命均值），则其在未来 5 000 小时内出现故障的概率是多少？

    b）若已经使用了 15 000 小时，该零部件仍然处于正常状态。那么该零部件继续正常使用 5 000 小时的概率是多少？

20. 假设某种电池一旦失效就无法继续使用，其无故障工作时间服从均值为 48 个月的指数分布。在使用了 60 个月之后，该电池仍可正常使用，那么：

    a）该电池在未来 12 个月内失效的概率是多少？

    b）该电池失效发生在其生命周期奇数年内（第 1、3、5 年，等等）的概率是多少？

    c）若该电池在使用了 60 个月之后仍可使用，计算其剩余寿命的期望值。

21. 银行免下车窗口服务柜台的顾客服务时间服从均值为 50 秒的指数分布，那么：

    a) 对于一名正在到达的顾客来说，排在他前面的 2 名顾客每人于 60 秒钟内完成服务的概率是多少？

    b) 排在前面的 2 名顾客完成服务，以使得正在到达顾客能在 2 分钟之内开始服务的概率是多少？

22. 确定三角分布的方差 $V(X)$。

23. Hardscrabble 工具和模具公司的日用水量（单位：千升）服从伽马分布，形状参数为 2，尺度参数为 1/4。那么某一天用水量超过 4 千升的概率是多少？

24. 当 Admiral Byrd 抵达北极点时，他穿着电池供能的保暖内衣。这种电池是瞬间失效而非缓慢失效。电池寿命服从指数分布，均值为 12 天。旅行耗时 30 天。Admiral Byrd 携带了 3 块电池。这 3 块电池足够本次旅行所需的概率是多少？

25. 某网页被远程计算机点击的间隔时间服从指数分布，均值为 15 秒。计算第 3 次网页点击发生在 30 秒之后的概率？

26. 亚特兰大机场的有轨摆渡车拥有双路电子制动系统，如果第一套制动系统失效，则车辆自动切换到备用制动系统，如果两套系统都失效，将发生撞车事故。假设每一套制动系统的寿命服从指数分布，平均运行时间为 4000 小时。若每隔 5000 小时检查一次制动系统，则在检查之前不会发生撞车的概率为多大？

27. 假设车辆到达收费站服从平均间隔时间为 15 秒的泊松分布。则 1 分钟内到达 3 辆车的概率有多大？

28. 假设到达 Sticky 面包店的顾客服从均值为 30 人/小时的泊松过程，那么连续两位顾客与其上一位顾客的到达间隔时间大于 5 分钟的概率是多少？

222

29. Dipsy Doodle 教授在每次考试中给出 6 道考题。每道考题平均花费教授 30 分钟对全班 15 名学生进行评分，每道考题的评分时间服从指数分布，这些考题相互独立。那么：

    a) 教授完成全部评分所花时间不高于 2.5 小时的概率？

    b) 最可能的评分时间是多少？

    c) 期望评分时间是多少？

30. 飞机拥有双液压系统，如果第一套系统失效则自动切换到备用系统。如果两套系统均失效，则飞机坠毁。假设一套液压系统的寿命服从指数分布，均值为 2000 飞行小时。

    a) 若液压系统每隔 2500 飞行小时检查一次，则飞机在检查时间到来之前坠毁的概率有多大？

    b) 若检查间隔时间调整到 3000 飞行小时，那么危险程度有多大？

31. 随机变量 $X$ 服从贝塔分布，其概率密度函数为

$$f(x) = \begin{cases} \dfrac{(\alpha+\beta+1)!}{\alpha!\beta!}x^{\alpha}(1-x)^{\beta}, & 0 < x < 1 \\ 0, & \text{其他} \end{cases}$$

证明当 $\beta_1 = \beta_2 = 1$ 时，贝塔分布在单位区间内为均匀分布。

32. 提前期服从伽马分布（时间单位为 100 小时），形状参数为 3，尺度参数为 1。在即将到来的采购循环中提前期超过 2 个时间单位（200 小时）的概率是多少？

33. 有一种廉价的计算机视频卡，其寿命周期以月为单位，使用随机变量 $X$ 表示，服从参数 $\beta=4$ 和 $\theta=1/16$ 的伽马分布。该视频卡可以持续使用至少 2 年的概率是多少？

34. 美国许多州的车牌号具有如下格式：字母-字母-字母-数字-数字-数字，其中后三位数

字是随机的，范围从 100~999。

　　a）随机查看两个车牌号，其后三位数字分别大于 500 的概率是多少？

　　b）随机查看两个车牌号，其后三位数字之和大于 1000 的概率是多少？

（提示：使用连续均匀分布近似替代离散均匀分布，两个独立的连续均匀分布之和为三角分布。）

35. 令 $X$ 为服从正态分布的随机变量，均值为 10，方差为 4。试确定 $a$ 和 $b$ 的值，使得 $P(a<X<b)=0.90$ 且 $|\mu-a|=|\mu-b|$。

36. 给定如下分布：$Normal(10,4)$，$Triangular(4,10,16)$，$Uniform(4,16)$，试计算上述每个分布中 $6<X<8$ 的概率？

37. 某物料的采购（或生产）提前期近似服从正态分布，均值为 20 天，方差为 4 天$^2$。计算实际时间超过提前期均值 1%、5% 及 10% 的概率？

38. 全社会人群智商（IQ）分值服从正态分布，均值为 100，标准差为 15。

　　a）智商高于 140 的人被称为"天才"，全社会中有多大比例的人属于天才？

　　b）全社会中智商低于 5 的群体比例有多大？

　　c）假设某个通过认证的学院或大学需要 110 或更高的 IQ 才能毕业，则低于该智商标准而无法完成高等教育的人群比例有多大？

39. 某种型号的连杆需要由三个轴组装完成。各个轴的长度（单位：厘米）服从下述分布：

　　一号轴：$N(60,0.09)$

　　二号轴：$N(40,0.05)$

　　三号轴：$N(50,0.11)$

　　试回答以下问题：

　　a）连杆的长度服从什么分布？

　　b）连杆长度不超过 150.2 厘米的概率是多少？

　　c）连杆长度的容限（tolerance limit）为（149.83，150.21），连杆长度位于容限之内的比例有多大？

　　（提示：若 $\{X_i\}$ 是 $n$ 个独立的正态随机变量，且 $X_i$ 的均值为 $\mu_i$，方差为 $\sigma_i^2$，则

$$Y = X_1 + X_2 + \cdots + X_n$$

服从均值 $\displaystyle\sum_{i=1}^{n}\mu_i$、方差 $\displaystyle\sum_{i=1}^{n}\sigma_i^2$ 的正态分布）

40. 镍镉电池中蓄电池极柱（battery post）的周长服从韦布尔分布，参数分别为 $\nu=3.25cm$，$\alpha=0.005cm$，$\beta=1/3$，则

　　a）对于随机抽取的蓄电池极柱，其周长大于 3.40cm 的概率？

　　b）若蓄电池极柱大于 3.50cm，将无法穿过电池的中心孔；若小于 3.30cm，则夹具无法充分紧固。以上两类原因所造成极柱废弃的概率是多少？

41. 镍镉电池的无故障工作时间服从韦布尔分布，参数分别为 $\nu=0$，$\alpha=1/2$ 年，$\beta=1/4$，回答以下问题

　　a）电池使用不足 1.5 年就发生故障的比例是多少？

　　b）超过平均寿命的电池所占的比例是多少？

　　c）电池寿命介于 1.5~2.5 年之间的比例是多少？

42. Gipgip 养猪场在五月的电力需求服从三角分布，参数分别为 $a=100$ 千瓦时，$c=1800$ 千瓦时，中位数为 1425 千瓦时。该月最可能的用电量是多少？

43. 某型号电子组件的无故障工作时间服从韦布尔分布，其位置参数为 0，$\alpha = 1000$ 小时，$\beta = 1/2$，请回答以下问题：

a) 平均无故障工作时间是多少？

b) 这些组件可以使用 3000 小时的概率是多少？

44. 在 58 号洲际高速公路的 Hahira 检测站对过往的三轴卡车称重，发现卡车重量服从韦布尔分布，参数分别为 $\nu = 6.8$ 吨，$\alpha = 1/2$ 吨，$\beta = 1.5$。请帮助确定适当的重量容限（weight limit），使得只有 1% 的卡车被归为超重行驶。

45. Sag Revas 型汽车的油耗定额（一加仑汽油所行驶的里程）指示器的当前读数为平均 25.3 英里/加仑。假设 Sag Revas 汽车的油耗定额服从最小值为 0、最大值为 50 英里/加仑的三角分布。那么该三角分布的中位数应该是多少？

46. 邮政信件搬运工要驾车经由 5 个路段组成的路线，时间单位为分钟，每一个路段所花时间服从正态分布，均值和方差如下所示：

| | |
|---|---|
| Tennyson Place | $N(38, 16)$ |
| Windsor Parkway | $N(99, 29)$ |
| Knob Hill Apartments | $N(85, 25)$ |
| Evergreen Drive | $N(73, 20)$ |
| ChastainShopping Center | $N(52, 12)$ |

除了上面所提到的行程时间，搬运工在中央办公室还需要整理邮件，所需时间服从 $N(90, 25)$。从中央办公室开车前往行程第一站需要花费的时间服从 $N(10, 4)$。完成全部行程后返回中央办公室需要花费的时间服从 $N(15, 4)$。然后，搬运工还要做一些管理工作，所费时间服从 $N(30, 9)$，回答以下问题：

a) 搬运工每天工作时间的期望值是多少？

b) 搬运工每天工作 8 小时以上称为加班。某一天搬运工需要加班的概率是多少？

c) 若每周有 6 个工作日，搬运工每周加班两天及以上的概率有多大？

d) 某一天全部行程时间在 8 小时±24 分钟范围内的概率？（提示：参考习题 39）

47. WD-1 型计算机芯片的无故障工作时间已知服从韦布尔分布，参数为 $\nu = 0$，$\alpha = 400$ 天，$\beta = 1/2$。计算其无故障工作时间超过 600 天的比例。

48. Schocker's 百货公司将电视机连接在一起完成展示。当一台电视机发生故障时，另外一台同样型号的电视机会被打开。有 3 台这样的电视机被连接在一起。这些电视机的寿命彼此独立，每台电视机的寿命服从指数分布，均值为 10 000 小时。计算该联机系统整体寿命超过 32 000 小时的概率。

49. 随机变量 $X$ 代表密西西比州 Biloxi 市 7 月 21 日的温度，$X$ 有如下概率密度函数，其中 $X$ 的单位为华氏度：

$$f(x) = \begin{cases} \dfrac{2(x-85)}{119}, & 85 \leqslant x \leqslant 92 \\ \dfrac{2(102-x)}{170}, & 92 < x \leqslant 102 \\ 0, & \text{其他} \end{cases}$$

a) 温度的方差 $V(X)$ 是多少？（提示：如果求解出题目 22，这道题就很容易了。）

b) 温度的中位数是多少？

c) 温度的众数（最可能温度）是多少？

50. Eastinghome 牌灯泡的无故障工作时间服从韦布尔分布，参数分别为 $\nu = 1.8 \times 10^3$ 小时，$\alpha = 1/3 \times 10^3$ 小时，$\beta = 1/2$，请回答：

a) 超过平均寿命的灯泡占比。

b) 灯泡寿命的中位数。

51. 采购提前期需求服从伽马分布，以 100 为单位，形状参数为 2，尺度参数为 1/4。在下一个订货周期内，提前期需求超过 4 单位(400)的概率是多少？

52. 令时间 $t=0$ 对应于上午 6 点，假设早餐店的营业时间从上午 6 点到上午 9 点，顾客到达率(每小时的顾客到达数量)如下：

$$\lambda(t) = \begin{cases} 30, & 0 \leqslant t < 1 \\ 45, & 1 \leqslant t < 2 \\ 20, & 2 \leqslant t \leqslant 4 \end{cases}$$

假设本题适用非平稳泊松过程，请回答以下问题：

a) 推导出 $\Lambda(t)$。

b) 计算上午 6:30～8:30 之间顾客到达人数的期望值。

226

c) 计算上午 6:30～8:30 之间顾客到达数量低于 60 的概率。

# 排 队 模 型

仿真常用于分析排队系统模型。在一个简单而典型的排队模型中，如图 6-1 所示，顾客持续到达并加入队列之中，然后接受服务，最后离开系统。术语"顾客"指的是向系统请求服务的任何类型的实体。因此，大多数服务设施、生产系统、维修和维护设施、通信和计算机系统、运输和物料搬运系统均可视为排队系统。

无论使用数学方法求解还是通过仿真进行分析，排队模型都为分析人员提供了一个设计和评价排队系统性能的工具。衡量排队系统性能的典型指标包括服务台利用率（服务台忙时占比）、排队队列长度、顾客等待时间。通常，当设计或试图改进一个排队系

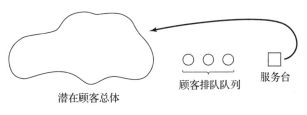

图 6-1  简单排队模型

统时，分析人员（或决策者）需要依据排队队列长度和顾客等待时间等指标，在服务台利用率和顾客满意度之间进行权衡。排队论和仿真分析被用来预测这些衡量系统性能的指标，这些指标可看作输入参数的函数。输入参数包括顾客到达率、顾客对服务的需求、服务台工作时间所占比率、服务台数量和安排方式。某种程度上，一些输入参数可由管理者直接控制。因此，对于特定系统而言，如果系统性能衡量指标与输入参数之间的关系是明确的，那么系统性能就可由管理者间接控制。

对于简单的系统，系统性能指标可以运用数学计算方式得到，这与使用仿真模型相比，可以节省大量时间与成本。但是，对于现实世界中的复杂系统，通常只能使用仿真方法。无论如何，尽管基于简化和假设，解析模型对于粗略估计系统性能依然是有价值的。这种粗略估计可以借助更逼真的仿真模型实现进一步的精准化，同时也可用于检验仿真模型是否正确。简单模型也有助于理解排队系统的动态行为特征，以及了解各种性能度量指标之间的关系。本章不做排队论的数学推导，而是讨论一些广为人知的排队模型。读者可以参阅 Hillier 和 Lieberman（2005）或者 Winston（2004）中的相应章节。Cooper（1990）Gross 和 Harris（1997）、Hall（1991）以及 Nelson（1995）等文献给出了更多从应用视角出发的例子，后两篇文献尤其着重介绍了工程和管理方面的应用。

本章将探讨排队模型的一般特性、主要系统性能度量指标的含义及关系、通过仿真估计系统性能指标的均值、输入变量变化的影响，以及不多几个相对重要且基本的排队模型的数学求解过程。

## 6.1  排队系统的特点

排队系统的关键要素是顾客和服务台，"顾客"（customer）指的是任何一个到达并要求服务的个体，例如，人、机器、车辆、病人、托盘、飞机、电子邮件、案件、订单或者脏衣服等。"服务台"（server）指的是能够提供所需服务的各种资源（人、机器等），包括接待员、维修工、技师、医务人员、自动化仓储设备（例如各类起重机）、机场跑道、自动打

包机、订单拣货员、计算机 CPU 或者洗衣机等。术语"占用"(employed)通常是指一名顾客到达一个服务台,但有时也可能是服务台移动到顾客面前。例如,一个维修工走向一台损坏的设备。这仅仅是措辞问题,无关模型的有效性。表 6-1 列出了一些系统或子系统,由到达顾客和一个或多个服务台构成。本节剩下部分将更为详细地介绍排队系统的一些基本元素和内容。

228

### 6.1.1 顾客总体

所有的潜在顾客被称为顾客总体(call-ing population),或顾客源,可假设其总量为有限或无限。例如,在一个小型企业中,若其雇员的个人计算机出现故障,由 3 名 IT 工程师负责维修。当一台计算机出现故障,或需要软件更新时,只需要一名 IT 工程师修理即可。本例中,当计算机需要维护时,计算机就是"顾客";IT 工程师就是"服务台",他们负责提供维修、软件升级等服务;顾客总体就是公司的全部个人计算机,其数量是有限的。

当系统中顾客源数量很大时,顾客源通常被假设为无限的。对于此类系统,这种假设通常无伤大雅,并且可以简化模型。无限源排队系统的例子包括餐馆、银行或其他类似的服务机构以及一个大型公司中雇员的计

表 6-1 一些排队系统的例子

| 系统 | 顾客 | 服务台 |
| --- | --- | --- |
| 接待处 | 访客 | 接待员 |
| 修理厂 | 机器 | 维修工 |
| 汽车修理厂 | 卡车 | 技师 |
| 机场安检处 | 乘客 | 行李 X 射线检测仪 |
| 医院 | 病人 | 护士 |
| 仓库 | 托盘 | 铲车 |
| 机场 | 飞机 | 跑道 |
| 生产线 | 箱子 | 装箱工人 |
| 仓库 | 订单 | 订单拣货员 |
| 路网 | 汽车 | 交通灯 |
| 杂货店 | 购物者 | 收银台 |
| 洗衣店 | 脏衣服 | 洗衣机/烘干机 |
| 加工中心 | 加工任务 | 机器/工人 |
| 贮木场 | 卡车 | 吊车 |
| 锯木厂 | 原木 | 锯 |
| 计算机 | 邮件 | CPU、硬盘 |
| 电话 | 呼叫 | 交换机 |
| 售票处 | 球迷 | 售票员 |
| 公共交通 | 乘客 | 公共汽车、火车 |

算机群。有时,尽管顾客源实际数量是有限的,但当其足够大时,即任意时刻被服务或等待服务的顾客数是顾客源总量中的很小一部分时,使用无限源模型通常是安全的。

有限源模型与无限源模型的主要区别在于定义顾客到达率的方式。在无限源模型中,到达率(单位时间内到达顾客的平均数量)不受已进入排队系统顾客数量的影响。当到达过程稳定时(没有高峰时段),到达率通常被假定为常数;另一方面,对于有限源模型,排队系统到达率通常取决于被服务顾客以及排队顾客数量。极端地,假设顾客源只有一个顾客,例如一架商务飞机,当它由一支处于 24 小时待命状态的维修队维护时,系统到达率是 0,因为在这期间再没有其他飞机能够到达。我们再举一个更为典型的例子。假设 5 名病人被指派给同一位护士,当所有病人都不需要服务时,护士是空闲的,此时到达率最大,因为任何病人都有可能在下一时刻需要护士护理;当 5 名病人都呼叫了护士(其中四名病人等待,一名正在接受服务)时,到达率为 0,因为在护士结束当前工作之前,顾客源中没有病人,直到当前第一位病人完成护理之后返回顾客源,才有可能产生新的呼叫。当 5 名病人都不需要服务时,此时到达率最大。这听起来似乎很奇怪,但是到达率本身的定义就是下一单位时间内到达顾客数量的数学期望,所以当下一单位时间所有病人都可能呼叫护士时到达率最大。

229

### 6.1.2 系统容量

很多排队系统能够容纳的顾客数量是有限的。例如,一个自动洗车店的排队空间可能

只能容纳 10 辆车，在路边等待可能太危险(或违法)。一名刚到达的顾客发现队列空间已满，就不会进入队列而是立即离开，再次回到顾客源中。有些系统，如音乐会的学生购票处，可以被视为容量无限，因为并没有对购票学生排队人数加以限制。稍后我们将看到，当系统容量(capacity)有限时，到达率(单位时间内到达的顾客数量)和有效到达率(单位时间内到达并进入系统的顾客数量)是有区别的。

### 6.1.3　到达过程

无限源模型的到达过程通常用连续顾客到达的间隔时间来描述，到达可能按时刻表(schedule time)发生或随机发生。随机到达时，到达间隔时间通常用概率分布来刻画，并且顾客可能一次到达一个，也可能批量到达，批量到达的顾客数量可以是固定的常数或随机的数量。

最重要的随机到达模型是泊松到达过程。令 $A_n$ 代表第 $n-1$ 位顾客与第 $n$ 位顾客之间的到达间隔时间($A_1$ 是第一位顾客到达的真实时间)，那么对于一个泊松到达过程来说，$A_n$ 是均值为 $1/\lambda$ 的指数分布，到达率指的是每单位时间内平均到达 $\lambda$ 位顾客。在一段长度为 $t$ 的间隔时间内的到达数量记为 $N(t)$，$N(t)$ 服从以 $\lambda t$ 为均值的泊松分布。如欲深入探讨泊松分布与指数分布的关系，可参阅 5.5 节。

泊松到达过程已经成功应用于描述下列场景中的到达情况：餐馆、免下车银行或其他服务设施；呼叫中心收到的电话呼入；需求、服务或生产订单的到达；损坏的部件或机器到达维修厂。通常，泊松到达过程适用于顾客总体数目较大且顾客到达相互独立的情况。

第二种重要的到达类型是按时刻表到达，例如病人按预约时间到达医生办公室，或航班按时刻表飞抵机场。在这种情况下，使用实际到达时间与时刻表之间的正负偏差进行描述会更容易一些，所以这里不使用到达间隔时间。

第三种情况是队列中总是至少有一名顾客，所以服务台不会因为没有顾客而空闲。例如，对于一项生产活动来说，原材料相当于顾客，我们通常假定有源源不断的原材料及时供应。

对于有限源模型，到达过程用一种完全不同的形式描述。我们将潜在(pending)顾客定义为在顾客源中尚未进入排队系统的顾客，并且是顾客总体的一员。例如，当住院病人不需要服务时，就是潜在顾客，当其呼叫护士时就成为排队系统内的顾客了。运行期(runtime)被定义为从顾客离开排队系统到其再次进入队列的间隔时间。令 $A_1^{(i)}$，$A_2^{(i)}$，$\cdots$ 为顾客 $i$ 的运行期，令 $S_1^{(i)}$，$S_2^{(i)}$，$\cdots$ 为相应的服务时间，且 $W_{Q1}^{(i)}$，$W_{Q2}^{(i)}$，$\cdots$ 为相应的等待时间，即从进入排队系统到接受服务之间的排队时间。因此，$W_n^{(i)}=W_{Qn}^{(i)}+S_n^{(i)}$ 即为顾客 $i$ 在其第 $n$ 次访问排队系统时在系统中停留的总时间。图 6-2 结合医院例子中的 3 号病人阐述了这一概念。总的到达过程是所有顾客到达的叠加，图 6-2 展示了 3 号病人的前两次到达，但是这两次到达在整个系统的到达过程中未必相邻。举例来说，假设所有病人在时刻 0 都是潜在病人，系统的第一次到达发生在时刻 $A_1=\min\{A_1^{(1)}，A_1^{(2)}，A_1^{(3)}，A_1^{(4)}，A_1^{(5)}\}$，假如 $A_1=A_1^{(2)}$，那么 2 号病人是时刻 0 后第一个到达系统的(第一个呼叫护士的)。如前所述，到达率并非一成不变，而是潜在顾客数量的函数。

机器维修问题是有限源模型的一个重要应用。此处机器即为顾客，到达间隔时间在这里即为故障间隔时间(常称为无故障工作时间，time to failure)。当一台机器发生故障时，它到达排队系统(修理处)并停留于此直至被修好。对于某些设备来说，无故障工作时间可用指数分布、韦布尔分布、伽马分布(见第 5 章)等来描述。到达间隔时间为指数分布的模型通常易于分析，6.5节给出了一个例子。通常假定无故障工作时间在统计上相互独立，但是它可能受其他因素影响，如机器上次大修后迄今使用时长。

3号患者的状态

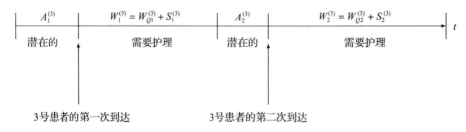

图 6-2　有限总体模型的到达过程

### 6.1.4　排队行为和排队规则

排队行为指的是顾客在队列中等待服务时的行为，在某些情况下，到达顾客存在下述可能行为：不加入队列（balk，看到队列过长而离开）、中途离队（renege，进入队列后发现队伍移动缓慢而离开）、变换队列（jockey，顾客认为当前队列移动较慢，因此从当前队列转到其他队列）。

排队规则指的是顾客在队列中的逻辑顺序，它决定了服务台变为空闲时会选择给哪一位顾客提供服务。常见的排队规则包括先进先出（FIFO）、后进先出（LIFO）、随机顺序（SIRO）、最短服务时间优先（SPT）、按优先级服务（PR）。制造系统中的排队规则有时基于某项工作的截止期限及其期望完成时间。需要注意的是，FIFO指的是先到达的顾客先接受服务，但先到达的顾客未必先离开排队系统，因为离开时间还会受服务时长影响。

### 6.1.5　服务时间和服务规则

每位顾客接受服务的时长依次记为 $S_1$，$S_2$，$S_3$，…它们可能是常数或随机数，在上一个例子中，$\{S_1$，$S_2$，$S_3$，…$\}$通常被认为是一系列独立的、具有特定分布的随机变量。指数分布、韦布尔分布、伽马分布、对数正态分布、截尾正态分布（truncated normal distribution）都可用来描述不同情景下的服务时间。有时，对于某一类具有特定类别、等级或优先级的顾客来说，其服务时长具有相同的分布；反之，不同类别顾客的服务时长可能具有截然不同的分布。此外，在一些系统中，服务时长与当前时刻或队列长度有关，例如，在队列特别长的时候，服务员的服务速度可能会比平时更快，这种高效率将缩短服务时长。

排队系统由一定数量的服务中心，以及与之相连的队列组成。每个服务中心都包含若干并行工作的服务台，其数量记为 $c$；排在队首的顾客会占用第一个可用（状态变为空闲）的服务台。无论是单服务台（$c=1$）、多服务台（$(1<c<\infty)$，还是无穷多个服务台（$c=\infty$），这种并行服务规则都适用。自助服务（self-service）设施通常被认为具有无穷多个服务台。

### 例 6.1

在某折扣店，顾客可以选择自助服务，或等待三名店员中的一人为其服务，另有一名收银员负责收款。系统流程如图 6-3 所示。包含队列 2 和服务中心 2 的子系统在图 6-4 中详细给出。服务规则的其他变化包括允许批量服务（一名服务员同时服务多位顾客）以及一

231

位顾客同时占用多名服务员。在折扣店中，一名店员可以同时处理几个小订单，但可能同时需要两名店员来处理重量较大的物品。

232

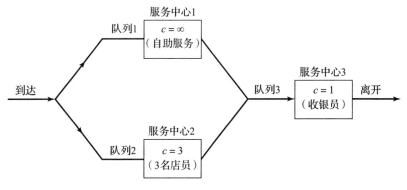

图 6-3 拥有三个服务中心的折扣仓库

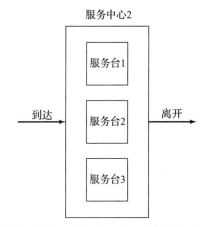

图 6-4 服务中心 2，拥有 $c=3$ 个并行服务台

**例 6.2**

　　某糖果加工厂有一条生产线，由 3 台设备组成，设备由在制品库存暂存区（inventory-in-process buffers）隔开。第一台设备制作并包装单块糖果，第二台设备把 50 块糖果装入一个盒子，第三台设备将盒子封好并进行外包装。两个暂存区都有存储 1000 盒糖果的容量，如图 6-5 所示，该系统的模型包含 3 个服务中心，每个服务中心有 $c=1$ 个服务台（一台设备），设备之间的队列长度有限制。假设队列 1 处的原材料一直供应充足，由于队列长度限制，当设备 1 后面的暂存区（队列 2）饱和时设备 1 会关停，当设备 2 前面的暂存区为空时设备 2 会关停。简言之，这个系统由 3 个单服务台的排队子系统按照顺序构成，存在队列长度限制，队列 1 具有连续到达的实体流。

233

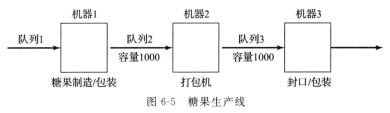

图 6-5 糖果生产线

## 6.2    排队论中的符号

考虑到排队系统的多样性，Kendall(1953)针对并行(parallel)服务台系统提出了一套被广为采用的符号体系。这一体系的缩略版格式为 $A/B/c/N/K$，各字母的含义如下：

- $A$——到达间隔时间分布
- $B$——服务时间分布
- $c$——并行服务台个数
- $N$——系统容量限制
- $K$——顾客源规模

对 $A$ 和 $B$ 的通用符号包括 $M$(指数分布或马尔可夫分布)、$D$(常数或确定性分布)、$E_k$($k$ 阶爱尔朗分布)、$PH$(相态类型)、$H$(超指数分布)、$G$(任意或一般性分布)、$GI$(一般性的独立分布)。

例如，$M/M/1/\infty/\infty$ 表示一个具有无限队列长度和无限顾客源的单服务台系统，到达间隔时间和服务时间均服从指数分布。当 $N$ 和 $K$ 无限大时，可以略去不写，例如 $M/M/1/\infty/\infty$ 可以缩写为 $M/M/1$，护士给 5 个病人提供服务可表示为 $M/M/1/5/5$。

表 6-2 中列出了本章中用到的其他指代并行服务台系统的符号，不同系统中的符号含义可能略微不同。假设所有系统都采用先进先出规则(FIFO)。

**表 6-2    并行服务台排队系统的标识符号**

| | |
|---|---|
| $P_n$ | 系统中有 $n$ 位顾客的稳态概率 |
| $P_n(t)$ | 在 $t$ 时刻系统中有 $n$ 位顾客的概率 |
| $\lambda$ | 到达率 |
| $\lambda_e$ | 有效到达率 |
| $\mu$ | 单服务台的服务率 |
| $\rho$ | 服务台利用率 |
| $A_n$ | 顾客 $n-1$ 与顾客 $n$ 之间的到达间隔时间 |
| $S_n$ | 第 $n$ 位顾客接受服务的时长 |
| $W_n$ | 第 $n$ 位顾客在系统中的总时长 |
| $W_n^Q$ | 第 $n$ 位顾客在队列中的等待时长 |
| $L(t)$ | $t$ 时刻在系统中的顾客数 |
| $L_Q(t)$ | $t$ 时刻在队列中的顾客数 |
| $L$ | 系统中的长期平均顾客数 |
| $L_Q$ | 在排队的长期平均顾客数 |
| $w$ | 每位顾客在系统中的人均长期停留时间 |
| $w_Q$ | 所有顾客的人均长期排队时间 |

## 6.3    排队系统长期性能度量指标

排队系统长期性能的基本度量指标(本书中性能度量指标有时也称为性能评价指标)主要有：系统内顾客平均数($L$)与队列内顾客平均数($L_Q$)、顾客在系统中的平均逗留时长($w$)与平均排队时长($w_Q$)、设备利用率或设备繁忙状态的时间占比($\rho$)。其中，术语"系统"(system)通常指排队队列及服务规则，但通常可以指代排队系统中的任何子系统；"队列"(queue)仅指排队队列。我们感兴趣的其他长期度量指标包括超时等候比率(长时期内，等待时间超过 $t_0$ 个时间单位的顾客占比)、系统容量限制导致的顾客流失率(长期指标)以及队列超长率(排队队长超过 $k_0$ 位顾客的时间占比)。

本章定义了普通 $G/G/c/N/K$ 排队系统的主要性能评价指标，并展现了如何通过仿真来估算这些指标。有两种类型的估计量(estimator)：普通样本平均值、时间积分样本平均值(time-integrated sample average)，也称为时间加权样本平均值(time-weighted sample average)。

### 6.3.1    按时间衡量的系统中顾客平均数 $L$

考虑一个运转时长为 $T$ 的排队系统，令 $L(t)$ 表示 $t$ 时刻系统中的顾客数，该系统的仿真过程如图 6-6 所示。

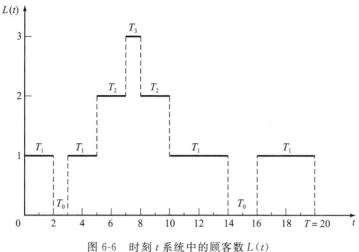

图 6-6 时刻 $t$ 系统中的顾客数 $L(t)$

在 $[0，T]$ 之间系统中的顾客数恰好为 $i$ 的总时间长度记作 $T_i$，在图 6-6 中，$T_0=3$，$T_1=12$，$T_2=4$，$T_3=1$（总长度为 $T_1=12$ 的多个构成线段在图 6-6 中都标记为 $T_1$，其他标记同理）。一般地，$\sum\limits_{i=0}^{\infty} T_i = T$，依照时间进行加权的系统中顾客平均数计算方法如下：

$$\hat{L} = \frac{1}{T}\sum_{i=0}^{\infty} iT_i = \sum_{i=0}^{\infty} i\left(\frac{T_i}{T}\right) \tag{6.1}$$

对于图 6-6 来说，$\hat{L}=[0\times3+1\times12+2\times4+3\times1]/20=23/20=1.15$ 位顾客，注意，$T_i/T$ 指的是系统中恰好有 $i$ 位顾客的时间占比，估计量 $\hat{L}$ 是按时间进行加权平均的一个例子。

通过图 6-6 可以看出，函数 $L(t)$ 下方的总面积可以被分解为高为 $i$、长为 $T_i$ 的多个长方形。例如，长方形区域 $3\times T_3$ 表示 $t=7$ 到 $t=8$ 这段时间（因此 $T_3=1$），然而，大多数长方形被分割成小块，例如长方形区域 $2\times T_2$，它被分为两块，分别在 $t=5$ 到 $t=7$、$t=8$ 到 $t=10$ 之间（因此 $T_2=2+2=4$），整个区域都符合 $\sum\limits_{i=0}^{\infty} iT_i = \int_0^T L(t)\mathrm{d}t$，因此

$$\hat{L} = \frac{1}{T}\sum_{i=0}^{\infty} iT_i = \frac{1}{T}\int_0^T L(t)\mathrm{d}t \tag{6.2}$$

对于排队系统而言，如果不考虑服务台的数量、排队规则以及其他特殊情况，公式(6.1)和(6.2)的计算结果总是相等的。公式(6.2)说明了什么是"时间积分样本平均值"。

很多排队系统的长期平均性能指标存在某种确定的平稳性。对于此类系统，随着时间 $T$ 的增加，可以观察到，系统中按时间平均的顾客数 $\hat{L}$ 逐渐接近一个限定值，记为 $L$，称为系统长期平均顾客数，即依概率 1（即百分之百地）有：

$$\hat{L} = \frac{1}{T}\int_0^T L(t)\mathrm{d}t \to L，当 T \to \infty \tag{6.3}$$

估计量 $\hat{L}$ 与 $L$ 具有很强的一致性，如果仿真时间 $T$ 足够长，估计量 $\hat{L}$ 会从任意值趋近于 $L$。然而，对于 $T<\infty$ 的情况，$\hat{L}$ 的收敛情况取决于零时刻的初始条件。

公式 6.2 和 6.3 可以应用于任何排队系统及其子系统，如果 $L_Q(t)$ 表示平均排队顾客数，且 $T_i^Q$ 表示 $[0，T]$ 之间排队顾客数恰好为 $i$ 的总时间长度，则有：

236

$$\hat{L}_Q = \frac{1}{T}\sum_{i=0}^{\infty} i T_i^Q = \frac{1}{T}\int_0^T L_Q(t)\,\mathrm{d}t \rightarrow L_Q, \text{当 } T\rightarrow\infty \tag{6.4}$$

其中，$\hat{L}_Q$ 是 0 到 $T$ 时刻观察到的平均排队顾客数，$L_Q$ 是长期平均排队顾客数。

**例 6.3** _____

假设图 6-6 代表一个单服务台队列，即一个 $G/G/1/N/K$ 排队系统（$N\geqslant 3$，$K\geqslant 3$）。队列中的排队顾客数用 $L_Q(t)$ 表示，且由下式定义

$$L_Q(t) = \begin{cases} 0 & \text{若 } L(t)=0 \\ L(t)-1 & \text{若 } L(t)\geqslant 1 \end{cases}$$

图 6-7 中给出了图示，则有 $T_0^Q = 5+10 = 15$，$T_1^Q = 2+2 = 4$，并且 $T_2^Q = 1$，因此，

$$\hat{L}_Q \frac{0\times 15 + 1\times 4 + 2\times 1}{20} = 0.3 \text{ 位顾客}$$

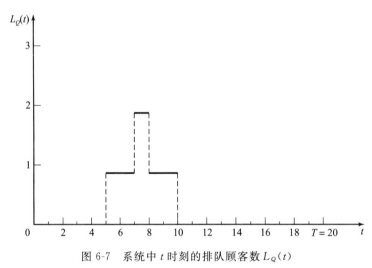

图 6-7　系统中 $t$ 时刻的排队顾客数 $L_Q(t)$

_____

### 6.3.2　顾客在系统中的平均逗留时间 $w$

如果要对一个排队系统进行时长为 $T$ 的仿真，我们可以记录每一位顾客在 $[0，T]$ 时段内在系统中的逗留时长，记作 $W_1$，$W_2$，$\cdots$，$W_N$，$[0，T]$ 时段内到达系统的顾客数为 $N$，每位顾客在系统中逗留时间的平均值称为平均系统逗留时间（average system time），可以由简单抽样平均求得：

$$\hat{w} = \frac{1}{N}\sum_{i=1}^N W_i \tag{6.5}$$

对稳定系统而言，当 $N\rightarrow\infty$ 时，有

$$\hat{w} \rightarrow w \tag{6.6}$$

且以概率 1 收敛，其中 $w$ 称为长期平均系统逗留时间（long-run average system time）。

如果仅仅考察系统中的排队队列，则公式（6.5）与（6.6）可写为

$$\hat{w}_Q = \frac{1}{N}\sum_{i=1}^N W_i^Q \rightarrow w_Q, \text{当 } N\rightarrow\infty \tag{6.7}$$

其中，$W_i^Q$ 是顾客 $i$ 在队列中排队的总时长，$\hat{w}_Q$ 是被观测到的顾客平均排队时长（也称延迟），而 $w_Q$ 是每位顾客的长期平均排队时长，估计量 $\hat{w}$ 和 $\hat{w}_Q$ 都受到时刻 0 的初始条件以

及仿真时长 $T$ 的影响，这点与 $\hat{L}$ 是一样的。

**例 6.4**
_____

对于图 6-6 所示的系统，到达顾客数量 $N=5$，$W_1=2$，$W_5=20-16=4$，但是除非对系统有更多了解，否则无法计算 $W_2$、$W_3$、$W_4$。假设系统只有一个服务台，并且遵循 FIFO 的排队规则，也就是说顾客离开的顺序与进入的顺序相同。在图 6-6 中，$L(t)$ 的每次上跃都代表一次顾客到达，顾客到达发生在时刻 0、3、5、7 和 16，相似地，顾客离开发生在时刻 2、8、10 和 14（在时刻 20 可能有顾客离开也可能没有），在这些假设下，很明显 $W_2=8-3=5$，$W_3=10-5=5$，$W_4=14-7=7$，因此有

$$\hat{w} = \frac{2+5+5+7+4}{5} = \frac{23}{5} = 4.6 \text{ 个时间单位}$$

因此，这些顾客平均在系统中逗留 4.6 个时间单位。至于排队时长，经计算得 $W_1^Q=0$，$W_2^Q=0$，$W_3^Q=8-5=3$，$W_4^Q=10-7=3$，$W_5^Q=0$，因此有

$$\hat{w}_Q = \frac{0+0+3+3+0}{5} = 1.2 \text{ 个时间单位}$$

238

_____

### 6.3.3 守恒公式：$L=\lambda w$

对于图 6-6 所示的系统，其中到达顾客数 $N=5$，总时长 $T=20$，观测到达率为 $\hat{\lambda}=N/T=1/4$ 位顾客/时间单位，由于 $\hat{L}=1.15$，且 $\hat{w}=4.6$，因此服从公式

$$\hat{L} = \hat{\lambda}\hat{w} \tag{6.8}$$

$L$、$\lambda$ 和 $w$ 之间的这种关系不是巧合的，几乎对所有排队系统及子系统都成立，而与这些系统的服务台数量、排队规则和特定场景无关。当 $T\to\infty$，$N\to\infty$ 时，公式(6.8)可写作

$$L = \lambda w \tag{6.9}$$

其中 $\hat{\lambda}\to\lambda$，$\lambda$ 是长期平均到达率。公式(6.9)称为守恒公式(conservation equation)，公认由 Little 在 1961 年提出。其含义为：在任意时刻，系统中的平均顾客数量等于平均每时间单位到达的顾客数量乘以顾客在系统中的平均逗留时间。对于图 6-6，平均每 4 个时间单位有一位顾客到达，并且每位顾客在系统中平均逗留 4.6 时间单位，所以任意时刻系统中顾客的平均数量均为 $(1/4)(4.6)=1.15$ 个。

借助图 6-6，公式(6.8)同样可通过以下方法推导出来：图 6-8 展现了 $L(t)$ 的历史变化，与图 6-6 是完全一致的；每位顾客在系统中的逗留时间 $W_i$ 以矩形表示；系统拥有一个服务台，且服从 FIFO 规则。第三位和第四位顾客对应的矩形分别被分割成两块和三块。对于 $i=1, 2, \cdots, N$，第 $i$ 个矩形高度为 1，长度为 $W_i$，且满足以下条件：所有顾客在系统中的逗留时间之和可由系统中顾客数量函数 $L(t)$ 曲线下方所覆盖区域的面积来确定，即

$$\sum_{i=1}^{N} W_i = \int_0^T L(t)\,\mathrm{d}t \tag{6.10}$$

因此，通过公式(6.2)和(6.5)以及 $\hat{\lambda}=N/T$ 联立计算，可得

$$\hat{L} = \frac{1}{T}\int_0^T L(t)\,\mathrm{d}t = \frac{N}{T}\frac{1}{N}\sum_{i=1}^N W_i = \hat{\lambda}\hat{w}$$

这就是 Little 公式(6.8)，这一直观的、非正式的推导是建立在单服务台、FIFO 的假设基础之上的，但是这一假设并非必要。事实上，公式(6.10)才是推导的关键，它具有很强的

239

普遍性(至少是近似的),公式(6.8)和式(6.9)也是如此。习题 14 和 15 就是让读者在不同的假设条件下推导公式(6.10)和式(6.8)。

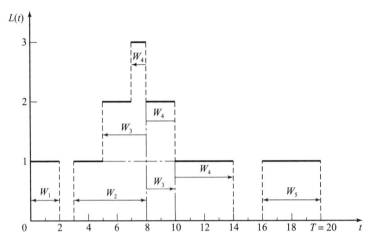

图 6-8　单服务台、FIFO 条件下,顾客在系统中的逗留时间 $W_i$

**技术重点**:如 6.3.2 节所定义,若 $W_i$ 是顾客 $i$ 在时段 $[0, T]$ 之间在系统中的逗留时间,那么公式(6.10)和公式(6.8)是严格成立的。还有一些作者将 $W_i$ 定义为顾客 $i$ 在系统中的总逗留时长,定义上的这个变化只会影响这部分顾客的 $W_i$ 值:在 $T$ 时刻之前到达且在 $T$ 时刻之后才离开的顾客(图 6-8 中的顾客 5 可能就是这种情况)。当定义作上述改变之后,公式(6.10)和(6.8)只能是近似成立而不再是严格成立。除非当 $T \rightarrow \infty$ 和 $N \rightarrow \infty$ 时,公式(6.8)中的偏差减小到 0。由此我们可以认为,守恒公式(6.9)对系统的长期性能度量是严格精确的,即 $L = \lambda w$。

### 6.3.4　服务台利用率

服务台利用率指的是服务台处于繁忙状态的时间占比。设备利用率的观测值记为 $\hat{\rho}$,定义在特定的间隔时间 $[0, T]$ 之上。长期服务台利用率用 $\rho$ 表示,对于存在长期稳定状态的系统而言,有

$$\hat{\rho} \rightarrow \rho, \quad \text{当 } T \rightarrow \infty$$

**例 6.5** _____

图 6-6 和图 6-8 都假设系统只有一个服务台,可以看出该服务台的利用率为

$$\hat{\rho} = \text{总繁忙时间} / T = \Big( \sum_{i=1}^{\infty} T_i \Big) / T = (T - T_0) / T = 17/20$$

**1. $G/G/1/\infty/\infty$ 排队系统的服务台利用率**

考察一个单服务台排队系统,其单位时间顾客平均到达率为 $\lambda$,平均服务时间为 $E(S) = 1/\mu$ 人/时间单位,且队列长度和顾客源均无上限。需要注意的是,$E(S) = 1/\mu$ 意味着繁忙时服务台平均每单位时间服务 $\mu$ 位顾客,$\mu$ 称为服务速率或服务率(service rate)。该服务台本身就是一个排队子系统,因此,守恒公式(6.9)$L = \lambda w$ 适用于该服务台。对于稳态系统,到达服务台的顾客平均到达率 $\lambda_S$ 应该与到达系统的顾客平均到达率 $\lambda$ 相同(虽然应该是 $\lambda_S \leqslant \lambda$,因为顾客被服务的速度不可能大于其到达的速度,但是如果 $\lambda_S < \lambda$,那么

队列会在每单位时间增加 $\lambda-\lambda_S$ 位顾客,则该系统是不稳定的)。对于该服务台子系统,平均系统逗留时间为 $w=E(S)=\mu^{-1}$,如图 6-9 所示。在图 6-6 代表的这个单服务台系统中,顾客数量不是 0 就是 1,因此该服务台子系统中的平均顾客 $\hat{L}_S$ 可由下式求出:

$$\hat{L}_S = \frac{1}{T}\int_0^T (L(t)-L_Q(t))\mathrm{d}t = \frac{T-T_0}{T}$$

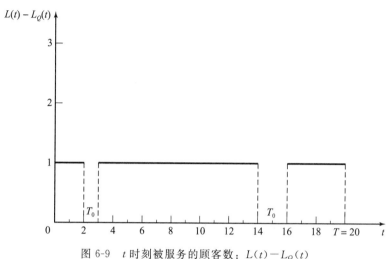

图 6-9 $t$ 时刻被服务的顾客数:$L(t)-L_Q(t)$

本例中,$\hat{L}_S=17/20=\hat{\rho}$。通常,对于单服务台队列而言,任意时刻正在接受服务的顾客平均数等于服务台利用率,当 $T\to\infty$,$\hat{L}_S=\hat{\rho}\to L_S=\rho$,将该结果带入 $L=\lambda w$,可得:

$$\rho = \lambda E(S) = \frac{\lambda}{\mu} \qquad (6.11)$$

241

也就是说,对于单服务台队列,长期服务台利用率等于平均到达率除以平均服务率,对于一个平稳的单服务台队列而言,到达率 $\lambda$ 一定小于服务率 $\mu$,即

$$\lambda < \mu$$

或者

$$\rho = \frac{\lambda}{\mu} < 1 \qquad (6.12)$$

如果到达率大于服务率($\lambda>\mu$),服务台前面的排队队伍会越来越长,经过一段时间,服务台会永远处于繁忙状态,且排队队列长度会以($\lambda-\mu$)位顾客/时间单位的平均速率增长,因为每单位时间的离开率仅为 $\mu$。对于稳定的单服务台系统($\lambda<\mu$ 或者 $\rho<1$)而言,长期性能度量指标,如平均队列长度 $L_Q$(还有 $L$、$w$ 和 $w_Q$)已经有明确定义和特定含义。对于不稳定系统($\lambda>\mu$),长期服务台利用率是 1,并且长期平均队列长度是无限大的,即

$$\frac{1}{T}\int_0^T L_Q(t)\mathrm{d}t \to +\infty \qquad 当\ T\to\infty$$

类似地,$L=w=w_Q=\infty$,因此,这些长期性能度量指标对不稳定排队系统来说是没有意义的。$\lambda/\mu$ 的值也称作输入负载(offered load),它用于衡量施加给系统的工作负荷。

### 2. $G/G/c/\infty/\infty$ 排队系统的服务台利用率

假设一个排队系统有 $c$ 个并行的无差别服务台,若一位顾客到达后发现有不止一个服务台空闲,那么该顾客会不带个人偏好地任意选择一个服务台(随机选择一个空闲的服务台)。顾客来自无限总体且到达率为 $\lambda$,每个服务台的服务率均为 $\mu$。由公式(6.9)$L=\lambda w$

（该守恒公式应用于各个单服务台子系统），与单服务台系统类似，对于处于统计均衡状态的系统，其平均繁忙服务台数量 $L_S$ 可由下式计算：

$$L_S = \lambda E(S) = \frac{\lambda}{\mu} \tag{6.13}$$

显然，若 $0 \leqslant L_S \leqslant c$，则长期服务台利用率有如下定义

$$\rho = \frac{L_S}{c} = \frac{\lambda}{c\mu} \tag{6.14}$$

可知 $0 \leqslant \rho \leqslant 1$，利用率 $\rho$ 可以理解为任意一个服务台处于长期繁忙状态的时间占比。

$G/G/c/\infty/\infty$ 系统的最大服务率为 $c\mu$，仅当所有服务台都处于繁忙状态时才会发生。对于稳态系统，平均到达率 $\lambda$ 一定比最大服务率 $c\mu$ 小，也就是说，系统处于稳态当且仅当

$$\lambda < c\mu \tag{6.15}$$

或者说，当且仅当输入负载 $\lambda/\mu$ 小于服务台数量 $c$。如果 $\lambda > c\mu$，那么平均来看，顾客到达速度快于系统能够服务于它们的速度，则所有服务台都会持续繁忙，且排队长度会一直以每单位时间 $(\lambda - c\mu)$ 的平均速度增长。这样的系统是不稳定的，并且系统长期性能度量指标 $(L \cdot L_Q \cdot w$ 和 $w_Q)$ 对这样的系统是没有意义的。

请注意，公式（6.15）是公式（6.12）的一般形式，稳态系统繁忙率公式（6.14）是公式（6.11）的一般形式。

公式（6.13）和（6.14）都可应用于各个服务台繁忙率不同的情况。例如，当顾客更加偏爱某个服务台时，或者存在某个服务台只在其他服务台都繁忙时才提供服务。在这种情况下，由公式（6.13）给出的 $L_S$ 仍然是繁忙服务台的平均数量，但是公式（6.14）所给出的 $\rho$ 不再适用于任何一个服务台，相反，这种情况下的 $\rho$ 只能描述所有服务台的平均利用率。

**例 6.6** ────────────────────────────────────

顾客以 $\lambda = 50$ 人/小时的速率到达一个开具许可证的机构，目前这里有 20 名职员，每名职员的平均服务速率为 $\mu = 5$ 人/每小时。因此，长期或稳态下的服务台平均利用率由公式（6.14）给出：

$$\rho = \frac{\lambda}{c\mu} = \frac{50}{20 \times 5} = 0.5$$

并且，处于繁忙状态服务台的平均数量为

$$L_S = \frac{\lambda}{\mu} = \frac{50}{5} = 10$$

从长期来看，一名职员的工作繁忙时间占比为 50%。机构经理想知道职员数量是否可以减少。依据公式（6.15）可知，为了保持系统稳定，需要保证职员数量满足

$$c > \frac{\lambda}{\mu}$$

或 $c > 50/5 = 10$，因此经理可考虑令 $c = 11$、$c = 12$、$c = 13$、$\cdots$。考虑到 $c \geqslant 11$ 时的长期稳定状态只是有能力处理平均输入负载（即 $c\mu > \lambda$），因此经理可以在综合考量其他因素（包括顾客等待时间、排队队长等）的情况下，设定服务台数量大于最小值（$c = 11$）。从本例可知，一个处于稳态的排队系统有可能具有很大的平均队列长度。

────────────────────────────────────────────────

### 3. 服务台利用率和系统性能

正如我们在这里和后面章节都会讲到的，系统性能会随着利用率 $\rho$ 的变化而呈现巨大

差异。考虑一个 $G/G/1/\infty/\infty$ 排队系统，其到达率为 $\lambda$，服务率为 $\mu$，服务台利用率为 $\rho=\lambda/\mu<1$。

考虑一个极端情况：$D/D/1$ 排队系统具有确定的到达和服务时间，则所有到达间隔时间 $\{A_1，A_2，\cdots\}$ 都等于 $E(A)=1/\lambda$，所有服务时间 $\{S_1，S_2，\cdots\}$ 都等于 $E(S)=1/\mu$。假设一位顾客在时刻 0 到达一个空的排队系统，系统将以一种确定的、可预测的方式进行演化，如图 6-10 所示。从图中可以观察到，$L=\rho=\lambda/\mu$，$w=E(S)=\mu^{-1}$，并且 $L_Q=w_Q=0$。通过改变 $\lambda$ 和 $\mu$，可使服务台利用率在 $0\sim1$ 之间变化，却不会出现排队情况。如果不是较高的服务台利用率导致了排队，那又是什么原因呢？一般来说，到达间隔时间和服务时间的变动性（variability）导致了排队队列长度的波动。

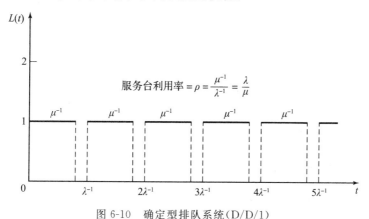

图 6-10　确定型排队系统（D/D/1）

**例 6.7**

假设某内科医生每 10 分钟接待一个病人，他在第 $i$ 个病人身上花费的时间为 $S_i$，其中

$$S_i=\begin{cases}9\ \text{分钟}，&\text{概率为}\ 0.9\\12\ \text{分钟}，&\text{概率为}\ 0.1\end{cases}$$

则顾客到达是确定的（$A_1=A_2=\cdots=\lambda^{-1}=10$），但是服务时间是不确定的，服务时间的数学期望为

$$E(S_i)=9\times0.9+12\times0.1=9.3\ \text{分钟}$$

方差为

$$V(S_i)=E(S_i^2)-[E(S_i)]^2=9^2\times0.9+12^2\times0.1-(9.3)^2=0.81\ \text{分钟}^2$$

这里 $\rho=\lambda/\mu=E(S)/E(A)=9.3/10=0.93<1$，因而该系统是稳定的，从长期来看，该医生有 93% 的时间是繁忙的；而从短期来看，如果每个病人在 9 分钟之内都能结束诊疗，就不会产生排队。但是因为服务时间的可变性，有 10% 的病人需要 12 分钟，这会造成短暂的排队现象。

让我们使用如下服务时间对该系统进行仿真：$S_1=9$，$S_2=12$，$S_3=9$，$S_4=9$，$S_5=9$，$\cdots$ 假设时刻 0 有一个病人到达，此时医生空闲，并且随后的病人都非常准确地在时刻 10、20、30、$\cdots$ 到达，系统演进如图 6-11 所示，各个病人的排队时间为 $W_1^Q=W_2^Q=0$，$W_3^Q=22-20=2$，$W_4^Q=31-30=1$，$W_5^Q=0$。相对较长的服务时间（这里 $S_2=12$）会造成短暂的排队。通常来讲，因为到达间隔时间和服务时间分布的可变性，较小的到达间隔时间和偶尔发生的较长的服务时间会导致排队队列变长。相反，较大的到达间隔时间或者较短

244

的服务时间会缩短现存的排队队列长度。利用率、服务时间和到达间隔时间的可变性、系统性能指标之间的关系将在 6.4 节中进行详细探讨。

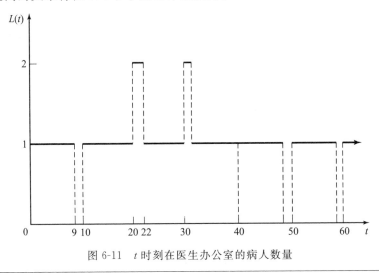

图 6-11　$t$ 时刻在医生办公室的病人数量

### 6.3.5　排队系统的成本问题

在很多排队仿真系统中，成本可能与排队队列或服务台等多种因素相关。假设每当有顾客排队，系统就以 10 美元/(人·小时)的速度产生成本。假如顾客 $j$ 的排队时间为 $W_j^Q$ 小时，则仿真期间有 $N$ 位顾客到达的总成本为 $\sum_{j=1}^{N}(10 \cdot W_j^Q)$，因此，每位顾客的平均成本为

$$\sum_{j=1}^{N} \frac{10 \cdot W_j^Q}{N} = 10 \cdot \hat{w}_Q$$

上式通过公式(6.7)得出。假如平均每小时到达 $\hat{\lambda}$ 位顾客，那么每小时的平均成本为

$$\left(\hat{\lambda} \frac{顾客}{小时}\right)\left(\frac{10 \cdot \hat{w}_Q}{顾客}\right) = 10 \cdot \hat{\lambda}\hat{w}_Q = 10 \cdot \hat{L}_Q \; 美元 \, / \, 小时$$

上面等式最后一项由公式(6.8)得出。计算每小时平均成本的另一种方法是使用公式(6.2)。假如在时段 $[0, T]$ 内，系统中恰好有 $i$ 位顾客的时间合计为 $T_i^Q$，那么系统中恰好有 $i$ 位顾客时的成本合计为 $10 \cdot iT_i^Q$，因此包含所有情况（$i$ 为任何可能值）的总成本为 $\sum_{i=1}^{\infty}(10 \cdot iT_i^Q)$，并且每小时的平均成本为：

$$\sum_{i=1}^{\infty} \frac{10 \cdot iT_i^Q}{N} = 10 \cdot \hat{L}_Q \; 美元 \, / \, 小时$$

上式通过公式(6.2)求得。在这些成本表达式中，$\hat{L}_Q$ 可以被 $L_Q$ 替代（若长期的顾客排队数量可知），也可被 $L$ 或 $\hat{L}$ 替代（假如在进行成本累计时，除去有顾客排队外，还有顾客在接受服务）。

服务台也可能产生成本，假如 $c$ 个并行的服务台（$1 \leqslant c < \infty$）的利用率都是 $\rho$，且每个服务台繁忙时的成本均为 5 美元/小时，那么所有服务台每小时的成本为

$$5 \cdot c\rho$$

其中 $c\rho$ 是处于繁忙状态服务台的平均值。假如服务台仅在空闲时产生成本，那么所有服务台每小时的成本为

$$5 \cdot c(1-\rho)$$

其中 $c(1-\rho)=c-c\rho$ 是空闲服务台的平均数量。在很多问题中，总成本由两种或更多类型的成本构成，习题 1、8、12 和 19 就是这样的问题。在大多数情况下，优化目标是追求总成本最小化（在给定约束条件下），通过改变一些可控参数而实现，例如改变服务台的数量、到达率、服务率以及系统容量，等等。

246

## 6.4 无限总体马尔可夫模型的稳态行为

本节将介绍一些可使用数学求解排队模型的稳态结果。对于无限顾客总体模型，常假设其到达为泊松过程，到达率为 $\lambda$，或者说到达间隔时间服从均值为 $1/\lambda$ 的指数分布，服务时间可以是指数分布（$M$）或者任意分布（$G$），排队规则为 FIFO。因为到达过程的间隔时间服从指数分布，所以这类模型被称为**马尔可夫模型**（Markovian models）。

若系统处于特定状态的概率与时间无关，也就是说

$$P(L(t)=n)=P_n(t)=P_n$$

独立于时刻 $t$，则称该排队系统处于**统计均衡**（statistical equilibrium）或者**稳态**（steady state）。许多随机模型以及本书后续章节所研究的系统都具有两个特点：**从任意初始状态开始，都会达到统计均衡，并在到达后一直保持均衡态**。另一方面，如果分析人员对系统短期内的瞬态行为（transient behavior）感兴趣，那么在给定初始条件下（如服务台空闲或系统为空），上式对研究瞬态的情况是不适用的。对于瞬态数学分析，仿真模型可能是更好的选择。

数学模型（其求解方法将在后续章节中展示）能够获得近似结果，即使模型假设没有被严格遵守，求解结果也可以提供系统行为的大致趋势。仿真可以用于更精细的分析。然而，我们还是应该牢记，数学分析（当可以采用时）能够得出模型参数的真实值（如 $L$），而仿真分析只能得到这些参数的统计估计值（如 $\hat{L}$）。另一方面，对于复杂系统，仿真模型通常比数学模型更加真实可信（注：因为数学模型需要进行假设，而对于复杂系统而言，不仅假设会比较多，而且计算量会很大，因此采用数学模型计算的结果的准确度可能很低）。

对于我们在这里所研究的简单模型，稳态参数 $L$（即系统中的平均顾客人数）可由下式计算

$$L=\sum_{n=0}^{\infty} nP_n \qquad (6.16)$$

其中 $\{P_n\}$ 是系统中恰好有 $n$ 位顾客的稳态概率（如表 6-2 中所定义的那样）。正如我们在 6.3 节讨论过并使用公式（6.3）表示的一样，$L$ 可认为是对长期系统性能的度量，一旦 $L$ 给定，那么整个系统或队列的其他稳态参数就可以利用 Little 公式（6.9）很容易地计算出来，即

$$w=\frac{L}{\lambda}$$
$$w_Q=w-\frac{1}{\mu} \qquad (6.17)$$
$$L_Q=\lambda w_Q$$

其中 $\lambda$ 是到达率，$\mu$ 是每个服务台的服务率。

247

本节考虑的 $M/G/c/\infty/\infty$ 排队系统具有统计均衡的充要条件是 $\lambda/(c\mu)<1$，其中 $\lambda$ 是

到达率，$\mu$ 是单个服务台的服务率，$c$ 是并行服务台数量。对于这些无系统容量限制的无限顾客源模型，假定服务台利用率的理论值为 $\rho = \lambda/(c\mu)$，且满足 $\rho < 1$。对于有容量限制或有限顾客源的排队系统，$\lambda/(c\mu)$ 的值可假设为任意正数。

### 6.4.1　符合泊松到达且具有无限容量的单服务台排队系统：$M/G/1$

假设有一个服务台，其服务时间均值为 $1/\mu$，方差为 $\sigma^2$。若 $\rho = \lambda/\mu < 1$，则 $M/G/1$ 排队系统服从具有稳态特性的稳态概率分布，如表 6-3 所示。通常，稳态概率 $P_0$，$P_1$，$P_2$，… 并没有简单的表达式，当 $\lambda < \mu$ 时，服务台利用率为 $\rho = \lambda/\mu$，或者说这是服务台长期运行的忙时占比。如表 6-3 所示，$1 - P_0 = \rho$ 可以理解为系统中有一位或多位顾客的稳态概率，同时要注意 $L - L_Q = \rho$ 是依据时间平均的正在接受服务的顾客数量。

表 6-3　$M/G/1$ 排队系统的稳态参数

| | |
|---|---|
| $\rho$ | $\dfrac{\lambda}{\mu}$ |
| $L$ | $\rho + \dfrac{\lambda^2(1/\mu^2 + \sigma^2)}{2(1-\rho)} = \rho + \dfrac{\rho^2(1 + \sigma^2\mu^2)}{2(1-\rho)}$ |
| $w$ | $\dfrac{1}{\mu} + \dfrac{\lambda(1/\mu^2 + \sigma^2)}{2(1-\rho)}$ |
| $w_Q$ | $\dfrac{\lambda(1/\mu^2 + \sigma^2)}{2(1-\rho)}$ |
| $L_Q$ | $\dfrac{\lambda^2(1/\mu^2 + \sigma^2)}{2(1-\rho)} = \dfrac{\rho^2(1 + \sigma^2\mu^2)}{2(1-\rho)}$ |
| $P_0$ | $1 - \rho$ |

**例 6.8**

顾客随机到达一家免预约修鞋店，假定顾客到达遵循到达率为 $\lambda = 1.5$ 人/小时的泊松过程，通过数月的观察发现，每名工人修鞋时间的平均值为 30 分钟，标准差为 20 分钟，因此平均服务时间 $1/\mu = 1/2$ 小时，服务率 $\mu = 2$ 人/小时，并且 $\sigma^2 = (20)^2$ 分钟$^2 = 1/9$ 小时$^2$，"顾客" 是指需要修鞋的人，此问题适用 $M/G/1$ 排队模型，因为仅有服务时间的均值和方差是已知的，而分布未知。工人的忙时占比 $\rho = \lambda/\mu = 1.5/2 = 0.75$，通过表 6-3 可知稳态情况下店内按时间平均的顾客平均数量为

$$L = 0.75 + \frac{(1.5)^2\left[(0.5)^2 + 1/9\right]}{2(1 - 0.75)} = 0.75 + 1.625 = 2.375 \text{ 位顾客}$$

因此，如果一直观察修鞋店的系统状态，就会发现该系统的长期平均顾客数为 2.375。

仔细观察表 6-3 中的公式，会发现它揭示了 $M/G/1$ 系统的排队队列和顾客等待的来源，例如，$L_Q$ 可以改写为

$$L_Q = \frac{\rho^2}{2(1-\rho)} + \frac{\lambda^2\sigma^2}{2(1-\rho)}$$

上式右侧的第一项仅仅与平均到达率 $\lambda$ 和平均服务率 $\mu$ 的比值有关，由第二项可以看出，如果 $\lambda$ 和 $\mu$ 保持不变，平均队列长度（$L_Q$）取决于服务时间的方差 $\sigma^2$。如果两个系统具有相同的平均服务时间和相同的平均到达间隔时间，则服务时间变化较大（$\sigma^2$ 较大）的系统，其平均队列长度通常会更长。直觉上，如果服务时间是大幅度变化的，那么出现较长服务时间（比平均服务时间长很多）的概率会更高，并且较长服务时间出现时，有更大可能会形成排队队列并增加顾客等待时间。（读者不要误以为 "稳态" 等同于方差较小或排队队列很短，一个具有稳态的（或者说统计均衡的）系统，有可能具有很大的波动性且具有很长的排队队列。）

**例 6.9**

两个工人 Able 和 Baker 竞争一份工作，Able 的平均服务时间比 Baker 短，Baker 虽然不够快但表现得更稳定。顾客到达服从到达率为 $\lambda = 2$ 人/小时的泊松分布，Able 的服务时间的

统计均值为 24 分钟，标准差为 20 分钟，Baker 的服务时间的统计均值为 25 分钟，标准差仅为 2 分钟，如果以平均排队队长为雇用标准，那么应该雇用谁呢？对于 Able，$\lambda=1/30$ 人/分钟，$1/\mu=24$ 分钟，$\sigma^2=20^2=400$ 分钟$^2$，$\rho=\lambda/\mu=24/30=4/5$，并且平均排队队长为

$$L_Q = \frac{(1/30)^2\left[24^2+400\right]}{2(1-4/5)} = 2.711 \text{ 位顾客}$$

对于 Baker 来说，$\lambda=1/30$ 人/分钟，$1/\mu=25$ 分钟，$\sigma^2=2^2=4$ 分钟$^2$，$\rho=25/30=5/6$，并且平均排队队长为

$$L_Q = \frac{(1/30)^2\left[25^2+4\right]}{2(1-5/6)} = 2.097 \text{ 位顾客}$$

249

尽管从平均服务时间上看 Able 工作得更快，但其服务时间的变化较大，导致平均队列长度比 Baker 多 30%，因此从平均队列长度方面考察，Baker 表现更好。另一方面，到达后发现 Able 空闲，因而无须等待的顾客所占的比率为 $P_0=1-\rho=1/5=20\%$，但是到达后发现 Baker 空闲，因此无须等待的顾客仅有 $P_0=1-\rho=1/6=16.7\%$。

$M/G/1$ 排队系统中有一类系统需要特别注意，即服务时间为指数分布的排队系统，这也正是我们接下来要介绍的。

### 1. $M/M/1$ 排队系统

假设一个 $M/G/1$ 排队系统中的服务时间服从均值为 $1/\mu$ 的指数分布，并且由公式(5.27)可知方差为 $\sigma^2=1/\mu^2$，指数分布的均值和标准差相等，所以 $M/M/1$ 模型可以作为服务时间的标准差和均值近似相等的排队系统的有效近似。表 6-4 中所示的稳态参数可以通过将 $\sigma^2=1/\mu^2$ 代入表 6-3 的公式求得。还有一种方法，即通过公式(6.16)和表 6-4 中给出的稳态概率 $P_n$ 算出 $L$，进而通过公式(6.17)算出 $w$、$w_Q$ 和 $L_Q$。读者通过将 $\rho=\lambda/\mu$ 代入表 6-4 中公式的右侧，即可发现这两种表达方式对每个参数都是等价的。

表 6-4 $M/M/1$ 队列的稳态参数

| | |
|---|---|
| $L$ | $\dfrac{\lambda}{\mu-\lambda}=\dfrac{\rho}{1-\rho}$ |
| $w$ | $\dfrac{1}{\mu-\lambda}=\dfrac{1}{\mu(1-\rho)}$ |
| $w_Q$ | $\dfrac{\lambda}{\mu(\mu-\lambda)}=\dfrac{\rho}{\mu(1-\rho)}$ |
| $L_Q$ | $\dfrac{\lambda^2}{\mu(\mu-\lambda)}=\dfrac{\rho^2}{1-\rho}$ |
| $P_n$ | $\left(1-\dfrac{\lambda}{\mu}\right)\left(\dfrac{\lambda}{\mu}\right)^n=(1-\rho)\rho^n$ |

### 例 6.10

某理发店每次只能服务一位顾客，且不考虑顾客性别差异，到达间隔时间和服务时间都服从指数分布，$\lambda$ 为 2 人/小时，$\mu$ 为 3 人/小时，即到达间隔时间服从指数分布，均值为 0.5 小时，服务时间也服从指数分布，均值为 20 分钟。服务台利用率以及店中顾客数恰好为 0、1、2、3 和 4 的事件概率分别计算如下：

250

$$\rho = \frac{\lambda}{\mu} = \frac{2}{3}$$

$$P_0 = 1 - \frac{\lambda}{\mu} = \frac{1}{3}$$

$$P_1 = \left(\frac{1}{3}\right)\left(\frac{2}{3}\right) = \frac{2}{9}$$

$$P_2 = \left(\frac{1}{3}\right)\left(\frac{2}{3}\right)^2 = \frac{4}{27}$$

$$P_3 = \left(\frac{1}{3}\right)\left(\frac{2}{3}\right)^3 = \frac{8}{81}$$

$$P_{\geqslant 4} = 1 - \sum_{n=0}^{3} P_n = 1 - \frac{1}{3} - \frac{2}{9} - \frac{4}{27} - \frac{8}{81} = \frac{16}{81}$$

由以上计算可知，发型师繁忙的概率为 $1-P_0 = \rho = 0.67$，空闲概率为 0.33。系统中按时间平均的顾客数量可由表 6-4 中的公式计算：

$$L = \frac{\lambda}{\mu - \lambda} = \frac{2}{3-2} = 2 \text{ 位顾客}$$

每位顾客的系统逗留时间可通过表 6-4 的公式(6.17)算得：

$$w = \frac{L}{\lambda} = \frac{2}{2} = 1 \text{ 小时}$$

顾客的平均排队时间可通过公式(6.17)算得：

$$w_Q = w - \frac{1}{\mu} = 1 - \frac{1}{3} = \frac{2}{3} \text{ 小时}$$

从表 6-4 可知，平均队列长度为：

$$L_Q = \frac{\lambda^2}{\mu(\mu-\lambda)} = \frac{4}{3 \times 1} = \frac{4}{3} \text{ 位顾客}$$

最后，通过 $w = w_Q + 1/\mu$ 与 $\lambda$，并使用 Little 公式可得：

$$L = L_Q + \frac{\lambda}{\mu} = \frac{4}{3} + \frac{2}{3} = 2 \text{ 位顾客}$$

251

**例 6.11**

对于服务率为 $\mu = 10$ 人/小时的 $M/M/1$ 排队系统，到达率 $\lambda$ 逐渐从 5 增长到 8.64，每次增幅为 20%，观察相应的 $L$ 与 $w$ 如何变化，当 $\lambda$ 从 8.64 直接增加到 10，$L$ 与 $w$ 又如何变化。

| $\lambda$ | 5.0 | 6.0 | 7.2 | 8.64 | 10.0 |
|---|---|---|---|---|---|
| $\rho$ | 0.500 | 0.600 | 0.720 | 0.864 | 1.0 |
| $L$ | 1.00 | 1.50 | 2.57 | 6.35 | $\infty$ |
| $w$ | 0.20 | 0.25 | 0.36 | 0.73 | $\infty$ |

对于任意 $M/G/1$ 队列来说，如果 $\lambda/\mu \geqslant 1$，顾客排队队列倾向于持续增长，长期性能度量指标 $L$、$w$、$w_Q$ 和 $L_Q$ 都是无穷大（$L = w = w_Q = L_Q = \infty$），并且稳态概率分布不存在。对于 $\lambda < \mu$，如果 $\rho$ 接近 1，排队队长和排队时间会很长，系统平均逗留时间 $w$ 和系统平均顾客数量 $L$ 的增加值与 $\rho$ 之间是高度非线性关系。例如，当 $\lambda$ 增长 20% 时，$L$ 先增长 50%（从 1 增至 1.5），然后增长 71%（增至 2.57）及 147%（增至 6.35）。

**例 6.12**

管理员需要决定从两个服务台之中选择一个投入使用。如果每小时的顾客到达率 $\lambda = 10$ 人/小时，第一个服务台的工作速度为 $\mu_1 = 11$ 人/小时，第二个服务台为 $\mu_2 = 12$ 人/小时，两个服务台的利用率分别为 $\rho_1 = \lambda/\mu_1 = 10/11 = 0.909$，$\rho_2 = \lambda/\mu_2 = 10/12 = 0.833$。如果用 $M/M/1$ 排队模型近似表征该系统，那么对于第一个服务台，通过表 6-4 可知，系统中的平均顾客数应该为

$$L_1 = \frac{\rho_1}{1 - \rho_1} = 10$$

对于第二个服务台，系统中的平均顾客数应该为

$$L_2 = \frac{\rho_2}{1-\rho_2} = 5$$

由此可知，服务率从每小时 11 位顾客增长至 12 位顾客，仅仅增长了 9.1%，就可能使得系统中的平均顾客数从 10 降至 5，降幅达 50%。

#### 2. 利用率和服务时间变化的影响

对于任意 $M/G/1$ 排队系统来说，如果顾客排队队列过长，减小服务台利用率 $\rho$ 或者服务时间方差 $\sigma^2$ 均可以缩短队列长度，这两种途径几乎对所有排队系统都适用，而不仅仅是 $M/G/1$ 排队系统。降低利用率 $\rho$，可以通过降低到达率 $\lambda$、提高服务率 $\mu$ 或者增加服务台数量实现，因为通常 $\rho = \lambda/(c\mu)$，其中 $c$ 是并行服务台的数量，新增服务台带来的影响将在接下来的章节中探讨。

大于零的随机变量 $X$ 的变异系数(cv)的平方值计算方法如下：

$$(\mathrm{cv})^2 = \frac{V(X)}{[E(X)]^2}$$

它是对分布波动情况的衡量，数值越大，说明分布相对于期望值的波动就越大。对于确定型服务时间，有 $V(X)=0$，所以 cv$=0$。对于符合 $k$ 阶爱尔朗分布的服务时间，$V(X)=1/(k\mu^2)$ 且 $E(X)=1/\mu$，所以 cv$=1/\sqrt{k}$。服务时间服从服务率为 $\mu$ 的指数分布时，平均服务时间 $E(X)=1/\mu$，方差 $V(X)=1/\mu^2$，所以 cv$=1$。如果服务时间的标准差大于均值(例如，若 cv$>1$)，那么超指数分布可能比较合适，因为它可以实现任意大于 1 的变异系数，习题 16 是这方面的例子。

对于任何 $M/G/1$ 排队系统中 $L_Q$ 的计算公式，都可以利用 $(\mathrm{cv})^2 = \sigma^2/(1/\mu)^2 = \sigma^2\mu^2$ 将之转化为包含变异系数的表达式，可得

$$L_Q = \frac{\rho^2(1+\sigma^2\mu^2)}{2(1-\rho)} = \frac{\rho^2(1+(\mathrm{cv})^2)}{2(1-\rho)} = \left(\frac{\rho^2}{1-\rho}\right)\left(\frac{1+(\mathrm{cv})^2}{2}\right) \tag{6.18}$$

式中右端第一个项 $\rho^2/(1-\rho)$ 是 $M/M/1$ 排队系统中的 $L_Q$，第二项 $1+(\mathrm{cv})^2/2$ 修正了 $M/M/1$ 公式使其可以解释服务时间为非指数分布的情况。$w_Q$ 也可以使用相同的修正因子对 $M/M/1$ 公式进行调整获得。从 $\rho^2/(1-\rho)$ 和 $1+(\mathrm{cv})^2/2$ 这些修正因子中，可以发现服务台利用率和服务台不稳定性对排队情况的相关影响：当 $\rho \rightarrow 1$ 时，$L_Q$ 会激增；当 $\rho$ 为固定值时，随着 $(\mathrm{cv})^2$ 的增长，$L_Q$ 线性增长。

### 6.4.2　多服务台排队系统：$M/M/c/\infty/\infty$

假设有 $c$ 个并行服务台，各服务台的服务时间是独立且同分布的，都服从均值为 $1/\mu$ 的指数分布。到达过程服从泊松分布，到达率为 $\lambda$。到达的顾客会进入系统唯一的队列并进入最先可用的服务台。排队系统如图 6-12 所示，如果系统中的顾客数 $n<c$，那么到达的顾客无须等待可直接开始服务，如果 $n \geqslant c$，则新到顾客需要排队。

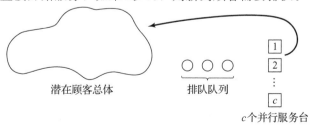

图 6-12　多服务台排队系统

输入负载通过 $\lambda/\mu$ 计算。如果 $\lambda \geqslant c\mu$，即到达率大于或等于系统的最大服务率(所有服务台都繁忙时系统服务率的值)，此时系统无法应对负荷，因此不存在统计均衡。如果 $\lambda > c\mu$，排队队列每单位时间平均增加 $\lambda - c\mu$ 位顾客，此时顾客进入系统的速率为每单位时间 $\lambda$ 个，但是离开系统的最大速率为每单位时间 $c\mu$ 个。

对于具有统计均衡的 $M/M/c$ 排队系统，输入负载必须满足 $\lambda/\mu < c$，此时 $\lambda/(c\mu) = \rho$，即服务台利用率，稳态参数如表 6-5 所示。大多数系统性能度量指标可以利用系统为空的概率 $P_0$ 简化表示，或者使用所有服务台都繁忙的概率 $\sum_{n=c}^{\infty} P_n$，记作 $P(L(\infty) \geqslant c)$，其中 $L(\infty)$ 是一个随机变量，表示统计均衡状态下系统中的顾客数量，因此 $P(L(\infty) = n) = P_n$，$n = 0, 1, 2, \cdots$，所有系统性能衡量指标的计算都需要用 $P_0$，且 $P_0$ 的计算公式比之前案例中的更复杂。读者可以在网站 www.bcnn.net 找到电子表格文件 QueueTools.xls，其中包含本章介绍的所有排队模型的计算工具。

表 6-5　$M/M/c$ 排队系统的稳态参数

| | |
|---|---|
| $\rho$ | $\dfrac{\lambda}{c\mu}$ |
| $P_0$ | $\left\{ \left[ \sum_{n=0}^{c-1} \dfrac{(\lambda/\mu)^n}{n!} \right] + \left[ \left(\dfrac{\lambda}{\mu}\right)^c \left(\dfrac{1}{c!}\right) \left(\dfrac{c\mu}{c\mu - \lambda}\right) \right] \right\}^{-1} = \left\{ \left[ \sum_{n=0}^{c-1} \dfrac{(c\rho)^n}{n!} \right] + \left[ (c\rho)^c \left(\dfrac{1}{c!}\right) \dfrac{1}{1-\rho} \right] \right\}^{-1}$ |
| $P(L(\infty) \geqslant c)$ | $\dfrac{(\lambda/\mu)^c P_0}{c!(1-\lambda/c\mu)} = \dfrac{(c\rho)^c P_0}{c!(1-\rho)}$ |
| $L$ | $c\rho + \dfrac{(c\rho)^{c+1} P_0}{c(c!)(1-\rho)^2} = c\rho + \dfrac{\rho P(L(\infty) \geqslant c)}{1-\rho}$ |
| $w$ | $\dfrac{L}{\lambda}$ |
| $w_Q$ | $w - \dfrac{1}{\mu}$ |
| $L_Q$ | $\lambda w_Q = \dfrac{(c\rho)^{c+1} P_0}{c(c!)(1-\rho)^2} = \dfrac{\rho P(L(\infty) \geqslant c)}{1-\rho}$ |
| $L - L_Q$ | $\dfrac{\lambda}{\mu} = c\rho$ |

当 $c = 1$ 时，也就是单服务台的情况，表 6-5 简化后的结果就是表 6-4。处于繁忙状态服务台的平均数量(或正在接受服务顾客的平均数量)可由表达式 $L - L_Q = \lambda/\mu = c\rho$ 获得。

**例 6.13**

排队论早期的很多应用是关于工具箱的。保管员管理工具仓库，技工到达仓库希望领用工具，假设到达的技工来自无限总体。这个例子类似于另一个简单的例子，即顾客到达电影院售票处的排队系统。假设技工到达服从到达率为 2 人/分钟的泊松分布，服务时间服从均值为 40 秒的指数分布。

那么，$\lambda = 2$ 人/分钟，$\mu = 60/40 = 1.5$ 人/分钟，输入负载大于 1，即

$$\frac{\lambda}{\mu} = \frac{2}{3/2} = \frac{4}{3} > 1$$

所以，若要达到统计均衡，保管员的人数就要大于 1。达到稳态的要求是 $c > \lambda/\mu = 4/3$，也就是说，需要至少 $c = 2$ 名保管员。4/3 是处于繁忙状态的保管员人数期望值。对于 $c \geqslant 2$，$\rho = 4/(3c)$ 是每位保管员的长期忙时占比。(若仅有 $c = 1$ 名保管员会怎样?)

令系统中有 $c = 2$ 名保管员，首先，计算 $P_0$，如下:

$$P_0 = \left\{ \sum_{n=0}^{1} \frac{(4/3)^n}{n!} + \left(\frac{4}{3}\right)^2 \left(\frac{1}{2!}\right) \left[\frac{2(3/2)}{2(3/2) - 2}\right] \right\}^{-1}$$

$$= \left\{ 1 + \frac{4}{3} + \left(\frac{16}{9}\right)\left(\frac{1}{2}\right)(3) \right\}^{-1} = \left(\frac{15}{3}\right)^{-1} = \frac{1}{5} = 0.2$$

接下来，所有保管员都繁忙的概率为：

$$P(L(\infty) \geqslant 2) = \frac{(4/3)^2}{2!(1 - 2/3)}\left(\frac{1}{5}\right) = \left(\frac{8}{3}\right)\left(\frac{1}{5}\right) = \frac{8}{15} = 0.533$$

则等待领用工具技师的长期排队队列长度为

$$L_Q = \frac{(2/3)(8/15)}{1 - 2/3} = 1.07 \text{ 位技师}$$

系统内长期技师总数为：

$$L = L_Q + \frac{\lambda}{\mu} = \frac{16}{15} + \frac{4}{3} = \frac{12}{5} = 2.4 \text{ 位技师}$$

由 Little 公式可知，一名技师在系统中的平均停留时间为

$$w = \frac{L}{\lambda} = \frac{2.4}{2} = 1.2 \text{ 分钟}$$

其平均排队等待时间为

$$w_Q = w - \frac{1}{\mu} = 1.2 - \frac{2}{3} = 0.533 \text{ 分钟}$$

### 1. $M/G/c/\infty$ 排队系统的近似计算

回想一下 $M/G/1$ 排队系统 $L_Q$ 和 $w_Q$ 的计算公式，它们可由相应的 $M/M/1$ 排队系统公式乘上修正因子 $1 + (\text{cv})^2/2$ 得到，参见公式（6.18）。$M/G/c$ 排队系统的近似计算公式可以使用同样方式处理，可以通过 $M/M/c$ 排队系统 $L_Q$ 和 $w_Q$ 的计算公式乘上同样的修正因子得到（对于 $1 < c < \infty$ 没有恰好相等的公式），cv 越接近 1，近似值越准确。

### 例 6.14

回顾一下例 6.13，假如技师在工具仓库接受服务的时间不服从指数分布，但是已知其标准差为 30 秒，那么我们得到 $M/G/c$ 模型而非 $M/M/c$ 模型。因为平均服务时间是 40 秒，所以服务时间的变异系数为

$$\text{cv} = \frac{30}{40} = \frac{3}{4} < 1$$

因此，$L_Q$ 和 $w_Q$ 计算值的精确度可通过以下修正因子得到提高

$$\frac{1 + (\text{cv})^2}{2} = \frac{1 + (3/4)^2}{2} = \frac{25}{32} = 0.78$$

例如，当工具保管员的数量 $c = 2$ 时，有

$$L_Q = 0.78 \times 1.07 = 0.83 \text{ 位技师}$$

注意，由于服务时间的变异系数小于 1，故反映该系统拥挤程度的 $L_Q$ 值比 $M/M/2$ 排队模型更小。

修正因子只能应用于 $L_Q$ 和 $w_Q$ 的计算公式，然后再使用 Little 公式计算 $L$ 和 $w$。遗憾的是，并没有通用的修正稳态概率 $P_n$ 的方法。

### 2. 服务台数量无限的情况（$M/G/\infty/\infty$）

至少有三种情况可以认为服务台数量是无限的：

1）每一位顾客是他/她自己的服务台，自助服务系统中的顾客就是如此。

2）服务台数量远远超过对服务的需求数量，也就是"服务台充足"的情况。

3）当我们想了解需要多少服务台才能使顾客无须等待的时候。

$M/G/\infty$ 队列的稳态参数列在表 6-6 中。在表中，$\lambda$ 是泊松到达过程的到达率，$1/\mu$ 是通用服务时间分布（包含指数分布、常数或其他）的期望服务时间。

**表 6-6    $M/G/\infty$ 队列的稳态参数**

| | | | |
|---|---|---|---|
| $P_0$ | $e^{-\lambda/\mu}$ | $L$ | $\dfrac{\lambda}{\mu}$ |
| $w$ | $\dfrac{1}{\mu}$ | $L_Q$ | $0$ |
| $w_Q$ | $0$ | $P_n$ | $\dfrac{e^{-\lambda/\mu}(\lambda/\mu)^n}{n!}$，$n=0，1，\cdots$ |

**例 6.15**

在推出最新的、面向用户的在线计算机信息服务之前，Connection 公司必须对该系统容量预先进行设计，以了解有多少用户可以同时登录（并发处理）。如果这项服务是成功的，那么期望的用户登录率是 $\lambda=500$ 人/小时，服务泊松分布，平均连线时间为 $1/\mu=180$ 分钟/人（或者 3 小时/人）。实际系统对并发用户数量有上限，但是为便于系统设计，Connection 公司假设并发用户数是无限的。该系统的 $M/G/\infty$ 模型意味着期望并发用户数为 $L=\lambda/\mu=500\times3=1500$ 个，因此系统容量需要大于 1500。为了保证在 95% 的情况下都能提供足够的容量，Connection 公司可以支持的最小并发用户数 $c$，因此有

$$P(L(\infty)\leqslant c)=\sum_{n=0}^{c}P_n=\sum_{n=0}^{c}\frac{e^{-1500}(1500)^n}{n!}\geqslant 0.95$$

则容量为 $c=1564$ 的并发用户数可以满足上述要求。

257

## 6.4.3    具有泊松到达、有限容量的多服务台排队系统：$M/M/c/N/\infty$

假设服务时间服从服务率为 $\mu$ 的指数分布，有 $c$ 个服务台，系统总容量为 $N\geqslant c$ 位顾客。当系统满员的时候，到达顾客不进入系统而离开。如前面章节所述，假设顾客到达服从泊松分布，且到达率为 $\lambda$ 人/单位时间。无论 $\lambda$ 和 $\mu$ 如何取值，只要保证 $\rho\neq1$，则 $M/M/c/N$ 系统就具有服从稳态特征的统计均衡态，如表 6-7 所示。（$\rho=1$ 的公式参见 Hillier 和 Lieberman[2005]。）

有效到达率 $\lambda_e$ 是指单位时间进入并驻留在系统中的顾客平均到达数量。对任何系统，都有 $\lambda_e\leqslant\lambda$；对于无限容量的系统，有 $\lambda_e=\lambda$；对于我们当前讨论的系统（系统满员时顾客会离开），则有 $\lambda_e<\lambda$。有效到达率计算如下：

$$\lambda_e=\lambda(1-P_N)$$

因为 $1-P_N$ 是顾客到达后发现系统有空间

**表 6-7    $M/M/c/N$ 排队系统的稳态参数**
（$N-$系统容量；$a=\lambda/\mu$，$\rho=\lambda/(c\mu)$）

| | |
|---|---|
| $P_0$ | $\left[1+\sum_{n=1}^{c}\dfrac{a^n}{n!}+\dfrac{a^c}{c!}\sum_{n=c+1}^{N}\rho^{n-c}\right]^{-1}$ |
| $P_N$ | $\dfrac{a^N}{c!c^{N-c}}P_0$ |
| $L_Q$ | $\dfrac{P_0a^c\rho}{c!(1-\rho)^2}[1-\rho^{N-c}-(N-c)\rho^{N-c}(1-\rho)]$ |
| $\lambda_e$ | $\lambda(1-P_N)$ |
| $w_Q$ | $\dfrac{L_Q}{\lambda_e}$ |
| $w$ | $w_Q+\dfrac{1}{\mu}$ |
| $L$ | $\lambda_e\cdot w$ |

从而能够进入系统的概率。当我们应用 Little 公式（6.7）计算顾客平均逗留时间 $w$ 和平均

排队时间 $w_Q$ 的时候，需使用 $\lambda_e$ 代替 $\lambda$。

**例 6.16** _____

例 6.10 所描述的理发店仅仅可以容纳 3 名顾客，包括一名服务中的顾客、两名排队等待的顾客。当理发店满员时，后来的顾客就不会进入。如前面定义的那样，输入负载为 $\lambda/\mu = 2/3$。

为了计算性能指标，首先需要计算 $P_0$，为

$$P_0 = \left[ 1 + \frac{2}{3} + \frac{2}{3} \sum_{n=2}^{3} \left( \frac{2}{3} \right)^{n-1} \right]^{-1} = 0.415$$

系统中有 3 名顾客的概率（系统满员）为：

$$P_N = P_3 = \frac{(2/3)^3}{1! \, 1^2} P_0 = \frac{8}{65} = 0.123$$

平均队列长度为：

$$L_Q = \frac{(27/65)(2/3)(2/3)}{(1-2/3)^2} \left[ 1 - (2/3)^2 - 2(2/3)^2 (1-2/3) \right] = 0.431 \text{ 位顾客}$$

有效到达率 $\lambda_e$ 为：

$$\lambda_e = 2 \left( 1 - \frac{8}{65} \right) = \frac{114}{65} = 1.754 \text{ 位顾客／小时}$$

由 Little 公式，顾客排队时间的期望值为：

$$w_Q = \frac{L_Q}{\lambda_e} = \frac{28}{114} = 0.246 \text{ 小时}$$

顾客在理发店中的总逗留时间为

$$w = w_Q + \frac{1}{\mu} = \frac{66}{114} = 0.579 \text{ 小时}$$

Little 公式的最后一个应用是计算理发店中顾客数量的期望值（排队和理发顾客之和），即

$$L = \lambda_e w = \frac{66}{65} = 1.015 \text{ 小时}$$

注意，$1 - P_0 = 0.585$ 代表的是正在接受服务顾客的平均数，等价于单服务台繁忙的概率。因此，服务台利用率或服务台长期忙时占比，可由下式得出：

$$1 - P_0 = \frac{\lambda_e}{\mu} = 0.585$$

_____

读者可以比较增加了容量限制的理发店模型和原模型的不同之处。特别地，在有容量限制的系统中，输入负载 $\lambda/\mu$ 可为任意正数且不再等于服务台利用率 $\rho = \lambda_e/\mu$。注意，当增加了容量约束之后，服务台利用率从 $67\%$ 减少到了 $58.5\%$。

## 6.5 有限顾客源模型的稳态表现（M/M/c/K/K）

在很多实际问题中，无限顾客源的假设常会导致无效结果，因为很多顾客源实际上是很小的。当顾客总体很小时，系统中的顾客数量对未来到达分布的影响很大，此时使用无限顾客源模型可能会带来误导。典型的例子包括少量的偶尔故障并需要维修的机器，或者由几名护士负责护理的若干病人。极端情况下，如果所有机器都处于故障状态，那么就不会有新的到达产生，类似地，如果所有病人都处于需要护理的状态，那么也不会有新的到达。这不同于无限顾客源模型。在无限顾客源模型中，顾客到达率 $\lambda$ 与

系统状态无关。

考虑一个有 $K$ 名顾客的有限顾客源排队模型。假设每位顾客接受完本次服务到下一次请求服务之间的间隔时间服从均值为 $1/\lambda$ 的指数分布；服务时间也服从指数分布，均值为 $1/\mu$；有 $c$ 个并行的服务台，系统容量为 $K$，所有到达都需要被服务。系统如图 6-13 所示。

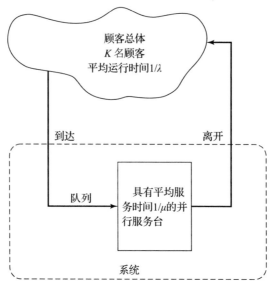

图 6-13    有限总体排队模型

该模型的稳态参数如表 6-8 所示，对于计算这些复杂的公式，电子表格或者符号运算程序是有用的。举例来说，图 6-14 是一段 MATLAB 代码，用于计算 $M/M/c/K/K$ 排队模型的稳态概率。电子表格 QueueingTools. xls 也可以完成这些计算，可在网站 www. bcnn. net 上获得。

260

表 6-8    $M/M/c/K/K$ 排队系统的稳态参数

| | |
|---|---|
| $P_0$ | $\left[\sum_{n=0}^{c-1}\binom{K}{n}\left(\dfrac{\lambda}{\mu}\right)^n + \sum_{n=c}^{K}\dfrac{K!}{(K-n)!c!c^{n-c}}\left(\dfrac{\lambda}{\mu}\right)^n\right]^{-1}$ |
| $P_n$ | $\begin{cases}\binom{K}{n}\left(\dfrac{\lambda}{\mu}\right)^n P_0, & n=0,1,\cdots,c-1 \\[2mm] \dfrac{K!}{(K-n)!c!c^{n-c}}\left(\dfrac{\lambda}{\mu}\right)^n P_0, & n=c,c+1,\cdots,K\end{cases}$ |
| $L$ | $\displaystyle\sum_{n=0}^{K} nP_n$ |
| $L_Q$ | $\displaystyle\sum_{n=c+1}^{K}(n-c)P_n$ |
| $\lambda_e$ | $\displaystyle\sum_{n=0}^{K}(K-n)\lambda P_n$ |
| $w$ | $L/\lambda_e$ |
| $w_Q$ | $L_Q/\lambda_e$ |
| $\rho$ | $\dfrac{L-L_Q}{c}=\dfrac{\lambda_e}{c\mu}$ |

```
p = zeros(K+1,1);
% Note:
%   p(1) = lim_t->infty Pr{N(t)=0}
%   p(n+1) = lim_t->infty Pr{N(t)=n}, for n=1,2,...,K-1
%   p(K+1) = lim_t->infty Pr{N(t)=K}
crho = lambda/mu;
Kfac = factorial(K);
cfac = factorial(c);
% get p(1)
for n=0:c-1
    p(1)=p(1) + (Kfac/(factorial(n)*factorial(K-n)))*(crho^n);
end
for n=c:K
    p(1)=p(1) + (Kfac/((c^(n-c))*factorial(K-n)*cfac))*(crho^n);
end
p(1)=1/p(1);
% get p(n+1), 0 < n < c
for n=1:c-1
    p(n+1)=p(1) * (Kfac/(factorial(n)*factorial(K-n)))*(crho^n);
end
% get p(n+1), c <= n <= K
for n=c:K
    p(n+1)=p(1) * (Kfac/((c^(n-c))*factorial(K-n)*cfac))*(crho^n);
end
% return probability vector
mmcKK = p;
```

图 6-14 计算 $M/M/c/K/K$ 排队系统概率 $P_n$ 的 MATLAB 程序

有效到达率 $\lambda_e$ 有几种有效解释:

$\lambda_e =$ 顾客抵达队列的长期有效到达率 = 顾客接受服务的长期有效到达率

$=$ 顾客结束服务并离开系统的长期速率 = 顾客返回顾客源的长期速率(开始新一轮循环)

$=$ 顾客离开顾客源并进入系统的长期速率

**例 6.17** ———————————————————————————————————

两名工人负责管理 10 台铣床,机器平均每运转 20 分钟,就需要工人进行一次校正(平均费时 5 分钟),上述时间均服从指数分布,因此,$\lambda=1/20$,$\mu=1/5$。计算该系统性能度量指标。

所有系统性能度量指标都依赖于 $P_0$,$P_0$ 为

$$\left[ \sum_{n=0}^{2-1} \binom{10}{n} \left(\frac{5}{20}\right)^n + \sum_{n=c}^{10} \frac{10!}{(10-n)!2!2^{n-2}} \left(\frac{5}{20}\right)^n \right]^{-1} = 0.065$$

通过 $P_0$ 可以求出其他的 $P_n$,进而可以得到排队等待服务的机器数量平均值,有

$$L_Q = \sum_{n=3}^{10} (n-2)P_n = 1.46 \text{ 台机器}$$

有效到达率为

$$\lambda_e = \sum_{n=0}^{10} (10-n)\left(\frac{1}{20}\right)P_n = 0.342 \text{ 台机器 / 分钟}$$

平均排队时间为

$$w_Q = L_Q/\lambda_e = 4.27 \text{ 分钟}$$

相似地,我们可以计算系统中全部机器数量的期望值(包括正在接受服务的机器数量以及等待服务的机器数量)

$$L = \sum_{n=0}^{10} nP_n = 3.17 \text{ 台机器}$$

正在接受服务机器数量的平均值为

$$L - L_Q = 3.17 - 1.46 = 1.71 \text{ 台机器}$$

每台机器都有三种状态：运转、等待工人校正、正在进行校正，所以正常运转机器的平均数可由下式算得

$$K - L = 10 - 3.17 = 6.83 \text{ 台机器}$$

一个经常被问到的问题是：如果服务台数量增加或者减少会发生什么？若本例中工人数量增加到 $3(c=3)$，则平均在转机器数量将增至

$$K - L = 7.74 \text{ 台机器}$$

平均增幅为 0.91 台。

相反地，如果工人数量减少到 1 的话，将会发生什么？平均在转机器数量将减至

$$K - L = 3.98 \text{ 台机器}$$

工人数量从 2 减至 1 会导致平均运转机器数量减少接近 3 台。习题 17 希望读者检查增加或减少一个服务台对服务台利用率有何影响。

---

例 6.17 阐述了某些一般性关系，这些关系对于大多数排队系统都适用，如果服务台数量减少，那么排队等待时间、服务台利用率，以及顾客到达后不能立即获得服务的概率都会增加。

## 6.6 排队网络

在本章中，我们只强调了 $G/G/c/N/K$ 单队列排队系统（注：不管有多少服务台，系统只设置一个排队队列）的学习，然而很多现实中的排队系统都是由单队列系统所组成的网络系统。在这样的系统中，顾客离开某一个队列后可能会进入其他队列。例 6.1（参见图 6-3）和例 6.2（参见图 6-5）都是此类系统。

研究排队网络的数学模型超出了本章范围，读者如果想了解相关内容，可参考 Gross 和 Harris(1997)、Nelson(1995)和 Kleinrock(1976)等文献。不过一些基本理念对于粗略建模（rough-cut modeling）还是非常有用的，最好在仿真研究之前有所了解。对于一个无限顾客源且系统容量无限的稳定系统，有如下结论：

1) 假设队列中既没有顾客产生也没有顾客消失，则排队系统的长期离开率和到达率相等。

2) 如果队列 $i$ 的顾客到达率为 $\lambda_i$，并且一部分顾客离开队列 $i$ 后前往队列 $j$，其概率为 $0 \leq p_{ij} \leq 1$，则由队列 $i$ 至队列 $j$ 的长期到达率为 $\lambda_i p_{ij}$。

3) 队列 $j$ 的总到达率 $\lambda_j$，是其所有顾客来源的到达率之和。如果顾客从排队网络外部到达队列 $j$ 的到达率为 $a_j$，则有：

$$\lambda_j = a_j + \sum_{\text{所有} i} \lambda_i p_{ij}$$

4) 如果队列 $j$ 有 $c_j < \infty$ 个并行服务台，各服务台的服务率均为 $\mu_j$，则各服务台的长期利用率为

$$\rho_j = \frac{\lambda_j}{c_j \mu_j}$$

为保持队列稳定，需要满足 $\rho_j < 1$。

5）若对每个队列 $j$，来自排队网络外部的到达均服从到达率为 $a_j$ 的泊松分布，并且由 $c_j$ 个相同的服务台提供服务，它们的服务时间服从均值为 $1/\mu_j$ 的指数分布（$c_j$ 可以为 $\infty$）。那么在稳态情况下，队列 $j$ 的表现如同一个到达率为 $\lambda_j = a_j + \sum_{\text{所有} i}\lambda_i p_{ij}$ 的 $M/M/c_j$ 排队系统。

**例 6.18**

我们继续使用图 6-3 所示的例 6.1 折扣商店的例子。假定顾客到达率为 80 人/小时，其中 40% 选择自助服务，则服务中心 1（自助服务）的到达为 $\lambda_1 = 80 \times 0.40 = 32$ 人/小时，服务中心 2 的到达率为 $\lambda_2 = 80 \times 0.6 = 48$ 人/小时，假设在服务中心 2 处的 $c_2 = 3$ 个店员的服务率均为 $\mu_2 = 20$ 人/小时，则长期店员利用率（劳动强度或工作负荷）为

$$\rho_2 = \frac{48}{3 \times 20} = 0.8$$

所有顾客都要经过服务中心 3 处的收银员，无论服务中心 1 的服务率为多少，服务中心 3 的到达率均为 $\lambda_3 = \lambda_1 + \lambda_2 = 80$ 人/小时。经过长期运行，各服务中心的顾客离去率都等于其顾客到达率。如果收银员的服务率为 $\mu_3 = 90$ 人/小时，那么收银员的劳动强度为

$$\rho_3 = \frac{80}{90} = 0.89$$

## 6.7　粗略建模：简单描述

本节中，我们将展示如何利用本章所介绍的工具，在正式开展仿真分析之前进行粗略分析（rough-cut analysis）。粗略建模（rough-cut modeling）在很多情况下都是有用的：某些情况下，粗略分析的结果即可满足实际需求，此时无须进一步仿真，这样可以节省时间和经费。更常见的情况是，通过粗略模型可以更加深入地理解即将仿真的系统，这相当于在建立细致复杂的仿真模型之前，先进行一次彩排或预演。更进一步来说，由粗略分析得到的系统性能衡量指标，可以为实际仿真输出效果提供合理的检验，避免由于仿真过程中出现错误而得出错误结论。

**例 6.19**

某机动车驾照办理机构主管收到的投诉中，很多是关于更新驾照排队时间过长的问题，为了获得量化的决策支持指标，该主管开展了一次运营分析。该机构的工作流程如图 6-15 所示。

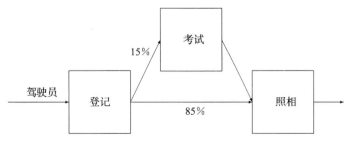

图 6-15　某驾照办理机构的顾客流程示意图

该机构办公时间为上午 8 点至下午 4 点，平均每天服务 464 名司机，所有顾客到达需要由两名工作人员之一先进行登记。主管搜集了职员们几天来的工作数据，以作研究之用，管理者发现，登记时间均值为 2 分钟，标准差为 0.4 分钟。登记之后，15% 的司机需

要进行大约 20 分钟的笔试，笔试时间比较容易获得，因为试卷分发和收回都会记录时间，这些包含多选题的试卷会立刻通过一个光学扫描仪完成阅卷和打分。所有司机都需要等待照相以及驾照制作。该工作中心每小时能够服务 60 名司机，但是单个司机服务时间的波动可能很大，因为有些人可能需要重新拍照。

主管希望知道，如果增加一名负责登记的工作人员或增设一个照相处，会对顾客等待时间带来什么影响，以及这些改变是否会影响笔试区所需的椅子数量（目前 20 把椅子是足够用的）。

这个问题很适合进行仿真，但是分析人员认为对排队系统的快速估计可以提供与仿真建模一样有用的分析。

为了开展粗略建模，分析人员把该机构看作一个排队网络，登记处是队列 1（有 $c_1 = 2$ 名并行的服务人员，每名服务人员的服务率为 $\mu_1 = 30$ 人/小时），笔试处是队列 2（有 $c_2 = \infty$ 个服务台，因为无论多少人都可以同时参加笔试，平均服务时间为 $1/\mu_2 = 20$ 分钟），照相处为排队子系统 3（$c_3 = 1$ 个服务台，服务率为 $\mu_3 = 1$ 人/分钟），分析人员决定忽略光学扫描试卷的过程，因为这一过程费时很少。尽管主管说中午时分到达的司机通常会比较多，但因为是粗略分析，所以将全天的到达率都视为 464/8＝58 人/小时。

每个队列的到达率如下

$$\lambda_1 = a_1 + \sum_{i=1}^{3} p_{i1}\lambda_i = 58 \text{ 位司机 / 小时}$$

$$\lambda_2 = a_2 + \sum_{i=1}^{3} p_{i2}\lambda_i = (0.15)\lambda_1 \text{ 位司机 / 小时}$$

$$\lambda_3 = a_3 + \sum_{i=1}^{3} p_{i3}\lambda_i = (1)\lambda_2 + (0.85)\lambda_1 \text{ 位司机 / 小时}$$

注意只有队列 1 才有来自排队网络外部的到达，所以 $a_1 = 50$ 且 $a_2 = a_3 = 0$，在 $\lambda_1 = \lambda_3 = 58$ 且 $\lambda_2 = 8.7$ 的情况下求解，分析人员决定以"分钟"为单位进行分析，所以换算为 $\lambda_1 = \lambda_3 = 0.97$ 人/分钟且 $\lambda_2 = 0.15$ 人/分钟。

经由大量的顾客信息分析（顾客们到达是独立的），分析人员将到达过程近似为泊松分布（第一处近似），并且每个队列中的服务时间都是指数分布。针对队列 3 的服务时间近似也是合理的，因为主管相信拍照时间是多变的，并且照相处对队列 2 没有影响，因为无限服务台的 $M/G/\infty$ 排队系统性能仅取决于服务率，而不是服务时间的分布。然而，登记时间的变异系数为 $cv = 0.4/2 = 0.2 < 1$，所以分析人员决定对登记处的结果应用修正因子 $(1 + cv^2)/2 = 0.52$。

现在分析人员已经拥有了足够的信息，从而可以将机构中不同部门近似为彼此独立的队列（这是第二处近似，因为现实中各部门不是彼此独立的）。登记处可近似为 $M/G/c_1$ 排队系统，笔试处是 $M/G/\infty$ 排队系统，拍照处是 $M/M/c_3$ 排队系统。因此，按照当前设定，登记处是 $M/G/2$ 排队系统，使用表 6-5 中的公式乘以 0.52，得到 $w_Q = 16.5$ 分钟，如果在登记处增加一名工作人员，顾客排队时间会降至 0.4 分钟，这是很显著的。

照相处可用 $M/M/1$ 排队模型表示，则 $w_Q = 32.3$ 分钟，增设一个照相处（$M/M/2$）可以使顾客排队时间降至 0.3 分钟，比在登记处增加一个工作人员能够带来更多时间削减。

如果需要，笔试处可以用 $M/G/\infty$ 排队系统的结论进行分析，如表 6-6 所示。例如，在任意时刻，参加笔试人数的期望均为 $L = \lambda_2/\mu_2 = 0.15/(1/20) = 3$，它不受登记人员和照相处数量变化的影响，因为登记人员数量和照相处数量并不影响 $\lambda_2$ 和 $\mu_2$ 的值。

主管借此会看到任何一项或两项改善措施实施之后的效果吗？回答是否定的。因为这个模型在很多方面来讲都是不精确的：模型假设这是一个稳态系统，而事实上该机构每天只工作 8 小时，到达率并不是常量；同时，模型进行了简化，忽略了测试打分环节和员工休息等因素的影响。但是无论如何，上述分析结果仍然为增加员工的方案提供了有益参考，也为包含所有相关因素的详细仿真提供了可参考的验证标准。

## 6.8 小结

目前已知，排队系统广泛用于分析服务设施、生产和物料搬运系统、电话和信息交换系统，以及其他很多存在拥堵或者对稀缺资源竞争的问题。本章介绍了排队模型的基本概念，并展示了如何用仿真方法和数学分析估计系统性能。

仿真可用于生成复杂系统的既往历史过程，仿真时间可长可短，仿真产生的数据反过来可用于估计我们想了解的系统性能。本章介绍了一些常用系统性能评价指标，包括 $L$、$L_Q$、$w$、$w_Q$、$\rho$ 和 $\lambda_e$，并给出了计算公式。

对于随时间演化的系统进行仿真时，分析人员必须决定是研究瞬态行为还是稳态行为。一些排队系统存在计算稳态指标的简单公式，但是利用仿真数据估算系统稳态表现时需要注意，初始状态对稳态性能值会有不良影响，需要想办法对其尽量进行消减。当初始状态与稳态相差很多或者仿真时长过短，那么估计量可能存在非常大的偏差（估计值可能偏大也可能偏小）。这些关于估计的问题将在第 11 章中用更长的篇幅进行讲述。

无论分析人员关注的是瞬态特征还是稳态性能，我们都需要注意，通过对随机过程排队系统进行仿真，所得到的仅仅是估计值，这类估计值仍然存在随机误差，需要进行适当的统计分析来估计它的精确程度。统计分析方法将在第 11 章和第 12 章探讨。

本章的最后三节介绍了一些可以通过数学方法求解的简单模型，尽管这些模型背后的假设在现实中可能无法恰好满足，但对于粗略估计系统性能，这些模型仍然是有效的。在很多情况下，到达间隔时间和服务时间为指数分布的模型将提供系统性能的保守估计。例如，假如模型预测的平均等待时间 $w$ 为 12.7 分钟，那么系统真实值很可能小于 12.7 分钟。指数模型具有保守性是因为：1）系统性能衡量指标，如 $w$ 和 $L$，通常是间隔时间和服务时间波动的增函数（回忆 $M/G/1$ 排队系统）；2）指数分布的波动性相对较大，因为其标准差总是等于均值。因此，假如真实系统中到达过程或者服务过程比指数分布的波动小，那么系统的平均人数 $L$ 和平均逗留时间 $w$ 都会比指数模型的预测值小。当然，假如间隔时间和服务时间比指数分布的波动大，那么该 $M/M$ 排队模型就会低估拥塞程度。

决定工作中心的服务台最小数量是排队模型的一个重要应用。通常，如果到达率 $\lambda$ 和服务率 $\mu$ 都已知或者可以估计，那么简单不等式 $\lambda/(c\mu)<1$ 可以用来估计一个工作中心初始的服务台数量 $c$。对于一个有很多工作中心的大系统，估计工作中心 $i$ 的服务台数量 $c_i$ 的每个可能值（$c_1$，$c_2$，$\cdots$）太过耗时，因此通过一系列粗略估计，能够节省很多计算和分析时间。

最后，很多简单指数排队模型的固有特性（qualitative behavior）都会延伸到复杂系统。通常，服务时间和到达过程的波动会导致排队队列的形成及拥堵。对于大多数系统，假如到达率增长或者服务率降低，或者服务时间和到达时间的波动性增加，系统都会变得更加拥塞。减少拥堵可以通过增加更多服务台，或者减少服务时间的均值和波动来实现。简单排队模型非常有助于量化这种关系，以及评估系统设计的替代方案。

## 参考文献

COOPER, R. B. [1990], *Introduction to Queueing Theory*, 3d ed., George Washington University, Washington, DC.

DESCLOUX, A. [1962], *Delay Tables for Finite- and Infinite-Source Systems*, McGraw-Hill, New York.

GROSS, D., AND C. HARRIS [1997], *Fundamentals of Queueing Theory*, 3d ed., Wiley, New York.

HALL, R. W. [1991], *Queueing Methods: For Services and Manufacturing*, Prentice Hall, Englewood Cliffs, NJ.

HILLIER, F. S., AND G. J. LIEBERMAN [2005], *Introduction to Operations Research*, 8th ed., McGraw-Hill, New York.

KENDALL, D. G. [1953], "Stochastic Processes Occurring in the Theory of Queues and Their Analysis by the Method of Imbedded Markov Chains," *Annals of Mathematical Statistics*, Vol. 24, pp. 338–354.

KLEINROCK, L. [1976], *Queueing Systems, Vol. 2: Computer Applications*, Wiley, New York.

LITTLE, J. D. C. [1961], "A Proof for the Queueing Formula $L = \lambda w$," *Operations Research*, Vol. 16, pp. 651–665.

NELSON, B. L. [1995], *Stochastic Modeling*: Analysis & Simulation, Dover Publications, Mineola, NY.

WINSTON, W. L. [2004], *Operations Research: Applications and Algorithms*, 4th Edition, Duxbury Press, Pacific Grove, CA.

## 练习题

1. 某维修中心为相当多的技师提供工具领用服务，技师到达间隔时间和服务时间均服从指数分布，平均到达间隔时间为 4 分钟，维修中心的服务人员平均每 3 分钟完成一次服务，服务人员的薪酬为 10 美元/小时，技师的薪酬为 15 美元/小时。目前仅有一名服务员，是否应该再增加一名服务员？

2. 某机场拥有两条跑道（一条仅用于着陆，一条仅用于起飞），跑道是针对螺旋桨飞机设计的。飞机降落所需时间服从指数分布，均值为 1.5 分钟，如果飞机是随机到达的，若限定飞机在天空中的等待时间不得超过 3 分钟，那么可容许的最大到达率是多少？

3. Trop 港一次只能装卸一条船，但是拥有一个可以停泊 3 艘船的锚地。Trop 港是船舶公司的首选，但是如果 Trop 港的锚地没有空间，则船舶会前往 Poop 港。每周平均有 7 艘船到达，到达服从泊松分布。Trop 港的处理能力为平均每周 8 艘船，服务时间服从指数分布。那么在 Trop 港排队等待以及正在接受服务的船舶数量期望值是多少？

4. 在 Metropolis 市政厅，有两名市府职员向市民提供服务。一天里，平均每 10 分钟就会到达一名市民，每次服务平均需要 15 分钟，到达间隔时间和服务时间均服从指数分布。请问：在任意时刻，系统中没有市民的概率为多少？排队等待市民的期望值为多少？两名工作人员都繁忙的概率为多少？如果增加一名职员，并且其工作效率与现有两名市府职员相同，这将对系统性能带来什么影响？

5. Tony & Cleo 蛋糕店销售一种生日蛋糕，蛋糕装饰需要 15 分钟。装饰工作只能由一名固定的糕点师完成，事实上，该糕点师只负责蛋糕装饰工作。假如平均排队队长不能超过 5 个蛋糕，那么平均到达间隔时间（服从指数分布）为多少才是可以接受的？

6. 体检病人到达服从泊松过程，到达率为 1 人/小时。体检有三个阶段，每个阶段都是独立的指数分布，平均服务时间为 15 分钟，只有在当前病人完成全部三个阶段的检查之后，才允许下一位病人进入体检区域。计算系统的平均排队队长 $L_Q$。

（提示：独立随机变量之和的方差就是各变量的方差之和。）

7. 假设技师随机到达某工具库的过程为泊松过程，到达率 $\lambda = 10$ 人/小时，已知工具库仅有一名职员，他服务每个技师的平均时间为 4 分钟，标准差为约 2 分钟。假设技师的工资为

15 美元/小时，请估计平均每小时技师等待领取工具的稳态成本(单位：美元/小时)。

8. 抵达某机场的飞机会被安排在同一条跑道降落。在一天中的某个特定时段，飞机到达率服从 30 架/小时的泊松过程，每架飞机的降落时间固定为 90 秒，试确定该机场的 $L_Q$、$w_Q$、$L$ 和 $w$。若飞机等待降落的过程中，平均每小时油耗为 5000 美元，请确定每架飞机的平均等候成本。

9. 某修理场维修小型电动摩托车，车辆到达为泊松过程，到达率为 12 台/周(每周工作 5 天，共 40 小时)。通过分析历史数据可知修复引擎平均需要 2.5 小时，方差为 1 平方小时。那么摩托放在修理场的时间(只考虑工作时间，不计假日非工作时间)会有多久(顾客不了解系统状态是繁忙还是空闲)？如果维修时间的方差可控，那么应将其减至多少，才能使等待时间的期望值降至 6.5 小时？

10. 某自助加油站的车辆到达服从泊松分布，到达率为 12 辆/小时，服务时间分布的均值为 4 分钟，标准差为 4/3 分钟，那么系统中车辆数的期望值为多少？

11. Classic 汽车养护店需要一名工人依照 4 个步骤洗车：涂抹洗涤剂、漂洗、干燥、内部吸尘。完成每个步骤所需时间均服从指数分布，均值都是 9 分钟，只有当前车辆完成全部 4 个步骤之后，下一辆车才能开始。车辆到达服从泊松过程，到达间隔时间的均值为 45 分钟，则每辆车在洗车开始之前的平均等待时间是多少？在洗车系统中车辆数的均值为多少？彻底清洗一辆车所需的平均时间为多少？

12. 某车间有 10 台纺织机，纺织机调试好之后就会自动运转。调试纺纱机所需时间服从指数分布，均值为 10 分钟，机器正常运转时间平均为 40 分钟，也服从指数分布。纺织工人工资为每小时 10 美元，一台纺织机的停工损失为每小时 40 美元。请问，应该雇佣多少名纺织工人才能使该车间的总成本最小？如果目标变成"每台纺织机等待工人调试的平均时间不能超过 1 分钟"，那么应该雇佣多少名工人？应该雇佣多少名工人才能保证同时运转纺织机的平均数量不低于 7.5 台？

13. 考察一个有限顾客源的排队系统，到达间隔时间与服务时间均服从指数分布，参数如下：

$$K = 10$$
$$\frac{1}{\mu} = 15$$
$$\frac{1}{\lambda} = 82$$
$$c = 2$$

请计算 $L_Q$ 和 $w_Q$，找到满足 $L_Q = L/2$ 时的 $\lambda$ 值。

14. 假定图 6-6 表示一个后进先出(LIFO)单服务台系统中顾客数量的变化情况，顾客不存在占先(preempted)的情况(服务过程被强行终止或暂停，以便让权限更高的顾客优先接受服务)。当前服务一旦完成，最近到达的顾客开始接受服务。对于该系统，每位顾客占据曲线 $L(t)$ 与横轴所围区域中的对应部分，如图 6-8 展示的先进先出(FIFO)系统。利用图 6-8，说明公式(6.10)和公式(6.8)对 LIFO 单服务台系统依然适用。

15. 重复习题 14，但是假定

a) 图 6-6 代表有 $c=2$ 个服务台的 FIFO 系统。

b) 图 6-6 代表有 $c=2$ 个服务台的 LIFO 系统。

16. 考察一个 $M/G/1$ 排队系统，其服务分布如下：顾客需要两类服务中的一种，每种概率为 $p$ 和 $1-p$，第 $i$ 类服务服从服务率为 $\mu_i$ 的指数分布，$i=1$，2。令 $X_i$ 代表第 $i$ 类服务的服务时间，而 $X$ 为任意一类服务的服务时间。因此，$E(X_i)=1/\mu_i$，$V(X_i)=1/\mu_i^2$，以及

$$X = \begin{cases} X_1 & \text{概率为 } p \\ X_2 & \text{概率为}(1-p) \end{cases}$$

所以说，随机变量 $X$ 服从参数为$(\mu_1,\mu_2,p)$的超指数分布。

a) 试证明 $E(X)=p/\mu_1+(1-p)/\mu_2$，$E(X^2)=2p/\mu_1^2+2(1-p)/\mu_2^2$

b) 使用 $V(X)=E(X^2)-[E(X)]^2$，证明 $V(X)=2p/\mu_1^2+2(1-p)/\mu_2^2-[p/\mu_1+(1-p)/\mu_2]^2$

c) 对于任意服从超指数分布的随机变量，如果 $\mu_1 \neq \mu_2$ 且 $0<p<1$，证明它的变异系数大于 1，即$(\mathrm{cv})^2=V(X)/[E(X)]^2>1$。如此一来，超指数分布提供了一系列的统计模型，可用于分析服务时间的波动比指数分布更大的排队系统。

（提示：使用（a）和（b）中的结论，则$(\mathrm{cv})^2$ 的代数表达式变为 $(\mathrm{cv})^2 = 2p(1-p)(1/\mu_1-1/\mu_2)^2/[E(X)]^2+1$）

d) $\mu_1$，$\mu_2$，$p$ 的多种组合都能够得到相同的 $E(X)$ 和$(\mathrm{cv})^2$。如果我们需要得到一个分布，使得它的均值 $E(X)=1$ 且变异系数 $\mathrm{cv}=2$，试找出符合条件的 $\mu_1$，$\mu_2$，$p$。

（提示：例如，任选 $p$ 等于 $1/4$，然后求解以下关于 $\mu_1$ 和 $\mu_2$ 的方程。）

$$\frac{1}{4\mu_1}+\frac{3}{4\mu_2}=1$$

$$\frac{3}{8}\left(\frac{1}{\mu_1}-\frac{1}{\mu_2}\right)^2+1=4$$

17. 例 6.17 中，比较服务台个数为 $c=1$、$c=2$、$c=3$ 时，服务台利用率 $\rho$（任何一个服务台的利用率）的值有何变化。

18. 在例 6.17 中，将机器数量增至 2，比较服务台个数为 $c=1$、$c=2$、$c=3$ 时，服务台利用率 $\rho$（任何一个服务台的利用率）的值有何变化。

271

19. 某小型锯木厂由 10 辆卡车供应原材料，使用一架桥式起重机从卡车上卸下尺寸较长的原木。卸完一辆卡车平均需要一个小时，卸完车后，一辆卡车平均需要 3 个小时才能重新装满原料并返回锯木厂。

a) 使用本章模型所使用过的某些分布假设来分析当前这个问题，试着给出这些假设并讨论其合理性。

b) 在使用一台桥式起重机的情况下，等待卸货卡车的平均数量为多少？平均每小时有多少辆卡车到达锯木厂？多大比例的卡车到达锯木厂后会发现桥式起重机是繁忙的？与桥式起重机的长期繁忙率一致吗？

c) 假设安装了第二台桥式起重机，再次回答（b）中的问题，画图比较使用 1 台和 2 台起重机有何不同。

d) 如果每辆卡车的原木卸货费是 200 美元，并且从长期来看，每台起重机每小时的成本为 50 美元（无论是否繁忙），从成本角度计算锯木厂最合理的起重机配置数量。

e) 除了（d）中讨论的成本之外，如果经理决定还需要考虑卡车和卡车司机的闲置成本，那么起重机的最优数量为多少？一辆卡车及其司机每小时的成本一共为 40 美元，在等待起重机卸货的过程中被视为闲置。

20. 某工具仓库有一名保管员为 10 位技师提供服务。技师工作一段时间（指数分布，均值为 20 分钟）后就需要去工具仓库领取某个工具，保管员的服务时间服从指数分布且均

值为 3 分钟。如果保管员每小时工资为 6 美元，技师每小时成本为 10 美元，请问是否应该雇佣第二名保管员？

（提示：与习题 1 对比。）

21. 本问题基于 Nelson[1995]文献中的例 8.1。对于一个在建的大型商场，预计在繁忙的时候车辆平均到达数量的期望值为 1000 辆/小时，对其他商场的研究表明，顾客购物会花费 3 小时，如果商场设计者想要有充足的停车位，即 99.9%的时间都有空位，那么他们需要规划多少个停车位？

（提示：使用 $M/G/\infty$ 排队模型，停车位可视为服务台，然后计算在概率 0.999 下，多少个停车位是充足的。）

22. 在例 6.18 中，假设总到达率的期望值增至每小时 160 人，如果服务率没有改变，那么为了满足顾客的需求，在服务中心 2 和服务中心 3 需要安排几名店员？

23. 某打印店只有一台自助型打印机，目前店内排队空间仅能容纳 4 人（包括正在使用打印机的人），一旦超过 4 人，新到达的顾客需要到店外排队。店主希望尽量避免客人在店外排队，所以他考虑增加一台打印机。通过观察发现，顾客到达率为每小时 24 人，且他们使用机器的平均时间为 2 分钟，试评估增加一台打印机的影响。注意，请说明你所做的全部假设和近似处理。

24. 某自助洗车店有 4 个洗车位，在每个洗车位，顾客都有三种服务可选：只冲洗、洗涤＋冲洗、洗涤＋冲洗＋打蜡。完成每项服务的时间分别是固定的：只冲洗需要 3 分钟，洗涤＋冲洗需要 7 分钟，洗涤＋冲洗＋打蜡需要 12 分钟。店主观察到 20%的顾客选择只冲洗，70%选择洗涤＋冲洗，10%选择洗涤＋冲洗＋打蜡。该店不实行预约，顾客到达率为每小时 34 辆，该店另有 3 个停车位可供顾客排队等待。因为近期流失了很多顾客，所以店主想知道如果增加一个洗车位，能够增加多少收入？注意，增加一个洗车位会占用一个排队停车位。

针对该系统建立一个排队模型，估计当前系统和改进系统的顾客流失率。请列出你做的全部假设与近似处理。

25. 去找一些排队模型的实际案例，杂志《Interfaces》是一个很好的来源。

26. 让我们研究一下服务池（pooling servers）的实际效果（多个服务台共享一个排队队列，而不是每个服务台有一个队列），通过比较两个 $M/M/1$ 排队系统和一个 $M/M/2$ 系统的综合性能，给出你的结论（$M/M/1$ 系统的到达率均为 $\lambda$、服务率为 $\mu$；$M/M/2$ 系统到达率为 $2\lambda$、每个服务台的服务率均为 $\mu$）。

27. 某检测修理场有两个场站：一个修理站有两名技师，一个检测站有一名检验员。每个维修技师的工作速度为每小时 3 件，检验员每小时可以检查 8 件，未通过检验的工件（大约 10%）需要送回维修中心（即使对已经维修过两次甚至更多次的工件，未通过率依然如此）。如果工件到达率为每小时 5 件，那么假设到达为泊松过程，服务时间为指数分布，两个场站长期运行的工件等待时间的期望值分别是多少？在不增加人力的前提下，系统能够处理的最大工件到达率为多少？

28. 零件到达组装系统第一阶段（装配站 1）的到达率为每小时 50 套，然后再通过额外四个阶段的加工才能完成生产，每个阶段都有 2%的废品率，意味着每个阶段都有 2%的工件因为存在缺陷而被丢弃。

a）第五个装配站每小时的装配件到达数量是多少？

b）如果五个装配站各自的平均组装时间是不同的，那么将五个装配站按照组装时间由快到慢(或者由慢到快)进行排序有意义吗? 为什么?

29. 某呼叫中心负责回答顾客关于金融产品、个人效率与合同管理软件方面的问题,呼叫的到达率为每分钟 1 个,历史呼叫的 25% 是关于金融产品的,34% 是关于效率产品的,41% 是关于合同管理产品的。回答每个问题平均需要 5 分钟,任何时刻可接入的电话数量是没有限制的,但是每条软件产品线都有自己的接线员(金融 2 名,效率 2 名,合同管理 3 名),如果存在可用的接线员,那么呼叫会立即派发给他/她,否则呼叫会被放入等待队列。公司希望通过培养具有业务交叉能力的接线员(他们可以回答任意产品线的问题),从而减少接线员总数量。然而接线员很难成为每个产品线的专家,所以交叉培养会导致处理每个电话的时间增加 10%。请问,需要多少名经过交叉培训的接线员,才能提供与当前系统同等级的服务水平? 通过估计当前系统与改进系统的指标作答。

273
~
274

# 随　机　数

第 7 章　随机数的生成
第 8 章　随机变量的生成

# 随机数的生成

随机数(random number)是绝大多数离散系统仿真的基本要素，大部分计算机语言拥有用于生成随机数的子程序、对象及函数。在仿真语言中，随机数用于生成仿真语言中所使用的事件时间和其他随机变量。本章将介绍随机数的生成及其随机性测试，第 8 章将介绍如何使用随机数生成符合所需概率分布的随机变量。

## 7.1 随机数的性质

随机数列 $R_1$，$R_2$，…必须满足两个重要的统计特性：**均匀性**(uniformity)和**独立性**(independence)。每个随机数 $R_i$ 都必须是来自[0，1]连续均匀分布的独立抽样，其概率密度函数为

$$f(x) = \begin{cases} 1, & 0 \leqslant x \leqslant 1 \\ 0, & 其他 \end{cases}$$

概率密度函数如图 7-1 所示。每一个 $R_i$ 的期望值由下式给出

$$E(R) = \int_0^1 x \mathrm{d}x = \frac{x^2}{2} \bigg|_0^1 = \frac{1}{2}$$

方差为

$$V(R) = \int_0^1 x^2 \mathrm{d}x - [E(R)]^2 = \frac{x^3}{3} \bigg|_0^1 - \left(\frac{1}{2}\right)^2$$
$$= \frac{1}{3} - \frac{1}{4} = \frac{1}{12}$$

由均匀性和独立性能得出如下推论：

1）如果将区间[0，1]分成长度相同的 $n$ 个子区间，在每个子区间中，观测值数量的期望值都是 $N/n$，其中 $N$ 是总观测量。

2）一个观测值落在特定区间中的概率与之前的观测值无关。

在下一节中，我们将介绍仿真所需随机数生成方法及其特征。

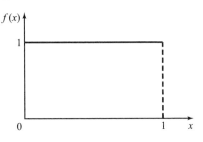

图 7-1 随机数的概率密度函数(pdf)

## 7.2 伪随机数的产生

请注意，本节标题使用了"伪随机数"(Pseudo-Random Numbers)一词，其中，"伪"(pseudo)意为"虚假的、非真的"，也就是说，所生成的并不是真正的随机数。这里所说的"伪随机数"，是指我们使用已知会消除真正随机性的方法所生成的随机数。如果某种方法产生的随机数子集会出现重复，那么就可以认为这些数字不是真正的随机数。任何随机数生成法都希望能够产生尽可能满足均匀分布和独立性要求的位于 0～1 之间的随机数列。

可以肯定的是，在伪随机数生成过程中会有问题或误差出现。这些随机性的误差或偏离，都体现在 7.1 节所描述的随机数特性中。一些偏离的情况包括：

1）生成数列不是均匀分布的。

2）生成数列是离散而非连续取值的。

3）生成数列的均值可能过高或过低。

4）生成数列的方差可能过大或过小 [278]

5）生成数列不是统计独立的，例如存在依赖关系。

利用 7.4 节所描述的检验方法，可以检测某一随机数生成法在均匀性和独立性方面的缺陷。如果检测到这种缺陷，就应该使用其他可接受的方法取代它。目前，已经研发出可以通过 7.4 节所介绍的，乃至更为严格测试的随机数生成器，因此没有理由使用存在缺陷的随机数生成器。

通常，作为仿真过程的一部分，随机数由计算机生成。有许多方法可用于随机数生成，在详细描述这些算法之前，我们应考虑以下几个重要因素：

1）算法运行速度必须足够快。个人计算机虽然并不昂贵，但是进行一次仿真可能需要数以百万的随机数，因此选择计算效率高的随机数生成方法有助于控制总成本。

2）算法应适用于不同类型的计算机，并且在理想情况下，应适用于不同编程语言。因为我们希望无论在何种条件下运行仿真程序，仿真结果都应该是相同的，即不受软硬件运行环境的影响。

3）算法应具有一个足够长的循环周期。循环周期的长度或区间代表一个随机数列开始完全重复之前数字的最小长度。因此，如果要处理 10 000 个事件，随机数的循环期间长度应该是这个数值的许多倍。

比较典型的循环是退化（degenerating）。若完全相同的随机数列重复出现，说明该方法发生了退化。退化是绝对不能接受的。某些算法很快就会发生退化现象。

4）随机数应是可重复产生的。给定数列起点（或条件），就应该能够生成相同的后续随机数列，并完全独立于正在运行的仿真系统。这有助于调试仿真模型，以及进行不同仿真系统之间的比较（参见第 12 章）。出于相同的原因，这种做法很容易指定不同的数值起点，而这些数值点在一个随机数列中可能相距很远。

5）尤为重要的是，所生成的随机数应近似具有理想的均匀性和独立性等统计学特性。

发明一种能生成随机数的技术看似容易，但发明能够生成真正具有独立性和均匀性的随机数的技术则是非常困难的。现有大量文献和相关理论致力于这方面的研究，围绕着各种随机数生成器也进行了旷日持久的性能检验和测试。即使那些理论上具有合理性的生成技术，也很少能满足运行速度和移植性的要求。本章旨在使读者认识并理解随机数生成技术中的一些核心问题，也为读者介绍该领域所使用的一些相关技术。

## 7.3　随机数生成技术

目前，使用最广泛的随机数生成技术是 7.3.1 节介绍的线性同余法，所以我们将对其进行详细介绍。此外，还将介绍线性同余法的一种改进方法，这种改进的方法能够产生周期更长的随机数列。Bratley、Fox 和 Schrage[1996]，Law[2007]以及 Ripley[1987]等文献，介绍和探讨了其他很多种方法，读者有兴趣的话可以检索阅读。 [279]

### 7.3.1　线性同余法

线性同余法最初由 Lehmer[1951]提出。使用这种方法，首先要生成一个介于 0 和 $m-1$ 之间的整数序列 $X_1$，$X_2$，…，该序列中相邻数值的关系满足如下递推公式

$$X_{i+1} = (aX_i + c) \bmod m, \quad i = 0,1,2,\cdots \tag{7.1}$$

其中，初值 $X_0$ 称为种子(seed)，$a$ 为乘子(multiplier)，$c$ 为增量(increment)，$m$ 为模数(modulus)。如果公式(7.1)中的 $c \neq 0$，称之为混合同余法(mixed congruential method)；反之，若 $c=0$，则称为乘同余法(multiplicative congruential method)。选择不同的 $a$、$c$、$m$ 和 $X_0$ 会对统计性质和周期长度产生极大影响。在计算机生成随机数时，公式(7.1)及其变体是很常用的。

需要注意的是，以上生成的是随机整数而不是随机数(随机数的取值应在 $0\sim1$ 之间)。随机整数 $X_i$ 应均匀分布于整数 $0\sim m$ 之间，随机数 $R_i$ 则在 $0\sim1$ 之间，可以通过公式(7.2)生成

$$R_i = \frac{X_i}{m}, \quad i=1,2,\cdots \tag{7.2}$$

下面我们通过一个例子来说明这种技术是如何实施的。

**例 7.1** _____

我们以种子值 $X_0=27$，乘子 $a=17$，增量 $c=43$，模数 $m=100$ 为例，运用线性同余法生成一组随机数。

数字序列 $X_i$ 以及由它产生的随机数列 $R_i$ 的计算过程如下：

$$X_0 = 27$$
$$X_1 = (17 \times 27 + 43) \bmod 100 = 502 \bmod 100 = 2$$
$$R_1 = \frac{2}{100} = 0.02$$
$$X_2 = (17 \times 2 + 43) \bmod 100 = 77 \bmod 100 = 77$$
$$R_2 = \frac{77}{100} = 0.77$$
$$X_3 = (17 \times 77 + 43) \bmod 100 = 1352 \bmod 100 = 52$$
$$R_3 = \frac{52}{100} = 0.52$$
$$\vdots$$

大家回忆一下，若 $a = b \bmod m$，说明 $b-a$ 可以被 $m$ 整除，否则，求余运算会返回 $b/m$ 的余数。由于 $502/100=5$ 的余数为 2，所以 $X_1 = 502 \bmod 100 = 2$。

与其他随机数生成方法相同，线性同余法的最终检验也是考察生成数列的均匀性与独立性。其中，还有一些属性也必须考虑，例如最大取值密度(maximum density)与最大循环周期(maximum period)。

首先，由于 $X_i$ 是集合 $\{0, 1, 2, \cdots, m-1\}$ 中的整数，因此依据公式(7.2)生成的值都属于集合 $I = \{0, 1/m, 2/m, \cdots, (m-1)/m\}$。在这种情况下，随机数 $R_i$ 在集合 $I$ 中呈现离散分布，而不是在 $[0,1]$ 区间内连续取值。但是，当模数 $m$ 是一个非常大的整数时，就可以近似认为它是连续的(比如取 $m=2^{31}-1$ 和 $m=2^{48}$，这两个数值常用于很多仿真语言的随机数生成器之中)。增加取值密度，意味着随机数 $R_i(i=1, 2, \cdots)$ 在 $[0,1]$ 空间中不会存在较大的空隙。

其次，为了尽可能地增加取值密度，同时避免实际应用中出现循环(相同的随机数列重复出现)，生成器必须尽可能地扩展循环周期。最大循环周期可以通过适当选取 $a$、$c$、$m$ 和 $X_0$ 来实现。具体条件如下：

- 当 $m$ 为 2 的乘方，即 $m=2^b$，且 $c\neq0$ 时，最大可能循环周期 $P=m=2^b$。在 $c$ 与 $m$ 互质(也就是 $c$ 和 $m$ 的最大公约数为 1)，且 $a=1+4k(k$ 为整数)时，最大循环周期 $P$ 才有可能出现。

- 当 $m$ 为 2 的乘方，即 $m=2^b$，且 $c=0$ 时，最大可能循环周期 $P=m/4=2^{b-2}$。在 $X_0$ 为奇数，且乘子 $a$ 满足 $a=3+8k$ 或 $a=5+8k(k=0,1,\cdots)$ 时，最大循环周期 $P$ 才有可能出现。

- 当 $m$ 为质数，且 $c=0$ 时，最大可能循环周期 $P=m-1$。当乘子 $a$ 满足使 $a^k-1$ 被 $m$ 整除时，且 $k$ 的最小值恰好为 $k=m-1$，最大循环周期 $P$ 才有可能出现。

**例 7.2**

运用乘同余法，在 $a=13$，$m=2^6=64$，$X_0=1,2,3,4$ 的条件下，求出随机数生成器的循环周期。计算结果如表 7-1 所示。易知，当种子为 1 或 3 时，序列的周期为 16；当种子为 2 时，周期为 8；种子为 4 时，周期为 4。

表 7-1　使用不同种子值所确定的最大周期

| $i$ | $X_i$ | $X_i$ | $X_i$ | $X_i$ | $i$ | $X_i$ | $X_i$ | $X_i$ | $X_i$ |
|---|---|---|---|---|---|---|---|---|---|
| 0 | 1 | 2 | 3 | 4 | 9 | 45 | | 7 | |
| 1 | 13 | 26 | 39 | 52 | 10 | 9 | | 27 | |
| 2 | 41 | 18 | 59 | 36 | 11 | 53 | | 31 | |
| 3 | 21 | 42 | 63 | 20 | 12 | 49 | | 19 | |
| 4 | 17 | 34 | 51 | 4 | 13 | 61 | | 55 | |
| 5 | 29 | 58 | 23 | | 14 | 25 | | 11 | |
| 6 | 57 | 50 | 43 | | 15 | 5 | | 15 | |
| 7 | 37 | 10 | 47 | | 16 | 1 | | 3 | |
| 8 | 33 | 2 | 35 | | | | | | |

在例 7.2 中，$m=2^6=64$，$c=0$，最大周期 $P=m/4=16$。不难看出，最大周期 16 是在 $X_0$ 为奇数的情况下获得的；当 $X_0$ 取 2 和 4 时，所得周期长度分别为 8 和 4，均小于最大周期。还应注意到，$a$ 取 13 时，符合公式 $a=5+8k$，此时 $k=1$，这也是达到最大周期必不可少的条件。

当 $X_0=1$ 时，生成数列中的随机数都属于集合 $\{1,5,9,13,\cdots,53,57,61\}$，可以观察到，相邻随机数 $R_i$ 之间的间隔(间隔大小为 $(5/64)-(1/64)$，即 $0.0625$)是相当大的。如此大的间隔提醒我们需要关注生成数列的密度。

例 7.2 的生成器无法适应实际应用的要求，因为它的周期太短且数值密度太低。不过，这个例子向我们展现了合理选取 $a$、$c$、$m$ 和 $X_0$ 数值的重要性。

在计算机上的运行速度与效率，也是选取随机数生成器时需要考虑的一个因素。生成器的速度和效率可以借助模数 $m$ 进行判断($m$ 为 2 的乘方或接近 2 的乘方)。因为大多数计算机使用二进制形式表示数字，包括模数及余数，所以当模数为 2 的乘方(即 $m=2^b$)时，公式(7.1)的运算效率会更高。因为使用计算机求得 $aX_i+c$ 的值以后，只需丢掉 $aX_i+c$ 最左侧的几位二进制数(binary digit)，所保留最右侧的 $b$ 位二进制数就是 $X_{i+1}$ 的值。鉴于人们大多采用十进制方式思考问题，下面的例子将介绍如何使用 $m=10^b$ 进行计算。

**例 7.3** _____

令 $X_0 = 63$，$a = 19$，$c = 0$，$m = 10^2 = 100$，使用公式(7.1)生成如下随机整数序列：

$$X_0 = 63$$
$$X_1 = (19)(63) \bmod 100 = 1197 \bmod 100 = 97$$
$$X_2 = (19)(97) \bmod 100 = 1843 \bmod 100 = 43$$
$$X_3 = (19)(43) \bmod 100 = 817 \bmod 100 = 17$$
$$\vdots$$

281〜282

当 $m$ 为 10 的乘方时，即 $m = 10^b$，模运算可以通过保留最右侧的 $b$ 位十进制数实现(小数点之后的 $b$ 位数字)。通过类比不难看出，对于二进制计算机来说，当 $m = 2^b$ 且 $b > 0$ 时，模运算效率最高。

**例 7.4** _____

本节最后介绍一个实用的例子，它经过了广泛测试[Learmonth 和 Lewis，1973；Lewis *et al.*，1968]，且 $a$、$c$ 和 $m$ 的选取尽可能满足了生成器所需的各项特性。

令 $a = 7^5 = 16\,807$，$c = 0$，$m = 2^{31} - 1 = 2\,147\,483\,647$(这是一个素数，也称为质数)，满足了周期 $P = m - 1$(远远大于 20 亿)的条件。在此基础上，我们指定种子 $X_0 = 123\,457$，所生成的最初几个随机数如下所示：

$$X_1 = 7^5(123\,457) \bmod (2^{31} - 1) = 2\,074\,941\,799 \bmod (2^{31} - 1)$$
$$X_1 = 2\,074\,941\,799$$
$$R_1 = \frac{X_1}{2^{31}} = 0.9662$$
$$X_2 = 7^5(2\,074\,941\,799) \bmod (2^{31} - 1) = 559\,872\,160$$
$$R_2 = \frac{X_2}{2^{31}} = 0.2607$$
$$X_3 = 7^5(559\,872\,160) \bmod (2^{31} - 1) = 1\,645\,535\,613$$
$$R_3 = \frac{X_3}{2^{31}} = 0.7662$$
$$\vdots$$

读者可能已经注意到，在本例中我们使用 $m + 1$ 而不是 $m$ 进行计算，因为当 $m$ 很大时，这种替代的影响可以忽略不计。

### 7.3.2　组合线性同余生成器

随着计算机性能日益提升，我们可以仿真的系统也越来越复杂。在实际应用中，类似例 7.4 那样的周期为 $2^{31} - 1 \approx 2 \times 10^9$ 的随机数生成器已经不能满足全部需求。例如，在对高可靠性系统进行仿真时，为了观察到一次设备故障就需要进行几十万次仿真；而复杂计算机网络仿真，则需要数以千计的用户同时运行数以百计的程序。如何得到周期足够长的随机数生成器，是至关重要的研究课题。

将两个或两个以上的乘同余随机数生成器进行组合，并使组合后的随机数生成器具备更长的周期和良好的统计特性，是一个行之有效的方法。下面是 L'Ecuyer[1988]的研究成果，给出了组合方法的实现方式：

283

若 $W_{i,1}$，$W_{i,2}$，$\cdots$，$W_{i,k}$ 是相互独立的离散型随机变量(不要求具有相同参数的均匀分

布），但要求其中的一个变量，比如 $W_{i,1}$，在 0 到 $m_1-2$ 之间服从整数均匀分布，则

$$W_i = \Big( \sum_{j=1}^{k} W_{i,j} \Big) \bmod m_1 - 1$$

均匀分布于 0 到 $m_1-2$ 之间。

　　为了说明上述结论在组合生成器中的用法，我们令 $X_{i,1}$，$X_{i,2}$，…，$X_{i,k}$ 表示由 $k$ 个不同的乘同余生成器生成的第 $i$ 次输出值[一]，其中第 $j$ 个生成器的模数 $m_j$ 是质数，并且乘子 $a_j$ 已经选好，从而保证第 $j$ 个生成器的周期为 $m_j-1$。通过第 $j$ 个生成器，我们可以得到在整数 1 到 $m_j-1$ 之间均匀分布的随机整数 $X_{i,j}$。除此之外，$W_{i,j}=X_{i,j}-1$ 也会在 0 到 $m_j-2$ 上服从均匀分布。因此，L'Ecuyer 建议通过以下方式组合生成器

$$X_i = \Big( \sum_{j=1}^{k} (-1)^{j-1} X_{i,j} \Big) \bmod m_1 - 1$$

伴随有

$$R_i = \begin{cases} \dfrac{X_i}{m_1}, & X_i > 0 \\[2mm] \dfrac{m_1-1}{m_1}, & X_i = 0 \end{cases}$$

应该注意的是，在运算中，系数 $(-1)^{j-1}$ 意味着减去 $X_{i,1}-1$。例如，若 $k=2$，则有 $(-1)^0(X_{i,1}-1)-(-1)^1(X_{i,2}-1) = \sum_{j=1}^{2}(-1)^{j-1}X_{i,j}$。[二]

　　该生成器的最大周期为

$$P = \frac{(m_1-1)(m_2-1)\cdots(m_k-1)}{2^{k-1}}$$

　　下面例子中的生成器即可实现上述周期。

**例 7.5** ───────────────────────────────────────────────

　　对于 32 位计算机，L'Ecuyer[1988]建议将两个随机数生成器进行组合（$k=2$），其中 $a_1=40\,014$，$m_1=2\,147\,483\,563$，$a_2=40\,692$，$m_2=2\,147\,483\,399$。具体算法如下：

　　1）在区间[1, 2 147 483 562]中选取第一个生成器的种子 $X_{1,0}$，在区间[1, 2 147 483 398]中选取第二个生成器的种子 $X_{2,0}$；令 $j=0$。

　　2）分别对两个生成器进行计算。可得：

$$X_{1,j+1} = 40\,014 X_{1,j} \bmod 2\,147\,483\,563$$
$$X_{2,j+1} = 40\,692 X_{2,j} \bmod 2\,147\,483\,399$$

284

　　3）令

$$X_{j+1} = (X_{1,j+1} - X_{2,j+1}) \bmod 2\,147\,483\,562$$

　　4）返回值为

$$R_{j+1} = \begin{cases} \dfrac{X_{j+1}}{2\,147\,483\,563}, & X_{j+1} > 0 \\[2mm] \dfrac{2\,147\,483\,562}{2\,147\,483\,563}, & X_{j+1} = 0 \end{cases}$$

　　5）令 $j=j+1$，返回步骤 2，继续运行。

　　该组合生成器的循环周期是 $(m_1-1)(m_2-1)/2 \approx 2 \times 10^{18}$。令人惊讶的是，即使这样

───────────────────────

　⊖　此处 $X_{i,j}$ 中 $i$ 与 $j$ 的含义与例 7.5 中是相反的，请读者注意区分！以免理解错误。
　⊜　经过此相减运算，即使得到的计算结果为负数，经过取模运算之后所得到的 $X_i$ 仍然可以保证为正整数。

长的周期在实际应用中也不一定能满足所有需求。L'Ecuyer[1996.1999]及 L'Ecuyer 等 [2002]提出的组合生成器的周期长达 $2^{191} \approx 3 \times 10^{57}$，其中一个生成器已经用 VBA 编程实现了，读者可以在网站 www.bcnn.net 中的文件 RandomNumberTools.xls 内找到它。

### 7.3.3 随机数流

对于线性同余生成器来说，初始种子为整数 $X_0$（若为组合线性同余生成器，则有不止一个初始种子），用它来初始化随机数列。由于随机整数列 $X_0$，$X_1$，…，$X_P$，$X_0$，$X_1$，…由生成器重复生成，因此该数列中的任意数值都可以作为生成器的种子值。

对于线性同余生成器而言，随机数流（random-number stream）不是数据本身，而是一种便捷的处理方法，只要在序列 $X_0$，$X_1$，…，$X_P$ 中选取一个值作为初始种子值，就可以得到源源不断的随机数⊖。一般情况下，选取出的种子值在数列中都相距较远，例如，如果两个随机数流起点之间的距离为 $b$，则随机数流 $i$ 由以下种子值确定，即

$$S_i = X_{b(i-1)}$$

其中，$i=1$，$2$，…，$\lfloor P/b \rfloor$。在旧式生成器中，常取 $b=100\ 000$，而在现代组合线性同余生成器中，取值已经达到 $b=10^{37}$（例如，L'Ecuyer 等[2002]中就使用了这样的随机数生成器）。因此，可以产生 $k$ 个不同随机数流的随机数生成器，可视为 $k$ 个不同的虚拟随机数生成器，前提是每个随机数流的种子值保持不变。本章习题 21 将介绍如何使用一个随机数流产生广泛分布的子随机数流。

在第 12 章中，我们考虑运用仿真比较多个系统备选方案时可能出现的问题，我们还将证明，在待研究的仿真系统中，使用伪随机数列的一部分（从一个循环周期足够长的随机数流中截取一部分）进行相同目的的方案比较和分析是有好处的。例如，在比较多个排队系统效率的时候，如果所有仿真系统都使用相同的顾客到达序列（通过使用同一个随机数流获得），那么比较结果就会公平合理。为了实现这种同步性，我们可以指派同一个（子）随机数流用于模拟所有仿真系统的顾客到达。如果起始种子相距足够远，那么就可以从随机数流中截取一部分使用，这样做的效果和使用另外一个随机数生成器是一样的。在当前案例中，截取的部分随机数流只用于生成顾客到达。

## 7.4 随机数检验

在 7.1 节中，我们探讨了随机数应当具备的两个重要性质：均匀性和独立性。为了检验所生成随机数是否符合这两个特征，有很多方法可用（幸运的是，大部分商业仿真软件都已包含近似检验法）。随机数检验法可根据特征分为两类：频率检验（Frequency test）和自相关检验（Autocorrelation test）。

1）频率检验：使用 K-S 检验（Kolmogorov-Smirnov）或卡方检验（chi-square test）将所生成随机数的概率分布与均匀分布进行比较。

2）自相关检验：测试随机数之间的相关性，并将样本相关性与预期相关性（等于零）进行比较。

---

⊖ 由于随机数流具有循环性，因此从其中的任何一个数值开始，都能依次获得数列中的全部其余数值。此外，当一个随机数流有足够长的循环周期时，可以将其分割为多个子随机数流使用，此时只要保证各子随机数流没有重叠即可。这样一来，就可以用更低的成本提升仿真的效率和精度，实现不同随机变量使用不同随机数流。

在均匀性检验中，假设如下：

$$H_0 : R_i \sim \text{Uniform}[0,1]$$
$$H_1 : R_i \nsim \text{Uniform}[0,1]$$

原假设 $H_0$ 认为待检验数列在区间 $[0，1]$ 上服从均匀分布。如果不能拒绝原假设，意味着通过检验未发现数据分布不均匀的证据，但并不是说无须进行进一步的均匀性检验。

在独立性检验中，假设如下：

$$H_0 : R_i \sim 独立$$
$$H_1 : R_i \nsim 独立$$

原假设 $H_0$ 认为待检验数列具有独立性。如果不能拒绝原假设，意味着通过检验未发现存在依存关系的证据。同样，这也不意味针对独立性的进一步检验是不必要的。

在每次检验中，必须规定显著性水平 $\alpha$(level of significance)。$\alpha$ 表示在原假设为真时，拒绝原假设的概率(即决策错误的概率)：

$$\alpha = P(拒绝\ H_0 \mid H_0\ 为真)$$

任何假设检验都需要设定 $\alpha$ 值[⊖]。通常情况下，$\alpha$ 值为 $0.01$ 或 $0.05$。

如果对同一组数据应用几种不同的假设检验方法，那么至少有一个检验法拒绝原假设(出现 I 类错误 Type I $(\alpha)$[⊖])的概率就会增加。也就是说，在 $\alpha = 0.05$ 的情况下，针对同一组数据，运用 5 种不同的检验法进行检验，则至少有一个检验法拒绝原假设的概率高达 $0.25$。

相似地，如果将某一种检验法用于同一个随机数生成器产生的多个随机数列，那么随着随机数列个数增加，至少出现一次拒绝原假设的概率也会增加。例如，若令 $\alpha = 0.05$，并对 100 个随机数列进行检验，则预计会有 5 次检验拒绝原假设。也就是说，即使 100 次检验中拒绝原假设的次数接近 $100\alpha$，也不能认为有充分理由弃用该生成器。这个问题将在例 7.8 的结论中进一步讨论。

286

如果我们使用的是比较知名的仿真语言或随机数生成器，那么很可能不必进行 7.4.1 节和 7.4.2 节涉及的检验。然而，某些非仿真软件也会使用随机数生成器，例如电子表格软件、符号/数字计算器、程序设计语言，等等。如果你手中的生成器不是很知名，或者没有相关文档，那么就需要使用本节介绍的方法，对其生成的多组样本进行检验。除了本节提及的检验方法，还有其他一些常用的方法，例如 Good 序列检验(Good's Serial test) [1953，1967]、中位数频谱检验(Median－spectrum test)[Cox and Lewis，1966；Durbin，1967]、游程检验(runs test)[Law 2007]以及方差齐性检验(variance heterogeneity test) [Cox and Lewis，1966]等。需要注意的是，即使一个数集通过了全部检验，也不能保证随机数生成器的随机性，因为还有更多的方法有可能得出不同的结论。

在本书中，我们强调使用经验检验法对所生成的随机数列进行检验。由于现代伪随机数生成器具有极长的循环周期(见 7.3.2 节)，对于这样长的周期，即使对其进行部分检验也是不可能的。这些检验法可用于性质完全未知的生成器的粗略检查(生成器没有文档，或者深植在软件包内)，但是不能用于衡量该生成器在其整个循环周期上的数列质量。幸

---

⊖　如果使用计算机进行计算，则 $\alpha$ 的取值可以是随意的。当前商品化软件基本都支持 $\alpha$ 的任意取值，而不必限定于 $0.01$ 或 $0.05$。之所以我们经常会用到 $0.01$ 和 $0.05$，是由于早期手工计算的效率低，因此统计学家预先计算并制成表，便于查用，但并不是说其他取值是没有意义的。对于可靠性要求较高的系统，$\alpha$ 的取值会更小。

⊖　若零假设 $H_0$ 事实上成立，但统计检验的结果不支持零假设(拒绝 $H_0$)，此类错误称为第一类错误(I 类错误，Type I error)。若零假设 $H_0$ 事实上不成立，但统计检验的结果却支持零假设(接受 $H_0$)，此类错误称为第二类错误(II 类错误，Type II error)。

运的是，还有一些理论检验方法，可以在不实际生成随机数的情况下评估 $m$，$a$，$c$ 的选择效果，最常用的是频谱检验(spectral test)。此类检验大多评估 $k$ 维随机数组在 $k$ 维单位立方体内是如何分布的。此类检验法超出了本书讨论的范围，有兴趣的读者可以参考文献 Ripley[1987]。

在后面的例子中，所有假设如前文一样，不再重复声明。虽然仿真分析人员很少使用这些检验方法，但是每一个仿真用户都必须清楚，良好的品质对于随机数生成器至关重要。

### 7.4.1  频度检验

均匀性检验是新随机数生成器研发之后首先需要进行的检验。我们在此介绍两种不同的方法：K-S 检验(Kolmogorov-Smirnov test)和卡方检验(chi-square test)。这两种方法都用于度量生成的随机数样本分布与理论均匀分布之间的相似程度，并且都是以样本分布与理论分布没有显著差异作为原假设。

#### 1. K-S 检验

这种检验方法比较均匀分布的累积分布函数 $F(x)$ 与通过 $N$ 个样本观测值得出的经验分布函数 $S_N(x)$。其中，$F(x)$ 定义为

$$F(x) = x, \quad 0 \leqslant x \leqslant 1$$

若 $R_1$，$R_2$，$\cdots$，$R_N$ 为随机数生成器的抽样值，则定义经验分布函数 $S_N(x)$ 为

$$S_N(x) = \frac{R_1,R_2,\cdots,R_N \text{ 的数量}(R_i \text{ 值小于等于 } x)}{N}$$

若随着 $N$ 的增加，$S_N(x)$ 逐渐趋近于 $F(x)$，则证明原假设成立。

在 5.6 节中，我们介绍过经验分布函数，其累积分布函数是在每个观测值处跳跃的分段函数，例 5.35 对此做过介绍。

在随机变量的取值范围内，K-S 检验基于 $F(x)$ 与 $S_N(x)$ 之间的最大绝对偏差进行分析和判断，即基于如下统计量：

$$D = \max|F(x) - S_N(x)| \tag{7.3}$$

其中，$D$ 的抽样分布已知，它是 $N$ 的函数，详见表 A-8。判定其与均匀分布的一致性，检验步骤如下：

**第一步**：将数据从小到大进行排列，用 $R_{(i)}$ 表示排序后的第 $i$ 个最小观测值，则有

$$R_{(1)} \leqslant R_{(2)} \leqslant \cdots \leqslant R_{(N)}$$

**第二步**：计算 $D^+$ 和 $D^-$ 的值，计算公式如下：

$$D^+ = \max_{1 \leqslant i \leqslant N} \left\{ \frac{i}{N} - R_{(i)} \right\}$$

$$D^- = \max_{1 \leqslant i \leqslant N} \left\{ R_{(i)} - \frac{i-1}{N} \right\}$$

**第三步**：计算 $D = \max(D^+，D^-)$ 的值。

**第四步**：对于已知样本容量 $N$ 和给定显著性水平 $\alpha$，在表 A-8 中找出临界值 $D_\alpha$。

**第五步**：若样本统计量 $D$ 大于临界值 $D_\alpha$，则拒绝原假设。反之，若 $D \leqslant D_\alpha$，说明未发现样本数据分布与均匀分布之间存在差异，不能拒绝原假设。

**例 7.6**

假设生成了 5 个随机数：0.44、0.81、0.14、0.05、0.93，运用 K-S 方法检验其均匀性，给定显著性水平 $\alpha = 0.05$。首先，将数据从小到大进行排序。计算过程在表 7-2 中给

出。表中第一行所列数字中，$R_{(1)}$ 最小，$R_{(5)}$ 最大。使用表 7-2 可以很容易计算 $D^+$（即 $i/N - R_{(i)}$）、$D^-$（即 $R_{(i)} - (i-1)/N$），可得 $D^+ = 0.26$、$D^- = 0.21$、$D = \max\{0.26, 0.21\} = 0.26$。

288

**表 7-2　K-S 检验计算过程**

| $R_{(i)}$ | 0.05 | 0.14 | 0.44 | 0.81 | 0.93 |
|---|---|---|---|---|---|
| $i/N$ | 0.20 | 0.40 | 0.60 | 0.80 | 1.00 |
| $i/N - R_{(i)}$ | 0.15 | 0.26 | 0.16 | — | 0.07 |
| $R_{(i)} - (i-1)/N$ | 0.05 | — | 0.04 | 0.21 | 0.13 |

由表 A-8 可得，当 $\alpha = 0.05$，$N = 5$ 时，$D$ 的临界值为 0.565。因为 $0.565 > 0.26$，所以不能拒绝原假设（所生成的随机数服从均匀分布）。

图 7-2 展示了表 7-2 的计算结果，即经验分布的累积分布函数 $S_N(x)$ 与均匀分布的累积分布函数 $F(x)$ 二者的比较。可以看到，$D^+$ 即为 $S_N(x)$ 图像位于 $F(x)$ 图像上方时的最大差值，$D^-$ 则是 $S_N(x)$ 图像位于 $F(x)$ 下方时的最大差值。例如，在 $R_{(3)}$ 处，$D^+ = 3/5 - R_{(3)} = 0.60 - 0.44 = 0.16$，$D^- = R_{(3)} - 2/5 = 0.44 - 0.40 = 0.04$。尽管检验统计量 $D$ 是根据公式（7.3）得出的关于所有 $x$ 的最大偏差，但从表 7-2 可以看出，最大偏差总是出现在跳跃点 $R_{(1)}$，$R_{(2)}$，$\cdots$，$R_{(N)}$ 处，因此 $x$ 取其他值时的偏差就无须考虑了。

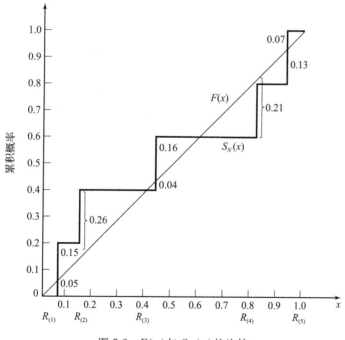

图 7-2　$F(x)$ 与 $S_N(x)$ 的比较

## 2. 卡方检验

卡方检验使用如下样本统计量：

$$\chi_0^2 = \sum_{i=1}^{n} \frac{(O_i - E_i)^2}{E_i}$$

其中，$O_i$ 是落在第 $i$ 个子区间内观测值的个数，$E_i$ 是落在第 $i$ 个子区间内数值的期望个数，$n$ 为子区间的数量。对于均匀分布，如果子区间是等距划分的，那么落在每个子区间内数值的期望个数为：

$$E_i = \frac{N}{n}$$

其中，$N$ 为观测值总数。由此可知，在自由度为 $n-1$ 时，$\chi_0^2$ 的抽样分布近似为卡方分布。

**例 7.7** ——————————————————————————————————————————————

令 $\alpha = 0.05$，运用卡方检验判断下列数据是否服从均匀分布。表 7-3 包括主要计算过程。本次检验划分 $n=10$ 个等距区间，即 $[0, 0.1)$，$[0.1, 0.2)$，…，$[0.9, 1.0)$。已知 $\chi_0^2 = 3.4$，小于临界值 $\chi_{0.05,9}^2 = 16.9$（参见表 A-6），所以不能拒绝原假设（服从均匀分布）。

| | | | | | | | | | |
|---|---|---|---|---|---|---|---|---|---|
| 0.34 | 0.90 | 0.25 | 0.89 | 0.87 | 0.44 | 0.12 | 0.21 | 0.46 | 0.67 |
| 0.83 | 0.76 | 0.79 | 0.64 | 0.70 | 0.81 | 0.94 | 0.74 | 0.22 | 0.74 |
| 0.96 | 0.99 | 0.77 | 0.67 | 0.56 | 0.41 | 0.52 | 0.73 | 0.99 | 0.02 |
| 0.47 | 0.30 | 0.17 | 0.82 | 0.56 | 0.05 | 0.45 | 0.31 | 0.78 | 0.05 |
| 0.79 | 0.71 | 0.23 | 0.19 | 0.82 | 0.93 | 0.65 | 0.37 | 0.39 | 0.42 |
| 0.99 | 0.17 | 0.99 | 0.46 | 0.05 | 0.66 | 0.10 | 0.42 | 0.18 | 0.49 |
| 0.37 | 0.51 | 0.54 | 0.01 | 0.81 | 0.28 | 0.69 | 0.34 | 0.75 | 0.49 |
| 0.72 | 0.43 | 0.56 | 0.97 | 0.30 | 0.94 | 0.96 | 0.58 | 0.73 | 0.05 |
| 0.06 | 0.39 | 0.84 | 0.24 | 0.40 | 0.64 | 0.40 | 0.19 | 0.79 | 0.62 |
| 0.18 | 0.26 | 0.97 | 0.88 | 0.64 | 0.47 | 0.60 | 0.11 | 0.29 | 0.78 |

———————————————————————————————————————————————————————

对于卡方检验的应用，不同专家提出了一些需要注意的事项。例 7.7 中数据子区间尺寸的设定是没有问题的，也就是说，在样本数为 100 时，将其划分成 5～10 个等距区间，可以保证检验结果的有效性。通常，建议 $n$ 与 $N$ 的取值要保证每一个 $E_i \geqslant 5$。

当样本量较大时，K-S 检验与卡方检验都是检验样本均匀性的有效方法。然而，K-S 检验具有更好的检验效果，因而被优先推荐。进一步来说，K-S 检验可用于小样本，但卡方检验只适用于大样本（样本量 $N \geqslant 50$）。

假设一组数据的样本量为 100，前 10 个数据位于 0.01 到 0.10 之间，第 11 到第 20 个数据位于 0.11 到 0.20 之间，以此类推。这组数据虽然很容易通过频率检验，但是数据排序却不是随机的，因而需要进一步检验。下一节中，我们将讨论随机数的独立性检验。

### 7.4.2  自相关检验

自相关检验（tests for autocorrelation）是关于数字序列中数字之间依存关系的检验。按照从左向右的顺序，考察如下数列：

| | | | | | | | | | |
|---|---|---|---|---|---|---|---|---|---|
| 0.12 | 0.01 | 0.23 | 0.28 | 0.89 | 0.31 | 0.64 | 0.28 | 0.83 | 0.93 |
| 0.99 | 0.15 | 0.33 | 0.35 | 0.91 | 0.41 | 0.60 | 0.27 | 0.75 | 0.88 |
| 0.68 | 0.49 | 0.05 | 0.43 | 0.95 | 0.58 | 0.19 | 0.36 | 0.69 | 0.87 |

直观上看，这些数字是随机出现的，它们有可能已经通过了迄今为止所介绍的所有检验。然而，仔细观察会发现，这组数据中第 5、10、15 位的数字值较大，也就是说，从第 5 位开始，每隔 4 个数就会出现一个比较大的数值。虽然这组数据的样本量只有 30，是比较小的，不足以证明一个随机数生成器是否合格，但我们也不能否认这些数字之间可能存在关联。在本节中，将为读者介绍一种用于检验数据关联性的方法。数据之间的关联性是多种

多样的：也许较大的数据之间存在关联，也许只有较小的数据之间存在关联，也许大小不一的数据之间才会存在关联，各种情形不一而足。

　　简言之，我们这里介绍的检验法，需要计算从第 $i$ 个数值开始，每隔 $\ell$ 个数字的数值之间的自相关系数，$\ell$ 称为间隔阶数(lag)。数据 $R_i$，$R_{i+\ell}$，$R_{i+2\ell}$，$\cdots$，$R_{i+(M+1)\ell}$ 的自相关系数 $\rho_{i\ell}$ 就是我们所关心的指标。$M$ 是满足 $i+(M+1)\ell\leqslant N$ 的最大整数，$N$ 为序列中数字的总个数。因此，被检验的数据总量为 $M+2$ 个。 291

　　如果相关系数不等于零，则意味着数据之间缺乏独立性，所以适合采用下面的双侧检验：

$$H_0: \rho_{i\ell} = 0$$
$$H_1: \rho_{i\ell} \neq 0$$

对于足够大的 $M$，若 $R_i$，$R_{i+\ell}$，$R_{i+2\ell}$，$\cdots$，$R_{i+(M+1)\ell}$ 彼此不相关，则 $\rho_{i\ell}$ 的估计量 $\hat{\rho}_{i\ell}$ 近似服从正态分布，则检验统计量为：

$$Z_0 = \frac{\hat{\rho}_{i\ell}}{\sigma_{\hat{\rho}_{i\ell}}}$$

当一组数据彼此独立，且 $M$ 较大的时候，该统计量服从均值为 0，方差为 1 的正态分布（标准正态分布）。

　　$\hat{\rho}_{i\ell}$ 的计算公式（与上式略有不同）及标准差 $\sigma_{\hat{\rho}_{i\ell}}$ 由 Schmidt 和 Taylor[1970]给出，如下所示：

$$\hat{\rho}_{i\ell} = \frac{1}{M+1}\Big[\sum_{k=0}^{M} R_{i+k\ell}R_{i+(k+1)\ell}\Big] - 0.25$$

及

$$\sigma_{\hat{\rho}_{i\ell}} = \frac{\sqrt{13M+7}}{12(M+1)}$$

计算 $Z_0$ 之后，若 $-z_{\alpha/2}\leqslant Z_0\leqslant z_{\alpha/2}$，则不能拒绝原假设，其中 $\alpha$ 是显著性水平，$z_{\alpha/2}$ 的值可在表 A-3 中查到。此检验过程参见图 7-3。

　　若 $\rho_{i\ell}>0$，则称该数列存在正自相关关系(positive autocorrelation)。这样，按照间隔阶数 $\ell$ 所挑选出的子序列中的数值，有比预期更高的概率保持数值的一致性（即较大数字之后紧跟的是较大的数值，较小数字后面紧跟的是较小的数值）。另一方面，若 $\rho_{i\ell}<0$，则称该数列存在负自相关关系(negative autocorrelation)，这意味着较小的随机数后面跟着一个数值较大的随机数（或者较大的随机数后面跟着一个数值较小的随机数）。我们所期望的特性——

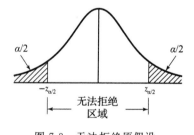

图 7-3　无法拒绝原假设

292

独立性（自相关系数为 0）——意味着以 $\ell$ 为间隔阶数所获得的子数列不存在可辨识的关系。

## 例 7.8

　　从本节开篇所给出随机数列中，选取第 3、8、13 顺位（彼此位差为 5）的数字，以此类推，构成一个新的随机数列，并验证其自相关性，给定显著性水平 $\alpha=0.05$。本例中的 $i=3$（自第 3 个随机数开始），$\ell=5$（间隔 4 个数字），$N=30$（该序列中共有 30 个数字），$M=4$（满足 $3+(M+1)5\leqslant 30$ 的最大整数），则有

$$\hat{\rho}_{35} = \frac{1}{4+1}[0.23\times 0.28 + 0.28\times 0.33 + 0.33\times 0.27 + 0.27\times 0.05$$
$$+ 0.05\times 0.36] - 0.25 = -0.1945$$

以及

$$\sigma_{\hat{\rho}_{35}} = \frac{\sqrt{13 \times 4 + 7}}{12 \times (4+1)} = 0.1280$$

检验统计量的计算值为

$$Z_0 = -\frac{0.1945}{0.1280} = -1.516$$

从表 A-3 查得临界值为

$$z_{0.025} = 1.96$$

因此，基于本次检验的结果，不能拒绝彼此独立的假设。

通过观察可以发现，此类检验对于数值较小的 $M$ 不十分灵敏，特别是在被检验数据数值偏低的时候更是如此。设想一下，如果 $\hat{\rho}_{i\ell}$ 计算式中每一项都是零，会发生什么呢？此时 $\hat{\rho}_{i\ell}$ 等于 $-0.25$，由此计算 $Z$ 的值为 $-1.95$，仍然不足以拒绝原假设，这显然是不对的。

---

给定一个很大的 $N$，可以由其产生很多数列。例如，把第 1 个数字作为起点，我们可以选取：①整个数据组；②第 1、3、5 等奇数位置上的数据；③第 1、4、7 等固定间隔位上的数字；以此类推。当 $\alpha = 0.05$ 时，意味着检验有 5% 的可能拒绝正确的原假设。如果针对 10 个独立数列进行检验，每次检验都是独立进行的，则检测出不显著自相关的可能性是 $(0.95)^{10}$ 或 0.60。也就是说，尽管并不存在相关性，但还是有 40% 的可能性会检测出自相关性（这显然是错误的）。当 $\alpha = 0.10$ 时，检验出 10 个序列具有自相关性的概率将高达 65%。总之，如果我们进行"诱捕"（fishing），也就是进行很多次检验的话，虽然每次检验都是独立进行的，但是最终总会发现自相关性，而实际上该随机数列并不存在自相关性。

## 7.5  小结

本章主要介绍了随机数的生成方法，以及后续对于所生成数列的均匀性和独立性的检验。第 8 章将会介绍如何使用随机数（random number）生成随机变量（random variate）。

在各种随机数生成器中，基于线性同余法的随机数生成器应用最为广泛，但是它们正在被组合线性同余生成器所取代。在用于随机数生成器检验的诸多统计检验方法中，我们介绍了两种：一种是针对均匀性的检验法，一种是针对独立性的检验法。

仿真分析人员或许从来不会直接检验随机数生成器，或者检验由生成器产生的随机数。实际上，大多数计算机编程语言和仿真语言都具有产生随机数或随机数流的方法。但是，就算那些已经使用了很多年并且目前还在使用的随机数生成器，也有一些是不完善的。本章希望引起仿真分析人员的关注，对于此类问题，需要进行调查和确认，以确保随机数生成器已经进行了全面检测。诸多学者和专家在随机数生成器研发、随机数检测及其应用过程中，积累了丰富的经验。本章仅对这个问题进行了基本介绍，如果读者需要更深入和宽泛的了解，可以参考 Knuth[1998]，以及 Bratley，Fox，Schrage[1996]，Law[2007]，L'Ecuyer[1998]，Ripley[1987]等文献，这些文献都是该领域非常重要且有影响的文字资料。

最后需要提醒读者，即使所生成的随机数通过了本章介绍或提及的全部检验，此时虽然生成器无法被证伪，但是仍有可能存在问题。虽然如此，目前广泛运用于仿真语言之中的随机数生成器都经过了广泛的检验与验证，因此存在问题的概率不大。

## 参考文献

BRATLEY, P., B. L. FOX, AND L. E. SCHRAGE [1996], *A Guide to Simulation*, 2d ed., Springer-Verlag, New York.

COX, D. R., AND P. A. W. LEWIS [1966], *The Statistical Analysis of Series of Events*, Methuen, London.

DURBIN, J. [1967], "Tests of Serial Independence Based on the Cumulated Periodogram," *Bulletin of the International Institute of Statistics*, vol. 42, pp. 1039–1049.

GOOD, I. J. [1953], "The Serial Test for Sampling Numbers and Other Tests of Randomness," *Proceedings of the Cambridge Philosophical Society*, Vol. 49, pp. 276–284.

GOOD, I. J. [1967], "The Generalized Serial Test and the Binary Expansion of 4," *Journal of the Royal Statistical Society*, Ser. A, Vol. 30, No. 1, pp. 102–107.

KNUTH, D. W. [1998], *The Art of Computer Programming: Vol. 2, Semi-numerical Algorithms*, 2d ed., Addison–Wesley, Reading, MA.

LAW, A. M. [2007], *Simulation Modeling and Analysis*, 4th ed., McGraw-Hill, New York.

LEARMONTH, G. P., AND P. A. W. LEWIS [1973], "Statistical Tests of Some Widely Used and Recently Proposed Uniform Random Number Generators," *Proceedings of the Conference on Computer Science and Statistics: Seventh Annual Symposium on the Interface*, Western Publishing, North Hollywood, CA, pp. 163–171.

L'ECUYER, P. [1988], "Efficient and Portable Combined Random Number Generators," *Communications of the ACM*, Vol. 31, pp. 742–749, 774.

L'ECUYER, P. [1996], "Combined Multiple Recursive Random Number Generators," *Operations Research*, Vol. 44, pp. 816–822.

L'ECUYER, P. [1998], "Random Number Generation," Chapter 4 in *Handbook of Simulation*, J. Banks, ed., pp. 93–137. Wiley, New York.

L'ECUYER, P. [1999], "Good Parameters and Implementations for Combined Multiple Recursive Random Number Generators," *Operations Research*, Vol. 47, pp. 159–164.

L'ECUYER, P., R. SIMARD, E. J. CHEN, AND W. D. KELTON [2002], "An Object-Oriented Random-Number Package with Many Long Streams and Substreams," *Operations Research*, Vol. 50, pp. 1073–1075.

LEHMER, D. H. [1951], "Mathematical Methods in large-Scale Computing Units," *Proceedings of the Second Symposium on Large-Scale Digital Calculating Machinery*, Harvard University Press, Cambridge, MA, pp. 141–146.

LEWIS, P. A. W., A. S. GOODMAN, AND J. M. MILLER [1969], "A Pseudo-Random Number Generator for the System/360," *IBM Systems Journal*, Vol. 8, pp. 136–145.

RIPLEY, B. D. [1987], *Stochastic Simulation*, Wiley, New York.

SCHMIDT, J. W., and R. E. TAYLOR [1970], *Simulation and Analysis of Industrial Systems*, Irwin, Homewood, IL.

294

## 练习题

1. 描述一个与实物相关的过程，用于生成位于区间 $[0, 1]$ 内的随机数，精确到小数点后 2 位。

   （提示：借鉴从帽子中取出物品的情况。）

2. 除系统仿真以外，再列举几个应用伪随机数的例子，例如，视频赌博游戏。

3. 如何将 $[0, 1]$ 均匀分布的随机数转换为 $[-11, 17]$ 均匀分布的对应数字？第 8 章将讨论更多的分布转换方法。

4. 使用线性同余法生成 3 个两位数的随机整数，以及对应的随机数。令 $X_0 = 27$，$a = 8$，$c = 47$，$m = 100$。

5. 如果 $X_0 = 0$，在上一题中会遇到什么问题？

6. 使用乘同余法生成一组随机数，包括 4 个三位数的随机整数以及相应的随机数。令 $X_0 = 117$，$a = 43$，$m = 1000$。

7. 已生成一组随机数：0.54、0.73、0.98、0.11 和 0.68，运用 K-S 方法（取 $\alpha = 0.05$）检验这组数据在[0，1]区间内均匀分布的假设能否被拒绝。

8. 对例 7.7 中的 100 个 2 位随机数进行如下变换：将小数点后的两位数字互换（例如第一个数字由 0.34 变为 0.43，依次类推），从而产生一组新的随机数。使用卡方检验，令 $\alpha = 0.05$，检验该组数据在[0，1]区间内均匀分布的假设能否被拒绝。

9. 请指出以下线性同余随机数生成器是否可以达到最大循环周期。要实现最大周期，对 $X_0$ 要有什么限制条件。

　　a）混合同余法，参数为

$$a = 2\ 814\ 749\ 767\ 109$$
$$c = 59\ 482\ 661\ 568\ 307$$
$$m = 2^{48}$$

　　b）乘同余法，参数为

$$a = 69\ 069$$
$$c = 0$$
$$m = 2^{32}$$

　　c）混合同余法，参数为

$$a = 4951$$
$$c = 247$$
$$m = 256$$

　　d）乘同余法，参数为

$$a = 6507$$
$$c = 0$$
$$m = 1024$$

10. 使用混合同余法生成一组随机数，包括 3 个两位数的随机整数以及相应的随机数。令 $X_0 = 37$，$a = 7$，$c = 29$，$m = 100$。

11. 使用混合同余法生成一组随机数，包括 3 个两位数的介于 0～24 之间的随机整数，及其对应的随机数。令 $X_0 = 13$，$a = 9$，$c = 35$。

12. 应用乘同余法，编写一个可以生成四位随机数的计算机程序，允许用户自行输入 $X_0$，$a$，$c$，$m$ 的值。

13. 若习题 9c 中的 $X_0 = 3579$，试生成该序列中的第一个随机数，精确到小数点后 4 位。

14. 检验你所使用电子表格软件内置的随机数生成器。大多数电子表格软件使用函数 RAND 或@RAND 生成随机数。

　　a）查阅电子表格软件的用户手册，看看其中是否有关于随机数生成的介绍。

　　b）编写宏指令，实现本章所介绍的每一种检验方法。生成 100 个随机数列，每个数列包含 1000 个随机数。对每个数列进行全部检验，得出你的结论。

15. 在下列条件下，使用乘同余生成器：

　　a）$X_0 = 7$，$a = 11$，$m = 16$

　　b）$X_0 = 8$，$a = 11$，$m = 16$

　　c）$X_0 = 7$，$a = 7$，$m = 16$

　　d）$X_0 = 8$，$a = 7$，$m = 16$

　　对上述每种参数组合生成足够的数值，并生成一个完整的随机数循环周期。根据结果,你能推断出什么? 各个组合都达到理论上的最大循环周期了吗?

16. L'Ecuyer[1988]将三个乘同余生成器组合为一个随机数生成器,其中,$a_1 = 157$,$m_1 = 32\,363$,$a_2 = 146$,$m_2 = 31\,727$,$a_3 = 142$,$m_3 = 31\,657$。该生成器的最大周期约为 $8 \times 10^{12}$。使用该生成器生成 5 个随机数,每个乘同余生成器的种子值分别为 $X_{1,0} = 100$,$X_{2,0} = 300$,$X_{3,0} = 500$。

17. 使用本章提到的所有检验方法,对上一题中的生成器进行检验。

18. 运用本章介绍的原理,研发你自己的线性同余生成器。

19. 运用本章介绍的原理,研发你自己的组合线性生成器。

20. 利用本章所介绍的步骤,检验下列随机数列的均匀性与独立性:

0.594,0.928,0.515,0.055,0.507,0.351,0.262,0.797,0.788,0.442,
0.097,0.798,0.227,0.127,0.474,0.825,0.007,0.182,0.929,0.852

21. 在实际应用中,无须生成全部数据,就能快速识别伪随机数列,是非常有用的。

a) 对于 $c = 0$ 的线性同余生成器,证明 $X_{i+n} = (a^n X_i) \bmod m$。

b) 证明 $(a^n X_i) \bmod m = (a^n \bmod m) X_i \bmod m$(这个结论意义重大,因为 $a^n \bmod m$ 可以预先计算得出,这样就可以很容易地跳过开始的 $n$ 个随机数,直接生成后面的随机数列了)。

c) 使用上述结论,计算例 7.3 中 $X_5$ 的值,令 $X_0 = 63$,同时使用常规方法计算 $X_5$ 的值,并验证你的结果。

22. 研发一个性能良好的伪随机数生成器并非易事。数学天才冯·诺依曼曾提出平方取中法。例如,可以使用平方取中法,生成小数点后 6 位的伪随机数。首先,选取 6 位整数作为种子值;然后,计算该整数的平方值,并从计算出来的数值中抽取中间的 6 位数作为下一个计算数;接下来,重复上述步骤直至得出所需数列;最后,为获得 0~1 之间的伪随机数,仅需在所得的 6 位数之前添加小数点。请试用平方取中法生成几个随机数,验证其衰退速度(冯·诺依曼已经意识到这些问题)。

297

298

# 随机变量的生成

本章讨论从各种广泛使用的连续分布和离散分布中进行抽样的过程。前面章节的讨论和案例已经说明了概率分布在不确定性建模活动中的作用。例如，排队系统中到达间隔时间和服务时间、某种产品的需求量等，这些变量在自然条件下通常是难以预测的，至少某种程度上如此。一般情况下，这些变量会被建模为具有特定概率分布的随机变量，并且针对所假设分布的参数估计和所假设统计模型的有效性检验，也都有标准的统计方法和流程。此类统计方法和流程将在第 9 章中进行讨论。

在本章，假设已经完全确定了一个统计分布，我们将进一步探讨依据该统计分布进行抽样并将其用作仿真模型输入的方法。本章旨在介绍和描述一些广泛使用的随机变量生成技术，而不是对那些最高效技术的最新进展的调查与回顾。在实际应用中，大多数仿真模型的开发人员要么使用通用程序设计语言程序库中已有的程序代码，要么使用仿真语言中内置的程序。然而，一些编程语言并没有为所有常用分布开发内置程序，还有一些计算机没有安装随机变量生成库。在这些情况下，模型开发人员只能自己开发可行的程序。即使这种情况发生的概率很低，了解随机变量的生成过程也是有意义的。

本章主要讨论逆变换法，并简要介绍舍选法和特征法。还有一种方法，即组合法，由 Devroye [1986]、Dagpunar[1988] 和 Law[2007] 分别研究过。针对本章讨论的每一种方法，我们都假设服从[0，1]均匀分布的随机数 $R_1$，$R_2$，…已经存在，且每个 $R_i$ 具有相同的概率密度函数

$$f_R(x) = \begin{cases} 1, & 0 \leqslant x \leqslant 1 \\ 0, & 其他 \end{cases}$$

和相同的累积分布函数

$$F_R(x) = \begin{cases} 0, & x < 0 \\ x, & 0 \leqslant x \leqslant 1 \\ 1, & x > 1 \end{cases}$$

本章所使用的 $R$ 以及 $R_1$，$R_2$，…代表在[0，1]区间内均匀分布的随机数。这些随机数是用第 7 章介绍的某种方法生成的，或是从表 A-1 中获取的。本章的许多算法已经开发出 Visual Basic 应用程序，读者可以在网站 www.bcnn.net 的文件 RandomNumber-Tools.xls 中找到。

## 8.1　逆变换法

逆变换法(Inverse-Transform Technique)可用于从指数分布、均匀分布、韦布尔分布、三角分布以及经验分布中进行抽样。此外，它也是从众多离散分布中进行抽样的基本法则。我们将以指数分布为例详细介绍这种方法，并应用于其他统计分布。从计算方式来讲，这是一种最直接的计算方法，但可能不是效率最高的方法。

### 8.1.1　指数分布

我们在 5.4.2 节讨论过指数分布。其概率密度函数为

$$f(x) = \begin{cases} \lambda e^{-\lambda x}, & x \geqslant 0 \\ 0, & x < 0 \end{cases}$$

累积分布函数为

$$F(x) = \int_{-\infty}^{x} f(t)\,\mathrm{d}t = \begin{cases} 1 - e^{-\lambda x}, & x \geqslant 0 \\ 0, & x < 0 \end{cases}$$

参数 $\lambda$ 可以理解为单位时间内事件发生次数的均值。例如，如果到达间隔时间 $X_1$, $X_2$, $X_3$, $\cdots$服从参数为 $\lambda$ 的指数分布，那么可以说 $\lambda$ 是单位时间内到达次数的均值，或到达率。请注意，对于任意的 $i$，都有

$$E(X_i) = \frac{1}{\lambda}$$

所以，$1/\lambda$ 是到达间隔时间均值。现在的目标是找到一种方法，使得依靠这种方法所生成的数值 $X_1$, $X_2$, $X_3$, $\cdots$服从指数分布。

至少从算法规则上来说，逆变换法可用于任何分布。当累积分布函数 $F(x)$ 的形式极其简单，以至于其反函数 $F^{-1}$ 计算起来非常容易，此时逆变换法是最适合的(符号 $F^{-1}$ 表示公式 $r = F(x)$ 对 $x$ 的解，而不是 $F$ 的倒数 $1/F$)。逆变换法在指数分布中的详细应用步骤如下：

**第 1 步**　计算随机变量 $X$ 的累积分布函数。

对于指数分布，其累积分布函数 $F(x) = 1 - e^{-\lambda x}$，$x \geqslant 0$。

**第 2 步**　在 $X$ 的取值范围内，设定 $F(X) = R$。

对于指数分布，在 $X \geqslant 0$ 范围内，有 $1 - e^{-\lambda X} = R$。

$X$ 是一个随机变量(本例中服从指数分布)，所以 $1 - e^{-\lambda X}$ 也是一个随机变量，记为 $R$，$R$ 在 $[0, 1]$ 区间上服从均匀分布。

**第 3 步**　根据 $R$，计算出公式 $F(X) = R$ 的解 $X$。

对于指数分布来说，计算步骤如下：

$$1 - e^{-\lambda X} = R$$
$$e^{-\lambda X} = 1 - R$$
$$-\lambda X = \ln(1 - R)$$
$$X = -\frac{1}{\lambda}\ln(1 - R) \tag{8.1}$$

公式(8.1)称为指数分布的随机变量生成器。通常，公式(8.1)写作 $X = F^{-1}(R)$。经过第 4 步，就可以生成一个数列。

**第 4 步**　生成均匀随机数 $R_1$, $R_2$, $R_3$, $\cdots$，利用下式计算所需要的随机变量

$$X_i = F^{-1}(R_i)$$

对于指数分布，根据公式(8.1)有 $F^{-1}(R) = (-1/\lambda)\ln(1 - R)$，因此，有

$$X_i = -\frac{1}{\lambda}\ln(1 - R_i) \tag{8.2}$$

其中 $i = 1, 2, 3\cdots$。

有一种常用于公式(8.2)中的简化方法，即用 $R_i$ 替代 $1 - R_i$，可得

$$X_i = -\frac{1}{\lambda}\ln R_i \tag{8.3}$$

300

301    由于 $R_i$ 和 $1-R_i$ 都服从 $[0，1]$ 上的均匀分布，基于这个特征，因此二者可以相互替代。

**例 8.1**

表 8-1 给出了从表 A-1 获取的一个随机数列，在 $\lambda=1$ 时，使用公式 (8.2) 计算服从指数分布的随机变量 $X_i$。图 8-1a 是服从均匀分布的 200 个数值 $R_1$，$R_2$，…，$R_{200}$ 的直方图。图 8-1b 是依据公式 (8.2) 计算得到的 200 个计算结果 $X_1$，$X_2$，…，$X_{200}$ 的直方图。比较图 8-1c 和图 8-1d 中的经验分布直方图和理论密度函数，直方图是对理论密度函数的一种估计。（在第 9 章中，这将作为识别统计分布的一种方法。）

表 8-1    随机数 $R_i$ 给定时，均值为 1 的、服从指数分布的随机变量 $X_i$ 的生成值

| $i$ | 1 | 2 | 3 | 4 | 5 |
|---|---|---|---|---|---|
| $R_i$ | 0.1306 | 0.0422 | 0.6597 | 0.7965 | 0.7696 |
| $X_i$ | 0.1400 | 0.0431 | 1.078 | 1.592 | 1.468 |

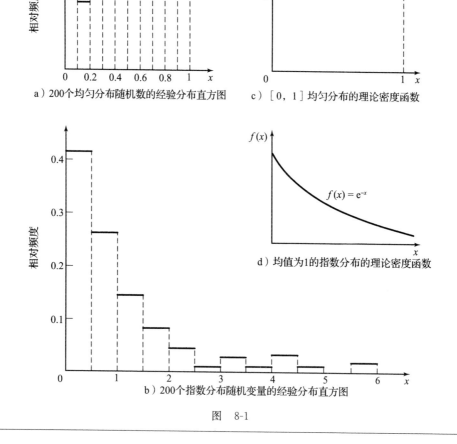

a）200 个均匀分布随机数的经验分布直方图

c）$[0，1]$ 均匀分布的理论密度函数

d）均值为 1 的指数分布的理论密度函数

b）200 个指数分布随机变量的经验分布直方图

图    8-1

图 8-2 给出了逆变换法的图形解释。其累积分布函数 $F(x)=1-e^{-x}$ 是到达率 $\lambda=1$ 的指数分布。为了使用累积分布函数 $F(x)$ 生成 $X_1$ 的值，首先需要生成一个介于 0~1 之间的随机数 $R_1$，然后从 $R_1$ 做一条水平直线，并与函数 $F(x)$ 交于一点；再过该交点作一条

垂线，其与 $x$ 轴的交点即为所求值 $X_1$。注意 $R_1$ 与 $X_1$ 之间存在互逆关系，即

$$R_1 = 1 - e^{-X_1}$$

且

$$X_1 = -\ln(1 - R_1)$$

通常，二者之间的关系可以写成

$$R_1 = F(X_1)$$

且

$$X_1 = F^{-1}(R_1)$$

为什么通过这种方法生成的随机变量 $X_1$ 会服从我们所希望的分布呢？取一个值 $x_0$ 并计算累积分布概率

$$P(X_1 \leqslant x_0) = P(R_1 \leqslant F(x_0)) = F(x_0) \tag{8.4}$$

参考图 8-2，查看公式(8.4)中的第一个等式，其中值 $x_0$ 和 $F(x_0)$ 位于各自的轴上。可以看出，当且仅当 $R_1 \leqslant F(x_0)$ 时，才有 $X_1 \leqslant x_0$。因为 $0 \leqslant F(x_0) \leqslant 1$，且 $R_1$ 服从 $[0, 1]$ 均匀分布，所以公式(8.4)中的第二个等式成立。公式(8.4)表明 $X_1$ 的累积分布函数为 $F$，因此 $X_1$ 具有我们所希望的分布。

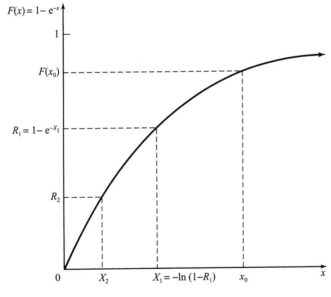

图 8-2 逆变换法的图形化视图

## 8.1.2 均匀分布

考虑一个在 $[a, b]$ 区间上均匀分布的随机变量 $X$。关于生成 $X$ 的合理猜想如下：

$$X = a + (b-a)R \quad (R \text{ 是} [0,1] \text{区间内的随机数}) \tag{8.5}$$

$X$ 的概率密度函数由下式给出：

$$f(x) = \begin{cases} \dfrac{1}{b-a}, & a \leqslant x \leqslant b \\ 0, & \text{其他} \end{cases}$$

按照 8.1.1 节的步骤 1~3，对公式(8.5)进行如下推导：

**第1步** 累积分布函数由下式给出:

$$F(x) = \begin{cases} 0, & x < a \\ \dfrac{x-a}{b-a}, & a \leqslant x \leqslant b \\ 1, & x > b \end{cases}$$

**第2步** 令 $F(X) = (X-a)/(b-a) = R$。

**第3步** 由 $R$ 求解 $X$，得 $X = a + (b-a)R$，这与公式(8.5)是一致的。

### 8.1.3 韦布尔分布

在 5.4.6 节介绍机器或电子元件失效次数的模型时，我们曾经介绍过韦布尔分布(weibull distribution)。当位置参数 $v$ 等于 0 时，其概率密度函数由公式(5.47)给出:

$$f(x) = \begin{cases} \dfrac{\beta}{\alpha^{\beta}} x^{\beta-1} e^{-(x/\alpha)^{\beta}}, & x \geqslant 0 \\ 0, & \text{其他} \end{cases}$$

其中，$\alpha > 0$ 和 $\beta > 0$ 分别是该分布的尺度参数和形状参数。为了生成服从韦布尔分布的随机变量，执行 8.1.1 节中的步骤 1~3:

**第1步** 累积分布函数由下式给定: $F(X) = 1 - e^{-(x/\alpha)^{\beta}}$，$x \geqslant 0$。

**第2步** 令 $F(X) = 1 - e^{-(X/\alpha)^{\beta}} = R$。

**第3步** 根据 $R$ 解得 $X$

$$X = \alpha[-\ln(1-R)]^{1/\beta} \tag{8.6}$$

公式(8.6)的证明留给读者自行解决(本章习题 10)。对比公式(8.6)与公式(8.1)可以看出，如果 $X$ 是韦布尔型随机变量，则 $X^{\beta}$ 就是均值为 $\alpha^{\beta}$ 的指数型随机变量。反之，如果 $Y$ 是一个均值为 $\mu$ 的指数型随机变量，则 $Y^{1/\beta}$ 就是一个形状参数为 $\beta$、尺度参数为 $\alpha = \mu^{1/\beta}$ 的韦布尔型随机变量。

### 8.1.4 三角分布

考虑随机变量 $X$，其概率密度函数为

$$f(x) = \begin{cases} x, & 0 \leqslant x \leqslant 1 \\ 2-x & 1 < x \leqslant 2 \\ 0, & \text{其他} \end{cases}$$

如图 8-3 所示。这是端点为 $(0, 2)$、众数为 1 的三角形分布(triangular distribution)。其累积分布函数为

$$F(x) = \begin{cases} 0, & x \leqslant 0 \\ \dfrac{x^2}{2}, & 0 < x \leqslant 1 \\ 1 - \dfrac{(2-x)^2}{2}, & 1 < x \leqslant 2 \\ 1, & x > 2 \end{cases}$$

对于 $0 \leqslant X \leqslant 1$，有

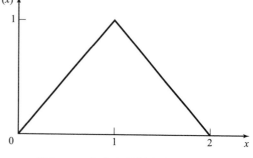

图 8-3 三角分布的累积分布函数

$$R = \frac{X^2}{2} \tag{8.7}$$

对于 $1 \leqslant X \leqslant 2$，有

$$R = 1 - \frac{(2-X)^2}{2} \tag{8.8}$$

在公式(8.7)中，$0 \leqslant X \leqslant 1$ 意味着 $0 \leqslant R \leqslant \frac{1}{2}$，从而 $X = \sqrt{2R}$。依据公式(8.8)，$1 \leqslant X \leqslant 2$ 表明 $\frac{1}{2} \leqslant R \leqslant 1$，从而 $X = 2 - \sqrt{2(1-R)}$。因此，$X$ 由下式生成：

$$X = \begin{cases} \sqrt{2R}, & 0 \leqslant R \leqslant \frac{1}{2} \\ 2 - \sqrt{2(1-R)}, & \frac{1}{2} < R \leqslant 1 \end{cases} \tag{8.9}$$

习题 2、3、4 可供读者练习其他三角分布。需要注意的是，如果随机变量 $X$ 的概率密度函数和累积分布函数是分段的(也就是说，针对 $X$ 的分段取值，需要不同的公式与之对应)，那么在运用逆变换法生成 $X$ 的时候，就得依据 $R$ 的不同取值范围选用不同的公式，如公式(8.9)所示。关于三角函数的通用形式见 5.4.7 节的讨论。

### 8.1.5 经验型连续分布

如果模型开发人员找不到能够为输入数据提供合适模型的理论分布，那么就需要使用这些数据的经验分布(empirical distribution)。经验分布是一种只依赖于观测数据本身而进行重新抽样的方法。若已知输入数据的取值范围是有界的，使用经验分布就更说得通了。此类案例和生成随机输入的方法参见 8.1.7 节。

另一方面，如果确信观测数据来自连续取值的输入过程，那么要填满空缺(gap)的话，可以通过在观测数据点之间插入数据来实现，这是不难理解的。本节介绍从连续型经验分布中定义和生成数据的方法。

**例 8.2** _____

现在收集了 5 次关于消防人员警报响应时间(分钟)的观测结果，该结果将用于人员调换和排班策略的仿真研究。数据如下：

2.76　　1.83　　0.80　　1.45　　1.24

在收集更多数据之前，我们希望利用这 5 个观测数据获得响应时间的统计分布，进而建立一个初步的仿真模型。这样一来，就需要一种方法，能够根据响应时间的统计分布生成随机变量。首先，假设响应时间 $X$ 的取值范围是 $0 \leqslant X \leqslant c$，其中 $c$ 是未知量，但可用 $\hat{c} = \max\{X_i : i = 1, \cdots, n\} = 2.76$ 进行估计，其中，$\{X_i : i - 1, \cdots, n\}$ 为原始数据，观测数据个数 $n = 5$。

将数据从小到大进行排列，并用 $x_{(1)} \leqslant x_{(2)} \leqslant \cdots \leqslant x_{(n)}$ 代表排序后的值。因为最小可能值为 0，所以定义 $x_{(0)} = 0$。每个区间 $x_{(i-1)} < x \leqslant x_{(i)}$ 的概率为 $1/n = 1/5$，如表 8-2 所示。生成的经验累积分布函数 $\hat{F}(x)$ 见图 8-4。第 $i$ 条线段的斜率由以下公式给出：

$$a_i = \frac{x_{(i)} - x_{(i-1)}}{i/n - (i-1)/n} = \frac{x_{(i)} - x_{(i-1)}}{1/n}$$

当 $(i-1)/n < R \leqslant i/n$ 时，累积分布函数的反函数为

$$X = \hat{F}^{-1}(R) = x_{(i-1)} + a_i \left( R - \frac{(i-1)}{n} \right) \tag{8.10}$$

表 8-2　消防员响应时间数据汇总

| $i$ | 间隔 $x_{(i-1)} < x \leqslant x_{(i)}$ | 概率 $1/n$ | 累积概率，$i/n$ | 斜率 $a_i$ |
|---|---|---|---|---|
| 1 | $0.0 < x \leqslant 0.80$ | 0.2 | 0.2 | 4.00 |
| 2 | $0.80 < x \leqslant 1.24$ | 0.2 | 0.4 | 2.20 |
| 3 | $1.24 < x \leqslant 1.45$ | 0.2 | 0.6 | 1.05 |
| 4 | $1.45 < x \leqslant 1.83$ | 0.2 | 0.8 | 1.90 |
| 5 | $1.83 < x \leqslant 2.76$ | 0.2 | 1.0 | 4.65 |

例如，如果生成了一个随机数 $R_1 = 0.71$，那么 $R_1$ 就落在第 4 区间(在 $3/5 = 0.60$ 和 $4/5 = 0.80$ 之间)内，因此，根据公式(8.10)有

$$X_1 = x_{(4-1)} + a_4(R_1 - (4-1)/n)$$
$$= 1.45 + 1.90(0.71 - 0.60) = 1.66$$

读者可参考图 8-4 中的图形了解此生成过程。

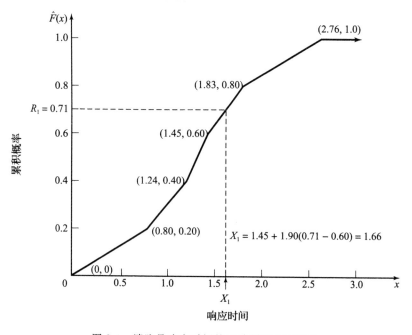

图 8-4　消防员响应时间的经验累积分布函数

在例 8.2 中，每个数据点在经验累积分布函数中都做了标识。如果可以获取大样本数据(使用自动数据采集，采集范围可能从几百到数十万个)，那么先把数据设定为区间数量较少的频率分布，然后将频率分布拟合成连续型经验累积分布函数，这样更加方便(且计算效率高)。只要把公式(8.10)略加修改就可以完成这项工作。现在第 $i$ 条线段的斜率为

$$a_i = \frac{x_{(i)} - x_{(i-1)}}{c_i - c_{i-1}}$$

其中，$c_i$ 是频率分布中前 $i$ 个区间的累积概率，$x_{(i-1)} < x \leqslant x_{(i)}$ 是第 $i$ 个区间。当 $c_{i-1} < R \leqslant c_i$ 时，累积分布函数的反函数计算如下

$$X = \hat{F}^{-1}(R) = x_{(i-1)} + a_i(R - c_{i-1}) \tag{8.11}$$

其中 $c_{i-1} < R \leqslant c_i$。

**例 8.3**

假设已经采集到 100 个机器维修时间。表 8-3 按照数值将观测数据汇总在不同区间之中。例如，0~0.5 小时之间有 31 个数据，0.5~1 小时之间有 10 个数据，等等。假定已知维修工作至少花费 15 分钟，所以有 $X \geqslant 0.25$ 小时。因此，我们令 $x_{(0)} = 0.25$，如表 8-3 和图 8-5 所示。

表 8-3 维修时间数据一览表

| $i$ | 间隔 (Hours) | 频率 | 相对频率 | 累积频率，$c_i$ | 斜率 $a_i$ |
|---|---|---|---|---|---|
| 1 | $0.25 \leqslant x \leqslant 0.5$ | 31 | 0.31 | 0.31 | 0.81 |
| 2 | $0.5 < x \leqslant 1.0$ | 10 | 0.10 | 0.41 | 5.0 |
| 3 | $1.0 < x \leqslant 1.5$ | 25 | 0.25 | 0.66 | 2.0 |
| 4 | $1.5 < x \leqslant 2.0$ | 34 | 0.34 | 1.00 | 1.47 |

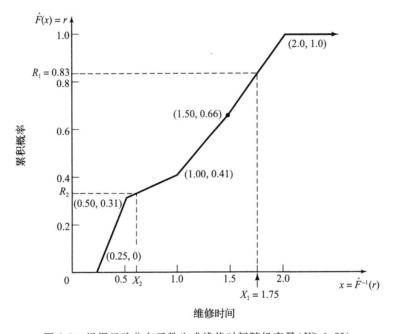

图 8-5 根据经验分布函数生成维修时间随机变量（$X \geqslant 0.25$）

309

例如，假设生成的第一个随机数 $R_1 = 0.83$。因为 $R_1$ 在 $c_3 = 0.66$ 和 $c_4 = 1.00$ 之间，则

$$X_1 = x_{(4-1)} + a_4(R_1 - c_{4-1}) = 1.5 + 1.47 \times (0.83 - 0.66) = 1.75 \qquad (8.12)$$

同理，假设 $R_2 = 0.33$。因为 $c_1 = 0.31 < R_2 \leqslant 0.41 = c_2$，则有

$$X_2 = x_{(1)} + a_2(R_2 - c_1) = 0.5 + 5.0 \times (0.33 - 0.31) = 0.6$$

点（$R_2 = 0.33$，$X_2 = 0.6$）也显示在图 8-5 中。

现在重新看一看表 8-3 中的数据。数据取值范围被限定在 $0.25 \leqslant X \leqslant 2.0$ 之间，但潜在分布的取值范围可能更广。这就是要寻找理论概率分布（如伽马分布、韦布尔分布）的重要原因：理论分布可以满足更大的取值范围，即 $0 \leqslant X \leqslant \infty$。另一方面，经验分布更贴近数据本身所要表达的内容，这些数据往往是获取有用信息的最好来源。

当数据按照频率区间进行整理的时候，建议使用相对较短的区间长度，这样可以更准确地描绘潜在的累积分布函数。例如，对于表 8-3 中的维修时间数据，观测数据量 $n=$ 100。如果使用 10～20 个区间可以使估计结果更加精确。当然，数据区间个数也不宜过多，但也不要只使用 4 个区间。

以下给出几点说明，以供读者参考：

1）随着区间数 $n$ 不断增加，实现该过程的软件性能将会越来越低。系统化计算软件被称为查表生成法（table-lookup generation scheme），因为针对给定的 $R$ 值，计算机程序必须在数组中搜索 $c_i$ 的值，以确定 $R$ 所在的区间 $i$，即区间 $i$ 满足

$$c_{i-1} < R \leqslant c_i$$

如果采用上述方法，通常区间数量越多，查找所需时间越长。分析人员必须在估计累积分布函数的精确性和程序运行效率之间进行权衡。如果能够获得的观测值数量很大，那么分析人员完全可以将数据分派到 20～50 个区间之中，然后使用例 8.3 的步骤，或者使用更高效的查表法，如在 Law[2007]中介绍的方法。

2）在例 8.2 中，假设响应时长 $X$ 满足 $0 \leqslant X \leqslant 2.76$。依据这个假设，在图 8-4 和表 8-2 中就应该包含点 $x_{(0)} = 0$ 和 $x_{(5)} = 2.76$。如果事先知道 $X$ 落在其他范围内，例如，如果已知响应时长总是在 15 秒和 3 分钟之间，即

310

$$0.25 \leqslant X \leqslant 3.0$$

那么就会用点 $X_{(0)} = 0.25$ 和 $x_{(6)} = 3.0$ 来估计响应时长的经验累积分布函数。请注意，因为包含了一个新的点 $x_{(6)}$，所以现在共有 6 个区间而不是 5 个。每个区间的概率为 $1/6 = 0.167$。习题 12 说明了这些附加假设的用途。

### 8.1.6  不存在闭式反函数的连续型分布

对于很多常用的连续型分布，其累积分布函数或反函数并没有闭式表达式（Closed form expression），如正态分布、$\gamma$ 分布和 $\beta$ 分布。正因如此，我们总要声明用于生成随机数的逆变换法对于这些分布不适用。实际上，如果想要近似估计这些累积分布函数的反函数，或者通过数值积分法查找这些累积分布函数，那么逆变换法还是有用的。尽管这种方法听起来并不准确（即使存在闭式形式的反函数，有时在计算机上也需要使用近似计算）。例如，通过累积分布函数的反函数 $X = F^{-1}(R) = -\ln(1-R)/\lambda$ 生成服从指数分布的随机变量，就需要针对对数函数进行数值近似求解。因此，使用近似的累积分布函数反函数，并近似地估计出一个闭式形式的累积分布函数反函数，二者并无本质区别。使用近似累积分布函数反函数的问题在于，其中一些反函数计算起来有点慢。

为说明这个问题，参考 Schmeiser[1979]提出的一个标准正态分布的累积分布函数反函数的简单近似：

$$X = F^{-1}(R) \approx \frac{R^{0.135} - (1-R)^{0.135}}{0.1975}$$

对于 $0.001\,349\,9 \leqslant R \leqslant 0.998\,650\,1$，该近似值至少精确到小数点后 1 位。在表 8-4 中，我们针对不同的 $R$ 值进行数值积分，比较其近似解和精确解（精确到小数点后 4 位）之间的差异。近似解还可以更精确一些，其计算过程也会稍微复杂一点。Bratley，Fox 和 Schrage[1996]在文献中给出了诸多分布的近似求解法。

311

表 8-4  标准正态分布的近似反函数计算结果与精确值（精确到 4 位小数）之比较

| $R$ | 近似反函数 | 精确反函数 |
|---|---|---|
| 0.01 | −2.3263 | −2.3373 |
| 0.10 | −1.2816 | −1.2813 |
| 0.25 | −0.6745 | −0.6713 |
| 0.50 | 0.0000 | 0.0000 |
| 0.75 | 0.6745 | 0.6713 |
| 0.90 | 1.2816 | 1.2813 |
| 0.99 | 2.3263 | 2.3373 |

### 8.1.7 离散分布

所有离散分布都能通过逆变换法、基于查表法的数值方法或者代数方法进行求解，最终通过公式实现。对于特定分布，还有其他方法可用，比如使用卷积法求解二项分布。本节后续将对这些方法进行介绍。本节主要介绍经验离散分布和两个标准离散分布：离散均匀分布和几何分布。对这些分布或其他分布的高效查表法可在 Bratley，Fox 和 Schrage [1996] 和 Riplry[1987] 等文献中找到。

#### 例 8.4 经验离散分布

每天工作结束时，IHW 公司在码头上的船只数量只能是 0、1 或 2 三种情况，对应频率分别为 0.50，0.30 和 0.20。管理者要求公司内部顾问建模研究如何提高装卸和货物搬运效率。作为模型的一部分，他们需要生成随机变量 $X$ 来代表每天工作结束时装卸码头上船只的数量。顾问们决定将 $X$ 假设为一个离散型随机变量，该随机变量服从的统计分布在表 8-5 和图 8-6 中给出。

表 8-5 船只数量 $X$ 的分布

| $x$ | $p(x)$ | $F(x)$ |
| --- | --- | --- |
| 0 | 0.50 | 0.50 |
| 1 | 0.30 | 0.80 |
| 2 | 0.20 | 1.00 |

分布律 $p(x)$ 为

$$p(0) = P(X = 0) = 0.50$$
$$p(1) = P(X = 1) = 0.30$$
$$p(2) = P(X = 2) = 0.20$$

累积分布函数 $F(x) = P(X \leqslant x)$ 为

$$F(x) = \begin{cases} 0 & x < 0 \\ 0.5 & 0 \leqslant x < 1 \\ 0.8 & 1 \leqslant x < 2 \\ 1.0 & 2 \leqslant x \end{cases}$$

回忆一下，离散型随机变量的累积分布函数是由包含跳跃幅度为 $p(x)$ 的水平线段构成的，只有在跃迁点 $x$ 处，才能估算随机变量的值。例如，在图 8-6 中，$x=0$ 处的跳变值 $p(0)=0.5$，$x=1$ 处的跳变值 $p(1)=0.3$，$x=2$ 处的跳变值 $p(2)=0.2$。

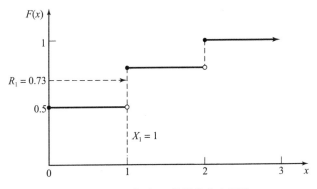

图 8-6 船只数量 $X$ 的累积分布函数

为了生成离散型随机变量，此时逆变换法就是查表法。但是与连续变量不同，这里不需要进行插值运算。为了说明这个过程，假设生成 $R_1=0.73$。根据图 8-6，纵轴上第一个点 $R_1=0.73$，作一条水平线段直到该线段与累积分布函数的"跳跃线"相交，然后作一条垂线与横轴相交，在横轴上的落点即为所需的随机变量值。在这里 $R_1=0.73$ 转换为

$X_1=1$。这一过程类似于 8.1.5 节中图 8-4 所描述的经验连续分布随机变量的生成过程，只是最后一步有所不同，即不需要进行线性插值计算。

如果使用查表法，则可通过构造一个类似于表 8-6 的表格，使计算步骤得到简化。当生成 $R_1=0.73$ 时，首先找到 $R_1$ 所在的区间。通常，对于 $R=R_1$，若

$$F(x_{i-1})=r_{i-1}<R\leqslant r_i=F(x_i) \qquad (8.13)$$

则令 $X_1=x_i$。此处，$r_0=0$，$x_0=-\infty$，$x_1$，$x_2$，…，$x_n$ 是随机变量的所有可能取值；$r_k=p(x_1)+\cdots+p(x_k)$，$k=1$，2，…，$n$。对当前例子来说，$n=3$，$x_1=0$，$x_2=1$，$x_3=2$；因此，$r_1=0.5$，$r_2=0.8$，$r_3=1.0$（注意，在任何情况下均有 $r_n=1.0$。）

表 8-6    生成离散型随机变量 X 所用表格

| $i$ | 输入 $r_i$ | 输出 $x_i$ |
|---|---|---|
| 1 | 0.50 | 0 |
| 2 | 0.80 | 1 |
| 3 | 1.00 | 2 |

因为 $r_1=0.5<R_1=0.73\leqslant r_2=0.8$，则令 $X_1=x_2=1$。此生成方法总结如下：

$$X=\begin{cases}0, & R\leqslant 0.5 \\ 1, & 0.5<R\leqslant 0.8 \\ 2, & 0.8<R\leqslant 1.0\end{cases}$$

例 8.4 说明了查表法的处理过程。下一个案例介绍一种可用于特定分布的代数方法。

### 例 8.5  离散均匀分布

考虑取值区间为 $\{1, 2, \cdots, k\}$ 的离散均匀分布，其分布律和累积分布函数分别为

$$p(x)=\frac{1}{k}, \quad x=1,2,\cdots,k$$

以及

$$F(x)=\begin{cases}0, & x<1 \\ \dfrac{1}{k}, & 1\leqslant x<2 \\ \dfrac{2}{k}, & 2\leqslant x<3 \\ \vdots & \vdots \\ \dfrac{k-1}{k} & k-1\leqslant x<k \\ 1, & k\leqslant x\end{cases}$$

令 $x_i=i$，$r_i=p(1)+\cdots+p(x_i)=F(x_i)=i/k$，$i=1$，2，…，$k$。由不等式 (8.13) 可知，若生成随机数 $R$ 满足

$$r_{i-1}=\frac{i-1}{k}<R\leqslant r_i=\frac{i}{k} \qquad (8.14)$$

则令 $X=i$，即可获得 $X$ 的值。对于 $i$，求解不等式 (8.14)，有

$$i-1<Rk\leqslant i$$
$$Rk\leqslant i<Rk+1 \qquad (8.15)$$

令 $\lceil y\rceil$ 指代大于等于 $y$ 的最小整数（上确界）。如 $\lceil 7.82\rceil=8$，$\lceil 5.13\rceil=6$，$\lceil -1.32\rceil=-1$。当 $y\geqslant 0$ 时，$\lceil y\rceil$ 是一个向上取整函数（round up function）。将该符号与不等式 (8.15) 相结合，则生成 $X$ 的公式为

$$X=\lceil Rk\rceil \qquad (8.16)$$

例如，假设生成一个在 $\{1, 2, \cdots, 10\}$ 区间内均匀分布的随机变量 $X$。该变量代表货车装

载的托盘数量。用表 A-1 作为随机数 $R$ 的来源，当 $k=10$ 时，利用公式(8.16)生成

$$R_1 = 0.78 \quad X_1 = \lceil 7.8 \rceil = 8$$
$$R_2 = 0.03 \quad X_2 = \lceil 0.3 \rceil = 1$$
$$R_3 = 0.23 \quad X_3 = \lceil 2.3 \rceil = 3$$
$$R_4 = 0.97 \quad X_4 = \lceil 9.7 \rceil = 10$$

该过程经过改进，可以生成离散型均匀随机变量，其取值范围可以任意，且由彼此连续的整数构成。习题 13 要求学生为此设计出一种解决方案。

### 例 8.6　几何分布

考察一个几何分布，其分布律为

$$p(x) = p(1-p)^x, \quad x = 0,1,2,\cdots$$

其中 $0<p<1$。其累积分布函数为

$$F(x) = \sum_{j=0}^{x} p(1-p)^j = \frac{p\{1-(1-p)^{x+1}\}}{1-(1-p)} = 1-(1-p)^{x+1}$$

其中，$x=0$，1，2…。利用逆变换法(即不等式 8.13)，回忆一下，只要满足

$$F(x-1) = 1-(1-p)^x < R \leqslant 1-(1-p)^{x+1} = F(x) \tag{8.17}$$

则服从几何分布的随机变量 $X$ 就可以取值为 $x$，其中 $R$ 是生成的随机数，$0<R<1$。求解不等式(8.17)中 $x$ 的过程如下：

$$(1-p)^{x+1} \leqslant 1-R < (1-p)^x$$
$$(x+1)\ln(1-p) \leqslant \ln(1-R) < x\ln(1-p)$$

但是，$1-p<1$ 说明 $\ln(1-p)<0$，因此有

$$\frac{\ln(1-R)}{\ln(1-p)} - 1 \leqslant x < \frac{\ln(1-R)}{\ln(1-p)} \tag{8.18}$$

315

因此，$X=x$ 的取值是满足不等式(8.18)的那个整数。简言之，利用向上取整函数 $\lceil \cdot \rceil$，可得

$$X = \left\lceil \frac{\ln(1-R)}{\ln(1-p)} - 1 \right\rceil \tag{8.19}$$

因为 $p$ 是一个定值参数，所以令 $\beta=-1/\ln(1-p)$。于是 $\beta>0$，根据公式(8.19)可得 $X=\lceil -\beta\ln(1-R)-1 \rceil$。由公式(8.1)可知，$-\beta\ln(1-R)$ 是均值为 $\beta$ 的指数分布随机变量。因此生成参数为 $p$ 的几何分布的一种方法是：首先，生成参数为 $\beta^{-1}=-\ln(1-p)$ 的指数分布随机变量(方法不限)；然后，将结果减去 1，再进行向上取整。

有时，需要生成服从几何分布的随机变量 $X$，$X$ 的取值范围为 $\{q, q+1, q+2, \cdots\}$，该几何分布的分布律为 $p(x)=p(1-p)^{x-q}$，$x=q$，$q+1$，…，则随机变量 $X$ 可通过公式(8.19)并由下式生成

$$X = q + \left\lceil \frac{\ln(1-R)}{\ln(1-p)} - 1 \right\rceil \tag{8.20}$$

最为常见的情形是 $q=1$。

### 例 8.7

从取值范围为 $\{X \geqslant 1\}$ 且均值为 2 的几何分布中生成 3 个数值。该几何分布的分布律为 $p(x)=p(1-p)^{x-1}$，$x=1$，2，…，其均值为 $1/p=2$，或 $p=1/2$。将 $q=1$，$p=1/2$ 及 $1/\ln(1-p)=-1.443$ 代入公式(8.20)，可得 $X$ 的值。根据表 A-1，当 $R_1=0.932$，$R_2=0.105$，$R_3=0.687$ 时，分别可得

$$X_1 = 1 + \lceil -1.443\ln(1 - 0.932) - 1 \rceil = 1 + \lceil 3.878 - 1 \rceil = 4$$
$$X_2 = 1 + \lceil -1.443\ln(1 - 0.105) - 1 \rceil = 1$$
$$X_3 = 1 + \lceil -1.443\ln(1 - 0.687) - 1 \rceil = 2$$

习题 15 与几何分布的应用有关。

## 8.2  舍选法

假设分析人员需要设计一个方法，用于生成介于 1/4 和 1 之间的均匀分布随机变量 $X$。我们给出一种方法，具体步骤如下：

**第 1 步**  生成一个随机数 $R$。

**第 2a 步**  若 $R \geqslant 1/4$，则令 $X = R$，转入第 3 步。

**第 2b 步**  若 $R < 1/4$，舍弃 $R$，返回第 1 步。

**第 3 步**  若需继续生成[1/4，1]之间均匀分布的随机变量，则转入第 1 步，重复上述过程，反之则终止。

316

每执行一次步骤 1，一定会生成一个新的随机数 $R$。在舍选法（Acceptance-Rejection Technique）中，步骤 2a 为 "选"，步骤 2b 为 "舍"。这种方法总结起来就是：不断生成服从某种统计分布的随机变量 $R$（此处为[0，1]上的均匀分布）直到满足条件为止（此处条件为 $R > 1/4$）。当条件最终得到满足，所需要的随机变量 $X$（此处在[1/4，1]间均匀分布）就能获得（$X = R$）。通过判断所接受的 $R$ 值是否符合条件，就可以证明该方法正确与否。也就是说，$R$ 本身并没有我们所期望的分布，但满足事件 $\{R \geqslant 1/4\}$ 的 $R$ 一定具有我们期望的分布。为了说明这一点，可以取 $1/4 \leqslant a < b \leqslant 1$，则

$$P(a < R \leqslant b \,|\, 1/4 \leqslant R \leqslant 1) = \frac{P(a < R \leqslant b)}{P(1/4 \leqslant R \leqslant 1)} = \frac{b - a}{3/4} \tag{8.21}$$

上式就是区间为[1/4，1]的均匀分布的概率。给定 $R$ 在 1/4 与 1 之间（$R$ 的其他值已经被舍弃），则公式(8.21)表明 $R$ 的概率分布就是我们所期望的分布。因此，若 $1/4 \leqslant R \leqslant 1$，则令 $X = R$。

舍选法的计算效率严重依赖于被舍弃数据量的大小。本例的舍弃概率为 $P(R < 1/4) = 1/4$，因此被舍弃的数据量服从几何分布，"数据保留"的概率为 $p = 3/4$，被舍弃数据量的均值为 $(1/p - 1) = 4/3 - 1 = 1/3$（例 8.6 讨论了几何分布）。为生成 $X$ 所使用的随机数 $R$ 的数量均值比被舍弃的数量均值大 1，需要生成一个 $X$ 值所需 $R$ 的平均个数为 $4/3 = 1.33$。换句话说，要生成 1000 个 $X$ 的值，需要大约 1333 个随机数 $R$。

针对本例而言，还有一种替代方法可用于生成位于[1/4，1]之间的均匀变量，即公式(8.5)，该公式可简化为 $X = 1/4 + (3/4)R$。无论是舍选法还是替代方法（比如逆变换法，即公式 8.5），其计算效率均基于如下因素：所使用计算机的性能、程序员的技术能力，以及运用舍选法时出现的低效问题（舍弃随机数造成的）。从上述三个因素出发，综合比较舍选法和替代方案之间的效率差异才是合理的。在实践中，应该由专家考虑效率问题，他们会通过大量实验来比较替代方法的效率（也就是说，除非仿真模型运行时间的加剧是因为随机数生成器造成的，否则无须考虑生成器的效率问题）。

毫无疑问，对于区间[1/4，1]上的均匀分布，基于公式(8.5)的逆变换法比舍选法更容易操作且效率更高。本例只是用于解释和深刻理解舍选法的基本概念。但是对于一些重要分布，如正态分布、伽马分布和贝塔分布，它们的累积分布函数的反函数不存在闭式形式，因此难以应用逆变换法。针对上述分布的更先进技术可参见 Bratley，Fox 和 Schrage

[1996]与 Law[2007]等文献。

在后续各节中，将介绍如何使用舍选法生成泊松分布、非平稳泊松过程以及伽马分布的随机变量。

317

### 8.2.1 泊松分布

均值为 $\alpha > 0$ 的服从泊松分布的随机变量 $N$，其分布律为

$$p(n) = P(N = n) = \frac{e^{-\alpha}\alpha^n}{n!}, \quad n = 0,1,2,\cdots$$

$N$ 可以被解释为单位时间内服从泊松到达过程的到达次数。回忆一下，我们在 5.5 节中提到的连续到达顾客的到达间隔时间 $A_1$，$A_2$，…服从到达率为 $\alpha$ 的指数分布（$\alpha$ 是单位时间内到达次数的均值），指数分布随机变量可以由公式(8.3)生成。因此，在离散型泊松分布和连续型指数分布之间具有如下关系

$$N = n \tag{8.22}$$

当且仅当满足下式时，公式(8.22)才成立。

$$A_1 + A_2 + \cdots + A_n \leqslant 1 < A_1 + \cdots + A_n + A_{n+1} \tag{8.23}$$

等式(8.22)表明在单位时间内恰好有 $n$ 次到达事件；而不等式(8.23)表明第 $n$ 次到达出现在时刻 1(即一个单位时间)之前，而第 $n+1$ 到达出现在时刻 1 之后。显然，这两种表述方式是等价的。继续生成指数型到达间隔时间，直至某些到达(如 $n+1$)出现在时刻 1 之后，然后令 $N=n$。

为了提升随机变量生成的效率，通常，首先通过使用公式(8.3)，$A_i = (-1/\alpha)\ln R_i$，简化不等式(8.23)，可得

$$\sum_{i=1}^{n} -\frac{1}{\alpha}\ln R_i \leqslant 1 < \sum_{i=1}^{n+1} -\frac{1}{\alpha}\ln R_i$$

接下来，不等式所有项同时乘以 $-\alpha$，使不等式变号，再利用"对数之和等于乘积的对数"这一性质，可得

$$\ln \prod_{i=1}^{n} R_i = \sum_{i=1}^{n} \ln R_i \geqslant -\alpha > \sum_{i=1}^{n+1} \ln R_i = \ln \prod_{i=1}^{n+1} R_i$$

最后，对于任意数值的 $x$，利用 $e^{\ln x} = x$，可得

$$\prod_{i=1}^{n} R_i \geqslant e^{-\alpha} > \prod_{i=1}^{n+1} R_i \tag{8.24}$$

不等式(8.24)与不等式(8.23)是等价的。生成泊松分布随机变量 $N$ 的步骤如下：

**第 1 步**　令 $n=0$，$P=1$。

318

**第 2 步**　生成一个随机数 $R_{n+1}$，并用 $P \cdot R_{n+1}$ 替换 $P$ 的值。

**第 3 步**　若 $P < e^{-\alpha}$，则令 $N=n$；否则，舍弃当前的 $n$，令 $n=n+1$，返回第 2 步。

请注意，第 2 步结束后，$P$ 与不等式(8.24)最右端的表达式相等。这再次诠释了舍选法中"舍"的基本思想：若第 3 步中的 $P \geqslant e^{-\alpha}$，则舍弃 $n$，且生成过程必须最少再进行一轮。

那么生成一个泊松分布随机变量 $N$，平均需要多少个随机数呢？如果 $N=n$，则需要 $n+1$ 个随机数，因此所需随机数的平均数量为

$$E(N+1) = \alpha + 1$$

当泊松分布的均值 $\alpha$ 很大时，$E(N+1)$ 也会很大。

**例 8.8** ────────────────────────────────

生成三个服从泊松分布的随机变量，均值 $\alpha = 0.2$。首先，计算 $e^{-\alpha} = e^{-0.2} = 0.8187$，随后在表 A-1 中获取一系列随机数 $R$，并按照上述步骤 1～3 执行：

**第1步**　令 $n=0$，$P=1$。

**第2步**　查表得 $R_1=0.4357$，因此有 $P=1 \cdot R_1 = 0.4357$。

**第3步**　因为 $P=0.4357 < e^{-\alpha} = 0.8187$，接受 $N=0$。

重复第1~3步，查表得 $R_1=0.4146$，可得 $N=0$。

**第1步**　令 $n=0$，$P=1$。

**第2步**　查表得 $R_1=0.8353$，$P=1 \cdot R_1 = 0.8353$。

**第3步**　因为 $P \geqslant e^{-\alpha}$，舍弃 $n=0$ 并令 $n=1$，返回第2步。

**第2步**　查表得 $R_2=0.9952$，则 $P=R_1 \cdot R_2 = 0.8313$。

**第3步**　因为 $P \geqslant e^{-\alpha}$，舍弃 $n=1$ 并令 $n=2$，返回第2步。

**第2步**　查表得 $R_3=0.8004$，则 $P=R_1 \cdot R_2 \cdot R_3 = 0.6654$。

**第3步**　因为 $P < e^{-\alpha}$，接受 $N=2$。

生成这3个泊松分布随机变量所需的计算过程总结如下：

| $n$ | $R_{n+1}$ | $P$ | 接受/舍弃 | 结果 |
| --- | --- | --- | --- | --- |
| 0 | 0.4357 | 0.4357 | $P<e^{-\alpha}$（接受） | $N=0$ |
| 0 | 0.4146 | 0.4146 | $P<e^{-\alpha}$（接受） | $N=0$ |
| 0 | 0.8353 | 0.8353 | $P \geqslant e^{-\alpha}$（舍弃） | |
| 1 | 0.9952 | 0.8313 | $P \geqslant e^{-\alpha}$（舍弃） | |
| 2 | 0.8004 | 0.6654 | $P<e^{-\alpha}$（接受） | $N=2$ |

319

此处使用了5个随机数才能生成3个泊松分布随机变量（$N=0$，$N=0$，$N=2$）。但是如果执行更长的时间，比如说生成1000个均值为 $\alpha=0.2$ 的泊松分布随机变量，大约需要 $1000(\alpha+1)$ 或1200个随机数。

**例 8.9**

公交巴士到达 Peachtree 站的到达事件服从泊松过程，均值为每15分钟一趟。现在需要生成随机变量 $N$，$N$ 代表1小时内公交巴士到达的数量，则 $N$ 服从均值为每小时4辆的泊松分布。首先，计算 $e^{-\alpha}=e^{-4}=0.0183$。从表 A-1 中取出12个随机数，$N$ 的生成过程如下：

| $n$ | $R_{n+1}$ | $P$ | 接受/舍弃 | 结果 |
| --- | --- | --- | --- | --- |
| 0 | 0.4357 | 0.4357 | $P \geqslant e^{-\alpha}$（舍弃） | |
| 1 | 0.4146 | 0.1806 | $P \geqslant e^{-\alpha}$（舍弃） | |
| 2 | 0.8353 | 0.1508 | $P \geqslant e^{-\alpha}$（舍弃） | |
| 3 | 0.9952 | 0.1502 | $P \geqslant e^{-\alpha}$（舍弃） | |
| 4 | 0.8004 | 0.1202 | $P \geqslant e^{-\alpha}$（舍弃） | |
| 5 | 0.7945 | 0.0955 | $P \geqslant e^{-\alpha}$（舍弃） | |
| 6 | 0.1530 | 0.0146 | $P<e^{-\alpha}$（接受） | $N=6$ |

显而易见，$\alpha$ 的值越大（此处 $\alpha=4$），所需要的随机数越多；如果需要产生1000个随机变量值，则大概需要 $1000(\alpha+1)=5000$ 个随机数。

当 $\alpha$ 较大时，比如说 $\alpha \geqslant 15$，使用舍选法的成本会非常高，幸而还有一种基于正态分布的近似方法更好用。当均值 $\alpha$ 很大时，则

$$Z = \frac{N-\alpha}{\sqrt{\alpha}}$$

近似为均值为 0、方差为 1 的正态分布，由此提出了一种近似计算方法。首先，根据 8.3.1 节中的公式(8.28)，生成一个标准正态分布随机变量 $Z$，然后通过下式生成所需要的泊松分布随机变量 $N$

$$N = \lceil \alpha + \sqrt{\alpha}Z - 0.5 \rceil \tag{8.25}$$

其中，$\lceil \cdot \rceil$ 为 8.1.7 节介绍过的向上取整函数(若 $\alpha + \sqrt{\alpha}Z - 0.5 < 0$，则令 $N=0$)。公式中的参数 0.5 可以使向上取整函数具有"四舍五入"功能。公式(8.25)并不是舍选法，但是用作舍选法的替代方案时，它在处理均值很大的泊松分布随机变量的生成问题时，会有相当不错的效率和精度。

320

## 8.2.2 非平稳泊松过程

另一种类型的舍选法(称为削减法，英文为 thinning)可用于在非平稳泊松过程(Non-Stationary Poisson Process，NSPP)中生成到达间隔时间(到达率为 $\lambda(t)$，$0 \leqslant t \leqslant T$)。NSPP 是一种到达率随时间变化的到达过程，详见 5.5.2 节。

例如，表 8-7 给出的到达率函数每小时变化一次。削减法的基本思想是：以最快的到达率(本例为每分钟 1/5 位顾客)生成平稳泊松到达过程，但只"选择"或者保留其中一部分数值，通过足够的"削减"以获得所需的时变到达率(time-vary rate)。接下来，我们给出通用算法，用于生成第 $i$ 次到达的时间 $\tau_i$。请记住，在平稳泊松到达过程中，到达间隔时间服从指数分布。

**第 1 步** 令 $\lambda^* = \max_{0 \leqslant t \leqslant T} \lambda(t)$ 为最大到达率，并且令 $t=0$，$i=1$。

**第 2 步** 生成服从到达率为 $\lambda^*$ 的指数分布随机变量 $E$，令 $t=t+E$(此为平稳泊松过程的到达时间)。

**第 3 步** 生成服从 $U(0, 1)$ 分布的随机数 $R$。若 $R \leqslant \lambda(t)/\lambda^*$，则令 $\tau_i = t$，且令 $i = i+1$。

**第 4 步** 返回第 2 步。

如果到达率的典型取值与最大值之间差距很大，那么削减法可能是无效的。然而，如本例所示，削减法的优势在于，它适用于任意可积的到达率方程，而不仅限于分段常数方程。

表 8-7 NSPP 案例中的到达率

| $t$(分钟) | 到达间隔时间均值<br>(分钟) | 到达率 $\lambda(t)$<br>(到达/分钟) |
|---|---|---|
| 0 | 15 | 1/15 |
| 60 | 12 | 1/12 |
| 120 | 7 | 1/7 |
| 180 | 5 | 1/5 |
| 240 | 8 | 1/8 |
| 300 | 10 | 1/10 |
| 360 | 15 | 1/15 |
| 420 | 20 | 1/20 |
| 480 | 20 | 1/20 |

321

**例 8.10**

对于表 8-7 中的到达率函数，生成最初的两个到达时间。

**第 1 步** 令 $\lambda^* = \max_{0 \leqslant t \leqslant T} \lambda(t) = 1/5$，$t=0$，$i=1$；

**第 2 步** 对于随机数 $R=0.2130$，有 $E = -5\ln(0.213) = 13.13$，则 $t = 0 + 13.13 = 13.13$。

**第 3 步** 生成 $R = 0.8830$，因为 $R = 0.8830 \nleq \lambda(13.13)/\lambda^* = (1/15)/(1/5) = 1/3$，所以不生成到达值。

**第 4 步** 回到第 2 步；

**第 2 步** 对于随机数 $R = 0.5530$，有 $E = -5\ln(0.553) = 2.96$，且 $t = 13.13 + 2.96 = 16.09$。

**第 3 步** 生成 $R = 0.0240$，则 $R = 0.0240 \leqslant \lambda(16.09)/\lambda^* = (1/15)/(1/5) = 1/3$，令 $\tau_1 = t = 16.09$，$i = i+1 = 2$。

**第 4 步** 回到第 2 步。

**第 2 步** 对于随机数 $R=0.0001$，$E=-5\ln(0.0001)=46.05$，且 $t=16.09+46.05=62.14$。

**第 3 步** 生成 $R=0.1443$，有 $R=0.1443\leqslant\lambda(62.14)/\lambda^*=(1/12)/(1/5)=5/12$，令 $\tau_2=t=62.14$，$i=i+1=3$。

**第 4 步** 回到第 2 步。

### 8.2.3 伽马分布

有几种舍选法可用于生成伽马分布随机变量（见 Bratley、Fox 和 Schtage[1996]及 Law[2007]等文献）。其中一种效率更高的方法由 Cheng[1977]提出，这些试验的均值在 1.13 和 1.47 之间，而形状参数 $\beta$ 可以为大于 1 的任意值。

若形状参数 $\beta$ 为整数，比如 $\beta=k$，一种可能是利用例 8.12 中的卷积法，因为爱尔朗分布是伽马分布的特例。另一方面，这里介绍的舍选法对于爱尔朗分布来说是一种高效的方法，尤其对于 $\beta=k$ 很大的情况更是如此。下述流程能够生成尺度参数为 $\theta$、形状参数为 $\beta$ 的伽马分布随机变量，即均值为 $1/\theta$，方差为 $1/\beta\theta^2$。具体步骤如下：

**第 1 步** 计算 $a=1/(2\beta-1)^{1/2}$，$b=\beta-\ln4$。

**第 2 步** 生成 $R_1$ 和 $R_2$。令 $V=R_1/(1-R_1)$。

**第 3 步** 计算 $X=\beta V^a$。

**第 4a 步** 若 $X>b+(\beta a+1)\ln(V)-\ln(R_1^2 R_2)$，舍弃 $X$ 并返回第 2 步。

**第 4b 步** 若 $X\leqslant b+(\beta a+1)\ln(V)-\ln(R_1^2 R_2)$，将 $X$ 作为所需要的随机变量值。步骤 4b 中所生成随机变量的均值和方差均等于 $\beta$。如需获得 5.4.3 节中服从均值 $1/\theta$、方差 $1/\beta\theta^2$ 的随机变量，则需执行第 5 步。

322

（**第 5 步** 用 $X/(\beta\theta)$ 替换 $X$。）

舍选法的基本思想于此被再次诠释，但是本例的证明已经超出了本书的讨论范围。在第 3 步中，$X=\beta V^a=\beta[R_1/(1-R_1)]^a$ 并不服从伽马分布，但是经过第 4a 步中舍弃 $X$ 的某些值之后，就可以保证第 4b 步中所接受的值一定服从伽马分布。

**例 8.11** _____

已知一台高产量糖果生产机器的故障宕机时间服从伽马分布，均值为 2.2 分钟，方差为 2.10 分钟$^2$，则 $1/\theta=2.2$，$1/\beta\theta^2=2.10$，即 $\beta=2.30$，$\theta=0.4545$。

**第 1 步** 按照前面介绍的方法进行计算，可得 $a=0.53$，$b=0.91$。

**第 2 步** 生成 $R_1=0.832$，$R_2=0.021$。令 $V=0.832/(1-0.832)=4.952$。

**第 3 步** 计算 $X=2.3(4.952)^{0.53}=5.37$。

**第 4 步** $X=5.37>0.91+[2.3(0.53)+1]\ln(4.952)-\ln[(0.832)^2\times0.021]=8.68$，因此舍弃 $X$，返回第 2 步[⊖]。

**第 2 步** 生成 $R_1=0.434$，$R_2=0.716$。令 $V=0.434/(1-0.434)=0.767$。

**第 3 步** 计算 $X=2.3(0.767)^{0.53}=2.00$。

**第 4 步** 因为 $X=2.00\leqslant0.91+[2.3(0.53)+1]\ln(0.767)-\ln[(0.434)^2\times0.716]=2.32$，因而接受 $X$。

_____

⊖ 原书如此，可能是作者笔误，实际计算结果应为 $5.37<8.68$，应予以接受 $X$ 值。

**第 5 步** 用 $X$ 除以 $\beta\theta=1.045$，得 $X=1.91$。

本例通过两次试验（一次舍弃）生成了一个伽马分布随机变量。平均说来，若要生成 1000 个服从伽马分布的随机变量，依据本方法需要进行 1130～1470 次左右的试验，相当于需要 2260～2940 个随机数。这种方法对于手工计算来说有些繁重，但对于计算机程序而言非常容易，它是已知效率最高的伽马分布随机变量生成器之一。

## 8.3 特征法

顾名思义，特征法（Special Property）是针对特定概率分布族特征的随机变量生成法，而不是像逆变换法或者舍选法那样的通用型方法。

### 8.3.1 正态分布和对数正态分布的直接变换

生成正态分布随机变量的方法有很多。只是难以使用逆变换法，因为正态分布累积分布函数的反函数不能写成闭式形式。标准正态分布的累积分布函数为

$$\Phi(x)=\int_{-\infty}^{x}\frac{1}{\sqrt{2\pi}}\mathrm{e}^{-t^2/2}\mathrm{d}t,\quad-\infty<x<\infty$$

本节将介绍一种看起来很有效的直接变换法，该方法能够一次产生一对独立的服从标准正态分布的随机变量。此方法由 Box 和 Muller[1958]提出。虽然该方法不如许多现代技术高效，但它易于用科学语言编程实现，如 FORTRAN、C、C++、Visual Basic 和 Java 等。然后，还会展示如何将一个标准正态分布随机变量变换为均值为 $\mu$、方差为 $\sigma^2$ 的正态分布随机变量。一旦有了能够生成服从 $N(\mu,\sigma^2)$ 的随机变量 $X$ 的方法（不论是使用当前介绍的方法还是其他方法），只需进行直接变换 $Y=\mathrm{e}^x$，就能生成服从对数正态分布（参数为 $\mu$ 和 $\sigma^2$）的随机变量 $Y$（切记参数 $\mu$ 和 $\sigma^2$ 不是对数随机变量的均值和方差，参见公式 5.58 和公式 5.59）。

考虑两个服从标准正态分布的随机变量 $Z_1$ 和 $Z_2$，它们构成图 8-7 中平面上的一点，且在极坐标中分别表示为

$$Z_1=B\cos\theta$$
$$Z_2=B\sin\theta \qquad(8.26)$$

已知 $B^2=Z_1^2+Z_2^2$ 服从自由度为 2 的 $\mathcal{X}^2$ 分布，它等价于均值为 2 的指数分布。因此，半径 $B$ 可通过公式(8.3)生成，有

$$B=(-2\ln R)^{1/2} \qquad(8.27)$$

由正态分布的对称性，似乎有理由假设（实际上也确实如此）：夹角 $\theta$ 服从 $0\sim2\pi$ 的均匀分布。此外，半径 $B$ 和夹角 $\theta$ 之间是相互独立的。通过公式(8.26)与公式(8.27)组合使用，可以得到一种更为直接的生成 $Z_1$ 和 $Z_2$ 的方法。依据彼此独立的随机数 $R_1$ 和 $R_2$，生成相互独立的正态分布随机变量 $Z_1$ 和 $Z_2$，其计算公式如下

$$Z_1=(-2\ln R_1)^{1/2}\cos(2\pi R_2)$$
$$Z_2=(-2\ln R_1)^{1/2}\sin(2\pi R_2) \qquad(8.28)$$

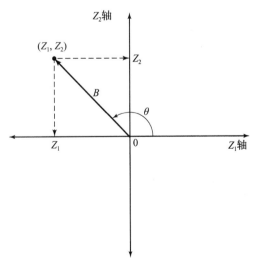

图 8-7 一对标准正态分布随机变量的极坐标表示

为了介绍该方法，我们取 $R_1=0.1758$，$R_2=0.1489$ 代入公式(8.28)中，则两个标准正态分布随机变量 $Z_1$ 和 $Z_2$ 的生成过程如下：

$$Z_1 = [-2\ln(0.1758)]^{1/2}\cos(2\pi 0.1489) = 1.11$$
$$Z_2 = [-2\ln(0.1758)]^{1/2}\sin(2\pi 0.1489) = 1.50$$

为获得具有均值 $\mu$、方差 $\sigma^2$ 的正态分布随机变量 $X_i$，我们对标准正态分布随机变量实施如下变换：

$$X_i = \mu + \sigma Z_i \tag{8.29}$$

例如，为了将以上两个标准正态分布随机变量变换为均值 $\mu=10$，方差 $\sigma^2=4$ 的正态分布随机变量，我们进行如下计算：

$$X_1 = 10 + 2 \times 1.11 = 12.22$$
$$X_2 = 10 + 2 \times 1.50 = 13.00$$

回忆一下，为了从正态分布随机变量 $X$ 得到对数正态分布随机变量 $Y$，令 $Y=e^X$。需要记住的是，随机变量 $X$ 和随机变量 $Y$ 的均值和方差是不同的，二者之间的关系参见公式(5.58)和公式(5.59)。

### 8.3.2　卷积法

两个或多个独立随机变量之和的概率分布称为原变量分布的卷积(convolution of the distributions)。卷积法(convolution method)是指将两个或多个随机变量相加在一起，以获得一个新的随机变量，新随机变量满足我们所希望的概率分布。卷积法可用于获得服从爱尔朗分布和二项分布的随机变量。应用卷积法，重要的不在于获得所需随机变量的累积分布函数，而是寻找所需随机变量与那些更易求解的随机变量之间的关系。

|325|

#### 例 8.12　爱尔朗分布

正如我们在 5.4.4 节讨论的那样，具有参数 $(k, \theta)$ 的爱尔朗分布随机变量 $X$，可以作为 $k$ 个独立的指数分布随机变量 $X_i$ 之和，对于 $i=1, 2, \cdots, k$，所有 $X_i$ 的均值都是 $1/k\theta$，即

$$X = \sum_{i=1}^{k} X_i$$

使用卷积法，首先需要生成 $X_1, X_2, \cdots, X_k$，然后将其累加得到 $X$。为了得到服从爱尔朗分布的随机变量 $X$，首先，将 $1/\lambda=1/k\theta$ 代入公式(8.3)生成 $X_i$，然后，爱尔朗分布随机变量 $X$ 可由下式生成：

$$X = \sum_{i=1}^{k} -\frac{1}{k\theta}\ln R_i = -\frac{1}{k\theta}\ln\left(\prod_{i=1}^{k} R_i\right) \tag{8.30}$$

也就是说，首先将所有随机数相乘，再计算乘积的对数，这样的计算效率会更高。

#### 例 8.13

货车以完全随机的方式到达一个大型仓库。到达过程可以视为到达率 $\lambda=10$ 辆/小时的泊松过程。入口处的门卫交替地将货车指派到北面码头或南面码头。分析人员已经建立了一个模型来研究南面码头的装卸货过程，他还需要一个单独描述货车到达南面码头过程的模型。货车到达南面码头的到达间隔时间 $X$ 等于入口处到达间隔时间的 2 倍，也就是说，它是两个指数分布随机变量之和，每个指数分布随机变量的均值为 0.1 小时(6 分钟)。因此，$X$ 服从 $k=2$、均值 $1/\theta=2/\lambda=0.2$ 小时的爱尔朗分布。为生成随机变量 $X$，首先从表 A-1 中得到 $k=2$ 个随机数，比如 $R_1=0.937$，$R_2=0.217$。然后，根据公式(8.30)，有

$$X = -0.1\ln[(0.937)(0.217)] = 0.159 \text{ 小时} = 9.56 \text{ 分钟}$$

通常，公式(8.30)表明生成一个爱尔朗分布随机变量需要 $k$ 个随机数。如果 $k$ 值很大，那么采用其他方法生成爱尔朗分布随机变量的效率会更高。比如，8.2.3 节中生成伽马分布时所使用的舍选法(舍选法有很多种，这只是其中的一种)，或者参考 Bratlay、Fox 和 Schrage[1996]及 Law[2007]等文献。

### 8.3.3 其他特征法

概率分布之间所具有的多种关联可用于设计随机变量的生成方法。8.3.2 节的卷积法就是一例。另一个很有用的例子是贝塔分布和伽马分布之间的关系。

假设 $X_1$ 服从形状参数为 $\beta_1$、尺度参数为 $\theta_1 = 1/\beta_1$ 的伽马分布，$X_2$ 服从形状参数为 $\beta_2$、尺度参数为 $\theta_2 = 1/\beta_2$ 的伽马分布，两个随机变量相互独立，则变量 $Y$

$$Y = \frac{X_1}{X_1 + X_2}$$

服从贝塔分布，它的两个参数 $\beta_1$、$\beta_2$ 位于 $[0, 1]$ 之间。如果我们想将 $Y$ 定义在 $[a, b]$ 范围内，则令

$$Y = a + (b - a)\left(\frac{X_1}{X_1 + X_2}\right)$$

这样，利用上一节介绍的生成伽马分布随机变量的舍选法，就可以生成贝塔分布随机变量，每生成一个贝塔分布随机变量都需要生成两个伽马分布随机变量。

虽然这种方法很简便，但是还有速度更快的、基于舍选思想的方法可以使用，比如由 Devroye[1986]和 Dagpunar[1988]提出的方法。

### 8.4 小结

本章结合具体案例，通过逆变换法、舍选法和特征法介绍了随机变量生成的基本规则。我们也给出了生成许多重要的连续分布、离散分布及所有经验分布随机变量的生成方法。Schmeiser [1980]做了很棒的文献回顾，如需了解更多的相关成果，还可以参考 Devroye [1986]或 Dagpunar [1988]等文献。

## 参考文献

BRATLEY, P., B. L. FOX, AND L. E. SCHRAGE [1996], *A Guide to Simulation*, 2d ed., Springer-Verlag, New York.

BOX, G. E. P., AND M. F. MULLER [1958], "A Note on the Generation of Random Normal Deviates," *Annals of Mathematical Statistics*, Vol. 29, pp. 610–611.

CHENG, R. C. H. [1977], "The Generation of Gamma Variables with Nonintegral Shape Parameter," *Applied Statistics*, Vol. 26, No. 1, pp. 71–75.

DAGPUNAR, J. [1988], *Principles of Random Variate Generation*, Clarendon Press, Oxford.

DEVROYE, L. [1986], *Non-Uniform Random Variate Generation*, Springer-Verlag, New York.

LAW, A. M. [2007], *Simulation Modeling and Analysis*, 4th ed., McGraw-Hill, New York.

RIPLEY, B. D. [1987], *Stochastic Simulation*, Wiley, New York.

SCHMEISER, B. W. [1979], "Approximations to the Inverse Cumulative Normal Function for Use on Hand Calculators," *Applied Statistics*, Vol. 28, pp. 175–176.

SCHMEISER, B. W. [1980], "Random Variate Generation: A Survey," in *Simulation with Discrete Models*: A State of the Art View, T. I. Ören, C. M. Shub, and P. F. Roth, eds., IEEE, NY, pp. 79–104.

## 练习题

　　本节的很多习题要求读者对于给定概率分布设计对应的随机变量生成方法，并进行变量取值。这些算法应该能够使用编程语言或电子表格软件加以实现，以便可以批量生成随机变量的值。

1. 开发一个随机变量生成器，使生成的随机变量 $X$ 具有如下概率密度函数：
$$f(x) = \begin{cases} \mathrm{e}^{2x}, & -\infty < x \leqslant 0 \\ \mathrm{e}^{-2x}, & 0 < x < \infty \end{cases}$$

2. 构造一种生成法，适用于三角分布，三角分布的概率密度函数如下：
$$f(x) = \begin{cases} \dfrac{1}{2}(x-2), & 2 \leqslant x \leqslant 3 \\ \dfrac{1}{2}\left(2 - \dfrac{x}{3}\right), & 3 < x \leqslant 6 \\ 0, & \text{其他} \end{cases}$$

　　生成 1000 个随机变量值。计算样本均值，并将样本均值与理论均值进行比较。

3. 对于区间为 $(1, 10)$、众数为 4 的三角分布，创建一个随机变量生成器，生成 1000 个随机变量值。计算样本均值，并将样本均值与理论均值进行比较。

4. 对于区间为 $(1, 10)$、均值为 4 的三角分布，创建一个随机变量生成器，生成 1000 个随机变量值。计算样本均值，并将样本均值与理论均值进行比较。

5. 对于一个位于区间 $[-3, 4]$ 的连续型随机变量，给定其累积分布函数如下。请你创建一个随机变量生成器，生成 1000 个随机变量值，并画出直方图。
$$F(x) = \begin{cases} 0, & x \leqslant -3 \\ \dfrac{1}{2} + \dfrac{x}{6}, & -3 < x \leqslant 0 \\ \dfrac{1}{2} + \dfrac{x^2}{32}, & 0 < x \leqslant 4 \\ 1, & x > 4 \end{cases}$$

6. 服从某概率分布的随机变量的取值范围为 $0 \leqslant x \leqslant 2$，累积分布函数为 $F(x) = x^4/16$。创建一个随机变量生成器，生成 1000 个随机变量值。计算样本均值，并将样本均值与该分布的理论均值进行比较。

7. 服从某概率分布的随机变量的取值范围为 $0 \leqslant x \leqslant 3$，概率密度函数为 $f(x) = x^2/9$。创建一个随机变量生成器，生成 1000 个随机变量值。计算样本均值，并将样本均值与该分布的理论均值进行比较。

8. 创建一个随机变量生成器，使之生成的随机变量服从如下概率密度函数所代表的统计分布
$$f(x) = \begin{cases} \dfrac{1}{3}, & 0 \leqslant x \leqslant 2 \\ \dfrac{1}{24}, & 2 < x \leqslant 10 \\ 0, & \text{其他} \end{cases}$$

　　然后，生成 1000 个随机变量值，作出统计直方图。

9. 离散型随机变量 $X$ 的累积分布函数为

$$F(x) = \frac{x(x+1)(2x+1)}{n(n+1)(2n+1)}, \quad x = 1, 2, \cdots, n$$

当 $n=4$ 时，利用随机数 $R_1=0.83$，$R_2=0.24$ 以及 $R_3=0.57$ 生成随机变量 $X$ 的三个值。

10. 经过观察，发现自动化流水线的无故障运行时间服从韦布尔分布，参数为 $\beta=2$，$\alpha=10$。利用公式（8.6）生成 5 个服从韦布尔分布的随机变量值，所需的 5 个随机数可从表 A-1 中获得。

11. 我们搜集了 Shady Lane 国民银行的一个免下车服务窗口的服务时间数据，这些数据按照给定区间整理如下：
利用查表法，建立一个类似表 8-3 的表格，用于生成服务时间。请你生成 5 个服务时间值。可从表 A-1 中取精度为小数点后四位的随机数。

| 区间（秒） | 频率 |
| --- | --- |
| $15\sim30$ | 10 |
| $30\sim45$ | 20 |
| $45\sim60$ | 25 |
| $60\sim90$ | 35 |
| $90\sim120$ | 30 |
| $120\sim180$ | 20 |
| $180\sim300$ | 10 |

329

12. 例 8.2 中，假设消防员的响应时间满足 $0.25\leqslant x\leqslant3$。修改表 8-2 以满足该假设。利用表 A-1 中精度为小数点后四位的均匀分布随机数，生成 5 个响应时间值。

13. 现有一个仿真模型的初始版本。假设从 8 点到 24 点，码头上每个小时内需要装车的托盘数量 $X$ 服从均匀分布。假设相邻货车的载货量是相互独立的，利用例 8.5 中用于离散均匀分布随机变量的生成技术，设计一种生成随机变量 $X$ 的方法。最后，从表 A-1 中取得 4 位精度随机数，用于生成连续 10 辆货车的载货量。

14. 设计一种服从负二项分布（参数为 $p$ 和 $k$）的随机变量生成法，如 5.3 节所述。当 $p=0.8$，$k=2$ 时，生成 3 个随机变量值。（提示：考虑负二项分布的定义，即达到 $k$ 次成功试验所需的伯努利试验次数。）

15. 一种滞销品的周需求量 $X$ 与几何分布非常相似，该几何分布的取值范围是 $\{0, 1, 2, \cdots\}$，平均周需求量为 2.5 单位。利用取自表 A-1 的随机数，生成 10 个 $X$ 的值。（提示：对于 $\{q, q+1, \cdots\}$ 范围内参数为 $p$ 的几何分布，其均值为 $1/p+q-1$。）

16. 在习题 15 中，假设已经发现需求量服从均值为 2.5 单位/周的泊松分布。利用取自表 A-1 的随机数生成 10 个周需求量 $X$ 的值。讨论几何分布与泊松分布的区别。

17. 已知提前期服从均值为 3.7 天的指数分布。依据该分布生成 5 个提前期的随机变量值。

18. 已知某生产设备的常规维护所需时间是随机变化的，服从均值为 33 分、方差为 4 分钟$^2$ 的正态分布。根据所给分布生成 5 个随机维护时间的数值。

19. 某台机器在遇到以下任何一种情况时会宕机：机器发生故障时；设备每运行 5 小时之后。我们找到几台同类设备进行观测，发现无故障工作时间 $X$ 服从韦布尔分布，参数为 $\alpha=8$，$\beta=0.75$ 和 $v=0$（参考 5.4.6 节和 8.1.3 节）。所以，该机器的无故障运行时间可以表示为 $Y=\min(X, 5)$。写出生成 $Y$ 的详细计算步骤。

20. 某型号电子元件的无故障运行时间服从区间为 $0\sim8$ 小时的均匀分布。将两个相互独立的同型号电子元件串联在一起，其中任何一个失效时，整个系统就会失效。若 $X_i(i=1, 2)$ 代表电子元件的无故障运行时间，$Y=\min(X_1, X_2)$ 就代表整个系统的寿命。请你设计两种方法，用于生成随机变量 $Y$ 的值。（提示：第一种方法相对直接。至于第二种方法，可以首先计算 $Y$ 的累积分布函数，即 $F_Y(y)=P(Y\leqslant y)=1-P(Y>y)$，$0\leqslant y\leqslant8$，然后利用等式 $\{Y>y\}=\{X_1>y$ 和 $X_2>y\}$ 及 $X_1$、$X_2$ 之间的独立性。在求得 $F_Y(y)$ 之后，利用逆变换法继续求解。）

330

21. 习题 20 中，若两个元件的无故障运行时间（寿命）服从参数不同的指数分布，均值分别为

2 小时和 6 小时。基于该假设，请重新计算习题 20。讨论两种生成方案的相对效率。

22. 请你设计一种方法，通过卷积法生成二项分布随机变量 $X$。

（提示：$X$ 可代表 $n$ 次独立伯努利试验中的成功次数，每次成功的概率为 $p$。因此，$X = \sum_{i=1}^{n} X_i$，其中 $P(X_i = 1) = p$ 且 $P(X_i = 0) = 1 - p$。）

23. 设计一种舍选法，用于生成几何分布随机变量 $X$，其参数为 $p$、取值范围为 $\{0, 1, 2, \cdots\}$。（提示：$X$ 可看作一系列独立伯努利试验中，第一次成功试验之前的总失败次数。）

24. 编写一段计算机程序，利用本章所讨论的精确求解法，生成标准正态分布随机变量。用其生成 1000 个数值。将区间 $(-\infty, z)$ 内的真实概率 $\Phi(z)$ 与实际观测到的、小于等于 $z$ 的观测值的相对频率进行比较，分别考虑 $z = -4, -3, -2, -1, 0, 1, 2, 3, 4$ 时的情况。

25. 编写一段计算机程序，生成服从伽马分布的随机变量，形状参数 $\beta = 2.5$，尺度参数 $\theta = 0.2$。生成 1000 个值，并将实际均值 $\theta$ 与样本均值进行比较。

26. 编写一段计算机程序，根据习题 1~23 中任一随机变量生成 2000 个值。绘制这 2000 个值的直方图，将其与理论概率密度函数（或离散型随机变量的分布律）进行比较。

27. 许多电子数据表格软件、符号计算语言和数据分析程序都包含内置程序，用于生成常见分布的随机变量。请你查阅文献，试着找出这些安装包所使用的是哪种生成方法。如果某种方法没有记录在册，应该信任它吗？

28. 假设我们有一个数据来源，可获得均值为 1 的指数分布随机变量。请设计一个算法并编程实现，将指数分布随机变量转换为三角分布随机变量。（提示：首先将其转换为均匀分布随机变量。）

29. 令 $t = 0$ 对应上午 6 点那一刻。假设某早餐店的营业时间为上午 6~9 点，顾客到达率（每小时到达次数）为

$$\lambda(t) = \begin{cases} 30, & 0 \leqslant t < 1 \\ 45, & 1 \leqslant t < 2 \\ 20, & 2 \leqslant t \leqslant 4 \end{cases}$$

请你推导一个削减法，生成服从该非平稳泊松过程的顾客到达时间随机变量，并生成前 100 位顾客的到达时间。

331

30. 生成 10 个服从贝塔分布的随机变量值，区间为 $[0, 1]$，参数为 $\beta_1 = 1.47$，$\beta_2 = 2.16$。然后将它转化到区间 $[-10, 20]$ 上。

31. 利用例 5.34 给出的到达率函数，设计一个面向非平稳泊松过程的削减算法，并生成前 600 个到达时间。

32. 利用 9.5 节给出的到达率函数，设计一个面向非平稳泊松过程的削减算法，并生成前 120 个到达时间。

33. 为 5.4.7 节的通用三角分布制订一个随机变量生成方案，对于不同的参数，分别生成 1000 个样本值，并进行检验。

34. 假设服从某离散分布的随机变量的全部可能取值为 $v_1, v_2, \cdots, v_k$，这些数值虽然不是 $1, 2, \cdots, k$，但是也与之类似。请设计一个随机变量生成方案，以实现例 8.5 中所讨论的思想。（提示：可以考虑将数值 $v_1, v_2, \cdots, v_k$ 保存到数组之中，然后对该数组建立随机索引。）

35. 假设某网站获得点击的到达率 $\lambda(t) = 1000 + 50\sin(2\pi t/24)$ 次/小时。请开发一种削减算法，产生服从非平稳泊松过程的到达时间。

332

# 仿真数据分析

第 9 章　输入建模

第 10 章　仿真模型的校核、校准与验证

第 11 章　绝对性能评价

第 12 章　相对性能评价

# 输 入 建 模

排队系统仿真中，典型的输入模型是到达间隔时间和服务时间的概率分布；对于供应链仿真，输入模型包括需求量和提前期的概率分布；对于可靠性仿真，元件无故障工作时间的概率分布也是输入模型。

在本书第 2 章和第 3 章的例子中，我们讨论了几种常用的概率分布。然而，对于现实环境中的仿真应用，从时间和资源需求的角度来看，为输入数据选择合适的分布是一项主要的工作。无论分析人员的技能如何优秀，有缺陷的输入模型总是会导致错误的输出，而据此给出的解释很可能产生误导性建议。

开发输入模型主要遵循以下四个步骤：

1) 从所研究的实际系统中采集数据。这通常需要大量的时间和资源。然而，在某些情况下，不可能收集数据(例如，时间极其有限；实际系统未建成，输入过程不存在；法律法规禁止数据收集)。当没有数据可用时，必须使用专家意见和流程方面的知识来做出有根据的猜测。

2) 识别输入过程的概率分布。当有数据可用时，当前步骤一般是从绘制数据直方图开始。获得直方图以及了解流程的结构性知识之后，就可以由此确定分布族(family of distribution)。幸运的是，正如第 5 章讨论的那样，在实践中，那几个广为人知的分布通常可以提供近似的拟合。

3) 选择参数，从分布族中确定一个特定的概率分布。当有数据可用时，这些参数可以从已有数据中估算出来。

4) 评估所选概率分布和用于拟合优度(goodness of fit)的相关参数。拟合优度可以通过非正式的方法评估，如通过图形法；也可通过正式的方法进行，如统计检验。卡方检验和 K-S 检验是标准的拟合优度检验方法。如果所选分布与数据的近似度不令人满意，则需返回到第 2 步，另选一个分布族，并重复上述步骤。如果经过几轮迭代，不能在所选分布和所采集数据之间实现满意的拟合，那么就需要使用经验分布，正如在 8.1.5 节中所介绍的那样。

本章将对上述步骤逐一进行分析。虽然针对步骤 2、3、4 已有广泛使用的相关软件，包括独立软件(如 ExpertFit、Stat∷Fit，以及 Arena 公司的集成化工具 Input Processor 和@Risk 公司的 BestFit)，但是仍然有必要理解这些软件是如何工作的，以便我们可以正确使用。然而，当所关注的两个或多个变量之间具有关联性的时候，或者没有数据可用的时候，上述软件就不再适用于输入建模。这两个问题将在本章最后进行介绍。

## 9.1 数据采集

本书每一章最后都会给出一些习题，作为读者练习之用，这些习题涉及数学、物理、化学和其他技术类主题。经常做这些练习，读者会有这样一种印象，即认为数据很容易获得。然而事实并不是这样，在解决现实问题的过程中，数据采集是任务量最大的工作之一，也是仿真中最重要和最困难的工作之一。

输入建模关注的是统计方面的问题，即针对实际数据拟合符合它的概率分布，该分布用于把输入数据导入到仿真模型之中。然而，在进行"拟合"之前，不仅需要有精确的、与所研究问题相关的可用数据(或数据是可采集的)，还需要充分了解这些数据的特征。比较常见的情况是将数据提交给数据建模软件，软件总是会拟合出某个概率分布，而不论其是否合理。以下几个例子将对这种方法的缺点进行分析。

### 例 9.1  陈旧数据

一项仿真研究工作致力于找到途径，从而减少病人在癌症检测门诊的停留时间。检测流程中包含护士对病人病史的了解。在一项于 2002 年开展的研究中，咨询公司搜集了护士采集的病人病史数据。医院目前仍然保有这些数据。这些数据是否可以用于当前项目的输入建模呢？

在这个案例中，答案或许是否定的。因为经过深入调查，工程师发现从 2008 年开始，护士不再使用纸质书写的方式，而是采用计算机录入的方式记录病人病史。因此，2002 年的病史整理过程与当前不同，所采集的数据不能代表当前流程。如果当前数据无法采集，无论由于时间还是成本，更好的办法是使用护士自己估计的数值而非依赖过时数据(9.6 节将介绍把专家数据转换成概率分布的方法)。然后，工程师可以通过志愿者的历史数据或现场采集数据来检查护士提供的估计数据是否合理，最终得到一些符合实际情况的数据值。

### 例 9.2  非预期数据

出于安全目的，人们进入政府大楼时，需要通过包含一个金属探测器的安检设备。在该安全方案正式实施之前，一项仿真研究将用于评估其影响。为了开展这项研究，采集了 1000 个通过金属探测器的时间数据(单位：分钟)，数据均值为 1/2 分钟，标准差差不多也是 0.5。可见，通过金属探测仪时间的输入模型应服从指数分布，因为指数分布的均值和方差是相等的。指数分布常用于对排队系统的服务时间进行建模。

然而，分析人员对此并不满意，因为根据她的经验，通过检测仪需要寥寥数秒。因此分析人员绘制了直方图(如图 9-1 所示)，显而易见，检测时间由两个分布组成。经过思考，她意识到有些人经过检测仪的时候没有任何问题，而其他人则触发了警报，因此不得不停下来移除身上的金属物，并再次通过，个别情况下还需要进行人工核检。因此，这些观察数据需要三个独立的输入模型来进行建模：一个模型针对未触发警报而通过人群的时间值(图中左侧的 734 个观测值)；一个模型针对触发警报人群的时间值(图中右侧的 236 个观测值)；一个模型针对触发警报的可能性。虽然指数分布可以与这些数据的统计特征(均值和标准差)相匹配，但是由于所拟合出来的指数分布遗漏了安检过程的一个关键特征，最终会导致仿真结果的不准确。

然而，在进一步检查这些数据之后，分析人员又发现另外一个问题：图 9-1 中的直方图显示样本中有负值(一共 9 个)，而这显然是不可能的。那么，分析人员接下来该做什么呢？观测过程也许没有问题，可能是观测人员算错了时间。如果是这样，那么分析人员只需要重新计算就好了；否则，这 9 个数据就需要在分布拟合之前直接剔除。但是在计算警报触发事件的概率时是否还要考虑这 9 个数据呢？也就是说，比值是 236/1000 还是 236/991？如果分析人员确信这 9 个数据的数值很小，那么她在计算概率的时候就会考虑将其纳入；如果她不确定，就可以使用这两种估计值分别进行仿真，以查看是否存在实质性的影响。

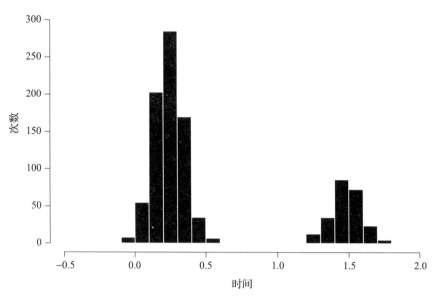

图 9-1    通过金属探测仪的 1000 个观测数据的直方图（分钟）

### 例 9.3    时变数据（随时间变化的数据）

某计算机制造商成立一个客户支持中心，顾客可以致电该中心垂询所关心的问题。呼叫中心的运营时间从早 8 点到晚 8 点（美国东部时间）。该制造商拟开展一项仿真研究，以帮助确定雇员数量，因为雇员薪资和福利是呼叫中心的主要成本。呼叫中心拥有每日呼叫数量的大数据，这些数据显示平均每天的呼叫量为 12 277 次。由于泊松分布常用于对固定时间或空间范围内随机事件发生的数量进行建模，因此我们采用泊松分布拟合呼叫数据（本章后续还会讨论），且拟合效果不错。正如我们在第 6 章所讨论的那样，当到达数量服从泊松分布，则到达间隔时间（我们用于模拟电话呼叫）一定服从指数分布。该指数分布的实际估计到达率是 12 277 次/12 小时，折合 17 次/分钟。

上一段的分析看似合理，并且选择泊松分布（即到达间隔时间服从指数分布）也得到现有数据的支持，然而，考虑到数据统计是以 12 小时为基准，这就掩盖了呼叫中心的一个重要特性：通常，每天中的每一个小时、每周中的每一天，甚至一年中的不同时间（如节日中互赠礼物之后），呼叫到达率都是不同的，会随时间变化而变化。我们常常假定所关注的过程是稳定的（stationary），即到达过程不随时间改变。然而，如果这种时变趋势确实存在，那么考虑并研究这种趋势比选择一个概率分布，用以代表系统中存在的不确定因素更加重要。在 9.5 节中，我们将介绍一种方法，用于拟合非平稳泊松过程（NSPP），它也许会更适合该呼叫中心。

### 例 9.4    非独立（相关）数据

某大型零售商从其供应链仿真所使用的订单数据库中，提取了某品牌运动饮料的月需求。就这些数据的简单输入模型而言，每个月的需求都是相互独立的，且具有相同的分布。本章将介绍针对类似数据的分布拟合方法以及检验方法。同样重要的，我们需要对"独立同分布"假设进行评估。

检验此类数据是否服从相同分布的一种非正式方法，是将需求数据按照时间顺序绘制图形，以观测其趋势（如需求随时间递减）或季节性变化（例如，需求量呈现某种规律性循环特征，即每年夏天需求较高，冬天则需求较低）。具有趋势性或季节性的数据，通常首先要进行"去趋势化"处理(通常针对趋势和季节模式建模),然后再对处理后的数据进行分布拟合。

独立性检验可通过时滞散点图(time-lagged scatter plot)实现。图 9-2 是针对这种饮料的月需求绘制的对应于下一个月需求的散点图(如一月份需求对应于二月份需求)。显然,二者存在较强的负相关性,也就是说,如果这个月的需求高,那么下个月的需求就会降低,反之亦然。造成这种情况的原因可能是:如果这个月零售商订货较多,那么他在下个月就会减少订货量,以平衡过量库存。就这个例子而言,一个月以上的时间滞后性检验也是可以完成的。如果盲目给定独立同分布的假设,那么这种重要的特征将被忽视,最终会导致供应链管理缺乏成效。在 9.7 节中,我们提出针对关联输入数据的建模方法。

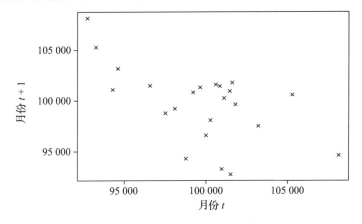

图 9-2  具有时滞特征的需求数据

上面这个例子表明,仅仅拥有数据并不足以保证获得有效的输入模型。数据可能过时,也可能"不干净"(包含错误)。有时,将数据转换成有用的格式或者对其"清洗"所付出的努力或成本,与数据采集所花费的成本同样惊人。输入建模工作整体上还是需要数据分析人员运用主观能力进行判断,并使用合适的统计软件和工具。了解哪个输入模型是最可靠或者最不可靠的,对于判断仿真研究结论的可靠性非常重要。同时,由于对输入模型正确性与否的质疑无法完全消除,明智的做法是使用多个看似合理的输入模型进行仿真,以观察仿真输出结果是否具有鲁棒性(robust),即对所选输入是否具有高度的敏感性。

我们可以从数据采集活动的实际经验中学到很多知识。本章前 5 个习题给出了可以获得此类经验的一些实际例子。

以下建议可以提高或促进数据采集活动的质量(尽管可能不一定全面)。

1) 预估时间周期并努力做好进度计划。这项工作可以在预研阶段开始,在预研的时候可以尝试采集数据,为此要设计一些表格。在实际数据采集工作开始之前,这些表格可能要经多次修改。观察有无特殊情况,并决定如何处理。若条件允许,可以先进行录像,然后通过观看录像提取数据。即使数据采集是自动完成的(如通过计算机进行数据采集),也有必要制订计划,这样可以保证得到所需要的数据。在数据采集之后,要留出足够的时间将其转换为可用的格式。

2) 数据采集之后,就要进行数据分析。在这个阶段,需要了解所采集数据是否可以满足拟合仿真输入分布的要求,找出是否存在对于仿真而言无用的数据,没有必要采集过多

339

的数据。

3) 尝试合并同类数据集。检查相邻时间段以及连续几天的同一时间段内的同质数据。例如,检测下午 2 点到下午 3 点之间、下午 3 点到下午 4 点之间的数据是否具有同质性,或者检查周四和周五这两天下午 2 点到下午 3 点之间的数据是否具有同质性。在进行同质性检验的时候,首先需要查看分布的均值(例如,平均到达时间)是否相同。双样本 $t$ 检验可用于这方面的工作。如果要开展更全面的分析,就需要进行分布的等价性检验,或者通过 Q-Q 图完成。

4) 数据清查(data censoring)过程中会遇到一种情况,即观测到的数据并不完整。当分析人员记录某些流程(例如,零件生产、治疗病人,或组件出现故障)所花费的时间,而这些流程恰好开始于观测之前,或者完成于观测之后时,这种情况经常出现。数据清查会导致所采集数据中的很多内容被丢弃。

5) 绘制散点图(scatter diagram),查证两个变量之间是否具有关联性。有时候,散点图可以提供直观的展示,即直观揭示所研究变量之间是否具有关联性。

6) 还需要考虑一种可能性,即看似独立的连续观测数据,实际上具有自相关性。自相关存在于与连续时间周期或排队系统中紧邻的顾客之间。7.4.2 节对自相关性进行了简要介绍。

7) 要认识到输入数据和输出数据或性能(performance)数据之间的不同,一定要保证所采集的是输入数据。输入数据通常代表那些不受系统控制或影响的不确定数据,并且在提升系统效率或性能时不会发生改变的数据。另一方面,输出数据是针对具体输入的系统性能表现,系统性能是我们提升和改进的目标。在排队系统仿真中,顾客到达间隔时间是输入,顾客等待时间是输出。性能数据对于模型调试很有用,详情请参看第 10 章。

除上述内容之外,还有其他一些建议。数据采集和数据分析都需要慎重完成,这是一条重要的工作守则。

## 9.2 透过数据识别分布

本节我们将讨论在数据可用且独立同分布的情况下,如何选择输入分布族。从分布族中筛选出特定分布,需要通过估计它的参数完成,这些内容将在 9.3 节介绍。9.6 节将介绍在无数据可用的情况下应该如何应对。

### 9.2.1 直方图

频率分布图或直方图可用于识别分布的形状,直方图可通过如下方法绘制:

1) 将数据范围划分为多个区间(区间通常是等宽的,但是如果频数高度是可调节的,那么也允许设置不等宽的区间)。

2) 将所设定的区间在水平轴上进行标识。

3) 针对每一个区间,计算该区间的数据频数(落在区间内的数据个数)。

4) 调整和标记纵轴尺度,以便将各区间的频数都显示出来。

5) 在各区间内绘制纵向的频次图。

区间的分组数量取决于观测值的总数量,以及数据的分散程度。Hines 等[2002]认为,数据区间的个数应约等于样本量的平方根,这种方法的实际应用效果还是不错的。如果区间设置过宽,直方图柱体会显得短粗,数据分布形状以及其他细节不能很好地展示出来;如果区间设置过窄,直方图将变得碎片化、长短不一、柱体高度起伏过大、不平滑。

针对同一组数据的碎片化、粗糙化以及较好的直方图在图 9-3 中给出。现代数据分析软件可以方便地交互改变数据分组数目，直到获得较好的结果。

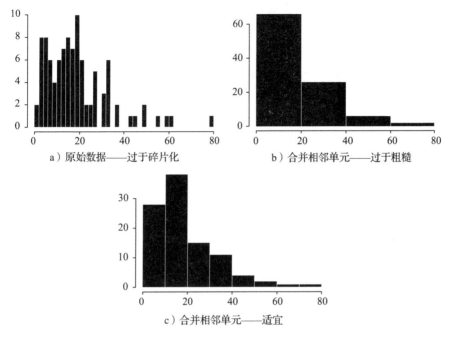

图 9-3　碎片化、粗糙化以及恰当的直方图

连续型数据的直方图对应于理论分布的概率密度函数（pdf）。若数据是连续的，画一条穿过每个区间柱顶中间点的连线，该连线看起来应该像是概率密度函数的图形。

离散型数据的直方图由于取值范围大、取值点多，因而在观测数据范围内，每个可能的数据取值都会对应一个柱体。如果取值点过少，则需要合并相邻单元以消除碎片化。离散型数据的直方图看起来就像是分布律函数（pmf）。

### 例 9.5　离散型数据

我们监测从早晨 7:00～7:05 这 5 分钟内汽车到达某路口西北角的数量，整个监测过程持续 20 周，每周 5 天，一共 100 天。表 9-1 给出了这些观测数据。表中第一条数据显示在该时段内（7:00～7:05）有 12 天没有车辆到达，第二条数据显示在该时段内有 10 天到达了一辆车，以此类推。

341
～
342

表 9-1　每天（7:00～7:05）到达的车辆数

| 每个时间段到达车辆数 | 频率 | 每个时间段到达车辆数 | 频率 |
| --- | --- | --- | --- |
| 0 | 12 | 6 | 7 |
| 1 | 10 | 7 | 5 |
| 2 | 19 | 8 | 5 |
| 3 | 17 | 9 | 3 |
| 4 | 10 | 10 | 3 |
| 5 | 8 | 11 | 1 |

由于到达的车辆数是离散变量，且观测数据量足够，因此直方图中可以针对每一个可能出现的数值绘制一个柱体。图 9-4 是本题对应的直方图。

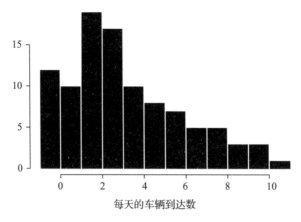

图 9-4　每天车辆到达数的直方图

### 例 9.6　连续型数据

随机选取某型号电子元件作为样本，给元器件施加 1.5 倍的标称电压，监测其寿命期（无故障工作时间），单位为天，监测结果如下

| | | | | |
|---|---|---|---|---|
| 79.919 | 3.081 | 0.062 | 1.961 | 5.845 |
| 3.027 | 6.505 | 0.021 | 0.013 | 0.123 |
| 6.769 | 59.899 | 1.192 | 34.760 | 5.009 |
| 18.387 | 0.141 | 43.565 | 24.420 | 0.433 |
| 144.695 | 2.663 | 17.967 | 0.091 | 9.003 |
| 0.941 | 0.878 | 3.371 | 2.157 | 7.579 |
| 0.624 | 5.380 | 3.148 | 7.078 | 23.960 |
| 0.590 | 1.928 | 0.300 | 0.002 | 0.543 |
| 7.004 | 31.764 | 1.005 | 1.147 | 0.219 |
| 3.217 | 14.382 | 1.008 | 2.336 | 4.562 |

产品寿命常被看作连续型变量，这里记录到小数点后面 3 位以获得足够的精度。虽然数据取值范围比较大（从 0.002～144.695 天），然而大部分数值（50 个样本值中有 30 个）介于 0～5 天之间。我们设定区间长度为 3，相应结果显示在表 9-2 中，依据表 9-2 绘制的直方图如图 9-5 所示。

表 9-2　电子元件寿命数据

| 元器件寿命（天） | 频率 | 元器件寿命（天） | 频率 |
|---|---|---|---|
| $0 \leqslant x_j < 3$ | 23 | $30 \leqslant x_j < 33$ | 1 |
| $3 \leqslant x_j < 6$ | 10 | $33 \leqslant x_j < 36$ | 1 |
| $6 \leqslant x_j < 9$ | 5 | $\vdots$ | $\vdots$ |
| $9 \leqslant x_j < 12$ | 1 | $42 \leqslant x_j < 45$ | 1 |
| $12 \leqslant x_j < 15$ | 1 | $\vdots$ | $\vdots$ |
| $15 \leqslant x_j < 18$ | 2 | $57 \leqslant x_j < 60$ | 1 |
| $18 \leqslant x_j < 21$ | 0 | $\vdots$ | $\vdots$ |
| $21 \leqslant x_j < 24$ | 1 | $78 \leqslant x_j < 81$ | 1 |
| $24 \leqslant x_j < 27$ | 1 | $\vdots$ | $\vdots$ |
| $27 \leqslant x_j < 30$ | 0 | $144 \leqslant x_j < 147$ | 1 |

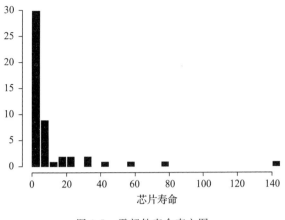

图 9-5 零部件寿命直方图

### 9.2.2 选择分布族

第 5 章介绍了仿真中的一些常用分布，也给出了这些分布的相关图形<sup>⊖</sup>。绘制直方图的目的是推断某个已知的概率密度函数或分布律。在直方图形状分析的基础上，可以选定一个分布族。举例来说，如果已经获取了间隔时间的数据，并且依据这些数据所绘制的直方图与图 5-9 中指数分布的概率密度函数图形相近，那么就可以假设所采集的观测数据具有指数分布。类似地，如果已经获得货物托盘重量的测量数据，直方图依均值对称且形似图 5-12 中正态分布的概率密度函数图形，那么就可以假设其具有正态分布。

指数分布、正态分布、泊松分布都是常用的分布，从数值计算的角度进行分析并不难。虽然贝塔分布、伽马分布和韦布尔分布由于具有多变的形状而难以分析，但是在实践中仍然不能忽视它们的存在。也许我们假设观测数据服从指数分布，但是数据拟合的结果也许并不支持所做的假设。那么下一步就需要检验分布拟合的问题出在哪里。如果拟合问题产生在分布的尾部（tails of the distribution），那么也许伽马分布或韦布尔分布能够更好地拟合。

344 ～ 345

目前已知有数百种概率分布，其中许多源自逻辑上的特定自然过程。选择概率分布的时候可以使用分布的自然基础作为依据和指导。以下是一些例子。

**二项分布**：对 $n$ 次试验中的成功次数建模，要求试验彼此独立，成功概率为 $p$。例如，在 $n$ 个计算机芯片中找到的有缺陷芯片的数量就服从二项分布。

**负二项分布**（含几何分布）：对达到 $k$ 次成功试验的总试验次数建模。例如，如需找到 4 个有缺陷的计算机芯片，所需要的全部芯片数量就服从负二项分布。

**泊松分布**：对在固定时间或空间内独立事件的发生次数建模。例如，一小时内到达商店的顾客数量，或者 30 平方米金属板上的缺陷数量。

**正态分布**：对零部件处理过程之和进行分布建模。例如，产品组装时间是各组件组装时间之和。需要注意的是，正态分布允许出现负值，而这在实际装配过程中是不可能出现的。

**对数正态分布**：对大量子过程之乘积（即各部分结果相乘在一起）进行建模。例如，当

⊖ 这里主要指概率密度函数和分布律的图形

采用复利方式计算时，投资收益率就是各阶段收益的乘积。

**指数分布**：对于独立事件的间隔时间进行建模，或者对具有无记忆特征的处理时间建模（也就是说，流程处理持续的时间长度与还需要多长时间才能结束，二者之间是无关的）。例如，彼此独立的潜在顾客总体的到达间隔时间服从指数分布。指数分布具有高度的随机性。它有时会被过度使用，因为指数分布常会用于数学上易推导的模型。回忆一下，若事件发生的间隔时间服从指数分布，则固定时段内的事件发生数量服从泊松分布。

**伽马分布**：可以对非负随机变量建模的极其灵活的概率分布。伽马分布可通过调整常参数（constant）从原点位置左右平移。

**贝塔分布**：可以对有界（存在最高值和最低值）随机变量建模的极其灵活的概率分布。贝塔分布可通过调整常参数从原点位置左右平移，并且可以通过乘上一个常数获得比[0, 1]更大的取值范围。

**爱尔朗分布**：可以对多个服从指数分布的过程之和建模。例如，当一台主计算机和两台备份计算机都发生故障的时候，若每台计算机的无故障工作时间服从指数分布，则计算机网络的无故障工作时间服从爱尔朗分布。爱尔朗分布是伽马分布的特例。

**韦布尔分布**：对零部件的无故障工作时间建模。例如，硬盘设备的无故障工作时间。指数分布是韦布尔分布的特例。

[346]

**离散均匀分布或连续均匀分布**：对完全不确定性建模，即所有输出结果出现的概率是均等的。当无数据可用的时候，可以勉强使用该分布。

**三角分布**：对于仅仅已知最小值、最可能值和最大值的过程进行建模。例如，已知产品检测时间的最小值、最可能值和最大值，则可以使用三角分布对产品检测时间建模。三角分布常用于对均匀分布建模的改进和提升。

**经验分布**：从所采集的实际数据中进行重复抽样，常用于无理论分布可用的情况。

在筛选概率分布的时候，不要忽视所研究过程（问题）的自然特征。比如，该过程的真实取值是离散的还是连续的？取值范围是有界的还是无界的？这些不依赖于数据本身的信息或常识，有助于我们缩减备选分布的数量和范围。此外，还应该认识到，对于任何随机输入过程而言，不一定存在完全适合或完备的理论分布。输入模型（概率分布）只是对实际问题的近似表征，因此，我们的目标也只能是从仿真实验所产出的有用结果之中获得对实际问题的近似认识。

我们鼓励读者练习本章习题 6~11 中的例子，以便深入了解本节所提到的各类分布的图形形状。通过调整参数，检验各个分布图形的变化是非常有意义的。

### 9.2.3  Q-Q 图

9.2.1 节讨论了直方图的绘制方法，9.2.2 节描述了如何识别分布的形状，这些都是针对样本数据筛选分布族的必要手段和过程。然而，不能单纯依靠直方图进行所选分布与样本数据之间的拟合。当数据量较小的时候，比如说 30 个或者更少，直方图就会变得更加碎片化。进一步从直觉上来说，拟合效果依赖于直方图区间宽度的设定，但即使区间设定合理，分组频数计算完全正确，将直方图与连续概率密度函数之间进行比较也不是一件容易的事情。Q-Q 图则不存在这样的问题，因而可以作为评价分布拟合的有用工具。

若 $X$ 是具有累积分布函数 $F$ 的随机变量，则 $X$ 的 $q$-分位点是满足 $F(\gamma)=P(X\leqslant\gamma)=q$ 的数值 $\gamma$，其中 $0<q<1$。当 $F$ 可逆时，可写成 $\gamma=F^{-1}(q)$。

令 $\{x_i, i=1, 2, \cdots, n\}$ 为来源于随机变量 $X$ 的一个样本，将其按照数值从小到大的顺序排列，排序后的数列记为 $\{y_j, j=1, 2, \cdots, n\}$，其中 $y_1 \leqslant y_2 \leqslant \cdots \leqslant y_n$。若令 $j$ 为序列号或顺序码，则 $j=1$ 对应最小值，$j=n$ 对应最大值。Q-Q 图基于以下事实：$y_j$ 是（接近）$X$ 的 $(j-1/2)/n$ 分位点的样本值。换句话说，

$$y_j \text{ 近似等于 } F^{-1}\left[\frac{j-\dfrac{1}{2}}{n}\right]$$

现在，假设我们已经筛选出累积分布函数 $F$，作为随机变量 $X$ 可能的概率分布。若 $F$ 是所有近似分布中的一个，则以 $y_j$ 和 $F^{-1}((j-1/2)/n)$ 配对绘制的图形应该近似为一条直线。若 $F$ 来源于合适的分布族，且具有正确的参数，那么这条直线的斜率应为 1。另一方面，如果假设的分布是不合理的，图形中的点会远离直线且具有某种规律。实际上，拒绝抑或接受原假设，往往都带有一定的主观性。

347

**例 9.7 正态 Q-Q 图** ──────────

汽车总装线使用机器人安装车门。安装时间被认为服从正态分布。机器人可以精确记录安装时间。下面 20 个样本数据由机器人自动采集，单位为秒：

| | | | |
|---|---|---|---|
| 99.79 | 99.56 | 100.17 | 100.33 |
| 100.26 | 100.41 | 99.98 | 99.83 |
| 100.23 | 100.27 | 100.02 | 100.47 |
| 99.55 | 99.62 | 99.65 | 99.82 |
| 99.96 | 99.90 | 100.06 | 99.85 |

样本均值为 99.99 秒，样本方差为 $0.2832^2$ 秒$^2$，这些数值可以作为正态分布均值和方差的参数估计（parameter estimate）。观测值由小到大排序如下：

| $j$ | 值 | $j$ | 值 | $j$ | 值 | $j$ | 值 |
|---|---|---|---|---|---|---|---|
| 1 | 99.55 | 6 | 99.82 | 11 | 99.98 | 16 | 100.26 |
| 2 | 99.56 | 7 | 99.83 | 12 | 100.02 | 17 | 100.27 |
| 3 | 99.62 | 8 | 99.85 | 13 | 100.06 | 18 | 100.33 |
| 4 | 99.65 | 9 | 99.90 | 14 | 100.17 | 19 | 100.41 |
| 5 | 99.79 | 10 | 99.96 | 15 | 100.23 | 20 | 100.47 |

排序后的数值与函数 $F^{-1}((j-1/2)/20)$，$j=1, 2, \cdots, 20$ 配对绘制 Q-Q 图，其中函数 $F$ 是均值为 99.99、方差为 $0.2832^2$ 的正态分布的累积分布函数。图 9-6 包括 Q-Q 图和直方图。从直方图来看，很难说数据服从正态分布，但是在 Q-Q 图中，可以很清楚地看到散点形状接近一条直线，因而可以支持正态分布的假设。

在评价 Q-Q 图的线性特征时，需要了解以下几点：

1）观测值不太可能恰好落在直线上。

2）排序后的数值不具有独立性，因为它们经过了排序。结果就是，如果一个点位于直线上方，很可能下一个点也位于直线上方。因此，数据点均匀分布在直线的两侧是不太可能的。

3）极值点（最大值和最小值）的方差远远大于位于图形中间位置的那些点的方差。若依据极值点进行判断，有可能获得相反的结论，因此在判断图形是否具有线性特征的时候，中间点比极值点更重要。

348

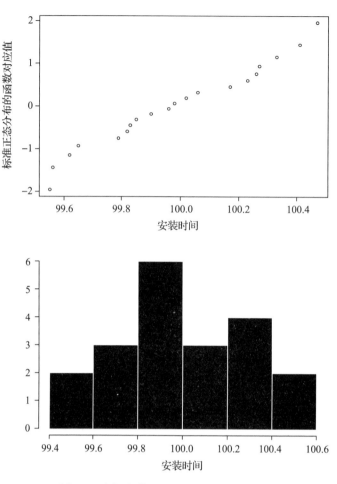

图 9-6　车门安装时间的 Q-Q 图和直方图

现代数据分析软件大多包含生成 Q-Q 图的工具，特别是用于正态分布的工具。Q-Q图还可用于比较两个数据样本，以确定是否可以使用相同的分布表示（即具有同一性）。若 $x_2$，$x_2$，…，$x_n$ 是关于随机变量 $X$ 的样本数据，$z_1$，$z_2$，…，$z_n$ 是关于随机变量 $Z$ 的样本数据，使用 $X$ 的排序样本值和 $Z$ 的排序样本值配对绘图，如果图形近似是一条直线，就说明两个样本值服从相同的分布（Chambers，Cleveland 及 Tukey[1983]）。

## 9.3　参数估计

选定分布族之后，接下来要估计分布的参数。本节将介绍常用分布的参数估计方法。此外，还有不少软件包（很多软件包集成在仿真语言中），也可用于此类估计。

### 9.3.1　基准统计量：样本均值和样本方差

多数情况下，样本均值（或者样本均值和样本方差）用于估计假设分布的参数，例 9.7就是如此。下面将介绍三种计算样本均值和样本方差的公式。公式（9.1）和（9.2）可用于离散型或连续型数据；公式（9.3）和（9.4）用于离散型数据，要求数据已经按照频率分布进行了分组处理；公式（9.5）和（9.6）可用于离散或连续的情况，要求数据已按照区间分组。公式（9.5）和（9.6）给出的近似估计值，只用于原始数据（raw data）未知的情况。

对于样本量为 $n$ 的观测值 $X_1$，$X_2$，$\cdots$，$X_n$，其样本均值 $\overline{X}$ 由下式给出：

$$\overline{X} = \frac{\sum_{i=1}^{n} X_i}{n} \tag{9.1}$$

样本方差 $S^2$ 由下式定义：

$$S^2 = \frac{\sum_{i=1}^{n} X_i^2 - n\overline{X}^2}{n-1} \tag{9.2}$$

若数据是离散的，并且已经按照某个频率分布进行了分组，则公式(9.1)和(9.2)可以进行修改，以进一步提升计算效率。改进后，样本均值计算如下：

$$\overline{X} = \frac{\sum_{j=1}^{k} f_j X_j}{n} \tag{9.3}$$

样本方差计算如下：

$$S^2 = \frac{\sum_{j=1}^{k} f_j X_j^2 - n\overline{X}^2}{n-1} \tag{9.4}$$

其中，$k$ 是随机变量 $X$ 可能取值的个数，$f_j$ 是 $X_j$ 的观测频数。

### 例 9.8 数据分组

对于表 9-1 的数据进行分析，可得 $n=100$，$f_1=12$，$X_1=0$，$f_2=10$，$X_2=1$，$\cdots$，$\sum_{j=1}^{k} f_j X_j = 364$，以及 $\sum_{j=1}^{k} f_j X_j^2 = 2080$。由公式(9.3)可得到：

$$\overline{X} = \frac{364}{100} = 3.64$$

由公式(9.4)可得到：

$$S^2 = \frac{2080 - 100(3.64)^2}{99} = 7.63$$

样本标准差 $S$ 是样本方差的平方根。本例中 $S = \sqrt{7.63} = 2.76$。使用公式(9.1)和(9.2)计算 $\overline{X}$ 和 $S^2$ 会得到完全一致的结果。

如果数据是连续的，最好还是使用原始数据。然而，有时候在区间划分之后才能获得数据，那样就无法得到精确的样本均值和样本方差。这种情况下，样本均值和样本方差可通过以下公式近似获得：

$$\overline{X} \doteq \frac{\sum_{j=1}^{c} f_j m_j}{n} \tag{9.5}$$

以及

$$S^2 \doteq \frac{\sum_{j=1}^{c} f_j m_j^2 - n\overline{X}^2}{n-1} \tag{9.6}$$

其中，$f_j$ 是第 $j$ 个区间的观测频数(落在该区间的观测值数量)，$m_j$ 是第 $j$ 个区间的中点值，$c$ 是区间数量。

**例 9.9    连续数据分组**

假设例 9.6 所示零件寿命的原始数据已被丢弃或丢失，但是表 9-2 的数据仍在。那么可以使用公式(9.5)和(9.6)估算 $\overline{X}$ 和 $S^2$ 的值。经过计算，相关数值如下：$f_1 = 23, m_1 = 1.5, f_2 = 10, m_2 = 4.5, \cdots, \sum_{j=1}^{49} f_j m_j = 614$ 以及 $\sum_{j=1}^{49} f_j m_j^2 = 37\,226.5$。当 $n = 50$，$X$ 可由公式(9.5)近似求得：

$$\overline{X} \doteq \frac{614}{50} = 12.28$$

$S^2$ 可由公式(9.6)近似求得：

$$S^2 \doteq \frac{37\,226.5 - 50(12.28)^2}{49} = 605.849$$

以及

$$S \doteq 24.614$$

使用公式(9.1)、公式(9.2)以及例 9.6 的原始数据进行计算，结果为 $\overline{X} = 11.894$ 和 $S = 24.953$。由此可以看出，在数据损坏或丢失的情况下，计算结果是不准确的。

351

## 9.3.2    建议采用的估计量

所谓分布参数的数值估计，就是从分布族中筛选出一个特定分布，并对该假设进行检验的过程。表 9-3 包含针对不同分布所推荐采用的估计量，这些都在第 5 章中做过深入讨论。除了指数分布需要进行调整以消除方差 $\sigma^2$ 估计中的偏差以外，其他估计量都是基于原始数据的极大似然估计量(maximum-likelihood estimator)(如果数据按照区间划分，则算法需要调整)。建议读者参考 Fishman[1973] 和 Law[2007] 等文献，进一步了解均匀分布、二项分布和负二项分布的参数估计方法。三角分布适用于无数据可用的情况，但是通过合理猜测可以获得某些参数，包含最小可能值、最可能值和最大可能值；均匀分布也适合无数据可用的情况，前提是只知道最小值和最大值。

表 9-3    常用于仿真的分布估计量

| 分布 | 参数 | 建议采用的估计量 |
|---|---|---|
| 泊松分布 | $\alpha$ | $\hat{\alpha} = \overline{X}$ |
| 指数分布 | $\lambda$ | $\hat{\lambda} = \dfrac{1}{\overline{X}}$ |
| 伽马分布 | $\beta, \theta$ | $\hat{\beta}$(见表 A-9) |
| | | $\hat{\theta} = \dfrac{1}{\overline{X}}$ |
| 正态分布 | $\mu, \sigma^2$ | $\hat{\mu} = \overline{X}$ |
| | | $\hat{\sigma}^2 = S^2$(无偏估计量) |
| 对数正态分布 | $\mu, \sigma^2$ | $\hat{\mu} = \overline{X}$(在对数据取对数后) |
| | | $\hat{\sigma}^2 = S^2$(在对数据取对数后) |
| 韦布尔分布 其中 $\nu = 0$ | $\alpha, \beta$ | $\hat{\beta}_0 = \dfrac{\overline{X}}{S}$ |
| | | $\hat{\beta}_j = \hat{\beta}_{j-1} - \dfrac{f(\hat{\beta}_{j-1})}{f'(\hat{\beta}_{j-1})}$ |

（续）

| 分布 | 参数 | 建议采用的估计量 |
|------|------|------------------|
| | | 见公式(9.11)和公式(9.14)。对于 $f(\hat{\beta})$ 和 $f'(\hat{\beta})$，一直迭代直至收敛。 |
| | | $$\hat{\alpha} = \left( \frac{1}{n} \sum_{i=1}^{n} X_i^{\hat{\beta}} \right)^{1/\hat{\beta}}$$ |
| 贝塔分布 | $\beta_1$，$\beta_2$ | $\Psi(\hat{\beta}_1) = \Psi(\hat{\beta}_1 - \hat{\beta}_2) = \ln(G_1)$ |
| | | $\Psi(\hat{\beta}_2) + \Psi(\hat{\beta}_1 - \hat{\beta}_2) = \ln(G_2)$ |
| | | 其中 $\Psi$ 是双伽马函数， |
| | | $$G_1 = \left( \prod_{i=1}^{n} X_i \right)^{1/n} \text{ 且 } G_2 = \left( \prod_{i=1}^{n} (1 - X_i) \right)^{1/n}$$ |

352

估计量的使用方法将在本章后续内容中介绍。请读者记住，参数是一个未知的常数，而估计量则是一个统计量（或随机变量），因为估计值依赖于样本值。为了对二者进行区分，我们使用 $\alpha$ 代表参数，用 $\hat{\alpha}$ 代表估计量。

### 例 9.10　指数分布

下面我们使用指数分布演示如何使用极大似然法进行参数估计。第 5 章的公式(5.26)给出了参数为 $\lambda$ 的指数分布的概率密度函数，即

$$f(x) = \lambda e^{-\lambda x}$$

对于 $x \geqslant 0$ 成立。若 $X_1$，$X_2$，$\cdots$，$X_n$ 独立同分布，并且均服从指数分布，则其联合概率密度分布函数为

$$f(x_1, x_2, \cdots, x_n) = \lambda e^{-\lambda x_1} \lambda e^{-\lambda x_2} \cdots \lambda e^{-\lambda x_n} = \lambda^n e^{-\lambda \sum_{i=1}^{n} x_i} \tag{9.7}$$

联合概率密度分布函数大体上代表了 $x_i$ 所有组合取值的似然率。

极大似然法的原理如下：若我们已有样本数据 $X_1$，$X_2$，$\cdots$，$X_n$，但是 $\lambda$ 未知，则极大似然估计值(MLE)是那个能使样本出现概率最大的 $\lambda$ 值，如同公式(9.7)所体现的那样。对于指数分布而言，$\lambda$ 的极大似然估计值可以使下面的似然方程取最大值：

$$L(\lambda) = \lambda^n e^{-\lambda \sum_{i=1}^{n} X_i}$$

寻找极大似然估计值的过程就是求解似然函数极值的简单习题。由于似然函数是概率密度函数的乘积，且为正，因此求解似然函数对数形式的极值更容易，本例为

$$\ln L(\lambda) = n \ln(\lambda) - \lambda \sum_{i=1}^{n} X_i$$

将上式对 $\lambda$ 进行求导，并令其等于零，可得

$$\frac{n}{\lambda} - \sum_{i=1}^{n} X_i = 0$$

求得极大似然估计值 $\hat{\lambda} = n / \sum_{i=1}^{n} X_i = 1/\overline{X}$，其中 $\overline{X}$ 为观测值的样本均值。

例如，假设例 9.6 中的数据服从指数分布，由 $\overline{X}$ 求得 $\lambda$ 的极大似然估计值 $MLE$ 为

$$\hat{\lambda} = \frac{1}{\overline{X}} = \frac{1}{11.894} = 0.084 \text{ 次 / 天}.$$

353

**例 9.11    韦布尔分布** _____

假设已取得容量为 $n$ 的随机样本 $X_1$，$X_2$，$\cdots$，$X_n$，并且假设该观测值服从韦布尔分布。使用公式(5.47)提供的概率密度函数推导出其似然函数，如下所示：

$$L(\alpha,\beta) = \frac{\beta^n}{\alpha^{\beta n}}\Big[\prod_{i=1}^{n} X_i^{(\beta-1)}\Big]\exp\Big[-\sum_{i=1}^{n}\Big(\frac{X_i}{\alpha}\Big)^\beta\Big] \qquad (9.8)$$

极大似然估计值是使得 $L(\alpha,\beta)$ 最大的 $\hat{\alpha}$ 和 $\hat{\beta}$ 的取值，或者等价于使得 $\ln L(\alpha,\beta)$ 最大化的取值，为简便起见，将 $\ln L(\alpha,\beta)$ 写作 $l(\alpha,\beta)$。计算 $l(\alpha,\beta)$ 的最大值，首先需要计算偏导数 $\partial l(\alpha,\beta)/\partial\alpha$ 和 $\partial l(\alpha,\beta)/\partial\beta$，然后令其分别等于零，进而求解等式，由此变化为

$$f(\beta) = 0 \qquad (9.9)$$

以及

$$\alpha = \Big(\frac{1}{n}\sum_{i=1}^{n} X_i^\beta\Big)^{1/\beta} \qquad (9.10)$$

其中

$$f(\beta) = \frac{n}{\beta} + \sum_{i=1}^{n}\ln X_i - \frac{n\sum_{i=1}^{n} X_i^\beta \ln X_i}{\sum_{i=1}^{n} X_i^\beta} \qquad (9.11)$$

极大似然估计量 $\hat{\alpha}$ 和 $\hat{\beta}$ 是公式(9.9)和(9.10)的解。$\hat{\beta}$ 可通过下面介绍的迭代过程解得，然后令 $\beta=\hat{\beta}$，再利用公式(9.10)解得 $\hat{\alpha}$。

公式(9.9)是非线性的，因此有必要使用数值分析法进行求解。在表 9-3 中，我们推荐一种迭代求解 $\hat{\beta}$ 的方法，如下所示：

$$\hat{\beta}_j = \hat{\beta}_{j-1} - \frac{f(\hat{\beta}_{j-1})}{f'(\hat{\beta}_{j-1})} \qquad (9.12)$$

公式(9.12)采用牛顿法(Newton's method)寻找 $\hat{\beta}$ 的值，其中 $\hat{\beta}_j$ 是第 $j$ 次迭代所获得的解，迭代过程的初始解为 $\hat{\beta}_0$，可由下式计算获得

$$\hat{\beta}_0 = \frac{\overline{X}}{S} \qquad (9.13)$$

若初始解 $\hat{\beta}_0$ 非常接近 $\hat{\beta}$，则当 $j\to\infty$ 时，$\hat{\beta}_j$ 趋近于 $\hat{\beta}$。在牛顿法中，每次迭代都以 $f(\hat{\beta}_{j-1})/f'(\hat{\beta}_{j-1})$ 为增量逼近 $\hat{\beta}$。公式(9.11)用于计算 $f(\hat{\beta}_{j-1})$，公式(9.14)用于计算 $f'(\hat{\beta}_{j-1})$，如下所示：

$$f'(\beta) = -\frac{n}{\beta^2} - \frac{n\sum_{i=1}^{n} X_i^\beta(\ln X_i)^2}{\sum_{i=1}^{n} X_i^\beta} + \frac{n\Big(\sum_{i=1}^{n} X_i^\beta \ln X_i\Big)^2}{\Big(\sum_{i=1}^{n} X_i^\beta\Big)^2} \qquad (9.14)$$

公式(9.14)可由公式(9.11)对 $\beta$ 求导获得。迭代过程持续到 $f(\hat{\beta}_j)\doteq0$ 为止，即满足 $|f(\hat{\beta}_j)|\leqslant0.001$ 时迭代停止。

依据例 9.6 所给数据，可知电子元件的无故障工作时间服从指数分布。在例 9.10 中，参数 $\hat{\lambda}$ 的估计是建立在数据服从指数分布的假设上，若原假设被拒绝，则遵从备择假设(认为数据服从韦布尔分布)。我们之所以认为可能服从韦布尔分布，是因为电子元件的故障是瞬间发生的。

公式(9.13)用于计算 $\hat{\beta}_0$，对于例 9.6 来说，$n=50$，$\overline{X}=11.894$，$\overline{X^2}=141.467$，$\sum_{i=1}^{50} X_i^2 =$

37 578.850，因此 $S^2$ 可由公式(9.2)解得

$$S^2 = \frac{37\ 578.850 - 50(141.467)}{49} = 622.650^{\ominus}$$

即 $S=24.953$，则

$$\hat{\beta}_0 = \frac{11.894}{24.953} = 0.477$$

使用公式(9.12)计算$\hat{\beta}_1$，首先需要使用公式(9.11)和公式(9.14)计算出 $f(\hat{\beta}_0)$ 和 $f'(\hat{\beta}_0)$ 的值。除此之外，还需要计算以下值：$\sum_{i=1}^{50} X_i^{\hat{\beta}_0} = 115.125$，$\sum_{i=1}^{50} \ln X_i = 38.294$，$\sum_{i=1}^{50} X_i^{\hat{\beta}_0} \ln X_i = 292.629$，以及 $\sum_{i=1}^{50} X_i^{\hat{\beta}_0} (\ln X_i)^2 = 1057.781$，则

$$f(\hat{\beta}_0) = \frac{50}{0.477} + 38.294 - \frac{50(292.629)}{115.125} = 16.024$$

以及

$$f'(\hat{\beta}_0) = \frac{-50}{(0.477)^2} - \frac{50(1057.781)}{115.125} + \frac{50(292.629)^2}{(115.125)^2} = -356.110$$

由公式(9.12)可得：

$$\hat{\beta}_1 = 0.477 - \frac{16.024}{-356.110} = 0.522$$

经过四次迭代，可得 $|f(\hat{\beta}_3)| \leqslant 0.001$，在该点处$\hat{\beta} \doteq \hat{\beta}_4 = 0.525$，这时获得公式(9.9)的近似解。表 9-4 给出了迭代运算的过程数据。

表 9-4　韦布尔分布参数计算的迭代过程

| $j$ | $\hat{\beta}_j$ | $\sum_{i=1}^{50} X_i^{\hat{\beta}_j}$ | $\sum_{i=1}^{50} X_i^{\hat{\beta}_j} \ln X_i$ | $\sum_{i=1}^{50} X_i^{\hat{\beta}_j} (\ln X_i)^2$ | $f(\hat{\beta}_j)$ | $f'(\hat{\beta}_j)$ | $\hat{\beta}_{j+1}$ |
|---|---|---|---|---|---|---|---|
| 0 | 0.477 | 115.125 | 292.629 | 1057.781 | 16.024 | -356.110 | 0.522 |
| 1 | 0.522 | 129.489 | 344.713 | 1254.111 | 1.008 | -313.540 | 0.525 |
| 2 | 0.525 | 130.603 | 348.769 | 1269.547 | 0.004 | -310.853 | 0.525 |
| 3 | 0.525 | 130.608 | 348.786 | 1269.614 | 0.000 | -310.841 | 0.525 |

现在，$\hat{\alpha}$可由公式(9.10)计算，其中 $\beta=\hat{\beta}=0.525$，结果如下：

$$\hat{\alpha} = \left[ \frac{130.608}{50} \right]^{1/0.525} = 6.227$$

355

若$\hat{\beta}_0$ 与$\hat{\beta}$非常接近，则收敛过程会比较快，一般经过 4~5 次迭代就可以了。然而，若每次迭代结果都是发散的，那么就需要尝试使用不同的初始解$\hat{\beta}_0$。例如，对当前$\hat{\beta}_0$折半或者加倍取值。

使用手工迭代进行韦布尔分布的参数估计，难点在于数值计算比较繁复，而这对于计算机来说不是问题。

### 例 9.12　泊松分布

让我们对表 9-1 中的到达数据进行分析。通过比较，可知图 5-7 是图 9-4 的一个特例，

---

$\ominus$　原书数据不一致，恐计算有误，如果按 $\sum_{i=1}^{50} X_i^2 = 37\ 578.85$ 计算，$S^2$ 应为 622.561。

服从泊松分布，且参数 $\alpha$ 未知。由表 9-3 可知，$\alpha$ 的估计值为 $\overline{X}$，根据例 9.8 可知 $\hat{\alpha}=3.64$。虽然从理论上讲，泊松分布的均值和方差应该是相等的，但是例 9.8 中样本方差的估计值为 $S^2=7.63$。所以不要寄望样本均值和样本方差会完全相等，因为二者都是随机变量。

### 例 9.13　对数正态分布

由 10 个投资项目构成的投资组合，其收益率分别为 18.8%、27.9%、21.0%、6.1%、37.4%、5.0%、22.9%、1.0%、3.1% 和 8.3%。假设收益率服从对数正态分布，为估算其参数，首先需要对数据进行取对数计算，获得如下数列：2.9、3.3、3.0、1.8、3.6、1.6、3.1、0、1.1 和 2.1。最终可得 $\hat{\mu}=\overline{X}=2.3$，$\hat{\sigma}^2=S^2=1.3$。

### 例 9.14　正态分布

如表 9-3 所示，正态分布参数 $\mu$ 和 $\sigma^2$ 可以分别使用 $\overline{X}$ 和 $S^2$ 进行估计。例 9.7 中的 Q-Q 图显示安装时间服从正态分布。按照公式(9.1)和(9.2)，使用例 9.7 中的数据计算可得 $\hat{\mu}=\overline{X}=99.9865$，$\hat{\sigma}^2=S^2=(0.2832)^2$ 秒$^2$。

### 例 9.15　伽马分布

伽马分布参数估计量 $\hat{\beta}$ 可以参考表 A-9，使用表 A-9 之前首先需要计算 $1/M$ 的值，其中

$$M = \ln\overline{X} - \frac{1}{n}\sum_{i=1}^{n}\ln X_i \tag{9.15}$$

由表 9-3 可知

$$\hat{\theta} = \frac{1}{\overline{X}} \tag{9.16}$$

在第 5 章中，我们认为订货提前期通常服从伽马分布。假设我们采集了 20 笔采购订单的提前期数据(单位：天)，详细信息如下：

| 订单 | 提前期(天数) | 订单 | 提前期(天数) | 订单 | 提前期(天数) | 订单 | 提前期(天数) |
|---|---|---|---|---|---|---|---|
| 1 | 70.292 | 6 | 25.292 | 11 | 30.215 | 16 | 16.314 |
| 2 | 10.107 | 7 | 14.713 | 12 | 17.137 | 17 | 28.073 |
| 3 | 48.386 | 8 | 39.166 | 13 | 44.024 | 18 | 39.019 |
| 4 | 20.480 | 9 | 17.421 | 14 | 10.552 | 19 | 32.330 |
| 5 | 13.053 | 10 | 13.905 | 15 | 37.298 | 20 | 36.547 |

为了估计参数 $\hat{\beta}$ 和 $\hat{\theta}$，首先需要使用公式(9.15)计算 $M$ 的值。通过公式(9.1)计算可得 $\overline{X}$ 的值为

$$\overline{X} = \frac{564.32}{20} = 28.22$$

则有

$$\ln\overline{X} = 3.34$$

进一步可得

$$\sum_{i=1}^{20}\ln X_i = 63.99$$

由此可得

$$M = 3.34 - \frac{63.99}{20} = 0.14$$

则

$$1/M = 7.14$$

使用表 A-9 中的数据进行插值计算，可得 $\hat{\beta} = 3.728$，最后，使用公式 (9.16) 计算可得

$$\hat{\theta} = \frac{1}{28.22} = 0.035$$

**例 9.16  贝塔分布** _____

某商店每个月使用折扣券购物的顾客比例范围为 0%～100%。对该商店 8 个月的观测数据如下：25%、74%、20%、32%、81%、47%、31% 及 8%。为找到与这些数据匹配的统计分布，我们首先要将这些数据除以 100，将其规范化到 [0, 1] 区间，处理后的数据为 0.25、0.74、0.20、0.32、0.81、0.47、0.31、0.08。

表 9-3 给出了参数 $\beta_1$ 和 $\beta_2$ 的极大似然估计求解方程组。这些方程可以使用现代符号/数值计算软件 (例如 Maple) 进行计算。Maple 计算贝塔参数的过程如图 9-7 所示。本例的解 $\hat{\beta}_1 = 1.47$，$\hat{\beta}_2 = 2.16$。

```
betaMLE := proc(X, n)
        local G1, G2, beta1, beta2, eqns, solns;
        G1 := product(X[i], i=1..n)^(1/n);
        G2 := product(1-X[i],i=1..n)^(1/n);
        eqns := {Psi(beta1) - Psi(beta1 + beta2) = ln(G1),
                Psi(beta2) - Psi(beta1 + beta2) = ln(G2)};
        solns := fsolve(eqns, {beta1=0..infinity, beta2=0..infinity});
        RETURN(solns);
        end;
```

图 9-7  使用 Maple 程序计算贝塔分布参数的极大似然估计程序代码

## 9.4  拟合优度检验

在 7.4 节中，我们谈到检验随机数的时候讨论了假设检验。7.4.1 节介绍了 K-S 检验和卡方检验。本节将介绍如何应用上述两种检验法，解决输入数据的分布假设问题。

拟合优度检验 (Goodness-of-Fit Tests) 可以为评估潜在输入模型的匹配度提供有益的指导。然而，对于现实应用来说，并不存在一个完备的分布，因此不能盲目地使用此类检验方法。尤其重要的是，读者需要了解样本量对检验结果的影响。如果可用数据量很少，那么拟合优度检验不可能拒绝任何候选分布；但是如果数据量过多，拟合优度检验也有可能拒绝所有候选分布。因此，当你无法拒绝一个候选分布的时候，这只能是倾向于选择该分布的一个而非全部证据或依据；同理，拒绝一个分布模型的时候，也应该仅仅看作是倾向于拒绝该方案的一个而非全部证据或依据。

### 9.4.1  卡方检验

卡方拟合优度检验 (chi-square goodness-of-fit test) 是对随机变量 $X$ 的容量为 $n$ 的随机样本服从某特定分布形式的假设检验过程。该检验通过将数据直方图与候选概率密度函数 (或分布律) 进行对比，是一种基于直觉认识的规范化方法。当使用极大似然法估计参数时，该方法对于大样本量是有效的，并且对于离散或连续分布假设也是适用的。检验过程的第一步是将 $n$ 个观测值划分到 $k$ 个子区间或分组单元之中。检验统计量 $\chi_0^2$ 的计算由下式

358

给出：

$$\mathcal{X}_0^2 = \sum_{i=1}^{k} \frac{(O_i - E_i)^2}{E_i} \tag{9.17}$$

其中，$O_i$ 是第 $i$ 个分组（区间）的观测频率，$E_i$ 是该分组的期望频率。每个分组的期望频率为 $E_i$ $= np_i$，其中 $p_i$ 是第 $i$ 个分组的假设理论概率。

可知，$\mathcal{X}_0^2$ 近似服从自由度为 $k-s-1$ 的卡方分布，其中 $s$ 是待估计参数的个数，假设如下：

$H_0$：随机变量 $X$ 服从以估计值为参数的概率分布

$H_1$：随机变量 $X$ 不服从以估计值为参数的概率分布

临界值 $\mathcal{X}_{a,k-s-1}^2$ 可由表 A-6 查得，若 $\mathcal{X}_0^2 > \mathcal{X}_{a,k-s-1}^2$，则拒绝原假设 $H_0$。

在应用卡方检验的时候，如果期望频率值过小，$\mathcal{X}_0^2$ 不仅可以反映出观测值与期望频率之间的离散程度，也能体现期望频率取值较小的情况。虽然对于 $E_i$ 的最小取值并未形成共识，但是常用值主要在 3、4 和 5 之中选择。在 7.4.1 节中，当我们讨论卡方分布的时候，曾经建议最小期望频率数采用 5。如果某个 $E_i$ 的值过小，可以将相邻的子区间合并，则对应的 $O_i$ 也需要合并。子区间每合并一次，$k$ 的值都要减 1。

如果待检验的是离散型分布，则随机变量的每一个可能取值都对应一个分组，除非为了满足最小期望单元频率的要求而将相邻组合并。对于离散的情况，若无须合并相邻分组，则有

$$p_i = p(x_i) = P(X = x_i)$$

否则，$p_i$ 就等于所合并单元的概率之和。

如果待检验分布是连续型的，则需按照 $[a_{i-1}, a_i)$ 区间值进行区间划分，其中 $a_{i-1}$ 和 $a_i$ 是第 $i$ 个区间的两侧端点值。对于连续型的情况，假设概率密度函数为 $f(x)$，累积分布函数为 $F(x)$，则 $p_i$ 可由下式计算：

$$p_i = \int_{a_{i-1}}^{a_i} f(x)\mathrm{d}x = F(a_i) - F(a_{i-1})$$

对于离散的情况，数据分组数由合并相邻区间后的区间数量决定，然而对于连续的情况，区间数须视情况而定。虽然没有通用规则可循，但是表 9-5 还是针对连续型数据分布的区间数量给出了建议。

表 9-5   连续型数据分组数建议值

| 样本规模 $n$ | 分组区间数量 $k$ |
| --- | --- |
| 20 | 不宜使用卡方检验 |
| 50 | $5 \sim 10$ |
| 100 | $10 \sim 20$ |
| $>100$ | $\sqrt{n} \sim n/5$ |

### 例 9.17   泊松分布假设的卡方检验

在例 9.12 中，我们分析了例 9.5 的车辆到达数据。图 9-4 中的数据直方图显示其服从泊松分布，由此计算参数 $\hat{a} = 3.64$。那么，我们可以建立如下假设：

$H_0$：随机变量服从泊松分布

$H_1$：随机变量不服从泊松分布

泊松分布的分布律由公式(5.19)给出：

$$p(x) = \begin{cases} \dfrac{\mathrm{e}^{-a} a^x}{x!}, & x = 0, 1, \cdots \\ 0, & \text{其他} \end{cases} \tag{9.18}$$

对于 $\hat{a} = 3.64$，由公式(9.18)计算得到 $x$ 所有可能取值对应的概率为：

$$p(0) = 0.026 \quad p(6) = 0.085$$
$$p(1) = 0.096 \quad p(7) = 0.044$$
$$p(2) = 0.174 \quad p(8) = 0.020$$
$$p(3) = 0.211 \quad p(9) = 0.008$$
$$p(4) = 0.192 \quad p(10) = 0.003$$
$$p(5) = 0.140 \quad p(\geqslant 11) = 0.001$$

表 9-6 是依据以上计算结果构建的。$E_1$ 的值为 $np_0 = 100(0.026) = 2.6$。通过类似方法，可求得其余 $E_i$ 的值。由于 $E_1 = 2.6 < 5$，因此需要将 $E_1$ 和 $E_2$ 合并，则 $O_1$ 和 $O_2$ 也需要合并，并且 $k$ 值减 1。出于同样的原因，最后的 5 个区间也被合并，且 $k$ 值减 4。

### 表 9-6　针对例 9.17 的卡方分布拟合优度检验

| $x_i$ | 观测频数 $O_i$ | 期望频数 $E_i$ | $\dfrac{(O_i - E_i)^2}{E_i}$ |
|---|---|---|---|
| 0 | 12 $\Big\}$ 22 | 2.6 $\Big\}$ 12.2 | 7.87 |
| 1 | 10 | 9.6 | |
| 2 | 19 | 17.4 | 0.15 |
| 3 | 17 | 21.1 | 0.80 |
| 4 | 10 | 19.2 | 4.41 |
| 5 | 8 | 14.0 | 2.57 |
| 6 | 7 | 8.5 | 0.26 |
| 7 | 5 | 4.4 | |
| 8 | 5 | 2.0 | |
| 9 | 3 $\Big\}$ 17 | 0.8 $\Big\}$ 7.6 | 11.62 |
| 10 | 3 | 0.3 | |
| $\geqslant 11$ | 1 | 0.1 | |
| | $\overline{100}$ | $\overline{100.0}$ | $\overline{27.68}$ |

计算得 $\mathcal{X}_0^2 = 27.68$，$\mathcal{X}^2$ 列表值的自由度为 $k - s - 1 = 7 - 1 - 1 = 5$，此处 $s = 1$ 表示使用样本数据只估计了一个参数 $\hat{a}$ 的值。在显著性水平(level of significance)为 0.05 的情况下，查表得临界值 $\mathcal{X}_{0.05,5}^2$ 为 11.1，由此，$H_0$ 在显著性水平为 0.05 的情况下将被拒绝。因此，分析人员需要寻找更合适的分布或者使用经验分布。

## 9.4.2　等概率区间卡方检验

对连续型分布进行假设检验，那么使用等概率的分组(区间划分)方式比使用等宽区间要更好一些，许多学者都这么认为[Mann 和 Wald(1942)；Gumbel(1943)；Law(2007)；Stuart、Ord 和 Arnold(1998)]。需要注意的是，该过程不适用于处理后的数据⊖，因为原始数据业已丢弃或丢失。

然而，目前还没有一种简易的方法，可以找到与各个区间相关连的、使检验效度(power of test)最大化的子区间概率取值⊖(检验效度定义为拒绝错误假设的概率)。如果使用等概率法，则 $p_i = 1/k$，我们推荐使用：

$$E_i = np_i \geqslant 5$$

---

⊖ 此处指的是各区间的数据个数，即频数，这些数据是原始数据处理之后的结果，即排序后被划分到相应区间内的数据个数，而进行等概率分组需要原始数据。

⊖ 也就是说，究竟应该采用多大的概率进行区间划分(各个区间的数值频次是相等的)，才能使得拒绝错误假设的可能性最大，目前还没有找到这个等概率值的方法。

360
361

因此，用 $1/k$ 替代 $p_i$，可得

$$\frac{n}{k} \geqslant 5$$

求解 $k$，得到

$$k \leqslant \frac{n}{5} \tag{9.19}$$

由此可见，公式(9.19)与表 9-5 中给出的最大分组建议是一致的。

　　如果所假设的分布是正态分布、指数分布或韦布尔分布，那么本节介绍的方法就可以直接使用。例 9.18 将介绍指数分布该如何处理。如果假设的分布是伽马分布(但不是爱尔朗分布)或其他分布，那么区间端点值的计算是比较复杂的，需要对概率密度函数进行数值积分，此时可以使用统计分析软件。

### 例 9.18　指数分布的卡方检验

　　在例 9.10 中，我们分析了例 9.6 中的失效数据。图 9-5 所示直方图看起来服从指数分布，所以我们计算参数 $\hat{\lambda} = 1/\bar{X} = 0.084$。因此可以给出如下假设：

$$H_0：随机变量服从指数分布$$

$$H_1：随机变量不服从指数分布$$

　　为了实施等概率区间的卡方检验，必须找到各子区间的端点值。公式(9.19)表明分组数应该小于等于 $n/5$。本例中 $n=50$，所以 $k \leqslant 10$。在表 9-5 中，推荐分组数为 $5 \sim 10$。我们随便取一个值，比如令 $k=8$，则每个分组或子区间对应的概率为 $p=0.125$。应用指数分布的累积分布函数计算各子区间的端点值，可采用公式 5.28，则计算公式为

$$F(a_i) = 1 - e^{-\lambda a_i} \tag{9.20}$$

其中，$a_i$ 代表第 $i$ 个子区间的右侧端点值，$i=1,2,\cdots,k$。由于 $F(a_i)$ 是从 0 到 $a_i$ 的累积面积，即 $F(a_i)=ip$，因此公式(9.20)可以写成：

$$ip = 1 - e^{-\lambda a_i}$$

或者

$$e^{-\lambda a_i} = 1 - ip$$

对上式两侧取对数，可解得 $a_i$，则指数分布的 $k$ 个等概率区间的端点值为

$$a_i = -\frac{1}{\lambda} \ln(1 - ip), \quad i = 0, 1, \cdots, k \tag{9.21}$$

无论 $\lambda$ 取何值，公式(9.21)的计算结果总是 $a_0=0$ 及 $a_n=\infty$。当 $\hat{\lambda}=0.084$，$k=8$，应用公式(9.21)求解 $a_1$，可得

$$a_1 = -\frac{1}{0.084} \ln(1 - 0.125) = 1.590$$

对于 $i=2,3,\cdots,7$，连续使用公式(9.21)求解，解得 $a_2,\cdots,a_7$ 分别为 3.425、5.595、8.252、11.677、16.503 和 24.755。由于 $k=8$ 且 $a_8=\infty$，因此第一个区间为 $[0, 1.590)$，第二个区间为 $[1.590, 3.425)$，以此类推。我们希望每个分组中都包含 12.5% 的观测值。观测值、期望值及其对计算 $\mathcal{X}_0^2$ 的贡献情况，请见表 9-7。计算所得的 $\mathcal{X}_0^2 = 39.6$。自由度为 $k-s-1=8-1-1=6$。当显著性水平 $\alpha=0.05$ 时，$\mathcal{X}_{0.05,6}^2$ 的查表值为 12.6。由于 $\mathcal{X}_0^2 > \mathcal{X}_{0.05,6}^2$，因此拒绝原假设（$\mathcal{X}_{0.01,6}^2$ 的查表值为 16.8，因此在显著性水平 $\alpha=0.01$ 时，原假设也会被拒绝）。

表 9-7 用于例 9.18 的卡方拟合优度检验

| 子区间或分组 | 观测频数 $O_i$ | 期望频数 $E_i$ | $\dfrac{(O_i - E_i)^2}{E_i}$ |
|---|---|---|---|
| [0，1.590) | 19 | 6.25 | 26.01 |
| [1.590，3.425) | 10 | 6.25 | 2.25 |
| [3.425，5.595) | 3 | 6.25 | 0.81 |
| [5.595，8.252) | 6 | 6.25 | 0.01 |
| [8.252，11.677) | 1 | 6.25 | 4.41 |
| [11.677，16.503) | 1 | 6.25 | 4.41 |
| [16.503，24.755) | 4 | 6.25 | 0.81 |
| [24.755，∞) | 6 | 6.25 | 0.01 |
| | $\overline{50}$ | $\overline{50}$ | $\overline{39.6}$ |

## 9.4.3 K-S 拟合优度检验

卡方拟合优度检验适用于以减少自由度的方式进行参数估计(每多一个参数,则自由度减 1)。卡方检验需要将数据分组归纳,在连续型分布假设的情况下,可以任意分组。改变分组数量及组距会影响卡方检验的计算值和查表值。当数据以某种方式进行分组,此时假设可能被接收,但是换成另外一种方式进行分组,假设又可能被拒绝。此外,卡方检验统计量的分布是近似的,检验效度有时会很低。基于上述考虑,我们希望找到一种卡方检验以外的拟合优度检验方法。K-S(柯莫格罗夫-斯米尔诺夫)检验方法是将 Q-Q 图所蕴含的思想进行规范化设计之后的成果。

在 7.4.1 节中曾经介绍过 K-S 检验,当时是为了检验数列分布的均匀性。卡方检验和 K-S 检验都属于拟合优度检验。所有连续型分布假设都可以使用 7.4.1 节所介绍的拟合优度检验方法。

K-S 检验特别适合样本量较小且尚未进行参数估计的情况。当参数估计完成后,表 A-8 中的临界值就不是无偏的了。有时估计值会过于"保守"。此处"保守"指的是临界值过大,这是采用比指定标准更小的 $Type\ I(\alpha)$ 型误差所导致的结果。在某些例子中可以求得精确的 $\alpha$ 值,本节最后将予以讨论。

对于指数分布假设,K-S 检验无须借助任何特定的数值表(即不需要查表)。下面的例子将介绍如何应用 K-S 方法检验指数分布假设(注意,本例中无须估计分布参数,因此我们会用到表 A-8)。

### 例 9.19 指数分布的 K-S 检验 ────────

假设在 100 分钟内搜集到 50 个到达间隔数据(单位:分钟),数据按照发生的时间顺序给出:

| | | | | | | | | | | | |
|---|---|---|---|---|---|---|---|---|---|---|---|
| 0.44 | 0.53 | 2.04 | 2.74 | 2.00 | 0.30 | 2.54 | 0.52 | 2.02 | 1.89 | 1.53 | 0.21 |
| 2.80 | 0.04 | 1.35 | 8.32 | 2.34 | 1.95 | 0.10 | 1.42 | 0.46 | 0.07 | 1.09 | 0.76 |
| 5.55 | 3.93 | 1.07 | 2.26 | 2.88 | 0.67 | 1.12 | 0.26 | 4.57 | 5.37 | 0.12 | 3.19 |
| 1.63 | 1.46 | 1.08 | 2.06 | 0.85 | 0.83 | 2.44 | 1.02 | 2.24 | 2.11 | 3.15 | 2.90 |
| 6.58 | 0.64 | | | | | | | | | | |

原假设和备择假设如下:

$$H_0:间隔时间服从指数分布$$
$$H_1:间隔时间不服从指数分布$$

数据采集时段为 0 到 $T＝100$ 分钟，若间隔时间的可能分布 $\{T_1，T_2，\cdots\}$ 为指数分布，则到达时间在 $[0，T]$ 区间上应服从泊松分布[一]。在到达时刻的基础上加上间隔时间，就可以得到到达时间序列 $T_1，T_1＋T_2，T_1＋T_2＋T_3，\cdots，T_1＋\cdots＋T_{50}$。将到达时间归一化至 $[0，1]$ 区间，以便使用 7.4.1 节介绍的 K-S 检验方法。在 $[0，1]$ 区间上，到达时间所对应的点为 $[T_1/T，(T_1＋T_2)/T，\cdots，(T_1＋\cdots＋T_{50})/T]$。规范化后所获得的数列为：

| | | | | | | | | | |
|---|---|---|---|---|---|---|---|---|---|
| 0.0044 | 0.0097 | 0.0301 | 0.0575 | 0.0775 | 0.0805 | 0.1059 | 0.1111 | 0.1313 | 0.1502 |
| 0.1655 | 0.1676 | 0.1956 | 0.1960 | 0.2095 | 0.2927 | 0.3161 | 0.3356 | 0.3366 | 0.3508 |
| 0.3553 | 0.3561 | 0.3670 | 0.3746 | 0.4300 | 0.4694 | 0.4796 | 0.5027 | 0.5315 | 0.5382 |
| 0.5494 | 0.5520 | 0.5977 | 0.6514 | 0.6526 | 0.6845 | 0.7008 | 0.7154 | 0.7262 | 0.7468 |
| 0.7553 | 0.7636 | 0.7880 | 0.7982 | 0.8206 | 0.8417 | 0.8732 | 0.9022 | 0.9680 | 0.9744 |

364

按照例 7.6 的计算过程，可得 $D^+＝0.1054$，$D^-＝0.0080$。因此，K-S 统计量为 $D＝\max(0.1054，0.0080)＝0.1054$。当显著性水平 $\alpha＝0.05$，$n＝50$，从表 A-8 查表得临界值 $D_{0.05}＝1.36\sqrt{n}＝0.1923$，由于 $D＝0.1054$，因此不能拒绝原假设。

依据参数估计的不同情况，K-S 检验方法也可以进行适当调整，以便可以使用。方法调整之后，检验统计量的计算过程仍然是相同的，但是查找临界值所需要的表是不同的。不同分布需要不同的临界值表。Lilliefors[1967] 为正态分布研发出一种检验方法，即原假设认为样本总体服从正态分布族，且无须估计分布的参数值。感兴趣的读者可以阅读该著作原文，作者介绍了如何采用仿真方法获得临界值。

Lilliefors[1969] 针对指数分布修改了 K-S 检验的临界值，他仍然采用随机抽样方式获得近似临界值，Durbin[1975] 随后计算出精确的临界值。Connover[1998] 针对正态分布和指数分布，给出了使用 K-S 检验的例子，他还提出了几种 K-S 检验方法，有兴趣的读者可以了解一下。

与 K-S 检验在本质上类似的一种检验方法是 A-D 检验（Anderson-Darling test）。与 K-S 检验一样，A-D 检验也是通过比较经验分布的累积分布函数和待拟合理论分布的累积分布函数之间的差异而设计的；但与 K-S 检验不同的是，A-D 检验对于函数差异的测度更为全面（而不是只考虑最大差异），且对于两个分布（经验分布和理论分布）在长尾部分的差异更敏感。A-D 检验的临界值也依赖于候选分布类型以及参数是否已经进行估计。可喜的是，A-D 检验和 K-S 检验都已经内置在很多支持仿真输入建模的软件包之中，读者可以方便地采用。

### 9.4.4　$p$ 值和"最佳拟合"

使用拟合优度检验之前，必须首先给定显著性水平（significance level）。显著性水平是指错误拒绝原假设 $H_0$（随机变量服从某概率分布）的可能性。常用的显著性水平为 0.1、0.05 和 0.01。在拥有高速计算能力之前，人们只能计算一小部分标准值，然后以此构成临界值表，方便大家使用。但是现在，大多数统计软件都是在需要的时候才计算临界值，而不是将其存放在列表中。因此，分析人员可以使用任何显著性水平数值，比

---

[一]　英文版为服从均匀分布，疑为错误，翻译中进行了改正。

如 0.07。

然而，很多软件已不再使用预先给定的显著性水平，而是计算针对具体检验统计量的 $p$ 值。**$p$ 值是一种显著性水平，是在检验统计量取给定值的时候，碰巧拒绝原假设的可能性**[⊖]。因此，较大的 $p$ 值表明拟合较好（如果拒绝原假设，我们要冒很大的风险），较小的 $p$ 值说明拟合得不好（如果拒绝原假设，我们基本不冒任何风险）。

例 9.17 使用卡方检验来验证车辆到达数据是否服从泊松分布。检验统计量 $\chi_0^2 = 27.68$，自由度为 5。该检验统计量的 $p$ 值为 0.000 04，意味着在显著性水平为 0.000 04 的情况下，我们将拒绝原假设（数据服从泊松分布）。（在之前的例子中，我们在显著性水平为 0.05 的情况下拒绝原假设。现在我们知道，在这个例子中，即使显著性水平更低，仍然会拒绝原假设。）

$p$ 值可被视为对拟合程度的测度，数值越大越好。这样就给我们提出了一个建议：我们可以对每一个臆想的分布进行拟合，分别计算各个分布的检验统计量的值，然后选用 $p$ 值最大的那个分布。虽然我们知道没有实现这种算法的输入建模软件，但是许多输入建模软件包确实包括一个"最佳拟合"选项，软件会在评估所有可行分布的基础上，为用户推荐一个输入模型。这些软件还会考虑其他因素，例如数据是离散的还是连续的，是有界的还是无界的。最终，某些拟合评估的摘要性指标（例如 $p$ 值）会用于对所有分布的匹配度进行排序。这样做虽然并无不妥，但还是应牢记以下内容：

1）你所使用的软件并不了解数据的自然特征，而这些特征信息可以为获得适合的分布族提供建议（详见 9.2.2 节）。请记住，输入建模的目标通常是填补间隙或平滑数据，而不是找到尽可能接近给定样本的输入模型。

2）回忆一下，爱尔朗分布和指数分布都是伽马分布的特例，指数分布还是更灵活多变的韦布尔分布的特例。基于软件的自动化最优拟合过程，倾向于筛选最灵活多变的分布（伽马分布和韦布尔分布优先，其次是爱尔朗分布和指数分布），因为更大的灵活性允许所拟合的分布与数据更趋一致，以得到更好的拟合度量摘要值。但是，与数据保持紧密一致，并不总是能够保证获得最适合的输入模型。

3）摘要统计量（summary statistic），例如 $p$ 值，仅仅是一类概括性度量指标，其本身并不能或很少能回答拟合缺陷产生在哪里（是分布本身存在缺陷，还是右侧长尾或左侧长尾存在缺陷）。只有借助图形化工具的人，才能发现拟合缺陷产生在哪里，并判定这对于当前应用项目是否重要。

我们的建议是，自动化分布选择技术可与其他几种技术一起使用，对候选分布进行筛选。然后，由人借助图形化工具对自动筛选结果进行检查，一定要牢记，做出最终选择的应该是你而不是软件。

## 9.5 拟合非平稳泊松过程

针对到达数据进行非平稳泊松过程（NSPP）拟合是一个难题，通常是因为我们对于到达率函数 $\lambda(t)$ 的恰当形式知之不多（参看 5.5.2 节对 NSPP 的定义）。一种处理方法是选择一个参数多、灵活性大的分布，并使用诸如极大似然法之类的方法进行拟合，Johnson、Lee 和 Wilson[1994] 给出了一个这样的例子。第二种方法，也是我们考虑采用的，是将所

---

⊖ 这种可能性可以理解为偶然性，也就是说 $p$ 值越大，意味着如果原假设被拒绝，很大程度上是因为偶然性原因造成的，而不是由于原假设在本质上不成立导致的，即拒绝原假设纯属偶然，$p$ 值越大偶然性越大。因此当 $p$ 值较大时，应该接受原假设。一般而言，$p$ 值越大越好。

365

有基准时间周期(一小时、一天或一个月)内的到达率近似为一个常数,但是对应于每个基准时间周期(basic interval of time)的到达率常数可以是不一样的值。于是问题就变成了如何确定基准时间周期,并估算与每个时间周期相关的到达率。

假设我们要对[0,T]时段内的到达过程建模。如果可以对[0,T]时段重复观测和计数,那么我们介绍的方法就是最合适的。例如,如果要对工作日(上午8点至下午6点)内邮件的到达情况进行建模,并且我们相信邮件在每30分钟(一个时段)内的到达数量近似为常数,那么我们可以在几天时间里,对每个时段(长度为30分钟)内到达的邮件数量计数。如果能够记录每封邮件的实际到达时间而不是一个时段内的到达数量,数据质量会更高,因为这样一来,我们就可以在后期进行数据分组,区间长度也可以随意设定。然而,针对邮件到达这个问题,我们还是假设只有邮件数量可用。

[366]

将时间周期[0,T]分为k个等长的区间,每个区间长度$\Delta t = T/k$。我们考虑从上午8点到下午6点的10个小时之内,如果允许到达率每半小时变化一次,则有$T=10$,$k=20$,$\Delta t=1/2$。经过n个周期的观察(例如,n天),令$C_{ij}$为第j个观测期的第i个区间内的邮件到达数量,本例中,$C_{23}$代表第3天上午8:30~9:00的邮件到达数量(第二个30分钟时段)。

第i个区间($(i-1)\Delta t < t \leqslant i\Delta t$)到达率的估计值,就是对每天该时段观测值的算术平均数:

$$\hat{\lambda}(t) = \frac{1}{n\Delta t}\sum_{j=1}^{n} C_{ij} \tag{9.22}$$

在完成每个区间到达率的估算之后,如果相邻区间的到达率相同或相差不大,那么可以将这些区间合并。

表9-8给出了每天最初两小时的邮件到达率,在8:30~9:00之间的到达率估计值为

$$\frac{1}{3(1/2)}(23 + 26 + 32) = 54 \text{ 封 / 小时}$$

获得上述结果之后,可以考虑合并8:30~9:00和9:00~9:30这两个区间,因为二者的到达率很接近。还需要注意的是,在上一节中介绍的拟合优度检验方法,可分别对每个区间进行检验,以检查其是否近似服从泊松分布。

表9-8    NSPP 例子中每周一的电子邮件到达数量

| 时间段 | 到达数量 | | | 估算的到达率(每小时的到达数量) |
| --- | --- | --- | --- | --- |
| | 第1天 | 第2天 | 第3天 | |
| 8:00—8:30 | 12 | 14 | 10 | 24 |
| 8:30—9:00 | 23 | 26 | 32 | 54 |
| 9:00—9:30 | 27 | 19 | 32 | 52 |
| 9:30—10:00 | 20 | 13 | 12 | 30 |

## 9.6    不依赖数据选择输入模型

在实践中,经常是在尚未获得任何过程数据之前,就必须开发仿真模型,这或许是出于演示或者学习的目的。在这种情况下,建模人员在选择输入模型时必须有足够的相关资源,并且必须仔细检查仿真结果对所选模型的敏感性。

[367]

即使在缺乏数据的情况下,也有多种途径或方式了解关于过程或流程的相关信息,例如:

- **工程数据**：也称研发数据，通常是由制造商提供的产品或流程的额定性能指标（例如，硬盘驱动器无故障工作时间的均值为 10 000 小时；激光打印机印速为每分钟 8 页；工具的切割速度为每秒钟 1 厘米，等等）。企业规范可以是时间或产品标准，选择这些标准的中间值，就可以作为输入建模的基准值。
- **专家观点**：与那些熟悉相关流程或了解类似流程的有经验的人员进行交流。他们常常能够提供乐观、悲观和最可能时间。他们也许还会告诉你，这些流程是几乎不变的还是变化剧烈，他们也许能说清楚这些可变因素是什么。
- **自然或常规限制**：大多数的实际过程对性能都有一定的自然限制。例如，计算机数据输入不能比人工按键的速度快；受公司政策的影响，某个流程的最长处理时间有上限规定，等等。不要忽视明显的限制或界限，这些会缩小输入过程的范围。
- **流程本质**：即使在无数据可用的情况下，也可以使用 9.2.2 节中介绍的那些统计分布，依据实际流程的特征确定其概率分布。

当没有数据可用的时候，经常使用均匀分布、三角分布和贝塔分布作为输入模型。均匀分布也许是最差的选择，因为其上限和下限值很少与真实流程的中间值相似。如果除了上限值和下限值之外，还能知道最可能值，那就可以使用三角分布。三角分布将大部分概率设置在最可能值附近，而在端点值附近的概率很小（参见 5.4.7 节）。如果采用贝塔分布，则要确保绘制所选分布的概率密度函数，因为贝塔分布的形状具有多样性。

当已知最小值、最大值，以及一个或多个"断点"（breakpoint）的时候，可作进一步改进。所谓"断点"就是一个位于取值范围之内的数值，并已知小于等于该数值的概率。下面的例子说明如何使用断点。

**例 9.20**

为了进行生产计划仿真，需要知道各类产品的销售量。负责产品 XYZ-123 的销售员报告说，产品销量将不低于 1000 单位（依据现有合同）并且销量不会超过 5000 单位（这是整个市场的容量）。依据经验，该销售员认为销量超过 2000 个单位的可能性有 90%；超过 3500 个单位的可能性有 25%；突破 4500 个单位的可能性只有 1%。

表 9-9 对上述信息进行了归纳。请注意，销量超过某特定值的概率被转换为小于等于该目标值的累积概率。依据表中信息，8.1.5 节中的方法可用于生成仿真输入数据。

在不使用数据的情况下选择了输入模型之后，最重要的是检验仿真结果对于所选分布的

**表 9-9 销售信息汇总表**

| $i$ | 区间（销售量） | 累积频率 |
|---|---|---|
| 1 | $1000 \leqslant x \leqslant 2000$ | 0.10 |
| 2 | $2000 < x \leqslant 3500$ | 0.75 |
| 3 | $3500 < x \leqslant 4500$ | 0.99 |
| 4 | $4500 < x \leqslant 5000$ | 1.00 |

368

灵敏度。敏感性检查不仅仅针对分布的中心值，也要顾及分布的可变性和边界。如果仿真输出结果对于输入模型具有高度敏感性，我们就有理由认为，不能依靠该仿真输出结果进行重要决策，而是应该首先进行数据采集。

## 9.7 多元输入模型及时间序列输入模型

在 9.1 节到 9.4 节所研究的问题中，输入随机变量被认为是彼此独立的。当该条件不成立的时候，使用具有依存关系的输入模型是危险的，由此获得的仿真结果可能是非常不准确的。

**例 9.21**

某供应链仿真模型中包括提前期以及对工业机器人的年度需求。需求增长会导致提前期增加。机器人的装配和生产需要依据客户给出的标准和规范执行。因此，不能将提前期和需求看作彼此独立的随机变量，而是应该开发多元输入模型（multivariate input model）。

**例 9.22**

某股票经纪人针对其网络交易平台开发了一个仿真模型，包含订单到达与订单成交（买入或卖出）的时间间隔。投资者往往依据其他投资者的行为调整自己的策略，因此订单到达具有突发性。因此，不能将订单的到达间隔时间视为独立的随机变量，而应该开发时间序列模型（time-series model）。

多元输入模型和时间序列模型是不同的，多元输入模型具有固定的、数量有限的随机变量（例 9.21 的提前期和年度需求是两个随机变量），时间序列输入模型具有（理论上是无限的）非独立随机变量序列（例 9.22 中连续产生的订单到达间隔时间）。我们首先回顾两个测度依存关系的指标（协方差和相关系数），然后再分析适合上述案例的输入模型。

### 9.7.1  协方差和相关系数

$X_1$ 和 $X_2$ 为两个随机变量，令 $\mu_i = E(X_i)$，$\sigma_i^2 = V(X_i)$ 分别为 $X_i$ 的均值和方差。协方差和相关系数是检验随机变量 $X_1$ 和 $X_2$ 线性依存关系的测度指标。换句话说，协方差和相关系数用于指出 $X_1$ 和 $X_2$ 的相关性有多大，如以下模型所示：

$$(X_1 - \mu_1) = \beta(X_2 - \mu_2) + \varepsilon$$

其中，$\varepsilon$ 是均值为 0 的随机变量，且独立于 $X_2$。实际上，若 $(X_1 - \mu_1) = \beta(X_2 - \mu_2)$，那么该模型就是完美的。换句话说，若 $X_1$ 和 $X_2$ 是统计独立的，则 $\beta = 0$，那么这个模型就没有价值了。通常，若 $\beta$ 为正值，说明 $X_1$ 和 $X_2$ 一致低于或者高于它们的均值；若 $\beta$ 为负值，说明 $X_1$ 和 $X_2$ 分别位于各自均值的两侧（即当 $X_1$ 高于其均值的时候，$X_2$ 低于其均值，反之亦然）。

$X_1$ 和 $X_2$ 的协方差被定义为

$$\text{cov}(X_1, X_2) = E[(X_1 - \mu_1)(X_2 - \mu_2)] = E(X_1 X_2) - \mu_1 \mu_2 \tag{9.23}$$

$\text{cov}(X_1, X_2) = 0$ 意味着在依存关系模型中 $\beta = 0$；$\text{cov}(X_1, X_2) < 0$（或 $\text{cov}(X_1, X_2) > 0$），意味着 $\beta < 0$（或 $\beta > 0$）。

协方差可以在 $(-\infty, +\infty)$ 范围内取任何值，相关系数将协方差标准化至 $(-1, +1)$ 范围内：

$$\rho = \text{corr}(X_1, X_2) = \frac{\text{cov}(X_1, X_2)}{\sigma_1 \sigma_2} \tag{9.24}$$

若 $\text{corr}(X_1, X_2) = 0$，意味着在我们的相关性模型中 $\beta = 0$；若 $\text{corr}(X_1, X_2) < 0$（或 $\text{corr}(X_1, X_2) > 0$），则意味着 $\beta < 0$（或 $\beta > 0$）。$\rho$ 值越接近于 $-1$ 或 $1$，$X_1$ 和 $X_2$ 之间的线性关系越强。

现在，假设我们获得了随机变量序列 $X_1$，$X_2$，$X_3$，$\cdots$，该序列具有相同的分布（意味着它们具有相同的均值和方差），但是彼此不独立。我们将这样的序列称为时间序列（time series），并且将 $\text{cov}(X_t, X_{t+h})$ 和 $\text{corr}(X_t, X_{t+h})$ 分别称为 lag-$h$ 自协方差和 lag-$h$ 自相关系数。如果自协方差的取值只依赖于间隔阶数 $h$ 而与 $t$ 无关，那么我们就说该时间序列是协方差平稳的（covariance stationary），相关概念将在第 11 章深入介绍。对于一个

协方差平稳的时间序列，我们使用符号 $\rho_h$ 表示 lag-$h$ 自相关系数，即

$$\rho_h = \text{corr}(X_t, X_{t+h})$$

请注意，自相关系数度量的是时间序列中彼此间隔 $h-1$ 个位置的那些随机变量的依存关系。

### 9.7.2 多元输入模型

若随机变量 $X_1$ 和 $X_2$ 均服从正态分布，则二者的依存关系可通过二元正态分布建模，且参数为 $\mu_1$，$\mu_2$，$\sigma_1^2$，$\sigma_2^2$ 及 $\rho=\text{corr}(X_1, X_2)$。$\mu_1$，$\mu_2$，$\sigma_1^2$ 以及 $\sigma_2^2$ 的估计方法已在 9.3.2 节中作了介绍。为了估计 $\rho$ 的值，首先假设有 $n$ 个独立同分布的数对 $(X_{11}, X_{21})$，$(X_{12}, X_{22})$，$\cdots$，$(X_{1n}, X_{2n})$，则样本协方差为

$$\widehat{\text{cov}}(X_1, X_2) = \frac{1}{n-1} \sum_{j=1}^{n} (X_{1j} - \overline{X}_1)(X_{2j} - \overline{X}_2)$$

$$= \frac{1}{n-1} \left( \sum_{j=1}^{n} X_{1j} X_{2j} - n\overline{X}_1 \overline{X}_2 \right) \tag{9.25}$$

其中，$\overline{X}_1$ 和 $\overline{X}_2$ 是样本均值。相关系数由下式计算：

$$\hat{\rho} = \frac{\widehat{\text{cov}}(X_1, X_2)}{\hat{\sigma}_1 \hat{\sigma}_2} \tag{9.26}$$

其中，$\hat{\sigma}_1$ 和 $\hat{\sigma}_2$ 为样本标准差[⊖]。

### 例 9.23 例 9.21(续)

在例 9.21 的工业机器人案例中，令 $X_1$ 代表平均订货提前期(单位：月)，$X_2$ 代表年度需求量。以下是过去 10 年的产品需求和提前期数据。

| 提前期 | 需求量 | 提前期 | 需求量 |
|---|---|---|---|
| 6.5 | 103 | 6.9 | 104 |
| 4.3 | 83 | 5.8 | 106 |
| 6.9 | 116 | 7.3 | 109 |
| 6.0 | 97 | 4.5 | 92 |
| 6.9 | 112 | 6.3 | 96 |

按照标准方式计算，可得 $\overline{X}_1=6.14$，$\hat{\sigma}_1=1.02$，$\overline{X}_2=101.80$ 及 $\hat{\sigma}_2=9.93$，分别作为 $\mu_1$，$\sigma_1$，$\mu_2$，$\sigma_2$ 的估计值。为了计算相关系数，我们需要计算

$$\sum_{j=1}^{10} X_{1j} X_{2j} = 6328.5$$

因此，$\widehat{\text{cov}}=[6328.5-(10)(6.14)(101.80)]/(10-1)=8.66$，且

$$\hat{\rho} = \frac{8.66}{(1.02)(9.93)} = 0.86$$

显而易见，提前期和需求量之间具有较强的相关性。不过，在我们接受此模型之前，还需要分别检查提前期和需求量，以了解它们是否服从正态分布。特别地，由于需求量取值是离散的，因此连续型正态分布最多只能是估计值。

---

⊖ 原文为样本方差(sample variances)，应为作者笔误，译者对此进行了更正。

下述简单算法可用于生成二元正态分布变量。

**第 1 步**    生成独立的标准正态分布随机变量 $Z_1$ 和 $Z_2$（见 8.3.1 节）。

**第 2 步**    设 $X_1 = \mu_1 + \sigma_1 Z_1$。

**第 3 步**    设 $X_2 = \mu_2 + \sigma_2 (\rho Z_1 + \sqrt{1-\rho^2} Z_2)$。

显然，二元正态分布不适合所有的多元输入模型问题。我们可以将它推广至 $k$ 元正态分布，以便对两个以上随机变量的依存关系进行建模，但是在很多情况下，正态分布完全不能使用。在 9.7.4 节中，我们将提供一个处理非正态分布的方法。其他输入模型可参考 Johnson[1987]、Nelson 和 Yamnitsky[1998] 等文献。

### 9.7.3    时间序列输入模型

若 $X_1$，$X_2$，$X_3$，… 是具有相同分布的、彼此非独立的、协方差平稳的随机变量序列，那么很多时间序列模型都可用于表示它。接下来我们介绍两种输入模型，二者的自相关系数均具有如下形式：

$$\rho_h = \mathrm{corr}(X_t, X_{t+h}) = \rho^h$$

上式对于所有 $h = 1$，2，… 均成立。需要注意的是，当 lag（阶）值增加时，lag-$h$ 自相关系数呈现几何级数递减，以至于在时间上相距较远的观测值近似相互独立。下面所给出的几个模型中，有一个模型的所有随机变量 $X_t$ 都服从正态分布，而其余模型的每个 $X_t$ 均服从指数分布。更多通用时间序列模型将在 9.7.4 节介绍，Nelson 和 Yamnitsky[1998] 的文献中对此也有论述。

#### 1. $AR(1)$ 模型

考虑时间序列模型

$$X_t = \mu + \phi(X_{t-1} - \mu) + \varepsilon_t \tag{9.27}$$

其中 $t = 2$，3，…，而 $\varepsilon_2$，$\varepsilon_3$，… 是独立同分布（正态分布）的，均值为 0，方差为 $\sigma_\varepsilon^2$，并且 $-1 < \phi < 1$。若初始值 $X_1$ 选择合理（如下所示），则 $X_1$，$X_2$，… 均服从均值为 $\mu$、方差为 $\sigma_\varepsilon^2 / (1 - \phi^2)$ 的正态分布，且

$$\rho_h = \phi^h$$

其中 $h = 1$，2，…。该时间序列模型称为一阶自回归模型（autoregressive order-1 model），简写为 $AR(1)$。

参数 $\phi$ 的估计值可依据下式获得：

$$\phi = \rho^1 = \mathrm{corr}(X_t, X_{t+1})$$

即 $\phi$ 是 $lag$-1 自相关系数。因此，为了估计 $\phi$ 的值，我们首先使用下式估算 lag-1 自协方差的数值，即

$$\widehat{\mathrm{cov}}(X_t, X_{t+1}) = \frac{1}{n-1} \sum_{t=1}^{n-1} (X_t - \overline{X})(X_{t+1} - \overline{X})$$

$$\doteq \frac{1}{n-1} \Big( \sum_{t=1}^{n-1} X_t X_{t+1} - (n-1) \overline{X}^2 \Big) \tag{9.28}$$

方差 $\sigma^2 = \mathrm{var}(X)$ 以常用估计量 $\hat{\sigma}^2$ 替代，则有：

$$\hat{\phi} = \frac{\widehat{\mathrm{cov}}(X_t, X_{t+1})}{\hat{\sigma}^2}$$

最后，分别使用 $\hat{\mu} = \overline{X}$ 和 $\hat{\sigma}_\varepsilon^2 = \hat{\sigma}^2 (1 - \hat{\phi}^2)$ 作为 $\mu$ 和 $\sigma_\varepsilon^2$ 的估计值。

下述算法可以在给定参数 $\phi$，$\mu$ 和 $\sigma_\varepsilon^2$ 的情况下，生成一个平稳型 $AR(1)$ 时间序列。

**第 1 步** 使用正态分布(均值为 $\mu$,方差为 $\sigma_\epsilon^2/(1-\phi^2)$)生成 $X_1$ 的值,令 $t=2$。

**第 2 步** 由正态分布(均值为 0,方差为 $\sigma_\epsilon^2$)生成 $\epsilon_t$ 的值。

**第 3 步** 令 $X_t=\mu+\phi(X_{t-1}-\mu)+\epsilon_t$。

**第 4 步** 令 $t=t+1$,返回第 2 步。

**2. EAR(1)模型**

考察时间序列模型

$$X_t = \begin{cases} \phi X_{t-1}, & \text{概率为 } \phi \\ \phi X_{t-1}+\epsilon_t, & \text{概率为 } 1-\phi \end{cases} \tag{9.29}$$

对于 $t=2$,3,…均成立,其中 $\epsilon_2$,$\epsilon_3$,…独立同分布(指数分布)、均值为 $1/\lambda$,且 $0\leqslant\phi<1$。若初始值 $X_1$ 选择合理,则 $X_1$,$X_2$,…均服从均值为 $1/\lambda$ 的指数分布,且有

$$\rho_h = \phi^h$$

其中 $h=1$,2,…。该时间序列称为指数型一阶自回归模型(exponential autoregressive order-1 model),简写为 $EAR(1)$。只有当自相关系数大于 0 时才能使用该模型。和 $AR(1)$ 模型一样,$EAR(1)$ 模型的参数估计可以通过令 $\hat{\phi}=\hat{\rho}$(估计的 lag-1 自相关系数),以及令 $\hat{\lambda}=1/\overline{X}$ 获得。 373

以下算法可在给定参数 $\phi$ 和 $\lambda$ 的情况下,生成一个平稳型 $EAR(1)$ 时间序列:

**第 1 步** 使用指数分布(均值为 $1/\lambda$)生成 $X_1$ 的值,令 $t=2$。

**第 2 步** 由 $[0,1]$ 均匀分布生成 $U$ 的值;若 $U\leqslant\phi$,则令 $X_t=\phi X_{t-1}$;否则,使用指数分布(均值为 $1/\lambda$)生成 $\epsilon_t$ 的值,令 $X_t=\phi X_{t-1}+\epsilon_t$。

**第 3 步** 令 $t=t+1$,返回第 2 步。

---

**例 9.24 例 9.22(续)**

股票经纪人通常会拥有大量样本数据,为便于描述,我们假设这些数据记录了订单到达和订单成交间隔时间的 20 个数据值(单位:秒),如下所示:1.95,1.75,1.58,1.42,1.28,1.15,1.04,0.93,0.84,0.75,0.68,0.61,11.98,10.79,9.71,14.02,12.62,11.36,10.22,9.20。经过计算,可得 $\overline{X}=5.2$,$\hat{\sigma}^2=26.7$。为了估计 lag-1 自相关系数的值,我们还需要计算

$$\sum_{j=1}^{19} X_t X_{t+1} = 924.1$$

则 $\widehat{\text{cov}}=[924.1-(20-1)(5.2)^2]/(20-1)=21.6$,且

$$\hat{\rho} = \frac{21.6}{26.7} = 0.8$$

假设指数分布适用于此类问题,因而我们使用 $EAR(1)$ 模型对股票订单间隔时间进行建模,参数估计值为 $\hat{\lambda}=1/5.2=0.192$,$\hat{\phi}=0.8$。

---

### 9.7.4 由正态分布转换为任意分布

二元正态分布以及 AR(1)、EAR(1)时间序列模型易于实施(拟合和模拟),是具有实用价值的输入模型。然而,由于所涉及的边际分布不是正态分布就是指数分布,这对于很多应用问题来说并不适用。幸运的是,我们可以从二元正态分布或 AR(1)模型起步,然后将其转换为任何想要的边际分布,包括指数分布。 374

假设我们要模拟一个随机变量 $X$,其累积分布函数为 $F(x)$。令 $Z$ 是一个服从标准正

态分布(均值为 0，方差为 1)的随机变量，其累积分布函数记为 $\Phi(z)$，则

$$R = \Phi(Z)$$

是服从 $U(0，1)$ 的随机变量。正如第 8 章所介绍的那样，如果有一个 $U(0，1)$ 随机变量，则可以使用累积分布函数的反函数求解出 $X$，即

$$X = F^{-1}[R] = F^{-1}[\Phi(Z)]$$

我们称以上方法为"由正态分布转换为任意分布"(normal to anything transformation)，简称 NORTA。

如果只是想求解出 $X$ 的值，则不必这么繁琐，我们可以使用第 8 章介绍的方法，直接生成 $R$ 的值。但是，如果我们希望得到一个二元随机向量 $(X_1，X_2)$，$X_1$ 和 $X_2$ 具有相关性，并且二者均不服从正态分布，那么可以先设定一个二元正态随机向量 $(Z_1，Z_2)$，然后应用 NORTA 转换，可得

$$X_1 = F_1^{-1}[\Phi(Z_1)] \text{ 以及 } X_2 = F_2^{-1}[\Phi(Z_2)]$$

这里并没有要求 $F_1$ 和 $F_2$ 一定来自同一个分布族，比如说，$F_1$ 可以服从指数分布，$F_2$ 可以服从贝塔分布。

同样的思想也可用于时间序列模型。若 $Z_t$ 由 AR(1) 生成，其中 AR(1) 的边际分布为标准正态分布 $N(0，1)$，则

$$X_t = F^{-1}[\Phi(Z_t)]$$

是具有边际分布 $F(x)$ 的时间序列模型。为了保证 $Z_t$ 服从标准正态分布，可以令 AR(1) 模型中的 $\mu=0$，$\sigma_\varepsilon^2=1-\phi^2$。

虽然 NORTA 方法具有较强的通用性，但是在使用过程中还需要解决两个技术问题：

1) NORTA 方法要求标准正态分布的累积分布函数 $\Phi(z)$ 以及待转换分布的累积分布函数的反函数 $F^{-1}(R)$ 都是可以估算的。由于 $\Phi(z)$ 具有非闭式形式，并且很多分布的反函数 $F^{-1}(R)$ 也都是非闭式的，因而需要使用数值近似(numerical approximation)方法求解。幸运的是，这些函数已经内置于许多符号计算软件和数据表格软件之中，我们后面将给出一个例子。此外，Bratley，Fox 和 Schrage[1987]给出了很多分布的计算方法。

2) 经过 NORTA 转换之后，标准正态分布变量 $(Z_1，Z_2)$ 之间的相关性会发生改变。具体而言，若 $(Z_1，Z_2)$ 的相关系数为 $\rho$，通常 $X_1=F_1^{-1}[\Phi(Z_1)]$ 和 $X_2=F_2^{-1}[\Phi(Z_2)]$ 之间的相关系数 $\rho_X \neq \rho$，二者的差异通常较小，但也不总是如此。

上述第二个技术问题更为重要。因为在输入建模问题中，我们要确定二元变量之间的相关系数，也就是 lag-1 相关系数。所以，需要求解出二元正态分布的相关系数 $\rho$，以便获得输入相关系数 $\rho_X$(之前曾经介绍过，通过 lag-1 自相关系数 $\rho_X=\mathrm{corr}(X_t，X_{t+1})$，可以确定时间序列模型)。学者们围绕这个问题进行了大量的研究，包括 Cario 和 Nelson[1996，1998]、Biller 和 Nelson[2003]。令人高兴的是，已经证明 $\rho_X$ 是 $\rho$ 的非减函数，且 $\rho$ 和 $\rho_X$ 总是同号的。通过以下算法，我们可以对此作一个初步的了解：

**第 1 步**　令 $\rho=\rho_X$，进入下一步。

**第 2 步**　生成大量的、相关系数为 $\rho$ 的二元正态分布数对 $(Z_1，Z_2)$，然后使用 NORTA 转换法，将其转化为 $(X_1，X_2)$ 数对序列。

**第 3 步**　使用公式(9.25)，计算 $(X_1，X_2)$ 序列的样本相关系数，用符号 $\hat\rho_T$ 表示。若 $\hat\rho_T>\rho_X$，则减少 $\rho$ 的值并跳转到第 2 步；若 $\hat\rho_T>\rho_X$，则增加 $\rho$ 的值并跳转到第 2 步；若 $\hat\rho_T \approx \rho_X$，则停止计算。

**例 9.25**

　　假设我们需要 $X_1$ 服从指数分布(均值为 1)，$X_2$ 服从贝塔分布($\beta_1 = 1$，$\beta_2 = 1/2$)，$X_1$ 和 $X_2$ 之间的相关系数 $\rho_X = 0.45$。图 9-8 给出了估算 $\rho$ 值的 Maple 程序代码。在程序代码中，n 是估算相关系数所用样本数对的数量。当 n 为 1000 时，运行程序可得 $\rho = 0.52$。

```
NORTARho := proc(rhoX, n)
local Z1, Z2, Ztemp, X1, X2, R1, R2, rho, rhoT, lower, upper;
randomize(123456);
Z1 := [random[normald[0,1]](n)]:
ZTemp := [random[normald[0,1]](n)]:
Z2 := [0]:
# set up bisection search
rho := rhoX:
if (rhoX < 0) then
   lower := -1:
   upper := 0:
else
   lower := 0:
   upper := 1:
fi:
Z2 := rho*Z1 + sqrt(1-rho^2)*ZTemp:
R1 := statevalf[cdf,normald[0,1]](Z1):
R2 := statevalf[cdf,normald[0,1]](Z2):
X1 := statevalf[icdf,exponential[1,0]](R1):
X2 := statevalf[icdf,beta[1,2]](R2):
rhoT := describe[linearcorrelation](X1, X2);
# do bisection search until 5% relative error
while abs(rhoT - rhoX)/abs(rhoX) > 0.05 do
   if (rhoT > rhoX) then
      upper := rho:
   else
      lower := rho:
   fi:
   rho := evalf((lower + upper)/2):
   Z2 := rho*Z1 + sqrt(1-rho^2)*ZTemp:
   R1 := statevalf[cdf,normald[0,1]](Z1):
   R2 := statevalf[cdf,normald[0,1]](Z2):
   X1 := statevalf[icdf,exponential[1,0]](R1):
   X2 := statevalf[icdf,beta[1,2]](R2):
   rhoT := describe[linearcorrelation](X1, X2);
end do;
RETURN(rho);
end;
```

图 9-8　NORTA 方法所需二元正态相关系数计算的 Maple 代码

## 9.8　小结

　　在离散事件仿真项目中，输入数据的采集和分析需要投入大量的时间和资源。然而，姑且不论仿真模型的有效性和复杂性，不可靠的输入会导致有问题的输出，而依据该输出所做的解释或推论有可能导致错误的建议或决策。

　　本章讨论了开发输入模型的四个步骤：搜集原始数据、识别潜在的统计分布、估计参数、进行拟合优度检验。

　　虽然我们给出了简化和改善数据采集工作的一些建议，但是，习题 1～5 所提供的经验也很重要，这些经验将提高读者对数据搜集过程中可能出现的问题、困难以及对工作规划必要性的认识。

一旦数据搜集完成，接下来就应该进行统计模型的假设。如果有足够的数据可用，那么此时绘制直方图是非常有用的。然后，可依据数据的本质特征和直方图的形状，选择概率分布并以此开展后续研究。

接下来的工作就是针对所假设的分布进行参数估计。我们给出了一些仿真中常用的参数估计方法。多数情况下，这些方法是关于样本均值和样本方差的函数。

流程的最后一步是对假设的分布进行检验。Q-Q 图是用于评估拟合效果的有用的图形工具。卡方检验、K-S 检验和 A-D 拟合优度检验方法可用于检验很多分布假设。当假设被拒绝时，可以尝试另外的分布。若所有的分布拟合都失败了，还可以使用经验分布。

遗憾的是，在某些情况下，没有足够的时间或资源用于完成输入模型所需数据的搜集工作，而仿真研究项目仍然需要推进。此时，分析人员必须使用任何可用的信息（例如制程规范或专家意见）构建输入模型。当输入模型的构建没有依赖任何实际数据时，需要检验仿真输出对于所选输入模型的敏感性，这一步是非常重要的。

大部分（但不是全部）输入过程可以使用独立同分布的随机变量表示，当输入变量展现某种依存关系的时候，就需要使用多元输入模型。二元正态分布（更具代表性的是多元正态分布）常用于代表有限数量的非独立随机变量。时间序列模型用于表示（理论上无限的）一系列非独立输入变量。NORTA 转换用于开发多元输入模型，这些模型的边际分布可以是非正态分布。

## 参考文献

BILLER, B., AND B. L. NELSON [2003], "Modeling and Generating Multivariate Time Series with Arbitrary Marginals Using an Autoregressive Technique," *ACM Transactions on Modeling and Computer Simulation*, Vol. 13, pp. 211–237.

BRATLEY, P., B. L. FOX, AND L. E. SCHRAGE [1987], *A Guide to Simulation*, 2d ed., Springer-Verlag, New York.

CARIO, M. C., AND B. L. NELSON [1996], "Autoregressive to Anything: Time-Series Input Processes for Simulation," *Operations Research Letters*, Vol. 19, pp. 51–58.

CARIO, M. C., AND B. L. NELSON [1998], "Numerical Methods for Fitting and Simulating Autoregressive-to-Anything Processes," *INFORMS Journal on Computing*, Vol. 10, pp. 72–81.

CHOI, S. C., AND R. WETTE [1969], "Maximum Likelihood Estimation of the Parameters of the Gamma Distribution and Their Bias," *Technometrics*, Vol. 11, No. 4, pp. 683–890.

CHAMBERS, J. M., W. S. CLEVELAND, AND P. A. TUKEY [1983], *Graphical Methods for Data Analysis*, CRC Press, Boca Raton, FL.

CONNOVER, W. J. [1998], *Practical Nonparametric Statistics*, 3d ed., Wiley, New York.

DURBIN, J. [1975], "Kolmogorov–Smirnov Tests When Parameters Are Estimated with Applications to Tests of Exponentiality and Tests on Spacings," *Biometrika*, Vol. 65, pp. 5–22.

FISHMAN, G. S. [1973], *Concepts and Methods in Discrete Event Digital Simulation*, Wiley, New York.

GUMBEL, E. J. [1943], "On the Reliability of the Classical Chi-squared Test," *Annals of Mathematical Statistics*, Vol. 14, pp. 253ff.

HINES, W. W., D. C. MONTGOMERY, D. M. GOLDSMAN, AND C. M. BORROR [2002], *Probability and Statistics in Engineering and Management Science*, 4th ed., Wiley, New York.

JOHNSON, M. A., S. LEE, AND J. R. WILSON [1994], "NPPMLE and NPPSIM: Software for Estimating and Simulating Nonhomogeneous Poisson Processes Having Cyclic Behavior," *Operations Research Letters*, Vol. 15, pp. 273–282.

JOHNSON, M. E. [1987], *Multivariate Statistical Simulation*, Wiley, New York.

LAW, A. M. [2007], *Simulation Modeling and Analysis*, 4th ed., McGraw-Hill, New York.

LILLIEFORS, H. W. [1967], "On the Kolmogorov–Smirnov Test for Normality with Mean and Variance Unknown," *Journal of the American Statistical Association*, Vol. 62, pp. 339–402.

LILLIEFORS, H. W. [1969], "On the Kolmogorov–Smirnov Test for the Exponential Distribution with Mean Unknown," *Journal of the American Statistical Association*, Vol. 64, pp. 387–389.

MANN, H. B., AND A. WALD [1942], "On the Choice of the Number of Intervals in the Application of the Chi-squared Test," *Annals of Mathematical Statistics*, Vol. 18, p. 50ff.

NELSON, B. L., AND M. YAMNITSKY [1998], "Input Modeling Tools for Complex Problems," in *Proceedings of the 1998 Winter Simulation Conference*, D. Medeiros, E. Watson, J. Carson, and M. Manivannan, eds., Washington, DC, Dec. 13–16, pp. 105–112.

STUART, A., J. K. ORD, AND E. ARNOLD [1998], *Kendall's Advanced Theory of Statistics*, 6th ed., Vol. 2, Oxford University Press, Oxford.

378

## 练习题

1. 找一家小商店，记录顾客到达间隔时间分布和服务时间分布。如果商店有不止一名员工，比较他们各自服务时间分布是否不同？是否有必要为每种类型设备的服务时间建立概率分布？

2. 找一家咖啡厅，采集建模顾客到达和服务时间分布所需的数据。顾客到达间隔时间分布并不是一成不变的，每日三餐可能有所不同，即使同一餐段也可能不同，也就是说，上午 11 点到中午 12 点的分布可能不同于中午 12 点到下午 1 点的分布。服务时间是这样定义的：当顾客开始点菜到顾客离开咖啡厅所经过的时间长度（对此定义进行合理的修改也是可以接受的）。服务时间的分布也可能随三餐而变化。请回答：对于任何一个分布，能否把每天不同时段或每周不同日期进行分组，以保证数据的同质性？

3. 前往一个主要交通路口，记录来自各个方向车辆的到达间隔时间分布。车辆分为直行、左转和右转三种情况。对于一天中的不同时间、一周中的不同日期，到达间隔时间分布可能不是一成不变的。除了时间因素之外，随时可能发生的交通事故也会增加这种不确定性。请依据你所搜集的数据建立输入模型。

4. 前往一个百货店，记录顾客到达收银台的间隔时间分布和服务时间分布。这些分布或许在一天中的不同时间、一周中的不同日期都是不同的。请你记录所有时间内服务通道的数量变化情况。

5. 找一家自助洗衣店采集数据，针对顾客所使用的洗衣机和干衣机的数量（二者或许存在依存关系）建立输入模型，同时搜集顾客到达率（或许不是稳态的）。

6. 将下述理论正态分布的概率密度函数绘制在一张图中，并进行比较。各个分布的均值都是 0，方差分别为 1/4、1/2、1 和 2。

379

7. 在同一张图中，绘制爱尔朗分布的概率密度函数，参数 $\theta = 1/2$，$k = 1$，2，4，8。

8. 在同一张图中，绘制爱尔朗分布的概率密度函数，参数 $\theta = 2$，$k = 1$，2，4，8。

9. 绘制泊松分布的分布律图形，参数 $\alpha$ 分别取以下值：

    a) $\alpha = 1/2$

    b) $\alpha = 1$

    c) $\alpha = 2$

    d) $\alpha = 4$

10. 在同一张图中，绘制两个指数分布的概率密度函数，参数分别为 $\lambda=0.6$，$\lambda=1.2$。

11. 在同一张图中，绘制三个韦布尔分布的概率密度函数，参数为 $v=0$，$\alpha=1/2$，$\beta=1$，2，4。

12. 以下数据由伽马分布随机生成：

$$
\begin{array}{cccc}
1.691 & 1.437 & 8.221 & 5.976 \\
1.116 & 4.435 & 2.345 & 1.782 \\
3.810 & 4.589 & 5.313 & 10.90 \\
2.649 & 2.432 & 1.581 & 2.432 \\
1.843 & 2.466 & 2.833 & 2.361
\end{array}
$$

请计算这些数据的极大似然估计值 $\hat{\beta}$ 和 $\hat{\theta}$。

13. 以下数据由韦布尔分布随机生成（参数 $v=0$）：

$$
\begin{array}{cccc}
7.936 & 5.224 & 3.937 & 6.513 \\
4.599 & 7.563 & 7.172 & 5.132 \\
5.259 & 2.759 & 4.278 & 2.696 \\
6.212 & 2.407 & 1.857 & 5.002 \\
4.612 & 2.003 & 6.908 & 3.326
\end{array}
$$

请计算这些数据的极大似然估计值 $\hat{\alpha}$ 和 $\hat{\beta}$（需要一台可编程计算器和一台计算机，以及必要的耐心）。

14. 连接佐治亚州 Atlanta 和 Athens 两个城市之间的高速公路，有一段 100 公里长的路段属于事故高发区。公共安全官员认为该路段上的事故发生率服从均匀分布，但是新闻媒体却不这样认为。为此，佐治亚州公共安全厅刊发了九月份的交通事故数据。这些数据表明，在每 30 次事故中会有一起人身伤害或者致死事件，数据如下（数据代表事发地点距离 Atlanta 城市边界的里程数）：

$$
\begin{array}{ccccc}
88.3 & 40.7 & 36.3 & 27.3 & 36.8 \\
91.7 & 67.3 & 7.0 & 45.2 & 23.3 \\
98.8 & 90.1 & 17.2 & 23.7 & 97.4 \\
32.4 & 87.8 & 69.8 & 62.6 & 99.7 \\
20.6 & 73.1 & 21.6 & 6.0 & 45.3 \\
76.6 & 73.2 & 27.3 & 87.6 & 87.2
\end{array}
$$

请使用 K-S 检验法，验证和分析九月份的事故发生地点与 Atlanta 市的距离（单位：公里）是否服从均匀分布。

15. 证明例 9.19 的 K-S 检验统计量应为 $D=0.1054$。

16. 联邦机构研究某煤矿每个月的工伤事故次数，过去 100 个月的数据如下：

| 每个月发生的事故次数 | 事故发生频率 | 每个月发生的事故次数 | 事故发生频率 |
|---|---|---|---|
| 0 | 35 | 4 | 4 |
| 1 | 40 | 5 | 1 |
| 2 | 13 | 6 | 1 |
| 3 | 6 | | |

a) 假设上述数据服从泊松分布，请使用卡方检验进行验证，显著性水平 $\alpha=0.05$。

b) 假设上述数据服从泊松分布，均值为 1.0，请使用卡方检验进行验证，显著性水平 $\alpha=0.05$。

c) 上述两问有何不同，每种情况何时会出现？

17. 我们计算和记录了 50 名职员在一周工作日中所花费的业务处理时间，数据如下：

| 员工 | 时间(分钟) | 员工 | 时间(分钟) | 员工 | 时间(分钟) | 员工 | 时间(分钟) |
|---|---|---|---|---|---|---|---|
| 1 | 1.88 | 14 | 0.79 | 27 | 1.49 | 40 | 4.29 |
| 2 | 0.54 | 15 | 0.21 | 28 | 0.66 | 41 | 0.80 |
| 3 | 1.90 | 16 | 0.80 | 29 | 2.03 | 42 | 5.50 |
| 4 | 0.15 | 17 | 0.26 | 30 | 1.00 | 43 | 4.91 |
| 5 | 0.02 | 18 | 0.63 | 31 | 0.39 | 44 | 0.35 |
| 6 | 2.81 | 19 | 0.36 | 32 | 0.34 | 45 | 0.36 |
| 7 | 1.50 | 20 | 2.03 | 33 | 0.01 | 46 | 0.90 |
| 8 | 0.53 | 21 | 1.42 | 34 | 0.10 | 47 | 1.03 |
| 9 | 2.62 | 22 | 1.28 | 35 | 1.10 | 48 | 1.73 |
| 10 | 2.67 | 23 | 0.82 | 36 | 0.24 | 49 | 0.38 |
| 11 | 3.53 | 24 | 2.16 | 37 | 0.26 | 50 | 0.48 |
| 12 | 0.53 | 25 | 0.05 | 38 | 0.45 | | |
| 13 | 1.80 | 26 | 0.04 | 39 | 0.17 | | |

假设上述服务时间服从指数分布，请使用卡方检验(可参考例 9.18)进行验证。分组数 $k=6$，显著性水平 $\alpha=0.05$。

18. Studentwiser 啤酒公司试图找出他们所生产玻璃酒瓶破碎强度的分布。随机挑选 50 个啤酒瓶进行破碎强度测试，测试结果如下(单位：磅/平方英寸)：

382

$$
\begin{array}{ccccc}
218.95 & 232.75 & 212.80 & 231.10 & 215.95 \\
237.55 & 235.45 & 228.25 & 218.65 & 212.80 \\
230.35 & 228.55 & 216.10 & 229.75 & 229.00 \\
199.75 & 225.10 & 208.15 & 213.85 & 205.45 \\
219.40 & 208.15 & 198.40 & 238.60 & 219.55 \\
243.10 & 198.85 & 224.95 & 212.20 & 222.90 \\
218.80 & 203.35 & 223.45 & 213.40 & 206.05 \\
229.30 & 239.20 & 201.25 & 216.85 & 207.25 \\
204.85 & 219.85 & 226.15 & 230.35 & 211.45 \\
227.95 & 229.30 & 225.25 & 201.25 & 216.10
\end{array}
$$

使用输入建模软件及其内置的所有检验方法，验证上述数据是否服从均匀分布。若软件内置了卡方检验法，请至少设定两个不同的分组数并使用卡方检验进行验证。是否所有检验的结果都是一致的？

19. Crosstowner 是一条穿越 Atlanta 东北部和西南部的公交线路，公共汽车运营商记录了公交车辆的单程行驶时间。车辆运行时间为星期一到星期五。以下数据记录了最近 50 天早 8 点发车公交车的单程行驶时间(单位：分钟)：

$$
\begin{array}{ccccc}
92.3 & 92.8 & 106.8 & 108.9 & 106.6 \\
115.2 & 94.8 & 106.4 & 110.0 & 90.9 \\
104.6 & 72.0 & 86.0 & 102.4 & 99.8 \\
87.5 & 111.4 & 105.9 & 90.7 & 99.2 \\
97.8 & 88.3 & 97.5 & 97.4 & 93.7 \\
99.7 & 122.7 & 100.2 & 106.5 & 105.5 \\
80.7 & 107.9 & 103.2 & 116.4 & 101.7 \\
84.8 & 101.9 & 99.1 & 102.2 & 102.5 \\
111.7 & 101.5 & 95.1 & 92.8 & 88.5 \\
74.4 & 98.9 & 111.9 & 96.5 & 95.9
\end{array}
$$

你认为上述运行时间服从哪种分布？找到一个合适的输入模型并对其进行检验。

20. 某通信中心对信息传递时间（单位：毫秒）进行了抽样。50 个抽样值为：

| | | | | |
|---|---|---|---|---|
| 7.936 | 4.612 | 2.407 | 4.278 | 5.132 |
| 4.599 | 5.224 | 2.003 | 1.857 | 2.696 |
| 5.259 | 7.563 | 3.937 | 6.908 | 5.002 |
| 6.212 | 2.759 | 7.172 | 6.513 | 3.326 |
| 8.761 | 4.502 | 6.188 | 2.566 | 5.515 |
| 3.785 | 3.742 | 4.682 | 4.346 | 5.359 |
| 3.535 | 5.061 | 4.629 | 5.298 | 6.492 |
| 3.502 | 4.266 | 3.129 | 1.298 | 3.454 |
| 5.289 | 6.805 | 3.827 | 3.912 | 2.969 |
| 4.646 | 5.963 | 3.829 | 4.404 | 4.924 |

383

你认为上述数据服从哪种分布？找到一个合适的输入模型并对其进行检验。

21. Gotwatts Flash & Flicker 公司精确记录了电信服务连接请求的间隔时间（单位：分钟），以下是最近记录的 50 个数据：

| | | | | |
|---|---|---|---|---|
| 0.661 | 4.910 | 8.989 | 12.801 | 20.249 |
| 5.124 | 15.033 | 58.091 | 1.543 | 3.624 |
| 13.509 | 5.745 | 0.651 | 0.965 | 62.146 |
| 15.512 | 2.758 | 17.602 | 6.675 | 11.209 |
| 2.731 | 6.892 | 16.713 | 5.692 | 6.636 |
| 2.420 | 2.984 | 10.613 | 3.827 | 10.244 |
| 6.255 | 27.969 | 12.107 | 4.636 | 7.093 |
| 6.892 | 13.243 | 12.711 | 3.411 | 7.897 |
| 12.413 | 2.169 | 0.921 | 1.900 | 0.315 |
| 4.370 | 0.377 | 9.063 | 1.875 | 0.790 |

你认为上述数据服从哪种分布？找到一个合适的输入模型并对其进行检验。

22. Earth Moving Tractor 公司负责维护 D-3 型牵引索的变速器，每天的维修请求次数记录如下：

| | | | | |
|---|---|---|---|---|
| 0 | 2 | 0 | 0 | 0 |
| 1 | 0 | 1 | 1 | 1 |
| 0 | 1 | 0 | 0 | 0 |
| 2 | 0 | 1 | 0 | 1 |
| 0 | 1 | 0 | 0 | 2 |
| 1 | 0 | 1 | 0 | 0 |
| 0 | 0 | 0 | 0 | 0 |
| 1 | 0 | 1 | 0 | 1 |
| 0 | 0 | 3 | 0 | 1 |
| 1 | 0 | 0 | 0 | 0 |

你认为每天的维修需求数量服从哪种分布？找到一个合适的输入模型并对其进行检验。

23. 车间经理拟针对 Job Shop ⊖ 问题建立一个仿真模型，涉及两道工序：铣削和刨光。每道工序的加工时间数据都可以采集到，然后可以用所生成的概率分布产生仿真所需事件和随机变量值。然而，车间经理说这两道工序的加工时间可能彼此不独立，即较多的铣削作业时间会导致较多的刨光作业时间。最近 25 张订单的加工时间数据采集如下（单位：分钟）：

384

| 订单 | 铣削时间<br>（分钟） | 刨光时间<br>（分钟） | 订单 | 铣削时间<br>（分钟） | 刨光时间<br>（分钟） |
| --- | --- | --- | --- | --- | --- |
| 1 | 12.3 | 10.6 | 14 | 24.6 | 16.6 |
| 2 | 20.4 | 13.9 | 15 | 28.5 | 21.2 |
| 3 | 18.9 | 14.1 | 16 | 11.3 | 9.9 |
| 4 | 16.5 | 10.1 | 17 | 13.3 | 10.7 |
| 5 | 8.3 | 8.4 | 18 | 21.0 | 14.0 |
| 6 | 6.5 | 8.1 | 19 | 19.5 | 13.0 |
| 7 | 25.2 | 16.9 | 20 | 15.0 | 11.5 |
| 8 | 17.7 | 13.7 | 21 | 12.6 | 9.9 |
| 9 | 10.6 | 10.2 | 22 | 14.3 | 13.2 |
| 10 | 13.7 | 12.1 | 23 | 17.0 | 12.5 |
| 11 | 26.2 | 16.0 | 24 | 21.2 | 14.2 |
| 12 | 30.4 | 18.9 | 25 | 28.4 | 19.1 |
| 13 | 9.9 | 7.7 | | | |

 a) 在横轴上绘制铣削作业时间，在纵轴上绘制刨光作业时间。这些数据看起来是彼此独立的还是相关的？

 b) 计算铣削作业时间和刨光作业时间的样本相关系数。

 c) 使用二元正态分布对上述数据进行拟合。

24. 编写一段计算机程序，计算韦布尔分布的极大似然估计量 $(\hat{\alpha}, \hat{\beta})$。程序输入应包括样本量 $n$，观测值 $x_1$，$x_2$，$\cdots$，$x_n$，程序运行终止规则（$|f(\hat{\beta}_j)| \leqslant \varepsilon$），以及打印选项参数 OPT（OPT 的默认值为零）。输出值应包括估计量 $\hat{\alpha}$ 和 $\hat{\beta}$。若将 OPT 设置为 1，则可以将结果输出打印出来以了解其收敛性，输出格式请参考表 9-4。软件应尽可能地方便用户使用。

25. 检查你能接触到的计算机软件库函数或仿真软件，获得可用于解决习题 2~24 的数据分析软件的相关文档，并以这些软件为辅助工具完成这些习题。

26. 我们记录了某旅店连续 20 天的住宿顾客数量，分别为 20、14、21、19、14、18、21、25、27、26、22、18、13、18、18、18、25、23、20、21。分别使用 AR(1) 和 EAR(1) 模型对上述数据进行拟合。通过观测直方图，你认为哪一个模型拟合得更好。

27. 以下数据为银行的交易处理时间（单位：分钟）：0.740、1.28、1.46、2.36、0.354、0.750、0.912、4.44、0.114、3.08、3.24、1.10、1.59、1.47、1.17、1.27、9.12、11.5、2.42、1.77。针对上述数据建立一个输入模型。

385

---

⊖ Job Shop 即机群式布置车间，是指在工作场所（车间）内，将同类设备放置在一起构成加工中心，因此一个场所内可以有多个加工中心。车间设备可以加工多种产品或零部件，每种产品或零部件可以有不同的加工工艺路线，并且可以多次返回同一个加工中心（称为重入）。与 Flow Shop 相对应。在 Flow Shop 模式的车间中，所有设备按照流水线布置，产品或零部件的加工是按照相同的加工工艺或加工顺序完成的。

28. 有 A 和 B 两种类型的作业被发放到 Job Shop 车间的输入暂存区中，我们可视为作业到达事件，且作业到达是不确定的。以下是某个星期的生产数据：

| Day | 作业数量 | 作业 A 的数量 | Day | 作业数量 | 作业 A 的数量 |
|---|---|---|---|---|---|
| 1 | 83 | 53 | 4 | 65 | 41 |
| 2 | 93 | 62 | 5 | 78 | 55 |
| 3 | 112 | 66 | | | |

分别针对两类作业的每天到达事件建立输入模型。

29. 以下数据是一台机床的加工处理时间（单位：分钟）：0.64、0.59、1.1、3.3、0.54、0.04、0.45、0.25、4.4、2.7、2.4、1.1、3.6、0.61、0.20、1.0、0.27、1.7、0.04、0.34。请针对处理时间建立输入模型。

30. 以下是各时间段内的到达次数。针对非平稳泊松过程（NSPP），估计其到达率函数 $\lambda(t)$，单位为每小时的到达次数。

| 时间段 | 到达次数 | | | |
|---|---|---|---|---|
| | 第 1 天 | 第 2 天 | 第 3 天 | 第 4 天 |
| 8:00—10:00 | 22 | 24 | 20 | 28 |
| 10:00—12:00 | 23 | 26 | 32 | 30 |
| 12:00—2:00 | 40 | 33 | 32 | 38 |

31. 请你借助互联网，检索本章提及的所有输入模型软件包（可以从 www.informs-sim.org 开始）。这些软件具有哪些特性？它们都包含哪些分布？

32. 作为手术过程的一个步骤，需要将患者护送到术前准备区。按照规定，不允许患者独自前往。一名管理人员轻松步行到达术前准备区需要 2 分钟。医院后勤人员说，有时需要 7 分钟才能将病人护送到术前准备区，但通常只需要 5 分钟。根据这些信息，请你构建患者护送时间的输入模型。

33. 在插入/密封/检测操作过程中，首先需要将电子部件插入板槽，然后组装、密封壳体，最后进行成品单元测试。对于 A12117c 型号的产品而言，完成上述操作的期望时间为 2 分钟，而 B33433x 型产品需要 3 分钟。可变标准余量（standard allowance for variability）为上述时间的 ±20%。根据所给信息，构建插入/密封/检测操作的输入模型。

34. 以下数据是 5 个星期中同一天 24 小时之内到达呼叫中心的电话呼入次数。请你判断该过程是否为非平稳过程？如果是的话，请针对上午 8 点至下午 4 点之间的电话呼入次数，构建一个非平稳泊松过程（NSPP）输入模型。

| 8-9A. M. | 9-10A. M. | 10-11A. M. | 11-12P. M. | 12-1P. M. | 1-2P. M. | 2-3P. M. | 3-4P. M. |
|---|---|---|---|---|---|---|---|
| 27 | 37 | 58 | 68 | 65 | 33 | 37 | 21 |
| 27 | 35 | 67 | 93 | 74 | 42 | 39 | 21 |
| 25 | 39 | 58 | 75 | 82 | 34 | 46 | 19 |
| 18 | 42 | 48 | 75 | 62 | 51 | 49 | 14 |
| 29 | 42 | 65 | 88 | 70 | 43 | 45 | 22 |

# 仿真模型的校核、校准与验证<sup></sup>⊖

模型开发人员面临的最重要也是最困难的任务之一，就是对仿真模型进行校核（verification）与验证（validation）。工程师和系统分析师根据模型输出提出建议方案，管理者依据这些建议做出决策，因此在某种程度上，管理者自然会对模型的有效性产生质疑。在整个开发和验证阶段，模型开发人员始终要与最终用户密切配合，在降低用户对模型质疑的同时，提高模型的可信度。

模型验证的目的有两个：第一，构建一个能足够接近真实系统行为的模型，将其作为真实系统的替代物，实施系统实验，分析系统行为，预测系统性能；第二，将模型的可信度提高到一个可以接受的水平，以便管理者和其他决策者能够放心使用。

模型验证不应看作是独立于模型开发的一系列步骤，而应视为与模型开发密不可分的工作。从概念上来讲，模型校核与验证过程包括如下内容：

388

1) 模型校核关心是否正确地构建了仿真模型。该过程旨在比较概念模型与计算机仿真模型（仿真模型依据概念模型开发）是否一致，主要回答如下问题：仿真软件是否严格遵照概念模型开发？仿真模型的输入参数和逻辑结构是否正确反映了概念模型的要求？

2) 模型验证关注是否构建了正确的仿真模型。验证工作试图确认仿真模型是真实系统的一致、准确的表现。模型验证常常通过模型校准（calibration）完成，即通过对比仿真模型与现实系统之间的行为，通过二者差异并进行深入了解，实现模型的改进，不断迭代和重复这个过程，直至模型精度达到可接受的水平。

本章将介绍在模型校核与验证过程中被广泛推荐和使用的方法。大多数方法属于非正式的主观对比，还有少数方法属于正规化的统计分析。后一类方法包含第 11 章和第 12 章的主要内容，即输出分析。输出分析是指通过分析仿真模型所产生的数据，来推断真实系统的行为和性能。简言之，模型验证是使得模型使用者获得信心（输出分析是对实际系统进行有效推断的保证）的过程。

很多论文和教科书都涉及模型校核与验证。对一些重要议题的分析和讨论，读者可以参阅 Balci[1994，1998，2003]、Carson[1986，2002]、Gass[1983]、Kleijnen[1995]、Law 和 Kelton[2000]、Naylor 和 Finger[1967]、Oren[1981]、Sargent[2003]、Shannon[1975]以及 van Horn[1969，1971]等文献；关于模型验证各个方面的统计技术，除上述材料外，读者还可参考 Balci 和 Sargent[1982a，b；1984a]、Kleijnen[1987]以及 Schruben[1980]等文献；有关模型验证的案例分析，读者可参考 Carson 等[1981a，b]、Gafarian 和 Walsh[1970]、Kleijnen[1993]，以及 Shechter 和 Lucas[1980]等文献。模型验证的发展史可以参考 Balci 和 Sargent[1984b]以及 Youngblood[1993]等文献。

---

⊖ 在仿真模型的校核与验证环节，目前国际上比较通行的标准是 VV&A，即校核、验证和确认（Verification，Validation and Accreditation）。VV&A 最早由美国国防部下属的国防建模与仿真办公室提出，目前已成为事实上的国际标准。本书论述的内容与 VV&A 有所不同，尤其是在最后一个环节（用户确认），有兴趣的读者可以对比阅读。

## 10.1   模型的构建、校核与验证

模型构建的第一步工作包括观测实际系统及其组件（component）之间的相互作用；收集系统行为数据。但是，仅仅依靠观察很难充分了解系统行为，所以还应该咨询那些熟悉系统（子系统）的人员，从而可以利用他们在专业知识上的优势。对于操作员、技术员、修理和维护人员、工程师、监工以及管理者来说，他们可能只了解系统中的一部分问题，而对其他问题知之甚少，并且不同的人对同一个问题的理解也不尽相同。随着模型开发的持续深入，新问题不断涌现，模型开发人员需要返回到这一步，进行更多的咨询和访谈，以便更多地了解和学习系统结构和行为方面的知识。

模型构建的第二步是概念模型（conceptual model）的结构化——对系统结构及其组件进行假设，然后将其汇聚到一起，并对模型的输入参数值进行假设。如图 10-1 所示，概念化验证是对实际系统与概念模型进行比较分析。

模型构建的第三步是操作模型（operational model）的实现。通常需要使用仿真软件，并将概念模型的假设与仿真软件的视角和相关概念协调一致。

实际上，模型构建并不只是由这三个步骤构成的线性过程，相反，在构建、校核和验证模型的过程中，建模人员需要反复使用这些步骤。图 10-1 给出了一个不间断的模型构建过程，其中，由于需要进行校核与验证，因此要求对实际系统与概念模型、操作模型进行持续不断地对比，此外还包括对模型的反复修改，以提高其精度。

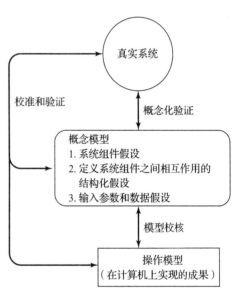

图 10-1   模型构建、校核和验证

## 10.2   仿真模型的校核

模型校核的目的在于确保概念模型被准确地映射到操作模型之中。概念模型通常涉及系统操作的抽象化，或者某些实际操作的简化。模型校核会提出下列问题：操作模型是否准确地反映了概念模型（有关系统元素和系统结构的假设、参数值、系统抽象和简化）？

模型校核可以采用那些已经达成共识的方法：

1）请开发团队以外的人员检查操作模型，最好是熟悉所用仿真软件的专家。

2）制作一个流程图，记录事件出现时系统能够采取的每一个符合逻辑的可能活动，并给出针对每一个事件类型、每一个系统活动的模型逻辑的执行过程（图 2-4 和 2-5 给出了单服务台排队模型的逻辑流程图示例）。

3）依据输入参数的多种组合设置，仔细检查模型输出的合理性。令成品模型（implemented model）显示多个输出统计值，对其仔细检查。

4）令操作模型在仿真结束之后打印输入参数，确保这些参数值不会因为疏忽大意而改变。

5）尽可能使操作模型自动生成文档。对每一个所使用的变量进行精确定义，对每一个子模型、程序（或代码的主要部分）、系统组件以及其他模型分支给出一般性描述。

6）如果操作模型有动画显示，校核哪些动画是对现实系统的模拟。比如，我们可能通

过动画观察到如下错误：在单行路或十字路口，自动导引车（AGV）会跨越或穿过另一辆车；实体在仿真过程中莫名其妙地消失不见。

7）交互式运行控制器（IRC）或者调试器是成功构建仿真模型所需的基本工具组件。即使最有经验的仿真分析师在建模时也会犯错或出现逻辑错误。交互式运行控制器可以发现错误并通过如下方式来进行修正：

① 监控运行中的仿真过程。可以通过让模型运行到指定时点，然后展现那一刻的模型信息，以发现错误。另一种方式是让仿真模型运行到特定条件时停下来，然后显示相应信息。

② 重点关注特定实体、代码行或流程。比如，每次有实体进入一个特定流程后，仿真程序就会暂停，并收集相关信息。再比如，每当特定实体处于活跃状态时，仿真就会暂停。

③ 观测所选定模型要素的瞬态值。当仿真暂停时，当前变量值或变量状态、属性、队列、资源、计数器等，都可以被观测和分析。

④ 仿真过程可以被临时挂起或暂停，不只是为了观察信息，还可以重设数值或者重定向实体。

8）进行校核和验证时，建议使用图形界面［Bortscheller 和 Saulnier，1992］。模型的图形化表示实质上是自助生成文档的另一种形式，是文字的图形化展示，它使得模型更容易理解。

以上建议基本上是软件工程师都会遵循的规范。

在以上这些常识性建议中，有一项非常容易做到，但通常会被忽视，尤其对于正在学习仿真的学生更是如此，这就是密切、全面检查模型输出的合理性（建议 3）。比如，考虑一个复杂排队网络模型，它由很多串联、并联交织的服务中心构成。假设模型构建者最关心的是服务响应时间，即顾客通过特定流程或子系统所耗费的时间。在模型开发的校核（以及校准）阶段，我们除了获得响应时间指标之外，还要收集并打印很多额外的统计指标，比如服务台利用率、各子系统中按照时间平均的顾客数量，等等。如果检验服务台利用率，会发现该指标可能过低或过高，这有可能是因为错误地设定了平均服务时间引起的，也有可能是在模型逻辑上出现错误，为该服务台分派了太多或太少的顾客，还有可能是其他参数的设定错误或逻辑错误引起的。

在自动采集标准统计量（平均队列长度、平均等待时间，等等）的仿真语言里，基本上不需要编程就可以显示出几乎所有想要的统计量。而 C、C++ 或者 Java 等通用编程语言并无统计量采集功能，因此需要开发者通过大量的工作去实现。

有两类统计值可以对模型合理性进行快速推断：当前值（current content）和累计值（total count）。这些统计值适用于任何有实体（item）通过的系统，不论这些实体是顾客、业务、存货还是车辆。当前值指的是在给定时刻，系统各部分所包含的实体数量。累计值指的是在给定时刻，已流经系统各部分的实体总数。在某些仿真软件里，这些数据可以自动保存，并可在仿真过程中的任何时刻呈现。而在另外的仿真软件里，即使是简单的计数器，也不得不额外添加，以便在适当的时间呈现。如果系统某部分的当前值过高，则表明那里有大量实体处于等待状态（delay）。如果查看较长时间的连续仿真输出结果，若当前值随时间呈线性增长，这很可能是由于队列不稳定造成的，说明服务台能力远远不足，这很可能是服务台太少或者服务时间设定有误造成的（我们已经在第 6 章讨论过不稳定的队列）。此外，如果某些子系统的实体累计值为零，则表明没有实体进入该子系统，这是非

391

常可疑的。另一种可能是当前值与累计值都等于 1，这表明一个实体获取了一个资源，但是一直未将其释放。针对不同的运行时长，仔细评估这些统计值，有助于发现模型中的逻辑或数据设定方面的错误。虽然仿真输出的合理性检查对发现模型中细小的问题没有什么帮助，但它是发现整体错误的一个快捷有效的办法。为了更好地排查错误，模型开发人员最好在运行模型之前，对选定输出指标的范围有一个合理的预估，这样的预估工作可以降低将非正常差异合理化的风险以及无法查明异常输出来源的可能。

对于特定模型而言，我们不仅能够考察某统计量是否合理，还能够计算一定时长内系统的性能。比如，在第 6 章里，在没有任何关于到达间隔时间或服务时间分布的假设下，分析师可以计算一个多队列系统的服务台长期利用率。他所需要的信息仅仅是排队网络架构以及到达率和服务率数值。任何可通过解析计算获得的指标，都可以通过仿真获得（只能是近似结果），二者之间的对比分析为模型校核提供了另一种有价值的手段。假设仿真目标是评估一些系统性能指标，比如平均响应时间，这个指标不能通过解析法求解，但是按照第 6 章中系统排队的公式（M/M/1、M/G/1 等）来看，排队系统里的所有性能指标都是相关的。因此，如果仿真模型正确预测了一个指标（比如服务台利用率），那么我们对其他相关指标进行预测的能力可信度（比如响应时间）也会提高（即使两个指标之间的关系是未知的，而且会随模型而变化）。相反地，如果模型错误地预测了服务台利用率，那么模型对于其他指标的预测（比如平均响应时间）也值得怀疑。

另一种有助于检验的重要方法是借助常被忽视的文件编制阶段的工作。如果一个模型开发人员为操作模型编写了摘要文档，其中对所有变量和参数增加了注解和定义，同时还为模型的所有关键程序段编写了描述文档，日后其他人员或开发者进行模型的逻辑检验，工作就会简单得多。文件是一种阐明模型逻辑和检验完整性的重要方法。

更复杂的技术是追踪（trace）。一般来说，当一个事件发生时，使用追踪功能可以提供详细且带有时间戳的仿真输出结果。也就是说任何事件发生时，我们都有办法得到我们想要的那一时刻的模型过程信息（系统状态、实体属性以及其他模型变量值）。换句话说，当某一事件发生时，仿真模型可以将详细的状态信息写入到一个文件中去，随后模型开发人员可以使用这个文件中的信息进行模型校核和错误排查。

## 例 10.1

当校核例 2.5 的单服务台排队系统（采用 C、C++、Java 或大多数仿真语言）的操作模型时，分析师仿真了 16 个时间单位，观察到平均排队队列长度是 $\hat{L}_Q = 0.4375$，由于运行时间比较短（只有 16 个时间单位），因此输出结果还算合理。除非分析师认为需要进行更详细的校核。

图 10-2 记录了例 2.5 中单服务台排队系统从 CLOCK＝0 时刻到 CLOCK＝16 时刻的仿真输出结果。这个例子说明如何在主要输出统计值（比如 $\hat{L}_Q$）没有明显错误的情况下，通过追踪器发现错误。需要注意的是，在仿真时刻 CLOCK＝3 时，系统中的顾客数 NCUST＝1，但此时服务台却是空闲的（STATUS＝0），这个错误可能源于逻辑上不正确，或是未设置 STATUS 属性为 1（当使用通用语言或仿真语言编程时，需要自行设定某些仿真变量的数值）。

在任何情况下，我们都必须找到并更正这些错误。需要注意的是，只针对统计指标或仿真输出进行的简单检验，不能保证发现错误。借助公式（6.1），读者可以检验所计算的 $\hat{L}_Q$ 是正确的（$\hat{L}_Q$ 是 NCUST 减去 STATUS 的值并按照时间进行平均后所得到的数值），即

$$\hat{L}_Q = \frac{(0-0)3+(1-0)2+(0-0)6+(1-0)1+(2-1)4}{3+2+6+1+4} = \frac{7}{16} = 0.4375$$

```
变量定义

CLOCK = 仿真时钟
EVTYP = 事件类型（开始，到达，离开，或停止）
NCUST = CLOCK时刻系统中的顾客数
STATUS = 服务台状态（1–繁忙，0–空闲））

事件发生之后的系统状态

CLOCK = 0     EVTYP = 'Start'      NCUST = 0    STATUS = 0
CLOCK = 3     EVTYP = 'Arrival'    NCUST = 1    STATUS = 0
CLOCK = 5     EVTYP = 'Depart'     NCUST = 0    STATUS = 0
CLOCK = 11    EVTYP = 'Arrival'    NCUST = 1    STATUS = 0
CLOCK = 12    EVTYP = 'Arrival'    NCUST = 2    STATUS = 1
CLOCK = 16    EVTYP = 'Depart'     NCUST = 1    STATUS = 1
              ⋮
```

图 10-2　例 2.5 的仿真过程追踪

此时可以说，输出指标 $\hat{L}_Q$ 的值是合理的且计算无误。但实际上这个数值却是错误的，因为 STATUS 的属性值设定有误。从图 10-2 可以看到，通过追踪所获得的模型信息，比单独使用汇总指标所得到的信息量更多、更详细。

大多数仿真软件都有一项内置功能，可以对模型进行追踪，而无须额外编程。此外，通用开发语言中的"打印"（print）或者"写"（write）语句，也可用于信息追踪。

你也许会想，如果对仿真过程进行长时间的追踪，会产生大量输出，对如此多的信息详细检查其正确性，这会是非常困难的。追踪手段的目的是以手工计算的方式检查计算机程序运算的准确性。因此，开启追踪功能的仿真运行时长一般都会设置得比较短。当然，我们希望保证各种类型的事件（比如顾客到达）至少发生一次，这样才能检验各类事件对仿真运行过程及输出结果的影响精度。如果某一类事件很少发生，或仿真时长较短，有必要使用人造数据强迫它发生，这样做是合理的，因为我们的目标就是检查此类"稀有事件"（rare event）对于系统的影响。

某些软件支持使用可选择性追踪（selective trace）。举例来说，可以在模型的特定位置设置追踪，或者在预定的仿真时间触发追踪，当有实体经过指定地点时，仿真软件就在追踪文件里写上带时间戳的信息；一些仿真软件允许跟踪选定的实体，一旦指定实体开始活动，就触发追踪并记录信息。这类追踪在尾随一个实体通过整个模型时非常有用；可选择性追踪的另一个例子，是它也可以被设定在特定条件成立时被触发，比如说一旦某类资源的数量超过 5 个，队列状态即被追踪，这样就可以在仿真运行遇到不常见的情况时，检查该时点及后续时间的系统行为。不同仿真软件的追踪功能有所不同。实际上，一般都是由模型开发人员在模型的某个位置增加打印指令来实现的。

在三种技术中（常识类技术、自助文档编写、追踪技术），前两种采用得比较多。对于模型输出结果合理性的封闭式检验非常有价值，因为它能够提供有用的信息。通用型追踪能够提供大量的数据，远远超过人工处理能力；可选择性追踪能够提供模型关键部分的有用信息，同时将数据存储保持在可管理的水平。

## 10.3　模型的校准和验证

校准（calibration）与验证（validation）尽管在概念上有所不同，但模型开发人员通常混在一起使用。验证是将模型及其行为与真实系统进行对比的全过程（overall process）。校准则是一个迭代过程（iterative process），它将模型和真实系统进行比较，对模型进行调整（甚至是重大修改），然后将修订后的模型与实际系统对比，再做调整，再对比，重复进行。图 10-3 介绍了校准和验证之间的关系。仿真模型和现实系统的比较需要进行多种类型的检验，一部分是主观性检验，其余为客观性检验。主观性检验通常涉及人，他们了解系统的一个或几个方面，可以对模型及其输出给出评价。客观性检验通常需要系统行为数据以及模型产生的相关数据。在此基础上，针对现实系统与仿真模型的数据集中的相同指标进行比较，开展一次或多次的统计检验。迭代过程（比较仿真模型和实际系统，修改概念模型和操作模型，消除已发现的模型缺失和问题）一直持续到模型足够精准为止。

校准工作被人诟病的一点是：如果仅采用一个数据集进行验证之后就停止校准工作的话，模型验证结果的可信度不强，也就是说，模型是为这个数据集"量身打造"的。为了避免这种情况，一种方法是收集一组新的系统数据（或者只保留并使用原数据的一部分），并应用于验证工作的最后一个阶段。具体来讲，就是在使用原始数据集对模型进行校准之后，使用第二套数据进行"最终"验证。如果在"最终"验证阶段，发现模型和系统之间存在不可接受的差异，模型开发人员必须返回校准阶段并修正模型，直至达到可接受的水平为止。

模型验证不是关于"对或错"的二选一命题——没有任何模型能够完美地再现真实系统。同时，模型的每次修正（如图 10-3 所示）都要付出成本、时间和劳动。模型开发人员应该衡量增加验证工作成本是否一定能够提高模型的精度，而不是给出百分之百的保证。通常，模型开发人员（还有用户）在模型预期和系统行为之间有一个最大的、可接受的容错值。如果在预算范围内没有达到该精度，要么降低对模型精度的期望值，要么放弃这个模型。

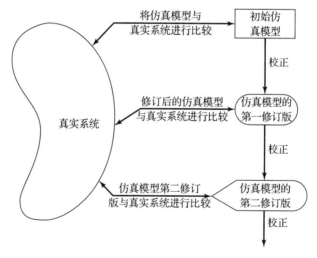

图 10-3　校准模型的迭代过程

Naylor 和 Finger[1967]建立了一个"三步法"来辅助验证过程，目前已被广泛使用。

**第 1 步**　建立一个具有高表面效度（face validity）的仿真模型，也就是能被大多数人接受的、直觉上具有较高现实相似度的模型。

**第 2 步**　验证模型的相关假设。

**第 3 步**　将仿真模型的输入-输出转换与真实系统的输入-输出转换进行比较。

我们将在接下来的内容里详细介绍这三个步骤。

### 10.3.1　表面效度

仿真模型开发人员的首要目标，就是构建一个表面上看起来合情合理的模型，以便模型用户或其他人员通过该模型了解即将被仿真的真实系统。在模型建造过程中（由概念到实施），潜在用户也应参与其中，通过对系统结构进行合理的假设并以可靠的数据进行验证，以确保模型具有高度的真实性。潜在用户和专家可以评价模型输出结果的合理性，以帮助发现模型的不足。在从发现模型缺陷到内部改进的迭代过程中，用户可以参与模型的校准工作。用户参与其中的另一个好处是提高模型的感知有效性或可信度，否则管理者不会相信仿真结果，也不会将之作为决策的依据。

灵敏度分析也可以用来检查模型的表面效度。模型使用者关心当一个或多个输入变量发生改变时，模型能否按照预期的方式变化。比如，在大多数排队系统里，如果顾客到达率（或者服务需求率）提高了，那么服务台利用率、队列长度和排队等待时间也应增加（尽管增加值的大小不确定）。当输入变量的数值增加或减少时，依据经验或对真实系统（或类似系统）的观察，模型使用者和开发者至少应该对仿真模型输出值的变化方向有大致的了解。复杂仿真模型大多包含很多输入变量，因而需要开展很多次的灵敏度实验。如果测试全部输入变量的成本太高或耗时太多，模型开发人员应尽量选择最关键的输入变量进行测试。如果真实系统至少有两套参数组合方案，可以通过合适的统计技术开展客观、科学的灵敏度测试。

396

### 10.3.2　模型假设的验证

模型假设主要分为两类：结构假设（structural assumption）和数据假设（data assumption）。结构假设关心系统是如何运行的，通常涉及现实系统的简化和抽象。比如银行中的顾客队列和服务设施设置规则。所有顾客可以共享一个队列，或者每个服务台都有一个专属队列。如果有多个队列，可以严格按照"先到先服务"的规则对顾客进行服务，有些顾客会因为其他队列移动速度快而"跳槽"。柜员数量既可以是固定的，也可以是可变的。这些结构假设可以通过一段时间的实际观察获得，并且与银行管理者或柜台服务员依据现行规定或实际执行规则进行商定后确认。

数据假设应基于可靠数据的收集和正确的统计分析。比如，在同一个银行案例中，假设已经收集了以下数据：

1）多个业务高峰时段（每段长度为 2 小时）内的顾客到达间隔时间。

2）业务清闲时段内的顾客到达间隔时间。

3）公司业务顾客的服务时间。

4）个人业务顾客的服务时间。

经与银行经理咨询后，确认了所搜集数据的可靠性，并由银行经理确定"高峰期"和"清闲期"的时间划分。在将两个或多个来自于不同时段的数据集进行合并的时候，需要通过客观的数据同质性统计检验进一步增强数据的可靠性。（在不同时段搜集的个人业务服务时间的两个数据集 $\{X_i\}$ 和 $\{Y_i\}$ 是否来自同一总体？如果是的话，就可以将其合并。）也许还需要做一些额外的检验，用于检查数据的相关性。一旦确定了可用的随机样本（比如，数据不存在相关性），就可以开始数据分析。

对随机样本的输入数据分析的步骤已经在第 9 章中讨论过了。无论由人工完成还是通过专门的软件完成，分析过程都由以下三步构成：

**第 1 步** 确定一个合适的概率分布。

**第 2 步** 估计假设分布的参数。

**第 3 步** 采用拟合优度检验（例如卡方检验、K-S检验，或图表法）去验证所假设的统计模型。

拟合优度检验是数据假设验证过程中一项非常重要的内容。

### 10.3.3 输入-输出转换验证

仿真模型的终极检验，事实上就是模型整体的客观性检验，用于验证仿真模型对真实系统未来行为进行正确预测的能力（前提是仿真模型的输入数据与真实系统的输入数据是一致的，并且仿真模型中实施的策略与真实系统中实施的策略是一致的）。进一步来说，如果模型中某些输入变量的数值增加或减少（例如某服务台的顾客到达率），仿真模型应该能够准确预测真实系统在相同情况下的反应。换句话说，模型结构应当足够精确，从而保证做出良好的预测；仿真模型不能只对一个输入数据集有效，而是应该对所有输入数据集的全部取值范围都有效。

在验证过程的这个阶段，模型被看作"输入-输出转换工具"，也就是说，模型接受输入（参数值），然后将其转化为输出（性能指标）。检验工作就是评估这个转换过程的有效性和正确性。

除了通过预测未来事件来检验仿真模型输入-输出转换的可靠性之外，还可以使用历史数据来达到检验目的（这些历史数据只用于验证）。也就是说，使用一组数据进行模型开发和校准，使用另外一组数据做最终的模型验证。这样，通过精确"预测过去"而不是"预测未来"，同样能够达到模型验证的目的。

在某些输入条件下，仿真模型通常围绕我们感兴趣的特定系统响应指标而构建。例如，在排队系统中，系统响应指标可能是服务台利用率和顾客等待时间，而输入条件（输入变量）可能包括在同一站点放置2个还是3个服务台，以及选择使用哪种排班法则；在生产系统中，响应指标可能是产出量（如每小时的生产量），输入条件可能是从不同转速、不同故障率和不同维修参数的几个设备中进行挑选。

无论何种情况，模型开发人员都应该使用感兴趣的主要响应指标作为首要指标去验证模型。如果未来该模型被用于其他目的，则应以新的响应指标和新的输入条件重新进行验证。

输入-输出转换验证的一个必要条件，是要求所研究的系统有迹可循⊖，这样才能保证我们至少能够搜集一组输入条件下的数据，与模型预测结果进行比较。如果系统尚处于计划阶段，就无法收集到操作数据，那么完整的输入-输出转换验证就无法完成，可能的话，还需要进行其他形式的验证。某些情况下，处于规划阶段系统的子系统可能已经存在，此时可以进行部分系统的输入-输出转换验证。

有时候，模型用于比较一个系统的多个备选方案，或者研究现有系统在新输入条件下的表现。假设有一个系统目前正在按照其中的一个方案运行，并且针对现有系统开发的仿真模型已经验证，但是如果使用不同的输入，那么当前仿真模型仍然有效么？也就是说，如果按照新的系统设计方案改变模型输入，或者采用新的系统操作方式，甚至预设未来可能发生的情况，那么在上述这些条件下，仿真模型是否需要重新验证？

---

⊖ 即使对于研发中的系统或在建系统，也应找到"类似系统"进行比较，而不能凭空推断。

首先，基于相同输入条件的两个模型（分别针对现有系统和拟建系统）的输出响应，将作为比较现有系统和拟建系统的标准。验证提高了模型开发人员对于现有系统精度的信任度。其次，大多数情况下，拟建系统是现有系统的修改版，模型开发人员希望能够像现有系统一样信任新系统。如果新模型只是对旧模型进行微小改动，尤其修改对象是操作模型（模型上的小改动对于实际系统而言可能是很大的改变），那么可以有理由信任新的模型而无须再次验证。操作模型的改变（从相对细微的调整到较大程度的变化）包括如下几种情况：

1）单一数值型参数的微小改变，比如设备运行速度、顾客到达率（到达间隔时间的分布形式不变，改变的只是分布参数）、并行服务中心的服务台数量，或者设备的平均无故障工作时间和平均修复时间。

2）统计分布形式的微小改变，比如服务时间分布、设备无故障工作时间分布的改变。

3）子系统逻辑结构的大幅变化，比如排队规则的改变，或者 Job-Shop 模型中排程规则的改变。

4）新系统设计方案的重大改变，比如使用仓库控制系统软件代替旧有的非软件系统，或者使用自动化存储系统代替依靠人工和叉车拣货的原有仓储系统。

如果操作模型的改动不大（比如上述前两种情况），那么改变后的模型无须再验证，新模型的输出结果应该是高度可信的，可以接受。如果一个系统由多个子系统构成，那么可以首先验证各个子系统对应的每一个子模型，然后将这些子模型集成为一个完整的模型。使用这种方式，如果模型调整属于上述第 3 条和第 4 条的情况，那么可以采用模型局部验证的方式。但是对于完全不存在的系统，就无法验证仿真模型的输入-输出转换。无论何时，即使存在时间和预算约束，模型开发人员也应该尽可能多地使用各种验证技术，包括子系统模型的输入-输出验证（前提是该子系统的操作数据可得）。

例 10.2 将讨论几个可用于输入-输出验证的技术，并将更详细地讨论一些概念，比如输入变量、不可控变量、决策变量、输出变量或响应变量，以及输入-输出转换。

## 例 10.2　Jaspar 第五国民银行

Jaspar 第五国民银行计划扩大其位于中央大街拐角处免下车窗口的服务能力，如图 10-4 所示。目前只有一个免下车服务窗口和一个银行柜员，只能同时进行 1~2 笔业务。我们假设服务时间是来自于某个潜在统计分布的随机抽样。我们收集了星期五上午 11 点到下午 1 点之间 90 位顾客的服务时间 $\{S_i$, $i=1$, 2, …, 90$\}$ 和顾客到达间隔时间 $\{A_i$, $i=1$, 2, …, 90$\}$。时间段的选择是在咨询管理人员和柜员之后确定的，因为他们认为这段时间是典型的业务"高峰期"。

数据分析（第 9 章中讨论过）表明顾客到达服从泊松过程（到达率为 45 人/小时），服务时间近似服从正态分布（均值为 1.1 分钟，标准差为 0.2 分钟）。因此，模型有两个输入变量，分别为：

1）顾客到达间隔时间，服从指数分布（即泊松到达过程），到达率 $\lambda=45$ 人/小时。

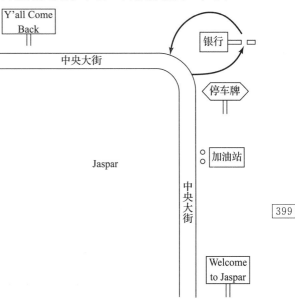

图 10-4　第五国民银行免下车服务窗口

2）服务时间，假设服从 $N(1.1, (0.2)^2)$。

每个输入变量都有对应的水平值：到达间隔时间为 $\lambda = 45$ 人/小时；服务时间均值为 1.1 分钟，标准差为 0.2 分钟。毫无疑问，到达间隔时间为不可控变量（在现实系统中无法进行管理），在此我们将服务时间也视为不可控变量（尽管服务时间水平值可能进行一定程度的控制。比如，安装一个计算机终端可以将平均服务时间降低至 0.9 分钟，那么服务时间变量的水平值就变成了决策变量或可控参数）。如果给每一个决策变量都赋予一个可行值，就能够获得一个策略或方案。例如，当前的银行策略是一个柜员 $D_1 = 1$，平均服务时间 $D_2 = 1.1$ 分钟，设置一个车辆排队队列 $D_3 = 1$（$D_1$，$D_2$，…代表决策变量）。仿真模型中，决策变量是可控的，而到达率、实际到达时间则是不可控变量。到达率可能会随时间变化而变化，这种变化是由于外部因素造成的，而不能归于系统内部管理原因。

在向银行管理人员和雇员详细咨询之后，我们构建并校核了当前银行业务的仿真模型，即模型假设已被验证。现在得到的模型可以被看作一个"黑箱"，它接收所有输入变量的设定值，并将其转化成多个输出值或响应变量。经过仿真生成的输出变量包含所有我们感兴趣的关于模型行为的统计值。比如，管理者可能对以下指标感兴趣：免下车窗口柜员的服务强度（柜员繁忙的时间占比）、顾客的排队等待时间，以及业务"高峰期"的最大队列长度。相关输入变量和输出变量如图 10-5 所示，在表 10-1 中与其他输出变量一起给出。如果不可控输入变量用 $X$ 表示，决策变量用 $D$ 表示，输出变量用 $Y$ 表示。那么按照"黑箱"来看的话，模型吸收了 $X$ 和 $D$，输出了 $Y$，即

$$(X, D) \xrightarrow{f} Y$$

或

$$f(X, D) = Y$$

这里的 $f$ 表示由模型结构决定的转换过程。对于第五国民银行的例子而言，模型中第 $n-1$ 位顾客和第 $n$ 位顾客的到达间隔时间服从指数分布（使用第 8 章中的方法获得），用 $X_{1n}$ 表示（注意不要将 $X_{1n}$ 与 $A_n$ 混淆，后者是真实系统的观测值）。模型中第 $n$ 位顾客的服务时间服从正态分布，用 $X_{2n}$ 表示。当前业务的决策变量集（或策略）用 $D = (D_1, D_2, D_3) = (1, 1.1, 1)$ 表示。输出变量（或响应变量）用 $Y = (Y_1, Y_2, \cdots, Y_7)$ 表示，相关变量定义在表 10-1 中给出。

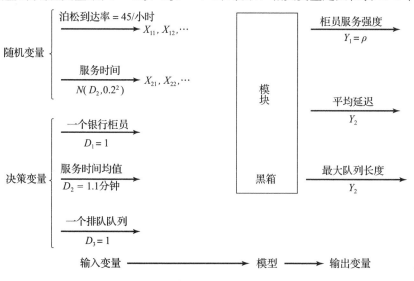

图 10-5　模型的输入-输出转换

表 10-1　当前银行业务模型的输入-输出变量

| 输入变量 | 模型输出变量 |
| --- | --- |
| $D=$ 决策变量 | 管理者最感兴趣的变量($Y_1$，$Y_2$，$Y_3$) |
| $X=$ 其他变量 | $Y_1=$ 银行柜员的劳动强度 |
| 泊松到达速率 $=45$ 辆/小时，$X_{11}$，$X_{12}$，… | $Y_2=$ 顾客平均延迟 |
|  | $Y_3=$ 最大队列长度 |
| 服务时间，$N(D_2, 0.2^2)$，$X_{21}$，$X_{22}$，… | 管理者感兴趣的其他输出变量 |
|  | $Y_4=$ 观测到达率 |
| $D_1=1$(一个银行柜员) | $Y_5=$ 平均服务时间 |
| $D_2=1.1$ 分钟(平均服务时间) | $Y_6=$ 服务时间的样本标准差 |
| $D_3=1$(一个排队队列) | $Y_7=$ 等待队列的平均长度 |

只有在拥有真实系统数据的情况下，银行模型的输入-输出转换验证才是可能的，才能与表 10-1 中的模型输出变量 $Y$ 进行部分或全部对比。所采集的系统响应值必须与输入数据 $\{A_i, S_i\}$ 处于同一时段(同一天的上午 11 点到下午 1 点)。数据的时间同步性是非常重要的，因为如果系统响应数据在另外一天采集，并且当天的到达率较低(比如 40 人/小时)，则柜员服务强度 $Z_1$、平均等待时间 $Z_2$ 和最大队长 $Z_3$ 都会比实际值偏小。假设我们测得同一天(星期五)上午 11 点到下午 1 点之间的连续顾客平均排队等待时间 $Z_2=4.3$ 分钟，为了进行验证，我们将其视为真实的排队时间均值 $\mu_0=4.3$。

当模型以生成的随机变量 $X_{1n}$ 和 $X_{2n}$ 运行时，则平均等待时间的观测值 $Y_2$ 应该接近于 $Z_2=4.3$ 分钟。尽管不能认为所生成的随机变量 $X_{1n}$ 和 $X_{2n}$ 与真实系统的实际输入值 $A_n$ 和 $S_n$ 是完全一样的，但是我们希望它们具有一样的统计特征。因此，我们希望仿真生成值 $Y_2$ 与观测的系统变量值 $Z_2=4.3$ 分钟是一致的。那么模型开发人员该如何测试这种一致性呢？

首先，模型开发人员需要多次独立地运行仿真模型。为了保证多次仿真的统计独立性，可以使用不重叠的随机数流(通过随机数生成器生成)，或者在每次重复运行中选择独立的种子(从随机列表中选取)。表 10-2 给出了运行 6 次、每次持续 2 小时的独立重复运行结果。

实际观测到达率 $Y_4$ 和模型重复运行的样本平均服务时间 $Y_5$ 被记录下来，分别与特定参数值(45 人/小时和 1.1 分钟)进行比较。验证检验包括系统响应(顾客平均等待时间 $Z_2=4.3$ 分钟)与模型响应值 $Y_2$ 之间的比较。因此，统计检验的原假设为

$$H_0 : E(Y_2) = 4.3 \text{ 分钟}$$
$$H_1 : E(Y_2) \neq 4.3 \text{ 分钟} \tag{10.1}$$

如果 $H_0$ 没有被拒绝，那么依据检验规则，没有理由认为仿真模型是无效的。如果 $H_0$ 被拒绝，当前模型应该被拒绝，模型开发人员必须去改进模型，如图 10-3 所示。总的来说，$t$ 检验是比较合适的统计检验方法，其实施步骤如下：

确定显著性水平 $\alpha$ 和样本容量 $n$。对于银行模型，选择

$$\alpha = 0.05, \quad n = 6$$

重复运行 $n$ 次仿真，应用公式(9.1)和(9.2)计算样本均值 $\overline{Y}_2$ 和样本标准差 $S$，有

$$\overline{Y}_2 = \frac{1}{n} \sum_{i=1}^{n} Y_{2i} = 2.51 \text{ 分钟}$$

和

$$S = \left[ \frac{\sum_{i=1}^{n}(Y_{2i} - \overline{Y}_2)^2}{n-1} \right]^{1/2} = 0.82 \text{ 分钟}$$

其中，$Y_{2i}$，$i = 1, 2, \cdots, 6$，在表 10-2 中给出。

表 10-2　银行模型的 6 次重复仿真结果

| 重复仿真序号 | $Y_4$（人/小时） | $Y_5$（分钟） | $Y_2$＝平均延迟（分钟） |
|---|---|---|---|
| 1 | 51 | 1.07 | 2.79 |
| 2 | 40 | 1.12 | 1.12 |
| 3 | 45.5 | 1.06 | 2.24 |
| 4 | 50.5 | 1.10 | 3.45 |
| 5 | 53 | 1.09 | 3.13 |
| 6 | 49 | 1.07 | 2.38 |
| 样本均值 | | | 2.51 |
| 标准差 | | | 0.82 |

从表 A-5 中提取 $t$ 的临界值。对于双侧检验，需要使用 $t_{\alpha/2, n-1}$，如同公式（10.1）要求的；对于单侧检验，则使用 $t_{\alpha, n-1}$ 或 $-t_{\alpha, n-1}$（自由度为 $n-1$）。由表 A-5 可知，双侧检验中 $t_{0.025, 5} = 2.571$。

计算检验统计量

$$t_0 = \frac{\overline{Y}_2 - \mu_0}{S/\sqrt{n}} \tag{10.2}$$

其中，$\mu_0$ 是原假设 $H_0$ 给定的值，这里 $\mu_0 = 4.3$ 分钟，所以可得

$$t_0 = \frac{2.51 - 4.3}{0.82/\sqrt{6}} = -5.34$$

在双侧检验中，如果 $|t_0| > t_{\alpha/2, n-1}$，则拒绝 $H_0$；否则不能拒绝 $H_0$（在单侧检验中，当备选假设 $H_1$ 为 $E(Y_2) > \mu_0$ 时，若 $t > t_{\alpha, n-1}$ 则拒绝 $H_0$；当 $H_1$ 为 $E(Y_2) < \mu_0$ 时，若 $t < -t_{\alpha, n-1}$ 则拒绝 $H_0$）。

由于 $|t| = 5.34 > t_{0.025, 5} = 2.571$，所以拒绝 $H_0$，可以认为模型对于顾客平均等待时间的预测不充分。

在假设检验中，拒绝原假设 $H_0$ 是"强力结论"（strong conclusion），这是因为

$$P(\text{拒绝 } H_0 \mid H_0 \text{ 为真}) = \alpha \tag{10.3}$$

由于显著性水平 $\alpha$ 的取值都比较小（比如这里取 $\alpha = 0.05$），因此发生错误判断的概率很小。公式（10.3）表明，当 $H_0$ 为真时拒绝 $H_0$ 的概率（$\alpha = 0.05$）是很小的，也就是说，当模型有效时，认为其无效的可能性很低。$t$ 检验应用的前提是观测值 $Y_{2i}$ 相互独立，且服从正态分布。那么在当前案例中，这个假设成立么？

1）第 $i$ 个观测值 $Y_{2i}$ 是进行第 $i$ 次仿真（每次仿真时长为 2 小时）时所有已完成服务的顾客的平均排队时间[⊖]。由中心极限定理可知，我们假设每个观测值 $Y_{2i}$ 近似服从正态分布是合理的，前提是计算 $Y_{2i}$ 时所依据的顾客数量不能太少。

---

⊖　计算该指标时不包括尚在排队的顾客。因为顾客排队时间是通过其到达时间和开始服务时间确定的，对于尚在排队的顾客，其开始服务时间无法确定，也就是无法知道该顾客何时离开队列，因而在计算顾客平均排队时间的时候，不应考虑还在排队的顾客，否则会使平均排队时间的数值低于真实值。同理，也不包含正在接受服务的顾客。

2）观测值 $Y_{2i}(i=1, \cdots, 6)$ 是统计独立的，即每一次重复仿真所用随机数的种子值是独立挑选的，或者仿真所用的随机数流没有一点交叠。

3）经由公式（10.2）计算所得的 $t$ 统计量是可靠的（robust），也就是说，它近似服从于自由度为 $n-1$ 的 $t$ 分布，所以即使 $Y_{21}$，$Y_{22}$，… 不完全服从正态分布，表 A-5 中的临界值仍然可以使用。

至此，我们已经发现 Jaspar 银行的仿真模型存在缺陷，那么接下来该怎么办呢？经过进一步的调查研究，模型开发人员意识到有两个假设考虑不周：

1）当车辆到达并找到可用窗口之后，银行柜员立即开始服务。

2）在车辆排队队列不为空的时候，上一个服务的结束与下一个服务的开始之间没有时间间隔。

假设 2 只能说基本正确。因为服务时间的计算是以银行柜员开始服务为准，但是在本例中没有考虑上一辆车驶离窗口到下一辆车驶近窗口之间的时间间隔，所以在计算前一辆车的服务结束时间时，应该以下一辆车驶近窗口为准，或者以柜员看到队列为空时为准。另一方面，假设 1 是错误的，因为柜员还有其他职责（当没有免下车顾客排队时，柜员还要为那些在银行大厅中等待的顾客服务），所以当免下车顾客驶近服务窗口时，如果柜员正在服务一名大厅中的顾客，则免下车顾客不能马上接受服务，需要等到柜员处理完当前业务之后才能开始。调查发现，"高峰期"到达的顾客大多进入大厅办理业务，并且这些顾客主要办理对公业务，而对公业务所需服务时间比免下车顾客长得多。即使免下车顾客到达时发现窗口前没有其他车辆，他也需要等待窗口柜员完成手头业务之后才能开始。针对模型中存在的缺陷，设计人员对模型结构进行了调整，增加了窗口柜员接待银行大厅中顾客的职责，并搜集了此类顾客的服务时间数据，经分析发现这些数据近似服从均值为 3 分钟的指数分布。

修正后的模型运行结果如表 10-3 所示。我们按照前面介绍的流程，对原假设 $H_0$：$E(Y_2)=4.3$ 分钟进行统计检验。

404

表 10-3　修正后银行模型的 6 次重复仿真结果

| 重复仿真序号 | $Y_4$（人/小时） | $Y_5$（分钟） | $Y_2$＝平均等待时间（分钟） |
|---|---|---|---|
| 1 | 51 | 1.07 | 5.37 |
| 2 | 40 | 1.11 | 1.98 |
| 3 | 45.5 | 1.06 | 5.29 |
| 4 | 50.5 | 1.09 | 3.82 |
| 5 | 53 | 1.08 | 6.74 |
| 6 | 49 | 1.08 | 5.49 |
| 样本均值 | | | 4.78 |
| 标准差 | | | 1.66 |

选择 $\alpha=0.05$，$n=6$（样本容量）。

计算可得 $\overline{Y}_2=4.78$ 分钟，$S=1.66$ 分钟。

查表 A-5，得到临界值 $t_{0.025,5}=2.571^{\ominus}$。

计算检验统计量 $t_0=(\overline{Y}_2-\mu_0)/(S/\sqrt{n})=0.710$。

因为 $|t_0|<t_{0.025,5}=2.571$，所以不拒绝 $H_0$，姑且认为模型有效。

---

$\ominus$　原著为 $t_{0.25,5}=2.571$，疑为作者笔误，译者做了改正。

除非预估计算的检验效度非常高（接近 1），否则"不能拒绝 $H_0$"只能被看作"**弱力结论**"（weak conclusion），所以我们只能说，依据目前掌握的数据（$Y_{21}$，…，$Y_{26}$），不足以拒绝原假设 $H_0$：$\mu_0 = 4.3$ 分钟。换句话说，检验没有发现样本数据（$Y_{21}$，…，$Y_{26}$）与 $\mu_0$ 之间存在差异。

当模型输出偏离原假设 $H_0$：$\mu = \mu_0$ 的时候（实际上一定会有偏离），**检验效度代表发生实质性偏离的可能性**。在模型验证背景下，检验效度就是发现无效模型的概率。检验效度值等于 1 减去 II 类错误（或 $\beta$）的发生概率，其中 $\beta = P(\text{Type II error}) = P$（当 $H_1$ 为真时，未拒绝 $H_0$ 的概率）是当模型无效时却接受模型的可能性。

如前所述，如果"无法拒绝 $H_0$"成为"强力结论"而非"弱力结论"，只能在 $\beta$ 值很小的情况下才能成立。$\beta$ 值取决于样本容量 $n$，以及 $E(Y_2)$ 与 $\mu_0 = 4.3$ 分钟的差距，即

$$\delta = \frac{|E(Y_2) - \mu_0|}{\sigma}$$

其中，$\sigma$ 是 $Y_{2i}$ 的总体标准差，通过 $S$ 估计得出。表 A-10 和 A-11 是典型的抽样特性曲线（operating-characteristic curve，也可译为操作特性曲线），是在给定样本 $n$ 的情况下，基于 II 类错误概率 $\beta(\delta)$ 与 $\delta$ 值的关系图。表 A-10 适用于双侧 $t$ 检验，表 A-11 适用于单侧 $t$ 检验。如果依据仿真模型获得的顾客平均排队时间 $E(Y_2)$ 与真实系统的平均排队时间 $\mu_0 = 4.3$ 分钟之间有 1 分钟的差异，假定模型开发人员有 $90\%$ 的可能性拒绝 $H_0$，则 $\delta$ 由下式估计可得：

$$\hat{\delta} = \frac{|E(Y_2) - \mu_0|}{S} = \frac{1}{1.66} = 0.60$$

对于 $\alpha = 0.05$ 的双侧检验，使用表 A-10 计算结果如下：

$$\beta(\hat{\delta}) = \beta(0.6) = 0.75, \text{对于 } n = 6$$

若要达到模型开发人员希望的 $\beta(\hat{\delta}) \leqslant 0.10$，表 A-10 表明大约需要进行 $n = 30$ 次独立仿真。也就是说，对于样本容量 $n = 6$，如果总体标准差为 1.66，在模型实际无效的情况下（$|E(Y_2) - \mu_0| = 1$ 分钟）却接受 $H_0$（模型有效）的可能性 $\beta = 0.75$，这个概率是相当高的。如果"一分钟差异"这个指标很重要，并且模型开发人员想在"差异不大于一分钟"的情况下将"接受模型有效"的风险控制在一定的水平，那么若要检验具有 $90\%$ 的置信度，则需要进行 30 次独立仿真。如果样本数量太多，也要考虑出现更高的 $\beta$ 风险（较低的检验效度）或者更大的差异值 $\delta$ 的情况。

一般来说，控制 II 类错误（$\beta$ 错误）的最好方式是在给定差异值 $\delta$ 的基础上，通过合适的抽样特性曲线确定样本量（Hines，Montgomery，Goldsman 和 Borror[2002]讨论了在宽幅检验中的计算能力与抽样特性曲线的使用问题）。总的来说，在模型验证背景下，I 类错误是拒绝有效模型，因此只需设定一个较小的显著性水平（$\alpha = 0.1$，0.05 或者 0.01），就容易得到有效控制；II 类错误是当模型无效时却接受模型，对于固定样本量 $n$，增加显著性水平 $\alpha$ 就会降低犯 II 类错误的概率 $\beta$。一旦 $\alpha$ 和需要检测的临界差异标准都已确定，降低 $\beta$ 的唯一方式就是增大样本容量。相对来说，II 类错误导致的后果更严重。因此，通过仿真实验设计控制 II 类错误风险是很重要的。表 10-4 对两类错误进行了汇总，并比较了统计术语和建模术语。

表 10-4    模型验证中的错误类型

| 统计术语 | 建模术语 | 关联风险 |
| --- | --- | --- |
| I 类错误：当 $H_0$ 为真时拒绝 $H_0$ | 拒绝有效模型 | $\alpha$ |
| II 类错误：当 $H_1$ 为真时未能拒绝 $H_0$ | 未能拒绝无效模型 | $\beta$ |

请注意，模型验证与模型校准之间不是"或"的关系，而应放在模型校准的背景下去理解，如图 10-3 所示。如果当前银行模型的平均延迟 $Y_2$ 与真实系统行为（$\mu_0 = 4.3$ 分钟）差异较大，就需要去寻找造成差异的来源，并根据新获得的知识修正模型。除非我们认为模型精度已经达到目标，否则迭代过程应该一直持续下去。

从逻辑上来说，假设检验试图通过某些输出性能指标或度量值，评价仿真模型和真实系统是否完全一致。与假设检验非常相近的另外一种方法（试图通过评价仿真与真实系统的性能指标是否足够接近）是使用置信区间。

假设已知真实系统的实际性能指标（用 $\mu_0$ 表示），以及未知的仿真模型性能指标（用 $\mu$ 表示），我们希望二者足够接近。假设需要验证 $\mu = \mu_0$ 是否成立，置信区间法通过界定差异值 $|\mu - \mu_0|$ 实现验证。如果 $|\mu - \mu_0| \leqslant \varepsilon$，那么就可认为基于仿真模型输出进行决策是有效的。$\varepsilon$ 的取值由分析人员决定。

特别地，如果 $Y$ 是仿真输出结果且 $\mu = E(Y)$，我们运行仿真模型，获得关于 $\mu$ 的置信区间，如 $\overline{Y} \pm t_{\alpha/2, n-1} S/\sqrt{n}$，则最终决定是接受该仿真模型还是对其继续完善，取决于置信区间所确定的最好的和最坏的两种情况（误差范围）。

1）假设置信区间不包括 $\mu_0$，如图 10-6a 所示：

① 若在最好的情况下，$|\mu - \mu_0| > \varepsilon$，说明性能差异太大，需要进一步修正仿真模型。

② 若在最坏的情况下，$|\mu - \mu_0| \leqslant \varepsilon$，说明可以接受该模型，因为它已经足够有效。

③ 若在最好的情况下 $|\mu - \mu_0| \leqslant \varepsilon$，并且在最坏的情况下 $|\mu - \mu_0| > \varepsilon$，那么还需要继续仿真，通过增加仿真次数缩小置信区间，直到得出结论（接受还是拒绝仿真模型）。

2）假设置信区间包括 $\mu_0$，见图 10-6b：

① 如果在最好和最坏的情况下，均有 $|\mu - \mu_0| > \varepsilon$，则应增加仿真次数，以缩小置信区间，直到得出结论。

② 如果在最坏的情况下，$|\mu - \mu_0| \leqslant \varepsilon$，说明我们可以接受该模型，因为它已经足够有效。

在例 10.2 中，$\mu_0 = 4.3$ 分钟，"足够接近"是指对于期望顾客等待时间而言，这里 $\varepsilon = 1$ 分钟。表 10-2 中，基于 6 次重复仿真的 95% 置信区间为：

$$\overline{Y} \pm t_{0.025, 5} S/\sqrt{n}$$

$$2.51 \pm 2.571(0.82/\sqrt{6})$$

置信区间为 $[1.65, 3.37]$。如图 10-6a 所示，$\mu_0 = 4.3$ 分钟落在置信区间之外。因为最好情况下 $|3.37 - 4.3| = 0.93 < 1$，最坏情况下 $|1.65 - 4.3| = 2.65 > 1$，因此需要进行额外仿真才能得出结论。

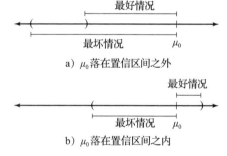

406
～
407

图 10-6　输入-输出转换的验证

## 10.3.4　输入-输出验证：使用历史输入数据

当使用人工生成的数据作为输入数据（正如在 10.3.3 节中检验银行模型有效性那样），模型开发人员期望在数据采集期内，仿真模型所生成的事件类型能够与实际系统中发生的事件类型一致（不要奢望完全相同）。在银行的仿真模型中，我们人工生成了代表间隔时间和服务时间的输入数据 $\{X_{1n}, X_{2n}, n = 1, 2, \cdots\}$，并通过假设检验（公式 10.1 所述）将模型输出结果 $Y_2$ 与实际系统的观测值进行了比较。除了使用人工生成的输入数据以外，还有一种替代方法，就是使用真实的历史数据 $\{A_n, S_n, n = 1, 2, \cdots\}$ 驱动仿真模型，并进行模型与实际系统的比较。

如果想要在银行模型中使用历史数据，那么数据 $A_1$，$A_2$，$\cdots$ 和 $S_1$，$S_2$，$\cdots$ 必须保存在仿真模型的数组之中，或者保存在文件中并在需要时读取。当第 $n$ 名顾客在 $t_n = \sum\limits_{i=1}^{n} A_i$ 时刻到达，第 $n+1$ 名顾客将会被列入未来事件列表中并在 $t_n + A_{n+1}$ 时刻到达（这里不需要使用随机数，因为所用的是真实历史数据）。如果第 $n$ 名顾客在 $t'_n$ 时刻开始服务，则在 $t'_n + S_n$ 时刻才能完成服务。这种不需要使用随机数的事件排程方法，在使用数组和文件存取数据的通用程序开发语言和大多仿真语言中是很容易实现的。

当使用这种方法时，模型开发人员希望仿真模型尽可能再现实际系统的重要事件。在 Jaspar 第五国民银行的仿真模型中，到达时间和服务时间很好地再现了某个周五上午 11 点到下午 1 点系统的真实情况。如果模型足够精确，那么被预测的顾客等待时间、排队队列长度、服务台利用率和顾客离开时间等都会与实际系统非常接近。当然，需要由模型开发人员和使用者确定模型的精度水平。

为了使用历史输入数据进行模型验证，需要搜集同一时间段内所有的输入数据（$A_n$，$S_n$，$\cdots$）和所有的系统响应数据（比如平均等待时间 $Z_2$），否则仿真模型与实际系统之间的比较（比如模型的平均等待时间 $Y_2$ 与系统真实值 $Z_2$）就会出错。响应值 $Y_2$ 和 $Z_2$ 都取决于输入 $A_n$、$S_n$ 以及系统结构（或模型结构）。在大型系统里应用这个方法比较困难，因为需要同步收集所有输入变量和我们感兴趣的响应变量的数据，这项工作的挑战性很大。在某些系统里，电子计数器或电子设备可以自动记录某些类型的数据，这可以使数据搜集工作变得容易一些。下面的例子包含两个仿真模型（Carson et al[1981a，b]提出），在这个例子中，两个模型的数据收集和模型验证是非常成功的。

### 例 10.3    糖果工厂

位于 Decatur 的糖果厂有一条生产线，该生产线包含三台设备，分别完成糖果生产、包装以及制盒等工作。第一台设备（糖果生产设备）生产出糖块并将其通过传送带送到包装设备。第二台设备（包装机）将零散的糖块用糖纸包装好并放入包装盒里，第三台设备（生产包装盒）做好包装盒后将其通过传送带送到包装机（第二台设备）。系统如图 10-7 所示。

每台设备都会由于卡顿或其他原因而随机发生故障。这些故障可能会使传送带空载或满载。连接生产设备（candy maker）和包装设备（candy packer）的传送带可看作暂存区（storage buffer）。除了发生故障以外，如果糖果传送带空了，包装机也会停止运行（空闲），直到有更多的糖果生产出来。如果包装盒传送带空了（由于包装盒生产设备发生长时

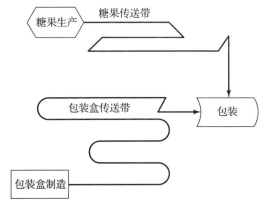

图 10-7    糖果工厂生产线

间故障而导致），会有操作工将包装盒运到包装机上。如果两条传送带的任何一条处于满载状态，对应的制造设备就会停止运行（空闲）。模型旨在研究操作工的干涉频率（手工搬运包装盒的频率），该频率与设备组合方式以及传送带长度有关。不同型号设备有不同的生产速度和故障特性，较长的传送带意味着更大的暂存区。我们的目标就是在生产最大化的前提下，将工人干预频次控制在一个可接受的水平。设备停运（不管是由于传送带空载

还是满载所致)会影响生产,所以这也是影响生产的要素之一。

我们建立了一个糖果工厂的仿真模型,并使用历史数据进行模型验证。工程师以上午 7 点到上午 11 点为时间范围,针对一条现有生产线进行数据采集。每一台设备(即设备 $i$)的无故障工作时间和宕机持续时间

$$T_{i1}, D_{i1}, T_{i2}, D_{i2} \cdots$$

的数据被采集。对于设备 $i(i=1,2,3)$,$T_{ij}$ 表示第 $j$ 次运行时间(或无故障工作时间),$D_{ij}$ 表示第 $j$ 次故障持续时间。当传送带空载或满载时,$T_{ij}$ 停止计时,在满足相关条件之后恢复计时。我们将上午 7 点的系统状态记录下来,并作为仿真模型零时刻的系统初始状态。此外,我们感兴趣的系统响应指标(生产水平 $Z_1$、生产数量 $Z_2$ 及操作工干预事件发生时刻 $Z_3$)的真实值被记录下来,用于与仿真模型预测值进行比较。

实际系统数据 $T_{ij}$ 和 $D_{ij}$ 在仿真模型中分别代表设备无故障运行时间和宕机持续时间;传送带空载(或满载)和操作工干预会导致设备宕机事件发生,需要据此设计模型结构;采集模型响应变量 $Y_i(i=1,2,3)$ 的数值,用于与实际系统对应的响应变量 $Z_i(i=1,2,3)$ 进行比较。

模型预测值和实际系统性能值之间的契合度有助于工程师确认模型是否有效。运行结果列在表 10-5 中。类似表 10-5 这样的简单展示(对于使工程师和管理者确信模型是有效的)

**表 10-5　糖果工厂仿真模型验证**

| 响应指标 $i$ | 实际系统指标 $Z_i$ | 仿真模型指标 $Y_i$ |
|---|---|---|
| 生产水平 | 897 208 | 883 150 |
| 操作工干预次数 | 3 | 3 |
| 事件发生时间 | 7:22, 8:41, 10:10 | 7:24, 8:42, 10:14 |

是非常有用的,或许比许多复杂的统计方法更有效。

仅凭一组历史输入/输出数据以及一组仿真输出数据,进行简单的、基于概要性度量的统计检验并获得正确结论,这是不可能的。但是,如果能收集到 $K$ 组历史输入数据以及与之对应的实际系统响应变量 $Z_i$ 的 $K$ 个观测值 $Z_{i1}$,$Z_{i2}$,…,$Z_{iK}$,其中 $Z_{ij}$ 对应于第 $j$ 组输入数据,那么实施客观的统计检验是有可能的。比如,$Z_{ij}$ 可以表示第 $j$ 组数据中所有已完成服务顾客的平均排队等待时间。一旦有 $K$ 组历史输入数据在手,模型开发人员就可以进行 $K$ 次仿真,每次使用一组历史输入数据,然后对照 $Z_{ij}(j=1,\cdots,K)$ 观察仿真模型的输出结果 $W_{i1}$,$W_{i2}$,…,$W_{iK}$。本例中,$W_{ij}$ 表示使用第 $j$ 组数据时,仿真模型关于所有已完成服务顾客的平均排队等待时间的预测值。数据对比如表 10-6 所示。

**表 10-6　实际系统与仿真模型输出指标比较(基于相同历史输入数据)**

| 输入数据集 | 实际系统输出 $Z_{ij}$ | 仿真模型输出 $W_{ij}$ | 观测偏差 $d_j$ | 与偏差均值距离的平方值 $(d_j-\bar{d})^2$ |
|---|---|---|---|---|
| 1 | $Z_{i1}$ | $W_{i1}$ | $d_1=Z_{i1}-W_{i1}$ | $(d_1-\bar{d})^2$ |
| 2 | $Z_{i2}$ | $W_{i2}$ | $d_2=Z_{i2}-W_{i2}$ | $(d_2-\bar{d})^2$ |
| 3 | $Z_{i3}$ | $W_{i3}$ | $d_3=Z_{i3}-W_{i3}$ | $(d_3-\bar{d})^2$ |
| $\vdots$ | $\vdots$ | $\vdots$ | $\vdots$ | $\vdots$ |
| $K$ | $Z_{iK}$ | $W_{iK}$ | $d_K=Z_{iK}-W_{iK}$ | $(d_K-\bar{d})^2$ |
| | | | $\bar{d}=\dfrac{1}{K}\sum\limits_{j=1}^{K}d_j$ | $S_d^2=\dfrac{1}{K-1}\sum\limits_{j=1}^{K}(d_j-\bar{d})^2$ |

如果 $K$ 组输入数据是完全同质的(fairly homogeneous),那么有理由假定 $K$ 个观测差异值 $d_j=Z_{ij}-W_{ij}(j=1,\cdots,K)$ 具有相同的分布。进一步说,如果 $K$ 组输入数据的收集时间不同,比如说不在同一天采集,则有理由假设 $K$ 个差异值 $d_1$,…,$d_K$ 是统计独立

410

的，因此 $d_1$，…，$d_K$ 构成一个随机样本。在大多数情况下，每一对 $Z_i$ 和 $W_i$ 都是以顾客数量为平均的样本均值，由中心极限定理，则 $d_j = Z_{ij} - W_{ij}$ 近似服从均值为 $\mu_d$、方差为 $\sigma_d^2$ 的正态分布。此时适合使用 $t$ 检验进行统计检验。原假设为不存在均值上的差异，即

$$H_0 : \mu_d = 0$$

备选假设认为存在均值差异，即

$$H_1 : \mu_d \neq 0$$

此时，使用配对 $t$ 检验比较好（$Z_{i1}$ 和 $W_{i1}$ 配对，二者均由第一组数据生成，以此类推）。首先，根据表 10-6 中的公式，计算样本差异的算术平均值 $\bar{d}$ 和样本方差 $S_d^2$；然后计算 $t$ 检验值，如下所示：

$$t_0 = \frac{\bar{d} - \mu_d}{S_d / \sqrt{K}} \tag{10.4}$$

其中，$\mu_d = 0$。查表 A-5 得临界值 $t_{a/2, K-1}$（$\alpha$ 是预设的显著性水平，$K-1$ 是自由度）。若 $|t_0| > t_{a/2, K-1}$，则拒绝原假设 $H_0$，可认为模型不充分；若 $|t_0| \leqslant t_{a/2, K-1}$，则不能拒绝 $H_0$，可认为该检验未能提供模型不充分的证据。

411

### 例 10.4  糖果工厂（续）

糖果厂的工程师决定扩展例 10.3 的模型验证工作。他们安装了电子设备，能够自动记录每一条生产线的运行情况，使用 $K = 5$ 组数据重复进行例 10.3 中所做的模型验证。以生产水平为基准指标对实际系统和仿真模型进行比较。验证结果列在表 10-7 中。

我们使用配对 $t$ 检验进行验证，原假设为 $H_0$：$\mu_d = 0$，或等价于 $H_0$：$E(Z_1) = E(W_1)$。其中，$Z_1$ 表示实际系统的生产水平，$W_1$ 表示仿真模型预测的生产水平。设定显著性水平 $\alpha = 0.05$。使用表 10-7 的检验统计量，依据公式（10.4）计算，可得

$$t_0 = \frac{\bar{d}}{S_d / \sqrt{K}} = \frac{5343.2}{8705.85 / \sqrt{5}} = 1.37$$

从表 A-5 可知，临界值 $t_{a/2, K-1} = t_{0.025, 4} = 2.78$。因为 $|t_0| = 1.37 < t_{0.025, 4} = 2.78$，所以不能拒绝原假设，也就是说，就平均生产水平而言，真实的系统响应值和仿真模型预测值之间不存在不一致。如果这里的验证结果是拒绝 $H_0$，那么模型开发人员就需要按照图 10-3 给出的思路，去查明偏差的成因并对仿真模型进行修正。

**表 10-7  糖果工厂模型的验证（续）**

| 输入数据集 $j$ | 实际系统产出 $Z_{1j}$ | 仿真模型产出 $W_{1j}$ | 观测偏差 $d_j$ | 与偏差均值距离的平方值 $(d_j - \bar{d})^2$ |
|---|---|---|---|---|
| 1 | 897 208 | 883 150 | 14 058 | $7.594 \times 10^7$ |
| 2 | 629 126 | 630 550 | $-1424$ | $4.580 \times 10^7$ |
| 3 | 735 229 | 741 420 | $-6191$ | $1.330 \times 10^8$ |
| 4 | 797 263 | 788 230 | 9033 | $1.362 \times 10^7$ |
| 5 | 825 430 | 814 190 | 11 240 | $3.4772 \times 10^7$ |
| | | | $\bar{d} = 5343.2$ | $S_d^2 = 7.580 \times 10^7$ |

### 10.3.5  输入-输出验证：使用图灵测试

除了使用统计检验，或者当我们找不到合适的检验方法，则对于系统行为的个人认知也可用来比较仿真模型输出与实际系统输出。例如，我们有 5 份系统行为报告，分别对应

5 个工作日，还有根据仿真模型获得的 5 份"模拟"报告。这 10 份报告具有完全相同的格式，并且都包含管理者和工程师在系统中见到过的信息。现在把这 10 份报告混在一起并交给某位工程师，请他分辨出哪份报告是真的（依据实际系统生成），哪份报告是"模拟的"（依据仿真模型生成）。如果工程师每次都能分辨出一定数量的"模拟"报告，模型开发人员就应该向工程师请教他是如何识别出来的，并依据所获得的信息修改模型。如果工程师不能分辨出真假，那么模型开发人员就有理由认为这个测试没有提供模型不精确的证据。如需进一步分析并了解真实案例，读者可参阅 Schruben[1980]。以上验证方法一般被称为图灵测试（Turing test）。作为模型开发过程的一步，图灵测试是非常有价值的，它可以发现模型的不充分性，经过模型改进和完善来提高模型的可信度。

## 10.4 小结

仿真模型验证是十分重要的。仿真输出结果是决策的基础，所以仿真结果的精确性理应经受质疑和调查。

很多时候，仿真模型表面上看来非常真实，这是因为仿真模型可以包括实际系统里的任何细节，这一点是解析模型做不到的。为了避免被这种表面现象所"愚弄"，最好的方式就是比较真实系统数据与仿真模型的输出数据，采用一切可能的方法和技术（包括客观性的统计检验方法）对二者进行比较验证和检验。

正如 Van Horn[1969，1971]所讨论的，按照递增的成本-价值比率来看，可能使用的验证工具主要包括：

1）建立表面效度高的模型。通过咨询了解系统行为的人（涉及模型结构、输入和输出），并借鉴以往调查研究、观察和经验中积累的知识，完成仿真模型的验证。

2）开展简单的统计检验，以验证输入数据的同质性、随机性，及其对假设分布的拟合优度检验。

3）开展图灵测试。请那些对系统有深入了解的人（工程师或管理者）比较仿真模型和实际系统的输出结果，尽可能地找出二者之间的差异。

4）通过统计检验方法，比较仿真模型输出与实际系统输出。

5）仿真模型开发完成后，收集新的系统数据并重复第 2～4 步。

6）依据仿真输出结果建立新系统（或对旧系统进行重新设计），收集新系统数据，并用其进行模型验证（不推荐单独使用这一工具）。

7）几乎或根本不做模型验证。不进行模型验证，直接应用仿真结果（不推荐）。

在仿真模型的开发过程中，尝尽所有验证方法是不太可能的（因为太难、太贵或太费时间等原因）。模型开发人员的一项重要工作是选择最适合的验证技术，以保证模型的精确度和可靠性。

## 参考文献

BALCI, O. [1994], "Validation, Verification and Testing Techniques throughout the Life Cycle of a Simulation Study," *Annals of Operations Research*, Vol. 53, pp. 121–174.

BALCI, O. [1998], "Verification, Validation, and Testing," in *Handbook of Simulation*, J. Banks, ed., John Wiley, New York.

BALCI, O. [2003], "Verification, Validation, and Certification of Modeling and Simulation Applications," in *Proceedings of the 2003 Winter Simulation Conference*, S. Chick, P. J. Sánchez, D. Ferrin, and D. J. Morrice, eds., New Orleans, LA, Dec. 7–10, pp. 150–158.

BALCI, O., AND R. G. SARGENT [1982a], "Some Examples of Simulation Model Validation Using Hypothesis Testing," in *Proceedings of the 1982 Winter Simulation Conference*, H. J. Highland, Y. W. Chao, and O. S. Madrigal, eds., San Diego, CA, Dec. 6–8, pp. 620–629.

BALCI, O., AND R. G. SARGENT [1982b], "Validation of Multivariate Response Models Using Hotelling's Two-Sample $T^2$ Test," *Simulation*, Vol. 39, No. 6, pp. 185–192.

BALCI, O., AND R. G. SARGENT [1984a], "Validation of Simulation Models via Simultaneous Confidence Intervals," *American Journal of Mathematical Management Sciences*, Vol. 4, Nos. 3 & 4, pp. 375–406.

BALCI, O., AND R. G. SARGENT [1984b], "A Bibliography on the Credibility Assessment and Validation of Simulation and Mathematical Models," *Simuletter*, Vol. 15, No. 3, pp. 15–27.

BORTSCHELLER, B. J., AND E. T. SAULNIER [1992], "Model Reusability in a Graphical Simulation Package," in *Proceedings of the 24th Winter Simulation Conference*, J. J. Swain, D. Goldsman, R. C. Crain, and J. R. Wilson, eds., Arlington, VA, Dec. 13–16, pp. 764–772.

CARSON, J. S., [1986], "Convincing Users of Model's Validity is Challenging Aspect of Modeler's Job," *Industrial Engineering*, June, pp. 76–85.

CARSON, J. S. [2002], "Model Verification and Validation," in *Proceedings of the 34th Winter Simulation Conference*, E. Yücesan, C.-H. Chen, J. L. Snowdon, and J. M. Charnes, eds., San Diego, Dec. 8-11, pp. 52–58.

CARSON, J. S., N. WILSON, D. CARROLL, AND C. H. WYSOWSKI [1981a], "A Discrete Simulation Model of a Cigarette Fabrication Process," *Proceedings of the Twelfth Modeling and Simulation Conference*, University of Pittsburgh, PA., Apr. 30–May 1, pp. 683–689.

CARSON, J. S., N. WILSON, D. CARROLL, AND C. H. WYSOWSKI [1981b], "Simulation of a Filter Rod Manufacturing Process," *Proceedings of the 1981 Winter Simulation Conference*, T. I. Oren, C. M. Delfosse, and C. M. Shub, eds., Atlanta, GA, Dec. 9–11, pp. 535–541.

GAFARIAN, A. V., AND J. E. WALSH [1970], "Methods for Statistical Validation of a Simulation Model for Freeway Traffic near an On-Ramp," *Transportation Research*, Vol. 4, p. 379–384.

GASS, S. I. [1983], "Decision-Aiding Models: Validation, Assessment, and Related Issues for Policy Analysis," *Operations Research*, Vol. 31, No. 4, pp. 601–663.

HINES, W. W., D. C. MONTGOMERY, D. M. GOLDSMAN, AND C. M. BORROR [2002], *Probability and Statistics in Engineering*, 4th ed., Wiley, New York.

KLEIJNEN, J. P. C. [1987], *Statistical Tools for Simulation Practitioners*, Marcel Dekker, New York.

KLEIJNEN, J. P. C. [1993], "Simulation and Optimization in Production Planning: A Case Study," *Decision Support Systems*, Vol. 9, pp. 269–280.

KLEIJNEN, J. P. C. [1995], "Theory and Methodology: Verification and Validation of Simulation Models," *European Journal of Operational Research*, Vol. 82, No. 1, pp. 145–162.

LAW, A. M., AND W. D. KELTON [2000], *Simulation Modeling and Analysis*, 3d ed., McGraw-Hill, New York.

NAYLOR, T. H., AND J. M. FINGER [1967], "Verification of Computer Simulation Models," *Management Science*, Vol. 2, pp. B92–B101.

OREN, T. [1981], "Concepts and Criteria to Assess Acceptability of Simulation Studies: A Frame of Reference," *Communications of the Association for Computing Machinery*, Vol. 24, No. 4, pp. 180–189.

SARGENT, R. G. [2003], "Verification and Validation of Simulation Models," in *Proceedings of the 2003 Winter Simulation Conference*, S. Chick, P. J. Sánchez, D. Ferrin, and D. J. Morrice, eds., New Orleans, LA, Dec. 7–10, pp. 37–48.

SCHECTER, M., AND R. C. LUCAS [1980], "Validating a Large Scale Simulation Model of Wilderness Recreation Travel," *Interfaces*, Vol. 10, pp. 11–18.

SCHRUBEN, L. W. [1980], "Establishing the Credibility of Simulations," *Simulation*, Vol. 34, pp. 101–105.

SHANNON, R. E. [1975], *Systems Simulation: The Art and Science*. Prentice-Hall, Englewood Cliffs, NJ.

VAN HORN, R. L. [1969], "Validation," in *The Design of Computer Simulation Experiments*, T. H. Naylor, ed., pp. 232–235 Duke University Press, Durham, NC.

VAN HORN, R. L. [1971], "Validation of Simulation Results," *Management Science*, Vol. 17, pp. 247–258.

YOUNGBLOOD, S. M. [1993], "Literature Review and Commentary on the Verification, Validation and Accreditation of Models," in *Proceedings of the 1993 Summer Computer Simulation Conference*, J. Schoen, ed., Boston, MA, July 19–21, pp. 10–17.

## 练习题

1. 为了研究不同排程法则(scheduling rule)的实施效果，我们建立一个 Job Shop 模型。为了验证该仿真模型，我们将目前使用的排程法则导入仿真模型之中，并将模型输出与观测到的实际系统指标进行比较。通过检索上一年的实际数据，可知车间实际每天处理的平均作业数量为 22.5(一个作业可能需要数天时间才能加工完成)。将仿真模型独立运行 7 次，每次运行时长为 30 天，通过仿真得到的平均作业数量为

$$18.9 \quad 22.0 \quad 19.4 \quad 22.1 \quad 19.8 \quad 21.9 \quad 20.2$$

   a) 请你进行一次统计检验，评价仿真模型输出是否与真实系统表现一致(显著性水平 $\alpha = 0.05$)。

   b) 如果二者差异值超过临界值，检验效度(发现无效模型的概率)是多少? 为了保证检验效度达到 80% 及以上，所需样本容量应该多大? ($\alpha = 0.05$)

2. 从习题 1 中的真实系统数据可知，完成一个作业的平均时间大约为 4 个工作日。通过 7 次独立运行后，仿真模型给出如下预测，完成每个作业的平均时间为

$$3.70 \quad 4.21 \quad 4.35 \quad 4.13 \quad 3.83 \quad 4.32 \quad 4.05$$

   c) 真实系统和仿真模型得到的结果一致吗? 以显著性水平 $\alpha = 0.01$ 进行统计检验。

   d) 如果将二者差异限定在 0.5 天，需要多大的样本才能达到 90% 的检验效度? 针对模型有效(或无效)的结论，解释你的计算结果(显著性水平 $\alpha = 0.01$)。

414
∼
415

3. 对于习题 1 中的问题，我们收集了 4 组、每组均历时 10 天的输入数据，每个周期(10 天)对应的平均作业数用 $Z_i$ 表示。我们使用上述 4 组输入数据进行了 4 次仿真，每次仿真模拟 10 天的系统运营情况，仿真模型预测出每个周期的作业数量 $Y_i$，结果如下:

| $i$ | 1 | 2 | 3 | 4 |
|---|---|---|---|---|
| $Z_i$ | 21.7 | 19.2 | 22.8 | 19.4 |
| $Y_i$ | 24.6 | 21.1 | 19.7 | 24.9 |

   a) 请你开展统计检验，评价仿真模型输出与真实系统行为是否一致(显著性水平 $\alpha = 0.05$)。

   b) 我们认为了解 $Z_i$ 和 $Y_i$ 之间是否存在差异是非常重要的，如果差异确实存在，那么需要多大的样本量才能保证至少 80% 的检验效度? (显著性水平 $\alpha = 0.05$)

4. 从本章参考文献中，找出两篇以上的关于验证和校核的论文或报告。阅读之后，请你编写一篇短文，对比分析校核与验证专题所涉及的各类原理和方法。

5. 在文献中找几个实际的例子，要求作者已经对这些模型进行了验证。作者所做的模型验证是否足够详细? 比较作者所用方法和本章所讲述方法是否一样，作者是否使用了本章没有讨论到的方法?

   [提示：关于仿真应用的文章资源有 Interfaces and Simulation 期刊，以及冬季仿真大会论文集(网址为 www.informs-cs.org)。]

6. 试比较和对比不同仿真软件在查错(debug)和校核方面的功能。

   [提示：讨论仿真软件特性的文章可查阅冬季仿真大会论文集(www.informs-cs.org)。]

7. 回答下列问题：

a) 比较仿真验证和自然科学的验证理论。

b) 比较自然系统模型与社会系统模型的验证过程所包含的问题和技术。

c) 对于人工运营的仓库系统（使用叉车和其他人力操作的车辆）和自动化仓库系统（使用自动导引车辆 AGV、传送带和自动化存取设施），二者在仿真模型验证方面的难点和所用技术有何不同？

d) 与上一个问题类似，只是考察对象由仓库变成生产系统，即依靠人工进行生产和决策的制造系统，与经过自动化改造后同一个制造系统进行比较和分析。

8. 运用置信区间方法，对例 10.2 中修正后的银行模型进行有效性评估，使用表 10-3 中的输出数据。

416

# 绝对性能评价

输出分析是对仿真生成数据进行检验的过程，旨在预测系统性能，或者对两个或多个系统方案的性能进行比较。本章将介绍绝对性能（absolute performance）估计，通过这种手段，可以估计一个或多个系统的性能指标值。第 12 章则主要介绍两个或多个系统之间的性能比较，即相对性能（relative performance）比较。

之所以需要进行统计输出分析，是因为当使用随机数生成器产生输入变量值时，仿真输出数据也会随机变化。也就是说，在仿真过程中使用两个不同的随机数流或随机数列，很可能会生成两组不一样的输出结果。如果用参数 $\theta$ 表示系统的实际性能，那么经过一系列仿真实验只能获得 $\theta$ 的估计值 $\hat{\theta}$。估计值 $\hat{\theta}$ 的精度可通过 $\hat{\theta}$ 的标准差或者 $\theta$ 的置信区间长度来衡量。统计分析的目的，一是估计 $\theta$ 与 $\hat{\theta}$ 的标准差或置信区间，二是估算满足一定界限的标准差或置信区间所需要的观测次数（仿真次数），当然也可以同时进行这两项工作。

考虑一个典型的输出变量 $Y$，代表库存系统的每周总成本。$Y$ 被看作一个分布未知的随机变量。进行一次仿真（时长一周）就相当于从 $Y$ 的所有可能取值（总体）中获得一个样本观测值。当仿真时长增加到 $n$ 周，样本数量也就增加到 $n$ 个观测值 $Y_1$，$Y_2$，$\cdots$，$Y_n$。然而，从统计学意义上讲，这些观测值并不构成一个随机样本，因为它们彼此不独立。本例中，某一周期末的即时库存量是下一周期初的即时库存量，所以 $y_i$ 会影响 $y_{i+1}$ 的取值。因此，随机变量序列 $Y_1$，$Y_2$，$\cdots$，$Y_n$ 可能是"自相关的"。自相关性是测度统计独立性的指标；经典统计学方法是基于独立性假设——因而不能直接用于输出数据分析，需要对其进行合理的修正，仿真实验也需要进行良好的设计，以做出有效的统计推断。

除了大多数仿真结果具有自相关性之外，时刻 0 的系统初始条件也可能影响仿真输出，并给分析人员带来麻烦。"时刻 0"是指仿真开始那一刻，可以对应现实系统的任一时间点。例如，时刻 0（周一早晨）的现有库存和延期未交货数量极有可能影响到 $Y_1$ 的值（第一周总成本）。由于存在自相关性，这些初始条件也会影响到 $Y_2$，$\cdots$，$Y_n$。如果初始条件选择不当，会影响仿真模型的稳态（长期仿真）性能指标。从统计分析的目的来看，初始条件的影响在于：第一，模型输出观测值可能不具有相同分布；第二，模型的初期输出观测值可能无法代表稳定状态下的系统性能。

在本章中，11.1 节区分两种类型的仿真——瞬态仿真和稳态仿真，并定义各类仿真常用的系统性能测度方法；11.2 节通过例子说明随机离散事件仿真所固有的变异性，以及对仿真输出进行统计分析的必要性；11.3 节主要论述系统性能指标的统计估算方法；11.4 节介绍终态仿真分析；11.5 节介绍稳态仿真分析。结合本章涉及的计算内容，我们在 www. bcnn. net 上提供了名为 SimulationTools. xls 的文件，用户可以将任何仿真应用产生的数据粘贴其中并进行统计分析。更为详细的用户手册可以从本书英文版网站上获得，SimulationTools. xls 文件中也集成了帮助文档。

## 11.1 依据输出分析划分的仿真类型

在分析仿真输出数据之前，首先让我们了解终态仿真（terminating simulation）、瞬态

417

仿真(transient simulation)和稳态仿真(steady-state simulation)。

终态仿真是在时间段 $T_E$ 内运行仿真，此处 $E$ 是指一个(或多个)使仿真终止的事件。此类仿真在给定初始条件下，从时刻 0 开始运行，终止于 $T_E$ 时刻。下面给出终态仿真的四个例子。

418

### 例 11.1

ShadyGrove 银行每天早上 8:30(时刻 0)开门，下午 4:30 关门($T_E = 480$)。早上开门营业的时候，银行内没有顾客，11 名柜员中只有 8 人工作(初始条件)。此处，事件 $E$ 表示银行当天的营业时间已经达到 480 分钟。仿真分析人员希望对一天之中顾客与银行柜员之间的业务处理过程建模，需要考虑开始营业和停止营业这两个事件所带来的影响。

### 例 11.2

对于例 11.1 中的银行案例，假设我们只研究上午 11:30(时刻 0)到下午 1:30 这一段时间，因为这是银行最繁忙的时段。所以，仿真运行时长变成 $T_E = 120$ 分钟。时刻 0 的初始条件可以通过两种方式设定：1) 选择多个不同日期，在银行内现场记录上午 11:30 那一刻实际系统的瞬间状态，这样就可以估计彼时系统中的顾客数量服从何种分布，然后以这些数据为初始条件开始仿真；2) 运行仿真模型，但是不采集上午 8:30～11:30 时段内的仿真输出统计数据，然后将 11:30 那一刻的瞬间状态作为上午 11:30 到下午 1:30 仿真的初始条件。

### 例 11.3

某通信系统由数个零件和备用零件构成，系统结构如图 11-1 所示。当该系统出现故障时，总运行时长记为 $T_E$。仿真终止事件 $E$ 被定义为 $E = \{A$ 失效，或者 $D$ 失效，或者 $B$，$C$ 同时失效$\}$。初始条件为"零时刻所有零件都是新的"。

需要注意的是，例 11.1 中银行模型的终止时间 $T_E = 480$ 分钟是已知的，而例 11.3 中的仿真终止时间 $T_E$ 通常无法事先预知。事实上，$T_E$ 很可能是待研究的输出变量，因为在这里它代表的是系统无故障运行总时长。本例中，仿真目标之一可能就是估计系统故障前的平均运行时间 $E(T_E)$。

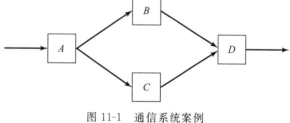

图 11-1　通信系统案例

### 例 11.4

419

某制造过程从周一上午连续运行到周六上午。在每一周的第一个班次内，要将零件装满仓库暂存区，在化学品罐中装满催化剂，这些都是完成产品生产所需的原料。除了周五晚上的最后一个班次(那个时候要进行清扫和维修)，生产过程始终不停。因此，在周末的时候，大多数库存暂存区都快空了，下周一的第一个班次要补充库存，以避免停工。我们希望对每周的第一个班次进行仿真，以研究为补充库存暂存区而制订的各种排班策略。

在终态仿真中，系统在时刻 0 的初始条件和仿真终止时间 $T_E$(或终止事件 $E$)都应该事先确定。尽管例 11.1 中的银行第二天还会开门营业，但是仿真分析人员不得不将其视为一个终态系统仿真，因为我们只是研究一天的运营情况，包括营业开始和结束的状态；另一方面，如果分析人员对银行运营的其他情况感兴趣，比如现金流或者 ATM 机的使用，那么该系统可以被看作一个"非终态仿真系统"。对于例 11.3 中的通信系统也是如此，如果损坏的零件被替换，系统就会继续运行。如果分析人员对系统的长期性能感兴趣，那么这个系统也可以被视为"非终态仿真系统"。但是在例 11.3 中，我们只对它的短期行为(从时刻 0 到系统故障时刻)感兴趣。因此，一个仿真模型是否被看作终态仿真，取决于研究目标和系统本质特征。

例 11.4 也是一个终态系统仿真，同时它还是一个瞬态(非平稳)仿真：所研究的目标是在途库存水平，它从时刻 0 的数量 0(或接近于 0)增加到 8 小时后充满(或接近于充满)的状态。

非终态系统(non-terminating system)是指连续运转(或者运行很长时间)的系统。相关的例子包括不经常发生故障的生产线、多种类型的连续生产系统、电话通信网络、Internet 通信网络、医院急诊室、警力派遣及巡逻、消防局，以及连续运行的计算机网络等。

非终态系统仿真开始于时刻 0，其初始条件由分析人员定义，运行时长 $T_E$ 也由分析人员确定(这里又出现了新的问题，即初始条件和终止条件如何设定，这个问题将稍后讨论)。通常，分析人员希望研究处于稳定状态(或长期运行后)的系统特征，即不受初始条件影响的系统性能指标。所谓"稳态仿真"就是研究非终态系统长期运行(或处于稳定状态)时性能和行为的仿真过程。

下面的两个例子都属于稳态仿真。

**例 11.5**

针对例 11.4，在生产过程平稳运行的前提下，我们从每周第二个班次开始进行研究。我们希望估计该系统的长期生产水平和长期生产效率，由于 13 个班次的持续时间相对较长，或许可以将其视为稳态仿真。为获得生产效率或其他响应指标的足够精确的估计值，分析人员可以随意决定仿真时间 $T_E$ 的值(甚至超过 13 个班次)。也就是说，$T_E$ 不是由系统本身决定的(在终态仿真中由所研究系统的特征确定)，而是由分析人员将其作为仿真实验设计中的一个参数进行设定。

420

**例 11.6**

HAL 公司是一家基于互联网的大型订单处理公司，顾客遍布世界各地。其庞大的计算系统(包含数量庞大的服务器、工作站和外部设备)24 小时连续运转。为了应对不断增加的业务量，HAL 公司考虑按照不同的配置要求增加 CPU、内存和存储设备的数量。尽管一天之内 HAL 公司的计算工作负荷是不断变化的，但管理者主要希望系统能够应对高峰期的持续负荷。由于并不真正了解 HAL 系统访问量是如何随时间变化的，无法制订一成不变的解决方案，因此，需要针对高峰期的系统负荷情况建立一个仿真模型并加以研究。于是，HAL 员工使用当前的峰值负荷数据，针对现有系统开发了一个仿真模型，然后研究了几种扩展系统处理能力的方案。HAL 公司希望了解每台计算机的长期平均处理量和设备利用率。仿真模型的运行终止时间 $T_E$ 不是根据系统特性决定的，而是由分析人员随意决定或者按照预想的统计精度确定。

## 11.2　输出数据的随机特性

考察一个仿真模型，运行周期为 $[0, T_E]$。由于仿真模型是一个输入-输出转换过程

（如图 10-5 所示），并且模型的某些输入变量是随机变量，因此仿真模型的输出变量也是随机变量。下面通过两个例子说明随机仿真输出数据的本质特性，并对这些输出数据的几个重要性质进行初步讨论。第一次读到这些性质或相关术语的时候也许不能完全理解，读者对此不必介意，我们会在本章的后续章节中给予详细说明。

## 例 11.7 SMP 公司

SMP 公司为顾客提供两类软件产品的定制开发服务：财务稽核软件与合同管理软件。SMP 公司有一个顾客服务呼叫中心，负责处理顾客的问题，呼叫中心的服务时间是美国东部时间上午 8:00 到下午 4:00。当有顾客电话打进，系统会自动将其转接到两个产品线中的一个。每个产品线都有自己的话务员。当有话务员处于可接听状态时，呼叫电话会被自动转给该话务员，否则顾客就会进入队列中排队等待。SMP 希望通过交叉培训，使得所有话务员都能够完成两个产品线的应答服务，从而减少所需的话务员数量，但这会使话务员完成一个电话服务的时间增加 10%。在考虑减少话务员之前，SMP 想知道如果仅对当前话务员进行交叉培训，服务质量会如何变化？通过分析历史数据得知，呼入电话近似于服从非平稳泊松到达过程，话务员应答服务时间的统计分布也可以确定。服务质量指标是话务员响应时间（电话呼入到达至顾客与话务员开始交谈的时间间隔）和当前的电话呼入排队数量。响应时间的差异临界值为 30 秒（注：超过 30 秒为不能接受）。

很明显这是一个终态仿真实验，上午 8:00 对应时刻 0，下午 4:00 对应 $T_E$（另外一种方法是下午 4:00 之前最后一个呼入电话完成服务时终止仿真运行，这时 $T_E$ 是一个随机数值）。表 11-1 给出了 SMP 案例的 4 次仿真运行结果，每一行包括 8 小时内电话呼入的平均排队等待时间（分钟）以及平均排队数量。

**表 11-1 SMP 呼叫中心的 4 次独立运行结果**

| 重复仿真次数 $r$ | 平均等待时间 $\hat{w}_{Qr}$（分钟） | 平均队列长度 $\hat{L}_{Qr}$（人） |
|---|---|---|
| 1 | 0.88 | 0.68 |
| 2 | 5.04 | 4.18 |
| 3 | 4.13 | 3.26 |
| 4 | 0.52 | 0.34 |

从上表可以看出，每天的统计平均值之间存在显著差异，意味着需要进行更多次仿真才能实现精确估计，才能使均值 $w_Q = E(\hat{w}_Q)$，$L_Q = E(\hat{L}_Q)$。即使进行多次仿真，仍然会存在一定的估计误差，这就是为什么不能仅仅依赖一个数值（点估计），还需要借助置信区间或标准差来衡量指标差异的原因。

例 11.7 所涉及的这些问题将在 11.4 节终态仿真问题中给予讨论。由于 $\hat{w}_{Q1}$，$\hat{w}_{Q2}$，$\hat{w}_{Q3}$ 和 $\hat{w}_{Q4}$ 构成一次随机抽样，也就是说这几个变量是独立同分布的，因此可以使用经典的统计方法对其处理。此外，由于 $\hat{w}_Q = E(\hat{w}_{Qr})$ 是待估计参数，因此每一个 $\hat{w}_{Qr}$ 都是平均等待时间的真实值 $w_Q$ 的无偏估计。关于例 11.7 的分析，将在 11.4 节的例 11.10 中进行。Law[1980] 对可用于终态仿真的统计方法进行了一次全面回顾。有兴趣的读者还可以参考 Alexopoulos 和 Seila[1998]、Kleijnen[1987]、Law[2007] 和 Nelson[2001] 等文献。

下面这个案例将介绍相关性和初始条件对系统性能指标的长期平均估计值的影响。

## 例 11.8

半导体晶圆的制造是极其昂贵的，工艺设备、物料搬运和人力资源会耗费大量资金。FastChip 公司想通过仿真去估计两种不同产品（C 型芯片和 D 型芯片）在特定负荷条件下的稳态平均制造周期（从晶圆投放到产出），从而研发出一种新的制造工艺。晶圆制造包含两道基本工序：扩散（diffusion）和光刻（lithography），每一道工序都由许多子工序组成。制

421

造过程需要多次重复这些工序。产品以晶圆匣(cassetle)作为计量单位,生产投放速率为 1 匣/小时,为了达到这个速率,需要每周 7×24 小时连续工作。公司目标是当前方案能够满足 C 型芯片的长期平均制造周期低于 45 小时,D 型芯片低于 30 小时的要求。

图 11-2 给出了一次仿真运行中前 30 个 C 型芯片的制造周期。我们的目标是在生产量接近无限的时候,估算其长期平均制造周期。需要注意的是,开始的几个制造周期看起来要小于后续产品的周期,这是因为仿真模型以"系统为空、设备空闲"作为初始条件,不能代表长期状态或稳态。还应注意的是,一个相对较短的制造周期(大约 40 小时)往往会接着另外几个短周期。因此,彼此连续的产品制造周期之间有可能是相关的。这些特征表明制造周期数据并不是随机样本,所以经典的统计方法可能不适用。我们将在 11.5 节讨论这个问题。

422

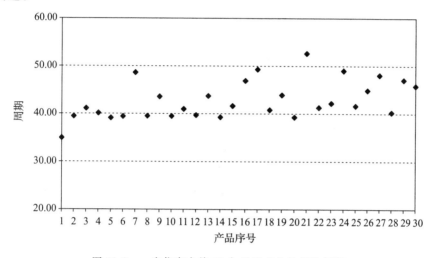

图 11-2 一次仿真中前 30 个 C 型芯片的制造周期

## 11.3 绝对性能指标及其估计

在通过仿真估算系统性能参数 $\theta$(或 $\phi$)时,希望获得 $\theta$(或 $\phi$)的点估计和区间估计,区间估计的长度是点估计的误差量度。仿真输出数据 $\{Y_1, Y_2, \cdots, Y_n\}$ 用于估算参数 $\theta$,由于 $n$ 是离散取值的,所以我们将这样的数据称为离散时间数据(discrete-time data);仿真输出数据 $\{Y(t), 0 \leqslant t \leqslant T_E\}$ 用于估算参数 $\phi$,由于 $t$ 是连续赋值的,因此我们将这样的数据称为连续时间数据(continuous-time data)。例如,$Y_i$ 可以表示第 $i$ 位顾客的等待时间,或者第 $i$ 周的总成本;$Y(t)$ 可以表示 $t$ 时刻的队列长度,或 $t$ 时刻积压的未完成订单数量。参数 $\theta$ 是一般性均值,而 $\phi$ 是时间加权平均值。$\theta$ 和 $\phi$ 的具体含义无关紧要,这里我们只是用两个不同符号来表示一般性均值和时间加权平均值。为了使讨论更具体,我们以第 6 章的排队系统输出结果为例进行阐述。

### 11.3.1 点估计

基于数据 $\{Y_1, Y_2, \cdots, Y_n\}$ 的参数 $\theta$ 的点估计定义如下:

$$\hat{\theta} = \frac{1}{n} \sum_{i=1}^{n} Y_i \tag{11.1}$$

423

其中，$\hat{\theta}$是基于样本量$n$的样本均值，计算机仿真语言称之为"离散时间型"（discrete-time）、"采集型"（collect）、"计数型"（tally）或"观测型"（observational）统计量。

如果点估计$\hat{\theta}$的期望值是$\theta$，则称之为无偏估计，即

$$E(\hat{\theta}) = \theta \tag{11.2}$$

然而通常的结果却是

$$E(\hat{\theta}) \neq \theta \tag{11.3}$$

此时$E(\hat{\theta})-\theta$称为点估计$\hat{\theta}$的偏差。我们当然希望估计量是无偏的，但是如果无法达成，也要使得偏差尽量小一些。公式(11.1)中的估计量包括公式(6.5)和公式(6.7)中的$\hat{w}$和$\hat{w}_Q$，这里$Y_i$代表第$i$位顾客在（子）系统中的总停留时间。

基于数据$\{Y(t)，0 \leqslant t \leqslant T_E\}$的参数$\phi$的点估计量定义如下：

$$\hat{\phi} = \frac{1}{T_E} \int_0^{T_E} Y(t)\, \mathrm{d}t \tag{11.4}$$

也称为$Y(t)$在$[0，T_E]$上基于时间的平均值（time average）。在仿真语言中，可以称为"连续时间型"（continuous time）、"离散转变型"（discrete-change）或者"持续时间型"（time-persistent）统计量。通常，

$$E(\hat{\phi}) \neq \phi \tag{11.5}$$

因此$\hat{\phi}$之于$\phi$是有偏的。我们希望获得无偏估计量或偏差较小的估计量。按时间平均的例子包括公式(6.3)和公式(6.4)中的$\hat{L}$和$\hat{L}_Q$，以及公式(11.4)中的$Y_j$。

通常，$\theta$和$\phi$是代表仿真系统性能指标的均值。当然，也可以包含其他指标。例如，在库存缺货情况下，发生销售损失的天数与总天数占比的估计值。本例中，令

$$Y_i = \begin{cases} 1，& \text{如果第 } i \text{ 天库存缺货} \\ 0，& \text{其他} \end{cases}$$

其中，$n$为总天数，$\hat{\theta}$是由公式(11.1)定义的$\theta$（缺货天数占比）的点估计量。再比如，我们估算队列长度大于10位顾客的时间占比。如果$L_Q(t)$代表$t$时刻的仿真队列长度，则定义

$$Y_{(t)} = \begin{cases} 1，& \text{如果 } L_Q(t) > 10 \\ 0，& \text{其他} \end{cases}$$

这里$\hat{\phi}$由公式(11.4)定义，是$\phi$的点估计量，即队列长度超过10位顾客的时间占比。因此，占比估计是均值估计的一个特例。

有一个性能指标不适用上述通用架构，这就是分位数（quantile）或百分位数（percentile）。分位数描述了在给定概率$p$时的系统性能水平。例如，假设$Y$表示顾客在服务系统中的排队等待时间（单位：分钟）。那么，$Y$的$p = 0.85$分位数所对应的数值$\theta$满足

$$Pr\{Y \leqslant \theta\} = 0.85 \tag{11.6}$$

$\theta$代表顾客等待时间排名（从小到大排序）第$100p$位或85%分位点的数值。因此，85%的顾客等待时间不高于$\theta$。也就是说，某位顾客的排队等待时间超过$\theta$分钟的可能性只有15%。被广泛使用的一个性能指标就是中位数（median），也就是1/2分位数或第50个百分位数。

分位数估算与比例估算（概率估算）是互逆的。在估算比例时，给定$\theta$估计$p$；而在估计分位数时，给定$p$估计$\theta$。

最直观的分位数估算方法就是先绘制观测值$Y$的直方图，然后找到一个$\hat{\theta}$值，使得$100p$%的直方图位于数值$\hat{\theta}$的左侧（小于$\hat{\theta}$）。例如，如果采集到$n = 250$位顾客的等待时间

观测值 $\{Y_1, \cdots, Y_{250}\}$，那么等待时间的第 85 个百分位点的估计值就是 $\hat{\theta}$，使得 $0.85 \times 250 = 212.5 \approx 213$ 个观测值会小于等于 $\theta$。显而易见，就是令 $\hat{\theta}$ 等于样本中排名第 213 位的最小值（需要对样本数据进行排序）。如果输出结果是一个连续时间过程，比如队列长度的变化过程 $\{L_Q(t), 0 \leqslant t \leqslant T_E\}$，那么直方图就会给出该过程在每一可能水平（本例为排队队列长度）下的时间占比。接下来，与分位点估计法相同，即找到一个值 $\hat{\theta}$，使得 $100p\%$ 的直方图位于 $\hat{\theta}$ 的左侧。

### 11.3.2　置信区间估计

要全面理解置信区间，一定要了解误差测度（measure of error）和风险测度（measure of risk）的区别。对比分析置信区间（confidence interval）和预测区间（prediction interval，这是另一种有用的输出分析工具），有助于我们厘清二者概念上的差别。

置信区间和预测区间具有相同的前提假设，即仿真产生的数据能够使用概率模型很好地表征。假设概率模型服从均值为 $\theta$、方差为 $\sigma^2$ 的正态分布，且 $\theta$ 和 $\sigma$ 均未知。比如，令 $Y_i$ 表示第 $i$ 次仿真（表示生产一天）中的零件平均制造周期。因此，$\theta$ 是 $Y_i$ 的数学期望，$\sigma$ 表示平均制造周期的日偏差。

在本例中，我们的目标是估计 $\theta$ 的值。如果我们计划安排长期生产，即日复一日地生产零件，那么 $\theta$ 就是一个关联参数，因为它代表长期日平均制造周期（每天计算一次）。日平均制造周期每天都会变化，但是在一个较长时间段内，其样本平均值会趋近于 $\theta$ ⊖。

本质上，$\theta$ 的估计值就是 $n$ 次独立仿真的样本均值 $\overline{Y} = \sum_{i=1}^{n} Y_i / n$。然而，$\overline{Y}$ 并不真的是 $\theta$，因为它只是基于样本的、包含偏差的估计值。置信区间用于衡量这种误差。令

$$S^2 = \frac{1}{n-1} \sum_{i=1}^{n} (Y_i - \overline{Y})^2$$

为 $n$ 次仿真的样本方差⊖。通常，假定 $Y_i$ 服从正态分布，则置信区间为

$$\overline{Y} \pm t_{\alpha/2, n-1} \frac{S}{\sqrt{n}}$$

其中，$t_{\alpha/2, n-1}$ 是自由度为 $n-1$ 的 $t$ 分布（在两侧分别切掉 $\alpha/2$ 的面积，见表 A-5）。我们虽然无法确定 $\overline{Y}$ 与 $\theta$ 之间的距离，但是置信区间可以帮助界定这个距离。遗憾的是，置信区间本身也可能不准确，而置信水平（比如 95%）可以告诉我们在多大程度上能够信任对 $\overline{Y}$ 和 $\theta$ 所作的区间界限。一般而言，仿真次数越多，$\overline{Y}$ 包含的误差越小。置信区间也是如此，即由于 $t_{\alpha/2, n-1} S / \sqrt{n}$ 会随着 $n$ 的增大而减小，因此当 $n$ 趋于无穷大时，$t_{\alpha/2, n-1} S / \sqrt{n}$ 收敛至 0。

现在，假设我们要给出平均制造周期的可信任结果。使用估计值 $\overline{Y}$ 当然是最好的办法，但它不可能非常精确。即使 $\theta$ 也不可能恰好就是某一天实际结果的平均值，观测值每天都是不同的。然而，对于预测区间来说，由于它的区间足够宽，因此可以有较高的概率确保其包含某一天实际结果的平均值。

预测区间的一般定义形式为

$$\overline{Y} \pm t_{\alpha/2, n-1} S \sqrt{1 + \frac{1}{n}}$$

预测区间长度随着 $n$ 的增加并不会收敛于零。事实上，其极限为

----

⊖　实际上，此处是指 $\theta$ 的样本估计量 $\hat{\theta}$ 会随仿真时间的延长而渐趋于 $\theta$。

⊖　原书为 $R$，下面的自由度为 $R-1$，疑为作者笔误，译者将 $R$ 更正为 $n$。

425

$$\theta \pm z_{a/2}\sigma$$

这反映了一个事实，即无论我们仿真多少次，日平均制造周期的数值总是会不断变化。

总的来说，预测区间是风险估计指标，置信区间是误差估计指标。我们可以通过增加仿真次数来减少误差，但是绝不可能通过增加仿真次数消除风险，因为风险是系统本身固有的。我们能做的只有通过更多次的仿真达成更好的风险估计。

**例 11.9**

假设某制造系统经过 120 次仿真后，其日平均制造周期是 5.80 小时，样本标准差是 1.60 小时。因为 $t_{0.025,119}=1.98$，可以在置信水平为 95％的情况下，日平均制造周期的长期期望值的置信区间是 $5.80\pm1.98(1.60/\sqrt{120})$ 或 $5.80\pm0.29$ 小时。因此，我们对于日平均制造周期的长期期望值的理想估计是 5.80 小时，但是可能存在多达 $\pm0.29$ 小时的估计误差。

也就是说，在任何一天，有 95％的信任度可以认为当天生产的所有零件的日平均制造周期为

$$5.80 \pm 1.98(1.60)\sqrt{1+\frac{1}{120}}$$

或 $5.80\pm3.18$ 小时。$\pm3.18$ 小时反映了日平均制造周期指标所固有的可变性，我们有 95％的置信度认为该区间包含了任意一天的实际平均制造周期，而不只是包含了长期平均值。

请注意：无论使用置信区间还是预测区间，都不能说具体某一个产品个体的制造周期是多少，因为我们观测到的是每天所有产品个体的平均值。如果要说清楚每一个个体的制造周期特征，那么分析工作就必须以个体制造周期数据为研究基础。

## 11.4　终态仿真输出分析

考虑一个终态仿真，模拟时长为 $[0, T_E]$，观测值为 $Y_1, \cdots, Y_n$。样本量 $n$ 可以是一个固定值，也可以是一个随机变量（在 $[0, T_E]$ 时段内产生的观测值数量）。仿真的一般目的是估计

$$\theta = E\left(\frac{1}{n}\sum_{i=1}^{n}Y_i\right)$$

若输出数据的形式为 $\{Y(t), 0\leqslant t\leqslant T_E\}$，则研究目标是估计

$$\phi = E\left(\frac{1}{T_E}\int_{0}^{T_E}Y(t)\,\mathrm{d}t\right)$$

在上述两种情况中需要使用独立仿真（individual replication）。同一个仿真模型需要重复运行 $R$ 次，每次使用不同的随机数流，并独立选择初始条件（包括每次仿真使用相同初始条件的情况）。下面就来讨论这个问题。

### 11.4.1　统计背景

或许仿真输出最令人困惑的地方就在于区分内循环数据（within-replication data）和外循环数据（across-replication data），我们必须理解二者的性质并学会使用。在实际应用过程中，这种困惑可能还会进一步加剧，因为仿真语言通常只提供汇总指标，比如样本均值、样本方差和置信区间，而不提供所有的原始数据。有的时候，仿真语言只提供这些汇总性指标，除此之外再无其他。

为了说明这些关键问题，让我们考虑一个制造系统仿真。该系统有两个性能指标：零

部件制造周期(从零部件进入工厂到完成生产所需的全部时间)和在制品数量(WIP,任意时刻工厂中的零件总数)。对于计算机程序系统而言,上述两个指标对应的是计算机系统的响应时间和 CPU 中的任务队列长度。对于服务系统而言,上述两个指标对应的是完成一位顾客请求所需的时间以及"待办"顾客请求的队列长度;对于供应链应用而言,上述两个指标对应的是完成订单所需时间和库存水平。很多系统中都有类似的指标。

对于制造周期之类的指标,常用以下约定:令 $Y_{ij}$ 表示第 $i$ 次仿真中第 $j$ 个零件的制造周期。如果每次仿真包括两个生产班次,那么每次仿真生成的零件数量可能不同。表 11-2 象征性地展示了 $R$ 次仿真的结果。

表 11-2　内外循环的制造周期数据

| 内循环数据 | | | | 外循环数据 |
|---|---|---|---|---|
| $Y_{11}$ | $Y_{12}$ | $\cdots$ | $Y_{1n_1}$ | $\overline{Y}_{1\cdot}$, $S_1^2$, $H_1$ |
| $Y_{21}$ | $Y_{22}$ | $\cdots$ | $Y_{2n_2}$ | $\overline{Y}_{2\cdot}$, $S_2^2$, $H_2$ |
| $\vdots$ | $\vdots$ | | $\vdots$ | $\vdots$ |
| $Y_{R1}$ | $Y_{R2}$ | $\cdots$ | $Y_{n_R}$ | $\overline{Y}_{R\cdot}$, $S_R^2$, $H_R$ |
| | | | | $\overline{Y}..$, $S^2$, $H$ |

427

外循环数据是由内循环数据经过汇总之后得到的[⊖]。$\overline{Y}_{i\cdot}$ 是第 $i$ 次仿真中 $n_i$ 个产品制造周期的样本均值,$S_i^2$ 是基于相同数据的样本方差,并且

$$H_i = t_{\alpha/2, n_i - 1} \frac{S_i}{\sqrt{n_i}} \tag{11.7}$$

是基于该数据集的置信区间半长(confidence internal half-width)。

根据外循环数据,我们计算所有统计指标值,日平均制造周期的平均值为

$$\overline{Y}.. = \frac{1}{R} \sum_{i=1}^{R} \overline{Y}_{i\cdot} \tag{11.8}$$

日平均制造周期的样本方差为

$$S^2 = \frac{1}{R-1} \sum_{i=1}^{R} (\overline{Y}_{i\cdot} - \overline{Y}..)^2 \tag{11.9}$$

最后,置信区间半长为

$$H = t_{\alpha/2, R-1} \frac{S}{\sqrt{R}} \tag{11.10}$$

$S/\sqrt{R}$ 是标准差,有时也被理解为 $\overline{Y}..$ 的平均误差,被当作 $\theta$ 的估计量。注意,$S^2$ 不是内循环样本方差 $S_i^2$ 的平均,而是内循环平均值 $\overline{Y}_{1\cdot}$, $\overline{Y}_{2\cdot}$,…, $\overline{Y}_{R\cdot}$ 的样本方差。

428

在一次仿真中,在制品是一个连续时间的输出变量,用 $Y_i(t)$ 表示。通常,第 $i$ 次仿真的终止时间 $T_{E_i}$ 是一个随机变量,在本例中,它是第二个工作班次的结束时间。表 11-3 是对生成数据的抽象表达。

表 11-3　内外循环的在制品数据

| 内循环数据 | 外循环数据 |
|---|---|
| $Y_1(t)$, $0 \leqslant t \leqslant T_{E_1}$ | $\overline{Y}_{1\cdot}$, $S_1^2$, $H_1$ |
| $Y_2(t)$, $0 \leqslant t \leqslant T_{E_2}$ | $\overline{Y}_{2\cdot}$, $S_2^2$, $H_2$ |
| $\vdots$ | $\vdots$ |
| $Y_R(t)$, $0 \leqslant t \leqslant T_{E_R}$ | $\overline{Y}_{R\cdot}$, $S_R^2$, $H_R$ |
| | $\overline{Y}..$, $S^2$, $H$ |

对于连续时间数据而言,其内循环样本均值和方差被定义为

$$\overline{Y}_{i\cdot} = \frac{1}{T_{E_i}} \int_0^{T_{E_i}} Y_i(t) \, dt \tag{11.11}$$

及

$$S_i^2 = \frac{1}{T_{E_i}} \int_0^{T_{E_i}} (Y_i(t) - \overline{Y}_{i\cdot})^2 \, dt \tag{11.12}$$

⊖　为方便书写,我们通常使用一个点(如下标 $i \cdot$ 中所示)表示所指代下标的全部成员,用一条横线(如 $\overline{Y}_{i\cdot}$)表示其算术平均值。

$H_i$ 的定义稍微有些问题，但是为了具体化，可以将其定义为

$$H_i = z_{a/2} \frac{S_i}{\sqrt{T_{E_i}}}. \tag{11.13}$$

$H_i$ 具体与什么情况相关不太好想得明白，这个话题稍后再讨论。尽管针对连续时间变量的内循环定义不同于离散的情况，但是外循环统计指标的定义是不变的，这一点非常重要。

以下是需要理解的关键内容：

- 所有样本的平均值 $\overline{Y}..$ 和每次独立仿真所得到的样本均值 $\overline{Y}_{i}.$ 是期望日平均制造周期或期望日平均在制品数量的无偏估计量。

- 外循环数据是相互独立的，因为它们基于不同的随机数；它们又是同分布的，因为它们基于同一个仿真模型。如果它们是内循环数据的平均值，它们还会近似于正态分布（本例就是如此）。以上这些特征意味着置信区间 $\overline{Y}.. \pm H$ 总是十分有效的。

- 另一方面，内循环数据可能没有上述特性。首先，如果仿真开始时系统为空，每个产品的制造周期可能不是同分布的；其次，由于零件是一个接一个生产的，因此它们很可能不是彼此独立的；最后，至于内循环数据是否服从正态分布，也难以事先了解。因此，基于独立同分布假设的数据而计算出来的 $S_i^2$ 和 $H_i$ 并无多大用处，当然也会有一些例外的情况。

- 在某些情况下，$\overline{Y}..$ 和 $\overline{Y}_i.$ 是零件个体期望制造周期（或期望在制品数量）的有效估计量，对日平均值却是无效估计量（详见 11.5 节中关于稳态仿真的论述）。即使在这种情况下，置信区间 $\overline{Y}.. \pm H$ 仍然是有效的，而 $\overline{Y}_i. \pm H_i$ 是无效的。问题在于，$S_i^2$ 是制造周期方差的合理估计量，而 $S_i^2/n_i$ 和 $S_i^2/T_{E_i}$ 不是 $\text{var}[\overline{Y}_i.]$ 的合理估计量。有关内容会在 11.5.2 节进行更详细的分析。

## 例 11.10　SMP 公司（续）

继续思考例 11.7SMP 公司的呼叫中心问题，表 11-1 给出了 $R=4$ 次仿真的数据。4 个 $\hat{L}_{Qr}$（呼叫等待数量的估计值）是公式（11.11）按照时间进行平均之后的结果，其中 $Y_r(t) = L_Q(t)$ 为 $t$ 时刻的排队顾客数量。同样的，四个系统逗留时间的平均值 $\hat{w}_{Q1}$，$\cdots$，$\hat{w}_{Q4}$ 和表 11-2 中的 $\overline{Y}_r.$ 相似，其中 $Y_{ri}$ 是在第 $r$ 次仿真中第 $i$ 位顾客的持机等待时间。

若分析人员希望获得顾客的平均持机等待时间 $w_Q$ 的 95% 置信区间，可以利用公式（11.8）计算点估计量：

$$\overline{Y}.. = \hat{w}_Q = \frac{0.88 + 5.04 + 4.13 + 0.52}{4} = 2.64$$

利用公式（11.9）计算方差估计量如下：

$$S^2 = \frac{(0.88 - 2.64)^2 + \cdots + (0.52 - 2.64)^2}{4 - 1} = (2.28)^2$$

则估计量 $\hat{w}_Q = 2.64$ 的标准差为 s. e. $(\hat{w}_Q) = S/\sqrt{4} = 1.14$ ⊖。由表 A-5 可查得 $t_{0.025,3} = 3.18$，利用公式（11.10）计算 95% 置信区间的半长为

$$H = t_{0.025,3} \frac{S}{\sqrt{4}} = (3.18)(1.14) = 3.62$$

即在 95% 的置信水平下，置信区间为 $2.64 \pm 3.62$ 分钟。四次仿真对于估计 $w_Q$ 而言显然

---

⊖　s. e. 是 standard error 的缩写。

太少了，因为平均等待时间不可能小于零。我们将在本章后面继续讨论这个问题，并决定为获得一个有意义的估计值需要进行多少次仿真。

430

### 11.4.2　特定精度下的置信区间

通过表达式(11.10)，基于 $t$ 分布的、均值为 $\theta$ 的 $100(1-\alpha)\%$ 置信区间半长 $H$ 可由下式给出：

$$H = t_{\alpha/2,R-1}\frac{S}{\sqrt{R}}$$

其中，$S^2$ 是样本方差，$R$ 是仿真次数。在以往的仿真案例中我们很少需要挑选 $R$，只是接受其产生的置信区间半长。实际上，我们可以将 $R$ 设定为足够大的值，从而得到足够小的 $H$ 来辅助决策。$H$ 的可接受范围取决于所研究的问题，比如，财务系统仿真的半长为 $\pm5000$ 美元，制造周期半长为 $\pm6$ 分钟，呼叫中心排队队列长度半长为 $\pm1$ 名顾客。

假定误差标准(error criterion)$\varepsilon$ 已经确定，换句话说，就是希望以较高的概率(至少为 $1-\alpha$)，通过 $\overline{Y}..$ 去估计 $\theta$ 的值，误差为 $\pm\varepsilon$。因此，我们希望获得足够大的 $R$ 值，以满足

$$P(|\overline{Y}.. - \theta| \leqslant \varepsilon) \geqslant 1-\alpha$$

在样本数量 $R$ 是固定值的情况下，输出结果的误差是无法保证的。但是如果样本量可以增加，我们就可以确定一个误差标准(例如 $\varepsilon=5000$ 美元，6 分钟或 1 位顾客)。

假设一开始就进行了 $R_0$ 次仿真，即仿真分析人员一上来就做了 $R_0$ 次独立仿真。我们必须确保 $R_0\geqslant2$，最好是 10 次以上。我们要用这 $R_0$ 次的运行结果获得总体方差 $\sigma^2$ 的初始估计值 $S_0^2$。为了达到半长所需的误差标准，需选择样本量 $R$，以使得 $R\geqslant R_0$，且

$$H = t_{\alpha/2,R-1}\frac{S_0}{\sqrt{R}} \leqslant \varepsilon \tag{11.14}$$

求解不等式(11.14)中的 $R$，可以发现 $R$ 是满足 $R\geqslant R_0$ 的最小整数，且

$$R \geqslant \left(\frac{t_{\alpha/2,R-1}S_0}{\varepsilon}\right)^2 \tag{11.15}$$

$R$ 的初始估计值可由下式求得：

$$R \geqslant \left(\frac{z_{\alpha/2}S_0}{\varepsilon}\right)^2 \tag{11.16}$$

其中，$z_{\alpha/2}$ 是从表 A-3 中获得的标准正态分布的 $100(1-\alpha/2)$ 百分位点对应的数值。对于很大的 $R$(即 $R\geqslant50$)，有 $t_{\alpha/2,R-1}\approx z_{\alpha/2}$，也就是说，当 $R$ 很大时，使用公式(11.16)就足够了。在确定了最终的样本量 $R$ 之后，额外再采集 $R-R_0$ 次观测值(例如，再做 $R-R_0$ 次仿真，或者从头开始进行 $R$ 次仿真)，然后通过下式确定 $\theta$ 的 $100(1-\alpha)\%$ 置信区间：

$$\overline{Y}.. - t_{\alpha/2,R-1}\frac{S}{\sqrt{R}} \leqslant \theta \leqslant \overline{Y}.. + t_{\alpha/2,R-1}\frac{S}{\sqrt{R}} \tag{11.17}$$

431

其中，$\overline{Y}..$ 和 $S^2$ 都是基于 $R$ 次仿真计算出来的，$\overline{Y}..$ 可由公式(11.8)求出，$S^2$ 则由公式(11.9)求出。由不等式(11.17)确定的置信区间半长值应该接近或小于 $\varepsilon$；然而，在完成了额外的 $R-R_0$ 次仿真之后，方差估计量 $S^2$ 可能会和初始估计值 $S_0^2$ 不太一样，可能会使半长比预期值更大。如果根据公式(11.17)计算出的置信区间太大，需要使用公式(11.15)并重复上述过程，以确定更大的样本量值。

**例 11.11**

继续考察例 11.7 的 SMP 公司案例。假设我们希望以 95% 的置信水平、±0.5 的偏差标准估计呼叫等待队列的平均排队时间。这里，我们将使用 SimulationTools. xls 文件中的 "Get Sample Size" 函数说明整个计算过程。输入对话框和计算结果分别在图 11-3 和图 11-4 中给出。请注意，绝对精度 (Absolute Precision)意味着我们直接确定了置信区间的半长 (本例为±0.5 分钟)；而相对精度(Relative Precision)确定的是半长与均值的比例。

图 11-3　SimulationTools. xls 文件中" Get Sample Size"输入对话框

最初，我们进行了 $R_0=20$ 次仿真，程序经过计算认为满足不等式(11.16)的最小整数值为 $R=175$。所以，需要进行额外 $R-R_0=175-20=155$ 次仿真。采集额外仿真的输出结果之后，我们需要再次计算半长 $H$，以确保其低于给定的标准。本例计算结果为 $2.66\pm0.34$ 分钟(可以在 www. bcnn. net 中找到)。

432

| 获取样本量 | | 已完成 | | 数据列 | | | 最小样本量 |
|---|---|---|---|---|---|---|---|
| | | | 1 | 0.880 897 931 | | | 175 |
| 观测值数量 | 20 | | 2 | 5.043 403 04 | | | |
| 显著性水平 $\alpha$ | 0.05 | | 3 | 4.132 638 545 | | | |
| 精度类型 | 1 | | 4 | 0.517 418 075 | | | |
| 精度值 | 0.5 | | 5 | 2.584 490 259 | | | |
| | | | 6 | 0.860 547 939 | | | |
| | | | 7 | 1.544 612 493 | | | |
| | | | 8 | 1.762 676 832 | | | |
| | | | 9 | 6.925 242 515 | | | |
| | | | 10 | 2.201 491 896 | | | |
| | | | 11 | 2.915 438 392 | | | |
| | | | 12 | 0.486 246 064 | | | |
| | | | 13 | 1.792 947 434 | | | |
| | | | 14 | 1.244 455 641 | | | |
| | | | 15 | 4.278 5790 49 | | | |
| | | | 16 | 13.916 961 67 | | | |
| | | | 17 | 0.235 565 331 | | | |
| | | | 18 | 0.685 156 864 | | | |
| | | | 19 | 1.577 792 626 | | | |
| | | | 20 | 1.070 626 537 | | | |

图 11-4　使用 SimulationTools. xls 文件中的 "Get Sample Size" 函数计算样本数量

## 11.4.3　分位数

为了了解分位数的区间估计量，先了解均值的区间估计量(尤其是在某些情况下的均值

代表百分比或概率 $p$），这会很有帮助。在这里，我们选择百分比或概率作为均值，这是均值的一种特殊情况。然而，在很多统计学教科书中，概率是采用另外的方法定义的。

当独立仿真 $Y_1, \cdots, Y_R$ 的次数足够多的时候，有 $t_{\alpha/2,n-1} \doteq z_{\alpha/2}$，则概率 $p$ 的置信区间通常可写作

$$\hat{p} \pm z_{\alpha/2} \sqrt{\frac{\hat{p}(1-\hat{p})}{R-1}}$$

其中，$\hat{p}$ 是样本百分比（用于估计百分比的时候，代数推导证明上式与公式（11.10）完全一致）。

如 11.3 节所述，分位数估计是概率估计的逆问题：寻找满足 $\Pr\{Y \leqslant \theta\} = p$ 的 $\theta$ 值。那么，为了估计 $p$ 分位数，我们需要找到 $\hat{\theta}$ 值，使得在 $Y$ 的直方图里 $100p\%$ 的数据位于 $\hat{\theta}$ 左侧；换言之，是要找到 $Y_1, \cdots, Y_R$ 里的第 $np$ 个最小值。

若拓展一下思路，那么寻找 $\theta$ 的 $100(1-\alpha)\%$ 置信区间的问题就变成：寻找值 $\theta_l$ 和 $\theta_u$，先以 $\theta_l$ 切除 $100\rho_l\%$ 的直方图，再以 $\theta_u$ 切除 $100\rho_u\%$ 的直方图，其中

$$p_\ell = p - z_{\alpha/2} \sqrt{\frac{p(1-p)}{R-1}}$$

$$p_u = p + z_{\alpha/2} \sqrt{\frac{p(1-p)}{R-1}} \tag{11.18}$$

其中，$p$ 是已知的。对于排序之后的数列而言，$\hat{\theta}_l$ 是 $Y_1, \cdots, Y_R$ 里第 $R \cdot p_l$ 个最小值（向下取整），$\hat{\theta}_u$ 是第 $R \cdot p_u$ 个最小值（向上取整）。

**例 11.12** ————————————————————————

假设我们想要估计 SMP 案例中电话呼叫排队等待时间的每日平均值的 0.75 分位数，并计算其 95% 的置信区间，仿真次数为 $R = 300$。计算所用数据可在 www.bcnn.net 的 Quantile.xls 文件中找到。通过计算可得点估计值 $\hat{\theta} = 3.39$ 分钟，因为它是排序数据中的第 $300 \times 0.75 = 225$ 个最小值。其含义为：在一个相当长的时间周期内，每 100 天中有 75 天的电话呼叫平均等待时间不会超过 3.39 分钟。

为获得置信区间，我们首先计算

$$p_\ell = p - z_{\alpha/2} \sqrt{\frac{p(1-p)}{R-1}} = 0.75 - 1.96 \sqrt{\frac{0.75(0.25)}{299}} = 0.700$$

$$p_u = p + z_{\alpha/2} \sqrt{\frac{p(1-p)}{R-1}} = 0.75 + 1.96 \sqrt{\frac{0.75(0.25)}{299}} = 0.799$$

置信区间下限值为 $\hat{\theta}_l = 3.13$ 分钟（第 $300 \times p_l = 210$ 个最小值，向下取整）；置信区间上限值为 $\hat{\theta}_u = 3.98$ 分钟（第 $300 \times p_u = 240$ 个最小值，向上取整）。因此，在 95% 的置信水平下，点估计值（3.39 分钟）与实际数据的 0.75 分位数之间的最大距离不会超过 $\max\{3.98 - 3.39, 3.39 - 3.13\} = 0.59$ 分钟。

非常重要的是，我们应理解 3.39 分钟是每日平均呼叫等待时间的 0.75 分位数（第 75 个百分位数）的估计值，而不是单个呼叫的等待时间。由于呼叫中心的初始状态是系统为空，且坐席空闲，并且系统中的呼叫负荷一天之中都在变化，因此单个呼叫等待时间的 0.75 分位数也是不断变化的，所以这个分位数不会是一个固定的数值。

### 11.4.4    通过摘要数据估计概率和分位数

如果所有仿真软件都能提供 $\overline{Y}..$ 和 $H$ 的值,并且为了达到预设精度,你需要计算出重复仿真次数,或者需要估计出概率或分位数的值,那么了解置信区间半长的计算公式是很必要的。当你计算出所需的仿真次数之后,并且 $H$ 值已知,那么样本标准差可通过下式计算获得:

$$S = \frac{H\sqrt{R}}{t_{a/2,R-1}}$$

有了这个信息,11.4.2 节中的方法就可以使用了。

一个更难的问题是通过摘要数据(summary data)估计概率或分位数。当我们只有样本均值和置信区间半长(提供样本标准差)可用时,一种方法使用是正态分布近似估计我们想要的概率或分位数,特别地,有

$$\Pr\{\overline{Y}_{i.} \leqslant c\} \approx \Pr\left\{Z \leqslant \frac{c-\overline{Y}..}{S}\right\}$$

及

$$\hat{\theta} \approx \overline{Y}.. + z_p S$$

以下案例介绍如何使用这个方法。

**例 11.13** ——————————————————————————————————————

从制造系统仿真模型的 25 次运行结果中,我们获得日平均在制品数量的 90% 置信区间为 $218\pm32$,那么日均在制品数量少于 350 的概率是多少呢?它的第 85 个百分位数又是多少呢?

首先,我们计算标准差,可得

$$S = \frac{H\sqrt{R}}{t_{0.05,24}} = \frac{32\sqrt{25}}{1.71} = 93$$

然后,我们利用正态近似求解理论和表 A-3,可得

$$\Pr\{\overline{Y}_{i.} \leqslant 350\} \approx \Pr\left\{Z \leqslant \frac{350-218}{93}\right\} = \Pr\{Z \leqslant 1.42\} = 0.92$$

和

$$\hat{\theta} \approx \overline{Y}.. + z_{0.85}S = 218 + 1.04(93) = 315 \text{ 个零件}$$

这种计算概率和分位数的方法本身是有缺陷的,因为该近似理论严重依赖于我们所研究的输出变量是否服从正态分布。如果输出变量本身不是一个经过平均计算的数值,那么这种近似求解方法能否使用是值得怀疑的。因此,这种近似法适用于日均制造周期的求解,而不适用于单个零件的制造周期。

## 11.5    稳态仿真的输出分析

如果一个仿真模型只运行了一次,希望使用模型输出估计稳态的(或长期的)系统特征,我们该怎么做?假设一次仿真产生的观测值为 $Y_1, Y_2, \cdots$,这些观测值通常是自相关的时间序列样本。稳态(长期)性能指标 $\theta$ 依概率 1 定义如下:

$$\theta = \lim_{n \to \infty} \frac{1}{n} \sum_{i=1}^{n} Y_i \tag{11.19}$$

其中，$\theta$ 的值是独立于初始条件的（这里"依概率 1"体现了所有模型仿真的内在本质，即使用不同随机数产生数列 $Y_i(i=1,2,\cdots)$，其样本均值都趋近于 $\theta$）。比如，如果 $Y_i$ 是第 $i$ 位顾客与操作员对话的时间（服务时间），那么 $\theta$ 就是该服务时间的长期平均值；并且，由于 $\theta$ 是以极限形式定义的，因此它独立于呼叫中心在时刻 0 的初始条件。同样，连续时间模型的输出指标 $\{Y(t),t\geqslant 0\}$，例如呼叫中心里排队等待的顾客数，依概率 1，其稳态性能指标被定义为

$$\phi=\lim_{T_E\to\infty}\frac{1}{T_E}\int_0^{T_E}Y(t)\,\mathrm{d}t$$

仿真分析人员可以在取得一定观测量（比如 $n$）之后停止仿真运行，或者他可以将仿真时间长度设定为 $T_E$（$T_E$ 决定 $n$，因此 $n$ 在每一次仿真中都可能不一样）。这里的样本量 $n$（或 $T_E$）就是一个方案，该方案不是由系统特征决定的，而是由分析人员主观决定的。分析人员将在考虑诸多因素后确定仿真长度（$n$ 或 $T_E$）：

1）点估计的任何偏差都是由于人为的或随意的初始条件导致的（仿真时长过短，则偏差会很严重；偏差会随着仿真时长的增加而减少）。

2）点估计的精度是由标准差或置信区间半长衡量的。

3）时间预算限制仿真运行的次数。

我们将在下一小节讨论初始偏差（initialization bias），再后面的一小节将概要性地介绍两种度量点估计变异性的方法。为了便于表达，我们将只讨论基于离散时间输出的 $\theta$ 估计。当我们讨论一次仿真时，会用到如下标记：

$$Y_1,Y_2,Y_3,\cdots$$

当我们讨论多次仿真时，则第 $r$ 次仿真的输出数据将用如下标记表示：

$$Y_{r1},Y_{r2},Y_{r3},\cdots \tag{11.20}$$

### 11.5.1　稳态仿真的初始偏差

稳态仿真中，由于人为的或不切实际的初始条件而造成的点估计偏差，可以通过几种方法对其削减。第一种方法是使用一个能代表系统长期运行环境的状态集（或状态值）进行仿真初始化，这种方法有时称为智能初始化（intelligent initialization）。例如：

1）在库存系统仿真中，依据实际情况设置库存水平、延期未交货订单数量、已下单采购的产品数量，以及到货期的值，而不是令它们为零。

2）在排队系统仿真中，向队列和服务台放置一定数量的顾客，而不是将其初始化为空。

3）在可靠性仿真中，令一些部件发生故障或老化，而不是默认这些部件都是新的。

至少有两种方式可以智能化地确定初始条件。如果系统是实际存在的，则收集系统数据并运用这些数据确定最接近典型情况的初始条件。这种方法有时要耗费精力去收集大量的数据。如果建模系统并不是真实存在的，例如，如果我们想要研究的是现存系统的一个变体，那么实地采集数据的方法就行不通了。然而，我们还是建议分析人员使用现存系统中的可用数据，以帮助完成仿真初始化工作，这样总比假设系统在时刻 0 的状态是"库存充满""库存为空且设备空闲"或"零部件全新"要好得多。

类似地，我们还可以从经过简化（简化到足以进行解析求解）的另一个系统模型中获得初始条件。第 6 章的排队模型比较适合这种情况。使用简化了的模型可求解长期运行条件或最可能条件（如队列中的排队顾客期望值），这些条件可被用于仿真初始化。

第二种减少初始条件影响的方法(可能要结合第一种方法使用)是把每次仿真分成两个阶段:$0 \sim T_0$ 为初始化阶段,$T_0 \sim T_0 + T_E$ 为数据收集阶段。也就是说,仿真在零时刻以特定的初始条件 $I_0$ 开始,运行 $T_0$ 时间后,在 $T_0$ 时刻开始收集响应指标数据,并持续到 $T_0 + T_E$ 时刻。$T_0$ 的选择是相当重要的,因为系统在 $T_0$ 时刻的状态 $I$ 应该比零时刻的初始条件 $I_0$ 更能代表系统的稳态特征。此外,与数据收集阶段相关的时间长度 $T_E$ 应足够长,以确保获得足够的计算精度。需要注意的是,$T_0$ 时刻的状态 $I$ 是随机变量而非确定的值,我们说系统已经接近稳定状态,实质上是说 $T_0$ 时刻的系统状态值的概率分布已经足够接近于系统处于稳态时的概率分布,此时响应变量的点估计偏差已经非常小,可以忽略不计。图 11-5 描述了稳态仿真的两个阶段。以下案例将介绍以"系统为空且服务台空闲"为初始状态开始排队系统仿真,并借助一个有用的图形来帮助仿真分析人员选择一个合适的 $T_0$ 值。

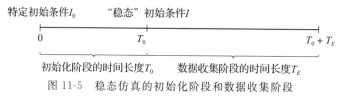

图 11-5　稳态仿真的初始化阶段和数据收集阶段

**例 11.14**

让我们再次研究例 11.8 中 FastChip 公司的晶圆制造问题。假设重复进行了 $R=10$ 次独立仿真,每次仿真时间都足够长,从而可以分别获得 250 个 C 型芯片和 250 个 D 型芯片的制造周期。这里我们主要研究 C 型芯片。

通常情况下,我们对各次仿真结果求平均,获得多次仿真的平均值。然而,我们现在的目标是研究初始偏差对数据趋势的影响,并观察偏差何时消失。为了实现这个目的,我们将对各次仿真所获得的制造周期进行平均计算,并将结果以图形方式展示(该方法源于Welch[1983])。通过这种方式获得的平均值称为系综均值(ensemble averages)。令 $Y_{r1}$,$Y_{r2}$,$\cdots$,$Y_{r250}$ 表示第 $r$ 次仿真收集到的 250 个 C 型芯片的制造周期(按照产出的先后顺序进行排列)。对于第 $j$ 个产品的制造周期,定义基于全部 $R$ 次仿真的系综均值为

$$\overline{Y}_{\cdot j} = \frac{1}{R} \sum_{r=1}^{R} Y_{rj} \tag{11.21}$$

(这里 $R=10$)。系综均值在图 11-6 中用实线表示(虚线部分将在后面讨论)。这幅图是由 Simulation. xls 文件生成的,我们称之为均值图(mean plot)。

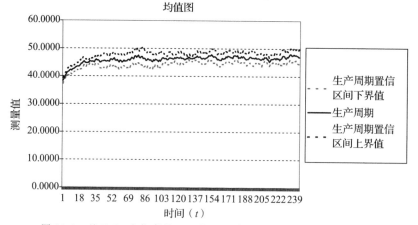

图 11-6　基于 10 次仿真的 250 个 C 型产品制造周期的系综均值图

需要注意的是，图形中的曲线开始时是逐渐上升的，仿真分析人员怀疑这是由于估计量的下向偏差(downward bias)造成的，根本原因在于初始条件(零时刻的制造系统为空，且设备空闲)。随着时间的增加(记录到的制造周期的数量不断增加)，初始条件对于后续观测值的影响变小，且这些观测值在某个均值附近波动。当仿真分析人员认为已经达到平衡点时，就会进入数据收集阶段。本例中，初始化阶段经过大约 120 个 C 型芯片的制造周期就足够了。

尽管已经确定删除大约 120 个制造周期，但是初始化阶段基本是由仿真时间 $T_0$ 决定的，不同指标的初始化时长可能是不同的，因而我们还需要考虑每一个度量指标初始化阶段的时间长度，在 FastChip 公司的案例中，还需要估计 D 型芯片的制造周期。如果初始化阶段是基于系统输出变量的计数器进行定义的(注：当计数器达到特定数值时，标志初始化阶段结束，数据收集阶段开始)，那么就需要跟踪所有这些计数器；另一方面，如果初始化阶段使用时间长度进行定义，那么就需要在 $T_0$ 时刻触发一个事件。只有通过了这个节点(注：计数器的特定数值或 $T_0$ 时刻)，才开始进行数据收集。

我们必须把已经确定的所有计数器取值都近似转换为时间长度，并使用其中最大的那个作为 $T_0$ 的值。例如，FastChip 仿真中 120 个 C 型芯片的制造周期对应于大约 200 小时的仿真时间长度，因为放置晶圆的包装盒发放速率为每小时一个，并且 60% 都是 C 型芯片，即 120 制造周期/0.6 发放数/小时＝200 小时(我们可以适当提高这个数值，以计算第 120 个 C 型芯片完成生产的时间)。计算的结果是 C 型芯片的初始化时间比 D 型芯片更长，所以取 $T_0$＝200 小时。

虽然绘制系综均值图需要进行额外的工作(通过 SimulationTools.xls 可以很容易完成)，但是它可能驱使人们"走捷径"。例如，有的人所绘制的图形可能只依据了一次仿真输出结果 $Y_{11}$，$Y_{12}$，$\cdots$，$Y_{1n}$，或者第一次仿真的累积平均值：

$$\overline{Y}_{1\ell} = \frac{1}{\ell} \sum_{j=1}^{\ell} Y_{1j}$$

其中 $l=1$，$2$，$\cdots$，$n$。图 11-7 展示了使用这两种方式绘制的图形。需要注意的是，一次仿真所得的数据有可能变动极大，以至于难以发现它有什么趋势；由于保留了仿真开始以来的所有数据，因此累积平均值具有较低的偏差。因此，应该避免这些"捷径"，最好还是采用均值图方法。

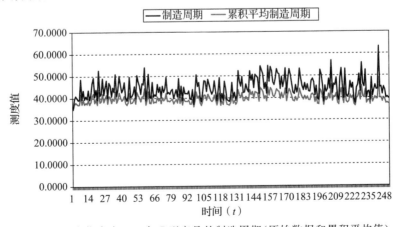

图 11-7　一次仿真中 250 个 C 型产品的制造周期(原始数据和累积平均值)

438
439

在使用均值图确定初始化阶段时长的时候，还应了解几个额外因素的影响：

1）开始研究初始化阶段的时候，仿真时长和仿真次数只能靠猜测决定。图 11-6 所示的系综均值会随着 R 的增加而呈现越来越平滑、越来越准确的趋势，在这种趋势变得明朗之前，需要不断增加仿真次数。还有一种可能，就是依靠猜测确定的仿真时长没有跨过初始化阶段（如果均值图没有出现明显的稳定趋势），此时仿真时长也必须增加。

2）系综均值也可以通过移动平均（moving average）而非原来所说的整体求平均而变得平滑。使用移动平均法，图形中的每一个点实际上是相邻的几个系综均值的再平均值。例如，图中的第 $j$ 个点对应的值为：

$$\widetilde{Y}_{\cdot j} = \frac{1}{2m+1} \sum_{i=j-m}^{j+m} \overline{Y}_{\cdot i}$$

其中，$m \geqslant 1$，$\widetilde{Y}_{\cdot j}$ 与原来的系综均值 $\overline{Y}_{\cdot j}$ 有所不同，$m$ 的取值只有经过反复的试验和误差测试，直到获得平滑曲线时才能确定。图 11-6 中的均值图是在 $m=2$ 时得到的。

3）由于每个系综均值（或者移动平均数）都是 R 次仿真的、独立同分布的观测值的样本均值，所以图中线上的每一个点都可以定义它的置信区间（基于 $t$ 分布），置信区间如图 11-6 中的虚线所示。通过置信区间的边界值可以判断所绘制的点是否已经足够精确，偏差是否已经减小。这是决定初始化阶段删除点（deletion point）的较好方法。

4）如图 11-7 所示，当有更多数据参与计算时，累积平均值的变动会更小。因此，曲线左侧总是不如右侧平滑。累积平均值向长期性能指标真实值的收敛速度，要比系综均值的收敛速度慢得多，这是因为累积平均值囊括了所有观测值，也包含了仿真运行最初的、偏差最大的那些数据。因此，只有在无法计算系综均值的情况下，才使用累积平均值。比如，只进行了一次仿真的时候。

初始偏差的求解方法是不存在缺点和不足的。然而，那些在某些情况下表现很好的"解"，在其他情况下要么不适合，要么表现很差。解决这个问题的方法包括偏差检验（可参考 Kelton 和 Law[1983]，Schruben[1980]，Goldman，Schruben 和 Swain[1994]）、偏差建模（可参考 Snell 和 Schruben[1985]）以及在多次仿真中对初始条件进行随机抽样（可参考 Kelton[1989]）。

### 11.5.2 稳态仿真的误差估计

如果 $\{Y_1, \cdots, Y_n\}$ 不是统计独立的，则公式（11.9）给出的 $S^2/n$ 就是真实变量 $V(\hat{\theta})$ 的有偏估计量。当 $\{Y_1, \cdots, Y_n\}$ 是一次仿真中得到的输出观测值序列，上述情况就会发生。在这种情况下，$Y_1$，$Y_2$，…是一个自相关序列，有时也称为时间序列（time series）。

假设我们以样本均值 $\overline{Y} = \sum_{i=1}^{n} Y_i/n$ 作为 $\theta$ 的点估计。依据数理统计的一般知识⊖，则 $\overline{Y}$ 的方差为

$$V(\overline{Y}) = \frac{1}{n^2} \sum_{i=1}^{n} \sum_{j=1}^{n} \operatorname{cov}(Y_i, Y_j) \tag{11.22}$$

其中，$\operatorname{cov}(Y_i, Y_i) = V(Y_i)$。为了计算 $\theta$ 的置信区间，需要对 $V(\overline{Y})$ 进行估计。计算公式（11.22）中的估计值是没有用的，因为通常每一项 $\operatorname{cov}(Y_i, Y_j)$ 都可能是不同的。但是，

---

⊖ 该结论可由下述事实导出：对于随机变量 $Y_1$ 和 $Y_2$，有 $V(Y_1 \pm Y_2) = V(Y_1) + V(Y_2) \pm 2\operatorname{cov}(Y_1, Y_2)$

如果仿真时间足够长并跨过了瞬态阶段(transient phase),那么具有稳定状态的系统(有些系统可能不具有稳态)就会产生一个近似于协方差平稳(covariance stationary)的输出过程。直观来说,"平稳性"意味着 $Y_{i+k}$ 依赖 $Y_{i+1}$ 的方式与 $Y_k$ 依赖 $Y_1$ 的方式是一致的。在时间序列中,两个随机变量的协方差只取决于这两个变量之间所间隔的观测值数量,称为间隔阶数或滞后阶数(lag)。

对于协方差平稳的时间序列 $\{Y_1, Y_2, \cdots\}$,定义 $k$ 阶间隔(lag-$k$)的自协方差(autoco-variance)为

$$\gamma_k = \text{cov}(Y_1, Y_{1+k}) = \text{cov}(Y_i, Y_{i+k}) \tag{11.23}$$

上式由协方差平稳的定义而来,公式(11.23)并不是 $i$ 的函数。若 $k=0$,$\gamma_0$ 就是总体方差 $\sigma^2$,即

$$\gamma_0 = \text{cov}(Y_i, Y_{i+0}) = V(Y_i) = \sigma^2 \tag{11.24}$$

lag-$k$ 自相关系数是两个位置间隔为 $k$ 的观测值之间的相关度,由下式定义:

$$\rho_k = \frac{\gamma_k}{\sigma^2} \tag{11.25}$$

并具有如下性质:

$$-1 \leqslant \rho_k \leqslant 1, \quad k = 1, 2, \cdots$$

如果时间序列是协方差平稳的,那么公式(11.22)实际上可以被简化为

$$V(\overline{Y}) = \frac{\sigma^2}{n}\left[1 + 2\sum_{k=1}^{n-1}\left(1 - \frac{k}{n}\right)\rho_k\right] \tag{11.26}$$

其中,$\rho_k$ 是公式(11.25)所给出的 lag-$k$ 自相关系数。

对于所有的 $k$(或大多数 $k$),当 $\rho_k > 0$ 时,时间序列是正自相关的(positively autocorrelated)。在这种情况下,数值较大的观测值后面可能跟着较大的观测值,数值较小的观测值后面可能跟着较小的观测值,这样的时间序列会在均值附近缓慢波动。图 11-8a 就是一个具有正自相关特征的平稳时间序列的例子。大多数排队系统仿真的输出数据都是正自相关的。

另一方面,如果某些 $\rho_k < 0$,序列 $Y_1$,$Y_2$,$\cdots$ 将会呈现负自相关(negative autocorrelation)特征。在这种情况下,数值较大的观测值往往跟着数值较小的观测值,反之亦然。图 11-8b 是一个呈现出负自相关特征的平稳时间序列的例子。某些库存仿真的输出数据可能是负自相关的。

图 11-8c 给出了一个具有上升趋势的时间序列的例子。这样的时间序列是非平稳的,$Y_i$ 的概率分布会随着下标 $i$ 的变化而改变。

为什么自相关性会使 $V(\overline{Y})$ 的估计变得困难呢?回想一下以前学习过的内容,可知方差的标准估计量是 $S^2/n$。使用公式(11.26),则方差估计量 $S^2/n$ 的期望值可表示为(参考[Law, 1977])

$$E\left(\frac{S^2}{n}\right) = BV(\overline{Y}) \tag{11.27}$$

其中

$$B = \frac{n/c - 1}{n - 1} \tag{11.28}$$

$c$ 是公式(11.26)方括号里面的内容。自相关性对于估计量 $S^2/n$ 的影响可以由公式(11.26)

和公式(11.28)推导出来。实际上存在三种可能性。

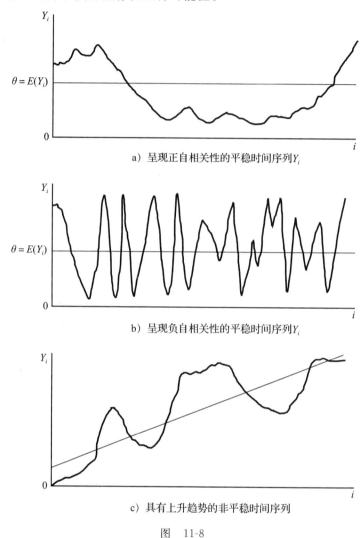

a) 呈现正自相关性的平稳时间序列$Y_i$

b) 呈现负自相关性的平稳时间序列$Y_i$

c) 具有上升趋势的非平稳时间序列

图　11-8

**第一种可能**

如果$Y_i$是独立的，且$\rho_k=0$，$k=1$，2，3，…，通过$c=1+2\sum_{k=1}^{n-1}(1-k/n)\rho_k=1$和公式(11.26)可以得到$\sigma^2/n$。还需要注意因为$B=1$，所以$S^2/n$是$V(\overline{Y})$的无偏估计量。$Y_i$始终是独立的，无论其来源于哪一次仿真。这种独立性是我们倾向于针对不同的实验设计方案进行多次仿真的主要原因。

**第二种可能**

如果自相关系数$\rho_k$大多是正值，则$c=1+2\sum_{k=1}^{n-1}(1-k/n)\rho_k>1$，使得$n/c<n$，且$B<1$。因此，$S^2/n$是$V(\overline{Y})$下向偏差(biased low)的估计量。如果忽略了这种相关性，那么由公式(11.10)给出的名义上的$100(1-\alpha)\%$置信区间就太窄了，其实际置信水平将小于$1-\alpha$。实际影响就是，由于置信区间过窄，仿真分析人员将没有信心去接受点估计的表面精度。如果相关系数$\rho_k$很大，那么$B$就会很小，这意味着$V(\overline{Y})$被明显低估了。

**第三种可能**

如果自相关系数 $\rho_k$ 大多是负值，则 $0 \leqslant c < 1$，会导致 $B > 1$ 且 $S^2/n$ 对于 $V(\overline{Y})$ 出现上向偏差(biased high)。换句话说，点估计量 $\overline{Y}$ 的实际精度比通过其方差估计量 $S^2/n$ 得到精度要大，因为

$$V(\overline{Y}) < E\left(\frac{S^2}{n}\right)$$

其结果是，公式(11.10)中的名义 $100(1-\alpha)\%$ 置信区间会使实际置信度大于 $1-\alpha$。相对于第二种情况而言，这种情况是好的，因为如果估计值比我们预期的还要精确，我们是不可能做出错误决策的。

442 ～ 443

下面通过一个例子来说明为什么我们特别关注正相关性。假设你想知道在一场即将到来的选举中，某大学的学生是如何投票的。为了估计他们的偏好，你计划调查 100 名学生。标准的实验方法是随机选取 100 名学生做问卷调查，称其为实验 A。另一个方法是随机挑选 20 名学生，并在同一天对他们的投票偏好进行 5 次调查，称其为实验 B。两个实验都获得了 100 份问卷，但是很明显实验 B 的估计值精度低于实验 A(方差将会增大)。实验 A 获得了 100 份独立问卷，而实验 B 只获得了 20 个独立问卷和 80 份非独立问卷。任何一名学生的五次回答都是正相关的(假设某位学生的 5 次选择都是同一个候选人)。尽管这是一个极端的例子，但它说明了基于正相关数据的估计比基于独立数据的估计有更大的变化幅度。因此，对于非独立数据，应使用置信区间或其他误差测度指标，而不能使用 $S^2/n$。

在后续章节中，我们将介绍用于消除或减少自相关性对均值估计不利影响的两种方法。遗憾的是，有些仿真语言不是直接使用就是鼓励使用 $S^2/n$ 作为方差 $V(\overline{Y})$ 的估计量。如果在仿真中不加鉴别地使用具有正自相关特征的输出数据，那么下向偏差的 $S^2/n$ 和过窄的 $\theta$ 置信区间将会传递出一种错觉，即计算精度远大于实际情况(计算精度被高估和夸大了)。当这样的正自相关出现在输出数据中时，点估计 $\overline{Y}$ 的真实方差会比用 $S^2/n$ 估计所得大好几倍。

### 11.5.3 稳态仿真的重复仿真法

如果点估计的初始偏差已被减小到可以忽略不计的水平(通过智能初始化与仿真初期输出删除法相结合)，则独立重复仿真法可用于评价点估计量的变异性，以及用于置信区间的计算。具体思路很简单：重复进行 $R$ 次仿真，在每一次仿真中都使用相同方式进行初始化以及统计数据删除(删除仿真初期的非平稳输出数据)。

然而，如果点估计存在极大偏差，虽然为了缩窄点估计的波动而进行了大量的重复仿真，最后所得到的置信区间还是会具有误导性。之所以会出现这种情况，是因为偏差不受运行次数 $R$ 的影响，它只能通过删除更多的仿真初期数据(提高 $T_0$)或延长每次仿真的长度(增加 $T_E$)来减少。因此，增加仿真次数 $R$ 只能围绕一个"错误点"生成半长更短的置信区间。所以，彻查初始条件的偏差是非常重要的。

如果仿真分析人员决定在一次仿真过程中删除全部 $n$ 个观测值中最初的 $d$ 个观测值，则 $\theta$ 的点估计如下：

$$\overline{Y}..(n,d) = \frac{1}{R}\sum_{r=1}^{R}\frac{1}{n-d}\sum_{j=d+1}^{n}Y_{rj} \tag{11.29}$$

也就是说，点估计是保留数据的平均值。原始数据 $\{Y_{rj}, r=1, \cdots, R; j=1, \cdots, n\}$ 见表 11-4。例如，$Y_{rj}$ 可能是第 $r$ 次仿真中顾客 $j$ 的排队时间，或者是车间里作业 $j$ 的制造周

444

期。对于每一次仿真，$d$ 和 $n$ 的值都有可能不同，这种情况下，我们使用 $d_r$ 代替 $d$，$n_r$ 代替 $n$。通常为了简化起见，我们假设 $d$ 和 $n$ 在每次仿真中都是固定不变的。

表 11-4　稳态仿真输出的源数据

| 重复仿真序号 | 观测值 | | | | | | 重复仿真均值 |
|:---:|:---:|:---:|:---:|:---:|:---:|:---:|:---:|
| | $l$ | $\cdots$ | $d$ | $d+l$ | $\cdots$ | $n$ | |
| 1 | $Y_{1,1}$ | $\cdots$ | $Y_{1,d}$ | $Y_{1,d+1}$ | $\cdots$ | $Y_{1,n}$ | $\overline{Y}_1.(n,d)$ |
| 2 | $Y_{2,1}$ | $\cdots$ | $Y_{2,d}$ | $Y_{2,d+1}$ | $\cdots$ | $Y_{2,n}$ | $\overline{Y}_2.(n,d)$ |
| $\vdots$ | $\vdots$ | | $\vdots$ | $\vdots$ | | $\vdots$ | $\vdots$ |
| $R$ | $Y_{R,1}$ | $\cdots$ | $Y_{R,d}$ | $Y_{R,d+1}$ | $\cdots$ | $Y_{R,n}$ | $\overline{Y}_R.(n,d)$ |
| | $\overline{Y}._1$ | $\cdots$ | $\overline{Y}._d$ | $\overline{Y}._{,d+1}$ | $\cdots$ | $\overline{Y}._n$ | $\overline{Y}..(n,d)$ |

当使用重复仿真法的时候，每次仿真都可以看作是为了估计 $\theta$ 的值而进行的一次抽样。对于第 $r$ 次仿真，定义

$$\overline{Y}_r.(n,d) = \frac{1}{n-d}\sum_{j=d+1}^{n} Y_{rj} \tag{11.30}$$

为第 $r$ 次仿真中所有观测值（未经删除处理的全部观测值）的样本均值。由于每一次仿真都会使用不同的随机数流，并使用相同的初始条件 $I_0$ 对零时刻进行初始化，因此每一次仿真的样本均值

$$\overline{Y}_1.(n,d), \cdots, \overline{Y}_R.(n,d)$$

是独立同分布的随机变量。也就是说，它们是来自均值未知总体的一个随机抽样，该未知均值为

$$\theta_{n,d} = \mathrm{E}\left[\overline{Y}_r.(n,d)\right] \tag{11.31}$$

公式(11.29)给出的基于全部 $R$ 次仿真的点估计量，也可由下式给出

$$\overline{Y}..(n,d) = \frac{1}{R}\sum_{r=1}^{R} \overline{Y}_r.(n,d) \tag{11.32}$$

该值也可在表 11-4 找到，或通过公式(11.21)求得。因此有

$$\mathrm{E}\left[\overline{Y}..(n,d)\right] = \theta_{n,d}$$

若 $d$ 和 $n$ 的值设定得足够大，则 $\theta_{n,d} \approx \theta$，且 $\overline{Y}..(n,d)$ 是 $\theta$ 的近似无偏估计量。$\overline{Y}..(n,d)$ 的偏差是 $\theta_{n,d} - \theta$。

为了方便起见，当我们理解了 $n$ 和 $d$ 的含义之后，将 $\overline{Y}_r.(n,d)$（第 $r$ 次仿真中未经删除处理的全部观测值）和 $\overline{Y}..(n,d)$（$\overline{Y}_1.(n,d)$，$\cdots$，$\overline{Y}_R.(n,d)$ 的均值）分别用 $\overline{Y}_r.$ 和 $\overline{Y}..$ 简化表示。为了估计 $\overline{Y}..$ 的标准差，首先需要计算样本方差

$$S^2 = \frac{1}{R-1}\sum_{r=1}^{R}(\overline{Y}_r. - \overline{Y}..)^2 = \frac{1}{R-1}\left(\sum_{r=1}^{R}\overline{Y}_r.^2 - R\overline{Y}..^2\right) \tag{11.33}$$

则 $\overline{Y}..$ 的标准差为

$$\mathrm{s.e.}(\overline{Y}..) = \frac{S}{\sqrt{R}} \tag{11.34}$$

因此，基于 $t$ 分布的随机变量 $\theta$ 的 $100(1-\alpha)\%$ 置信区间由下式给出：

$$\overline{Y}.. - t_{\alpha/2,R-1}\frac{S}{\sqrt{R}} \leqslant \theta \leqslant \overline{Y}.. + t_{\alpha/2,R-1}\frac{S}{\sqrt{R}} \tag{11.35}$$

其中，$t_{\alpha/2,R-1}$ 是自由度为 $R-1$ 的 $t$ 分布在 $100(1-\alpha/2)$ 百分位点的值。当且仅当 $\overline{Y}..$ 的偏

差趋近于零时，置信区间才是有效的。

有一个不成文的规定：**扣除预热期之后的每一次仿真的有效时间长度，至少应该是预热期时长的 10 倍。**换句话说，$(n-d)$ 应该大于等于 $10d$（即 $T_E$ 至少应该等于 $10T_0$）。**在确定仿真运行时长之后，仿真次数应该在时间允许的情况下尽可能地增加，最好能达到 25次以上。**Kelton[1986]认为仿真次数超过 25 次是毫无价值的，所以，如果有足够的时间允许我们进行 25 次以上、每次时长为 $T_0+10T_0$ 的仿真实验，那么不如做 25 次、每次时长大于 $T_0+10T_0$ 的仿真实验。当然，这只是一条粗略的法则，不必过于盲从。

本节中，我们给出了运行长度为 $n$ 个观测量、删除量为 $d$ 的仿真结果。如前所述，在实践中，我们运行 $T_0+T_E$ 时间周期并删除最初的 $T_0$ 时段内的数据。此处，$d$ 代表截止到 $T_0$ 时刻的观测量，$n-d$ 是从 $T_0$ 时刻到 $T_0+T_E$ 时刻的观测量，随机变量 $d$ 和 $n$ 对于每一次仿真都可能不相同。在下面的例子中，我们将使用 $(T_0+T_E,\ T_0)$ 代替 $(n,\ d)$，以便更加清楚地说明。

**例 11.15**

让我们继续研究例 11.8 和例 11.14 中 FastChip 晶圆制造仿真问题。假设分析人员决定做 $R=10$ 次仿真，每次仿真的运行时长为 $T_0+T_E=2200$ 小时，在数据收集之前删除最初 $T_0=200$ 小时以内的仿真输出数据，数据收集开始时刻请参阅例 11.14。请记住，原始输出数据包括每一匣 C 型芯片的制造周期，并且每次仿真的输出结果是 $T_0=200$ 小时至 $T_0+T_E=2200$ 小时之内各匣 C 型芯片制造周期的平均值（每次仿真大约包含 $2000\times60\%=1200$ 匣 C 型芯片的制造周期）。仿真的目的是估计一匣 C 型芯片的长期平均制造周期，用 $w$ 表示，以及度量 95% 置信区间下的估计误差。

表 11-5 中给出了第 $r$ 次仿真的样本均值 $\overline{Y}_r.$ $(T_0+T_E,\ T_0)$，$r=1,\ 2,\ \cdots,\ 10$。依据公式(11.32)计算的点估计值为

$$\overline{Y}..(T_0+T_E,\ T_0)=46.86$$

由公式(11.34)计算出的标准差为

$$\text{s. e.}\,\overline{Y}..(T_0+T_E,T_0)=\frac{S}{\sqrt{R}}=0.15$$

因此，当 $\alpha=0.05$，$t_{0.025,9}=2.26$ 时，由公式(11.35)给出的长期平均队列长度的 95% 置信区间为

$$46.86-2.26(0.15)\leqslant w\leqslant 46.86+2.26(0.15)$$

或

$$46.52\leqslant w\leqslant 47.20$$

**表 11-5　FastChip 模型多次仿真的数据汇总**

| 重复仿真序号 $r$ | 第 $r$ 次仿真的样本均值 |
| --- | --- |
| 1 | 46.86 |
| 2 | 46.09 |
| 3 | 47.64 |
| 4 | 47.43 |
| 5 | 46.94 |
| 6 | 46.43 |
| 7 | 47.11 |
| 8 | 46.56 |
| 9 | 46.73 |
| 10 | 46.80 |
| $\overline{Y}..$ | 46.86 |
| $S$ | 0.46 |

仿真分析人员有信心认定 C 型芯片的长期平均制造周期取值介于 46.52 至 47.20 小时之间。根据公式(11.35)计算出的置信区间，在使用的时候应该小心一些，因为支持其有效性的一个重要假设是：为了消除由初始条件引起的显著性偏差，已经删除了足够多的早期输出数据。也就是说，$T_0$ 和 $T_E+T_0$ 都足够大，因此偏差 $\theta_{T_E+T_0,T_0}-\theta$ 可以忽略不计。

### 11.5.4　稳态仿真的样本容量

假设希望以误差 $\pm\varepsilon$ 估计系统的长期性能指标 $\theta$，置信区间为 $100(1-\alpha)\%$。在稳态仿

真中，若要达到特定的精度，可以通过增加仿真次数 $R$ 或增加仿真时长 $T_E$ 来实现。在
11.4.2 节关于终态仿真的内容中，我们讨论了第一种方法，即如何控制 $R$ 的取值。

**例 11.16**

考虑将表 11-5 中 FastChip 公司晶圆制造的仿真输出数据作为容量 $R_0 = 10$ 的初始样
本，其对应的标准差估计值为 $S_0 = 0.46$ 小时。假设我们希望估计 C 型芯片的长期平均制
造周期 $w$（误差 $\varepsilon = 0.1$ 小时（6 分钟），置信水平为 95%）。将 $\alpha = 0.05$ 代入公式（11.16），
得到初始估计值

$$R \geqslant \left( \frac{z_{0.025} S_0}{\varepsilon} \right)^2 = \left( \frac{(1.96)(0.46)}{0.1} \right)^2 = 81.3$$

因此，至少需要 82 次仿真。

除了增加 $R$ 的数值以外，还有一种方法是增加每次仿真的时间长度 $T_0 + T_E$。若按照
11.4.2 节的计算结果（例 11.16 所示），在初始值 $R_0$ 的基础上额外进行 $R - R_0$ 次仿真的
话，另一种替代方法是以（$R/R_0$）为比例系数，相应地延长仿真时长 $T_0 + T_E$ 至（$R/R_0$）（$T_0$
$+ T_E$）。这样一来，从时刻 0 到时刻（$R/R_0$）$T_0$，会有更多数据被删除，也会获得更多数据
用于计算点估计值，如图 11-9 所示。如果只增加仿真次数而保持仿真时长不变，这对于
整体仿真结果并没有什么影响。但是增加每次仿真的时长，从总时长中删除固定比例 [$T_0/$
($T_0 + T_E$)] 的数据，这种方法的优点是点估计中残留的任何偏差，都可以通过删除更多的
仿真初期数据得以降低甚至消除。这种方法可能的缺点是为了在全部 $R$ 次仿真中累积更多
的运行时长（从时刻 $T_0 + T_E$ 到时刻（$R/R_0$）（$T_0 + T_E$）），需要记录 $T_0 + T_E$ 时刻仿真模型
的瞬间状态（变量值、参数值等），并以这些状态从 $T_0 + T_E$ 时刻（而不是从零时刻）重新启
动模型并运行额外的时间长度（从时刻 $T_0 + T_E$ 到时刻（$R/R_0$）（$T_0 + T_E$））。否则，每一次
仿真都需要从零时刻开始运行，这对于复杂模型而言会非常耗时。一些仿真语言可以保存
足够多的过程信息，以确保每次的额外时长仿真都可以从 $T_E$ 时刻继续，而不必从零时刻
开始全部时长的仿真。

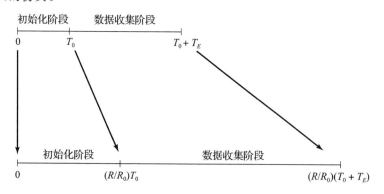

图 11-9 增加仿真运行时长以达到特定精度

**例 11.17**

在例 11.16 中，假设我们希望通过增加仿真时长将误差降低到 ±0.1 小时。由于 $R/R_0 =$
82/10 = 8.2，因此仿真时长应该是（$R/R_0$）（$T_0 + T_E$）= 8.2(2200) = 18 040 小时。由此，从
零时刻到时刻（$R/R_0$）$T_0$ = 8.2(200) = 1640 小时之内的数据将被删除，1640 小时到 18 040
小时之间的数据将用于计算新的点估计值和置信区间。

### 11.5.5 稳态仿真的组均值法

重复仿真的一个缺点就是在每次仿真中都必须删除一部分数据，在某种程度上，删除数据意味着数据的浪费，至少是造成了信息的损失。相比之下，基于一次较长时间仿真的实验也许会更具优势。但是，如果计算样本均值的标准差，那么只进行一次仿真的缺点就显露无疑了，因为我们只有一次仿真的结果数据，而这些数据彼此不独立，所以由此计算所得的估计量是存在偏差的。

组均值法(也称为批均值法，batch mean)试图通过如下方式解决这个问题：**将一次仿真的结果数据分成为数不多的组，并将每个组的均值视为彼此独立**。如果从原始数据中剔除仿真初期数据之后，剩余数据构成一个连续时间过程$\{Y(t)，T_0 \leqslant t \leqslant T_0 + T_E\}$，例如排队队列长度或库存水平，我们将剩余数据分为 $k$ 个组，每个组的大小为 $m = T_E/k$，可通过下式计算各组均值

$$\overline{Y}_j = \frac{1}{m} \int_{(j-1)m}^{jm} Y(t + T_0) \mathrm{d}t$$

其中 $j = 1，2，\cdots，k$。换句话说，第 $j$ 组的均值就是在时段$[T_0 + (j-1)m，T_0 + jm]$内的时间加权平均值。

如果经过删除处理之后，剩余数据构成一个离散时间过程$\{Y_i，i = d+1，d+2，\cdots，n\}$，例如顾客排队时间或库存系统中各个阶段的成本，我们将剩余数据分为 $k$ 个组，各组规模为 $m = (n-d)/k$，可通过下式计算各组均值：

$$\overline{Y}_j = \frac{1}{m} \sum_{i=(j-1)m+1}^{jm} Y_{i+d}$$

其中 $j = 1，2，\cdots，k$(如果 $k$ 不能被 $n-d$ 整除，则向下取整)。分组均值的生成方式如下所示：

$$\underbrace{Y_1，\cdots，Y_d}_{\text{除}}，\underbrace{Y_{d+1}，\cdots，Y_{d+m}}_{\overline{Y}_1}，\underbrace{Y_{d+m+1}，\cdots，Y_{d+2m}}_{\overline{Y}_2}，\cdots，\underbrace{Y_{d+(k-1)m+1}，\cdots，Y_{d+km}}_{\overline{Y}_k}$$

不论是连续时间数据还是离散时间数据，其样本均值的方差都可由下式进行估计：

$$\frac{S^2}{k} = \frac{1}{k} \sum_{j=1}^{k} \frac{(\overline{Y}_j - \overline{Y})^2}{k-1} = \frac{\sum_{j=1}^{k} \overline{Y}_j^2 - k\overline{Y}^2}{k(k-1)} \tag{11.36}$$

其中，$\overline{Y}$ 是剩余数据的样本均值。分组均值 $\overline{Y}_1$，$\overline{Y}_2$，$\cdots$，$\overline{Y}_k$ 实际上彼此不独立。然而，如果各组的数据量足够大，那么由各组均值构成的数列就会近似独立，并且方差估计量也近似是无偏的。

遗憾的是，至今没有一种可接受的、相对简单的方法来确定合适的分组尺寸 $m$(或分组数 $k$)。但是在文献之中还是能够找到一些通用的指导性准则：

1) Schmeiser[1982]发现，在样本总量不变的情况下，分组超过 $k=30$ 没有任何意义，尽管分组后仍能保持各组均值的独立性。因此，无论可用数据有多少，都不用考虑分组数超过 30 的情况。他还发现，就置信区间宽度及其变化性而言，当分组数小于 10 时，置信区间的计算结果不会太理想。所以在大多数应用中，应当将分组数设定为 10~30 之间。

2) 尽管以任何间隔阶数(lag)的分组均值都具有典型的自相关性，我们也经常使用 lag-1 自相关系数 $\rho_1 = \text{corr}(\overline{Y}_j，\overline{Y}_{j+1})$ 评估各组均值之间的依存度。当 lag-1 自相关系数接近于 0 时，各组均值可被视为相互独立。这种方法基于如下观察体验：在多数随机过程

中，随着间隔时间的增加，自相关性会逐渐减小。因此，任何间隔阶数的自相关系数的绝对值都应该比 lag-1 自相关系数更小。

3) 组均值的 lag-1 自相关系数是可以估算出来的（稍后会给出）。然而，自相关系数不应从数量较小的分组均值中估计（例如上面推荐的 $10 \leqslant k \leqslant 30$），因为这样计算出来的自相关估计量是有偏的。Law 和 Carson[1979]建议在数据量一定的情况下，降低各组规模 $m$，从而增加分组数量 $k$，以此计算 lag-1 自相关系数，其中 $100 \leqslant k \leqslant 400$。当以上各组均值之间的自相关系数接近于 0 时，自相关系数比采用 $10 \sim 30$ 分组计算出来的结果更小。针对"自相关系数为零"的假设检验是可以实现的，我们将在后续章节介绍。

4) 如果为了达到一定的精度，样本总量不断发生变化<sup>⊖</sup>，也就是说，仿真时长不断增加，那么就可以增加分组规模和分组数，这是很有帮助的。一个较好的策略是：在找到一个分组尺寸 $m$ 使得 lag-1 自相关系数接近于 0 之后，让分组数 $k$ 增加到样本量的平方根。我们不对这个问题进一步讨论，读者可在下述文献中找到相关算法：Fishman 和 Yarberry [1997]；Steiger 和 Wilson[2002]；Lada，Steiger 和 Wilson[2006]。

基于以上认识，我们推荐使用如下通用策略：

1) 从一次仿真中获取数据，并作适当删除。我们的准则是：最后收集的可用数据至少是已删除数据的 10 倍。

2) 从最多 $k=400$ 个组（至少 100 组）中获取数据，计算各组均值。估计各组均值的样本 lag-1 自相关系数为：

$$\hat{\rho}_1 = \frac{\sum_{j=1}^{k-1} (\overline{Y}_j - \overline{Y})(\overline{Y}_{j+1} - \overline{Y})}{\sum_{j=1}^{k} (\overline{Y}_j - \overline{Y})^2}$$

3) 检查相关性确定其是否足够小。

① 若 $\hat{\rho}_1 \leqslant 0.2$，则将数据重新分成 $30 \leqslant k \leqslant 40$ 组，利用自由度为 $k-1$ 的 $t$ 分布及公式(11.36)构建置信区间，用于估计 $\overline{Y}$ 的方差。

② 若 $\hat{\rho}_1 > 0.2$，那么将仿真时长延长 $50\% \sim 100\%$，并返回第 2 步。如果不能延长仿真时间，则将数据重新分为 $k=10$ 组左右，利用自由度为 $k-1$ 的 $t$ 分布及公式(11.36)构建置信区间，用于估计 $\overline{Y}$ 的方差。

4) 作为对置信区间的附加检查，使用如下检验方法，检查各组均值（在更大或更小的分组规模 $m$ 下）的独立性。相关例子可见 Alexopoulos 和 Seila[1998]的研究文献。计算如下检验统计量：

$$C = \sqrt{\frac{k^2 - 1}{k - 2}} \left[ \hat{\rho}_1 + \frac{(\overline{Y}_1 - \overline{Y})^2 + (\overline{Y}_k - \overline{Y})^2}{2 \sum_{j=1}^{k} (\overline{Y}_j - \overline{Y})^2} \right]$$

如果 $C < z_\beta$，则认为各组均值是彼此独立的，其中 $\beta$ 是犯 I 类错误的可能，可取值为 0.1、0.05、0.01 等；否则，将一次仿真的时长扩展 $50\% \sim 100\%$，并返回第 2 步。如果仿真时间无法延长，则将数据重新分为 $k=10$ 组左右，利用自由度为 $k-1$ 的 $t$ 分布及公式(11.36)构建置信区间，从而估计 $\overline{Y}$ 的方差。

上述过程（包括最终检验在内）在某些方面是非常"保守"的。首先，如果 lag-1 自相

---

⊖ 不在仿真开始时就决定样本总量是多少，而是随着仿真的进行依据具体指标的变化而调整。

关系数大多为负值，我们无论如何都要着手构建置信区间。整体呈现负相关性将导致置信区间会比我们所需要的区间范围更宽，这虽然是误差，但不会影响我们做出正确的决策。在 $100 \leqslant k \leqslant 400$ 分组方式下，要求 $\hat{\rho}_1 < 0.2$ 是很严苛的，如果有任何正相关迹象，这样的要求（$\hat{\rho}_1 < 0.2$）将迫使我们获得更多的数据（导致组容量 $m$ 变大）。最终，假设检验会有 $\beta$ 的可能性迫使我们去获得更多数据，而实际上并不需要这些数据。这种"保守"是算法设计时有意而为之，因为决策错误的代价远比进行额外运算的成本大得多。

我们通过下面的例子进一步说明置信区间估计的组均值法。

451

**例 11.18**

重新考虑例 11.8 的 FastChip 晶圆制造仿真问题。假设我们希望在 95％ 的置信水平下，估计 C 型芯片的稳态平均制造周期 $w$。为了介绍组均值法，假设我们已经进行了一次仿真，在删除点之后模拟了 5000 个制造周期。我们以 $k = 100$、$m = 50$ 进行分组，估算出 lag-1 自相关系数 $\hat{\rho}_1 = 0.37 > 0.2$。因此，我们决定在删除点之后将仿真时间延长到第 10 000 匣晶元，然后重新估计 lag-1 自相关系数。当分组数 $k = 100$、分组尺寸 $m = 100$ 时，有 $\hat{\rho}_1 = 0.15 < 0.2$。

完成相关性检验之后，我们对数据重新进行分组，令 $k = 40$、$m = 250$。此时的点估计量是整体均值：

$$\overline{Y} = \frac{1}{10\ 000} \sum_{j=1}^{10\ 000} \overline{Y}_j = 47.00 \text{ 小时}$$

根据 40 个分组均值所得的 $\overline{Y}$ 的方差为：

$$\frac{S^2}{k} = \frac{\sum_{j=1}^{40} \overline{Y}_j^2 - 40\overline{Y}^2}{40(39)} = 0.049$$

则 95％ 的置信区间为

$$\overline{Y} - t_{0.025,39} \sqrt{0.049} \leqslant w \leqslant \overline{Y} + t_{0.025,39} \sqrt{0.049}$$

或者

$$46.55 = 47.00 - 2.02(0.221) \leqslant w \leqslant 47.00 + 2.02(0.221) = 47.45$$

因此，可以认为在 95％ 的置信水平下，真实的平均制造周期 $w$ 取值范围为 $46.55 \sim 47.45$ 小时。如果这些结果还不够精确，那么还需要增加仿真时长以获得更高的精度。

作为对置信区间有效性的进一步核查，我们可以应用相关性假设检验。为完成该检验，我们基于 $k = 40$、$m = 250$ 计算检验统计量，以构造置信区间，可得

$$C = -0.58 < 1.96 = z_{0.05}$$

由此确认在 0.05 的显著性水平上，数据之间不存在相关性。需要注意的是，由于分组数量较小，lag-1 自相关系数的估计值看起来只是稍微偏向于负值[⊖]，这恰好印证了我们的观点：使用少量观测值估计相关性是困难的。

### 11.5.6 稳态分位数

在稳态仿真中，为分位数估计值构建置信区间是很棘手的问题，尤其是当我们感兴趣

---

⊖ 虽然数值是负的，但是绝对值并不大。

的输出过程是一个连续时间过程的时候。例如，$t$ 时刻队列中的顾客数 $L_Q(t)$。在这一节中，我们将对此问题进行大致介绍。

首先来看一个简单的例子，假设我们已有来源于一次仿真的、删除了必要的初期数据之后剩余的输出过程为 $Y_{d+1}, \cdots, Y_n$。比如，$Y_i$ 表示第 $i$ 名顾客在队列中的排队时间。$p$ 分位数的点估计值可用之前介绍过的方法获得，即使用直方图或排序后的数列，当然只使用删除点之后的数据。假设我们进行了 $R$ 次仿真，且令 $\hat{\theta}_r$ 表示第 $r$ 次仿真的分位数估计值，则 $R$ 个分位数估计值 $\hat{\theta}_1, \cdots, \hat{\theta}_R$ 是独立且同分布的，其平均值

$$\hat{\theta}. = \frac{1}{R} \sum_{i=1}^{R} \hat{\theta}_i$$

可以作为 $\theta$ 的点估计。其置信区间近似为

$$\hat{\theta}. \pm t_{\alpha/2, R-1} \frac{S}{\sqrt{R}}$$

其中，$S^2$ 是 $\hat{\theta}_1, \cdots, \hat{\theta}_R$ 的样本方差。

假设我们只有一次仿真的数据，又该如何使用呢？基本同样的原因，我们可以使用组均值法（以分组代替重复仿真），则可以令 $\hat{\theta}_i$ 为第 $i$ 组数据的分位数估计值。这需要在每个分组内对数值进行排序并绘出直方图。如果每个组的容量足够大，那么这些组内分位数的估计值也近似是独立同分布的。

对于连续时间输出过程，原则上讲也可以使用这种方法。然而，我们必须小心谨慎，不要在进行数据转换的时候改变了原问题。尤其不能像在本章中所做的那样，先计算分组均值，然后通过这些均值估计分位数。因为 $L_Q(t)$ 分组均值的 $p$ 分位数与 $L_Q(t)$ 本身的 $p$ 分位数不是一回事。因此，分位数估计值必须从原始数据的直方图得到，无论进行了一次还是多次仿真都应如此。

## 11.6  小结

需要反复强调的是：一次随机离散事件仿真等同于一次统计实验。因此，在依据仿真输出数据得出结论之前，需要进行正确的统计分析。仿真实验旨在获得所研究的系统性能指标的估计值，统计分析旨在确定这些估计值已经足够精确，从而可以放心地使用这个仿真模型。

我们还对终态仿真和稳态仿真进行了区分。稳态仿真的输出数据更难分析，因为仿真分析人员必须解决初始条件设定以及仿真时长选取的问题。针对这些问题，我们给出了一些建议。遗憾的是，目前还没有简单、完整、令人满意的解决方案。尽管如此，仿真分析技术人员还是应该对潜在的问题和可能的解决方案有充分的认知，通过删除数据和增加仿真时长，才有可能获得可靠的结果。本章未及讨论的更多先进的统计分析技术可以在 Alexopolous 和 Seila[1998]，Bratley，Fox 和 Schrage[1996]，Law[2007]等文献中找到。

点估计的统计精度可通过标准差估计和置信区间给出。我们强调使用重复仿真法，利用这种方法，仿真分析人员可以生成统计独立的观测值，因而可以使用标准的统计方法进行分析。在稳态仿真中我们还讨论了批均值法。

本章认为，仿真输出数据存在一定程度的随机变异性；如果对样本容量不进行评估，以任何置信度获得的点估计值都是不能采用的。

# 参考文献

ALEXOPOULOS, C., AND A. F. SEILA [1998], "Output Data Analysis," Chapter 7 in *Handbook of Simulation*, J. Banks, ed., Wiley, New York.

BRATLEY, P., B. L. FOX, AND L. E. SCHRAGE [1996], *A Guide to Simulation*, 2d ed., Springer-Verlag, New York.

FISHMAN, G. S., AND L. S. YARBERRY [1997], "An Implementation of the Batch Means Method," *INFORMS Journal on Computing*, Vol. 9, pp. 296–310.

GOLDSMAN, D., L. SCHRUBEN, AND J. J. SWAIN [1994], "Tests for Transient Means in Simulated Time Series," *Naval Research Logistics*, Vol. 41, pp. 171–187.

KELTON, W. D. [1986], "Replication Splitting and Variance for Simulating Discrete-Parameter Stochastic Processes," *Operations Research Letters*, Vol. 4, pp. 275–279.

KELTON, W. D. [1989], "Random Initialization Methods in Simulation," *IIE Transactions*, Vol. 21, pp. 355–367.

KELTON, W. D., AND A. M. LAW [1983], "A New Approach for Dealing with the Startup Problem in Discrete Event Simulation," *Naval Research Logistics Quarterly*, Vol. 30, pp. 641–658.

KLEIJNEN, J. P. C. [1987], *Statistical Tools for Simulation Practitioners*, Dekker, New York.

LADA, E. K., N. M. Steiger, AND J. R. WILSON [2006], "Performance Evaluation of Recent Procedures for Steady-state Simulation Analysis," *IIE Transactions*, Vol. 38, pp. 711–727.

LAW, A. M. [1977], "Confidence Intervals in Discrete Event Simulation: A Comparison of Replication and Batch Means," *Naval Research Logistics Quarterly*, Vol. 24, pp. 667–78.

LAW, A. M. [1980], "Statistical Analysis of the Output Data from Terminating Simulations," *Naval Research Logistics Quarterly*, Vol. 27, pp. 131–43.

LAW, A. M. [2007], *Simulation Modeling and Analysis*, 4th ed., McGraw-Hill, New York.

LAW, A. M., AND J. S. CARSON [1979], "A Sequential Procedure for Determining the Length of a Steady-State Simulation," *Operations Research*, Vol. 27, pp. 1011–1025.

NELSON, B. L. [2001], "Statistical Analysis of Simulation Results," Chapter 94 in *Handbook of Industrial Engineering*, 3d ed., G. Salvendy, ed., Wiley, New York.

SCHMEISER, B. [1982], "Batch Size Effects in the Analysis of Simulation Output," *Operations Research*, Vol. 30, pp. 556–568.

SCHRUBEN, L. [1982], "Detecting Initialization Bias in Simulation Output," *Operations Research*, Vol. 30, pp. 569–590.

SNELL, M., AND L. SCHRUBEN [1985], "Weighting Simulation Data to Reduce Initialization Effects," *IIE Transactions*, Vol. 17, pp. 354–363.

STEIGER, N. M., AND J. R. Wilson [2002], "An Improved Batch Means Procedure for Simulation Output Analysis," *Management Science*, Vol. 48, pp. 1569–1586.

WELCH, P. D. [1983], "The Statistical Analysis of Simulation Results," in *The Computer Performance Modeling Handbook*, S. Lavenberg, ed., Academic Press, New York, pp. 268–328.

454

# 练习题

1. 对于下述系统而言，在什么情况下可以采用终态仿真或稳态仿真来进行系统分析？

   a）医疗诊所通过仿真来确定人员编制数量。

   b）投资组合（包括股票、债券及衍生证券）方案仿真，估算长期回报。

   c）两班制燃料喷射器组装厂仿真，估计每天的产出量。

   d）美国空中交通管制系统仿真，评估系统安全性。

2. 假设排队仿真的输出过程是 $L(t)$，$0 \leqslant t \leqslant T$，表示时刻 $t$ 队列中的排队顾客总数。连续时间输出过程可以转换为某种离散时间过程 $Y_1$，$Y_2$，$\cdots$，可用下述方法实现：首先构成 $k = T/m$ 个组，每组容量为 $m$ 个时间单位，然后计算各组均值

$$Y_j = \frac{1}{m} \int_{(j-1)m}^{jm} L(t) \, \mathrm{d}t$$

其中 $j=1, 2, \cdots, k$。通过在图中绘出各组均值的系综均值，检查初始偏差的大小。

a) 通过代数推导，证明容量为 $2m$ 的组均值等于两个相邻的、容量为 $m$ 的组均值的算数平均。

　　（提示：这意味着我们可以首先计算以较小 $m$ 进行分组的组均值，然后再计算更大分组容量的组均值，而无须重新进行分组和计算。）

b) 对 $\lambda=1$，$\mu=1.25$ 的 $M/M/1$ 排队系统进行仿真，仿真时长为 4000 个时间单位。以 $m=4$ 时间单位对队列中排队顾客数的输出数据进行分组，并计算各组均值。多做几次仿真，绘制均值图，以此确定需要删除的组数量（以删除组的形式删除仿真初期数据）。将需要删除的组数量转换为需要删除的仿真预热时长。

3. 使用习题 2 的结果，设计并进行一次仿真实验，从而估计 $M/M/1$ 队列中排队顾客数量的稳态期望值 $L$，误差水平为 $\pm 0.5$，置信水平为 95%。将估计值与真实值 $L=\lambda/(\mu-\lambda)$ 进行比较，检验你的估计精度。

4. 在例 11.7 中，假设管理者希望以误差水平 $\varepsilon=0.05$ 小时（3 分钟）获得平均制造周期的 95% 置信区间。使用表 11-5 中给出的初始数据，估计所需的样本总量。如果我们希望将误差水平减半，所需样本总量会增加多少？

5. 对 $\lambda=1$，$\mu=1.25$ 的 $M/M/1$ 排队系统再次进行仿真，这一次记录顾客在系统中的逗留时间（从顾客到达系统直至完成服务离开系统），并以 4000 名顾客的系统逗留时间为指标评价该排队系统的性能。进行多次仿真，依据如下不同初始条件，使用均值图决定各自需要删除的初期顾客人数。初始条件分别为：系统中没有顾客；有 4 名顾客；有 8 名顾客。针对不同的初始条件，预热期如何变化？相关结果对于仿真初始化有何借鉴或启示？

455

6. 考虑 $(M, L)$ 库存系统问题，采购数量 $Q$ 由下式定义

$$Q = \begin{cases} M-I, & \text{如果 } I < L \\ 0, & \text{如果 } I \geqslant L \end{cases}$$

其中，$I$ 是现有库存水平加上月末已有订单量，$M$ 是最大库存水平，$L$ 是再订货点。$M$ 和 $L$ 可进行调控，所以称为 $(M, L)$ 库存策略。在某些情况下，对该模型进行解析求解是有可能的，而在另一些情况下则无法做到。使用仿真方法研究的 $(M, L)$ 库存问题具有以下特征：在月末检查库存状态；延期未交货（backorder）允许计入成本，单位成本为 4 美元/产品·月；产品到货后，优先满足延期未交货订单。采购提前期从间隔为 $[0.25, 1.25]$ 月的均匀分布。假设初始库存水平为 50 单位，没有未结订单。仓储成本为 1 美元/产品·月。假设每个月都会核查库存水平。如果向供应商下达采购订单，则每张订单的成本为 $60+5Q$ 美元，其中，固定采购成本为 60 美元，产品单价为 5 美元。需求间隔时间服从指数分布（均值为 1/15 个月）。需求量服从如下分布：

| 需求 | 概率 | 需求 | 概率 |
| --- | --- | --- | --- |
| 1 | 1/2 | 3 | 1/8 |
| 2 | 1/4 | 4 | 1/8 |

a) 进行 10 次独立仿真，每次仿真时长为 100 个月，初始化阶段（预热期）为 12 个月，采用策略 $(M, L)=(50, 30)$。估算长期月平均成本的置信区间（置信水平为 90%）。

b) 使用 (a) 的计算结果回答：如果希望将月均成本误差水平控制在 $\pm 5$ 美元之内，需要进行多少次独立仿真。

7. 重新思考习题 6，条件有如下变化：如果在每月核查的时候库存水平等于或小于零，则会发放一个订货量为 $Q$ 的紧急订单。紧急订单的成本是 $120+12Q$ 美元，其中 120 美元是固定采购成本，12 美元是产品单价。紧急订单的提前期服从 $[0.10, 0.25]$ 月的均匀分布。

a) 对 $(M，L)$ 库存策略进行 10 次独立仿真，估计长期月均成本的置信区间（置信水平为 90%）。

b) 使用 (a) 的计算结果回答：如果希望将月均成本误差水平控制在 ±5 美元之内，需要进行多少次独立仿真。

8. 假设习题 6 中库存品是容易变质的，其销售价格与存放时间之间的关系如下：

| 存放时间（月） | 销售价格（美元） |
| --- | --- |
| 0-1 | 10 |
| 1-2 | 5 |
| >2 | 0 |

如表中所示，库存时间超过 2 个月的物品无法销售。存货库龄在需求发生时进行核算。如果存货商品过了保质期，会被丢弃。商品出库按照先进先出的规则进行。对该系统仿真 100 个月。

a) 针对 $(M，L)=(50，30)$ 策略进行 10 次独立仿真，估计长期月均成本的置信区间（置信水平为 90%）。

b) 使用 (a) 的计算结果回答：如果希望将月均成本误差水平控制在 ±5 美元之内，需要进行多少次独立仿真。

首先，如果假设仿真开始的时候库存中的所有存货都是新鲜的，这样的假设合理么？如果采用这样的假设，对于估计长期月均成本会有什么影响？为提高估算的准确度，应该做什么样的改进？试给出完整的分析。

9. 考虑以下库存系统：

a) 只要库存水平小于等于 10 个单位，就发放一个采购订单。无论何时都只能有一张未完成订单（即在途订单），也就是说，只要存在未完成订单，就不会发放新的订单。

b) 每张订单的订货量为 $Q$。产品仓储成本为 0.50 美元/单位产品·天。每张订单的固定采购成本为 10 美元。

c) 订购提前期服从 $[0，5]$ 天的离散均匀分布。

d) 如果在库存水平为 0 的情况下，恰好发生了一笔购货需求，则销售损失记为 2 美元/单位产品。

e) 每天到达的顾客数量由以下分布给出：

| 每日顾客数 | 概率 | 每日顾客数 | 概率 |
| --- | --- | --- | --- |
| 1 | 0.23 | 3 | 0.22 |
| 2 | 0.41 | 4 | 0.14 |

f) 每位顾客的购货需求数量服从均值为 3 的泊松分布。

g) 为了简单起见，假设所有的顾客需求都发生在每天中午，并且所有顾客的需求订单都会被立即处理。

还可以进一步假设所有需求订单都在每天下午 5 点收到，或者当天发生的顾客需求在第

456
457

二天才生成需求订单。在 $Q=20$ 的水平下考察订货策略。进行 10 次独立仿真，每次仿真时长为 100 天，计算长期日均成本的置信区间（置信水平为 90%）。考察期初库存水平 $Q=20$ 以及存在一张未完成采购订单的初始条件对估算日均成本的影响。或者将初始条件设定为期初库存水平为 $Q+10$、不存在未完成采购订单，考察其对估算日均成本的影响。

10. 某商店销售母亲节贺卡。商店须提前 6 个月决定贺卡的订货数量，且只能订购一次。贺卡成本为 0.45 美元/张，售价为 1.25 美元/张。在母亲节之前未售出的贺卡，在母亲节之后还可以继续销售 2 周，但是售价下调为 0.50 美元/张。母亲节之后两周内的销量服从一定的概率，如下：

    - 有 32% 的可能，售罄所有剩余贺卡。
    - 有 40% 的可能，销售所有剩余贺卡的 80%。
    - 有 28% 的可能，销售所有剩余贺卡的 60%。

    母亲节 2 周以后，如果贺卡还有剩余，则按照 0.25 美元/张的价格被厂商回收。店主无法确定最终能够售出多少张贺卡，只能大致估计销售量在 200~400 张之间（离散均匀分布）。假定店主最终决定订购 300 张贺卡。在误差至多为 ±5.00 美元的水平下，估算预期总利润。

    （提示：重复进行 10 次仿真。使用这些数据估计所需的样本总量。每次仿真时长只包含一个母亲节。）

11. 某大型采掘作业公司决定通过“定期审查，最大库存量为 $M$”的策略来管理某种型号高压管道的库存，其中 $M$ 是我们研究的目标。这种管道的年需求量服从正态分布（均值为 600，方差为 800）。管道需求量在一年之中是均匀分布的。厂家供货提前期服从 $k=2$ 阶爱尔朗分布，均值为 2 个月。管道的单位成本是 400 美元。库存费用参照管道年度成本按照一定比例计算得出，比例值服从正态分布（均值为 25%，标准差为 1%）。库存盘点和发放采购订单的费用为每次 200 美元，延期未交货成本为 100 美元/单位产品。假设每两个月进行一次库存盘点，且令 $M=337$。

    a) 进行 10 次独立仿真，每次仿真运行时长为 100 个月，估计长期月均成本的 90% 置信区间。

    b) 研究初始条件的影响。计算每月需要删除观测值的合适数量，以便将初始偏差减少到可以忽略不计的水平。

12. 研究 $N$ 个 $M/M/1$ 队列串联在一起的情况。对于 6.4 节中介绍的 $M/M/1$ 队列，其泊松到达率为 $\lambda$ 人/小时，服务时间服从指数分布（均值为 $1/\mu$），包含一个服务台（“泊松到达”意味着顾客到达间隔时间服从指数分布）。多个 $M/M/1$ 队列串行是指当顾客在某个服务台结束服务之后，该顾客会进入下一个服务台的等待队列，系统图示如下：

假设所有服务台的服务时间均服从期望为 $1/\mu$ 的指数分布，且每个等待队列的容量都没有限制。假设 $\lambda=8$ 人/小时，$1/\mu=0.1$ 小时。系统性能度量指标为响应时间（顾客在系统中的逗留时间）。

    a) 通过合适次数的仿真，比较 $N=1$（一个 $M/M/1$ 队列）和 $N=2$（串连在一起的两个 $M/M/1$ 队列）两种情况下的初始偏差。仿真开始时令所有服务台空闲，且系统中没有任何顾客。仿真目标是估算平均响应时间。

b) 研究初始偏差与 $N$ 之间的函数关系，$N=1，2，3，4，5$。

c) 假定系统在零时刻为空且所有服务台空闲，针对规模较大的排队系统，给出初始偏差的一般性结论。

13. Job Shop 问题中的作业(job)以泊松过程形式随机到达，其稳态到达率为 2 单/天(每天只包含一个长度为 8 小时的班次)。作业有 4 种类型，每种作业均按照各自的工艺路线从一个工作站流向另一个工作站。下表给出了各类作业的工艺路线，以及各类作业的比例关系。

| 类型 | 工艺顺序 | 比例 | 类型 | 工艺顺序 | 比例 |
|---|---|---|---|---|---|
| 1 | 1，2，3，4 | 0.4 | 3 | 2，4，3 | 0.2 |
| 2 | 1，3，4 | 0.3 | 4 | 1，4 | 0.1 |

作业在每个工作站的处理时间取决于作业类型，但是都近似服从正态分布，每种类型作业的正态分布均值及标准差(单位：小时)在下表中给出。

| 类型 | 工作站 | | | |
|---|---|---|---|---|
| | 1 | 2 | 3 | 4 |
| 1 | (20，3) | (30，5) | (75，4) | (20，3) |
| 2 | (18，2) | | (60，5) | (10，1) |
| 3 | | (20，2) | (50，8) | (10，1) |
| 4 | (30，5) | | | (15，2) |

工作站 $i$ 包含 $c_i$ 名工人，$i=1，2，3，4$。在每个工作站，每个作业在持续处理时间内都需要一名工人。所有作业按照 FIFO 规则排程，并且假设所有作业排队队列的容量都是无限的。在 200 小时预热期的基础上，对该系统再仿真 800 小时。假设 $c_1=8$，$c_2=8$，$c_3=20$，$c_4=7$。基于 $R=20$ 次仿真的结果，计算各工作站工人平均劳动强度的 95% 置信区间。此外，计算每种作业类型的平均总响应时间的 95% 置信区间(总响应时间是作业在车间中停留的总时间)。

14. 修改习题 13 的条件，即不同类型作业在每个工作站具有不同的加工优先级。Ⅰ型作业优先于Ⅱ型，Ⅱ型优先于Ⅲ型，Ⅲ型优先于Ⅳ型。在 200 小时预热期的基础上仿真 800 小时，重复仿真 $R=20$ 次。按类型分别计算每种作业的平均总响应时间的 95% 置信区间。然后，在不考虑优先级的情况下进行仿真，并计算相同的置信区间。在选择 FIFO 或优先级作为排程规则时该如何权衡？请给出你的分析过程。

15. 考虑一个单服务台队列，其到达服从 $\lambda=10.82$ 人/分钟的泊松分布，服务时间服从正态分布(均值为 5.1 秒，方差为 0.98 秒²)。我们希望研究当一名顾客到达系统时，发现恰好还有另外 $i$ 名顾客存在的条件下，该顾客在系统中的平均逗留时间，即估计

$$w_i = E(W \mid N = i) \quad i = 0,1,2,\cdots$$

其中，$W$ 是顾客在系统中的停留时间，$N$ 是该顾客到达时发现系统中已有的顾客数量。例如，$w_0$ 是到达时发现系统为空的那些顾客的平均逗留时间，$w_1$ 是到达时发现系统中已有另外一名顾客的那些顾客的平均逗留时间，以此类推。$w_i$ 的估计值 $\hat{w}_i$ 是所有到达时发现系统中已有 $i$ 名其他顾客的那些顾客系统逗留时间的样本均值。使用 $\hat{w}_i$ 和 $i$ 绘图(前者置于纵轴，后者置于横轴)，请你对 $w_i$ 和 $i$ 之间的关系提出假设，并

进行验证。

a) 在系统为空、服务台空闲的初始条件下，对该系统进行 10 小时的仿真。

b) 先进行 1 小时的初始化仿真，然后再仿真 10 小时。则 a) 和 b) 的结果是否存在差异？

c) 将服务时间改为服从指数分布，均值仍为 5.1 秒，重复回答 a) 和 b) 的问题。

d) 将服务时间确定为 5.1 秒，重复回答 a) 和 b) 的问题。

e) 确定估计 $w_0$，$w_1$，$\cdots$，$w_6$ 所需的重复仿真次数，每个 $w_i$ 的标准差水平为 ±3 秒。基于可获得的重复仿真次数进行仿真，重复回答 a) ~ d) 的问题。

16. Smalltown 大学有一台图形工作站放在专门的实验室，供全校学生使用。从工作站实验室到计算中心要横穿整个校园。某一天凌晨 2 点，6 名学生抵达工作站实验室，拟使用这台工作站完成教师布置的作业。每名学生使用工作站的时间长度为 10±8 分钟，然后学生步行到计算中心打印计算结果报告。经过以上过程，只有 25% 的报告符合作业要求，报告合格的学生可以回去睡觉，否则就要再使用一次工作站，因此需要返回工作站实验室并排队等待，直到再次使用。从工作站实验室到计算中心的往返时间为 30±5 分钟。工作站在早晨 5 点之后不再开放。请你估计 6 名学生中至少 5 人在 3 小时内完成作业的概率 $p$。首先，进行 $R=10$ 次重复仿真，并计算 $p$ 的 95% 置信区间。接下来，计算误差水平为 ±0.02 时，估计 $p$ 所需的重复仿真次数，并使用这一重复仿真次数，重新计算 $p$ 的 95% 置信区间。

17. 四名工人沿着传送带均匀站立，需要处理的物料以 $\lambda=2$ 个/分钟的泊松过程到达，物料处理时间服从指数分布，均值为 1.6 分钟。如果工人空闲，则他/她将处理传送带运送过来的下一个物料。如果物料传送到工人工位时，该工人正在忙碌，则该物料会沿着传送带继续移动至下一个工人。物料在相邻两个工人之间移动用时为 20 秒。当工人完成物料处理之后，该物料立刻离开系统。如果物料经过最后一个工人仍未被处理，则它会沿着传送带继续循环移动，并在 5 分钟后返回到第一个工人的位置。

管理层希望了解"均衡负荷"的情况，即希望每个工人的劳动强度尽量一致。令 $\rho_i$ 为工人 $i$ 的长期劳动强度，$\rho$ 为所有工人的平均劳动强度，则有 $\rho=(\rho_1+\rho_2+\rho_3+\rho_4)/4$。根据排队理论，$\rho$ 可以通过 $\rho=\lambda/\mu$ 计算得出，其中 $\lambda=2$ 个物料/分钟，$c=4$ 个服务台，$1/\mu=1.6$ 分钟是平均服务时间。所以，$\rho=\lambda/c\mu=(2/4)1.6=0.8$。因此，平均而言，一名工人有 80% 的时间处于忙碌状态。

a) 进行 10 次独立重复仿真，每次仿真时长为 40 小时，在此之前设置 1 小时的初始化时间。计算 $\rho_1$ 和 $\rho_4$ 的 95% 置信区间。针对该均衡负荷问题，给出你的结论。

b) 基于 (a) 中的 10 次仿真数据，对假设 $H_0: \rho_1=0.8$ 进行检验，显著性水平 $\alpha=0.05$。如果偏差被限定在 ±.05 的水平，请确定发现存在偏差的概率。此外，如果希望以至少 0.9 的概率检测到偏差，请指出所需要的抽样数量。

（提示：参考任何一本统计学教材中有关假设检验的内容。）

c) 在原假设为 $H_0: \rho_4=0.8$ 的情况下，重复 (b)。

d) 使用从 (a) 到 (c) 的结果，给出你的关于均衡负荷问题的结论，以便管理者进行决策。

18. 在某小型采石场的矿石装载区，一个动力铲大约每 10 分钟倾倒一次装满矿石的铲斗，即两次倾倒之间的间隔时间服从均值为 10 分钟的指数分布。倾倒三次就可以形成一个矿石堆；完成一个矿石堆之后，动力铲就得开始一个新料堆。

采石场只有一辆卡车，一次可以运载一个堆(3 铲斗)的矿石。将一个矿石堆装载到卡车上，卡车将这些矿石运送到加工厂，卸货之后返回采石场装载区，整个过程大约需要 27 分钟。实际上，这个流程时间服从均值 27 分钟、标准差 12 分钟的正态分布。

当卡车返回装载区，如果正好有一堆矿石等待装载，则立即装车并运输；否则，直到另一个矿石堆准备好之前，卡车会一直处于空闲状态。出于安全考虑，在矿石堆全部堆完之前，卡车不进行装载作业。

采石场以这种方式每天工作 8 小时。我们希望估算卡车的利用率；如果再购买一辆卡车，那么一天内能够运送的矿石堆的期望数量是多少？

19. Big Bruin 公司计划在北卡罗莱纳的 Juneberry 市开一家小型杂货店。他们希望设置两个结账通道，一个通道留给现金支付的顾客。他们希望了解到底需要配置多少辆购物手推车？

在营业时间(上午 6 时至晚上 8 时)，现金支付顾客的预期到达率为每小时 8 人，非现金支付顾客的预期到达率为每小时 9 人。两种类型顾客的到达间隔时间均服从指数分布。 461

顾客购物时间服从均值 40 分钟、标准差 10 分钟的正态分布。购物后结账所需时间服从对数正态分布：(a)对于现金支付顾客来说，均值为 4 分钟，标准差为 1 分钟；(b)非现金支付顾客，均值为 6 分钟，标准差为 1 分钟。

假设每名顾客都使用一辆购物车，顾客完成购物之后，会立即归还这辆购物车供他人使用。进一步地，假设拿不到购物车的顾客会选择马上离开这家商店。

我们最感兴趣的系统性能指标是投入使用的购物车数量，以及每天流失的顾客数量。请帮助这家超市确定所需购物车数量(虽然购物车很贵，但顾客流失同样意味着利润减少)。

20. 现有一个 $M/M/1$ 排队系统，服务率 $\mu=1$，请开发一个仿真模型，研究顾客在系统中的逗留时间。由于 $\mu=1$，因此劳动强度 $\rho=\lambda/\mu=\lambda$，其中 $\lambda$ 为顾客到达率。使用系统仿真并通过绘制系综均值图形，研究在仿真开始时系统为空的情况下，$\rho$ 的取值对初始偏差的影响。特别地，注意观察当 $\rho=0.5$，$0.7$，$0.8$，$0.9$，$0.95$ 时，仿真初始化时长 $T_0$ 的变化情况。

21. 许多仿真软件工具都有支持输出分析的内置功能。借助互联网研究某个仿真软件产品的输出分析功能具备哪些特性。 462

# 相对性能评价

第 11 章讨论了系统性能的精确估计问题。本章将简单介绍一些统计方法，利用这些方法可以比较两个或多个系统方案的相对性能。相对性能的评价和比较是仿真的重要用途之一。因为响应变量的观测值包含随机变化因素，因此需要通过统计分析，找出观测值中出现的差异究竟是源于系统方案之间的本质差异，还是源于仿真模型本身所固有的随机波动性。

相对于同时比较多个系统方案，比较两个系统方案更简单一些。12.1 节将介绍两个系统方案比较的问题，将用到两种可能的统计技术：**独立抽样法**（independent sampling）与**相关抽样法**（correlated sampling）。相关抽样法也称为**公共随机数法**（Common Random Numbers，CRN），这种方法很简单，只是在两个系统方案的仿真过程中使用相同的随机数。如果应用得当，CRN 通常可以减少两个方案系统性能之间的方差，不同度量指标的估算结果也会存在差异，而正确运用相关抽样可以减少这种差异。因而，在给定样本容量的情况下，相比于独立抽样，相关抽样往往可以更精确地提供两组数据平均差异的估算结果。在 12.2 节中，我们将对 12.1 节中介绍的统计工具进行拓展，并运用联合置信区间（simultaneously confidence interval）对多个（两个以上）系统设计方案进行筛查（screening）和择优（selection of the best）。这些方法某种程度上受到系统方案数量的限制，因此，12.3 节将介绍如何使用元模型表示大量的复杂系统方案。最后，为了在数量庞大的方案之间进行比较和评价，我们将在 12.4 节介绍如何使用基于仿真的优化方法。

## 12.1 两个系统方案的比较

假设仿真分析人员想要比较某个系统的两个可能的配置方案。比如，在排队系统中，比较两种可行的排队规则，或者两种可能的服务台设置方案；在供应链库存系统中，比较两种可能的订购策略；在工厂车间中，比较两种可能的调度规则；在生产系统中，比较生产过程中在制品暂存区的多个容量设置方案。还有很多例子都具有一个以上的方案，这里不再一一列举。

重复仿真可用于输出数据分析。系统 $i$ 的平均性能度量指标用 $\theta_i(i=1, 2)$ 表示。对于稳态仿真，我们可以假设已经使用了数据删除技术或其他适当的技术，以确保点估计量近似为平均性能度量指标 $\theta_i$ 的无偏估计量。仿真实验旨在获取系统平均性能指标的点估计，以及两个方案指标差异 $\theta_1 - \theta_2$ 的区间估计。我们将介绍两种计算 $\theta_1 - \theta_2$ 置信区间的方法，在此之前，我们先看一个例子，并从中导出解决这一问题的基本框架。

**例 12.1** _____

回顾一下例 11.7 中的 SMP 呼叫中心问题。SMP 拥有一个顾客支持呼叫中心，该中心共有 7 名接线员，他们在 8:00~16:00（东部时间）之间为顾客解答问题。当顾客打电话时，自动化系统会自动选择对应的产品线——财务管理软件及合同管理软件。目前每个产品线都有各自的电话接线员（财务管理软件 4 名，合同管理软件 3 名）和电话呼入排队队列。SMP 想知道是否可以通过技能交叉培训（每名接线员都可以回答两个产品线的所有问题），从而减少接线员的总人数。如果采用交叉培训的方式，预计接线员处理顾客呼叫业务的时间会增加约 10%。当前系统方案如图 12-1a 所示。另一种系统方案如图 12-1b 所示。

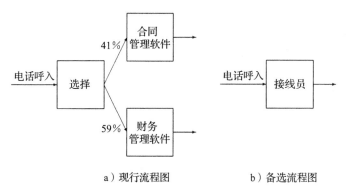

a）现行流程图　　　　　　b）备选流程图

图 12-1　SMP 呼叫中心现行流程图与改进后的流程图

464

在决定减少多少名接线员之前，SMP 公司需要了解通过交叉培训，现有的 7 名接线员能达到怎样的服务水平。我们将采用非平稳泊松到达过程对电话呼入过程进行建模，并采用泊松分布拟合接线员的服务时间。两种方案比较的评价指标是从顾客呼叫开始到问题被解决的平均时间。

当比较两个系统（比如例 12.1 中的系统）的时候，仿真分析人员必须决定每个模型的运行长度 $T_E^{(i)}$ 及仿真次数 $R_i (i=1, 2)$。从系统 $i$ 的第 $r$ 次仿真输出结果中，仿真分析人员计算平均性能度量指标 $\theta_i$ 的估计值 $Y_{ri}$。在例 12.1 中，$Y_{ri}$ 是系统 $i$ 在第 $r$ 次仿真期间观察到的平均呼叫响应时间，其中 $r=1, 2, \cdots, R_i$；$i=1, 2$。表 12-1 给出仿真输出数据及两个度量指标——样本均值 $\overline{Y}_{\cdot i}$ 和样本方差 $S_i^2$。假设 $Y_{ri}$ 至少近似是 $\theta_i$ 的无偏估计量，则有

$$\theta_1 = E(Y_{r1}), r = 1, \cdots, R_1; \quad \theta_2 = E(Y_{r2}), r = 1, \cdots, R_2$$

表 12-1　仿真输出数据及两个系统的综合度量指标值对比

| 系统 | 重复仿真输出 | | | | 样本均值 | 样本方差 |
|------|------|------|------|------|------|------|
| | 1 | 2 | $\cdots$ | $R_i$ | | |
| 1 | $Y_{11}$ | $Y_{21}$ | $\cdots$ | $Y_{R_1 1}$ | $\overline{Y}_{\cdot 1}$ | $S_1^2$ |
| 2 | $Y_{12}$ | $Y_{22}$ | $\cdots$ | $Y_{R_2 2}$ | $\overline{Y}_{\cdot 2}$ | $S_2^2$ |

在例 12.1 中，SMP 公司最初希望进行两个系统方案（接线员人数不变，第一个方案是现有方案，即保持人员的专业化，第二个方案是交叉培训方案）的比较，因此仿真分析人员决定计算 $\theta_1 - \theta_2$ 的置信区间。最终将得出下述三种结论之一：

1）若 $\theta_1 - \theta_2$ 的置信区间整体上位于原点（零点）左侧，如图 12-2a 所示，则有很强的统计论据表明 $\theta_1 - \theta_2 < 0$，或 $\theta_1 < \theta_2$。
在例 12.1 中，$\theta_1 < \theta_2$ 意味着原系统（系统 1）的平均响应时间比备选系统（系统 2）更小，即原系统性能更好。

2）若 $\theta_1 - \theta_2$ 的置信区间整体上位于原点（零点）右侧，如图 12-2b 所示，则有很强的统计论据表明 $\theta_1 - \theta_2 > 0$，或 $\theta_1 > \theta_2$。
在例 12.1 中，$\theta_1 > \theta_2$ 意味着备选系统的平均响应时间比原系统更小，即改进后的系统性

能更好。

3) 若 $\theta_1 - \theta_2$ 的置信区间包含原点(零点)，如图 12-2c 所示，这种情况下，由于缺乏统计论据的支持，无法判断哪一个系统性能更好，至少利用现有数据无法得出结论。

某些统计学教科书认为，这种情况可以得出弱力结论 $\theta_1 = \theta_2$，但是这样的声明可能会误导决策者。毕竟"弱结力论"并不是真正的结论[一]。最可能发生的情况是，如果采集到更多数据(即 $R_i$ 增加)，置信区间 $\theta_1 - \theta_2$ 将发生移动，并且置信区间也会变窄，最后要么得出结论 1($\theta_1 < \theta_2$)，要么得出结论 2($\theta_1 > \theta_2$)，从而推翻弱力结论。由于置信区间是对估计量 $\theta_1 - \theta_2$ 的精确度进行估计，因此，我们希望置信区间越小越好，直至得出确切的结论(也就是说，不是两个系统事实上存在优劣关系，就是二者差异很小而无须区分优劣)。

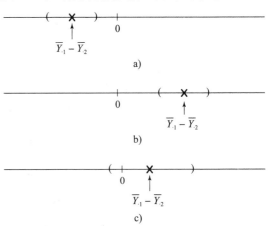

图 12-2　比较两个系统时，置信区间可能出现的三种情况

本章中，$\theta_1 - \theta_2$ 的双侧 $100(1-\alpha)\%$ 置信区间总被写成如下形式：

$$(\overline{Y}_{.1} - \overline{Y}_{.2}) \pm t_{\alpha/2,\nu}\,\mathrm{s.\,e.}\,(\overline{Y}_{.1} - \overline{Y}_{.2}) \tag{12.1}$$

其中，$\overline{Y}_{.i}$ 为系统 $i$ 基于所有仿真次数的系统性能指标的样本均值：

$$\overline{Y}_{.i} = \frac{1}{R_i}\sum_{r=1}^{R_i} Y_{ri} \tag{12.2}$$

$\nu$ 是与方差估计量相关的自由度，$t_{\alpha/2,\nu}$ 是自由度为 $\nu$ 的 $t$ 分布的 $100(1-\alpha/2)$ 百分位点，$\mathrm{s.\,e.}$ ($\cdot$)表示特定点估计量的标准差。为了得到标准差与自由度，仿真分析人员需要使用两种统计技术中的一种[二]。这两种统计技术都假定表 12-1 中的基本数据 $Y_{ri}$ 近似服从正态分布。若每个 $Y_{ri}$ 都是第 $r$ 次仿真观测值的样本均值，那么上述假设就是合理的，例 12.1 就是如此。

通过仿真实验得到的 $Y_{r1}(r=1,\ \cdots,\ R_1)$ 是独立同分布的，其均值为 $\theta_1$，方差为 $\sigma_1^2$。同理，$Y_{r2}(r=1,\ \cdots,\ R_2)$ 也是独立同分布的，其均值为 $\theta_2$，方差为 $\sigma_2^2$。两种统计技术都使用公式(12.1)计算置信区间，但是两种技术分别建立在不同的假设基础上，关于这一点，我们稍后讨论。

统计显著性差异(statistical significant difference)和实际显著性差异(practically significant difference)存在很大差别。统计显著性回答如下问题：观测到的差异值 $\overline{Y}_{.1} - \overline{Y}_{.2}$ 是否超过 $\overline{Y}_{.1} - \overline{Y}_{.2}$ 所包含的随机性？这个问题也可以叙述为：是否收集了足够的数据，以确保观察到的差异是真实存在的，还是这种差异的产生仅仅出于偶然？结论 1 和结论 2 意味着存在统计显著差异，而结论 3 意味着观察到的差异在统计上并不显著，即使两个系统性能可能确实不同。统计显著性与仿真实验和输出数据有关。

实际显著性回答以下问题：关于我们面对的决策问题，$\theta_1 - \theta_2$ 的真正差异是否足够

---

⊖　对于大多数情况而言，两个不同的方案总会存在或多或少的差异，哪怕这种差异很小，也能区分出方案的优劣。

⊖　这里所说的两种统计技术是指独立抽样法和相关抽样法。

大，以至于无法忽视而必须考虑其影响。在例 12.1 中，我们可能会得出 $\theta_1 > \theta_2$ 的结论，进而认为系统 2（新方案）更好（拥有更短的响应时间）。然而，如果 $\theta_1 - \theta_2$ 的实际差异非常小，也就是说，小到不能让顾客意识到发生了性能上的改进，那么使用方案 2 替代方案 1 所花费的投资就是不值得的。实际显著性与两个系统的实际差异有关，而与仿真实验无关。

置信区间并不直接回答实际显著性问题，只能回答统计显著性问题。置信区间在概率 $1-\alpha$ 情况下是有界的，真实差异 $\theta_1 - \theta_2$ 位于以下范围内：

$$(\overline{Y}_{.1} - \overline{Y}_{.2}) - t_{\alpha/2,\nu}\, \text{s. e.}\,(\overline{Y}_{.1} - \overline{Y}_{.2}) \leqslant \theta_1 - \theta_2 \leqslant (\overline{Y}_{.1} - \overline{Y}_{.2}) + t_{\alpha/2\nu}\, \text{s. e.}\,(\overline{Y}_{.1} - \overline{Y}_{.2})$$

位于上述区间内的 $\theta_1 - \theta_2$ 是否具有实际显著性，取决于具体问题。

### 12.1.1 独立抽样法

独立抽样法是指使用不同的、独立的随机数流，用于两个待比较系统的仿真过程，这意味着被仿真系统 1 的所有观测值 $Y_{r1}(r=1, \cdots, R_1)$ 统计独立于被仿真系统 2 的所有观测值 $Y_{r2}(r=1, \cdots, R_2)$。基于公式（12.2）以及两次仿真之间的独立性，样本均值 $\overline{Y}_{.i}$ 的方差由下式给出：

$$V(\overline{Y}_{.i}) = \frac{V(Y_{ri})}{R_i} = \frac{\sigma_i^2}{R_i}, \quad i = 1, 2$$

对于独立抽样法而言，$\overline{Y}_{.1}$ 和 $\overline{Y}_{.2}$ 是统计独立的，因此

$$V(\overline{Y}_{.1} - \overline{Y}_{.2}) = V(\overline{Y}_{.1}) + V(\overline{Y}_{.2}) = \frac{\sigma_1^2}{R_1} + \frac{\sigma_2^2}{R_2} \tag{12.3}$$

当已知两个方差相等但未知其值时，即 $\sigma_1^2 = \sigma_2^2$，此时存在适当的置信区间计算方法。然而，实际上我们很难确定 $\sigma_1^2 = \sigma_2^2$ 是否为真，那么使用"方差相等"这个条件的好处就是要求仿真次数略微大一些。我们建议读者参考其他统计学教材继续学习这部分内容（例如 Hines 等[2001]）。

使用以下计算步骤，可得到 $\theta_1 - \theta_2$ 的近似 $100(1-\alpha)\%$ 置信区间。点估计由下式计算：

$$\overline{Y}_{.1} - \overline{Y}_{.2} \tag{12.4}$$

其中，$\overline{Y}_{.i}$ 由方程式（12.2）给出，系统 $i$ 的样本方差为

$$S_i^2 = \frac{1}{R_i - 1} \sum_{r=1}^{R_i} (Y_{ri} - \overline{Y}_{.i})^2 = \frac{1}{R_i - 1}\Big( \sum_{r=1}^{R_i} Y_{ri}^2 - R_i \overline{Y}_{.i}^2 \Big) \tag{12.5}$$

则点估计的标准差可由下式计算得出：

$$\text{s. e.}\,(\overline{Y}_{.1} - \overline{Y}_{.2}) = \sqrt{\frac{S_1^2}{R_1} + \frac{S_2^2}{R_2}} \tag{12.6}$$

自由度 $\nu$ 可由下式近似得出：

$$\nu = \frac{(S_1^2/R_1 + S_2^2/R_2)^2}{[(S_1^2/R_1)^2/(R_1-1)] + [(S_2^2/R_2)^2/(R_2-1)]} \tag{12.7}$$

经过四舍五入，可得到 $\nu$ 的整数值。使用标准差计算公式（12.6），可由公式（12.1）求得置信区间。对于该计算过程，建议使用 $R_1 \geqslant 6$ 和 $R_2 \geqslant 6$ 中的最小值作为仿真次数[⊖]。

### 12.1.2 公共随机数法

公共随机数法也称为相关抽样法，是指在每轮仿真中使用完全相同的随机数进行两

---

⊖ 即 $R_1$ 和 $R_2$ 均不能小于 6。独立抽样法不要求两个方案的重复仿真次数相等。

个系统的模拟。因此，$R_1$ 与 $R_2$ 必须相等，也就是说 $R_1 = R_2 = R$。那么，对于第 $r$ 次仿真而言，估计值 $Y_{r1}$ 和 $Y_{r2}$ 就不是相互独立的，而是彼此相关的。但是，在不同轮次的仿真中，要求使用独立的随机数，因此，当 $r \neq s$ 时，任何数对 $(Y_{r1}, Y_{s2})$ 都是相互独立的。例如，在表 12-1 中，观测结果 $Y_{11}$ 与 $Y_{12}$ 是相关的，但是 $Y_{11}$ 与其他观测值都是相互独立的。CRN 法的目的在于：对于每一次仿真 $r$，都在 $Y_{r1}$ 与 $Y_{r2}$ 之间建立正相关，从而在均值差异 $\overline{Y}_{.1} - \overline{Y}_{.2}$ 的点估计中实现方差缩减（variance reduction）。通常，该方差由下式给出：

$$V(\overline{Y}_{.1} - \overline{Y}_{.2}) = V(\overline{Y}_{.1}) + V(\overline{Y}_{.2}) - 2\text{cov}(\overline{Y}_{.1}, \overline{Y}_{.2}) = \frac{\sigma_1^2}{R} + \frac{\sigma_2^2}{R} - \frac{2\rho_{12}\sigma_1\sigma_2}{R} \quad (12.8)$$

468 其中，$\rho_{12}$ 是 $Y_{r1}$ 与 $Y_{r2}$ 的相关系数。根据定义，$\rho_{12} = \text{cov}(Y_{r1}, Y_{r2})/\sigma_1\sigma_2$，因此 $\rho_{12}$ 不依赖于 $r$。

在样本容量相同的情况下，比较使用 CRN 法产生的方差 $V_{CRN}$（使用公式（12.3）计算）和使用独立抽样法产生的方差 $V_{IND}$（使用公式（12.3）计算，要求 $R_1 = R_2 = R$），则有

$$V_{CRN} = V_{IND} - \frac{2\rho_{12}\sigma_1\sigma_2}{R} \quad (12.9)$$

如果正确运用 CRN 法，则相关系数 $\rho_{12}$ 将取正值，因此，公式（12.9）右侧的第二项是大于零的，因此有

$$V_{CRN} < V_{IND}$$

这说明使用 CRN 法获得的点估计方差要比使用独立抽样法获得的方差更小。对于相同的样本容量 $R$，更小的方差意味着基于 CRN 法的估计值更为精确，从而获得关于差值的更窄的置信区间，也意味着可以检测到两个系统在性能指标上更小的差异。

为了使用相关数据计算 $100(1-\alpha)\%$ 置信区间，需要首先计算差异值

$$D_r = Y_{r1} - Y_{r2} \quad (12.10)$$

依据 CRN 法的定义，$D_r$ 是独立同分布的。然后，计算样本均值之间的差异

$$\overline{D} = \frac{1}{R}\sum_{r=1}^{R} D_r \quad (12.11)$$

则 $\overline{D} = \overline{Y}_{.1} - \overline{Y}_{.2}$。所有差异值 $\{D_r\}$ 的样本方差由下式可得：

$$S_D^2 = \frac{1}{R-1}\sum_{r=1}^{R}(D_r - \overline{D})^2 = \frac{1}{R-1}\left(\sum_{r=1}^{R}D_r^2 - R\overline{D}^2\right) \quad (12.12)$$

其中，自由度 $\nu = R-1$。$\theta_1 - \theta_2$ 的 $100(1-\alpha)\%$ 置信区间由公式（12.1）给出，而 $\overline{Y}_{.1} - \overline{Y}_{.2} = \overline{D}$ 的标准差则可由下式估计出来：

$$\text{s. e. }(\overline{D}) = \text{s. e. }(\overline{Y}_{.1} - \overline{Y}_{.2}) = \frac{S_D}{\sqrt{R}} \quad (12.13)$$

因为公式（12.13）中的 $S_D/\sqrt{R}$ 是 $\sqrt{V_{CRN}}$ 的估计量，且公式（12.6）是 $\sqrt{V_{IND}}$ 的估计量，所以当 $\rho_{12} > 0$ 时，在给定样本容量下，依据 CRN 法生成的置信区间将比采用独立抽样法生成的置信区间更短。事实上，当 $\rho_{12} > 0.1$ 且 $R > 10$ 时，使用 CRN 法获得的置信区间的预期长度会更短。$R$ 越大，$\rho_{12}$ 越小，所获置信区间的预期长度也越短 [Nelson 1987]。

469 针对不同问题，有多种实施 CRN 法的途径。在随机数生成器中，仅仅使用相同的种子值生成随机数是远远不够的。在第一个模型（模型 1）中使用的随机数，必须在第二个模型（模型 2，为模型 1 的对比模型）中用于同样的目的。也就是说，随机数的使用必须同步（synchronization）。例如，在模型 1 中，如果第 $i$ 个随机数表示接线员对第 5 个电话呼叫的服务时间，那么第 $i$ 个随机数在模型 2 中也应该有同样的用途。对于排队系统或者服务

设施来说，CRN 所要求的同步可以保证两个系统面对完全相同的工作负荷：即在两个系统中，所有顾客到达时间都是相同的，且每位顾客所要求的服务任务量也是相同的(由于方案改进的缘故，在两个对比模型中，某次到达顾客的实际服务时间可能不相等；如果一个模型中服务台的工作效率比另一个模型中的更高，则两个模型中的服务时间也应该是成比例的)。对于库存系统来说，在比较不同订货策略时，同步性将保证两个系统在同一个产品上具有相同的需求；对于生产系统或可靠性系统而言，同步性可以保证给定机器的宕机时间在完全相同的时间发生，并且在两个模型中具有相同的持续宕机时间。**但是，如果一个系统在模型结构的某一方面完全不同于另一个系统，则同步性将不再适用，或者说不可能实现同步。**总之，如果两个系统在各方面都足够相似，就可以应用 CRN 法，使得两个系统表现出相似的行为，从而获得我们想要的研究结果。但是，如果两个系统各方面都完全不同，就应使用独立的随机数分别进行两个系统的仿真。

虽然 CRN 法能否实施一定程度上依赖于模型的特征，但是我们仍然能够给出一些准则，以保证 CRN 法更可能达成正相关性。这些准则旨在保证同步性：

1) 针对不同目的，使用不同的随机数流，根据实际需要使用尽可能多的随机数流(使用不同的随机数生成器，或者在一个随机数生成器中使用足够宽的空间间隔设置种子，从而获得多个完全不同的、不重叠的随机数流)。此外，还可以在每次重复仿真之初，针对每个随机数流独立选择种子值。如果仅在第一次仿真开始时独立设置种子值，而在后续重复仿真中不加调整地继续使用该随机数生成器，是远远不够的。这样做只能保证第一次仿真是同步的，其后的重复仿真可能不具备同步性。

2) 对于具有外部到达的系统(或子系统)，每当有实体进入系统，则生成下一个到达间隔时间，然后立即产生该到达实体所需的全部随机变量(比如服务时间、订单数量，等等)，这些随机变量在两个模型中都应该是相同的，且均应以固定顺序生成，并存储为实体的属性，以便后续使用。此时再应用第一条规则，即为这些外部到达事件及其属性单独分配一个随机数流。

3) 在某些系统中，某个实体的属性具有循环或重复特征。对于这样的系统，应为这类实体单独分配一个随机数流。(例如，某台机器在两种状态中循环改变：运行-宕机-运行-宕机……应该使用单独的随机数流生成运行时间和宕机时间。)

4) 如果难以实现同步，或者两个模型中的某个部分无法实现同步，则应针对所涉及的随机变量子集使用独立的随机数流。

470

遗憾的是，在两个模型的比较过程中，并不能保证 CRN 法一定能够收获正相关性。对于每个输入随机变量 $X$，如果估计量 $Y_{r1}$ 和 $Y_{r2}$ 都是随机变量 $X$ 的递增函数(或递减函数)，则 $\rho_{12}$ 为正。直观来说，对于两个模型，或者说响应值 $Y_{r1}$ 和 $Y_{r2}$，如果其与每个输入随机变量的变化方向一致，则结果具有正相关关系。对于输入随机变量而言，响应变量增加或减少的这种性质称为**单调性**(monotonicity)。这个性质对于某些排队系统(如 $GI/G/c$)是成立的，当响应变量为顾客排队等待时间，有证据表明 CRN 法对于排队系统仿真是有价值的(对于简单排队系统来说，顾客等待时间是服务时间的递增函数，是到达间隔时间的递减函数)。而 Wright 和 Ramsay[1979]发现某些库存仿真系统中存在负相关的情况。总之，上述准则应予遵循，并且某些合理的推测(所研究的响应变量是随机输入变量的单调函数)也应该是有根据的。

例 12.1 (续) ————————————————————————————————

对于图 12-1 中 SMP 公司呼叫中心的设计方案，可以使用 CRN 法进行仿真对比。我们希望研究：第一，当前系统(有 7 名接线员)与采用交叉培训方案的系统(也有 7 名接线员)进行对比；第二，采用交叉培训方案的系统(有 7 名接线员)与采用交叉培训方案的系统(有 6 名接线员)进行比较。针对此问题，还需要评估 CRN 法比独立抽样法能带来多大的助益。

在 SMP 问题中有四个输入过程：电话呼入的间隔时间，呼入类型，关于财务软件产品服务的呼叫时间，关于合同管理软件产品服务的呼叫时间。此处的"呼叫时间"是指一个接线员处理一次电话呼入所用的时间，不包括电话呼入的持机等待时间。

为了应用 CRN 方法，我们为每个输入过程分配不同的随机数流。这将保证在不同方案的每次仿真中，电话呼入和呼入类型都会有完全相同的顺序。然而，"呼叫时间"可以采用两种方式生成：一种是在需要的时候才生成(也就是说，当电话呼入被接线员开始处理的时候，才从适当的分布中生成呼叫时间)，另一种是在电话呼入到达系统时就生成呼叫时间，并将其作为该呼入的属性加以保存，然后在电话呼入被接线员开始处理的时候提取使用。在本例中，后一种方法能够提供更好的同步性；事实上，如果我们用现有系统的呼叫时间乘以 1.1 作为交叉培训方案系统的呼叫时间，就可以保证交叉培训方案中的每个电话呼入都比它们在现有系统的对应呼叫时间高出 10%。

表 12-2 给出了三个系统方案总共 300 次仿真的前 10 次仿真结果(完整的数据可以从 www.bcnn.net 网站获得)。图 12-3 绘出现有系统和交叉培训方案(有 7 名接线员)在这 10 次仿真中的平均响应时间。CRN 的作用在图中显而易见：来自两个系统方案的响应平均值具有一致的变动趋势，这使得它们之间的差异更容易识别。基于全部 300 次仿真的样本相关系数是 0.24，这说明 CRN 发挥了有益的作用。然而，基于全部 300 次仿真的、关于两个改进方案(分别具有 7 名和 6 名接线员的交叉培训系统)之间的相关系数却高达 0.94，如图 12-4 所示，这两个系统方案的响应值明显地一起上下浮动，显示出很强的正相关性。

471

表 12-2　SMP 呼叫中心不同系统方案的结果比较

| 重复仿真序号 | 平均响应时间 | | | 差异 | |
| --- | --- | --- | --- | --- | --- |
| | 当前方案 | 建议 7 个人的方案 | 建议 6 个人的方案 | 当前方案与 7 人方案的差异 | 7 人方案与 6 人方案的差异 |
| 1 | 6.24 | 6.19 | 8.35 | 0.05 | −2.16 |
| 2 | 9.06 | 10.64 | 18.03 | −1.59 | −7.39 |
| 3 | 8.02 | 9.53 | 16.17 | −1.51 | −6.64 |
| 4 | 5.93 | 6.15 | 7.40 | −0.22 | −1.25 |
| 5 | 8.31 | 7.83 | 12.70 | 0.48 | −4.87 |
| 6 | 5.91 | 6.09 | 8.26 | −0.17 | −2.17 |
| 7 | 8.74 | 7.62 | 12.32 | 1.12 | −4.70 |
| 8 | 7.78 | 7.03 | 11.40 | 0.75 | −4.37 |
| 9 | 7.15 | 12.79 | 23.04 | −5.64 | −10.24 |
| 10 | 5.72 | 7.57 | 14.30 | −1.85 | −6.73 |
| 样本均值 | 7.29 | 8.14 | 13.20 | −0.86 | −5.05 |
| 样本方差 | 1.60 | 4.86 | 23.99 | 3.87 | 7.72 |
| 标准误差 | | | | 0.62 | 0.88 |

观察 CRN 效用的更定量化的方式是观察标准误差(standard error)，因为它们直接影响置信区间的宽度。例如，比较两个备选方案所获得的标准误差为 0.88 分钟。我们通过样本方差和公式(12.6)，可以近似求得使用独立抽样法的标准误差为

$$s.e. = \sqrt{\frac{4.86}{10} + \frac{23.99}{10}} = 1.70$$

CRN 比独立抽样法的标准误差减少了几乎 50%（0.88 对比 1.70），从而更容易检测到差异的存在。

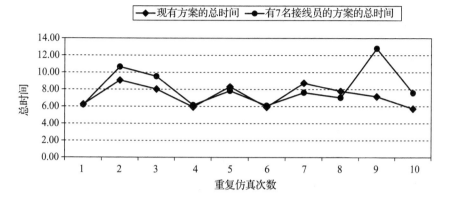

图 12-3　SMP 呼叫中心现有方案和改进方案（7 名接线员）的前 10 次仿真所获得的平均响应时间

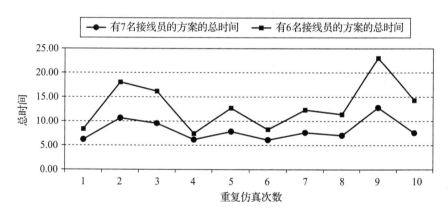

图 12-4　SMP 呼叫中心两个备选方案（分别为 7 名和 6 名接线员）的前 10 次仿真所获得的平均响应时间

如果能够理解为什么在上述两种情况下 CRN 所引起的相关性强度不同，就能够了解 CRN 在何种情况下才更有效。两个备选方案（分别有 6 名接线员和 7 名接线员）在仿真系统的结构上是相同的，只是接线员数量不同。因此，当随机输入使得具有 7 名接线员的系统出现拥塞时，具有 6 名接线员的系统方案至少拥塞程度是相同的，或者拥塞得更厉害。现有系统在仿真模型结构上不同于备选方案，两类呼入有各自的排队队列。当拥塞发生在财务软件产品服务队列的时候，在合同管理产品服务队列中可能并不会发生拥塞。只要财务软件产品服务呼入的响应时间平均值稍微高于合同管理呼入，就会出现这种情况。因此，具有两个队列的现有系统与只有一个队列的备选系统之间的关联度就不那么强。

令下标 $C$ 表示现有系统，P7 代表有 7 名接线员的备选系统，P6 代表有 6 名接线员的备选系统，则 $\theta_C - \theta_{P7}$ 的 95% 置信区间为

$$-0.86 \pm 2.26(0.62)$$

或

$$-2.26 \leqslant \theta_C - \theta_{P7} \leqslant 0.54 \tag{12.14}$$

由于置信区间包含零，因此仅仅依据 10 次仿真结果，我们不能确定哪种方案具有更短的响应时间，虽然我们可以较高的信任度说误差在±1.4 分钟之内。

另一方面，正如我们期望的，具有 7 名接线员和 6 名接线员的两个方案，在 95％置信区间下具有明显的不同，即置信区间

$$-7.02 \leqslant \theta_{P7} - \theta_{P6} \leqslant -3.06$$

472
~
473
显示出 7 名接线员的方案比 6 名接线员的方案平均至少快 3 分钟。

### 12.1.3  满足特定精度的置信区间

11.4.2 节介绍了具有特定精度置信区间的求解步骤，可以使用类似方法获得两个系统性能指标"差异"的置信区间。

假设我们希望将估计量 $\theta_1 - \theta_2$ 的误差控制在±$\epsilon$ 以内（$\epsilon$ 可能是实际显著性差异），那么我们的目标是找到重复仿真次数 $R$ 的值，满足

$$H = t_{\alpha/2, \nu} \text{s. e.} (\overline{Y}_{.1} - \overline{Y}_{.2}) \leqslant \epsilon \qquad (12.15)$$

正如 11.4.2 节介绍的那样，对于每个系统，我们首先进行 $R_0 \geqslant 10$ 次仿真，得到 s. e. $(\overline{Y}_{.1} - \overline{Y}_{.2})$ 的初始估计值。然后对所需仿真总次数 $R \geqslant R_0$ 进行大体估计，以达到公式(12.15)所给出的置信区间半长的标准。最后，对每个系统进行额外的 $R - R_0$ 次仿真（或者执行一个完整的 $R$ 次仿真），计算置信区间，并检查其半长是否达到标准。

#### 例 12.1  （续）

回忆一下，在完成 $R_0 = 10$ 次仿真的情况下，使用公式(12.14)获得了现有系统和具有 7 名交叉培训接线员备选系统之间差异的 95％置信区间，该区间可以写成−0.86±1.40 分钟。虽然现有系统表现出更短的期望响应时间，但是，这项差异并不是统计显著的，因为置信区间包含零值。如果差异大于±0.25 分钟就可以认为是实际显著的，那就需要进行足够多次的重复仿真，获得足够多的响应结果值，从而使得 $H \leqslant \epsilon = 0.25$。

例 12.1 所用的置信区间为 $\overline{D} \pm t_{\alpha/2, R_0-1} S_D / \sqrt{R_0}$，其中，$\overline{D} = -0.86$，$R_0 = 10$，$t_{0.025,9} = 2.26$，$S_D^2 = 3.87$。为了得到所需精度，我们需要找到合适的 $R$，以满足

$$\frac{t_{\alpha/2, R-1} S_D}{\sqrt{R}} \leqslant \epsilon$$

为实现上述条件，我们可以找到满足 $R \geqslant R_0$ 的最小 $R$ 值，则有

$$R \geqslant \left( \frac{z_{\alpha/2} S_D}{\epsilon} \right)^2$$

代入 $z_{0.025} = 1.96$，$S_D^2 = 3.87$，可得

$$R \geqslant \frac{(1.96)^2 (3.87)}{(0.25)^2} = 238$$

这意味着需要进行 238 次重复仿真，比初始实验多出 228 次。在 www. bcnn. net 上有 300 次仿真的结果，读者可以自行前往验证。
474

## 12.2  多个系统方案的比较

假设仿真分析人员想要比较 $K$ 个备选方案。方案的比较过程需要基于系统 $i$ 的某些特定的性能度量指标 $\theta_i$ 进行，$i = 1, 2, \cdots, K$。学者们开发出许多统计方法，用于仿真数据分析和参数 $\theta_i$ 的合理统计推断。这些方法包括**固定样本量法**（fixed-sample-size procedure)和**顺序抽样法**(sequential-sampling procedure)，其中顺序抽样法也称为**多阶段抽样法**(multistage sampling procedure)。

在第一类方法中，使用预先定义好的样本量(仿真运行长度和重复仿真次数)，通过假设检验或置信区间进行统计推断。固定样本量法的例子包括性能度量指标均值的区间估计(详见 11.3.2 节)，以及两个系统性能度量指标均值之间差异的区间估计，比如 12.1 节中公式(12.1)所描述的。固定样本量法的优点是在进行仿真实验之前，就能够知道或容易估计出所需的计算时间成本。当计算机时有限，或正在进行初步研究时，固定样本量法也许是合适的方法。在某些情况下，明显低劣的方案可以在早期阶段就被排除掉。固定样本量法的一个主要缺点是不可能获得强力结论。例如，置信区间对于实际使用而言可能太宽了，因为置信区间宽度是对点估计量精度的标识，假设检验可能导致无法拒绝原假设。通常，一个弱力结论意味着找不到强有力的证据来证明原假设的真伪。

顺序抽样法是通过不断采集数据达到如下目的：首先，使估计量达到预先设定的精度；其次，从多个备选方案中选出一个最好的，并保证做出正确选择的概率大于预设值。两阶段法(或多阶段法)是通过初始抽样(第一阶段)估计需要多少额外的观测值，以便在特定精度下得出所需结论(第二阶段)。使用两阶段法评估一个系统性能的例子请参见 11.4.2 节，使用两阶段法评估两个系统性能指标的示例请参见 12.1.3 节。

上述两个方法的取舍取决于仿真分析的目的。仿真工作可能的目标包括：

1) 对每个参数 $\theta_i$ 进行评估。

2) 比较不同系统性能度量指标 $\theta_i$ 与特定指标 $\theta_1$ 之间的差异(其中 $\theta_1$ 可以代表现有系统的性能指标均值)。

3) 对所有系统进行两两比较，即 $\theta_i - \theta_j$，其中 $i \neq j$。

4) 选取最优的 $\theta_i$(最大值或最小值)。

上述四个目标中的前三个可以通过构建置信区间实现，前三个目标所需构建的置信区间的数量分别为 $C = K$，$C = K - 1$ 和 $C = K(K-1)/2$。通过 Hochberg 和 Tamhane[1987] 以及 Hsu[1996]等文献可以了解多方案比较法。第四个目标的实现需要使用被称为"多方案排序与择优"(multiple ranking and selection)的统计方法。Kleijnen[1975，文献中的第 2 章和第 5 章]讨论了达成上述目标及其他目标的方法，也介绍了各种方法的优点和缺点。Goldsman 和 Nelson[1998]以及 Law[2007]介绍了与仿真联系最紧密的方案择优方法。较为全面的参考文献是 Bechhofer、Santner、Goldsman[1995]。在下一节中，我们将介绍一种固定样本量法，可用于解决前三个目标，并且适用于很多种情形。12.2.2 节介绍了实现目标 4 的方法。

475

## 12.2.1　用于多重比较的 Bonferroni 法

假设我们计算了 $C$ 个置信区间，且第 $i$ 个置信区间的置信系数是 $1 - \alpha_i$ <sup>⊖</sup>。令 $S_i$ 是第 $i$ 个置信区间包含被估计参数真实值(或两个参数真实差异值)的声明。对于给定数据而言，该声明可能是真也可能是假。由于生成置信区间的方法是经过设计的，因此 $S_i$ 为真的概率为 $1 - \alpha_i$。当我们希望针对几个参数(例如前三个目标)同时建立声明的时候，分析人员希望确保全部声明同时为真。关于此问题的 Bonferroni 不等式可以表示为

$$P(\text{所有声明 } S_i \text{ 均为真}, i = 1, \cdots, C) \geqslant 1 - \sum_{j=1}^{C} \alpha_j = 1 - \alpha_E \tag{12.16}$$

---

⊖　置信系数(confidence coefficient)也称置信水平。

其中，$\alpha_E = \sum_{j=1}^{C} \alpha_j$ 称为总误差概率(overall error probability)，公式(12.16)可重新定义为

$$P(一个或多个声明 S_i 不为真, i = 1, \cdots, C) \leqslant \alpha_E$$

或等价于

$$P(C 个置信区间中至少有一个区间不包含被估计参数的真实值) \leqslant \alpha_E$$

那么，$\alpha_E$ 即为获得错误结论概率的上限值。为了进行一次包含 $C$ 次方案比较的实验，我们首先需要确定总误差概率，比如令 $\alpha_E = 0.05$ 或 $\alpha_E = 0.10$。每一个 $\alpha_j$ 的值可以是相等的 ($\alpha_j = \alpha_E / C$)，也可以彼此不相等，这可以根据实际需要来确定。$\alpha_j$ 的值越小，其对应的第 $j$ 个置信区间就越宽。例如，如果生成两个 95% 水平的置信区间($\alpha_1 = \alpha_2 = 0.05$)，则总体置信水平将达到 90% 或更高($\alpha_E = \alpha_1 + \alpha_2 = 0.10$)。如果生成 10 个 95% 水平的置信区间($\alpha_i = 0.05$，$i - 1$，$\cdots$，10)，总体置信水平会降至 50%$\left( \alpha_E = \sum_{i=1}^{10} \alpha_i = 0.50 \right)$。这对于实际应用来说显然太低了，不宜使用。因此，如需保证总体置信水平为 95%，那么对于 10 次方案比较的情况，可采用的方法是构建 10 个 99.5% 置信水平的置信区间。

用于构建多个置信区间的 Bonferroni 法以公式(12.16)为基础。该方法最大的优点在于它可以同时适用于独立抽样法和 CRN 法。

Bonferroni 法主要的缺点是在进行大量方案比较时，每个置信区间宽度会增加。例如，对于给定数据和大容量样本，99.5% 水平置信区间的宽度是 95% 水平置信区间宽度的 $z_{0.0025}/z_{0.025} = 2.807/1.96 = 1.43$ 倍。当样本容量较小的时候，比如只有 5 个样本，此时置信区间宽度比变为 $t_{0.0025,4}/t_{0.025,4} = 5.598/2.776 = 1.99$ 倍。置信区间宽度是对估计量精度的度量依据。鉴于上述原因，我们建议只在进行少量方案比较时才采用 Bonferroni 法，在实际应用中，方案比较次数以不超过 20 为宜。

对于目标 1~3 来说，当在 $K$ 个备选方案之间进行比较时，Bonferroni 公式(12.16)至少有三种可能的使用方式：

1) 使用单个置信区间：利用公式(11.10)为参数 $\theta_i$ 构建一个 $100(1 - \alpha_i)\%$ 水平的置信区间，其中置信区间的个数为 $C = K$。如果使用独立抽样法，那么这 $K$ 个置信区间应该是相互独立的，因此总体置信水平应为 $(1 - \alpha_1) \times (1 - \alpha_2) \times \cdots \times (1 - \alpha_C)$，这个值会比公式(12.16)右侧的值大，但不会大很多。此类方法常用于估计一个系统中的多个参数，而不是用于系统方案之间的比较。因为同一个系统中的多参数估计很可能是彼此不独立的，这时尤其适合采用 Bonferroni 不等式。

2) 与现有系统进行对比：如果将所有备选方案与指定方案(通常为现有系统)进行对比，就应使用公式(12.1)，为 $\theta_i - \theta_1$ 构建 $100(1 - \alpha_i)\%$ 水平的置信区间，其中 $i = 2$，$3$，$\cdots$，$K$($\theta_1$ 对应系统 1，即现有系统)。在这种情况下，置信区间的个数为 $C = K - 1$。此类方法常用于多个竞争性(排他)方案与现行方案(现有系统)的比较，并从中选出一个或几个好一些的方案。

3) 针对所有方案，进行两两对比：每一个方案都和其他方案进行对比。也就是说，只要 $i \neq j$，就需要构建 $\theta_i - \theta_j$ 的 $100(1 - \alpha_{ij})\%$ 置信水平的置信区间。如果有 $K$ 个方案，需要计算的置信区间个数应为 $C = K(K-1)/2$。总体置信水平应以 $1 - \alpha_E = 1 - \sum_{i \neq j} \sum \alpha_{ij}$ 为上界(由公式(12.16)可推导出)。一般情况下，我们会认为使用 CRN 法得到的总体置信水平比公式(12.16)右侧的值要大，通常也比采用独立抽样法得出的值要大。公式(12.16)右侧的值可以被认为是最差的情况，或者说总体置信水平最低的情况。

**例 12.2**

让我们重新考虑例 12.1 呼叫中心的方案对比问题。可供选择的几个方案如下：

- 方案 $C$：现有系统（每个软件产品线各有一个队列）。
- 方案 $P7$：配备 7 名接线员的交叉培训方案（整个系统只有一个队列）。
- 方案 $P6$：配备 6 名接线员的交叉培训方案（整个系统只有一个队列）。

使用表 12-2 中的数据可构建出 $\theta_C - \theta_{P7}$、$\theta_C - \theta_{P6}$，$\theta_{P7} - \theta_{P6}$ 各自的置信区间，且总体置信水平要求为 95%。回想一下我们使用 CRN 法的所有模型，这并不影响总体置信水平，因为 Bonferroni 不等式是否成立与数据是否独立无关。

由于总误差概率是 $\alpha_E = 0.05$，且置信区间个数为 $C = 3$，因此令 $\alpha_i = 0.05/3 = 0.0167$；然后使用公式 (12.1)，并进行适当调整，以 $\alpha = \alpha_i = 0.0167$、自由度 $\nu = 10 - 1 = 9$ 为参数，构建 $C = 3$ 个置信区间；由表 A-5，使用插值计算求得 $t_{\alpha_i/2, R-1} = t_{0.0083, 9} = 2.97$；点估计与标准误差可由表 12-2 获得。

在总体置信水平至少为 95% 的情况下，所需构建的三个置信区间如下所示：

$$\theta_C - \theta_{P7} : -0.86 \pm 2.97(0.62)$$

$$\theta_C - \theta_{P6} : -5.91 \pm 2.97(1.42)$$

$$\theta_{P7} - \theta_{P6} : -5.05 \pm 2.97(0.88)$$

或

$$\theta_C - \theta_{P7} : -0.86 \pm 1.84$$

$$\theta_C - \theta_{P6} : -5.91 \pm 4.22$$

$$\theta_{P7} - \theta_{P6} : -5.05 \pm 2.61$$

由此，仿真分析人员可以较强信心（不低于 95%）认为三个置信区间的声明都是正确的。请注意，$\theta_C - \theta_{P7}$ 的置信区间中仍然包含零值，因此，现有系统与改造后的具有 7 名接线员的系统之间仍然不具有统计显著性差异，而这一结论也证明了我们在例 12.1 中得出的结论。其他两个置信区间完全落在零值的左侧，这表明方案 $C$ 和方案 $P7$ 都优于方案 $P6$。

读者可以利用本章后面的习题，比较 CRN 法和独立抽样法之间的不同，并利用 Bonferroni 法计算联合置信区间（simultaneous confidence intervals）。

### 12.2.2 最优方案择选

假设现有 $K$ 个系统方案，第 $i$ 个方案的系统性能指标的未知期望值为 $\theta_i$。我们感兴趣的是哪一个方案是最好的，所谓"最佳"方案，是指可以使 $\theta_i$ 取得最大值或最小值（根据实际问题而定）的那个方案。例如，在例 12.3 中，我们将比较在例 11.8 中提及的 $K = 8$ 个半导体制造设施配置方案。在该问题中，$\theta_i$ 代表第 $i$ 个方案中某个产品族的稳态平均制造周期，$\theta_i$ 越小，其对应的方案越好。我们希望有一个方法能够处理 $K$ 很大的情况，比如，$K = 100$ 个方案。

令 $B$ 为最优方案所对应的序号或索引号（最优方案是哪一个还不知道）。因此，当 $i \neq B$ 时，$|\theta_B - \theta_i|$ 值越小，我们越能肯定已经找到了最优解，也就需要进行更多次仿真，以得出结论。我们不要求一定要找到最优方案 $B$，而只需要以较高的概率保证已经找到了最优方案 $B$，而不管方案 $B$ 与其他方案之间的差异有多大。更准确地说，对于任何 $|\theta_B - \theta_i| \geqslant \varepsilon$（$i \neq B$，$\varepsilon$ 依赖于具体问题），我们希望选到最优方案的概率不低于 $1 - \alpha$。如果有多个方案位于与最优解的误差 $\varepsilon$ 范围之内，那么无论是选到了最优解，还是从这些最接近最优解的方案中任意选择一个，都将是令人满意的。做出正确选择的概率 $1 - \alpha$ 以及实际显著性差异 $\varepsilon$，

都可以由我们来控制。

下面我们介绍一种方法，可以通过两阶段仿真实现上述目标：第一阶段，对每个系统方案都进行 $R_0$ 次仿真，那些对于其他方案具有统计显著性的方案将被剔除出去，被剔除的方案将不再被考虑，此时正确剔除的概率为 $1-\alpha/2$。如果经过剔除后剩余的方案不止一个，则对剩余方案继续进行更多次仿真，以便选出最优方案或者靠近最优方案 $\varepsilon$ 范围内的任意方案，此时做出正确选择的概率仍为 $1-\alpha/2$。利用 Bonferroni 不等式推理论证得知，经过剔除和筛选，最终选取的方案不是最优就是近似最优，且选出最优或近似最优方案的概率是 $1-\alpha$。

第一阶段的方案剔除是十分重要的，正如在例 12.3 中所介绍的那样，因为在第二阶段中用于选择最优方案所需仿真次数可能非常多，如果有些方案明显不具有竞争性，就不必在这些方案上浪费时间和人工，当 $K$ 很大时尤其如此。

下面的方法在 SimulationTools.xls 中实现，该文件可从 www.bcnn.net 网站上找到。SimulationTools.xls 的实现手册会告诉用户在每个阶段需要准备哪些数据。

### 最佳方案择选法（Select-the-Best Procedure）

1）确定正确选择的期望概率为 $1/k<1-\alpha<1$，且实际显著性差异 $\varepsilon>0$。初始仿真次数 $R_0\geqslant10$，备选方案个数为 $K$，令

$$t = t_{1-(1-\alpha/2)^{\frac{1}{k-1}},R_0-1}$$

并查表得 Rinott's 常数 $h=h(R_0,K,1-\alpha/2)$。（提示：两个临界值均可由 Simulation-Tool.xls 自动计算得出；$t$ 和 $h$ 的取值表在本书附录中给出。）

2）对每个方案都进行 $R_0$ 次仿真。计算第一阶段的样本均值和样本方差：

$$\overline{Y}_{.i} = \frac{1}{R_0}\sum_{r=1}^{R_0}Y_{ri}$$

$$S_i^2 = \frac{1}{n_0-1}\sum_{r=1}^{n_0}(Y_{ri}-\overline{Y}_{.i})^2$$

这里 $i=1,2,\cdots,K$。

3）对于所有的 $i\neq j$，计算筛选阈值如下：

$$W_{ij} = t\left(\frac{S_i^2+S_j^2}{R_0}\right)^{1/2}$$

① 如果系统性能指标取值越大越好（目标为取最大值），则通过下式生成生存方案子集 $S$：
$$\overline{Y}_{.i} \geqslant \overline{Y}_{.j} - \max\{0,W_{ij}-\varepsilon\}, \quad \text{对于所有的 } j\neq i$$
也就是说，对于保留下来的方案 $i$，其样本均值应大于任何其他方案的样本均值与 $\max\{0,W_{ij}-\varepsilon\}$ 之差。

② 如果系统性能指标取值越小越好（目标为取最小值），则通过下式生成生存方案子集 $S$：
$$\overline{Y}_{.i} \leqslant \overline{Y}_{.j} + \max\{0,W_{ij}-\varepsilon\}, \quad \text{对于所有的 } j\neq i$$
也就是说，对于保留下来的方案 $i$，其样本均值应不大于任何其他方案样本均值与 $\max\{0,W_{ij}-\varepsilon\}$ 之和。

4）如果生存子集 $S$ 只包含一个方案，则停止计算，该方案即为最优方案。否则，对于 $S$ 中的所有方案，通过以下公式计算各方案在第二阶段的样本量：
$$R_i = \max\{R_0,\lceil(hS_i/\varepsilon)^2\rceil\}$$
其中 $\lceil\cdot\rceil$ 为向上取整函数。

5）对生存集 $S$ 中的所有方案 $i$，分别进行额外的 $R_i - R_0$ 次仿真，如果方便的话，可以对方案 $i$ 从头进行 $R_i$ 次重复仿真。

6）对于 $S$ 中的每一个方案 $i$，计算其整体样本均值：

$$\overline{Y}_{.i} = \frac{1}{R_i} \sum_{r=1}^{R_i} Y_{ri}$$

如果取值越大越好，就选取所有 $\overline{Y}_{.i}$ 中最大值对应的方案作为最优方案；反之，则选取 $\overline{Y}_{.i}$ 中最小值对应的方案作为最优方案。

临界值 $t$ 和 $h$ 通常不能直接从表中获得，需要进行插值运算。通过 $t$ 分布计算分位数的算法可以在大多数数值分析和电子表格软件中找到。然而，Rinott 常数 $h$ 无法借助数值分析和电子表格软件获得，因此，我们强烈建议使用 SimulationTools. xls。

Nelson 等[2001]证明：假设数据是正态分布的，且各个方案独立进行仿真，则最佳方案择选法可以找到最大或最小的 $\theta_i$，或者最优解周边以 $\varepsilon$ 为半径范围内的近似最优解，此时做出正确选择的概率为 $1-\alpha$。如果我们采用 CRN 法，上述方法依然有效。

**例 12.3**

让我们重新考虑在第 11 章中提到过的 FastChip 公司的半导体制造问题。FastChip 公司希望在两种产品（C 型芯片和 D 型芯片）的特定负载下，通过仿真来评估稳态平均制造周期（从晶圆发放到完成制造所需的全部时间），从而设计出一个更好的方案。我们在第 11 章中分析与评估的方案仅仅是最基本的情况，现在基于不同选择，又提出了另外的 7 种方案，这些选择参数涉及制造过程中的具体工艺环节，包括清洗（Clean）、铺晶片（Load Quartz）、氧化（Oxidize）、撒晶片（Unload Quartz）、涂胶（Coat）和曝光（Develop）。我们想知道哪种方案具有最小的稳态平均制造周期。如第 11 章所述，我们仍将关注 C 型芯片的制造周期，也将使用在第 11 章中已经获得的仿真预热期和仿真运行时长。

480

包含基本方案在内，目前一共有 $K=8$ 个方案，系统性能评价指标 $\theta_1$，$\theta_2$，…，$\theta_8$ 分别代表各个方案中 C 型芯片的稳态平均制造周期。FastChip 公司认为稳态平均制造周期即使有微小的提升也是很重要的，所以他们设置 $\varepsilon=0.15$ 小时（9 分钟）。相比约 45 小时的稳态平均制造周期来说，这一要求无疑是严苛的。稍后我们就能看到这一要求带来的影响。FastChip 公司希望以 95% 的置信水平选出最优方案，或者选出与最优方案误差在 9 分钟之内的系统设计方案。图 12-5 是 Simulation-Tools. xls 的输入窗口，其中 indifferent level（无差异水平）指的是实际显著性差异 $\varepsilon$。

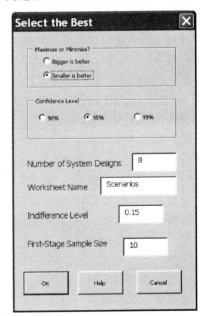

图 12-5　SimulationTools. xls 文件中"筛选最优方案"功能的输入表格

表 12-3 中包含了各方案在第一阶段的仿真结果，其中每个方案的仿真次数都是 $R_0=10$ 次。从 10 次仿真结果来看，在氧化工艺中做出调整的方案似乎平均制造周期更短，但是所有方案的结果相差不大。本例的完整数据可以在 www. bcnn. net 网站上找到。

表 12-3 FastChip 仿真第一阶段的响应均值

| 场景 | 基板 | 清洗 | 铺晶片 | 氧化 | 撤晶片 | 涂胶 | 步骤 | 曝光 |
|---|---|---|---|---|---|---|---|---|
| $i$ | 1 | 2 | 3 | 4 | 5 | 6 | 7 | 8 |
| $\overline{Y}_{.i}$ | 46.86 | 45.70 | 47.23 | 45.13 | 46.80 | 47.81 | 47.41 | 46.94 |
| $S_i^2$ | 0.21 | 0.37 | 0.29 | 0.09 | 0.28 | 0.98 | 0.12 | 0.28 |

我们进行方案筛选所用的 $t$ 值为

$$t = t_{1-(1-\alpha/2)\frac{1}{k-1},R_0-1} = t_{1-(0.975)\frac{1}{7},9} = t_{0.0036,9} = 3.455$$

子集 $S$ 总是包含样本中的最优方案，此处，方案 $i=4$ 是最优的（氧化工艺）。为了避免被淘汰，其他几个方案的样本均值必须足够小，以满足对于任意的 $j \neq i$，有 $\overline{Y}_{.i} \leqslant \overline{Y}_{.j} + \max\{0, W_{ij} - \varepsilon\}$，尤其，要满足 $\overline{Y}_{.i} \leqslant \overline{Y}_{.4} + \max\{0, W_{i4} - \varepsilon\}$。表 12-4 包含阈值 $\overline{Y}_{.4} + \max\{0, W_{i4} - \varepsilon\}$。由此我们发现，仅有方案 2（样本均值为 45.7 小时）具有足够小的差异，从而被保留下来，故而 $S = \{2, 4\}$。

表 12-4 FastChip 仿真的方案筛选阈值

| 场景 | 基板 | 清洗 | 铺晶片 | 氧化 | 撤晶片 | 涂胶 | 步骤 | 曝光 |
|---|---|---|---|---|---|---|---|---|
| $i$ | 1 | 2 | 3 | 4 | 5 | 6 | 7 | 8 |
| $\overline{Y}_{.i}$ | 46.86 | 45.70 | 47.23 | 45.13 | 46.80 | 47.81 | 47.41 | 46.94 |
| $W_{i4}$ | 0.60 | 0.74 | 0.68 | | 0.67 | 1.13 | 0.50 | 0.67 |
| $\leqslant Y_{.4} + \max\{W_{i4} - 0.15\}$ | 45.58 | 45.72 | 45.66 | | 45.65 | 46.11 | 45.48 | 45.65 |

为了确定第二阶段中方案 2 和方案 4 的样本大小，我们需要的 $h$ 值为 $h = h(R_0, K, 1-\alpha/2) = h(10, 8, 0.975) = 4.635$，该值可以由 SimulationTools.xls 计算得出。然后，可得 $R_2 = \lceil (hS_2/\varepsilon)^2 \rceil = 349$，$R_4 = \lceil (hS_4/\varepsilon)^2 \rceil = 90$。因此，方案 2 还需要进行额外的 349－10＝339 次仿真，方案 4 额外还需要进行 90－10＝80 次仿真。值得注意的是，方案 2 所需额外仿真次数非常多。通常，如果样本方差较大，则第二阶段的样本量也较大，这会给方案之间的差异检测带来不小的难题。或者如果 $\varepsilon$ 较小，那么为了获得较小的差异值也需要较大的样本量，正如本例的情况。

在进行额外仿真之后，可得 $\overline{Y}_{.2} = 45.88$，$\overline{Y}_{.4} = 45.00$。由此，方案 4（氧化）被确定为最优方案。该方法以 95% 的置信度保证方案 4 是全部 8 个方案之中具有最小稳态平均制造周期的那个方案，或者如果方案 4 不是最优的，那么它也是与最优方案差异在 0.15 小时之内的近似最优方案。

正如我们所展示的那样，最优方案择选法既有淘汰也有选择。在从大量备选方案中选取最优方案的时候，由于许多方案会在第一阶段就被淘汰出局，因此这个方法非常实用。如果用于消除缺乏竞争性方案的时候，这个方法可以只进行方案淘汰，而省去方案选择的过程。当我们想在一系列备选方案中以更多的标准（不仅限于系统性能一个标准）进行筛选时，这一点就很有用处。若只进行方案淘汰，则该方法将停止于第三步，并可用下面的临界值

$$t = t_{1-(1-\alpha)\frac{1}{k-1},R_0-1}$$

进行更严格的筛选。

类似地，如果系统方案数量 $K$ 较小，目标仍然是选择最优方案，那么可以跳过第一

阶段的筛选过程，将所有方案直接用于第二阶段。对于只进行方案选择的情况，可以跳过第三步骤，并使用更小的临界值 $h = h(R_0，K，1 - \alpha)$。

## 12.3　元建模技术

假设现有一个仿真输出响应变量 $Y$，其与 $k$ 个独立变量 $(x_1，x_2，\cdots，x_k)$ 相关，则因变量 $Y$ 就是一个随机变量，自变量 $x_1，x_2，\cdots，x_k$ 称为方案变量 (design variable)，一般用作控制变量。变量 $Y$ 与 $x$ 之间真实的内在关联关系往往体现在复杂的仿真模型之中。我们旨在使用一个比较简单的数学函数近似地表现二者之间的关系，该数学函数称为元模型 (meta-model)。在某些情况下，分析人员可以准确了解 $Y$ 与 $x_1，x_2，\cdots，x_k$ 之间的函数关系，即 $Y = f(x_1，x_2，\cdots，x_k)$。然而在大多数情况下，二者之间的函数关系是未知的，因此，分析人员必须选择带有未知参数的适宜函数 $f$，然后利用数据集 $\{Y，x\}$ 对这些参数进行估计。回归分析是参数估计的方法之一。

**例 12.4**

某保险公司承诺所有索赔都会在申报的第二天末得到受理。该公司针对待实施的索赔处理系统建立了一个仿真模型，用于评估实现公司承诺的可行性。每天需要处理的索赔数量及类型都是不同的，且索赔数量与日俱增。因此，公司期望建立一个模型，用于预测总处理时间与所收到索赔量之间的函数关系。

元模型的首要价值是为了便于回答"如果…将会…"(what-if) 问题。例如，如果有 $x$ 个索赔，处理时间将会怎样？在 $x$ 的某个取值处，评估函数 $f$ 或者它的导数，比使用仿真实验逐个验证 $x$ 的所有可能取值要简单得多。

### 12.3.1　简单线性回归

如果我们希望估计简单自变量 $x$ 与因变量 $Y$ 之间的函数关系，并且假设 $Y$ 和 $x$ 之间的真实关系是线性的。用数学方式表示就是：在给定 $x$ 的情况下，$Y$ 的期望值为

$$E(Y|x) = \beta_0 + \beta_1 x \tag{12.17}$$

其中，$\beta_0$ 是直线在 $Y$ 轴上的截距，是一个未知常量；$\beta_1$ 是直线的斜率，即 $x$ 变化一个单位所引起 $Y$ 的变化幅度，也是一个未知常量。因此，我们可以将二者关系表示如下：

$$Y = \beta_0 + \beta_1 x + \varepsilon \tag{12.18}$$

其中，$\varepsilon$ 是均值为 0、方差为 $\sigma^2$ 的随机误差。公式 (12.18) 中的回归模型只包含一个变量 $x$，因此称为简单线性回归模型。

假设我们得到 $n$ 对观测值 $(Y_1，x_1)$，$(Y_2，x_2)$，$\cdots$，$(Y_n，x_n)$。这些观测值可用来估计公式 (12.18) 中的 $\beta_0$ 与 $\beta_1$。最小二乘法常用于计算此类估计值。在最小二乘法中，$\beta_0$ 与 $\beta_1$ 是使得观测值与回归直线之间差异平方和最小的取值。公式 (12.18) 中的每一个观测值都可以写成如下形式：

$$Y_i = \beta_0 + \beta_1 x_i + \varepsilon_i，\quad i = 1,2,\cdots,n \tag{12.19}$$

其中，$\varepsilon_1，\varepsilon_2，\cdots$ 为彼此独立的随机变量。

公式 (12.19) 中每一个 $\varepsilon_i$ 的值可由下式给出：

$$\varepsilon_i = Y_i - \beta_0 - \beta_1 x_i \tag{12.20}$$

代表观测响应值 $Y_i$ 与期望响应值 $\beta_0 + \beta_1 x_i$ 之间的差异，$\beta_0 + \beta_1 x_i$ 可通过公式 (12.17) 进行预测。图 12-6 说明 $\varepsilon_i$ 与 $x_i$、$Y_i$ 及 $E(Y_i|x_i)$ 之间的关系。

公式(12.20)所给的差异平方和由下式给出：

$$L = \sum_{i=1}^{n} \varepsilon_i^2 = \sum_{i=1}^{n} (Y_i - \beta_0 - \beta_1 x_i)^2 \tag{12.21}$$

其中，$L$ 称为最小二乘函数。为了方便起见，我们将 $Y_i$ 重新写为：

$$Y_i = \beta_0' + \beta_1(x_i - \overline{x}) + \varepsilon_i \tag{12.22}$$

其中，$\beta_0' = \beta_0 + \beta_1 \overline{x}$，$\overline{x} = \sum_{i=1}^{n} x_i / n$。公式(12.22)常称为变换线性回归模型(transformed linear regression model)。将公式(12.22)代入，则公式(12.21)变为：

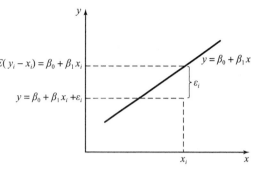

图 12-6　$\varepsilon_i$ 与 $x_i$、$Y_i$、$E(Y_i | x_i)$ 之间的关系

⎣484⎦

$$L = \sum_{i=1}^{n} [Y_i - \beta_0' - \beta_1(x_i - \overline{x})]^2$$

为使 $L$ 最小，计算 $\partial L / \partial \beta_0'$ 及 $\partial L / \partial \beta_1$，令二者等于零，求解出 $\hat{\beta}_0'$ 和 $\hat{\beta}_1$。求得偏导数并令其等于零，可得

$$n\hat{\beta}_0' = \sum_{i=1}^{n} Y_i$$

$$\hat{\beta}_1 \sum_{i=1}^{n} (x_i - \overline{x})^2 = \sum_{i=1}^{n} Y_i(x_i - \overline{x}) \tag{12.23}$$

公式(12.23)通常称为标准方程(normal equation)，其解为

$$\hat{\beta}_0' = \overline{Y} = \sum_{i=1}^{n} \frac{Y_i}{n} \tag{12.24}$$

和

$$\hat{\beta}_1 = \frac{\sum_{i=1}^{n} Y_i(x_i - \overline{x})}{\sum_{i=1}^{n} (x_i - \overline{x})^2} \tag{12.25}$$

为便于计算，我们将公式(12.25)中的分子改写成如下形式：

$$S_{xy} = \sum_{i=1}^{n} Y_i(x_i - \overline{x}) = \sum_{i=1}^{n} x_i Y_i - \frac{\left(\sum_{i=1}^{n} x_i\right)\left(\sum_{i=1}^{n} Y_i\right)}{n} \tag{12.26}$$

其中，$S_{xy}$ 表示 $x$ 与 $Y$ 交叉乘积的校正和。为便于计算，将公式(12.25)中的分母重写为

$$S_{xx} = \sum_{i=1}^{n} (x_i - \overline{x})^2 = \sum_{i=1}^{n} x_i^2 - \frac{\left(\sum_{i=1}^{n} x_i\right)^2}{n} \tag{12.27}$$

其中，$S_{xx}$ 表示 $x$ 的校正平方和。由下式容易求得 $\hat{\beta}_0$ 的值。

$$\hat{\beta}_0 = \hat{\beta}_0' - \hat{\beta}_1 \overline{x} \tag{12.28}$$

### 例 12.5　计算 $\hat{\boldsymbol{\beta}}_0$ 和 $\hat{\boldsymbol{\beta}}_1$

对于例12.4的索赔处理系统，仿真模型分别以初始条件 $x = 100\ 150\ 200\ 250\ 300$ 作为前一天收到的索赔数量，并进行如下计算：对于每个初始条件，分别进行三次仿真。输出响应变量 $Y$ 是处理 $x$ 个索赔所需的时间(单位：小时)。其运行结果列于表12-5中。

图 12-7 描述了索赔数量与总处理时间之间的关系。观察该散点图可以发现，索赔数量和处理时间之间具有很强的关联性。因此，由公式(12.18)呈现的线性模型的初步假设看来是合理的。

**表 12-5 给定 $x$ 的情况下索赔处理时间的仿真结果**

| 索赔数量 $x$ | 处理时间 $Y$（单位：小时） |
| --- | --- |
| 100 | 8.1 |
| 100 | 7.8 |
| 100 | 7.0 |
| 150 | 9.6 |
| 150 | 8.5 |
| 150 | 9.0 |
| 200 | 10.9 |
| 200 | 13.3 |
| 200 | 11.6 |
| 250 | 12.7 |
| 250 | 14.5 |
| 250 | 14.7 |
| 300 | 16.5 |
| 300 | 17.5 |
| 300 | 16.3 |

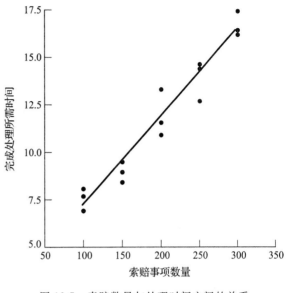

图 12-7 索赔数量与处理时间之间的关系

485
〜
486

若 $Y_i$（因变量）代表处理时间，$x_i$（自变量）代表索赔数量，那么 $\hat{\beta}_0$ 和 $\hat{\beta}_1$ 可通过以下计算过程求得：

$$n = 15$$

$$\sum_{i=1}^{15} x_i = 3000$$

$$\sum_{i=1}^{15} Y_i = 178$$

$$\sum_{i=1}^{15} x_i^2 = 675\,000$$

$$\sum_{i=1}^{15} x_i Y_i = 39\,080$$

$$\overline{x} = 3000/15 = 200$$

由公式(12.26)，可解得 $S_{xy}$ 为

$$S_{xy} = 39\,080 - \frac{(3000)(178)}{15} = 3480$$

由公式(12.27)，可解得 $S_{xx}$ 为

$$S_{xx} = 675\,000 - \frac{(3000)^2}{15} = 75\,000$$

则由公式(12.25)，可解得 $\hat{\beta}_1$ 为

$$\hat{\beta}_1 = \frac{S_{xy}}{S_{xx}} = \frac{3480}{75\,000} = 0.0464$$

如公式(12.24)所示，$\hat{\beta}_0'$ 恰好为 $\overline{Y}$，或者

$$\hat{\beta}_0' = \frac{178}{15} \approx 11.8667$$

为了使用原始形式表示该模型，由公式(12.28)求得 $\hat{\beta}_0$ 为

$$\hat{\beta}_0 = 11.8667 - 0.0464(200) = 2.5867$$

那么在给定 $x$ 的情况下，$Y$ 的均值估计 $E(Y|x)$ 可由下式解出

$$\hat{y} = \hat{\beta}_0 + \hat{\beta}_1 x = 2.5867 + 0.0464x \tag{12.29}$$

在索赔数量 $x$ 给定的情况下，本模型可用于预测完成处理这些索赔所需要的时间。系数 $\hat{\beta}_1$ 具有预测作用，即每增加一个索赔事件，总处理时间的期望值就会增加 0.0464 小时（或 2.8 分钟）。

---

回归分析应用广泛，但也常常被误用，在此简要介绍几种情况。若独立变量取值位于原始数据数值范围之内，使用公式(12.29)所做的推导是有效的；若取值超出了原始数据的数值范围，则关于线性关系的初步假设也许是无效的。实际上，由排队理论可知：当索赔数量接近系统能力极限的时候，平均处理时间会迅速增加。因此，公式(12.29)仅在 $100 \leqslant x \leqslant 300$ 时有效。所以，不建议将回归模型用于趋势外推。

在选择那些看似存在因果关系的变量时，应当格外小心。因为在这些变量实际上并不存在关联关系的情况下，很可能会发现它们存在统计关联性。例如，分析人员可能尝试将钢厂月产量与当月管理报告文本的重量相关联，虽然二者的数据之间可能显示出具有线性关系，但这种认识是牵强的。即使我们观测到了较强的相关性，也不意味着变量之间一定存在因果关系。只有通过统计分析，揭示这种关联性存在的事实证据，才能说它们具有因果关系。在例 12.4 中，更多的索赔声明意味着更多的处理时间，这个想法是合理的，因此，公式(12.29)所揭示的那种关联性才是合理的。

### 1. 回归显著性检验

在 12.3.1 节中，我们假定 $Y$ 与 $x$ 之间存在线性关系。在例 12.4 中，图 12-7 的散点图回答了索赔数量与处理时间之间是否在直观上存在线性关系，这是我们进一步计算 $\hat{\beta}_0$ 和 $\hat{\beta}_1$ 的初步假设。然而，在模型投入使用之前（给定自变量 $x_i$ 的值，预测响应变量 $Y_i$），需要对其是否具有简单线性相关性进行检验。我们可以开展多种检验，旨在决定模型是否胜任。我们把用于检测模型初步假设正确与否的检验称为**失拟检验**(lack-of-fit testing)。

回归显著性检验为评估模型的充分性提供了另一种方法。特别是针对回归系数 $\hat{\beta}_0$ 和 $\hat{\beta}_1$ 的估计值所做的不等于零的统计检验而言，这种方法是非常重要的，尤其对于我们将要介绍的多元线性回归更是如此：当元模型中包括大量方案变量 $x$，但是又不能对其彼此之间的关系给出根本性的解释。

任何回归软件都会包含显著性检验与失拟检验。读者可以参考 Box and Draper [1987]，Hines 等[2002]以及 Montgomery[2000]等文献以了解更多细节。

### 2. 多元线性回归

如果 12.3.1 节介绍的简单线性回归模型无法充分归纳因变量和自变量之间的关系，或者说这种关系存在多种可能性，那就可能存在多个自变量，因此因变量和自变量之间的关系具有如下形式：

$$Y = \beta_0 + \beta_1 x_1 + \beta_2 x_2 + \cdots + \beta_m x_m + \varepsilon \tag{12.30}$$

请注意，这个模型仍然是线性的，但其中的自变量不止一个。形如公式(12.30)的回归模型被称为**多元线性回归模型**(multiple linear regression model)。另一种可能是回归模型具有二次型，即

$$Y = \beta_0 + \beta_1 x + \beta_2 x^2 + \varepsilon \tag{12.31}$$

如果令 $x_1 = x$，$x_2 = x^3$，则公式(12.31)就变成了公式(12.30)，这仍然是一个线性模型。

回归模型的另一种可能形式为

$$Y = \beta_0 + \beta_1 x_1 + \beta_2 x_2 + \beta_3 x_1 x_2 + \varepsilon$$

这也是一个线性模型。对于上述三种形式的模型以及其他相关模型，读者可以参考 Box 和 Draper[1987]、Hines 等[2000]、Montgomery[2000]以及其他应用统计学方面的文献资料，而 Kleijnen[1987，1998]的著作主要关注这些模型在仿真中的应用。

### 12.3.2　元建模与计算机仿真

12.3.1 节介绍的内容主要涉及一般意义的回归元建模，而非计算机仿真。然而，如果目标是针对计算机仿真构建一个元模型，就会有一些特殊问题和多种可能情况，下面我们就来进行介绍。

#### 1. 用于回归的随机数分配

随机数种子选取或随机数流分配是仿真实验设计中的一项工作(这一部分内容基于 Nelson[1992])。为不同的系统方案(在多元线性回归中对 $x_1$，$x_2$，…，$x_m$ 进行设定)分配不同的随机数种子或随机数流，可以确保不同方案响应变量 $Y$ 之间的统计独立性。相似地，如果把相同的随机数种子或随机数流分配给不同的方案，就会造成这些方案响应值之间存在依存关系，因为它们具有相同的随机源。

许多教科书中的实验设计都假设不同方案的响应输出是相互独立的。为了实现这种假设，我们必须为每个方案分配不同的随机数种子或随机数流。然而，将相同的随机数种子或随机数流分配给所有方案也是常见的做法，比如公共随机数法就是如此。

对于元模型使用公共随机数法，我们的直觉往往是：如果各个方案使用了相同的实验条件，特别是具有相同的随机源，则方案之间的对比是公平的。对此，数学证明如下：假设我们拟合出的简单线性关系为 $Y_i = \beta_0 + \beta_1 x_i + \varepsilon$，并由最小二乘法确定了 $\hat{\beta}_0$ 和 $\hat{\beta}_1$ 的取值，则方案 $i$ 和方案 $j$ 性能指标之间期望差异的估计值为

$$\hat{\beta}_0 + \hat{\beta}_1 x_i - (\hat{\beta}_0 + \hat{\beta}_1 x_j) = \hat{\beta}_1 (x_i - x_j)$$

当 $x_i$ 和 $x_j$ 是特定方案时，$\hat{\beta}_1$ 将决定方案 $i$ 和方案 $j$ 之间性能差异的估计值，或者说，对于 $x$ 的任意两个取值都是如此。因此，CRN 法可以用来减小 $\hat{\beta}_1$ 的方差，更准确地说，可以减小多元线性回归方程中每一个斜率的方差。但是，CRN 法不会减小截距项 $\hat{\beta}_0$ 的方差。

489

最小二乘法估计量 $\hat{\beta}_0$ 和 $\hat{\beta}_1$ 与我们是否采用 CRN 无关，但是相关统计分析会受影响。关于使用 CRN 法进行元模型统计分析的问题，请参阅 Kleijnen[1988]和 Nelson[1992]等文献。

#### 2. 排队系统仿真

很多计算机仿真模型都涉及排队系统或网络化排队系统，这些仿真的元模型会包括能力(服务台数量和服务率)、顾客负载(到达率)等相关的方案变量。这些模型不遵从 12.3.1 节中的标准回归假设。我们使用一个例子说明它的难度和可能的解决方案。

回忆一下，在第 6 章中我们介绍的 $M/M/1$ 排队模型：单服务台，先到先服务，到达服从泊松分布，到达率为 $\lambda$ 名顾客/单位时间，服务时间服从指数分布，服务率为 $\mu$ 名顾客/单位时间。令 $x=\lambda/\mu$，在第 6 章中我们称之为利用率 $\rho$。如表 6-4 所示，当 $0<x<1$ 时，队列中排队顾客数量的稳态期望值为

$$L = \frac{x}{1-x} = x + x^2 + x^3 + \cdots \tag{12.32}$$

现在假设公式(12.32)中的关系未知，我们希望通过 $M/M/1$ 排队系统仿真，试着为 $L$ 建立一个元模型，其中 $L$ 是 $x$ 的函数($0<x<1$)。显然，普通低阶多项式模型(仅仅包括一次项 $x$ 和二次项 $x^2$ 的多项式)无法提供较好的拟合，特别当 $x$ 接近于 1 的时候更是如此，此时高阶项就变得很重要。

至少有两种方法可用于解决这个问题。第一种方法是将方案空间(本例中 $0<x<1$)分解成许多小区间，此时可以利用低阶多项式分别进行充分拟合；第二种方法是利用排队理论，拟合一个非线性模型。Yang、Ankenman 及 Nelson[2007]证明

$$Y = \frac{\sum_{i=0}^{m} \beta_i x^i}{(1-x)^p} + \varepsilon \tag{12.33}$$

其中 $m \leqslant 3$，该公式适用于多数排队系统的输出变量 $Y$，包括平均排队顾客数量，以及平均排队时间。需要注意的是，未知参数是 $m$、$\beta_i$ 和 $p$，因此需要使用非线性最小二乘法对这些参数进行拟合(Bates 和 Watts[1988])。若变量 $Y$ 为平均排队顾客数，也就是 $L$ 的估计量，则 $m=1$，$\beta_0=0$，$\beta_1=1$，$p=1$。

遗憾的是，很多问题不是这么简单，还需要进行更深入的分析。若我们通过仿真(运行长度为 $T$ 个时间单位)记录队列中的平均顾客数量(记为 $Y$)，并以此估计 $L$ 的值，则下式(Whitt[1989])成立：

$$\mathrm{var}(Y) \approx \frac{2x(1+x)}{(1-x)^4 T} \tag{12.34}$$

那么，与回归分析法中假设进行方案的比较时方差不发生变化的情况不同，在使用排队系统仿真方法时，当 $x$ 接近于 1 时，$Y$ 的方差会呈爆炸式增长。其后果就是在仿真时长 $T=$ 100 个时间单位的情况下，若 $x=0.1$，对 $L$ 的估计效果会很好；若 $x=0.9$，则估计的效果会很差。当响应变量的方差对 $x$ 有较强的依赖性时，回归软件得出的标准统计推断就不再有效了，这意味着我们无法辨别究竟是发生了失拟(存在未知的自变量)还是拟合效果很差。

针对回归分析中响应变量方差不相等的问题，一种补救方法是对数据做一个方差稳定变换(variance-stabilizing transformation)，从而在进行方案比较时，使得方差接近恒定不变。而在仿真方法中，我们可以直接通过调整运行时长 $T$ 或者重复仿真次数来解决这一问题，具体情况需要视 $x$ 而定。

我们建议读者将 $M/M/1$ 排队系统的研究结果作为一个大致的指导性方法，用于研究更具一般性的排队网络问题。若令 $x$ 代表排队网络的利用率，即最繁忙队列的利用率，则公式(12.34)意味着方案 $x_1$ 和 $x_2$ 的仿真运行时长 $T_1$ 和 $T_2$ 应满足下式：

$$\frac{T_2}{T_1} = \frac{x_2}{x_1} \left( \frac{1+x_2}{1+x_1} \right) \left( \frac{1-x_1}{1-x_2} \right)^4$$

例如，如果我们在利用率 $x_1=0.1$ 时，仿真时长 $T_1=1$ 个时间单位，那么在 $x_2=0.3$ 的情况下，需要进行 $T_2=10$ 个时间单位的仿真；在 $x_2=0.5$ 时，$T_2=72$；在 $x_2=0.7$ 时，$T_2=$

876；而在 $x_2 = 0.9$ 时，$T_2 = 101\ 944$。

最核心的信息就是：在排队系统仿真中，如果元模型中包含影响顾客负荷的决策变量（例如，可以通过改变到达率、服务速率或服务台数量影响顾客负荷），则低阶多项式可能不是该元模型的合适选择，并且如果不进行仿真时长的控制检测，也不能假设在进行方案比较时，响应变量的方差是不变的。

## 12.4　仿真优化

请读者考虑下面的例子。（其中的部分内容基于 Boesel、Nelson 及 Ishii[2003]的文献。）

### 例 12.6　物料搬运系统(Materials Handling System，MHS) ——————————

工程师需要设计一个物料搬运系统，由大型自动化立体仓库、自动导引车(AGV)、AGV 站、升降机和传送带构成。工程师可控的方案变量包括 AGV 数量，每辆 AGV 的负载能力，用于 AGV 工作指派的路径算法。替代方案将根据 AGV 利用率、材料搬运等待时间、总体投资和运营成本等指标进行评估。

### 例 12.7　液化天然气(Liquefied Natural Gas，LNG)运输 ——————————

某液化天然气运输系统由 LNG 船舶、装载设备、卸载设备以及存储设备组成。为了实现成本最优(最低)，设计者可以控制 LNG 船舶的运载能力、投入使用的船舶数量、装卸码头数量，以及储气罐容量等。

491

### 例 12.8　汽车引擎装配 ——————————

在装配线中，工作站之间设置库存暂存区(buffer，也是一种队列)，较大的暂存区可以增加工作站的利用率(只要暂存区内有等待加工的零件，工作站就不会空闲)，但同时较大的暂存区也增加了空间需求和在制品库存数量。我们希望在保证总成本最小的前提下(上述各项成本存在彼此竞争关系)，合理分配暂存区的数量。

### 例 12.9　交通信号测序 ——————————

土木工程师想要针对一个繁忙路段设置交通信号灯的变换时长，以减少司机的等待时间，并缓解该狭窄道路的交通拥堵状况。对于每个交通信号灯，可以单独设置红色、绿色和绿色转向箭头的延时时间长度。

### 例 12.10　在线服务 ——————————

某公司在互联网上提供在线信息服务，该公司正在将其计算机架构从中央大型计算机调整为分布式工作站计算环境。公司需要确定所需 CPU 的数量和类型、网络结构，以及事务处理的分配方式。对顾客查询的响应时间是最重要的性能度量指标。

这些方案的共性在哪里？不难看出，每个案例都可以建立一个仿真模型，并结合各自的性能度量指标，都可以依据暗含的目标找到最优方案。在每个例子中，都有数量众多潜在的备选方案，少则数十个，多则数千个，远远多于我们在 12.2.2 节中所讨论的 2～100 个方案的情况。有些例子还包含多样化的决策变量：离散型变量(AGV 数量、CPU 数量，等等)、连续型变量(油轮运载能力、红灯延时时间长度，等等)，以及定性变量(路由选择策略、任务分配算法，等等)。这些因素会增加(我们在 12.3 节中讨论的)元模型的开发难度。

以上问题都属于"仿真优化"(Optimization via Simulation)范畴，这一类问题的目标是找出某一性能指标的最小值或最大值，系统性能评估仅仅依靠计算机仿真完成。"仿真优化"是相对较新但是涉及范围很广的一个议题,商业软件对此提供了广泛支持。在本节中,我们将介绍开展仿真优化时会遇到的一些关键问题,提供一些参考文献,并给出一个算法案例。

### 12.4.1    仿真优化的含义

最优化是运筹学研究人员和管理科学家使用的一种重要工具,针对各类问题已经开发了许多完备的算法,其中最著名的是线性规划。在最优化过程中,大部分工作都用于处理以下问题:构成系统的各种因素在某种程度上都是可知的;更重要的是,任何方案的性能(成本、利润、总制程时间,等等)都可以被准确地计算出来。

在随机离散事件仿真中,每一次仿真运行的结果都是一个随机变量。为方便起见,我们用 $x_1$,$x_2$,$\cdots$,$x_m$ 代表仿真模型中 $m$ 个可控方案变量,用 $Y(x_1,x_2,\cdots,x_m)$ 表示一次仿真输出的观测结果。具体来说,在例 12.6 中,$x_1$,$x_2$,$x_3$ 分别表示 AGV 数量、单个 AGV 的装载量以及 AGV 分派的路径算法,$Y(x_1,x_2,x_3)$ 表示 MHS 项目方案总投资和总营运成本。

就 $x_1$,$x_2$,$\cdots$,$x_m$ 而言,对 $Y(x_1,x_2,\cdots,x_m)$ 进行优化意味着什么呢?因为 $Y$ 是随机变量,所以我们无法对 $Y$ 的真实值进行优化。关于优化的一般定义如下:

$$最优化或最小化\ E(Y(x_1,x_2,\cdots,x_m)) \tag{12.35}$$

换句话说,就是将系统性能指标的数学期望或长期平均值最大化或最小化。这是我们使用的所有商业软件包对最优化的默认定义。在当前例子中,$E(Y(x_1,x_2,x_3))$ 表示在 AGV 数量为 $x_1$、每辆 AGV 装载量为 $x_2$、路径算法为 $x_3$ 的条件下,MHS 项目方案的期望运营成本或长期平均运营成本。

读者应该知道:公式(12.35)并不是唯一可能的定义,了解这一点很重要。例如,我们也许想在 MHS 问题中选择那些购置和运营总费用低于 $D$ 美元的最优方案,此时目标变为

$$最大化概率值\ \Pr(Y(x_1,x_2,x_3) \leqslant D)$$

我们可以通过定义新的性能度量指标,将该目标调整进公式(12.35),即令

$$Y'(x_1,x_2,x_3) = \begin{cases} 1, & 如果\ Y(x_1,x_2,x_3) \leqslant D \\ 0, & 其他 \end{cases}$$

则原问题转换为寻求 $E(Y'(x_1,x_2,x_3))$ 的最大值。

当我们想要选出最可能的最优方案时,就会遇到更复杂的优化问题。此类目标往往与系统性能指标的一次取值而非长期均值有关。例如,航天飞机发射,或者交付一个独特的、数量较大的产品订单,等等。Bechhofer、Santner 和 Goldman[1995]在"多项选择"(multinomial selection)主题下对该问题进行了讨论。

针对单一性能指标 $Y$(例如成本),我们假设可以对 $x_1$,$x_2$,$\cdots$,$x_m$ 个系统方案进行评价。显然,情况并不总是这样。在 MHS 的例子中,我们或许还对一些与生产能力相关的系统性能指标感兴趣,例如生产量和生产周期。目前,通过仿真实现多目标优化的方法尚不完备,因此,我们一般使用以下三种方法之一处理这种情况:

1)将所有性能指标组合成为一个测度指标,最常见指标的是成本组合。例如,MHS系统中每个产品的收益可以代表生产能力,并作为负成本累加到目标函数之中⊖。

---

⊖ 如果目标函数的考察指标是成本,则可以将成本记为正值,收益记为负值,以实现对成本的反向冲抵,这样,优化过程就是一个权衡(trade off)过程。

2）首先，针对一个关键性能指标进行优化，然后，根据那些次要性能指标，对上一阶段获得的排名靠前的方案进行评价。例如，可以首先针对预期成本优化 MHS 方案，然后针对前 5 个方案考察其生产周期。该方法要求在上一个阶段优化之后，不能只留有一个最优方案，而是要有多个名列前茅的方案及其信息。

3）针对一个关键性能指标进行优化，但是考察范围仅限于那些在另一个性能指标上满足特定约束条件的备选方案。例如，在 MHS 问题中，只有那些期望生产周期低于给定阈值的备选方案，才能参与成本最优化评价。

最后，对于系统方案变量 $x_1$, $x_2$, $\cdots$, $x_m$，还有可能存在一些典型的约束条件。例12.10 的在线服务问题中，存在预算方面的约束，限制了所能购置工作站的数量。复杂约束尤其是非线性约束，使得可行域更加难以搜索。在某些情况下，一些约束（例如目标函数）无法进行确定性测度（解析法求解），而是只能通过仿真进行估计。例如，在线服务公司想要达成顾客响应时间的最小化，而他们不得不满足相应的约束条件：对于特殊顾客（比如说政府顾客），控制平均应答时间低于某个水平值。

### 12.4.2　仿真优化的困难

即使某个问题不存在不确定性，但如果方案变量的数量较多，或者这个问题包含各种类型的方案变量，又或者对于性能函数的结构知之甚少，那么优化过程就会相当困难。仿真优化会使问题更加复杂：某个方案的系统性能指标也许无法进行直接评估，但又必须被评估。因为我们已经做出了估计，但是又不能肯定某一个方案优于另一个方案，当优化算法试图在指标改进方向上进行调整的时候，这种不确定性会对优化过程产生影响。原则上，我们可以对每个方案进行大量的重复仿真或者将仿真时长延长到足够大，从而消除这种影响。实际上，由于时间限制，意味着只有很少的备选方案能够获得研究。

抽样变异性的存在使仿真优化更加复杂，以下是一些常见的情形：

1）保证预先设定的正确选择概率。12.2.2 节的择优法就是这样的例子，该方法允许分析人员首先设定正确选择概率（选取到正确方案的概率）。这类算法要求对每一个可能的方案进行仿真，或者要求各方案（比如元模型）之间具有较强的结构性联系。其他算法请参见 Goldsman 和 Nelson[1998]、Kim 和 Nelson[2006]等文献。

2）保证渐近性收敛。当仿真强度（仿真次数或仿真时长）变得无限大时，很多算法都可以保证计算结果收敛于全局最优解。这样的保证是非常有用的，因为它可以确保算法朝着分析人员希望的方向发展。然而，算法收敛速度可能会很慢，而且当算法必须在有限时间（在实际中这是必然的）内终止的时候，我们无从得知所得到的解到底有多好。读者可以参考 Andradóttir[1998]，这篇文献研究了应用于离散变量或连续变量问题的特定算法。

3）寻找确定环境下的最优解。具体思路是这样的：如果在确定性情况下，每个方案的性能指标都是可以测度的，那么就使用能够找到最优解的那个算法。例如，在仿真优化问题中，应用标准的非线性规划算法。为了确保这个算法不受抽样变异性的影响，应该由分析人员决定是否已经进行了足够强度的仿真（仿真次数或仿真时长）。我们不建议将用于确定性评价的算法直接应用于随机型仿真问题。

4）稳健启发式算法（robust heuristic，也称鲁棒启发式算法）。许多启发式算法被开发出来并用于确定型优化问题，这些算法不能保证一定可以找到最优解，尽管如此，它们对复杂现实问题仍然是有效的。一些启发式算法将"随机选择"作为检索策略的一部分，所以有人质疑这些算法比其他算法对抽样变异性更加不敏感。尽管如此，我们仍然需要足够的仿真强度，以保证所使用的算法不被抽样变异性误导。

稳健启发式算法是支持仿真优化功能的商业软件中的常见算法。在下一节中，我们会提供一些此类算法的使用指南。Fu[2002]对将优化理论应用于实践过程进行了综合分析，Olafsson[2006]提出了一种功能更强大的启发式算法。

### 12.4.3　使用稳健启发式算法

所谓稳健启发式算法，是指一个不依赖于强问题结构的(strong problem structure)方法或过程(例如 $E(Y(x_1, \cdots, x_m))$ 是否连续或者是否为凸函数)是有效的，可用于解决包含多种类型决策变量的问题。更为理想的是，算法在一定程度上能够承受抽样变异性的干扰。遗传算法(Genetic Algorithms，GA)和禁忌搜索(Tabu Search，TS)算法是两个典型的例子，此外还有很多其他算法及变形算法。此类启发式算法是大多数商业软件的核心技术。为了让读者更好地了解此类算法，我们将对遗传算法和禁忌搜索算法加以介绍。在此需要提醒读者，我们只介绍这两个算法最简单、浅层次的内容，商业软件中包含的算法更为复杂。

假设仿真优化问题有 $k$ 个可能解，令 $\boldsymbol{X}=\{x_1, x_2, \cdots, x_k\}$ 表示所有可能解，其中，第 $i$ 个解 $\boldsymbol{x}_i=(x_{i1}, x_{i2}, \cdots, x_{im})$ 是指 $m$ 个决策变量的某一个取值。基于解 $\boldsymbol{x}_i$ 的仿真输出用 $Y(\boldsymbol{x}_i)$ 表示，$Y(\boldsymbol{x}_i)$ 可能是一次仿真的结果，也可能是多次仿真结果的平均值。我们的目标是找到使 $E(Y(\boldsymbol{x}))$ 最小化的解 $\boldsymbol{x}^*$。

在每次迭代(称之为"一代")中，遗传算法对于包含 $p$ 个解的"种群"(population)进行处理。该种群的第 $j$ 次迭代表示为 $\boldsymbol{P}(j)=\{x_1(j), x_2(j), \cdots, x_p(j)\}$。$\boldsymbol{P}(j)$ 中可能包含一个解的多个副本，并且 $\boldsymbol{P}(j)$ 可能包含上一次迭代所获得的解。经过不断迭代，种群以优胜劣汰的方式实现进化，也就是说，每一代中较好的解将存活下来并繁衍出下一代。这样，下一代中就可能出现更好的解，而较差的解将从种群中淘汰。基本遗传算法的计算步骤如下：

#### 1. 基本遗传算法(GA)

**第 1 步**　令迭代计数器 $j=0$，选出(也许是随机选出)包含 $p$ 个解的初始种群 $\boldsymbol{P}(0)=\{\boldsymbol{x}_1(0), \boldsymbol{x}_2(0), \cdots, \boldsymbol{x}_p(0)\}$。

**第 2 步**　通过仿真实验，获得 $\boldsymbol{P}(j)$ 中对应 $p$ 个解 $x(j)$ 的性能指标估计量 $Y(\boldsymbol{x})$ 的值。

**第 3 步**　从 $\boldsymbol{P}(j)$ 中筛选出包含 $p$ 个解的种群，$Y(\boldsymbol{x})$ 越小的解越有可能被选中(但是也不一定)，并将这些解构成的种群赋值给 $\boldsymbol{P}(j+1)$。

**第 4 步**　对 $\boldsymbol{P}(j+1)$ 中的解进行交叉(crossover，就是从两个解 $\boldsymbol{x}_i(j+1)$ 和 $\boldsymbol{x}_l(j+1)$ 中各自取出某些片段，将其组合在一起构成新的解)和变异(mutation，即随机改变解 $\boldsymbol{x}_i(j+1)$ 中一个片段的值)。进行重新组合并得出 $\boldsymbol{P}(j+1)$。

**第 5 步**　令 $j=j+1$，返回第 2 步。

遗传算法将在指定的迭代次数后终止，也可以在种群不再有明显改进时终止，或者当种群中的 $p$ 个解完全相同时终止。算法迭代终止后，最后迭代种群中具有最小 $Y(\boldsymbol{x})$ 值的解 $\boldsymbol{x}^*$ 将被选为最优解，或者选取所有迭代步骤中 $Y(\boldsymbol{x})$ 最小值对应的解为最优解。

遗传算法及其变种适用于几乎所有优化问题，因为算法中的选取、交叉和变异操作可不依赖于所研究问题的特征，而以非常"基因化"的方式进行定义。然而，当这些操作与所研究问题"不合拍"的时候，遗传算法的执行进度会非常慢。商业软件中的遗传算法经常是自调谐的(self-tuning)，也就是说，它在寻优过程中，会调整选取、交叉和变异操作的相关参数。有证据表明，遗传算法可以忍受 $Y(x)$ 中存在的抽样变异性问题，因为算法维护的是一个解的种群，而非关注于当前最优解的改进。换句话说，遗传算法能够较好地对种群中的解进行排序，而不会出现问题，因为后续迭代依赖于全部种群，而非一个解。

禁忌搜索则是在每次迭代中识别当前的最优解，然后尝试对其进行改进。通过"移动"改变一个解，从而实现改进。例如，可以将解 $(x_1, x_2, x_3)$ 改变为解 $(x_1+1, x_2, x_3)$（$x_1$ 可以代表例 12.6 中的 AGV 数量，所以这次"移动"将增加一辆 AGV）。解 $x$ 的"邻居"是指通过合法移动可以到达的所有解。禁忌搜索找到最好的邻域解并将其设定为当前最优解。然而，为了避免移动到曾经访问过的解，对于某些迭代而言，移动会变为"禁忌"（不可用）。在概念上，读者可以想想如何在迷宫中找到出路：如果你选择的路通向一个死胡同，那么就会避免再次选取该路径，这就是禁忌。

下面是基本的禁忌搜索算法（基于 Glover[1989] 文献）。

**2. 基本禁忌搜索算法**

**第 1 步** 令迭代计数器 $j=0$，并设置禁忌表为空。在 $X$ 中选取（可随机选取）初始解 $x^*$。

**第 2 步** 找到 $x^*$ 邻域内所有解之中可以使 $Y(x)$ 最小化的那个解 $x'$，其中邻域解不包含属于禁忌移动的那些解，在此过程中对每一个邻域解进行仿真优化。

**第 3 步** 如果 $Y(x') < Y(x^*)$，则令 $x^* = x'$，将 $x'$ 选为当前最优解。

**第 4 步** 更新禁忌表，返回第 2 步。

禁忌搜索算法的终止条件包括迭代次数达到预定值；经过几次迭代而 $x^*$ 不发生改变；无法再进行移动。算法终止后，当前的 $x^*$ 就是最优解。

从本质上讲，禁忌搜索算法是一种离散决策变量优化器。不过，连续决策变量可在离散化处理之后使用，我们将在 12.4.4 节对此进行介绍。禁忌搜索算法追求解的持续改进，因而计算速度更快。然而，该算法对 $Y(x)$ 中的随机变异性比较敏感，因为 $x^*$ 是迄今为止的最优解，并尝试对其加以改进。包含了移动概率的禁忌算法改进版本的敏感性相对较低。商业化禁忌搜索算法的一个重要特点（并未在上述基础禁忌搜索中体现出来）是它具有这样一个机制：在需要的时候，可以无视或推翻禁忌表。

接下来，我们给读者三个建议，供大家在使用遗传算法、禁忌搜索算法或其他稳健启发式算法时参考。这三个建议是：控制抽样变异性、重新开始，以及清理。

**（1）控制抽样变异性**

在很多情况下，针对每一个潜在解，进行多大强度的仿真抽样（仿真次数和仿真时长）应取决于用户的主观决定。通常这是一个难题。理想情况下，当启发式算法趋近于更好的方案时，应当增加抽样量，这样做的原因很简单：因为将更接近于系统实际性能的方案从那些与实际性能有一定距离的方案中识别出来，是非常困难的，因而需要提升精度。在搜索刚开始的时候，识别较好的解和确定搜索方向，对启发式算法而言是容易的，因为较差的解和较好的解存在明显的差异，很容易进行比较，但随着搜索的不断进行，情况就不再是这样了。

在搜索最优解的过程中，分析人员如果一定要给每一个解都设置一个固定的仿真次数，那么就应该进行一些初步的仿真实验。也就是说，对几个方案进行仿真，一些方案位于解空间的极端位置，一些则接近中间位置。使用 12.1 节介绍的方法比较这几个方案中明显的最优解和最劣解；然后使用 12.1.3 节中提到的方法找出保证统计显著差异所需的最小仿真次数，这就是所需要的仿真次数。

496

（2）重新开始

因为稳健启发式算法不能保证借助仿真优化就一定能够收敛于最优解，所以进行两次或多次优化，以观察哪次可以获得最优解是有意义的。每次优化过程应该使用不同的随机数种子值或者不同的随机数流，理想情况下，应该使用不同的初始条件。可以选择解空间中的端点、中间点，或者随机选择一个方案，开始进行优化。如果有人比较了解所研究的系统，并且大致知道哪些方案会比较好，那么要尽可能地让他们参与。

（3）清理

在经过一次或多次优化之后，对于启发式算法所确定的排序在前几名的最好方案进行第二轮实验，这是很重要的，可以避免两类错误：未能识别出最优方案，或者未能准确地估计出最终所选最优方案的系统性能指标值。这些错误之所以发生，是因为没有哪一个优化算法可以在优化过程的每一步之中，一边进行优化，一边进行统计误差控制。因此，我们建议在每次搜索后进行清理，也就是说，采用 12.2 节中讨论的方案比较技术，尤其是12.2.2 节中的择优法，实施严格的统计分析工作，评价在优化搜索中发现的那些方案，确定哪些是最优的，哪些是近似最优的。经过仿真后排名前 5% 或者前 10% 的方案应进行此项控制性实验。"清理"这一概念来自 Boesel、Nelson 和 Kim[2003]的文献。

### 12.4.4　描述：随机搜索

在这一部分中，我们为读者介绍另一种仿真优化算法——随机搜索算法（random search）。这一算法基于 Andradóttir[1998]文献中的算法 2，它为算法在某种情况下的渐进性收敛提供了保证。因此，只要仿真时长足够长，它就一定能够找出真正的最优解。然而，实际情况是，收敛速度会很慢，并且所需计算机内存容量非常大。即使随机搜索不是稳健启发式算法，我们也会利用它演示某些算法合并使用的策略，以及证明为什么仿真优化是困难的（即使面对一个并不复杂的算法）。

我们介绍的随机搜索算法要求备选方案的数目是有限的（即使方案数目非常大，也必须是有限个数）。这看起来好像将连续决策变量（比如传送带速度）问题排除在外了。但事实上，连续决策变量可以通过合理的方式进行离散化处理，从而转化为离散变量。例如，如果传送带运行速度的取值范围是从 60 英尺/分钟到 120 英尺/分钟，若将传送带运行速度视作 60，61，62，…，120（共 61 个可能值），那么采用这种方法丢掉的数值并不多。请读者注意，实际上还是有专门为连续变量问题研发的算法，参见 Andradóttir[1998]。

将仿真优化问题的 $k$ 个可能解记作 $\{x_1, x_2, \cdots, x_k\}$，其中，第 $i$ 个解决方案 $x_i = (x_{i1}, x_{i2}, \cdots, x_{im})$ 是指 $m$ 个决策变量的某一个取值。基于解 $x_i$ 的仿真输出用 $Y(x_i)$ 表示，$Y(x_i)$ 可能是一次仿真的结果，也可能是多次仿真的平均值。我们的目标是找到使 $E(Y(x))$ 最小化的解 $x^*$。

在随机搜索算法的每一次迭代中，我们随机抽取一个解与当前最优解进行对比。如果随机抽取的解比当前最优解更好，则令其为当前最优解。当结束算法搜索时，我们所选取的解已经被访问了很多次，这意味着我们希望对所涉及的解重复访问很多次。

**随机搜索算法**

**第 1 步**　初始化计数器变量 $C(i) = 0$，$i = 1, 2, \cdots, k$。选择初始解 $i^0$，令 $C(i^0) = 1$。（提示：$C(i)$ 用于累加我们访问第 $i$ 个解的次数。）

**第 2 步**　在所有方案中选择除去 $i^0$ 以外的另一个解 $i'$，且需保证每个解被选中的概率是相同的。

**第 3 步** 分别对 $i^0$ 和 $i'$ 进行仿真实验，以获得仿真输出 $Y(i^0)$ 和 $Y(i')$。若 $Y(i') < Y(i^0)$，则令 $i^0 = i'$（见第 4 步后的注释）。

**第 4 步** 令 $C(i^0) = C(i^0) + 1$，如果迭代尚未结束，则返回第 2 步；否则，选择一个估计最优解 $x_{i^*}$，使得 $C(i^*)$ 具有最大值。

注意，如果目标是追求最大化，则用以下步骤替换第 3 步。

**第 3'步** 分别对 $i^0$ 和 $i'$ 进行仿真实验，以获得仿真输出 $Y(i^0)$ 和 $Y(i')$，若 $Y(i') > Y(i^0)$，则令 $i^0 = i'$。

许多仿真优化算法面临的一个难题是算法何时停止（能够保证正确选择概率的那些算法除外）。对于这个问题，常用规则是在迭代一定次数之后停止运行，或者在多次迭代中最优解一直不变时停止，又或者所有可用时间都被耗尽后停止。无论使用哪一种规则，我们都建议读者对表现最好的 5%～10% 的解，使用一种统计选择法对其进一步筛选，比如 12.2.2 节介绍的择优法。这样做的目的是在一定置信水平下，评估这些解中哪一个才是真正的最优解，进而精确地测试此解所对应方案的系统性能指标。如果搜索过程中的原始数据被保留下来，那么这些数据可以用于两阶段筛选法中第一阶段的抽样过程。

### 例 12.11 随机搜索算法的应用

假设某制造系统由 4 个工作站点串行构成。第 0 站总有原材料可用。当站点 0 完成零件加工之后，会将零件传送到站点 1，然后由站点 1 传送到站点 2，以此类推。在站点 0 和 1、1 和 2、2 和 3 之间设置库存暂存区，所有缓冲区容量的合计上限为 50 个零件。比如，当站点 2 完成零件加工之后，若发现站点 2 与站点 3 站之间的暂存区已满，那么站点 2 就会停工（block），即下一个零件的加工无法进行。此时需要解决的问题是如何分配这 50 个单位的空间，使得一个班次中每个零件的期望制造周期最小。

令 $x_i$ 为站点 $i$ 之前的暂存区大小，则决策变量为 $x_1$，$x_2$，$x_3$，且约束条件为 $x_1 + x_2 + x_3 = 50$（没有理由使实际分配的数量低于 50）。这意味着共有 1326 种可能的方案（思考一下这一数字是如何得出的）。

为便于在随机搜索算法中表示，我们使用 $C(x_1，x_2，x_3)$ 作为与方案 $(x_1，x_2，x_3)$ 对应的计数器变量。

---

### 随机搜索算法

**第 1 步** 初始化。对每一个可能的方案 $(x_1，x_2，x_3)$，均设定 $C(x_1，x_2，x_3) = 0$，共需设定 1326 次。选择一个初始解，比如 $(x_1 = 20，x_2 = 15，x_3 = 15)$，并令 $C(20，15，15) = 1$。

**第 2 步** 在所有解中选择除 $(20，15，15)$ 之外的另一个解，需保证所有待选解都有相同的机会被选中。这里假设解 $(11，35，4)$ 被选中。

**第 3 步** 针对上述两个解进行仿真实验，得到对应的期望制造周期 $Y(20，15，15)$ 和 $Y(11，35，4)$。假设 $Y(20，15，15) < Y(11，35，4)$，则保留 $(20，15，15)$ 为当前最优解。

**第 4 步** 令 $C(20，15，15) = C(20，15，15) + 1$。

**第 2 步** 在所有解中选择除 $(20，15，15)$ 之外的另一个解，需保证所有待选解都有相同的机会被选中。这里假设解 $(28，12，10)$ 被选中。

**第 3 步** 针对上述两个解，进行仿真实验，得到对应的期望制造周期 $Y(20，15，15)$ 和 $Y(28，12，10)$。假设 $Y(28，12，10) < Y(20，15，15)$，则选定 $(28，12，10)$ 为当前

最优解。

**第 4 步** 令 $C(28，12，10)=C(28，12，10)+1$。

**第 2 步** 在所有解中选择除$(28，12，10)$之外的另一个解，需保证所有待选解都有相同的机会被选中。这里假设解$(0，14，36)$被选中。

**第 3 步** 进行后续步骤。

当搜索过程结束后，我们选取使得 $C(x_1，x_2，x_3)$ 取值最大的那个方案$(x_1，x_2，x_3)$作为最优解。如前所述，应当将所有方案中表现最好的 $5\sim10$ 个方案，在较高的置信水平下，分别进行统计分析，以决定哪一个方案才是真正的最优解。本例中，那些获得最大计数值的方案将接受进一步的分析。

尽管随机搜索算法看起来简单，但我们仍旧忽略了一个敏感的问题，这个问题常会出现在那些执行效率可以得到证明的算法之中。在第 2 步中，算法要求等概率地随机选取一个除当前最优解以外的解。那么在例 12.11 中该如何做呢？约束条件 $x_1+x_2+x_3=50$ 意味着 $x_1，x_2，x_3$ 不能独立抽样，则样本 $x_1$ 服从范围为 $0\sim50$ 的离散均匀分布，样本 $x_2$ 服从范围为 0 到 $50-x_1$ 的离散均匀分布，而 $x_3=50-x_1-x_2$。但是，这个方法不能保证每个方案的入选概率相同。证明如下：假设随机确定 $x_1$ 为 50，那么入选方案一定是$(50，0，0)$；而如果 $x_1=49$，则$(49，1，0)$和$(49，0，1)$都有可能入选。这样一来，如果所有满足 $x_1+x_2+x_3=50$ 条件的方案等概率入选，那么 $x_1=49$ 应该比 $x_1=50$ 具有更高的可能性被选中（因为 $x_1=49$ 对应两个解，而 $x_1=50$ 仅对应一个解）。

## 12.5   小结

本章介绍了基于仿真输出数据的备选系统方案比较评估方法。我们假设选出固定数量的备选方案进行考量和决策。我们着重介绍了基于置信区间的比较法，以及公共随机数法的使用。我们对元模型进行了简单介绍，元模型的目的是描述方案变量与输出响应之间的关系。我们也对仿真优化进行了简单介绍，仿真优化的目的是从大量的、多样的系统方案集之中挑选出最优方案。在与仿真相关的统计分析技术中，除本书所讨论的内容之外，还有许多潜在的、有趣的议题，下面给出一些这样的议题：

- 实验设计模型，旨在找出那些对备选方案的系统性能指标具有显著影响的因素。
- 除了重复仿真法和批均值法以外的输出分析方法。
- 方差消减技术，这些方法用于提升仿真实验的统计效能（公共随机数法就是一个重要的例子）。

读者可参考 Banks[1998]和 Law[2007]等文献关于上述议题以及其他仿真相关议题的分析和论述。

第 11 章和第 12 章中最重要的内容是仿真输出数据需要进行统计分析，以便实现正确的诠释。特别地，统计分析可以针对仿真结果进行精度测量，还可以提供达到指定精度的技术。

## 参考文献

ANDRADÓTTIR, S. [1998], "Simulation Optimization," Chapter 9 in *Handbook of Simulation*, J. Banks, ed., Wiley, New York.

ANDRADÓTTIR, S. [1999], "Accelerating the Convergence of Random Search Methods for Discrete Stochastic Optimization," *ACM TOMACS*, Vol. 9, pp. 349–380.

BANKS, J., ed. [1998], *Handbook of Simulation*, Wiley, New York.

BATES, D. M., AND D. G. WATTS [1988], *Nonlinear Regression Analysis and its Applications*, Wiley, New York.

BECHHOFER, R. E., T. J. SANTNER, AND D. GOLDSMAN [1995], *Design and Analysis for Statistical Selection, Screening and Multiple Comparisons*, Wiley, New York.

BOESEL, J., B. L. NELSON, AND N. ISHII [2003], "A Framework for Simulation-Optimization Software," *IIE Transactions*, Vol. 35, pp. 221–229.

BOESEL, J., B. L. NELSON, AND S. KIM [2003], "Using Ranking and Selection to 'Clean Up' After Simulation Optimization," *Operations Research*, Vol. 51, pp. 814–825.

BOX, G. E. P., AND N. R. DRAPER [1987], *Empirical Model-Building and Response Surfaces*, Wiley, New York.

FU, M. C. [2002], "Optimization for Simulation: Theory vs. Practice," *INFORMS Journal on Computing*, Vol. 14, pp. 192–215.

GLOVER, F. [1989], "Tabu Search—Part I," *ORSA Journal on Computing*, Vol. 1, pp. 190–206.

GOLDSMAN, D., AND B. L. NELSON [1998], "Comparing Systems via Simulation," Chapter 8 in *Handbook of Simulation*, J. Banks, ed., Wiley, New York.

HINES, W. W., D. C. MONTGOMERY, D. M. GOLDSMAN, AND C. M. BORROR [2002], *Probability and Statistics in Engineering*, 4th ed., Wiley, New York.

HOCHBERG, Y., AND A. C. TAMHANE [1987], *Multiple Comparison Procedures*, Wiley, New York.

HSU, J. C. [1996], *Multiple Comparisons: Theory and Methods*, Chapman & Hall, New York.

KIM, S., AND B. L. NELSON [2006], "Selecting the Best System," Chapter 17 in *Handbooks in Operations Research and Management Science: Simulation*, S. G. Henderson and B. L. Nelson, eds., North-Holland, New York.

KLEIJNEN, J. P. C. [1975], *Statistical Techniques in Simulation, Parts I and II*, Dekker, New York.

KLEIJNEN, J. P. C. [1987], *Statistical Tools for Simulation Practitioners*, Dekker, New York.

KLEIJNEN, J. P. C. [1988], "Analyzing Simulation Experiments with Common Random Numbers," *Management Science*, Vol. 34, pp. 65–74.

KLEIJNEN, J. P. C. [1998], "Experimental Design for Sensitivity Analysis, Optimization, and Validation of Simulation Models," Chapter 6 in *Handbook of Simulation*, J. Banks, ed., Wiley, New York.

LAW, A. M. [2007], *Simulation Modeling and Analysis*, 4th ed., McGraw-Hill, New York.

MONTGOMERY, D. C. [2000], *Design and Analysis of Experiments*, 5th ed., Wiley, New York.

NELSON, B. L., J. SWANN, D. GOLDSMAN, AND W.-M. T. SONG [2001], "Simple Procedures for Selecting the Best System when the Number of Alternatives is Large," *Operations Research*, Vol. 49, pp. 950–963.

NELSON, B. L. [1987], "Some Properties of Simulation Interval Estimators Under Dependence Induction," *Operations Research Letters*, Vol. 6, pp. 169–176.

NELSON, B. L. [1992], "Designing Efficient Simulation Experiments," *Proceedings of the 1992 Winter Simulation Conference*, J. J. Swain, D. Goldsman, R. C. Crain, and J. R. Wilson, eds., Arlington, VA, Dec. 13–16, pp. 126–132.

ÓLAFSSON, S. [2006], "Metaheuristics," Chapter 21 in *Handbooks in Operations Research and Management Science: Simulation*, S. G. Henderson and B. L. Nelson, eds., North-Holland, New York.

WHITT, W. [1989], "Planning Queueing Simulations," *Management Science*, Vol. 35, pp. 1341–1366.

WRIGHT, R. D., AND T. E. RAMSAY, JR. [1979], "On the Effectiveness of Common Random Numbers," *Management Science*, Vol. 25, pp. 649–656.

YANG, F., B. ANKENMAN, AND B. L. NELSON [2007], "Efficient Generation of Cycle Time-Throughput Curves through Simulation and Metamodeling," *Naval Research Logistics*, Vol. 54, pp. 78–93.

501

## 练习题

1. 某公司拥有多辆自卸卡车，卡车不断重复三项活动：装载、称重、运输。假设共有 8 辆卡车，在时刻 0，8 辆车均位于装货点。公司有一个称重站，每辆卡车在该站点的称重时间服从 1～9 分钟的均匀分布；每辆卡车的行驶时间服从均值为 85 分钟的指数分布。

装货点和称重点前面的队列可以无限长。所有卡车可以并行行驶。管理层希望比较一台快速装载机与当前所用两台慢速装载机的应用效果。当前所用慢速装载机可依 $1\sim27$ 分钟的均匀分布时间装满一辆车，拟新购置的快速装载机可依 $1\sim19$ 分钟的均匀分布时间装满一辆车。比较基准是时间周期为 40 小时的平均系统响应时间。其中，响应时间是从卡车到达装载队列开始算起，直到它离开称重点的持续时间。请使用公共随机数法，对这两个方案进行有效的统计对比分析。

2. 在习题 11.6 中，考虑以下 $(M, L)$ 备选方案：

|   |   |   | $L$ | |
|---|---|---|---|---|
|   |   |   | 低 | 高 |
|   |   |   | 30 | 40 |
| $M$ | 低 | 50 | (50, 30) | (50, 40) |
|   | 高 | 100 | (100, 30) | (100, 40) |

502

对例 11.6 的仿真模型进行适当修改，研究上述策略的相对成本。基于长期运行的平均月成本，对这四个方案进行比较。首先，使用公共随机数法，对每种 $(M, L)$ 策略分别进行 4 次仿真。每次仿真的初始化时间为 12 个月，然后再进行 100 个月的数据采集。针对每个策略，计算其平均月成本的水平为 90% 的置信区间。然后估计使各方案置信区间不重叠所需的额外仿真次数，并以此确定哪一个策略是最优策略。

3. 重新思考习题 11.7。在计算月成本时考虑紧急订单的成本因素，然后比较本章习题 2 研究过的四个库存策略。

4. 重新思考习题 11.8。在计算月成本时考虑过期物品的售价因素，然后比较本章习题 2 研究过的四个库存策略。

5. 在习题 11.9 中，研究长期情况下订单数量对日均成本的影响。每张订单的产品会放在托盘上并由卡车运送过来，所以容许的订单数量 $Q$ 为 10 的整数倍，即 10，20，30…。在习题 11.9 中，我们研究了 $Q=20$ 的情况。

   a) 首先，研究 $Q=10$ 和 $Q=50$ 这两个策略。使用我们在习题 11.9 中建议的仿真时长。基于这些运行结果，确定 $Q$ 的最优值（即 $Q^*$）是介于 $10\sim50$ 之间还是大于 50。（作为 $Q$ 的函数，成本曲线会是什么形状？）

   b) 使用(a)中得出的结果，再额外找出两个 $Q$ 值并进行仿真，并给出结论，对你所提出结论的强度也要给予分析。

6. 在习题 11.10 中，找到店主应购入贺卡数量 $Q$，以便在 5 美元的总利润误差范围内，实现利润最大化。首先，对 $Q=250$ 和 $Q=350$ 两种策略进行仿真。依据计算结果以及习题 11.10 中 $Q=300$ 的计算结果，决定 $Q$ 的取值范围：$200\leqslant Q\leqslant250$ 或 $250\leqslant Q\leqslant300$，等等。然后，在这两个约束范围内，研究两个新策略的实施效果：$Q=200$ 和 $Q=225$，或 $Q=265$ 和 $Q=285$。

7. 在习题 11.11 中，研究目标水平 $M$ 以及月平均成本的核算期 $N$ 的作用。考虑 $M$ 的两个目标水平，以习题 11.11 中所使用的目标水平为基准，上下浮动 $10(\pm10)$，分别考察核算期 $N$ 为 1 个月和 3 个月的情况。根据仿真结果，确定 $(N, M)$ 的最优值。

8. 回顾习题 11.13 和习题 11.14，其中提到了车间生产的排程法则（或排队规则）：FIFO（先进先出）规则和优先级（PR）规则。除了这两种规则之外，再考虑最短完工操作优先规则（Shortest Imminent Operation, SIO）：对于给定工作站点，在所有作业中，具有最小平均加工时间的作业拥有最高优先级。例如，在使用 SIO 规则时，站点 1 的作业按照如下顺序进行处理：类型 II→类型 I→类型 III。同一类型的作业依据 FIFO 规则排序。以平均总制造时间为标准，利用仿真实验比较三种排队规则 FIFO、PR 和 SIO 的效果。

503

9. 在习题 11.13(使用 FIFO 规则的车间作业管理)，在避免出现瓶颈的前提下，找出每个工作站点中所需的最小工人数量。当某个站点的平均排队长度随着时间稳步上升时，就会产生瓶颈。(提示：服务台数量不足和仿真初始偏差都会造成平均队列长度增加，注意不要混淆这两种情况。第一种情况下，平均队列长度无限增长，且服务台利用率为 1.0；第二种情况下，队列长度趋于平稳，且服务台利用率低于 1。)

研究各作业类型对应的工人劳动强度，以及作业总制程时间(作业在车间中完成全部工序所用全部时间)。(提示：如果某个工作站的服务台利用率为 1.0，且随着仿真运行时长的增加，平均队列长度呈线性增长，那么该工作站很有可能是不稳定的，因而存在瓶颈问题。在这种情况下，至少需要增加一名工人。使用排队理论，即公式 $\lambda/c_i\mu < 1$，计算站点 1 所需最少工人数量。回忆一下，$\lambda$ 是顾客到达率，$1/\mu$ 是一名工人处理一个作业的总平均服务时间，$c_i$ 是第 $i$ 个工作站中的工人数量。试着使用相同的初始条件，即 $\lambda/c_i\mu < 1$，给出站点 $i(i=2，3，4)$ 中的初始服务台数量。)

10. 完成以下题目：

a) 使用 PR 排队规则重做习题 9(参考习题 11.14)。

b) 使用 SIO 排队规则重做习题 9(参考习题 12.8)。

c) 比较 FIFO、PR、SIO 三种规则下所需的最少工人数。

11. 针对习题 11.13 中的问题，利用本章习题 9 和习题 10 中找出的最少工人数目，考虑在整个车间只增添一名工人的情况。这名工人经过培训可以进入任意一个工作站，且只能归属于一个工作站，不能跨站工作，那么这名工人应该安排到哪一个工作站中去呢？新增的这名工人对全部作业的平均总制造时间会产生怎样的影响？新增的这名工人对第一种类型作业的平均总制造时间会产生怎样的影响？在 FIFO、PR、SIO 规则下，分别研究增加或不增加该名工人对系统性能有何影响。

12. 在习题 11.7 中，假设在每一名工人面前都设置一个容量为 1 个单位的暂存区(原来不设置)。请设计一个仿真实验，用于研究此系统方案之变化对于工人利用率 $\rho_1$、$\rho_2$、$\rho_3$ 和 $\rho_4$ 有何显著影响。至少，计算 $\rho_1^0 - \rho_1^1$ 以及 $\rho_4^0 - \rho_4^1$ 的置信区间，这里 $\rho_i^s$ 代表暂存区容量为 $s$ 时工人 $i$ 的利用率。

13. 在 Small State University 的招生办公室，一位办事员处理各项申请材料。处理所需时间与申请者感兴趣的项目(例如，工业工程、管理科学、计算机科学等)以及项目等级(本科、硕士、博士)有关。假设处理时间服从正态分布(均值为 7 分钟，标准差为 2 分钟)。每天开始的时候，办事员需要花点时间进行工作准备，假设该准备时间服从指数分布(均值为 20 分钟)。一般情况下，招生办公室每天会收到 40~60 份申请材料。

504

令 $x$ 为一天中收到申请材料的数目，令 $Y$ 为处理这些申请材料所需的总时间(包含办事员的准备时间)。请为 $E(Y|x)$ 建立一个元模型，在方案 $x=40$，50，60 的情况下，分别进行 $n$ 次仿真。需要注意的是，本例中，我们知道正确的模型为

$$E(Y|x) = \beta_0 + \beta_1 x = 20 + 7x$$

(考虑一下原因。)仿真次数从 $n=2$ 开始，针对每个方案估计参数 $\beta_0$ 和 $\beta_1$。逐渐增加仿真次数，观察仿真次数取值多大时，估计值会接近于真实值。

14. 使用CRN法重做前一道习题，结果有何不同？

15. 思考简单线性模型 $Y = \beta_0 + \beta_1 x + \varepsilon$。找一本包含回归建模的统计学教材。在书中找到原假设 $\beta_1 = 0$ 的假设检验方法（当 $x$ 和 $Y$ 线性相关时，拒绝该原假设）。如果使用CRN法，该假设检验中常用的假设是不成立的，为什么？

16. R&A公司以定期存款方式保存它的现金储备，其年度收益率为8%。公司需要定期从中取款，用于支付给供应商。这些现金将从一个没有利息的支票账户中取出。所需现金额度事前无从知晓。从定期存款账户向支票账户的资金转移是实时到账的，但是对于提前取款，公司需要向银行支付"罚金"。因此，对于R&A公司来说，对支票账户实施透支保护就是必然的。银行对透支收取的利息为0.000 33美元/1美元·天（即折合年利率为12%）。

    R&A公司希望采用一种简单的策略，即一年之内转账次数固定不变，每次转账金额不变。当前采用的策略为：公司每年转账6次，每次18 250美元。你的任务是找到一个合适的策略来减少长期运行的日均成本。

    鉴于以往的经验，可以发现现金需求基本上一天出现一次，且服从泊松分布。每次现金需求量服从对数正态分布（均值为300美元，标准差为150美元）。

    对于不同的定期存款账户，由于存款金额不同，因此提前取款的罚金是不同的，每次罚金平均为150美元，与提款金额无关。实际上，罚金基本上服从100美元到200美元的均匀分布。

    使用支票账户中的现金水平来确定仿真初始化阶段的时间长度。进行足够次数的仿真，使得长期日均成本的置信区间不包含零值，且要求在实验设计中使用CRN法。

17. 如果使用商品化仿真优化软件，你可以研究一下，随着仿真输出的变异度增加，该软件的实际效果如何？使用简单模型，如 $Y = x^2 + \varepsilon$，其中，$\varepsilon$ 是随机变量且服从 $N(0, \sigma^2)$，且最优解已知（本例中，$x = 0$ 时取最小值）。随着 $\sigma^2$ 增加，观察软件是否能找到最优解？速度有多快？然后使用更复杂的模型，尝试更多的方案变量。

18. 对于例12.11，解释为什么会有1326个解。设计 $x_1$，$x_2$，$x_3$ 的抽样方式，使得 $x_1 + x_2 + x_3 = 50$，且所有输出都是等可能的。

19. 一个重要的电子元件的平均无故障使用年限为 $x$ 年，购买价格为 $2x$ 千美元（也就是说，可靠性越高，价格越贵）。$x$ 的取值在 $1 \sim 10$ 年之间，实际的无故障使用时间服从指数分布。现有一个任务，要求元件的使用寿命最少为一年，如果该元件在一年内损坏，则元件过早损坏造成的成本损失为20 000美元。试问，$x$ 取值多少时，可使预期总成本最低（包含采购价格，以及元件过早损坏造成的成本损失）？

    为求解该问题，请你开发一个仿真模型，计算平均无故障使用时间为 $x$ 年的元件总成本。这需要对一个均值为 $x$ 的指数分布随机变量进行抽样，若无故障使用时间小于一年，则计算总成本 $2000x + 20\,000$。拟合并建立一个包含 $x$ 的二次元模型，找到能使该模型取值最小的 $x$ 值。（提示：在 $1 \sim 10$ 之间，对 $x$ 选取几个值作为方案点。对于 $x$ 的每一个取值，令响应变量 $Y(x)$ 为至少30个总成本观测值的平均数。）

20. 使用仿真优化软件求解本章习题19。如果没有这类软件，就使用随机搜索算法，令 $x$ 可能的取值为 $\{1.00, 1.25, 1.50, \cdots, 10.00\}$。

21. 假设对某种商品的需求服从均值为10的泊松分布。使用仿真优化软件（如果没有此类软件，就使用随机搜索算法）来找到订单数量 $x$，使得实际需求恰好等于 $x$ 的概率最大，假设 $0 \leqslant x \leqslant 100$，且 $x$ 为整数（这一问题基于Andradóttir[1999]中的例5.1）。（提示：对于 $x$ 的任何一个实验值所进行的每一次仿真，使用均值为 10 的泊松分布得出一个随机需求量。如果这个随机需求量等于 $x$，则响应变量 $Y(x)=1$，否则 $Y(x)=0$。)

22. 在本章习题 16 中，考虑以下 5 种策略：转账 6 次，每次 18 250 美元；转账 5 次，每次 21 900 美元；转账 4 次，每次 27 375 美元；转账 3 次，每次 36 500 美元；转账 2 次，每次 54 750 美元。针对每种策略进行 10 次仿真，并针对所有"成对"策略的期望成本差异值，计算联合置信区间。

23. 在本章习题 16 中，考虑以下 5 种策略：转账 6 次，每次 18 250 美元；转账 5 次，每次 21 900 美元；转账 4 次，每次 27 375 美元；转账 3 次，每次 36 500 美元；转账 2 次，每次 54 750 美元。针对每种策略进行 10 次仿真，然后使用择优法筛选出期望日均成本最小的策略。使用 $\varepsilon=2$ 美元/天。

506

# 应　用

第 13 章　生产与物料搬运系统仿真

第 14 章　网络化计算机系统仿真

# 生产与物料搬运系统仿真

生产与物料搬运系统是最重要的仿真应用之一。作为一项辅助工具，系统仿真成功地应用于新产品研发、仓库和分销中心规划设计等方面，同时，它也用于评估对现有系统的改进。使用仿真技术的工程师和分析人员发现仿真价值主要体现在以下两个方面：设备及实体设施的投资评估、物料搬运及其布局改进的效果评价。此外，仿真价值也体现在生产控制系统、仓库管理控制软件，以及物料搬运系统中所包含的人员配置准则、运作规则、某些预设规则以及算法评价活动之中。管理者发现，在不改变现有系统的前提下，仿真可以在做出资本投资决策之前提供有效的"试驾体验"。

13.1 节将对相关内容进行必要介绍，并且讨论生产与物料搬运系统仿真模型的一些特点。13.2 节讨论生产系统仿真的目标以及常用的系统性能评价方法。13.3 节将介绍生产与物料搬运系统仿真的一些常见问题，包括对宕机和故障的处置，以及使用真实的历史数据和历史订单文件的"轨迹还原"（trace-driven）仿真技术。13.4 节对一些报道过的仿真项目进行简要介绍，并提供拓展阅读的参考书目。13.5 节给出一个小型生产线仿真应用的扩展案例，案例着重于实验设计以及系统性能分析，以达到预期产出为目标。如需了解仿真软件在生产和物料搬运方面的应用，请阅读 4.7 节。

## 13.1 生产与物料搬运仿真

和所有建模项目一样，生产与物料搬运仿真项目需要阐明项目范围和详细程度。我们通常认为：范围是仿真的宽度，详细程度体现仿真的深度。范围描述了一个项目的边界，也就是模型中应该包括什么以及不包括什么。对于子系统、过程、机器设备或者其他组件而言，项目范围决定了它们是否应该被纳入模型之中。一旦某个组件或者子系统属于模型的一部分，就可对其进行不同深度的模拟。

范围和详细程度是否合适取决于研究目标和待解决问题的特征。另一方面，详细程度受限于输入数据的可用性，以及对于系统构件如何运转的了解程度。对于新的、不存在的系统来说，可用数据很少甚至没有，对系统的了解也可能基于假设。

虽然可以找到一些具有普遍意义的指导规则，但是在项目早期，选择合适范围以及详细程度最有效的保障主要是仿真分析人员（与用户一同完成待设计模型问题定义）依靠经验所做的决策和判断。

模型应该模拟传送带的各个部分或者车辆的每一次移动吗？还是只用一个简单的时间延迟替代？模型应该模拟辅助零件或采购件的搬运过程吗？还是模型可以假设在装配过程时，所需零部件总是在正确的位置唾手可得？

待模拟的控制系统应该详细到何种程度？许多现代生产设备、分销中心、行李搬运系统，以及其他物料搬运系统都是借助管理软件通过计算机控制加以实现的。此类控制软件中的算法对于系统性能起到了关键的作用。仿真通常被用于评估、比较竞争性方案的效用，评估所提出的改进方案。在控制系统被正式实施之前，仿真可用于对系统内在逻辑进行调试或微调。

在为建模项目选择合适的范围及详细程度时，需要明确上述这些有代表性的问题。反过来说，模型范围和详细程度也限制了模型所能描述的问题类型。此外，模型可以通过迭代的方式进行开发：如果某个外围操作过程被证实能极大地影响主操作过程，那么我们会在后续阶段增加这一外围操作的相应细节。我们建议在项目开始的时候模型要尽可能简单，然后根据需要逐步增加细节内容。

### 13.1.1 生产系统模型

生产系统模型需要考虑此类系统的很多特征，具体包括： 510

1）物理布局

2）人力

- 排班
- 工作职责和认证

3）设备

- 成本费率和设备能力
- 故障
  - 无故障运行时间（故障间隔时间）
  - 修复时间
  - 完成修复所需资源

4）维护

- 预防性维护计划
- 所需时间和资源
- 所需工具和装置

5）加工中心

- 加工
- 装配
- 拆卸

6）生产

- 生产流程，工艺路线，所需资源
- 物料清单

7）生产排程

- 按照库存安排生产
- 按照销售订单安排生产
  - 顾客订单
  - 销售订单行物料和数量⊖

8）生产控制

- 将加工作业分配至特定工作区域
- 加工中心的任务选择
- 确定工艺路线

---

⊖ 一个销售订单可以包含多个产品或物料，每一个产品或物料对应订单中的一行，所以可以按照订单行产品或物料进行生产排程。销售订单由订单头和订单行两部分组成。订单头包含客户名称、发货地址、联系方式等。一张销售订单可以包含多个订单行。

9) 供应
- 订购
- 物料接收和存储
- 将物料配送至加工中心

10) 存储
- 供应
- 零件
- 在制品
- 产成品

11) 包装和发运
- 订单合并
- 文案工作
- 拖车装载

511

### 13.1.2　物料搬运系统模型

在生产系统中，一件物品在系统中总停留时间的 80%～85% 处于物料搬运或等待物料搬运状态，这在实际生活中并不罕见。在制品(WIP)代表大量的资金占压，因此减少在制品数量及其在生产过程中的等待和延迟，可以节约大量成本。因此，对于某些研究来说，详细的物料搬运系统仿真有助于降低成本。

在某些生产线上，物料搬运系统是其重要的组成部分。比如，汽车喷漆车间会使用积放式传送带(power-and-free conveyor)，传送系统将汽车车身或车身零件运送至喷涂区，完成喷涂工作后离开该区域。

在仓库、分销中心，以及流式加工和堆叠码货操作中，物料搬运显然是物料运送模型的关键组成部分。在人工操作的仓库中，通常使用手动叉车将托盘从收货区送至储位，或者从储位运至发货区。自动化程度更高的分销中心可能会使用大型传送系统完成储存、订单拣货、订单分拣以及订单合并等操作。

物料搬运系统模型一般必须包含以下类型的子系统：

1) 传送带
- 可集聚式传送带
- 不可集聚式传送带
- 分度式传送带或用于特殊用途的传送带
- 固定位置或者随机位置
- 积放式传送带⊖

2) 运输车辆
- 无约束车辆(比如手工操作的叉车)
- 可导引车辆(自动导引或由操作员控制的车辆，循导线运动的车辆，轨道式车辆)
- 桥式起重机和其他门式升降机

---

⊖ 传送带不间断运行，在需要的时候，可由操作人员控制并将其停止，以便操作人员对传送带上的物品进行存取，其后即可恢复运行。启停操作可视需要随时实施。

3）存储系统

- 托盘存储
- 箱式存储
- 小件存储（手提箱）
- 大尺寸物料存储
- 货架式存储或堆叠式存储
- 具有存取设备（SRM）的自动化仓库（AS／RS）

### 13.1.3　一些常见的物料搬运设备

应用于生产、仓储、配送业务操作的物料搬运设备有很多种常见的类型，包括无约束运具，比如手推车、手动叉车和托盘千斤顶；导引型运具，比如自动导引车辆（AGV）；固定线路运具，比如各类传送带。

无约束运具，有时候也称为自由行程运具，包括手推车、叉车、托盘千斤顶，以及其他手动的、可自由穿过设施而不受任何提前规划路线限制的车辆。无约束运具的活动范围不限于固定的路径网络，可以选择替代路径或在障碍物周围移动或绕行。与之相反，路径导引运具必须沿着固定路径移动，例如地板上的化学轨迹，嵌入地板中的电线或者依据特定策略布置的红外光，或者通过使用无线电通信、激光引导、航位推算（dead reckoning）以及轨道进行自我引导。路径导引运具在沿着路线行驶过程中，偶尔会与其他车辆发生空间拥塞，并且在遇到障碍物或堵塞时，其备用路径选择通常是有限的。这一类运输工具包括自动导引车辆，用于存储和托盘回收的轨道引导转塔车，以及自动化仓库中的起重机。

传送带是用于物体点对点传送的固定路径设备，遵从固定的线路，有特定的装载、停止、运输和卸载点位。传送带系统包含大量相互关联的部件，完成货物的合并与转移，各个部件都有很多不同的类型。传送带分为很多种，包括带式（belt）、电控或由重力控制的滚轴式（powered and gravity roller）、桶式（bucket）、链条式（chain）、倾斜托盘式（tilt tray）以及积放式（power-and-free），每一种都特点鲜明，在仿真过程中需要对其进行精准化建模。

大多数传送带系统可以分为集聚式（accumulating）和非集聚式（non-accumulating）两类。集聚式传送带的运转是连续的，若某个物体的前进过程受阻，此时该物体会在传送带上滑动，从而保证相对位置不动，后面的物体跟随传送带继续移动，直到与该物体碰触并堆积在一起。一些带式和大部分的滚轴式传送带都采用这种方式。只有输送的物品不会因碰撞而损坏时才使用集聚式传送带运输。

相反，如果一个物体处于非集聚式传送带上，那么它相对于其他物体的位置是不变的。如果一个物体停止前进，那么整个传送带系统就必须停止运转，此时处于传送带上的所有物体都会停止运动。比如，非集聚式传送带会被用来运输还未装入纸箱的电视机，因为它们装配或者检测过程中相互间必须保持一段安全距离。桶式传送带、一些履带式传送带和用来运输大型物体（通常是托盘）的传送带都属于非集聚式传送带。

传送带还分为固定间距型传送带和随机间距型传送带。在固定间距型传送带上，物体必须处于一个个相同长度的传送带平面或空间内，与直线形的履带式传送带以及由链条引动的托盘类似。比如，在倾斜托盘式传送带中，通常使用固定长度、连续运转的托盘来运输货物，控制系统用来确保每个物体都在相互分离的托盘上。因此，这是一个非集聚式的、固定间距的传送带。相反，在随机间距传送带上，物品可以分布在传送带的任意位置，只要有足够的空间容纳它们。

除了这些基本类型的传送带以外，还有很多运送特殊物品的特殊类型传送带。比如，分度式传送带(indexing conveyor)在运输过程中以增量步伐向前移动，总是保证前一个物体的后缘与后一个物体的前缘之间留有固定的间距，目的是形成物体的"嵌入空间"(slug)，以便多个物体能够一同装载到传送带上⊖。对于某些系统的局部行为来说(例如，某工作站点或感应点的性能指标)，详细了解物理过程与控制逻辑并对其精确建模，是实现准确仿真的关键。

## 13.2 仿真目标和性能测度

仿真的目的在于深入洞察而非浮于问题表面(不仅仅停留在仿真输出的数字结果，而是要一探究竟)。仿真软件与服务的购买者和使用者希望深入了解新系统实施或调整后，系统将如何运转。比如，会达到预期的产量吗？高峰时段的制造周期会有什么变化？当遇到短期波动时，系统具有恢复能力吗？当短期波动导致堵塞和排队时，系统的复原时间是多长？人员配置的要求是什么？会出现什么问题？如果问题发生了，会导致怎样的后果？其产生的原因是什么？系统的处理能力有多大？什么样的环境和负载可以使系统达到它的最大能力？

我们寄希望于仿真可以提供量化的性能指标测度值，比如给定条件下的产品产出量，但是仿真的主要作用是对系统运营进行更为深入的了解。借助动画和图表等可视化手段，可以帮助人们理解仿真模型在系统假设、系统操作和结果输出等方面存在的问题。通常，可视化是提高模型可信度的重要手段，高可信度使得模型的输出数据更易被人们接受。当然，合理的实验设计(包括实验条件的合理范围及其严格分析)以及恰当的统计分析手段(对于随机仿真模型而言)对于仿真分析人员从输出结果中得到正确结论是至关重要的。

生产仿真模型的主要目标是确定问题范围和量化系统性能。常见的系统性能评价指标包括：

- 在平均负载和峰值负载下的产出量。
- 系统制造周期(生产一个零部件所花费的全部时间)。
- 资源、人工及设备的利用率。
- 瓶颈工序和拥塞点。
- 加工环节的排队队列。
- 由物料搬运系统和设备所导致的排队和等待。
- 在制品库存空间需求。
- 人员配置需求。
- 计划系统效率。
- 控制系统效率。

通常，物料搬运对于生产系统及其性能具有重要影响。非生产型物料搬运系统包括仓库、分销中心、交叉堆放作业、机场和集装箱码头的搬运系统。此类非生产型物料搬运系统的主要目标虽然与生产型物料搬运系统类似，但是还要考虑以下内容：

- 处理一天内产生的所有顾客订单所需时间。

---

⊖ 此类传送带在食品加工工业用的比较多，例如在巧克力包装线上，传送带一次前进一段距离，机械手一次装入多块巧克力，这些巧克力以固定的间隔放置在传送带上，随着传送带前移进入到下一步包装工序。

- 订单样式(order profile)变化的影响(对于分销中心来说)。
- 卡车/拖车在收货区和发货区的排队和等待。
- 高负荷时期物料搬运系统的效率。
- 短期波动后的系统复原时间(例如,行李搬运系统中的此类现象)。 514

## 13.3　生产与物料搬运系统仿真的相关问题

对于生产系统与物料搬运系统,为了开发出精准有效的仿真模型,有些问题必须了解清楚,这是很重要的。其中有两点尤为重要:一是如何对宕机现象建模;二是对于模型输入而言,要考虑是使用真实的历史数据还是使用仿真输入统计模型。

### 13.3.1　对宕机和故障建模

不可控的随机宕机现象对生产系统性能有很大影响。许多学者已经讨论过对宕机数据如何进行合适的统计建模(Williams[1994]、Clark[1994]、Law 和 Kelton[2000])。本节将讨论不恰当的宕机模型会产生什么问题,并且提出了针对机器设备和系统宕机问题进行正确建模应采取的一些方法。

计划性宕机行为(如预防性维修)或者周期性宕机(如工具更换)对系统性能也有很大影响。这两类宕机行为通常是可以(或者说应该可以)事先预测或预知的,因而可以通过合理计划使其对系统的影响最小。此外,改进设计和新技术也可以缩短宕机的持续时间。

以下是对于随机不可控宕机问题建模的几个可选方案,相比而言,其中的一些方案会有更好的效果:

1) 直接忽视宕机问题。

2) 对宕机问题不进行精确建模,而是按照一定比例,将宕机时间加入到处理时间之中。

3) 将平均无故障运行时间和维修时间设定为常数。

4) 使用统计分布对平均无故障运行时间和维修时间建模。

通常,我们不推荐第一个方案。如果宕机和现实中大多数情形一样,都对实验结果有影响的话,那么采用第一种方案构建的模型肯定是不准确的。但是,在充分了解所研究问题的基础上,忽略一些极少在生产线和工厂发生的宕机事件(如灾难性事件,或使工厂和生产线长期停工的事件)却是可行的。换句话说,采用这种方式构建的模型能够应对一般宕机事件,而忽略一些极少发生的灾难性宕机,比如断电、暴风雪、龙卷风和飓风,这些都是很少发生的情况,但是一旦发生就会造成生产的全面停工。项目文件中规定的范围应该清楚地标明操作环境的假设条件,以及不包含在模型中的那些假设条件。如果每年雪季会关闭工厂已经成为一种共识,那么仿真模型中就应该将这些宕机因素考虑在内,因为在制定年度计划时,停工的这几天肯定会影响仿真结果。

第二种可能(将宕机作为影响因素,调整每个作业或零件的处理时间)是在受限制的情况下,使用可接受的近似值。如果每个作业或者零件会受到大量设备或工具的微小宕机延迟的影响,那么这些延迟的总时间长度可以增加到净处理时间之中,从而形成调整后的处理时间。如果总延迟时间和净处理时间是随机的,那么此时就需要一个恰当的统计分布来表征调整后的处理时间。如果净处理时间是固定值,而总延迟时间在一个加工周期中是随机可变的,那么将处理时间按照固定比例进行调整就不准确了。比如,如果处理时间通常是 10 分钟,但设备会因为宕机而损失 10% 的加工能力,这种情况下,如果仅仅将处理时 515

间改为常数 11 分钟就是不正确的。这样的确定性调整对于系统总生产量而言，可能仍会提供比较精确的估计，但是对于局部行为，比如高峰期的队列长度、所需暂存区空间，就缺乏精确估计。排队情况和短期拥塞很大程度上受到随机性和变异性的影响。

第三种可能是将无故障运行时间和维修时间设为常数，这在某些情况下是合理的，比如因为计划内的预防性维修所产生的宕机现象。其他所有情形，即第四种可能性，由合适的统计学分布确定的无故障运行时间和维修时间才是精确的。这不仅仅需要有真实数据（用于使用第 11 章中的方法选择合适的统计分布），或者当数据不足时，也可以依据导致宕机因素的自然特性而进行适当假设，从而确定合适的统计分布。

无故障运行时间的内在构成原因同样是重要的。当系统中存在大量可能导致故障的因素时，无故障运行时间还是随机的吗？在这种情况下，指数分布可能是比较适合的统计模型。如果无故障运行时间由某些重要因素（比如工具损坏）造成，此时均匀分布或截尾正态分布会更适用。在后一种情况中，统计分布的均值代表平均无故障运行时间，统计分布提供了围绕均值上下波动取值的技术。

无故障运行时间可以通过多种方法进行度量：

1）通过实际时间（现实世界中的时间，而非仿真时钟时间）。

2）通过机器或设备的忙碌时间。

3）通过制造周期循环的次数。

4）通过所生产的产品数量。

故障或失效的原因可能来自于时间限制、设备实际使用情况或者加工循环周期（注意，我们在这里使用的是"故障"（breakdown）或者"失效"（failure）而不是"宕机"（down-time），即使"宕机"也可能由预防性维护引起）。如前所述，故障或失效在持续时间上具有概率性和确定性。

因实际使用而引起的设备故障与资源的使用时间相关。比如，只有机器处于使用状态时，才会发生磨损。无故障运行时间是根据机器忙碌时间而不是时钟时间测量的[⊖]。如果无故障运行时间是 90 小时，那么在上一次宕机结束后和下一次宕机开始前，模型持续记录系统忙碌时间，当忙碌时间达到 90 小时，则加工过程中断，宕机发生。

基于自然（时钟）时间（clock-time）的故障可能与计划性维修有关。比如，为了达到设备润滑的标准，润滑液需要每三个月更换一次。基于时钟时间的宕机也可能用于一些长期处于忙碌状态，或者不进行加工时仍需运转的机器设备。

周期性故障或失效是以资源使用次数为基准的。比如，某种工具每使用 50 次就需要打磨一次。基于循环周期次数或者加工产品数量的宕机现象，可通过提前设定一个循环次数或者产品加工数，然后由仿真模型进行计数，达到该预设值时宕机发生。基于忙碌时间和周期次数的典型宕机问题包括设备保养或者工具更换。

还有一个问题是当故障发生时，正在设备上加工的零件该如何处理？在设备故障解除后，该零件可能面临丢弃、返工后继续加工等几种情况。某些情况下（例如，应马上进行预防性维修），正在机器上加工的零件应继续加工直至完成，然后才开始维修或保养。

维修时间的统计建模有两种基本方式：

1）纯粹的时间延迟（无须资源）。

---

⊖ 此处要求无故障运行时间只是机器忙碌时间的累加，不包括机器处于空闲状态的时间。对于 TTF 是否包含机器设备的空闲时间，要依具体情况而定，本章后的习题 5 就要求 TTF 包含设备空闲时间，即自然时间累加。

2）等待资源（比如维护工）的时间，加上实际维修所花的时间。

当然，在实际建模过程中，上述方法会有很多变化。当维修或维护人员数量有限的时候，第二种方法可以实现更准确的建模，并可以提供更多的信息。

以下例子阐述了选择合适方法对宕机时间进行建模的重要性，以及不合适的假设会导致的后果和不精确的结果。

### 例 13.1　排队系统中宕机的影响

假设一台机器可以生产多种零件，这些零件以随机混合的方式在随机时间到达。通过数据分析可知，均值为 7.5 分钟的指数分布可以对加工时间提供相当精确的统计表征。零件到达是随机的，且到达间隔时间服从均值为 10 分钟的指数分布。机器发生故障的时间也是随机的。对宕机的研究表明，该机器的无故障运行时间精确地服从均值为 1000 分钟的指数分布。修理时间也服从指数分布，均值为 50 分钟。当故障发生时，正在加工的零件将被从机器上移除；当修理完成后，该零件会被继续加工。

当一个零件到达时，它需要排队直至开始加工。我们希望估计排队队列的大小。为此我们进行实验设计，以估算队列中排队零件的平均数。为精确地研究宕机处理的结果，该仿真模型需要在不同假设下运行。对每种假设情况和每一次仿真，仿真时长控制在 100 000 分钟。

表 13-1 显示了对无故障运行时间的 6 种不同处理方式，以及对应的队列中排队等待的零件数量变化情况。因为每一种处理方式都包括随机因素，所以我们对每种处理方式进行 5 次重复仿真，每次仿真的输出值及其算数平均值都列在表中。

表 13-1　机器故障条件下队列中排队零件的平均数量

| 方案 | 第一次仿真 | 第二次仿真 | 第三次仿真 | 第四次仿真 | 第五次仿真 | 多次仿真结果的均值 |
|---|---|---|---|---|---|---|
| A. 忽视故障 | 2.36 | 2.05 | 2.38 | 2.05 | 2.70 | 2.31 |
| B. 将服务时间增至 8.0 分钟 | 3.32 | 2.82 | 3.32 | 2.81 | 4.03 | 3.26 |
| C. 一切因素都是随机的 | 4.05 | 3.77 | 4.36 | 3.95 | 4.43 | 4.11 |
| D. 处理时间是随机的，宕机发生是确定性的 | 3.24 | 2.85 | 3.28 | 3.05 | 3.79 | 3.24 |
| E. 一切因素都是确定性的 | | | | | | 0.52 |
| F. 处理时间是确定性的，宕机是随机发生的 | 1.06 | 1.04 | 1.10 | 1.32 | 1.16 | 1.13 |

第一种方案（case A）是直接忽视故障，则队列中排队零件的平均数量为 2.31，经过 5 次独立重复仿真，均值范围从 2.05～2.70。我们不推荐使用这种处理方式。

第二种方案（case B）是对停机的影响进行近似表示，将平均服务时间由 7.5 分钟增加到 8.0 分钟。平均来说，每一次宕机及维修周期之和为 1050 分钟（包括机器停运的 50 分钟）。从长期平均来看，机器宕机约占总时间的 $50/1050 = 4.8\%$。所以宕机一次与将处理时间增加 4.8%（调整后为 7.86 分钟）大致是等效的。因此，8 分钟的零件加工时间是比较保守的处置方法。对于这种处理方案而言，经过 5 次仿真的队列中排队零件的平均数量是 3.26，5 次仿真输出取值范围从 2.81～4.03。（我们应该注意到，与其他方案相比，该方案的参数范围变化非常小。）第二种方案的处置方式在某些情形下可能是恰当的，但是，正如上一节中分析的那样，在本例的假设环境下，该方案就不再适用了。

第三种方案(case C)中，合适的处理方式是用正确假设的指数分布来对待零件加工和故障中存在的随机性。本例中，按照该方案计算的队列中的零件平均数量是 4.11。在 5 次重复仿真中，平均队列长度范围从 3.77～4.43。与第二个方案相比，队列长度之间的差异在 1 个零件左右。

第四种方案(case D)对问题进行了简化，即认为加工过程是随机的，故障时间是确定的。按照这种方案，本例中的平均队列长度是 3.24。5 次仿真中的输出值范围从 2.85～3.79，和第三种方案相比，输出取值的变化范围明显缩小。

第五种方案(case E)认为所有时间都是确定的。这时只需要一次重复实验，因为再多的仿真结果都是一样的。平均队列长度为 0.52，与第三种方案或其他任何方案相比，平均队长明显减少。我们可得如下结论：忽视随机性是危险的，可能导致完全不真实的结果。

第六种方案(case F)认为零件到达时间和加工处理时间是确定的，但是故障时间是随机的。按照这种方案，平均队长为 1.13，5 次仿真输出值的跨度从 1.04～1.32。对于制造工厂中的某些设备和加工过程来说，第六种方案比较接近现实：加工时间是不变的，零件到达设备的时间也是不变的。这时读者仍需思考：无故障运行时间和维修时间的错误假设会导致哪些不精确的问题。

总之，对随机因素处理方式不同，可能造成平均队长的较大差异。使用正确方法处理随机性的结果可能与使用其他方法得到的结果有很大的不同。当详细数据不可得而平均数据可得时，人们往往将无故障运行时间的平均值设定为常数。例 13.1 说明了失当假设的危害。至于哪种方法和统计分布是合适的，取决于我们所拥有的数据和当前的问题背景。

517
～
518

正如 Williams[1994]所分析的那样，对宕机问题的恰当处理，是获得有效生产系统模型的核心问题。主要因素包括：

1）避免问题的过度简化和不当假设。

2）仔细收集宕机数据。

3）使用统计分布，精确地表征无故障运行时间和修理时间。

4）针对宕机发生的情况，实现对系统逻辑的精确建模(包括修理时间逻辑，以及对正在加工零件的处理方式)。

### 13.3.2 轨迹还原模型

由真实历史数据驱动的模型称为轨迹还原模型(trace-driven model)。本节中，我们将给出一个运用历史数据处理输入数据项的模型案例，并介绍该方法与其他方法的比较优势。

现在考虑一个分销中心问题。在接到顾客订单之后，要求在一天内完成所有订单处理和发货工作。建模面临问题之一是如何表示一天内收到的顾客订单。典型订单通常包含一个或多个订单行物品，而每个订单行物品又包含很多小的零部件。例如，你想买一套新的立体声音响，那么需要同时购买功放器(amplifier)、调谐器(tuner)以及 CD 播放器(这些独立的订单行物品，各自的数量为 1)，还要买 4 个相同的扬声器(这是一个订单行物品，其数量为 4)。订单样式(profile)可能是我们要考察的分销系统某个性能指标的主要影响因素。一个针对顾客数量少、订单内容多(每张订单有多个订单行)而设计的系统，如果用于顾客数量多(或者大量分开的运输)、订单内容少(每张订单只包含 1～2 个订单行物品)的环境，其运行效果可能会大打折扣。

一种应对方法是使用离散数据分布来定义订单样式中的每一个变量：

1）订单行的数量。

2）每一个订单行中的零部件数量。

如果这两个变量是统计独立的，那么这种方法就可用于订单样式的有效建模。但是对于现实中的很多应用来说，这两个变量可能是高度相关的，因而难以进行统计描述。比如，一家生产服装和鞋制品的公司有六个大客户（包括大型购物中心和折扣连锁店），这些客户的订单占该公司销售总额的50%，这些客户的一张订单通常会包含数千个订单行产品，每个订单行产品的订货量也非常庞大。另一方面，该公司另外50%的订单可能只有一两双鞋（这是准时制生产带来的结果！）。那么对于这家公司来说，一张订单中的订单行数量与订货量是高度正相关的，也就是说，包括大量订单行产品的大订单，其每个订单行产品的订货数量也是很大的；而只包括一两个订单行的小订单，其每个订单行产品的订货量也是较小的。

如果这两个变量（订单行数量和每个订单行产品的订货量）使用独立的统计分布来描述，会发生什么情况呢？当在仿真过程中生成一个订单，模型会独立地分别计算和生成这两个变量值，会导致模型中的订单样式与实际情况有很大不同。这种错误假设可能会导致相当多的订单只有一两个订单行，而每个订单行的订货量却比实际多得多。

另一个常见但更为严重的错误是以平均值对订单进行假设，然后在仿真过程中，每天的订单数量都是相等的，每张订单也都是典型的⊖。依据作者的经验，大量订单分析结果显示：第一，不存在标准订单；第二，不存在标准的订单样式。

还有一种方法，也是已经证实的有效方法，是由公司提供以往某年某些天的实际订单数据，通常我们希望模拟高峰期的情况。使用这种方法的模型叫做轨迹还原模型。

轨迹还原模型消除了由于忽视或者错误估计数据相关性而导致的所有可能的错误。这种方法有一个明显的局限性，即当顾客希望调整订单样式时无法进行模拟（比如将订单行数量和订单行产品数量都相对较小的订单调整到更高的比例）。实践中，我们可以通过在模型中的订单样式部分增加一个"拨号盘"来消除，这样，仿真分析人员就可以根据意愿将某个指标值调得更大或更小。第一种方法是将一天中的订单视为统计总体，模型以随机的方式从总体中进行抽样。这种方法在不修改订单样式的前提下，可以方便地调整总订单数量。第二种相关方法是将一天中的订单进行分组，分组依据的是订单行数量、每种订单行产品的订货量或其他数值型参数，然后从各个分组中以一定的比例进行抽样。通过更改这一比例，不同订单样式可以被"调配"并加入仿真模型之中。第三种方法是使用调整因子来调整每天的订单数量、订单行数量以及订单行产品的订货数量。在实践中，上述任何一种方法都可能对未来订单样式进行准确的假设，也可以帮助建立低成本的、合理的、精确的模型，尤其适用于检验系统方案对于订单样式假设调整的稳健性问题。

以下是一些可能应用轨迹还原模型输入变量的例子：

- 对于定制加工车间收到的订单，使用实际的历史数据。
- 对于可生产100种不同款式和尺寸的热水器组装线，订单中多种型号的混合订购、各品种订购量以及工艺顺序。
- 对于无故障运行时间和宕机时间而言，使用实际的维护记录。

---

⊖　这里所说的典型订单，是指每张订单的订单行数量以及每个订单行的订货量都与历史观测的平均值差不多。

- 对于卡车到达仓库的时间，使用门卫的记录数据。

能否建立轨迹还原模型或使用统计分布对输入数据进行表征，取决于很多因素，包括变量自身特征、是否与其他变量相互独立、精确数据的可获得性，以及待描述问题是什么。

## 13.4 生产与物料搬运系统仿真的案例研究

《冬季仿真大会论文集》《IIE 杂志》《现代物料搬运》以及其他期刊都是很好的信息来源，可以从中获得生产系统与物料搬运系统相关案例的简要内容。

往期《冬季仿真大会论文集》中某些论文的摘要，可以对那些使用仿真方法求解的问题提供一些深度的剖析。我们对下面这些摘要进行了调整和适度精简，旨在向读者表明仿真在实际应用中的广泛性。

520

**议题：半导体晶圆制造**

论文：Modeling and Simulation of Material Handling for Semiconductor Wafer Fabrication（半导体晶圆制造中物料搬运的建模与仿真）

作者：Neal G. Pierce and Richard Stafford[1994]

摘要：这篇论文对某个半导体晶圆制程之间的物料搬运系统进行了分析，并给出了方案研究的结果。作者针对常规超净室物料搬运系统（包括手动和自动系统）建立了离散事件仿真模型。常规超净室物料搬运系统包括一个制程间高架单轨系统、用于批量存储的在制品储货设备，以及在制程间移动的手动搬运系统。作者构建了仿真模型和仿真实验，用于分析超净室物料搬运中存在的问题，这些问题包括设计常规的自动物料搬运系统，以及确定对运输车辆的数量要求。

**议题：航天制造中的仿真**

论文：Modeling Aircraft Assembly Operations（航天器装配操作建模）

作者：Harold A. Scott[1994]

摘要：为了帮助读者理解航天器装配操作之间的复杂影响和相互作用，作者构建了一个仿真模型。仿真可以帮助读者识别资源约束对于动态加工能力和制造周期的影响。为了分析这些影响，仿真模型必须在代码控制层面捕捉作业和装配工人之间的交互过程。这篇论文针对工人在航空器组装线上的操作，介绍了建立仿真模型所需考虑或注意的五个方面：

- 代表作业前后位次的关系。
- 模拟具有不同技能和工作熟练度的员工。
- 将员工重新分配到不间断的生产过程之中。
- 记录班次轮换和加班情况。
- 建模过程中考虑空间约束以及员工在生产现场的移动情况。

**议题：生产系统控制**

论文：Discrete Event Simulation for Shop Floor Control（面向车间控制的离散事件仿真）

作者：J. S. Smith, R. A. Wysk, D. T. Sturrock, S. E. Ramaswamy, G. D. Smith, S. B. Joshi[1994]

摘要：论文介绍了仿真在柔性生产系统中车间控制方面的应用。仿真模型不仅作为分析评估工具使用，也可以作为任务生成器用于规范和检验车间任务控制系统。使用这种方法，不是将仿真模型中控制逻辑的开发技术和问题解决方式简单地复制到控制系统开发过

521

程中，恰恰相反，而是要将用于控制系统的控制逻辑引入仿真模型之中。此外，由于在仿真模型中实施了控制逻辑，因而可以提供非常逼真的系统性能预测。论文介绍了在两个柔性生产实验室实施仿真应用的经验。

**议题：柔性制造**

论文：Developing and Analyzing Flexible Cell Systems Using Simulation（基于仿真的柔性制造单元系统开发和分析）

作者：Edward F. Watson and Randall P. Sadowski[1994]

摘要：论文开发和评估了柔性制造单元的设计方案，旨在为一个中等规模的工业设备制造厂构建敏捷制造环境。基于传统的流程分析方法、以往经验及常识性认识，作者提出了三种备选的工作单元设计方案。仿真模型允许分析人员评估在当前环境下各个方案的性能指标，也可以在可预期的未来情形（包括产品要求的变化、混式生产及生产技术变革）中评估每一个方案的性能。

**议题：生产系统建模**

论文：Inventory Cost Model for "Just-in-Time" Production（面向"准时制生产"的库存成本模型）

作者：Mahesh Mathur[1994]

摘要：论文介绍的仿真模型用于比较不同批量（lot size）下库存系统配置成本和搬运成本。虽然减少批量是实现"准时制生产"的必要途径，我们仍然需要仔细地进行成本研究以确定当前环境下的最优批量。该仿真模型形象地展示了搬运成本的波动，以及在动态模式下特定时间范围内配置成本的累积过程。然后，就可以在现实成本数据的基础上确定最优批量。

**议题：生产系统分析**

论文：Modelling Strain of ManualWork in Manufacturing Systems（生产系统中手工操作的建模难题）

作者：I. Ehrhardt，H. Herper，and H. Gebhardt[1994]

摘要：这篇论文介绍了一个仿真模型，该模型研究物流系统中的人工操作问题，以提高规划建设的物流系统效率。尽管自动化程度不断提升，在生产系统和物流系统中的某些关键任务仍然需要由人来处理。当前的仿真模型很少关注此类人力活动。

**议题：生产案例研究**

论文：Simulation Modeling for Quality and Productivity in Steel Cord Manufacturing（钢丝绳生产的质量与效率仿真模型）

作者：C. H. Turkseven and G. Ertek[2003]

摘要：这篇论文介绍了应用仿真模型估计和提高钢丝绳生产质量和生产率的问题，研究着重于钢丝断裂的情况分析，因为钢丝断裂是系统故障的重要原因。

**议题：生产分析和控制**

论文：Shared Resource Capacity Analysis in Biotech Manufacturing（生物技术制造中共享资源的能力分析）

作者：P. V. Saraph[2003]

摘要：这篇论文讨论了仿真在共享资源的能力需求分析方面的应用，以 Bayer 公司的气流冷冻器资源为例。该仿真模型用于工作负荷模式的分析，验证不同的负荷方案（考虑不确定性和变化性），并针对能力扩容计划提供建议。此类分析也证明了运作排程策略的

522

重要性。分析结果被用于 2002 年的企业投资决策。

**议题：生产分析与控制**

论文：Behavior of an Order Release Mechanism in a Make-to-Order Manufacturing System with Selected Order Acceptance（在订单可选的前提下按订单生产系统中订单发布机制的行为研究）

作者：A. Nandi and P. Rogers[2003]

摘要：作者使用仿真模型来评估一项有争议的策略，即在订单被派发到工厂之前对其进行排序。在"面向订单生产"的制造系统中，如果产能是固定的，且外生变量交货日期是不能改变的，订单分派的不合理可能会导致系统整体交货期的延迟。该模型用于评估一个替代方法：订单的选择性拒绝（确保在可接受的交货期前提下，应对需求激增的情况）。

## 13.5 生产案例：组装生产线仿真

本节介绍了 gizmo 产品的总装生产线模型，重点描述仿真如何用于分析系统性能。

### 13.5.1 系统描述和模型假设

在某生产工厂，一个工程师团队为 gizmo 产品的总装设计了一条新的生产线。在新系统投资之前，一些团队成员建议使用系统仿真对待建系统的性能进行分析，尤其是要预估系统的产出能力（gizmo 产品在一个 8 小时班次中的平均产出量）。此外，工程师希望评估该系统的潜在改进能力，改进方案之一是增加相邻工作站点之间用于存储在制品的暂存区空间容量。

研究团队决定建立仿真模型并据此进行分析。首要目标是针对给定系统设计方案预测产出量（每班次能够生产产品的平均数量），并估计是否达到了预期值。此外，如果产出量低于预期值，团队成员想要使用仿真模型识别产线中的瓶颈，深入了解系统的动态特征，以及评估潜在的改进策略。

拟建设的生产线拥有 6 个工作站点，在每两个相邻站点之间还要放置一个存放在制品的货架。6 个站点中的 4 个是手工操作站点，配备各自的操作工，其余两个自动化工作站点共享一名操作工。6 个站点按照下列顺序执行生产任务：

站点一：初始化手工站点，开始一个新 gizmo 产品的总装过程

站点二：手工装配站点

站点三：手工装配站点

站点四：自动装配站点

站点五：自动测试站点

站点六：手工包装站点

在每一个手工操作站点，操作工将 gizmo 产品吊装到工作台上，完成一些加工操作，然后将其卸载至在制品存储区，等待前往下一个工作站点。操作工分别需要 10 秒和 5 秒完成一个产品的吊装和卸载操作。

对于站点之间的在制品存储货架来说，其容量是有限的。如果某个工作站点完成了一个产品的加工，但是其后置的在制品货架已经满了，那么该产品不得不留在该站点中，从而阻塞后续产品的加工。在初始设计方案中，在制品存储货架的容量如表 13-2 所示（假设站点 1 前面的在制品货架永远保持 4 个单位的满载水平；由于该货架一直是满的，所以无须考虑它的容量问题）。具有表 13-2 所示容量的系统方案称为基准配置方案（baseline configuration）。

表 13-2　基于基准配置方案的在制品存储区容量

| 站点前置货架 | 1 | 2 | 3 | 4 | 5 | 6 |
|---|---|---|---|---|---|---|
| 储存区容量 | 4 | 2 | 2 | 2 | 1 | 2 |

随着时间的推移，工具会发生故障，从而在手工操作或自动化站点导致意料之外的宕机或超时操作。此外，所有工人按计划有 30 分钟的午餐时间，且都安排在同一时间开始。午餐开始时，正在进行的操作会被中断，并在午餐后继续处理。这种中断/重新开始的规则适用于多种操作任务，包括产品装配、零件补充供应，以及宕机过程中的维修工作。

在自动化操作站点，由机器执行装配或测试工作。自动化站点虽然可能会有意料之外的宕机情况，但是它们在工人午餐时可以持续工作而无须停工。一名工人负责 gizmo 产品在自动化站点机器上的装载和卸载工作（分别是 10 秒和 5 秒），产品被安装在设备上之后，机器就会自动进行加工，整个正常加工过程中无须操作工的干预，直至发生宕机事件。在所有加工站点中，操作工负责宕机之后的设备修理工作。

表 13-3 给出了总装配时间、每个站点零件的补充供应时间，以及每个批次的零件数量。我们假设手工操作站点的装配时间是在表 13-3 所给时间基础上增加一个额外时间项，该时间项服从[−2，2]秒的均匀分布。不是每个 gizmo 产品都需要零件补充供应，而是当一个批次的零件全部消耗之后才会发生。站点 4 和站点 5 不消耗零件。

表 13-3　装配和零件补充供应时间

| 站点 | 装配每个 gizmo 产品所需时间（秒） | 零件编号 | 零件补充 供应时间（秒/批） | 每批次零件数量 |
|---|---|---|---|---|
| 1 | 40 | A | 10 | 15 |
|  |  | B | 15 | 10 |
| 2 | 38 | C | 20 | 8 |
|  |  | D | 15 | 14 |
| 3 | 38 | E | 30 | 25 |
| 4 | 35 |  |  |  |
| 5 | 35 |  |  |  |
| 6 | 40 | F[a] | 30 | 32 |

*a 在站点 6，零件数量（F）代表发运集装箱的数量*

每个站点都会受到宕机事件的影响，手动操作站点 1、站点 2 和站点 3 会发生工具故障或者其他未知问题，自动操作站点偶尔会发生卡锁或者其他需要操作工来解决的问题，站点 6（包装）不会出现宕机。表 13-4 给出了无故障运行时间（Time-To-Failure，TTF）、维修时间（Time-To-Repair，TTR）的分布假设，以及平均无故障运行时间（Mean-Time-To-Failure，MTTF）、平均维修时间（Mean-Time-To-Repair，MTTR）和维修时间浮动范围（＋/−）的假设值。例如，站点 1 的设备维修时间服从均值为 4 分钟的均匀分布，即 $U(3.0，5.0)±1$ 分钟。只有在操作工或者机器工作的时间段，故障才会发生，因此，TTF 只能依据繁忙或加工时间进行统计建模（不计入空闲时间）。

我们考虑的首要模型输出或响应变量，是在 8 小时的一个班次中（假设实际工作 7.5 小时的情况下）的系统平均产出量。该仿真模型也用于测量每个站点的详细利用率数据，包括忙碌时间（或加工时间）、空闲时间（没有零件可以加工）、拥塞时间（由于后一个站点的前置暂存区已满，造成加工完成的零件无法离开当前站点）、意料之外的宕机时间，以及等待操作工的时间，等等。

表 13-4　意料之外宕机事件的相关假设和数据

| 站点 | TTF | MTTF（分钟） | TTR | MTTR（分钟） | +/- | 预期利用率 |
|---|---|---|---|---|---|---|
| 1 | 指数分布 | 36.0 | 均匀分布 | 4.0 | 1.0 | 90% |
| 2 | 指数分布 | 4.5 | 均匀分布 | 0.5 | 0.1 | 90% |
| 3 | 指数分布 | 27.0 | 均匀分布 | 3.0 | 1.0 | 90% |
| 4 | 指数分布 | 9.0 | 均匀分布 | 1.0 | 0.5 | 90% |
| 5 | 指数分布 | 18.0 | 均匀分布 | 2.0 | 1.0 | 90% |

站点空闲（starvation）会在出现以下情况时发生：操作工和本站点已准备好进行下一个 gizmo 产品的加工，刚刚完成加工的 gizmo 产品已经离开了当前站点，但上游加工过程出现问题，使得当前没有 gizmo 产品可在本站点加工。简而言之，本站点的前置在制品暂存区是空的。

站点拥塞（blockage）会在出现以下情况时发生：本站点已完成一个 gizmo 产品的所有加工任务，但是因为下一个站点的前置（或本站点的后置）在制品缓存区已经饱和，从而无法将其发送到下一道工序，只能放在当前站点，导致无法进行下一个 gizmo 产品的加工。对于空闲和拥塞这两种情况，生产时间被浪费在了相关站点而无法挽回。

当一名操作工同时服务于多个站点时，例如一名操作工负责站点 4 和站点 5 的产品装卸和设备维修工作，这样就有可能出现两个站点同时需要这名操作工的情况。某个站点就会发生额外的时间延迟，此时处于"等待操作人员"的状态。每一个站点所发生的拥塞、空闲、等待操作人员等状态都会被记录下来，用于帮助解释产量不足（如果产量不足的情况真的发生了），以及帮助识别潜在的系统改进方案。

### 13.5.2　预仿真分析

在考虑每个站点平均生产周期和预期站点利用率（90%）的基础上，预仿真（presimulation）表明如无意外情况发生，每个工作站点都可以达到预期产能。本节将就此进行讨论。

从预设宕机数据来看，在理想情况下（站点之间不相互影响），研究团队能够预估站点可用性的期望值。假设操作工总是可以将已加工完成的 gizmo 产品传送到下游加工中心的前置在制品暂存区，同时新的一个待加工 gizmo 产品已经处于可用状态。在这种情况下，预期利用率表明每个工作站点各自在工作时间（非午餐时间、非故障时间）内的利用率。预期利用率的计算公式为 $MTTF/(MTTF+MTTR)$，或者等于一次宕机周期中期望繁忙时间除以该宕机周期长度（忙期加维修期），参见表 13-4。这种计算方式忽略了所研究问题的某些影响因素，包括零件的补充供应时间，以及只有一名操作工服务站点 4 和站点 5 所导致的各种时间延迟。

我们所研究的系统的设计目标是每班次（8 小时）产出 390 个 gizmo 成品。如果把午餐时间考虑在内，则每班次最多有 7.5 小时的实际可用时间。如果意外性（随机的）宕机时间预计占可用工时的 10%，则实际可用时间进一步削减至 $0.90 \times 7.5$ 小时 $=6.75$ 小时。这就意味着工作站即使在最慢的加工周期下也必须在 6.75 小时内生产出 390 个 gizmo 成品。因此，每个 gizmo 产品在每个工作站点的总加工时间一定不能超过 6.75 小时/390 = 62.3 秒。

在每个站点中，一个 gizmo 产品的总加工时间包括组装时间、测试时间、包装时间，以及零件的补充供应时间（参见表 13-3），还要加上 10 秒的装载时间和 5 秒的卸载时间。不是每个 gizmo 产品的生产过程都需要零件补充供应，只有在完成一定量的 gizmo 产品加工之后，也就是说给定批次中的全部零件都消耗完成之后，才需要进行零件补充供应。例如，我们使用表 13-3 中的数值，对于工作站 1 而言，每完成 15 个 gizmo 产品加工，零件 A 需要补充供应，耗时 10 秒；同样地，每完成 10 个 gizmo 产品，零件 B 需要补充供应，耗时 15 秒。平均来看，每个 gizmo 产品需要 10/15＋15/10 秒的补充供应时间。

应用上述信息，针对各个站点计算出的最小加工时间列于表 13-5 之中。这些预仿真估计值表明：首先，每个理论上的加工时间都低于所需的 62.3 秒；其次，如果存在瓶颈工序的话，站点 1 和站点 2 是最有可能的。

正如后续仿真分析显示的那样，工作站 1 会由于工作站 2 的宕机而发生拥塞，而工作站 2 不仅会因为工作站 1 的宕机而空闲，也会因为工作站 3 的宕机而拥塞。此类拥塞和空闲会将实际可用工时削减至低于先前计算的预期值（90%）。因此，基于基准配置方案，团队研究人员将产出削减到预期值（每班 390 个）以下。总之，预仿真分析虽然有一定价值，但最多只能对系统性能提供一个粗略的估计。正如仿真结果所展示的，忽视拥塞和空闲会导致系统产出量的过分乐观估计。

表 13-5　各站点的估计总加工时间

| 站点 | 估计加工时间的公式 | 估计值（秒） |
|---|---|---|
| 1 | 10＋40＋5＋10/15＋15/10 | 57.2 |
| 2 | 10＋38＋5＋20/8＋15/14 | 56.6 |
| 3 | 10＋38＋5＋30/25 | 54.2 |
| 4 | 10＋35＋5 | 50.0 |
| 5 | 10＋35＋5 | 50.0 |
| 6 | 10＋40＋5＋30/32 | 55.9 |

526

## 13.5.3　仿真模型与设计系统分析

团队成员应用仿真模型所进行的第一个仿真实验是估算设计系统的性能。系统分析人员应用仿真模型进行了 10 次重复仿真，每次仿真设置 2 小时预热期（初始化周期）和 $5 \times 24$ 小时的运行期。每个班次均值产量的 95% 置信区间由下式计算：

均值产量的 95% 置信区间：(364.5, 366.8)，或 365.7±1.14

以 95% 的置信水平，该模型预测均值产量（或长期运行平均值）在 364.5 到 366.8 之间（每个 8 小时班次），远低于每班次 390 个的设计产能。

团队成员决定开展更深入的调查，查明可能的瓶颈因素和潜在的改善策略。

## 13.5.4　站点利用率分析

此时，团队希望对产出量降低给出合理的解释。他们怀疑这可能与在制品暂存区容量过小所导致的拥塞和空闲有关。团队成员使用相同的模型来评估工作站点的利用率，希望能够提供关于生产量下滑的原因。表 13-6 包含了前五个工作站的宕机时间占比、拥塞时

527

表 13-6　基于基准配置的站点利用率置信区间

| 站点 | 宕机时间占比 | 拥塞时间占比 | 空闲时间占比 | 等待操作工时间占比 |
|---|---|---|---|---|
| 1 | (8.8, 9.6) | (11.4, 12.5) | (0.0, 0.0) | (0.0, 0.0) |
| 2 | (8.2, 8.4) | (8.0, 8.8) | (4.9, 5.6) | (0.0, 0.0) |
| 3 | (7.9, 8.6) | (9.9, 10.4) | (6.1, 6.9) | (0.0, 0.0) |
| 4 | (8.9, 9.6) | (2.0, 2.8) | (7.5, 8.2) | (13.1, 14.4) |
| 5 | (8.3, 9.0) | (0.0, 0.2) | (19.4, 20.4) | (3.9, 4.7) |

间占比、空闲时间占比、等待操作工的时间占比等四项指标估计值的 95% 置信区间。("等待操作工"事件只影响站点 4 和站点 5,因为这两个站点共享一名操作工,其他站点都配有一名专属操作工。除了表 13-6 中所列利用率统计指标之外,操作工每个班次(8 小时)还有 30 分钟的休息时间,占用了 6.25% 的可用时间。)

从表 13-6 的结果中可以看出,拥塞和空闲事件是导致生产量下降的一个原因。另一个可能的原因是:站点 4 花费了更多的时间等待操作工(该操作工由站点 4 和站点 5 共享)。站点 4 所发生的延迟会导致在制品暂存区经常充满,反过来也解释了站点 3 的拥塞问题。站点 1 到站点 3 的拥塞时间占比高于空闲时间占比,因此看起来像是整个生产过程的瓶颈。

团队成员提出了一些可能的系统改进方案:

1) 为站点 4 和站点 5 配置两名操作工(而不是现在的一名操作工)。

2) 增加在制品暂存区的容量。

3) 以上两个方案结合。

增加在制品存储空间会产生费用,这促使团队想要使整体暂存区空间越小越好,同时在实现每班次 390 个生产量的设计目标前提下,尽量不增加操作工(除非确实必要)。

### 13.5.5　潜在系统改进方案分析

为了衡量增加操作工和在制品暂存区的影响,对仿真模型进行了修正,以便接纳这些变化,并在此基础上进行了新一轮的分析工作。在分析过程中,将站点 2 到站点 6 的每一个前置在制品暂存区容量在表 13-2 所给基准配置方案基础上增加 1 个产品单位。此外,考虑在站点 4 和站点 5 增加第二名操作工。各种可能取值形成 64 种不同场景或模型配置方案(思考一下为什么会有 64 个场景),每种方案进行 10 次重复仿真,全部方案的总仿真次数为 640 次。

为了帮助分析,团队决定使用 12.1.2 节介绍的 CRN 法。为保证 CRN 应用过程中的同步性,对于每种随机变化的来源都要进行识别,并为每个随机源分配专用的随机数流。在这个模型中,全部六个站点的加工时间、无故障运行时间(TTF)和总维修时间(TTR)均使用统计分布建模。因此,总共需要 18 个随机数流,每个工作站点分配 3 个。采用这种方法,在多次仿真中,同一个工作站点都具有相同的工作负荷和相同的随机宕机时间,这样无论进行哪一种方案的仿真,都能保证 CRN 所要求的同步性。在给定仿真次数的情况下,CRN 法(也称为相关抽样法)有望给出不同方案之间性能差异的最小置信区间。

与基准方案相比,在系统产出数量方面提升幅度最大的模型方案列于表 13-7 中。之所以选择这些方案进行更进一步的评估,是因为它们之中每一个方案的潜在提升幅度大约都在 25 个单位左右,也就是说,每一个方案的 95% 置信区间的下限值都大于或等于 25。"平均差异"列中的数据代表某个方案相比于基准方案的生产量增加值。回忆一下,我们之前估计的基准方案生产量的 95% 置信区间是(364.5,366.8)。为了保守起见,工程师团队希望获得 390−364.5=25.5 个 gizmo 产品的改进量。表 13-7 中前 6 个方案的置信区间下限都高于 25.5,因此成为"候选者"。该过程的统计学解释为:由于置信区间的下限值高于 25.5,以 95% 的置信水平,若采用表 13-7 中所列的前 6 个方案,可以将生产量至少增加 25.5 个单位。

表 13-7　不同配置方案的系统产出量改进比较

| 负责站点 4 和站点 5 的操作工数量 | 暂存区容量 | | | | | | 每班次均值生产量的增加值（与基准方案比较） | | |
|---|---|---|---|---|---|---|---|---|---|
| | 暂存区 2 | 暂存区 3 | 暂存区 4 | 暂存区 5 | 暂存区 6 | 合计 | 平均差异 | 置信区间下限值 | 置信区间上限值 |
| 2 | 3 | 3 | 3 | 2 | 2 | 13 | 31.7 | 30.3 | 33.1 |
| 2 | 3 | 3 | 3 | 2 | 3 | 14 | 31.7 | 30.4 | 33.0 |
| 2 | 3 | 3 | 2 | 2 | 3 | 13 | 30.0 | 28.6 | 31.3 |
| 2 | 3 | 3 | 3 | 1 | 3 | 13 | 29.8 | 28.6 | 31.0 |
| 2 | 3 | 3 | 2 | 2 | 2 | 12 | 29.7 | 28.1 | 31.3 |
| 2 | 3 | 3 | 3 | 1 | 2 | 12 | 29.5 | 28.1 | 31.0 |
| 2 | 3 | 3 | 2 | 1 | 2 | 12 | 26.6 | 25.4 | 27.9 |
| 2 | 2 | 3 | 3 | 2 | 2 | 12 | 26.6 | 25.1 | 28.1 |
| 2 | 2 | 3 | 3 | 2 | 3 | 13 | 26.6 | 25.0 | 28.1 |
| 2 | 3 | 2 | 3 | 2 | 3 | 13 | 26.5 | 25.0 | 28.0 |
| 2 | 3 | 2 | 3 | 2 | 2 | 12 | 26.4 | 25.3 | 27.5 |
| 2 | 3 | 3 | 2 | 1 | 2 | 11 | 26.3 | 25.1 | 27.5 |

读者可能已经注意到了，提升幅度最快的方案都是在站点 4 和站点 5 安排两名操作工。那些配置一名操作工（这里没有显示）方案的仿真结果表明，无法依靠一名操作工实现单个班次 390 个产品的生产量，至少在不考虑暂存区大小的情况下是这样的。

某些方案与其他方案相比具有相同或相似的生产量，但是成本会稍微高一些，因此这些方案会被排除。例如，表 13-7 中排在最前面的两个方案，除了暂存区 6 的容量以外其他参数值都相同。因为暂存区设置是有成本的，所以较小的容量将是更为经济的选择。显然，将暂存区 6 的容量从 2 扩大到 3 是没有必要的。"合计"一栏可以帮助我们快速排除那些性能相同但是暂存区容量更大的方案。

529

对于表 13-7 中排名第 5 位的方案，其暂存区 2 到 6 的容量设置分别为（3，3，2，2，2），能够满足将生产量提高 25.5 以上的要求，且具有整体最小的暂存区容量（12 个产品单位）。基于上述考虑，第 5 个方案被团队成员设定为最佳候选方案，并将开展进一步评价。下一步是进行每个候选方案的财务分析（这里不作深入讨论）。

### 13.5.6　gizmo 装配线仿真总结

在现实生活中，与我们上面所讨论案例相似的例子有：汽车零件和车身的装配线；汽车污染控制系统的装配；按照流水线生产且站点之间需要设置有限暂存区的产品（如洗衣机、炉灶、洗碗机以及其他产品）装配过程。相似的模型及分析方法还可用于具有多品种、多工艺和有限在制品缓存区的车间生产问题。

## 13.6　小结

本章介绍了一些与生产与物料搬运仿真密切相关的思想和概念。关键问题包括对宕机时间精确建模的重要性，对某些输入使用轨迹还原仿真的好处，以及在某些模型中对于物料搬运设备和控制软件进行精确建模的必要性。

# 参考文献

BANKS, J. [1994], "Software for Simulation," in *Proceedings of the 1994 Winter Simulation Conference*, J. D. Tew, S. Manivannan, D. A. Sadowski, and A. F. Seila, eds., Lake Buena Vista, Fl, Dec. 11–14, pp. 26–33.

CLARK, G. M. [1994], "Introduction to Manufacturing Applications," in *Proceedings of the 1994 Winter Simulation Conference*, J. D. Tew, S. Manivannan, D. A. Sadowski, and A. F. Seila, eds., Lake Buena Vista, Fl, Dec. 11–14, pp. 15–21.

EHRHARDT, I., H. HERPER, AND H. GEBHARDT [1994], "Modelling Strain of Manual Work in Manufacturing Systems," in *Proceedings of the 1994 Winter Simulation Conference*, J. D. Tew, S. Manivannan, D. A. Sadowski, and A. F. Seila, eds., Lake Buena Vista, Fl, Dec. 11–14, pp. 1044–1049.

LAW, A. M. AND W. D. KELTON [2000], *Simulation Modeling and Analysis*, 3d ed., McGraw–Hill, New York.

MATHUR, M. [1994], "Inventory Cost Model for 'Just-in-time" Production," in *Proceedings of the 1994 Winter Simulation Conference*, J. D. Tew, S. Manivannan, D. A. Sadowski, and A. F. Seila, eds., Lake Buena Vista, Fl, Dec. 11–14, pp. 1020–1026.

NANDI, A., AND P. ROGERS [2003], "Behavior of an Order Release Mechanism in a Make-to-Order Manufacturing System with Selected Order Acceptance," in *Proceedings of the 2003 Winter Simulation Conference*, S. E. Chick, P. J. Sánchez, D. Ferrin, and D. J. Morrice, eds., New Orleans, La, Dec. 7–10, pp. 1251–1259.

PIERCE, N. G., AND R. STAFFORD [1994], "Modeling and Simulation of Material Handling for Semiconductor Wafer Fabrication," in *Proceedings of the 1994 Winter Simulation Conference*, J. D. Tew, S. Manivannan, D. A. Sadowski, and A. F. Seila, eds., Lake Buena Vista, Fl, Dec. 11–14, pp. 900–906.

SARAPH, P. V. [2003], "Shared Resource Capacity Analysis in Biotech Manufacturing," in *Proceedings of the 2003 Winter Simulation Conference*, S. E. Chick, P. J. Sánchez, D. Ferrin, and D. J. Morrice, eds, New Orleans, La, Dec. 7–10, pp. 1247–1250.

SCOTT, H. A. [1994], "Modeling Aircraft Assembly Operations," in *Proceedings of the 1994 Winter Simulation Conference*, J. D. Tew, S. Manivannan, D. A. Sadowski, and A. F. Seila, eds., Lake Buena Vista, Fl, Dec. 11–14, pp. 920–927.

SMITH, J. S., *et al.* [1994], "Discrete Event Simulation for Shop Floor Control," in *Proceedings of the 1994 Winter Simulation Conference*, J. D. Tew, S. Manivannan, D. A. Sadowski, and A. F. Seila, eds, Lake Buena Vista, Fl, Dec. 11–14, pp. 962–969.

TURKSEVEN, C. H., AND G. ERTEK [2003], "Simulation Modeling for Quality and Productivity in Steel Cord Manufacturing," in *Proceedings of the 2003 Winter Simulation Conference*, S. E. Chick, P. J. Sánchez, D. Ferrin, and D. J. Morrice, eds., New Orleans, La, Dec. 7–10, pp. 1225–1229.

WATSON, E. F., AND R. P. SADOWSKI [1994], "Developing and Analyzing Flexible Cell Systems Using Simulation," in *Proceedings of the 1994 Winter Simulation Conference*, J. D. Tew, S. Manivannan, D. A. Sadowski, and A. F. Seila, eds., Lake Buena Vista, Fl, Dec. 11–14, pp. 978–985.

WILLIAMS, E. J. [1994], "Downtime Data— Its Collection, Analysis, and Importance," in *Proceedings of the 1994 Winter Simulation Conference*, J. D. Tew, S. Manivannan, D. A. Sadowski, and A. F. Seila, eds., Lake Buena Vista, Fl, Dec. 11–14, pp. 1040–1043.

# 练习题

学生指南：下面许多习题包含传送带和车辆等物料搬运设备，我们希望学生能够娴熟地运用任何支持传送带和车辆建模的仿真语言或仿真软件。

下面一些习题将用到均匀分布、指数分布、正态分布或者三角分布，几乎所有的仿真语言和仿真软件都支持使用这些分布及其他分布。前三个分布已在第 4 章的习题注释中进行了介绍；三角分布的介绍也在下面使用它的习题中给出；大家也可以参考第 5 章中所介绍的这些分布及其他分布的特性，以及第 8 章有关随机变量生成的相关内容。

1. 如下图所示（未按比例绘制），某包裹分拣系统由一条横向传送带和 12 条分拣线（sortation lane）组成：

包裹以每分钟 50 个的速率从左侧随机进入系统。所有包裹都是 18 英寸长、12 英寸宽，并沿着 18 英寸宽的通道流转。承担包裹输入的主传送带宽 20 英寸、长 60 英尺(如图所示)。分拣线从左到右被编号为 1~12，每条分拣线宽 18 英寸、长 15 英尺，相邻两条

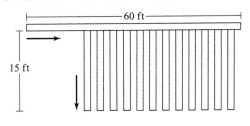

ft是英尺feet的缩写

分拣线之间有两英尺的空隙(读者可对其他所需尺寸作合理的假设)。横向传送带的运行速度为 180 英尺/分钟，分拣线的运行速度为 90 英尺/分钟。所有传送带都是可集聚类型的。在左侧入口处进入的包裹彼此之间至少间隔两英尺。在分拣线上，包裹之间可以没有缝隙地集聚在一起。

进入系统的包裹按照如下比例分散到 12 条分拣线上:

| | | | |
|---|---|---|---|
| 1 | 6% | 7 | 11% |
| 2 | 6% | 8 | 6% |
| 3 | 5% | 9 | 5% |
| 4 | 24% | 10 | 5% |
| 5 | 15% | 11 | 3% |
| 6 | 14% | 12 | 0% |

第 12 条分拣线是溢出线，只有在其他任意一条分拣线装满且包裹无处转移的情况下才会被使用。

在每条分拣线的末端，有一组操作工使用条形码扫描器扫描每一个包裹，贴上标签，然后把包裹放到托盘上。这些操作工会根据需要在分拣线之间移动，以保证每条线上不会有溢出的情况。每条分拣线都有一个托盘，可以容纳 40 个包裹。当一个托盘装满的时候，我们假设马上就会有一个新的托盘投入使用。如果一条分拣线上已经有 10 个包裹，同时又有一个包裹到达了转移点，那么最后到达的这个包裹将会继续沿着 60 英尺长的主传送带前进，最终被传送至第 12 号线(溢出线)。

假设操作工平均每分钟能够处理 8.5 个包裹。我们忽略操作工的步行时间，也不考虑操作工在分拣线之间是如何分派的，换句话说，假设这些操作工作为一个团组，均匀分布于 12 条分拣线。

a) 设计一个仿真实验，改变操作工的数量，并回答如下问题：需要多少名操作工? 我们的目标是在防止溢出的同时尽可能减少操作工的数量。

b) 针对(a)的每一次仿真实验，报告下述模型输出统计量的值：
- 操作工的劳动强度(工作负荷)。
- 系统所处理的包裹总数。
- 每条分拣线所处理的包裹数量。
- 传送到溢出分拣线(第 12 号分拣线)上的包裹总数。

c) 对于(a)中的每一个仿真实验，所有的包裹是否都被运到托盘上了? 也就是说，该系统每分钟能否处理 50 个包裹，如果不能，请解释原因。

2. 在更详细的程度上重做习题 1，即考虑操作工的步行时间和分派到分拣线所花费的时间。假设操作工的步行速度为 200 英尺/分钟，从一条分拣线到临近分拣线的步行距离是 5 英尺。手工搬运时间为 7.5 个箱子/分钟，请设计一套操作工在分拣线之间移动的规则。

（提示：例如，当前分拣线为空或者其他分拣线上的箱子数量达到某个规定值时，操作工才可以从当前分拣线移动到箱子最多的分拣线。）假设每一名操作工都被指派管理几条相邻的分拣线，并且只负责这几条分拣线。但是，如果有需要，两名操作工（最多两人）可以同时处理一条分拣线，也就是说，操作工的分派是可以重叠的。

a) 如果你设立的"分拣线变换"规则有一些数值型参数，那么就通过仿真实验找到最好的设置方案。在最好的情况下，需要多少名操作工？操作工的平均劳动强度是多少？

b) 与习题一相比，像习题2a这样详细程度更高的模型是否一定会得到更精确的结果？就当前这个模型而言是这样吗？比较习题2a和习题1的仿真结果，会得出相同的结论还是不同的结论？

c) 设计第二个"分拣线变换"规则。比较两个规则的效果，比较两个规则下操作工的总步行时间或者步行时间占比。

建议：一个"分拣线变换"规则可能包含1~2个"触发点"，"单触发点规则"可能是这样的：如果某条分拣线达到一定水平，操作工移动到该条线。（提示：如果不做修改，则此规则可能会导致操作工过多的走动，如果两条分拣线上的包裹数量都距离"触发点"不远的时候更是如此）。"双触发点规则"可能是这样的：如果一条分拣线上的箱子电量达到某个水平值，并且操作工当前所在分拣线是空的，则操作工才会移动；但是如果一条分拣线达到了一个更高的临界值，那么操作工会立即移动。

d) 将你的结果与其他使用不同规则同学的计算结果进行比较。

3. 重做习题2，使用不同的操作工分派规则。总的说来，在条件允许的情况下，操作工可以被分派到任何一条分拣线，但是，现在要求同一时刻不能有两名以上的操作工被分派到同一条分拣线。按照本题所给的这些新条件，重新回答习题2的问题a)~d)。

4. 某包裹分拣系统包括一条横向传送带、12条分拣线（或者陡坡道），以及一条可移动传送带。如下图所示（未按比例绘制）：

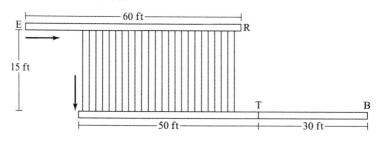

ft是英尺feet的缩写

包裹以100个/分钟的速率从左侧（E点）随机进入系统。系统根据包裹运送目的地将其转移到相应的分拣线上。本模型中，包裹按照一定的比例被随机分配到每一条分拣线上。具体比例如下：

| 1 | 6% | 7 | 10% |
|---|-----|----|-----|
| 2 | 6% | 8 | 6% |
| 3 | 5% | 9 | 4% |
| 4 | 24% | 10 | 4% |
| 5 | 15% | 11 | 3% |
| 6 | 14% | 12 | 3% |

当一条分拣线上堆积了 8 个包裹后，这些包裹会被一起传送到一个 50 英尺长的成品传送带上，运往 T 点。当包裹被传送到 T 点之后（按照传送带的速度），它们会被转移到第二条成品传送带上，在第二条成品传送带的末端有一套条形码扫描仪（B 点）。在第二条成品传送带上，只有前面一批（8 个）包裹都被处理完毕，下一批包裹才能进入这条传送带。本模型中，包裹在 B 点处从系统中消失。

所有包裹的尺寸都是 18 英寸×12 英寸，它们沿着 18 英寸宽的传送带前移。包裹首先进入的主传送带宽 20 英寸、长 60 英尺（如图）。12 条分拣线都是 18 英寸宽、15 英尺长，且相邻的分拣线彼此间距 2 英尺（读者可以根据需要假设其他尺寸）。横向传送带运行速度为 240 英尺/分钟，分拣线运速为 90 英尺/分钟，横向传送带和分拣线传送带都是集聚式的，但是在左侧入口处，进入系统的包裹之间相隔至少 2 英尺，而在分拣线上，包裹可以集聚在一起，彼此之间可以没有空隙。50 英尺长的成品传送带是非集聚型的皮带式传送带，30 英尺长的成品传送带是可集聚型的。

当某条分拣线上有 8 个包裹时，就不再向该分拣线分派包裹，直到堆积在一起的这 8 个包裹彻底从该分拣线上离开。当一条分拣线满载或者堆积的 8 个包裹未出清之前，如果此时有另外一个新的包裹到达分拣点，那么这个包裹会继续沿着横向主传送带移动，到达末端之后会循环到横向传送带的起点继续传送（这个循环过程并未在图上表示出来）。我们将该循环时间记为 45 秒，而不是精确地对循环过程使用传送带建模。

a) 请你设计一个仿真实验，研究为了最小化或消除包裹的循环运输，所需成品传送带的最小行进速度。厂商提供的速率最小的传送带转速为 60 英尺/分钟，调节增幅为 30 英尺/分钟（转速越高的传送带价格越高，所以最小化速率会降低成本，假设我们先不考虑循环传送的情况）。

b) 为了提升系统性能，基于目的地的包裹分拣规则是否可以修改？设计一个更好的规则并运用仿真模型进行检验。

534

5. 一个 AGV 车队负责 5 个工作站点的零部件及夹具的运输，车辆运行时要保持先后顺序（不允许超车），运行路线起自拣货点（pickup point），经过全部站点，结束于输出点（off load point）。分段式输入（incoming）传送带，AGV 导引路径，5 个工作站点（A-E），以及卸货传送带（未按比例绘制）标识于下图中。

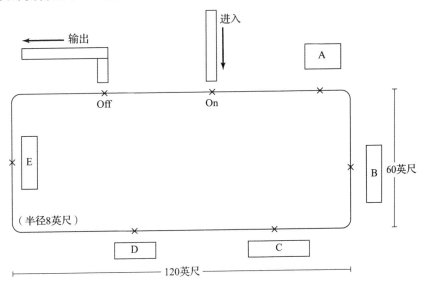

AGV 以顺时针方向运行。最初，所有 AGV 都是空的，在输入传送带的点"ON"处排队等待。工作站点标记为 A～E。放在夹具上的零件由传送带运送到点"ON"，然后被分拣至 AGV 上。接下来，AGV 运行到机器 A 处并在轨道上的标注点×处停下来。在机器 A 的加工过程中，零件和夹具会一直放在 AGV 上，加工完成后一起运动到下一个站点。在工作站点 E 处完成加工之后，AGV 行至点"OFF"处，零件和夹具被自动卸载至输出传送带上，然后这辆空的 AGV 会自动行驶至点"ON"处排队等候。

假设输入传送带一直处于满载状态，它的长度是 15 英尺，能容纳 3 个装着夹具的零件，所以每个零件及夹具需要 5 英尺长的传送带空间。因此，当一个零件被 AGV 分拣之后，另一个零件才能被放到输入传送带的另一端，该环节的分拣时间是 30 秒，输入传送带每分钟运行 30 英尺。

当一个零件完成所有站点的加工处理之后，就被运送到标记为"OFF"的卸载点，卸载过程需要 45 秒，输出传送带运行速度为 30 英尺/分钟。零件及夹具虽然只有 3×3 英尺的占地面积，但是也需要占用输出传送带 5 英尺长的空间。

535

工作站点的最初布局是大致设计的，并没有确定精准的位置。当前的限制条件是每个工作站点必须置于引导线路的直线上（如图所示），AGV 停泊点与转弯处入口点或出口点之间的距离不能小于 5 英尺。输入传送带和输出传送带必须按照设计图的位置布局，卸载点距离前面转弯处末端 20 英尺，拣货点需要布置在卸载点右侧，二者距离为 40 英尺。另外，AGV 在工作站的停泊点可以布置在引导线路直线处的任何位置。

AGV 行驶速度为 15 英尺/秒，加速度和减速度为 3 英尺/秒$^2$。AGV 长度为 7 英尺，在排队等候（在工作站等候加工，在传送带处等候分拣/卸载）的时候需要 8 英尺的长度空间（两辆 AGV 的停泊间距为 1 英尺）。

在每一个工作站点，每个零件的加工时间、平均无故障运行时间（MTTF），以及平均修理时间（MTTR）如下表所示：

由于缺乏更详细的数据，我们对无故障运行时间（TTF）和维修时间（TTR）给出如下假设：假设真实的 TTF 服从均值为 MTTF（平均无故障运行时间）的指数分布；假设设备维修只需要一名修理工，并且车间只有一名修理工；真实的 TTR 服从均匀分布，取值区间半长为其均值 MTTR 的一半；TTF 按照现实中的时间测度，而非按照工作站的繁忙时间累加；工作站设备维修之后，完

| 工作站点 | 加工时间（秒） | MTTF（分钟） | MTTR（分钟） |
|---|---|---|---|
| A | 120 | 90 | 3.1 |
| B | 100 | 82 | 4.0 |
| C | 140 | 110 | 4.5 |
| D | 45 | 20 | 5.0 |
| E | 100 | 240 | 9.0 |

成当前零件的剩余加工时间，然后该零件继续下一道工序的加工。

请回答以下三个基本问题：

1）系统最大输出量是多少？

2）需要多少辆 AGV？

3）最佳工作站布局是怎样的（依照题目所给的约束条件）？

对于下面给出的（a）和（b）中的实验设计，请思考以下问题：

1）在运行仿真模型的开始阶段，是否需要设置预热期（在此阶段不进行数据统计和数据采集）？

2）仿真模型的运行时长应该是多少？

　（建议：预热期应至少持续到有几个零件已经完成全部的加工处理。仿真时长应包括每

536

台机器至少 10 次的宕机事件。至于 AGV 数量的选取，应在考虑引导路径情况下合理地安排尽可能多的 AGV，然后试着在不减少生产量的情况下，削减 AGV 的数量。）

仿真实验的目标在于改变 AGV 数量，以及调整工作站布局。在仿真之前，请先给出你认为最好的工作站布局方案，然后对该方案进行检验。此外，也请你对 AGV 可能的数量范围进行合理估计。

a) 在第一个实验中，使用粗略模型（rough-cut model），无须对 AGV 精确建模。计算 AGV 在两个相邻工作站之间的运行时间，并将该时间作为仿真模型使用的时间延迟。假设有足够数量的 AGV。（提示：使用该模型回答最大输出量问题，而不是回答需要多少辆 AGV 的问题。）该方法的优点和缺点有哪些？

b) 在第二个实验中，对 AGV 和导引路线进行精确建模。设计一个仿真实验，找出使得输出量（每小时完成零件数）最大的方案，同时要求使用最少数量的 AGV。

6. 关于习题 5 的工作站设备故障时间问题，我们已经得到了更准确的信息。使用这些信息，重新完成习题 5。现在看来，设备故障更多地与所加工零件的数量有关，而与设备运行时间无关。新的数据如下所示：

| 工作站点 | 平均无故障工作时间（零件数量） | 平均维修时间（分钟） |
|---|---|---|
| A | 45 | 3.1 |
| B | 49 | 4.0 |
| C | 47 | 4.5 |
| D | 27 | 5.0 |
| E | 144 | 9.0 |

我们注意到，平均无故障运行时间（MTTF）使用零件数量来衡量，修理时间与习题 5 相同。例如，对于工作站 A 来说，如果无故障工作时间是每加工 45 个零件发生一次，那么在某次故障之后，再加工 45 个零件就会遇到下一次故障。而现实情况是，故障往往发生在零件加工过程之中，但是为了便于仿真，我们假设故障恰好发生在加工开始时。（这样做会有什么差别？）

至于无故障运行时间的统计分布，我们假设其服从 $1 \sim (2 * \text{MTTF} - 1)$ 的均匀分布，其中 MTTF 为该分布的均值。比如，对于工作站 A 来说，实际无故障运行时间可能等于 $1 \sim 89$（个零件）中的任何值。

请回答习题 5 的问题。我们给出的新假设会造成什么影响吗？与原来的假设相比，采用新假设之后，每个班次（8 小时）中设备故障发生了多少次？

537

7. 针对习题 5 和习题 6 的问题，有人开展了研究，试图对每个工作站点的维修时间进行更精确的评估。研究表明，三角分布可以对实际修理时间提供更好的拟合。假设以下是三角分布的一些参数：

| 工作站点 | 维修时间（三角分布） | | | |
|---|---|---|---|---|
| | 最小值（分钟） | 最可能值（分钟） | 最大值（分钟） | 平均值（分钟） |
| A | 1.0 | 2.3 | 6.0 | 3.1 |
| B | 2.0 | 3.0 | 7.0 | 4.0 |
| C | 2.5 | 3.5 | 7.5 | 4.5 |
| D | 2.0 | 4.0 | 9.0 | 5.0 |
| E | 4.0 | 7.0 | 16.0 | 9.0 |

请注意，平均维修时间虽然与习题 5 和习题 6 中假设的均值 MTTR 相同，但在此处服从三角分布而非均匀分布。（大多数仿真语言或仿真软件都内置有三角分布，在使用时要求用户给定最小值、最可能值或众数，以及最大值。平均值只在需要时才给出，分布均值由上述三个参数相加之后除以 3 得出。三角分布在 5.4.7 节中有所讨论。）

a) 使用新的维修时间假设重做习题 5。

b) 使用新的维修时间假设重做习题 6。

8. 本章讨论了一种宕机时间的建模方法，我们并不推荐使用。这种方法就是使用经过调整的、较大的加工时间代替实际加工时间，从而无须对宕机过程进行处理。虽然从长期数据和平均数据两个方面来看，调整后的加工时间确实考虑了宕机的一定影响。如果使用这个方法，会对习题 5 的结果造成哪些影响？

a) 计算习题 5 中每个工作站调整后的加工时间。

b) 针对习题 5，在忽略所有由于故障而导致宕机事件的基础上，使用调整后的加工时间进行计算，然后回答：这会不会改变我们之前的计算结果？对习题 5 中的模型而言，这个方法是好还是不好？

9. 对习题 5 来说，假设我们改进了设备养护方法，并采用更好的机器设备，可以完全消除由故障引起的宕机时间，那么输出量能够提高多少？

10. 为例 13.1 构建一个模型，针对关于宕机时间仿真的不同假设问题，试着再现案例中给出的定性分析结论。不一定得到完全相同的数值结果，但是要得出相同的定性分析结论。

a) 你的模型支持案例中的结论吗？请进行讨论并给出结论。

b) 绘制一张图，横轴是时间，纵轴是队列中的实体数量。你能说出故障是什么时间发生的吗？在完成设备修理之后，队列长度需要多久能够回归正常水平？

538

11. 在例 13.1 中，与实体的加工时间相比，故障发生的频率较低。无故障运行时间是 1000 分钟，实体到达间隔时间是 10 分钟，这说明经历过故障的实体是很少的。但是，当实体遇到故障时（平均故障处理时间为 50 分钟），故障时间会比正常加工时间（7.5 分钟）高出好几倍。

现在我们重新做一遍例 13.1。假设故障发生率比较高，特别地，需要假设无故障运行时间服从指数分布（均值为 2 分钟），维修时间也服从指数分布（均值为 0.1 分钟或者 6 秒）。与低频率的故障情况相比，在较高的故障频率下，实体会遇到大量短暂的宕机事件。

基于低故障频率和高故障频率两种情况，比较每个实体遇到宕机事件的平均值、每个实体所经历的平均宕机时间、完成服务的平均时间（如果发生宕机的话，服务时间应该包括宕机时间），以及宕机时间占比。

需要注意的是，宕机设备的维修时间占比在两个案例中应该是相同的，即

$$50/(1000 + 50) = 4.76\%$$

$$6 \text{秒} /(2 \text{分钟} + 6 \text{秒}) = 4.76\%$$

根据仿真结果检查宕机占比值，二者是相同还是很接近？它们应该相同还是只是数值相近而已？随着仿真时长的增加，宕机时间占比会发生怎样变化？

在高故障频率情况下，你会得出与案例中所描述的使用不同方式模拟宕机时间相同的结论么？对于高故障频率和低故障频率的情况，在建模方面你有哪些建议？

12. 重新完成习题 11（基于例 13.1），只是略作调整：当实体经历宕机时，它必须被从头加工。如果服务时间是随机的，原来假设的统计分布还有效吗？如果服务时间是常数，

它需要重新开始。新的假设会影响之前的计算结果么?

13. 重新完成习题 11(基于例 13.1),只是略作调整:当实体经历宕机时,它会成为废品被丢弃。在低故障频率和高故障频率两种情况下,废品的出现对之前的计算结果会产生哪些影响?对此你有何建议?

14. 金属板将顺序经过四道加工环节:剪切(shear)、冲孔(punch)、成型(form)和折弯(bend)。每台设备都会发生宕机和换模(die change)事件。每台设备的参数如下所示:

| 加工过程 | 加工率<br>(张/分钟) | TTF 无故障<br>运行时间<br>(分钟) | TTR 维修时间<br>(分钟) | 每更换一次模具能够<br>加工的金属板数量<br>(张) | 换模时间<br>(分钟) |
|---|---|---|---|---|---|
| 剪切 | 4.5 | 100 | 8 | 500 | 25 |
| 冲孔 | 5.5 | 90 | 10 | 400 | 25 |
| 成型 | 3.8 | 180 | 9 | 750 | 25 |
| 折弯 | 3.2 | 240 | 20 | 600 | 25 |

539

需要注意的是,题目中给出的是加工率而非加工时间。比如,剪切加工率为 4.5 张/分钟。假设加工时间是常量。自动化设备的换模时间也不变,可以假设换模时间固定为 25 分钟。在加工完成一定数量的金属板之后(具体数量列在表中)需要更换模具。假设 TTF 服从指数分布,均值列在上表中;假设 TTR 服从均匀分布,均值如表中所示,均匀分布取值区间半长为 5 分钟。当故障发生时,正在加工的板材有 20% 会成为废品而被丢弃,其余 80% 的金属板会在修理好的设备上重新加工。

假设在剪切工序之前,物料供应是无限的。只要剪切机和冲孔机之间的暂存区还能容纳在制品,剪切机就会持续工作。通常,设备加工过程是连续的,只有在发生宕机事件、更换模具或者该设备与后续设备之间的暂存区容量不足的时候,这台设备才会停止加工。假设金属板在最后一道工序(折弯)完成之后会被立即取走。因此,在制品暂存区包含三个独立区域,一个位于剪切机和冲孔机之间,一个在冲孔机和成型机之间,最后一个在成型机和折弯机之间。

a) 假设在机器设备之间有充足的空间。将仿真时长设定为 480 小时(每周 5 天,每天 24 小时,480 小时大致相当于一个月的工作日)。拥塞会在哪个环节发生?如果三个暂存区的总容量被限定为 15 张金属板,你认为该如何进行容量分配?仿真模型能为合理决策提供足够信息么?

b) 对模型进行修改,在相邻设备间设定有限的暂存区容量。一台设备在加工完成一张金属板之后需要将其放到暂存区中,但是如果暂存区已经放满,这张金属板就不能退出当前设备,只能放在这台设备上,从而导致该设备无法继续加工。假设三个暂存区的总容量为 15 张金属板。

使用(a)中计算出来的建议值,作为各个暂存区容量的初始值。试着降低重复仿真次数。在进行仿真实验的时候,你可以为每个暂存区的容量最多设定三个值(思考一下这需要进行多少次仿真)。通过仿真实验,确定为了达到最大生产量,应如何分配暂存区容量。仿真时长不低于 1000 小时。

需要汇总报告如下信息:每小时的平均总产量,设备利用率(细分为忙期占比、宕机时间占比、换模时间占比,以及空闲时间占比),以及每个暂存区中存放的金属板的平均数量。

540

# 网络化计算机系统仿真

仿真对于商业、工业、政府和大学等机构的日常运营具有非常重要的作用，因此将仿真用于网络化计算机系统，只是其众多应用领域中的一个。在本章中，我们将讨论仿真网络化计算机系统的动机、所使用的各类方法，以及模型特性及实现策略之间的交互作用。我们从该领域仿真的一般特性开始讨论。在 14.2 节中，我们将介绍用于该领域仿真的种类繁多的仿真工具；在 14.3 节中，我们将讨论用于驱动仿真模型输入的表现形式和生成方式；在 14.4 节中，我们将介绍常用于自组织移动网络(ad-hoc mobile network)仿真的无线移动模型；在 14.5 节中，我们讨论面向网络化的开放系统互连(Open System Interconnection，OSI)层次化设计方法；在 14.6 节中，我们依照 OSI 框架讨论物理层(physical layer)中的几个问题；14.7 节涉及介质访问控制(media access control)；14.8 节将介绍数据链路层(data link layer)；14.9 节将讨论 TCP 协议(用在传输层 transport layer 之中)；在 14.10 节中，我们将探讨如何使用 SSFNet 描述模型；最后部分是全章总结。

## 14.1 引言

计算机系统的复杂性是令人难以置信的。从时间尺度来看，其复杂行为表现为从改变晶体管状态所需时间(量级为 $10^{-11}$ 秒)到在两台计算机之间传递数据包所花时间(量级为 $10^{-4}$ 秒)，再到人类对此做出反应所需的时间(以秒或分钟计算)，彼此之间差异巨大。为应对这种复杂性，计算机系统采用了层级化(hierarchically)设计方法，图 14-1 对此进行了介绍。在高抽象层(系统层级)，计算活动可以视为任务在多个服务器中流转，当某台服务器繁忙时，任务排队等候处理。在较低层级，计算活动可以视为数据包在处理器之间流动，数据包一方面携带着各种处理请求，另一方面包含执行之后的结果。在较低的这一层级中，诸多功能单元的活动叠加在一起，构成中央处理单元(CPU)的活动。而在更低的层级中，我们可以看到逻辑电路发挥作用。

系统仿真广泛应用于上述架构中的各个层级，在某一个层级产生的结果会作用于另一个层级。例如，工程师在设计一款新型芯片时，首先会对芯片进行功能分割(例如，用于数学计算的子系统、用于与内存交互的子系统，等等)，建立子系统之间的各类接口，然后对各个子系统分别进行设计和检测。对于子系统设计而言，首先使用电路模拟器(该模拟器能够进行微分方程求解，用于描述电气行为)研究电路的电气特性。在这个层级，工程师要确保整个电路中信号时序的正确性，并确保电气特性不超出设计方案的期望参数值范围。这一层的检验完成后，电气行为(electrical behavior)就会被抽象为逻辑行为(例如，信号在之前被看作电子波形，而现在则被看作由逻辑值 0 和 1 构成的数值序列)。然后，使用另一种类型的模拟器检测电路逻辑行为的正确性。一种常用的检测技术是使用大量的不同逻辑输入集或测试向量来进行检测，而这些逻辑输入集或测试向量的期望输出是已知的。离散事件仿真可用于评估电路对每个测试向量的逻辑响应，也可用于评测响应时间(例如，将主存储器中的数据载入到寄存器所需的时间)。一旦芯片的所有子系统完成设计和测试，就可以进行设计方案的集成，系统整体测试仍然要使用仿真技术。

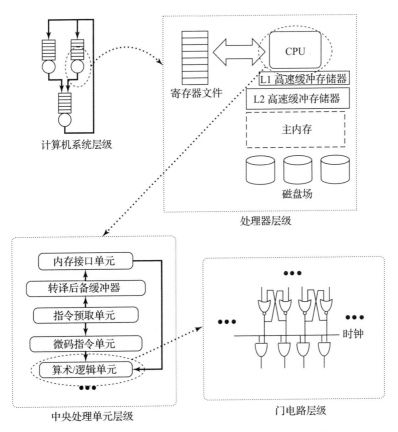

图 14-1　网络化计算机系统不同层级的抽象化表示

在高层级中，我们运用功能抽象进行仿真。例如，存储芯片可简单建模为一个数值型数组，对其引用就是执行索引操作。有一种专门类型的描述性程序语言可用于这个层级，称为寄存器传送语言（register-transfer-language），它类似于程序设计语言，具有重命名的寄存器和其他特定硬件实体，以及用于表明数据在硬件实体之间传送的赋值语句。例如，以下语句将数据存入内存器 r3 中（这些数据的内存地址存放在寄存器 r6 中），然后将该数据值减 1，再将计算结果写入在最初读取位置之后一个字（本例中字长为 4 字节）的新位置。

```
r3 = M[r6];
r3 = r3-1;
r6 = r6+4;
M[r6] = r3;
```

可以认为，此类程序设计语言的模拟器执行每一条指令的时间花费都是固定的。当需要描述数据在较低层级内进行传输，但又不是在最低的门电路层级传输的时候，这一抽象层级是非常有用的。假设存储器处于运行状态，此时将数据载入或载出所花费的时间是"已知常量"，那么使用上述抽象方法对其简化就说得通了。"已知常量"是从低抽象层级分析中获得的数值结果。在使用一段执行程序检验 CPU 某个特定架构的特性时，通常使用功能抽象模拟 CPU 的各个子系统。

在高层级中，我们还可以研究当网络服务对其产生负载需求时，通信系统是如何应对的。通信流量虽然可以被抽象为模型中的一个指标（point），但还要给予它一些详细的服务需求描述（例如，使用具有某些特征的马尔可夫链，描述响应查询指令返回数据段的尺

542
～
543

寸)。Web 服务器的行为可以抽象为一个指标：完成一条特定查询所需时间，以及返回的数据量。借助这些抽象手段，人们可以模拟更大的系统，并且模拟过程更高效。

不同层级的抽象可用于回答关于计算机系统的各种各样的问题，每一层级都有不同的仿真工具。高度抽象模型依靠随机建模行为评价高层级系统的性能，诸如吞吐量(单位时间内处理的平均工作量)，以及环回时延(数据包穿越网络的时间)。这些模型同样能够用于分析系统失效和修复问题，还可以估算平均无故障时间和可用性等指标值。在评价特定的系统组件时不使用抽象模型。针对某款先进 CPU 设计方案的研究可能更关注吞吐量(单位时间内执行的指令数量)指标；针对网络交换机的研究可能更在意由于网络拥堵而丢失数据包的比例。

## 14.2　仿真工具

将不同抽象层级环环相扣地集成在一起之后，我们可以找到不同的工具，用于仿真运行和评价。接下来，我们将认识不同类型的仿真工具，并分析和识别其在功能和用法上的重要特征。

仿真工具的一个重要特征就是其对问题建模的支持能力。在许多仿真工具中，我们可以构建基于组件的网络，各个组件的局部行为是已知的，并且已经在模型中编程实现。这是复杂模型构建的有效范式。在抽象体系的最底层，电气电路模拟器和门电路模拟器依据网络描述驱动。同样地，在抽象体系的最高层，排队网络和 Petri 网的模拟工具由网络描述驱动，这与复杂商业通信系统的仿真器一样，这些商业仿真器配备大量的包括对协议行为进行预编程的库文件。部分仿真工具还允许与用户定义的行为集成，但这似乎并不是规范的做法。

计算机系统较低的几个层次抽象设计中非常重要的一个参与者是 VHDL(超高级设计语言，very high-level design language，可参见 Ashenden[2001])。VHDL 是 20 世纪 80 年代美国政府实施电子系统设计语言标准化的成果。VHDL 获得了 IEEE 标准化认证并且广泛应用于电子产业之中。作为一种数字电路系统的描述性语言，VHDL 既是一种设计规范，又是一种仿真规范。VHDL 语言内容丰富，既包含专门用于数字电路系统的结构，也包含了过程化编程语言具有的结构。它通过将系统拓扑和系统行为进行明确分隔，实现以上双重作用。设计规范是一个拓扑问题；仿真规范是一个行为问题。虽然预定义的子系统和行为库来源广泛，但是语言本身非常鼓励用户自定义的行为。VHDL 在使用抽象接口(例如，与功能单元的接口)方面也具有创新性，不同抽象层级的不同架构可与此类接口对接。例如，与 ALU(算术逻辑单元)的接口就是 VHDL 信号，这些信号可识别输入操作数(operand)、对这些操作数进行操作，并输出相应结果。人们可以在这些接口上另外叠加一个架构，可以只是几行代码，仅用于执行某项操作——例如，执行加法操作，只需要使用一条 VHDL 语句，将两个输入信号之和赋值给输出信号即可(使用 VHDL 加法运算符)。另一种替代架构是完全规范 ALU 的门电路层级的逻辑设计。但是，与 ALU 接口交互的模型并不能说明接口语义是如何实现的。这种将接口从架构中分离出来的做法支持模型的模块化构建，并且可用于验证新的子模型架构，即将该架构返回给接口的结果数值与另一个给予相同输入的不同架构的返回值进行比较。对 VHDL 进行深入分析远远超出了本书的论述范围，感兴趣的读者可以自学。VHDL 广泛应用于电气工程和计算机工程领域，但很难应用于其他领域。

544

作为一种大型语言，VHDL 需要一个与其联系紧密的编译器，这是它的一个不足之处。由于售价较高，供应商主要面向商业市场而非学术研究领域。当然，除了 VHDL 之外，还有其他仿真语言，本书在第 4 章介绍了几种。这些仿真语言可用于某些类型计算机系统的高层级建模，但不适合计算机系统抽象架构中的低层级建模。因此，当计算机科学家需要对特定的模型活动进行仿真时，他们通常会从头开始编写一段仿真程序（或者模拟器）。比如，如果考虑在同一架构体系中的不同存储器之间进行数据转移的一个新方案（策略），但是现有语言工具中没有针对该方案的预制程序；如果在 CPU 中设计了一种新的架构，模型设计者只能使用通用编程语言来呈现该架构特性，并仿真该架构与 CPU 其余组件之间的交互过程。有一些工具使用通用编程语言进行仿真，包括 SimPack（Fishwick [1992]）、C++ SIM（Little 和 McCue[1994]）、CSIM（Schwetman[1986]）、Awesime（Grunwald[1995]），以及 SSF（Cowie，Ogielski，Nicol[1999]）。在计算机网络领域，ns-2 模拟器（Issnrly and Hossian[2008]）被广泛采用。这类工具定义了对象和库函数，与 C、C++、Java 等语言一起使用。模型活动通过程序代码表示，这些代码操控那些预先定义好的对象。在与面向对象语言一起使用时，此类技术尤其强大，因为可以用于定义基类对象，所以基类对象的行为可由模型开发者进行扩展。

虽然某些商业化仿真语言确实支持与通用编程语言进行交互，但仿真语言在计算机科学的学术研究领域并不常用。一部分原因是成本。商业化软件包是依据商业需求开发的，并且考虑了商业预算因素，而计算机科学家往往在需要时自行开发，并且开发速度更快。另一种原因则强调商业化仿真语言倾向于包含大量预定义的仿真对象和活动，并且支持访问外部程序设计语言以表达对象的行为；对于依托商业化仿真语言现有架构开发的仿真模型，当对其进行评估的时候，要么在模型编译（运用仿真语言专用编译器）之后进行，要么使用仿真语言专用解释器实现。

这种方法有很多优点，其中之一是使用商业化仿真工具软件开发的仿真模型，其所具有的相对刚性使得图形化建模成为可行，由此可以将整个建模工作提升到更高层次的抽象。某些仿真软件工具有很多预置功能，使得我们不用编写代码就能设计并运行仿真模型。

与之相反，带有仿真架构的程序设计语言则倾向于定义几个基本的仿真对象；仿真模型主要通过通用程序语言的定义和控制流，以及引用不同仿真对象来实现。此时，在评估仿真模型时，我们使用基于通用程序语言的编译器或解释器进行编译或解释，而不使用基于仿真语言的编译器或解释器。前一种方法由于商业化仿真语言针对应用问题进行了调准，因此能够实现更快速的建模；后一种方法（使用通用程序语言）在各类模型的实现方面具有更强的通用性。

545

在支持用户行为定义的诸多工具中，一个基本特征就是它们所体现的"全局视角"。在以下两节中，我们将近距离观察 SSF 中的面向进程方法，然后了解基于 Java 框架的面向事件的方法。

## 14.2.1　面向进程的方法

支持"面向进程"（参见第 3 章）意味着该工具必须支持独立的可调度（schedulable）控制线程。线程化（threading）是程序开发的一个基本概念，对其能力和应用进行分析，有助于了解它在仿真建模中的重要性。从根本上说，线程（thread）是一个独立的、可调度的控制执行单元，作为单一进程（process）的一部分加以实施（在操作系统中就是如此，参见 Nutt[2004]）。操作系统采用独立进程的概念（虽然彼此独立，但进程之间可以交互），典型地，每个进程拥有各自独立的内存空间。属于一个进程的多个线程共享该进程的内存空间，每个线程都能从该内存空间中分得一小块供自己使用。这部分内存空间用来记录线程的状态，即线程在恢复运行后所需要的全部信息。线程状态包括寄存器值和线程的运行时栈(runtime stack)，保存的是线程调用程序时所需的局部变量。一旦线程被授予控制权，它将一直运行，直到交出控制权。控制权的释放要么通过明确的指令实现，要么通过锁定(blocking)实现，直到其他线程发出信令方可继续执行。

如果在 SSF 的 Java 实现背景下讨论，可以使得以上思路更为具体。Java 定义了 Thread 类；Thread 类的一个子类定义了 execute 方法，execute 方法是在线程体(thread body)内定义的。线程通过"锁"(lock)实现彼此间的协同，锁提供了对代码段的互斥访问能力。一个 Java 对象的每个实例都有一个与之相关的锁(Java 中的每个变量差不多都是对象)。对于通过 Java 语句定义的对象 obj，线程试图执行一个由锁保护的代码段：

```
synchronized(obj) { /* code fragment */ }
```

线程在执行代码段之前，必须要获得锁，且某一个代码段在任一时刻只能由一个线程对其锁定[⊖]。如果一个线程正在执行 synchronized 语句，而在那一刻，另一个线程持有锁定权，则意味着要延缓一段时间再进行锁定，这取决于线程调度程序。Java 线程之间的协作也可以通过 wait 和 notify 方法调用，这也需要借助对象锁实现。一个线程执行 obj.wait()时会被挂起(suspend)。实际上，允许多个线程同时执行 obj.wait()，这些线程都会被挂起，最终某个线程执行 obj.notify()方法，然后线程调度程序释放一个被挂起的线程，令其执行，而其他线程仍然处于挂起状态。

这些概念可用于在 Java 模拟器中实现面向进程的应用。每个仿真进程都源自 Java 的 Thread 类。一个附加线程用于维护事件列表，对该线程的处理包括从事件列表中删除距离当前仿真时刻最近的事件，复位与该事件相关的一个或多个线程，以及在线程完成前执行锁定。当某个线程正在执行的时候，可能会产生附加事件并把该事件插入调度线程的事件列表之中。当线程运行完毕，它需要停止运行并通知调度线程，表明它已经完成。对每个仿真进程使用两个锁就可以实现上述处理，其中一把锁是 Java 为每个对象自动提供的(仿真进程的线程就是对象)，另一把锁是每个仿真对象所定义的变量，我们称为 lock。一个暂停的线程在遇到 lock.wait()时被阻塞，它将一直处于阻塞状态，直到调度线程对同一个对象变量执行 notify()时才会结束阻塞。

线程调度程序完成上述操作之后，通过调用仿真进程对象内置锁中的 wait()指令，阻塞调度程序。当线程运行完成之后，它通过调用其内置锁中的 notify()指令，将运行结束信息通知调度程序。

我们在第 4 章中给出的 SSF 代码(图 4-14 和 4-15)对上述内容进行了部分描述。回忆一下，那些代码是对一个单服务台排队系统进行建模，其中到达间隔时间服从指数分布，服务时间服从非负正态分布。显然，该模型是使用 SSF 基类的规范性 Java 程序代码。

SSF 定义了 5 种基类，仿真框架以这些基类为基础构建。讨论面向进程方法的一个关键问题是 process 类，图 4-14 中的 Arrivals 类和图 4-15 中的 Server 类都是其派生类。基类规定 action 方法是线程体，每个派生类重写基类定义以实现自身线程的行为。派生于 process 类的某个类的每个对象需要定义一个单独的控制线程，但全部都要执行相同的线程代码体。

用于 Arrival 线程主体中的 waitFor 语句将该线程暂停；其自变量决定该线程在仿真

---

⊖ 经过锁定操作，其他线程无法再调用这段代码，直到这段代码被其锁定的线程释放为止。这样做的好处是可以避免由于多方调用而造成的冲突。

中的暂停时长。我们介绍过基于线程的 Java 调度机制，通过应用 waitFor 语句，可以将一个"唤醒"事件插入调度线程的事件列表之中，且其时间戳等于当前仿真时间加上 wait-For 参数的值。此处变量 time 是未来事件的发生时间；方法 insertProcess 将进程放到事件队列中去。非简单进程（比如采用 Java 线程的进程）经过一系列同步步骤到达 notify()方法（我们将在 14.2.2 节中对简单进程作进一步讨论）。调度线程依据该进程的原生锁实施阻塞操作，而 notify()指令将其释放。随后，进程立即以 lock 变量调用 wait()指令，这将导致线程挂起，直到调度程序以相同变量执行 notify()指令才会被释放。从代码段执行 wait-For()的角度来看，紧随 waitFor 调用之后的语句将在指定时刻（由 waitFor 参数值指定）准时执行。图 14-2 中的代码（摘自 SSF 应用）对此进行了描述。

在 Server 对象的 action 方法中调用 waitOn 指令，在实现上则略有不同。waitOn 程序代码首先将进程与 inChannel 的进程列表相连接（在该列表中所有的进程被阻塞运行），然后加入 waitFor 语句使用过的同一个锁同步队列，将自身运行暂时搁置，释放并激活调度线程。释放被阻塞进程的语义规范是依据 SSF Event 定义的。每一个 outChannel 对象（在 out-Channel 对象中，执行 Event 对象的写入操作）几乎总是被映射到一个 InChannel 对象。在 t 时刻，当把 Event 对象写入

```
public void waitFor(long timeinterval){
  time = owner.owner.clock + timeinterval;
  owner.owner.insertProcess(this);
  if (!isSimple()){
    synchronized(lock){
     synchronized(this){
        notify();
     }
     try{lock.wait();}
     catch(InterruptedException e){}
    }
  }
}
```

图 14-2　SSF 中 waitFor 语句的实现

outChannel 对象的时候，outChannel 对象的 write 方法计算时刻 $t+d$ 的值，这个时间（$t+d$）正好是 Event 对象在 inChannel 对象上发生的时刻（$d$ 是当创建 outChannel 对象时，所需要确定的延迟时间的函数，然后调用 mapTo 方法，紧接着调用 write 方法），并且内部事件被放入调度程序的事件列表，该事件的时间戳（发生时间）记为 $t+d$。调度程序执行该事件（不由 SSF 进程执行），并释放所有被阻塞在 Event 对象中已经到达 inChannel 处的进程。通过调用 inChannel 对象的 activeEvents 方法，可以实现被发送 Event 对象的复制。

由此可知，通常情况下，每一个事件都有一项线程间接成本：两个线程复位操作和两个线程暂停操作。成本大小取决于如何实现线程语境（context）的切换，与面向事件方法相比，这项成本会比较高，甚至非常高。这些成本在 SSF 中可以避免，方法是使进程的设计简单化，下面我们就来看一看。

### 14.2.2　面向事件的方法

从方法论的角度来看，面向进程的方法与面向事件的方法区别在于模型描述的关注点不同。面向进程的方法允许带有暂停（pause）或暂挂（suspend）的连续性描述，面向事件的方法则不同。从实现的角度来看，面向进程仿真的关键特征是支持挂起（suspension）和复位（reanimation），这导致我们不得不使用线程。然而，在 SSF 中，我们发现面向进程的方法和面向事件的方法二者之间的区别并不大，SSF 囊括了这两种方法。它们之间唯一的区别在于，在 SSF 中的面向事件方法，其进程必须"简单"。所谓简单（这是一个技术术语），是指 action 方法中所有可能造成进程挂起的语句，都应该是相关标准语义执行代码中的最后一条。

在图 14-2 中,应用 waitFor 指令计算进程挂起的时长,并将复位事件放在未来事件列表中。线程通过锁实现同步,这种方法只能在进程不是简单进程的时候才能使用。应用 waitOn 指令会产生相似的效果。如果每一个 SSF 进程都是简单的,也就不存在真正的代码挂起情况,那么模型本质上就是面向事件的。如果被"挂起"的进程满足了被释放的条件,一个简单进程的 action 程序体将从其正常入口处开始运行。被写入 outChannel 对象的 Event 事件被发送的唯一途径,是其接收程序对于相应的 inChannel 对象已经调用了 waitOn 指令,且调用时间早于 Event 被写入的时间。那么,我们看到包含在 SSF 中且以面向事件方法建模的一些"事件"是内核事件(kernel event),内核事件决定模型中的事件是否作为结果运行。将 Event 对象写入 outChannel 对象,会将一个内核事件按照 Event 对象的接收时间进行排程,但是该事件的内核流程决定是否调用 action 程序体。不过,当 SSF 在完全面向事件的环境下使用时,action 程序体的执行包含实质上的"事件流程"。有趣的是,从概念上看,面向进程的 SSF 与面向事件的 SSF 之间几乎没有差异。

针对仿真工具我们做一个小结。我们认为灵活性(柔性)是计算机系统仿真的核心需求。在大多数场合中,灵活性意味着可以运用通用编程语言所具有的全部能力。使用通用编程语言需要具备一定的编程能力,那些使用商业化、图形化建模软件包的用户则不需要具备编程能力。采用面向对象、面向事件的仿真应用需要的能力比使用线程模拟器要少一些,而上面提到的诸多模拟器(采用将事件传送到对象的方法),其所需成本显著低于基于语境转换的线程模拟器。基于这些原因,很多模拟器采用面向事件的方法进行开发。然而,深层次仿真框架必然会提供更低层次的抽象,这会促使建模人员设计及应用更多的模型管理逻辑。究竟是选用面向进程的模拟器还是面向事件的模拟器,或者干脆自己编写一个模拟器,则需要依据建模的难易程度以及运行速度综合权衡。

## 14.3  模型输入

恰恰因为在系统仿真中存在不同层级的抽象,所以将输入纳入计算机和/或网络模型时可以使用多种方法。输入可能代表用户对 CPU 资源的需求,也可能代表计算机提交给网络的通信量。输入模型既可以使用随机生成的输入值,也可以使用历史数据。处于抽象层级顶端的仿真模型大多采用随机输入;处于较低抽象层级的仿真模型则经常采用历史数据作为输入。当我们希望了解系统在不同场景中的行为特征时,随机输入模型尤其有用,这时只需要调整模型输入参数并反复运行仿真模型即可。当然,使用随机输入也会带来一个问题,即输入本身的真实性与代表性,这种疑虑常常导致人们更青睐在低层级的仿真模型中应用历史数据作为输入。使用历史数据意味着我们无法探究不同的输入场景,但是使用历史数据可以直接比较相同输入条件下不同策略或机制的实施效果。确保输入真实性可以提高仿真结果的权威性。

在任何情况下,用于驱动仿真的数据需要针对所研究网络化计算机系统的各个方面进行全面检测。高层级系统仿真接受一连串的任务描述;CPU 仿真接受一连串的指令描述;网络仿真接受一连串的通信请求;网络设备仿真则接受一连串的数据包。

按照排队网络建模的计算机系统通常将"顾客"视为计算机程序;服务台一般代表 CPU 和 I/O(输入-输出)系统所关注的服务。随机抽样既可以生成顾客到达间隔时间,也可用于管理服务路由和计时服务。然而,在计算机系统环境中,路由和服务时间通常与当前系统状态有关(例如,要访问的下一个服务台要么已经由顾客指定,要么是队列长度最小的可到达服务台)。

到达间隔过程历来采用泊松过程建模(两个连续到达顾客之间的间隔时间服从指数分布)。然而,由于来自于实践的经验观测值与当前计算机和网络系统采用的泊松过程假设具有明显的矛盾,所以这一假设目前已经受到质疑。泊松分布假设的真正价值在于数学分析的易处理性,因此,对于仿真工程师来说,放弃使用该假设不会有什么损失。

在本节的后续部分,我们将介绍网络化计算机系统通用输入模型的数学表达。

549

## 14.3.1　调制泊松过程(MPP)

随机输入模型应该反映现实生活中的突发现象(burstiness),即在短暂时段内需求强度远高于正常情况。有一类输入模型可用于此类情况,这就是调制泊松过程(Modulated Poisson Process,MPP),该模型保留了数学易用性(参见 Fischer and Meier-Hellstern [1993])。突发性体现在许多应用之中。MPP 是一个通用模型,适用于网络化计算机系统面临的多种输入过程。然而,依据我们对 MPP 的描述,我们将要依据观察到的网络特征开发输入模型,并将其用于生成网络环境下的输入需求。

MPP 基于连续时间马尔可夫链(Continuous-Time Markov Chain,CTMC)构建而成,我们首先介绍 CTMC,以便稍后使用相关概念。一个 CTMC 总是处于某个状态,为了对其进行描述,我们将状态用整数命名:1,2,…。CTMC 在某个状态下随机停留一段时间,然后随机转移至另一个状态,并在该状态下随机停留一段时间,之后再进行状态转移,以此类推。CTMC 的行为由生成矩阵 $Q = \{q_{i,j}\}$ 给予完整描述。对于状态 $i \neq j$,元素 $q_{i,j}$ 描述了从状态 $i$ 到状态 $j$ 的转移率(自状态 $i$ 转出的总转移率,乘以其转入状态 $j$ 的概率)。该转移率描述转移速度,计量单位是单位仿真时间内的转移次数。对角线元素 $q_{i,i}$ 是所有自状态 $i$ 转出率之和的负数,即 $q_{i,i} = -\sum_{j \neq i} q_{i,j}$。CTMC 的运行视图为:在进入某一状态 $i$ 之后,系统在该状态的随机停留时间服从参数为 $-q_{i,i}$ 的指数分布;在进行状态转移时,系统依概率 $-q_{i,j}/q_{i,i}$ 转移到状态 $j$。许多 CTMC 具有遍历性,这意味着,如果转移过程持续不断,每个状态的被访问次数都是无穷多的。在遍历马尔可夫链中,$\pi_i$ 表示状态 $i$ 的稳态概率(stationary probability),可以解释为长时期内 CTMC 处于状态 $i$ 的时间占比。稳态概率和转移率之间存在着一个重要关系,即对每一个状态 $i$,有

$$\pi_i \sum_{j \neq i} q_{i,j} = \sum_{j \neq i} \pi_j q_{j,i}$$

如果将 $q_{i,j}$ 视为 CTMC 处于状态 $i$ 时的概率流,则上述公式表明,从长期来看,自状态 $i$ 的流出概率之和与状态 $i$ 的流入概率之和是相等的。在后面的例子中可以看到,可以使用平衡方程建立具有所需特征的随机输入。为了完成 MPP 的定义,只需将顾客到达率 $\lambda_i$ 与状态 $i$ 相关联,即当 CTMC 处于状态 $i$ 时,顾客到达使用泊松过程生成,到达率为 $\lambda_i$。

为了介绍平衡方程的使用,我们来构想一个输入过程,它有三种状态——OFF、ON 和 BURSTY(处于状态 BURSTY 的输出率远高于状态 ON 的输出率)。我们希望该过程有一半时间处于状态 OFF(平均时长为 1 秒),当不处于状态 OFF 时,该过程有 10% 的时间处于状态 BURSTY。假设状态 BURSTY 只能由状态 ON 转入,且 BURSTY 只能转出至 ON。令状态 0 对应 OFF,状态 1 对应 ON,状态 2 对应 BURSTY,则该问题意味着 $\pi_0 = 0.5$,$\pi_1 = 0.45$,$\pi_2 = 0.05$。OFF 只能转移到 ON,并且处于状态 OFF 的时长均值为 1 秒,因此可推断 $q_{0,1} = 1$。状态 0 的平衡方程可以写成

$$0.5 = 0.45 q_{1,0}$$

550

因此 $q_{1,0} = (0.5/0.45)$。状态 1 的平衡方程可以重新写为

$$0.45((0.5/0.45) + q_{1,2}) = 0.5 + 0.05q_{2,1}$$

状态 2 的平衡方程为

$$0.05q_{2,1} = 0.45q_{1,2}$$

状态 1 和状态 2 的平衡方程是相同的,从理论上说,没有足够条件获得唯一解。如果加入约束条件,状态 BURSTY 平均持续时间为 1/10 秒,由此定义 $q_{2,1} = 10$,因此 $q_{1,2} = (0.5/0.45)$。操作上而言,CTMC 的仿真是前向运行的。在状态 0,使用均值为 1 的指数分布进行抽样,以确定处于该状态的时间长度;紧接着,CTMC 转移至状态 1,并使用均值为 0.45 的指数分布进行抽样,以确定处于该状态的时间长度;然后,以相等的概率(各占 50%)转移至状态 OFF 或者 BURSTY。在状态 BURSTY,使用均值为 0.1 的指数分布进行抽样,以确定处于该状态的时间长度。现在要做的,是定义与状态相关联的顾客到达率。显然,$\lambda_0 = 0$;为便于描述,选择 $\lambda_1 = 10$,$\lambda_2 = 500$。

图 14-3 提供了一段 Jave 程序代码,用于生成该过程中的到达时间。状态之间的转移

```java
class mpp {

 public static double Finish;          // sim termination
 public static double time = 0.0;      // current clock
 public static double htime, etime;    // transition times
 public static int state = 0;          // current state id
 public static int total = 0;          // total pkts emitted
 public static Random stream;
 ...

 public static void main(String argv[]) {
  ...
 while( time < Finish ) {

  // generate exponential holding time, state-dependent mean
  htime = time+exponential( stream, hold[state] );

  // emit packets until state transition time. State dependent
  // rate. Note assignment made to etime in while condition test
  while( (etime = time+exponential( stream, 1.0/rate[state]))
                   < min( htime, Finish) )  {
         System.out.println( etime + `` '' + total);
     total++;
     time = etime;    // advance to packet issue time
  }
  time = htime;

  // select next state
  double trans = stream.nextDouble();
  double acc = P[state][0];
  int i = 0;

  while( acc < trans ) acc += P[state][++i];
  state = i;
   }
  }
 ...
}
```

图 14-3  用于生成 MPP 历史输入数据的 Java 程序代码

通过逆变换法进行取样(变量 acc 计算行向量 P[state]所定义的累积概率函数的值)。图 14-4 给出了生成顾客的总数量与时间的函数(针对短期抽样和长期抽样两种情况分别绘制)。从短期抽样图中可以看到,当处于状态 BURSTY 时,图形曲线急剧上升;当 CTMC 不处于状态 BURSTY 时,OFF 与 ON 交互出现,累计值以更平缓的速率增加。MPP 模型可以描述突发性,但突发性受到时间尺度的限制。长期抽样的时间尺度比短期抽样大两个量级(100 倍),因此可以看到,短期抽样中出现的不规则现象在长期抽样中被极大地平滑了。

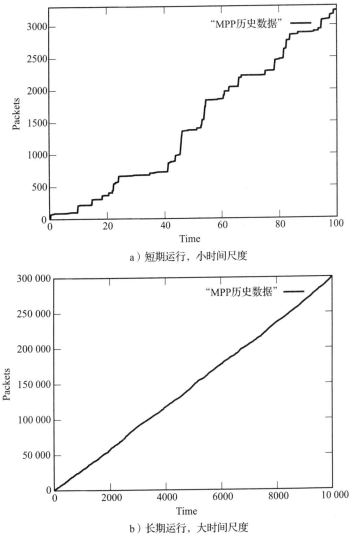

a)短期运行,小时间尺度

b)长期运行,大时间尺度

图 14-4 从 MPP 模型进行抽样运算

### 14.3.2 泊松-帕累托过程

互联网日益支持 VoIP 电话(一种通过 IP 协议传输语音的技术,参见 Black[2001]),因此与之对应的模型被开发出来。对当前文献的抽样分析结果表明,VoIP 呼叫源被视为"开-关"过程,开和关两阶段所服从的统计分布,相较于指数分布具有重尾特征(例如,更像韦布尔分布)。进一步来说,互联网还可以用于传送视频流,但是在不同的时间尺度上,针对视频建模更为复杂,因为模型需要反映视频压缩的诸多影响因素。

　　MPP 模型通常用于描述网络中由单个用户或应用程序所带来的流量负荷。因此，在很多情况下，建模人员需要考虑叠加后的应用程序信息流对某个网络设备的影响。一种方式是将多个独立的应用程序所产生的信息流汇集在一起，形成叠加流；另一种方式是从一开始就构建一个聚合模型。我们接下来考虑直接使用叠加负荷的模型。

　　经典话务量模型假设到达电话公司网络且叠加后的电话呼入服从泊松分布，呼叫处理时间也服从泊松分布。早期的建模和工程数据网络采用相同的假设，随着时代的发展，这一假设显然不再符合实际情况。在电话通信领域，传真应用的增长和后来的互联网接入，完全改变了话务量的统计学特征。其中，有两方面的变化尤其不同于以往的应用：首先，数据流量呈爆发式增长，明显违背了指数分布的无记忆特性。我们前面介绍的 MPP 过程可以在数据网络的数据包到达模式中明确引入突发特征。然而，研究表明，突发阶段不属于马尔可夫过程，比如在 MPP 模型中就是如此。相反，网络流量似乎具有长期的时间相关性，统计学上，活动会话数量之间的相关性可由 MPP 模型计算出来。

　　研究人员注意到，在每一个会话中传输文件的大小存在着巨大差异。由此看来，像帕累托分布这样的重尾分布能够很好地捕捉到这种特征。重尾分布的特点是很少出现数值非常大的样本。相对于它们出现的概率，这些样本值足够大，会对分布的矩值产生显著影响。某些情况下，对于重尾分布而言，以积分形式定义的方差是发散的。因此可以假设，会话计数所具有的长期相关性是由多个生命期很长的会话同时存在造成的。

　　可以对上述假设进行解释的一个模型是 PPBP（泊松-帕累托突发过程模型，Poisson-Pareto Burst Process，Zukeman、Neame 与 Addie[2003]），其中流量突发（比如会话）可视为一个泊松过程。每个会话时长基于帕累托分布进行抽样。突发可能是并发式的。更为正式的数学表示为：令 $t_i$ 为第 $i$ 次突发的开始时间（到达时间），其值等于 $t_{i-1}+e_i$，其中 $e_i$ 基于指数分布抽样获得，同时令 $b_i$ 为第 $i$ 次突发的持续时间，且服从帕累托分布，令 $d_i = t_i+b_i$ 为第 $i$ 次突发的结束时间。状态 $X(t)$ 代表时刻 $t$（包括新发生和未结束的）突发次数活跃，且满足 $t_j \leqslant t < d_j$。

　　对于具有参数 $a$ 和 $b$ 的帕累托分布，其概率密度函数为

$$D(x) = 1 - \left(\frac{b}{x}\right)^a$$

对于 $x \geqslant b$ 成立。该分布的均值为 $(ab)/(a-1)$，方差为 $ab^2/((a-1)^2(a-2))$。若使用帕累托分布进行抽样，可以使用如下逆变换方法：

$$x = b \times (1.0-U)^{-1.0/a}$$

上式中，$U$ 是服从均匀分布的随机变量。

　　如何分析流量以获得长期依存关系的证据，以及这里所用的合并流量的生成方式是否体现了这种依存关系，思考这些问题是有意义的。令 $X_1$，$X_2$，$\cdots$ 为一个平稳时间序列，其均值为 $\mu$，方差为 $\sigma^2$。自相关函数 $\rho(k)$ 描述时间序列中彼此相距 $k$ 个数值样本之间的相关性，则有

$$\rho(k) = \frac{E[(X_t-\mu)(X_{t+k}-\mu)]}{\sigma^2}$$

样本自相关函数可利用一个实际样本并估计分子的数学期望而获得。当 $\rho(k)$ 作为 $k$ 的函数而缓慢衰减时，可以观察到长期相关性。从自相关函数的角度对相关关系进行定义更为正式：若存在实数 $\alpha \in (0, 1)$，以及常数 $\beta > 0$，从而有

$$\lim_{k \to \infty} \frac{\rho(k)}{\beta k^{-\alpha}} = 1$$

551
～
553

在上述极限公式中，分母说明随着 $k$ 值的增加，$\rho(k)$ 如何缓慢地趋近于零。$\alpha$ 值越小，退化越慢。$H=1-\alpha/2$ 是该序列的 Hurst 参数。若 $0.5<H<1.0$，则说明具有长期相关性，并且 $H$ 值越大，长期相关性越显著。

　　为了证明 PPBP 确实存在长期相关性，下面进行一项实验。在实验中，平均突发间隔时间为 1 秒，帕累托参数为 $a=1.1$，$b=10$。我们计算样本自相关函数，并将结果展示在图 14-5 中。从图中可以看到，自相关性衰减得非常缓慢。我们同时使用 SELFIS 工具　 554 （Knragiannis、Faloutsos 和 Molle[2003]）估算 Hurst 参数，该参数的全部估计值都表明样本序列存在着较强的长期依存关系。

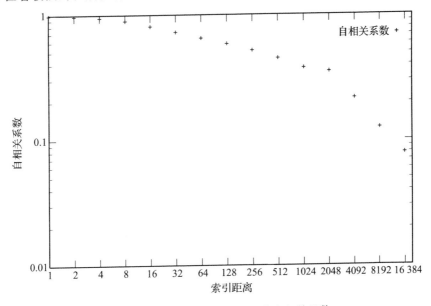

图 14-5　50 个流量源叠加流量的自相关函数

　　突发性并不是流量模型中唯一需要考虑的因素。流量强度表现出强烈的每日变化特征，即信息源的流量强度在一天中随着时间的变化而改变。此外，周末和假期也有所不同。为增加"一天中的时间（time-of-day）"因素，可以为 PPBP 的指数型突发间隔时间分布配置一个参数，该参数会随着一天中时间的变化而变化。

　　在 PPBP 中，活跃会话数量 $X(t)$ 是时间的函数。$X(t)$ 可以转换为数据包的到达率，从而通过纳入"数据包到达率参数"$\lambda$，把 $X(t)$ 转换为数据包的到达数量。因此，$\lambda X(t)$ 过程给出了某台网络设备的数据包到达率，而这个到达率是来自于多个流量源的数据包叠加之后形成的。

### 14.3.3　帕累托-长度相位时间

　　关于流量负荷生成有很多的简单模型，其中之一是在网络中传输文件。我们感兴趣的不是完成文件传输所用协议的机制问题，更不是应用于网络的流量负荷模型。关于文件传输模型的仿真研究，大多集中于研究网络流量对存储这些文件的服务器的影响。我们使用文件大小和传输率来描述传输特性，也经常描述用户多长时间会进行一次 FTP 传输的初始化。文件传输请求过程的一个简单模型是 ON-OFF 源模型，模型中的 OFF 阶段是随机　 555 分布的（例如指数型判别时间），其 ON 阶段由文件到达来驱动。ON 阶段的持续时间与文件上传和下载所用时间一样长。文件大小依从另一个概率分布进行抽样。观测表明，具有重尾的统计分布(比如说帕累托分布)比较适用。帕累托分布尤其适用于在 Internet 上分享音乐的行为。

例如,考虑这样一个流量源,其处于状态 OFF 的持续时间服从均值为 1.0 的指数分布,处于状态 ON 的持续时间服从帕累托分布。当它处于状态 ON 时,数据包按照泊松过程到达。这与泊松–帕累托突发过程有所不同,但是与自相似特征有关。

图 14-6 依据 MPP 数据绘制了两幅图,展示了数据包的累积量与所花费时间的函数关系;两幅图分别呈现了初期 1000 个时间单位和初期 100 000 个时间单位的系统特性。此处,尽管运行时长相差了两个数量级,但是二者的视觉印象非常相似。这种情况在计算机和通信系统中很常见,更长的运行时长仅仅影响数据包的突发次数、文件长度,以及对服务器的需求量。因此,使用帕累托分布可以产生不同时间跨度上的自相似行为(self-similar behavior)。

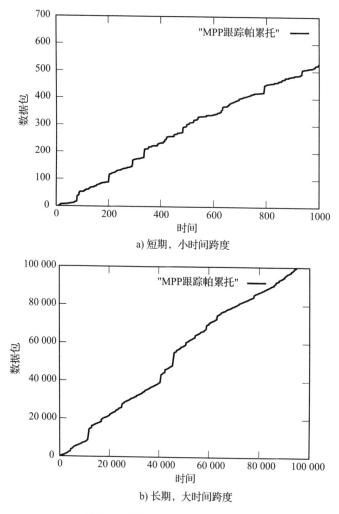

a) 短期,小时间跨度

b) 长期,大时间跨度

图 14-6 来自于自相似模型的样本

另一个模型是将数据源流量特征与所研究的网络联系在一起考虑。流量源处于状态 OFF 的时间是随机的,处于状态 ON 的时间是由网络传输一个数据块(其大小服从帕累托分布)所需时间决定的。在最简单的网络模型中,该时间等于数据块的大小除以网络带宽值。如果网络模型更复杂，还会出现至流量源的反馈过程，并在传输时间上考虑变化性（可能基于当时的网络状态）。

### 14.3.4　万维网流量

访问万维网是软件应用流量的另一个重要来源。Web 页面的访问模型比单一文件的传输模型更复杂，应给予区别对待。我们介绍一个在 Barford 和 Crovella[1998]文献中论述过的模型——Surge 模型。在此，我们使用会话间延迟分布（intersession delay distribution）对连续会话之间的等待时间建模。在一次会话中，计算机会访问大量不同的 URL 地址，每两次访问之间都会有一个等待时间。如图 14-7 所示。

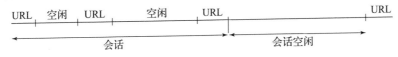

图 14-7　Surge 模型万维网流量生成的 ON-OFF 阶段示意图

Surge 模型包含许多重要的文件特征，其中最重要的有：
- 一台 Web 服务器中的所有文件，其文件大小的分布。
- 那些被实际请求访问过的文件，其文件大小的分布。
- Web 服务器文件所引用文件的时间局部性（temporal locality）$^{\ominus}$。

第一条和第三条特征，连同引用模式模型，实质上完成了第二条特征的定义。假如我们已经选择了前 $k$ 个文件——记为 $f_1$，$f_2$，…，$f_k$，并且假设这个引用集存放在一个 LRU（刚刚使用过的，Least Recently Used）栈中。我们通过从栈距分布（stack-distance distribution）中抽样获得一个整数来选取第 $(k+1)$ 个文件。如果所抽样的整数值为 $j$，那么下一个被选取的文件在 LRU 栈中的位置为 $j$（位置 1 存放最近一次被引用的文件）。经验表明，对于文件的引用字符串而言，用对数正态分布对其描述是比较合适的。对数正态分布给予较小的数值更多的权重，因此它会导致引用的时间局部性。当栈距样本值比 LRU 堆栈中的文件数量更大的时候，就会从处于引用栈之外的文件组中抽样一个新文件。

以上对 Surge 模型结构进行了一般性的简单介绍。Surge 模型的开发者对识别分布的参数更为关注，这些参数应该具有内在一致性，并且能够保证所生成的数据流量与实际情况相符。我们在此只是希望给读者介绍万维网流量模型的一些基本概念和设计理念。

理解网络流量建模的关键之处在于流量聚合模型应该体现聚合的特征，与之相反，应用程序流量则应该关注应用程序之间的差异。

## 14.4　面向无线系统的移动模型

在网络化系统的建模和仿真中还有一个重要的领域，就是针对无线网络的移动仿真模型。手机、无线热点以及自组织网络（ad-hoc networks）等个人电子设备所进行的大部分通信都是借助无线电波实现的。无线通信建模与有线通信建模有很大不同，例如无线通信包括通信终端的可移动问题，这会影响信号强度，进而影响通信质量。移动无线网络模型需

556
~
557

---

$\ominus$　当进程运行时，在一段时间里，程序的执行往往呈现高度的局部性，包括时间局部性和空间局部性。所谓时间局部性是指一旦某个指令被执行，不久的将来它可能会被再次执行。空间局部性是指一旦某个指令或某个存储单元被访问，那么它的临近单元也将很快被访问。程序的局部性原理是虚拟存储技术引入的前提。虚拟存储的实现原理是：当进程要求运行时，不是将它全部装入内存，而是只将它的一部分载入内存，另一部分暂时不载入。

要体现移动特征。我们现在来谈谈针对移动性的建模选项。

我们选择移动网络模型时，往往要基于用户的移动范围以及有移动需求用户的密度。我们曾经对大型卖场中的手机用户进行仿真研究，卖场中的公共通道将大大小小的商店连接在一起。在这项研究中，我们认识到恶意软件是如何以蓝牙为中介在手机之间进行传播的。对于这项研究而言，我们所获得的最重要认识是关于接近度（proximity）的——由于蓝牙信号的传输距离不太远，因此当一部被病毒感染的手机企图感染另一部手机时，二者在物理空间上应该足够接近。我们的模型涉及移动域以及用户在域内的移动特征，该模型基于单元格构建（一个域可以被分成很多单元）。每个单元的状态用数对$(n_i，n_v)$表示，其中$n_i$代表该单元中已被病毒感染的手机数量，$n_v$代表该单元中易受攻击的手机数量。我们采用时间进阶（time-step）机制对移动特征进行建模。在这种设计机制中，我们假设某个手机用户在单位时间内穿过一个单元格。在每一次时间进阶中，一部手机要么原地不动，要么移动到临近单元格；针对每一次可能的移动，与单元格和移动相关的概率都已给出。我们马上就可以看出，这种建模方法最终生成了一个离散时间马尔可夫链。手机在单元格之间移动的可能性可以定义为约束性移动，例如，可以穿过商店内部的墙而不会离开这家商店，或者在商场过道上的行走速度要比在商店内更快。在我们的应用模型中，如果两部手机距离足够近，即所处单元足够接近，则一部被感染的手机会试图感染另一部手机。

图 14-8 描述了基于单元格的移动模型架构。粗线代表手机用户不能穿越的墙，黑色

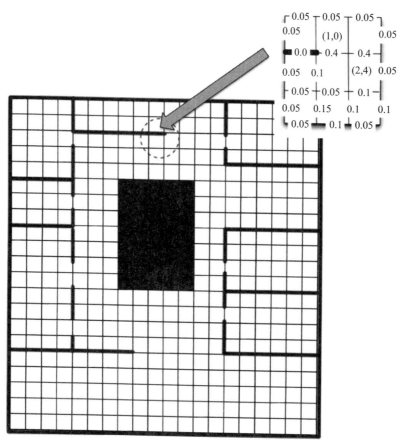

图 14-8　购物中心基于单元格的移动模型

长方形代表用户不能进入的区域。图中突出了网格中的一个小区域,在其中展示了两个单元格的状态,分别为(2,4)和(1,0);单元格边界上标注的是转移概率。为了降低图形的复杂度,假定从相邻两个单元格中的任何一个进入对方单元格的概率是一样的[⊖],并且感染病毒手机和未感染病毒手机的穿越概率也是相同的。

另一种常见的移动模型是随机路点模型(random way point model)。在这个模型中,手机位置由算法生成,算法沿着直线将手机从一个路点移动到另一个路点。手机在连接两个路点的每一条线段上的移动速度可以是随机的。一旦到达一个路点,这部手机会在此地随机停留一段时间(也可能为零),然后再随机选择另外一个路点及移动速度后继续移动。随机路点模型极具一般性,以至于对随机路点的选择可以施加约束,也可以没有任何约束。例如,一部手机的移动路径可以限定为只能沿着图的边缘行走,这里的图可以代表一个交通网络,在这个网络中,路点即为交叉路口。或者,处于路点$(x, y)$的手机可以任何方式选择它的下一个路点$(x', y')$,例如,在 $x$ 和 $y$ 各自允许的取值范围内按照均匀分布抽样。将这个方法略做调整,还可以随机选择行进方向、行进速度和行进时间。有了这些信息,就能计算出目标路点$(x', y')$。这种随机路点模型也提出了新问题,即如何处理边界限制和障碍物。

移动用户的运行轨迹可能会穿过区域边界或者跨过障碍物。在穿越边界的情况中,有时可以合理地假设一个矩形区域的每条边都不存在实际的边界约束。在拓扑学上,这类域称为圆环(torus),此时目标路点的坐标就可以通过模算数(modular arithmetic)得出。也就是说,如果该区域在 $x$ 和 $y$ 方向上的长度分别是 $D_x$ 和 $D_y$,那么就可以在不考虑边界约束的情况下计算出路点$(\hat{x}, \hat{y})$,然后再转化为区域内的路点 $x' = \hat{x} \bmod D_x$,$y' = \hat{y} \bmod D_y$。然而,在必须沿着边界行走的情况下,按照随机选择行进方向的要求,手机用户可能在绕到区域另一侧之前就会触碰到边界。如果手机轨迹触碰边界,就意味着行进步伐必须停止,然后移动模型就规定下一个路点是本次轨迹与边界的交点,之后再选择下一个路点。类似地,如果区域内有障碍物,则下一个路点要么选择原始点$(x', y')$,要么选择行进路线与第一个干扰障碍物的交点。在讨论无线电传播的射线追踪算法时(见 14.6.1 节[⊖]),还会对探测无线电波与障碍物之间的交点问题给予更多讨论。

随机路点模型中存在一个隐患,必须给予足够重视。如果一部手机的移动速度 $S$ 是随机的且不为零,那么为了使移动系统具有均衡状态,其速度分布必须满足 $E[1/S] < \infty$。不符合此规范的典型例子就是$(0, a)$上的均匀分布。对于

$$E[1/S] = \int_0^a \left(\frac{1}{a}\right)\left(\frac{1}{x}\right) dx = \frac{1}{a}\bigg|_0^a \ln x = \frac{1}{a}(\ln a - \ln 0) = \infty$$

这种情况之所以出现,是因为走过距离 $L$ 所需的期望时间为 $E[L/S]$,如果 $E[1/S]$无界,则 $E[L/S]$也无界,那么手机用户最终会在域中无限遍历。另一方面,$E[1/S] < \infty$ 成立的充分条件是存在某个 $\varepsilon > 0$ 使得 $S > \varepsilon$。在这种情况下,对于距离 $L$ 的遍历距离绝不会大于$L/\varepsilon$,因此手机用户就不会陷入无限遍历状态之中。

## 14.5 OSI 堆栈模型

网络化计算机系统在多个层次上都表现出复杂性。为了管理这种复杂性,计算机系统

---

⊖ 比如,A 和 B 两个单元格相邻,那么这两个单元格共享一条边,而在这条边上标注的概率,实际上代表 A→B 或者 B→A 的两个概率值,只不过我们假设这两个概率值是相等的,因此只标注一次。

⊖ 原文为 4.6.1 节,疑为作者笔误或者排版错误,我们做了纠正。

通常按照所谓的 OSI（开放系统互连，Open System Interconnection）模型（Zimmeroan [1980]）进行设计（这些计算机系统的精度可能各不相同）。它的基本思想是：每一层提供特定的服务，并为其上一层提供保证。在 OSI 模型中，某一层的应用程序或协议只与它的上一层或下一层协议直接通信，或者与另一台设备上处于同一层的相对应的应用程序或协议进行通信。使用仿真可以研究发生在各层的行为，虽然一个模型通常不会涉及所有层。不同层封装的通信抽象水平是不同的。

560

物理层（physical layer）关注原始比特流在物理介质上的通信。物理层规范必须描述通信中所有物理方面的特性：电压或无线电信号强度、物理设备至介质的连接标准等。该层模型用于描述物理特性。

数据链路层（data link layer）实现所谓的数据帧（data frame）通信，数据帧包括有限的数据块及一些寻址信息。数据链路层协议与物理层协议进行交互，以实现数据帧的发送和接收，同时还为上一层提供无差错通信服务。因此，位于数据链路层的协议必须在需要时实施误码探测（error-detection）和数据重传。访问控制（access control）是避免差错的一个重要组成部分，它最大程度地确保了同一时间只能有一台设备在共享介质上进行传输。访问控制技术对于数据传输时间和整体网络数据传送能力具有显著影响。仿真对于理解在访问控制技术之间如何进行权衡有非常重要的作用。在 14.7 节，我们将了解一些协议，以及经由仿真所揭示的特性。

网络层（network layer）负责数据帧在子网中传输的所有方面。某一个帧在到达最终目的地之前，可以跨越多种物理介质。网络层负责子网间的逻辑地址、子网间的路由、流量控制等。Internet 的成功很大程度上要归功于互联网协议（即广为人知的 IP，Internet Protocal（Comer[2000]））的广泛采用。IP 确定了一套全局寻址方案，该方案允许全球设备进行通信。IP 数据包规范包括对数据包所携带数据类型的描述字段、数据包的大小、用于对数据包进行解释的协议、源地址/目的地址信息，以及其他很多内容。网络层为它的上一层提供无差错、端到端的数据包传输服务。仿真常用于研究管理网络层实施设备（路由器）的算法。

传输层（transport layer）从上一层接收信息，将其分割成数据包，交由网络层传输，同时将接收到的数据包按照初始顺序转发给上一层，并保证做到无差错、无丢失和无重复。因此，发送设备的传输层协议与接收设备的传输层协议通过某种方式进行协调，以保证接收设备可以推断出数据包的顺序。各类 TCP（Transmission Control Protocol，传输控制协议）大多用于这一层（Comer[2000]）。处理包丢失问题是传输层的职责。包的丢失不同于无差错传输——数据包可以无差错地传输至路由设备，但是一旦发现那台路由设备没有缓冲能力对其进行存储，这个数据包就会被丢弃。因此，数据包能够被正常接收，但是会被故意丢弃。传输层协议需要对包丢失进行检测并做出响应，因为它们负责更换那些被丢弃的数据包。其中一种做法是使用流量控制算法，该算法并发地充分利用所有可用的带宽，以避免包的丢失。仿真在研究不同传输协议的行为时发挥过重要的作用，本章我们将探讨 TCP 协议仿真。

在实际应用中，OSI 模型的前四层实现了完美的定义和划分，而其余三层就没有那么明确。正式地说，会话层（session layer）负责创建、维护和终止一个抽象的"会话"，所谓"会话"就是两个实体之间长时间的信息交互过程。会话层上面一层是表示层（presentation layer），表示层的规范包括数据格式之间的转换。表示层中新增的一项日益重要的转换功能是加密/解密（encryption/decryption）。最后，应用层（application layer）作为用户和

561

网络服务之间的接口而发挥作用。与应用层相关的典型服务包括电子邮件、网络管理工具、远程打印机访问，以及其他计算资源共享。

有线网络通过电线或者电缆传输数据，无线网络通过无线电波传输数据。最近几年，在无线网络领域，相关问题的研究出现了井喷式增长。作为物理层建模的仿真案例，我们可以了解一下无线通信仿真的相关内容。

那些想要传输数据的设备必须在某种程度上获得对数据传输网络的访问权限。接下来，我们需要考虑的是不同设备之间如何利用网络媒介进行协同，有时候称为 MAC 协议（Media Access Control protocol，媒体访问控制协议）。从历史上看，在帮助工程师了解不同 MAC 协议的性能方面，仿真发挥了非常重要的作用。

介绍了 OSI 模型之后，我们将介绍 TCP，并讨论仿真是如何在 TCP 的研究中发挥重要作用的。因此，我们需要介绍网络套接字（network socket）的概念，以及那些处在 OSI 模型较高层次的应用程序如何使用它们。特别地，我们需要思考提供万维网服务的那些应用及其仿真相关的建模问题。

## 14.6　无线系统的物理层

无线网络与有线网络的区别也体现在物理层的建模方面。有线网络中的数据包传输非常可靠，在很多情况下，有线网络物理层建模唯一需要考虑的就是网络带宽和数据包延迟。相比之下，无线系统的物理层建模就棘手得多。在无线领域，通信质量会随着距离增加和杂波增强而大幅度下降，所以无线网络建模要明确地考虑这些情况。有很多模型适用于物理层建模，从麦克斯韦方程组到一些非常简单的模型（接收到的信号强度是传输距离的函数）。详细模型对于传输因素的描述是分钟级的，因此需要复杂的计算机程序以及大量的计算资源才能给出答案。相比之下，简单模型更容易编程，运行速度更快，但可能会因为忽略细节而导致精度降低。

用于仿真的模型选择很大程度上取决于仿真研究的目标。制造手持无线设备或部署无线网络的公司，对于可能影响其设计方案的细节问题很感兴趣，所以他们需要使用精确模型，但是，通常会使用简单的流量模型作为先导来研究无线电行为特征。而那些对更高层级软件协议感兴趣的研究人员（比如，管理服务质量所涉及的路由和服务），往往会将主要精力放在协议上，并使用简单的无线物理层模型。

### 14.6.1　传播模型

Rappaport[2002]对各种无线网络模型进行了介绍，我们使用该文献作为讨论物理层的基础。在此我们将分析更简单的模型，读者若希望了解更详细的电气工程方面的知识，可以参考 Rappaport 的这篇文献。

物理层的基本功能是以功率 $P_t$ 将一个比特（bit）发送给目标接收者。物理层模型必须回答的基本问题是：在接收器上，该信号的功率水平是什么。也就是说，由发射器发射的电磁波，在传输域中遇到障碍时，会受到折射、反射、衍射、散射等影响。因而，接收器接收到的信号是诸多电磁波的混合，这些电磁波经过不同路径，历经不同变换（与途中所遇到的对象有关），会产生时间扭曲（skewed），并且到达接收器的各个信号强度也不尽相同。接收方所接收信号的功率记为 $P_r$，一般用于决定是否能够识别被传送的数据包。这个确定过程包含技巧性和复杂性，我们将在稍后讨论。

最简单的传播模型是自由空间传播模型。这里假设发射天线和接收天线在各自的"视线"（line-of-sight）之中，从发射端到接收端信号强度衰减完全是由距离造成的。这种情况最接近自由空间假设，包括卫星通信系统和无障碍微波系统。在最简单的形式中，接收功率 $P_r$ 与发射功率 $P_t$ 之间有如下关系：

$$P_r = cP_t/d^2$$

其中，$d$ 是发射器与接收器之间的距离，$c$ 是一个常量，这个公式是物理学中经常出现的平方反比定律。

在更通用一些的模型中，信号强度随距离的增加而衰减得更快，即

$$P_r = cP_t/d^a$$

其中，$a \geqslant 2$。在这种表达形式中，简单增加 $a$ 的值，模型会遇到导致信号衰减的其他现象。这种情况的例子是双波模型（two-wave model），该模型考虑由发射器发射到地面上的波反射之后对正常波造成的破坏性干扰。距离的阈值 $D_t$ 被定义为天线高度和波长的函数。如果发射器与接收器之间的距离小于 $D_t$，则破坏性干扰的影响不重要。对于这种情况，接收功率可用 $a=2$ 计算得出。当接收器与发射器之间的距离大于 $D_t$ 时，使用 $a=4$。在这种情况下，无线电波看起来像是一个好奇的黑客，其最终取值基于电子域中复杂的几何模型，涉及地面反射的电磁波、对直线传播路径的干扰，以及接收功率的累积效应。需要注意的是，接收功率是距离的函数，但是在 $D_t$ 处是不连续的。

自由空间模型和双波模型都是确定性模型。研究表明，靠近接收器的障碍物通常会影响接收功率，这是因为它会产生阴影，在阴影中接收到的信号衰减现象非常严重。我们解释这种衰减的一种方法（但是要避免计算障碍物对于电波的几何效应，该计算过程是非常复杂的），是将衰减本身视为一个随机变量。对数正态阴影（lognormal shadowing）模型（也称为阴影衰减模型，shadow-fading model）确定 $P_r$ 的值为

$$P_r = kP_t 10^{-X/10}/d^a \tag{14.1}$$

其中，$X$ 是均值为 0、标准差为 $\sigma$ 的高斯随机变量，$k$ 为常数。结果表明，$10^X$ 模型在时间上是确定的，空间上是随机的。也就是说，如果将发射器和接收器放在同一个位置，若发射功率为 $P_t$，则接收功率总是相同的。然而，接收器在 $(x, y)$ 处承受的阴影衰减（对于给定发射器）与其在临近位置 $(x', y')$ 处遭受的阴影衰减相关，如果从发射器的角度来看，一面墙会遮住点 $(x, y)$，那么它也可能遮住点 $(x', y')$。使用对数正态阴影模型的问题之一是相关性，即接收器受到的随机阴影衰减与它在临近点受到的随机阴影衰减是相关的。

原则上，通过确定空间结构的相关机制，可以对对数正态阴影随机变量问题中的相关性进行描述。我们可以想象将域嵌入 $N \times N$ 网格之中，对于放置在单元格 $c_A$ 中的发射器和单元格 $c_B$ 的接收器来说，假定二者之间的阴影衰减是相同的，所以可获得大约 $(N^2)^2 = N^4$ 个单元格配对（pair），这是对数正态阴影分布的一个特定样本。在一般情况下，必须明确地计算出任何阴影随机变量数对的协方差，但是当前情况比较难以处理，因为要计算大约 $N^8$ 个协方差。然而，由于阴影衰减的影响只是局部性的，那么很自然地我们可以假设，如果这两个阴影变量属于两个不同的发送器，则这一对阴影变量的相关度为零；或者，假设这两个变量属于同一个发射器，其相关性会随着距离的增加而快速衰减，而距离可以通过单元格进行测量。进一步来说，如果假设相关性只是距离的函数，也不能说不合理。现在考虑这种情况：给定 $n \times n$ 协方差矩阵 $Q$、包含 $n$ 个独立 $N(0, 1)$ 随机变量的向量 $U$，以及 $n$ 维向量 $\overline{\mu}$，等式 $X = \overline{\mu} + QU$ 生成一个包含 $n$ 个正态变量的样本向量，其均值为 $\overline{\mu}$，协方差结构为 $Q$。为了应用相关性阴影衰减模型，可以在仿真开始时进行抽样，获得 $U$（$U$ 是由 $N^4$ 个 $U(0, 1)$ 正态变量构成的向量）。当仿真器需要针对某个接收器计算公式（14.1）

的时候，它首先必须知道 $Q$ 中哪一行对应于该发射器–接收器单元组对，然后计算非零相关毗邻单元格对应的向量 $U$ 中的指标值，还需要计算矩阵 $Q$ 中这一行与向量 $U$ 的（稀疏）点积。因为具有稀疏性（即矩阵 $Q$ 中的每一行中包含很多 0），所以在点积中需要计算的项数是很少的。最后，依据这种方式计算得到正态变量值，计算其自然对数，即可解得等式(14.1)中 $L$ 的值。

另一种计算密集度更高的技术称为射线追踪法（ray-tracing），也可以用来对传播过程建模（McKnown 和 Hamilton[1991]）。这个方法的思路是：从发射源以不同角度发射无线电波，计算无线电波从发射源到接收端可能的不同路径，然后计算经过反射及穿透障碍物之后无线电波信号强度的变化情况。

请大家思考图 14-9 中的例子。图中右下方的黑色实心圆代表发射器，白色圆圈代表两个接收器。在传输过程中，无线电波从发射器以各个角度发出，电波在域内传播过程中，其方向和信号强度不断变化。在射线追踪算法中，我们通过计算，离散化地跟踪这些射线，确定它们在传播路径中会在什么位置遇到障碍物，并模拟障碍物对射线的影响。

信号强度随着传播距离的增加以及与障碍物交互作用（与障碍物的材料属性相关）的增强而衰减。进一步来说，无线电波与障碍物相遇，不仅每条与障碍物相交的射线会生成一个新的传播方向，而且很多与障碍物相交的射线还会额外产生一组新射线，其中的每条射线方向各不相同。在诸多传播的射线中会有一些射线距离接收器足够近，可以认为它们会命中接收器，从而可以增加接收信号的强度。对任何接收器而言，都存在多条可达路径。在最简单的模型中，接收信号强度是所有到达接收器信号的强度之和。然而，现实情况更加复杂，模型也会更复杂。比如，存在无线电波调幅的情况，即当电波之间相互作用时，它们的波峰（或者波谷）可能完全重叠从而使得信号增强，也可能因波峰与波谷相互抵消造成信号丢失，或者波峰与波谷相隔半个相位叠加。细化的射线追踪算法可以处理上述各种情况，但这已经超出了当前讨论的范围，我们在此不作深入论述。

还有一种假设也是合理的，即在射线的点到点传播过程中，信号强度是下降的，这符合自由空间传播模型。当射线以夹角 $\theta$ 与一个平面相遇时，可计算得出下列四种可能情况（依赖于 $\theta$ 的大小、平面的静电属性，以及信号强度）：

- 对称性地反射，信号不会穿透平面。
- 对称性地反射，一部分信号会穿透平面。
- 信号完全穿透平面。
- 不再继续传播（注：信号被平面完全吸收）。

任何经过反射后的射线，其信号强度取决于反射前的信号强度，以及反射物的材料属性。如果模型允许折射的情况，则一条穿透平面的射线会有一个与之前完全不同的前进角度，该角度也是平面材料属性的函数。

图 14-9 呈现了上述多种情况。图中的两个接收器与发射器之间存在无障碍的直达射线，这些射线对接收器整体信号强度的贡献最大。在标记为 a 的平面处，我们可以看到一条射线在表面上既发生了反射（未穿透平面）也发生了折射（穿透了平面）。反射射线在遇到另一个障碍物之后再次发生反射，然后在墙壁上反射两次，最后到达接收器 b。这条射线的信号强度比直达射线弱很多，原因在于它的传播路径更远并且在每次反射中信号强度都有所减损。穿透平面 a 的射线，也由于与该平面相遇而使其射线强度降低，并且这条射线在最终到达接收器 c 之前还要经过两次反射。

564

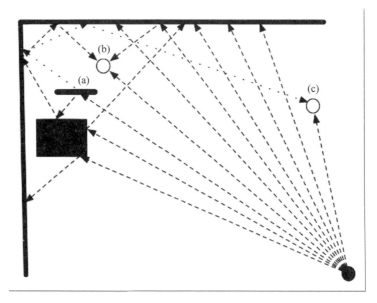

图 14-9　应用于无线传播的射线追踪算法

　　射线追踪算法需要维护一个活动射线的列表。该列表由发射器发射的一组射线（射线之间的发射夹角为 $\alpha$）进行初始化定义。然后，射线追踪算法会进行循环，在每一次迭代中，列表中的一条射线会被选中，然后从列表中被移除，这条射线下一次与障碍物或者接收器相交的过程会被计算出来。算法会依据相交的角度、信号强度（已经从初始信号强度中减去了从发射源到该交点的信号强度衰减）以及材料属性，计算出数量不等的新射线，并将它们添加到活动列表之中，这些新射线在列表中的源点就是该交点。新生成射线的数量也可能是零，这一情况出现在信号强度降低到某一阈值以下的时候（可能也与入射角和材料属性有关）。如果射线与非常临近接收器的某个区域相交⊖，那么该射线在相交处的信号强度会累加到接收器的信号强度之中。在所有新射线都添加到列表中之后，算法会返回并循环到列表顶部去选择另一条射线。算法将在活动列表为空时终止。

　　射线的新传播方向和信号强度的计算，通常包含初等三角变换和算术方法。射线追踪方法的主要挑战在于如何确定射线下一个交点的位置。这通常需要使用辅助的树状数据结构才能完成。如图 14-10a 所示，该区域是以二进制方法递归划分的。首先，我们发现可以作一个垂直分割，从而使分割线两侧的障碍物或者无线电射线数量大致相同。在图中，分割线用粗虚线表示，左侧标记为 "0"，右侧标记为 "1"。在下降迭代过程中，每一个碎片的划分都要使切分之后分割线两侧障碍物和无线电射线的数量应大体上保持平衡；接下来进行水平分割，用 "00" "01" "10" 和 "11" 标记本次切割后所形成的四个区域。随着切割过程的不断进行，交替进行垂直分割和水平分割，直到每个区域都包含 1 个或 0 个障碍物或无线电射线。在算法中，仅含有 0 个或 1 个对象的区域无须再分割。需要注意的是，我们允许对障碍物进行分割。

　　使用上面的划分方法，可以构建一个与图 14-10b 类似的树。与树中每一个节点相关联的是含有节点标记的物理区域，以及该区域中障碍物或无线电波的位置/范围（如果存在的话）。此类树具有下述属性：给定一个坐标 $(x, y)$，可以对这棵树进行向下搜索，找到

　　　⊖　也就是进入了接收器的接收范围，信号可以被接收器捕捉到。

包含该坐标的叶节点。从根节点出发，可以确定该坐标$(x, y)$是位于分区左侧还是右侧。然后，将$(x, y)$与刚才选定的区域分割线进行比较，从而确定哪棵子树包含$(x, y)$，然后继续向下搜索，当搜索过程最终终止于叶节点的时候，就可以找到包含$(x, y)$的区域。

现在，我们思考如何使用树形结构寻找射线的下一个交点。给定一条射线及其起点，可以向下搜索树，从而找到包含该起点的叶节点。算法引导射线通过叶节点所表示的区域，直到与下一个障碍物（或无线电波）相交。在这个过程的每一步中，首先确定射线进入某个区域的点，然后给出射线行进方向，最后计算出射线离开该区域的那个点。因为区域中至多存在一个障碍物，所以可以判断是否存在射线与障碍物的交点。如果有，就计算出交点的位置；如果没有，就计算离开区域的那个点的坐标，然后计算确定接下来要进入哪个区域。思考一下，在图 14-10a 中，有一条射线从发射器出发，直达左上方的接收器。该射线经过将区域 11 划分成区域 110 和区域 111 的分割线之后，就离开了区域 111，由此可以推断出该射线进入的下一个区域是 110。区域 110 没有障碍物，所以可以计算出射线是从哪个位置离开该区域的。此时，可以说射线已经进入了区域 0 的上半部分，然后可以使用树找到包含进入点的区域 011。射线在区域内并未与障碍物相遇，但是与划分区域 00 和 01 的分割线相交，并随之进入区域 001。最终，射线到达接收器。

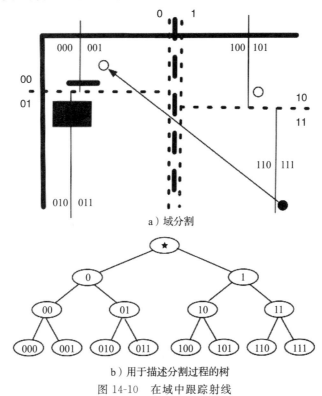

a）域分割

b）用于描述分割过程的树

图 14-10　在域中跟踪射线

总的说来，我们已经知道有很多种方法可用于无线电传播过程建模。各种方法之间的差异在于模型的复杂度，因此精度也各不相同。在筛选建模方法的过程中，建模人员需要了解可以实现快速建模的简单模型，其不精确性是否会对实验结果造成显著影响。

## 14.6.2　确定接收器

通过无线传播模型，可以根据发射功率 $P_t$ 以及发射器与接收器之间的距离计算出到达接收器的接收功率 $P_r$。一般情况下，计算机系统决定是否接受一个数据包的依据是计算所得的信噪比（Signal-to-Noise Ratio，SNR）$\rho_t$，如果 $\rho_t$ 足够高，就接受该数据包。$P_r$ 是计算信噪比的分子。为了计算分母，我们需要在无线电信号上加入噪声 $n_r$（噪声与传输位置无关），然后累积到其他并发传输的信号功率之中。这些传输会干扰有益信号的接收。

当对某个发射器开始发射信号的过程进行仿真的时候，我们首先遇到的问题是如何识别出那些能够接收到足够强的信号进而能够收到数据包的接收器。一个必要条件是：接收功率必须足够强（假设 $n_r$ 是唯一的噪声），从而计算出来的信噪比至少和 $\rho_t$ 一样大。可以计算出最小功率值 $P_m$，那么该问题就转换为：在没有干扰的情况下，接收器和发射器之间的距离需要多远，才能使接收功率为 $P_m$。

对于确定型传播模型，可以直接计算发射器和接收器之间的距离，只需令 $P_r = P_m$，然后求解出传播方程中的 $d$ 即可。对于对数正态阴影衰减模型而言，选择可以使 $10^{-X/10} < U_t$（依据相当大的概率）成立的 $U_t$ 值，并在传播方程中使用 $U_t$ 代替 $10^{-X/10}$，然后使用相同方法求解出 $d$ 的值。对于自由空间模型来说，方程的解为

$$d_t = \left( \frac{cP_t}{t} \right)^{1/\alpha}$$

对于对数正态阴影模型来说，方程的解为

$$d_t = \left( \frac{kU_tP_t}{t} \right)^{1/\alpha}$$

对于截去 $D_t$ 的双波模型，方程的解为

$$d_t = \begin{cases} \left( \dfrac{cP_t}{t} \right)^{1/2}, & \text{如果 } P_m \geqslant cP_t/(D_t)^2 \\ D_t, & \text{如果 } cP_t/(D_t)^4 \leqslant P_m < cP_t/(D_t)^2 \\ \left( \dfrac{cP_t}{t} \right)^{1/4}, & \text{如果 } P_m \geqslant cP_t/(D_t)^2 \end{cases}$$

上式给出了最小接收功率的三种可能性：①小于双波模型转换点 $D_t$；②功率太小，所以可以避免双波模型固有的功率不连续问题；③模型实际上具有一个数值，但是由于双波模型的不连续性，这个值是永远不可能使用双波模型求解出来的。

当仿真涉及的移动设备（比如手机）数量过多时，计算发射器与每一个移动设备之间的距离（以确定移动设备与发射器之间的距离是否小于 $d_t$），这种方式的计算效率是很低的。使用辅助数据结构可以缩小搜索范围。回忆一下，移动模型基于单元格构建，可以想象整个域被分割成很多个小的单元格，这样做并不影响移动设备位置的精准度。一个单元格内会有多部手机，每一部手机的位置都是准确的。基于手机的运动轨迹，仿真器进行事件排程，在事件中实现手机从一个单元格移动到另一个单元格。当手机在时刻 $t$、位置$(x, y)$ 发射了无线电波，仿真器只需要更新手机位置信息，并检查单元格中那些与点$(x, y)$的距离小于 $d_t$ 的手机，因为当手机从一个单元格转移到另一个单元格时，可以确定假如某个手机在发射器的范围内，它一定可以被仿真器在信号发射时检测到。

当仿真模型识别出手机 $m$ 可能在信号范围之内，它必须针对 $m$ 计算信噪比，以判断信号是否满足接收强度。如果仿真器持有当前所有传输的列表（每个信道包含一个传输），它就可以访问待分析的传输所使用的信道列表，并针对列表中的每一个发射器计算手机 $m$ 接收到的信号功率。通过累积每个发射器的信号功率结果，可以计算出手机 $m$ 的实际信噪比。该方法的一个缺点是：当并发传输数量过大时，确定哪一个接收器能够识别数据包所需的计算负荷，等于相距很近的接收器的数量乘以同一个信道上的并发传输数量。对此，

有时采用的一种做法是：假设某个传输超过了一定距离，则其对计算 $m$ 的信噪比没有影响，从而可以忽略。当然，也有人担心这样的假设会影响仿真精度。

稍加考虑就可以知道，在单元格尺寸（对于信号轨迹而言，单元格更大意味着发生穿越单元格的事件会更少）和（针对某个传输所需状态更新和信号强度检查的）手机数量之间，需要进行权衡和折中。至于如何权衡，往往要视具体问题而定。一个好的仿真器允许用户灵活设置单元格尺寸，从而能够针对具体应用问题并基于仿真实验的结果，做出正确的选择。

## 14.7　媒体访问控制

办公室或者大学环境中的计算机通常与局域网（LAN）相连。计算机既可以通过电缆访问网络（称为有线网络），也可以通过无线方式访问，并且无线方式日益风靡。无论使用哪种方式，当计算机想要通过网络传递信息时，都需要使用 MAC 协议（参见 14.5 节）。

不同的 MAC 协议具有不同的特性。对于一个给定协议而言，仿真是评价其性能的重要工具。MAC 协议反映了一定网络通信流量下信号传输延迟的质量（我们比较感兴趣的是延迟的均值和最大值）和吞吐量。作为"负载需求"（通信强度）的函数，这些质量特征是我们非常感兴趣的，因为当网络需求增加的时候，某些协议会出现吞吐量下降的情况，这是一种双输的情况。

### 14.7.1　令牌传输协议

有一类 MAC 协议是基于令牌（token）进行设计的。此类协议最初应用于局域网，目前已经被以太网（Ethernet）这样的协议取代了。在令牌传输协议中，每一台设备只有获得许可，才能对外发送数据包，所以它们一旦持有令牌，就可以传输数据而无须考虑信号干扰的问题。允许数据传输的令牌会通过一种不被丢失的交换方式，从当前设备传递给下一台设备。在 14.7.2 节中，我们将对以太网做进一步阐释。关键问题是：在以太网中，当一台设备想要发送数据时，它首先需要对网络传输介质进行检测，以决定当前是否有正在进行的数据传输活动。虽然在较小的时间窗内，传输介质可能处于空闲状态，但此时可能有另一个传输已经准备开始并且马上就要发生。令牌传递协议则不会出现这样的问题，在传输媒介非常嘈杂、感知访问控制非常棘手的环境下，这个协议依然能够保持可用性。

令牌传输协议按照令牌管理方式的不同而进行划分。在轮询协议（polling protocol）中，主控制器管理共享媒介上的哪个设备可以进行传输（Kurose and Ross[2002]）。控制器选择一台网络设备并将令牌发给它。如果令牌接收方的通信缓存区中存在待发的帧（基本传输单元），令牌接收方就会执行数据发送过程，一次能发送的帧有最大数量限制。控制器对网络进行监听和检测，以了解何时出现令牌持有者不再进行信息传输或者已经完成传输的情况，然后控制器选择另一台设备并将令牌发给它。控制器按照顺序轮流访问网络中的所有设备。

轮询协议有一个缺点：控制器也是一台设备，只不过它在功能上与其他设备有所不同。另外一个非常相似的方法是采用令牌总线协议（token bus protocol）。在这种方法中，当某一台设备接收到令牌时，这台设备按照计划对外发送数据帧（一次最多发送规定数量的帧），然后该设备按照计划将令牌直接传递给排在它后面的那台网络设备。在这个方法中，无须控制器，令牌就能在网络设备之间传递，从而更有效地实现了非中心化的轮询方案。

　　以上两类协议有一个共同的缺点：只要有一台设备发生故障，就会导致网络数据传输停止。在轮询协议中，一旦控制器出现问题，则网络传输停止；在令牌总线协议中，传递给待机设备的令牌会丢失。在后一种情况中，可以检测到出现问题的设备，从而修改协议以解决类似的问题。

　　令牌传输网络是"公平"的，也就是说，每一台设备在每一轮中都能访问网络。访问控制的开销是时间，由两部分组成：一是传递令牌所需的时间，二是检测某个设备已经完成传输工作或者不进行传输时网络的空闲时间。令牌传输协议的一个重要特征是：吞吐量（有效流量中每秒传递的比特数）是"负载"（网络需要传输的流量）的单调非减函数。

　　为了说明这个问题，图 14-11 绘制了一组基于 10Mbit（每秒 1000 万比特）网络的实验数据，网络上有 10 台设备，它们的空间分布是均匀的，间距最远的两台设备之间具有 25.6 微秒的时间延迟（稍后我们仍然会使用这张图，以便和以太网进行比较）。图中展示了 5 个不同实验的结果，现在我们只对标有"令牌总线协议，泊松到达过程"标签的曲线感兴趣。这些实验假定每个数据帧的长度为 1500 字节，令牌长 10 字节。假设一旦某个设备获得令牌，它最多可以发送一个帧，然后必须释放令牌。实验使用泊松过程来生成帧到达的情况。$x$ 轴给出了负载需求，此处以仿真结束之前发送到网络上的总比特数为度量指标。$y$ 轴绘制测量到的网络吞吐量。对于每种到达率，进行 10 次独立的仿真实验。对于每次实验，我们绘制观察到的数值（负载需求，吞吐量）。在实验中，吞吐量随着负载需求的增加而呈现线性增长，直至网络饱和。比较有趣的是流量到达方式变化所造成的影响。

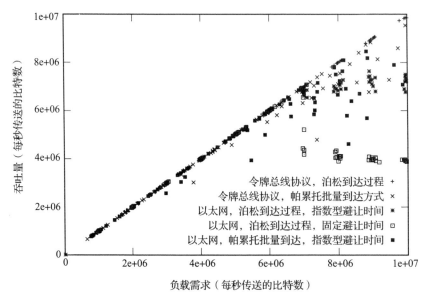

图 14-11　吞吐量与负载需求关系图（令牌总线协议和以太网 MAC 协议；泊松和帕累托批量到达过程；指数避让时间和固定避让时间⊖＜针对以太网而言＞）

　　⊖　这是 CSMA/CD（Carrier Sense Multiple Access with Collision Detection，带冲突检测的载波监听多路访问技术）中使用的术语。在网络环境中，当有一台以上的设备同时发送信号时，就会发生信号冲突。避让（back-off）是解决此类冲突的强制性重传延迟机制，即相关的信息发送方在检测到冲突之后，分别避让一段时间再重新发送，以避免再次冲突的可能。这里设定的避让时间有两种：一是服从指数分布，二是取固定值。

我们使用 PPBP(参见 14.3.2 节)到达过程代替泊松到达过程。这是一个批量泊松到达过程，每个批量到达的数据帧数量都服从截断帕累托分布。我们使用与之前相同的帕累托参数($a=1.1$，$b=10$)，并以帕累托均值($(a-1)/(ab)$)的倒数为因子调减到达值，以获得相同的平均比特到达率(bit-arrival rate)。在图 14-11 中，与标有"令牌总线协议，帕累托批量到达"相关的一组数据点反映了这个变化的影响。吞吐量随着负载需求的增加而呈现线性增长，直到总线利用率达到 60% 左右。若此时负载需求量继续增长，可以看到吞吐量不再呈线性增长(偏离斜线)。对于不在对角线上的点$(x, y)$来说，$x$ 和 $y$ 之间的差异反映了仿真结束时未完成服务的帧数量(排队等待数据帧的数量)。这并不奇怪，因为排队论告诉我们，当实体到达模式发生较大变化时，队列长度的变化会非常明显。

另一个重要指标是数据帧到达后排队等待的平均时间。排队理论和协议过程指明，有两个因素对于队列长度的增加具有一定的影响。第一个因素是令牌接触到新到达的数据帧所需要的时间$^\ominus$。当负载需求增加时，令牌在开始处理新到达帧之前，所面临和需要处理的工作量呈线性增长；第二个因素源于排队论。从工作站的角度来看，它是一个 $M/G/1$ 排队模型。如此说来，则服务时间包含等待令牌到达所需的时间，这是一个随负载量增加而增加的平均数值。在 $M/G/1$ 排队系统中，实体在系统中的总停留时间以系数 $1/(1-\rho)$ 增长，$\rho=\lambda/\mu$ 是到达率与服务率之比。随着负载需求的增加，$\rho$ 也增加，这就解释了导致排队时间增加的第二个因素的作用。随着 $\rho$ 趋于 1，渐近型等待时间快速增长。

571

图 14-12 描绘了数据帧在队列中的排队等待时长(数据帧的到达时间与开始传输时间之间的间隔时间长度)，这幅图肯定了我们刚才所说的直观感受。对于给定的负载需求，进行 10 次独立实验并绘制原始数对$(x, q)$的图形，其中 $x$ 是实验中传输至网络的数据量(单位：比特/秒)的平均值，$q$ 是任务在队列中排队的平均时长。排队等待的时间单位是

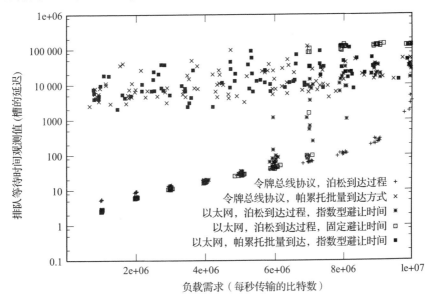

图 14-12　平均排队等待时间与负载需求的关系图(令牌总线协议和以太网 MAC 协议；泊松和帕累托批量到达过程；指数避让时间和固定避让时间<针对以太网而言>)

---

$\ominus$　这个时间是指某个新数据帧的到达时间与令牌开始处理它的时间上的间隔。因为队列中可能存在待处理的数据帧，所以令牌只有处理完所有正在排队的数据帧之后，才能接触到这个新到达的数据帧。

时隙(slot time),即在以太网规范的限制条件下,一个比特的信息传输经过一条电缆所需的时间长度(25.6 微秒)。在 5 次实验中,我们观察到排队时间的取值范围非常大,因此对 y 轴上的数据进行对数运算。通过使用泊松到达过程产生实验数据,可以看到增长模式非常稳定,直至总线完全饱和。我们知道此处会发生极端的情况。但更有趣的是,在帕累托批量到达假设下,出现了非常高的平均排队等待时间。如果没有其他问题,此类实验指出了在分析网络行为特征时网络流量模型的重要性。

令牌总线协议的直接应用,是对设备、总线和站点之间令牌的显式连续传递过程进行建模。然而,这种建模方式有一个我们不希望出现的特征:在流量负载较低的情况下,模型大约每隔 10.84 微秒就会创建一个离散事件,这是在相邻两个站点之间传递令牌所需要的时间。在低流量负荷情况下,令牌在到达有数据帧需要传输的仿真时点之前,可能已经在网络中完整循环了很多次。除非有一些特殊的原因(例如,在令牌的每一次传递过程中,令牌有可能丢失或损坏,这就需要协议对此进行检测并做出反应)需要仿真模型将令牌在空闲的网络中循环传递,否则可以采用很多更有效率的方式进行仿真,但是需要以纳入额外的逻辑为代价。我们可以假设每个设备都对到达它的下一批帧的到达时间进行抽样,在该时间点之前,如果该设备没有要传输的数据帧,则它对网络不会有进一步的需求。当仿真到达某个时点,在该时点处既没有正在传输的数据帧也没有等待传输的数据帧,那么就可以推进仿真时钟,而无须对此时段内的令牌循环过程进行仿真(因为此时段内只对令牌传递过程进行仿真,而不会发生数据帧的传输)。因为令牌传递所需的时间是可计算的,并且在任何网络站点上,下一批帧的到达时间是已知的,所以可以将仿真时钟直接推进到下一帧传送的时点,从而节省了该时点之前所做的没有价值的单纯推动金牌循环的仿真计算。

### 14.7.2  以太网

基于令牌的访问协议一度非常流行,但是该协议在网络管理方面存在不足。特别地,每次在网络中添加或删除设备时都必须重新配置,以确保新设备能够得到令牌,并且不再向已删除的设备发放令牌。以太网访问协议解决了这个问题(Spurgeon[2000])。连接到以太网电缆的设备对于这条电缆上的其他设备是毫不知情的。当它需要使用电缆时,又必须与其他设备相互协调。让我们考虑这个问题:某台设备有一个数据帧需要传送,那么它什么时候可以进行传送呢?以太网是一种“去中心化”协议,这意味着无须控制器授权访问。一台设备可以对以太网电缆进行“监听”,以了解它当前是否在使用。如果电缆正在使用,那么该设备将持续等待直至电缆可用。然而,由于两个或多个设备彼此之间相互独立,因此可能会差不多同时决定传送信号,在电缆上很快就会出现混乱的信号。这两台设备均可以检测到这种“冲突”,通过比较它们从电缆上发送的与接收到的信号,就能够知道是否发生了冲突。冲突检测与响应是以太网协议的关键组成之一,这就是 CSMA/CD(载波监听多路访问/冲突检测,Carrier Sense Multiple Access/Collision Detection)协议。

以太网数据帧的格式如图 14-13 所示。8 字节长的前导码(preamble)是一种专用比特序列(1 和 0 交替出现,但是最后一位只能是 1),电缆上的监听器识别它之后,准备检查下一个数据帧字段,即一个 6 字节长的目的地址,它可以指定一台设备、一批设备,或广播给所有监听设备。对目的地址信息进行完全扫描之后,负责监听电缆的设备就能知道它是否为该数据帧的接收者。接下来的 6 个字节标识了发送设备;再后面的 2 个字节是描述数据字节长度的字段,然后就是要传输的实质性数据,数据帧的最后 4 个字节用于误码检测。

| 长度(字节) | 8 | 6 | 6 | 2 | | 4 |
|---|---|---|---|---|---|---|
| 字段 | 前导码 | 目的地 MAC 地址 | 数据源 MAC 地址 | 长度 | 数据 | 循环冗余校验码 |

图 14-13　以太网帧格式

当某台设备决定传输数据时，它应该知道另一台设备也可能准备开始传输，只是此时还没有侦听到新的传输信号。以太网在网络设计方面的规范，确保了任何传输都能被其他设备在 $\delta = 25.6$ 微秒内侦听到。我们称之为时隙。最坏的情况是一台设备在 $t$ 时刻开始传输，而在 $t+\delta$ 时刻之前，位于电缆另一端的某台设备决定进行传输，并且恰好在 $t+\delta$ 时刻之前传输了数据，这样第一台设备需要 $\delta$ 时长才能检测到冲突。

协议并没有特别规定以太网帧中数据部分的长度。然而，数据部分的允许长度有一个最小值。数据帧必须足够大，传输时间才能大于两个时隙 $(2\delta)$。这个最小值的作用，是在确实发生冲突的时候，若发送设备仍然在传输数据，就可以检测到本次冲突。这个最小值是 46 个字节，此外，帧不支持携带超过 1500 个字节的数据。

以太网具有一定的复杂性，这是其物理特性导致的。因此，要进行以太网的精准仿真必须重视信号延迟的精确度。用于生成以太网性能指标的模型特别说明了信号延迟。模型假定设备沿着一条电缆等距离放置，信号在电缆中往返一次需要一个时隙（25.6 微秒）。当设备监听电缆以确定其是否可用时，仿真模型确实回答了该设备在此时此刻能否监听到已经开始的信号传输。这可以估算发送设备和监听设备之间的距离，计算它们之间的信号延迟时间，并且能够计算发送时间是否超过信号延迟时间。同样地，当某台设备有一个数据帧需要发送，并且正在监听电缆以了解其何时空闲时，站在电缆状态的角度，需要计算传输结束时间与观察者观测到传输结束事件时间之间的延迟。

持有待传送数据帧的设备需要监听电缆，如果没有侦听到信号就可以开始传输。如果它没有冲突地成功发送了第一个数据帧，并且还有另外一个数据帧也需要发送，那么该设备在开始发送另一个数据帧之前需要等待 2 个时隙。如果一台想要发送数据帧的设备监听到电缆正在使用，它将持续等待，直到电缆安静下来才开始传输。以太网中最有趣的部分是它处理冲突的方法。如果一台传送帧 $F$ 的设备检测到了冲突，它将继续传播足够长的时间（虽然此时电缆中的信号是混乱且无价值的），以确保它传递了一个完整的最小尺寸的帧。这种"故意干扰"可以确保电缆上的所有设备都能检测到这次冲突。接下来，该设备将避让（backoff）一段时间，然后尝试再次发送帧 $F$。

冲突发生之后的避让期一直是某些研究人员关注的话题，仿真在这个问题上发挥了重要作用。如果避让时间太短，虽然可以不过于增加一个数据帧的延迟时间，但是存在很大可能造成另外一次冲突。另一方面，如果避让时间太长，虽然可以降低后续冲突的风险，但可以肯定的是数据帧在系统中的延迟时间将大大增加。经过一段时间的研究，"指数避让"策略成为以太网的标准。在试图发送帧 $F$ 且经历了 $m$ 次冲突之后，设备从 $[0, 2^m - 1]$ 范围内随机抽样获得一个整数 $k$，然后等待 $2k$ 个时隙之后再次尝试传输。如果进行了 10 次尝试都没有成功，该数据帧将被丢掉。术语"指数避让"（exponential backoff）[一]描述了在每次持续冲突之后，避让时间是平均避让时间长度的两倍。持续冲突是衡量网络拥塞水平的一个指标。在这种机制下，设备会努力减少它对拥塞造成的影响，使其他帧得以通过，从而缓解网络拥塞。

---

[一]　"指数避让"并非指避让时间服从指数分布，而是针对 $2^m - 1$ 的指数形式而言。

仿真是一种有用的工具，可用来研究以太网中的避让机制以及其他可变方案。我们针对"指数避让"和"固定避让"两种策略进行了几次实验(假设服从泊松到达过程)。所谓固定避让(fixed backoff)策略，是指当冲突发生后，发送设备等待 $k$ 个时隙后再次传送，其中 $k$ 服从区间为[0，4]的均匀分布，且 $k$ 为整数。图 14-11 描述了这两个策略对于吞吐量的影响。在指数避让策略下，吞吐量随着负载需求的增加呈线性增长，直至达到大约60%的利用率。对于更大的负载，吞吐量徘徊在可用带宽的 70% 左右，没有显著的退化。固定避让策略则完全不同。当负载需求为网络带宽的 70% 左右时，吞吐量从带宽的 60%以上下降到40%左右，也就是说，在高负载情况下，基于固定避让策略的网络服务性能较差。与我们预期的一致，采用不同的策略，排队等待时间也会受到影响。在高负载下，基于固定避让策略的等待时间比基于指数策略的等待时间高一个数量级。

最后一组实验使用相同的泊松到达过程和基于帕累托批量到达模式，使用指数避让策略。与令牌总线的结果大致相似：高负载情况下，排队等待时间大幅增加，吞吐量不再具有线性变化趋势。这组实验表明，相对于令牌总线协议而言，以太网对帕累托高方差协议更敏感。

## 14.8 数据链路层

现实中的网络远比 MAC 协议中的单一信道复杂得多。一个数据帧在抵达目的地之前，可能被许多设备进行多次发送和接收。因此，在物理层中传送的数据至少需要包含两个地址。第一个地址是当前跳转的目的端点的硬件地址，这个地址(很像以太网地址)会被设备的网络接口硬件识别。第二个地址是最终目的地的网络地址，比较典型的是 IP 地址。网络中充斥着不同类型的设备。比如，集线器(hub)有很多端口，分别连接到不同的设备，将从一个端口上接收到的比特信息拷贝到其余所有端口。集线器可用于连接彼此独立的网络，但是它也有劣势，即由集线器连接的网络会出现以太网同样的冲突问题。

网桥(bridge)与集线器一样，也能用于连接网络设备，但是它可以将冲突局限在各个子网内，即某一子网内部的冲突不影响其他子网。对于在端口中监听到的每一帧，网桥都能够识别其目标地址，并在列表中找到能够到达目的地址的端口。如果发送帧的目的地址通过发送帧的端口即可到达(即发送设备和接收设备在同一个子网内)，此时网桥什么也不会做，目的设备会识别这个帧并接收它。然而，如果到达目的地址需要通过不同端口，网桥会负责将帧发送到那个端口，使其更接近最终目标。在数据帧传送过程中，网桥像是目的子网中的发送源，同时负责执行目的子网的 MAC 协议。实际上，网桥将数据帧从一个冲突域传送到另一个冲突域。它也可以桥接不同的子域技术(subdomain technology，如不同类型的以太网)。当我们希望通过仿真方法研究子域中的 MAC 协议时，也需要将网桥构建在仿真模型之中。

网桥仅涉及物理层和数据链路层。那些保留其他设备物理地址的设备实际上还有一个存储上限值，特别是处于不同管理域中的设备。

路由器(router)是一种基于网络层的连接设备，可以更广泛地链接分散式网络。从路由器某个端口进入的数据帧，会被上推至 IP 层，在这里目标 IP 地址会被提取出来；这个IP 地址决定了数据包会被转发(forward)至路由器的哪一个端口。用于导引网络流的转发表(forwarding tables)是经过复杂的路由算法计算得到的，比如 OSPF(Open Shortest Path First，开放式最短路径优先算法，Moy[1998])和 BGP(Border Gateway Protocol，边界网关协议，van Beijum[2002])。仿真常用于此类协议的调试与优化。

我们可以看到，某些常用的网络服务可以为用户提供无差错的数据传输，并且按照顺序发送数据帧。尽管数据在传送中有可能损坏或者丢失，但是这些服务仍然采用这种传输方式。数据帧在路由器上也存在丢失的可能，这是因为如果路由器出现短暂的突发流量，并且所有数据帧都只通过路由器的一个特定端口转发，那么路由器上保存待转发帧的缓冲区就会出现容量耗尽的情况。如果将路由器转发的帧流量视为一组数据流，每一个数据流都包含一对源地址和目的地址信息。当数据流的到达呈现突发性，并且路由器缓冲区已经饱和，则无法被缓存的新到达的数据流会被路由器故意丢弃。实际上，大部分数据流在突发情境中都会出现数据帧丢失的现象。在 TCP 协议中，数据丢失是网络拥塞存在的标志，为了应对这个问题，TCP 协议会显著降低至网络的数据发送率。但是系统察觉到数据丢失是需要时间的，这远比通过路由器发送帧所需的时间要长。一个广为研究的策略（借助于仿真）是 RED（Random Early Detection，随机早期检测，Floyd and Jacobson[1993]）队列管理。RED 蕴含的思想是：令路由器连续监控待发送的、排队的帧的数量，当队列平均长度超过阈值时，即缓冲器即将被到达的数据流淹没之前，也就是在所有数据流出现问题之前，尝试主动降低数据流的到达速率。RED 会访问缓冲区中的每一个数据帧，然后按照一定的概率，决定是将其直接丢弃，还是在 TCP 数据包头中对应的"拥塞标识位"（congestion bit）上做标记（大多数 TCP 应用不采用这种方法）。整体而言，RED 只会挑选少数信息流去承受网络上出现的这种情况。确定 RED 的有效参数，评估和权衡使用 RED 可能带来的影响，是非常复杂的。毋庸置疑，仿真已经并将继续在这些评估工作中发挥重要作用。

## 14.9　TCP 协议

　　TCP 协议（传输控制协议，Transport Control Protocol，Comer[2000]）用于在两个设备之间建立一个连接，这些设备将连接看作"字节流"（stream of bytes）。TCP 协议用于保证该字节流无差错和顺序传输。正如我们所看到的，数据帧（data frame）可能在发送方和接收方之间的某个位置被丢弃（这是针对网络拥塞所采取的一种应对策略）；TCP 协议负责识别数据丢失发生在什么时间，并且负责重新发送已丢失的数据。TCP 协议机制专注于避免数据丢失、发现数据丢失事件，并对其快速响应。目前，已经提出很多 TCP 协议的变种，并对这些协议进行了研究。所有研究工作普遍采用了仿真技术，用于辨认协议在不同运行条件下的行为特征。

　　我们对 TCP 协议的讨论，是为了进一步解释网络层中各个不同单元是如何协同工作的。图 14-14 描述了从服务器端到客户端的数据流传输过程。尝试通信的两个应用程序需要在各自一侧建立套接字（sockets）。应用程序将套接字视作一个缓冲区，数据将从这里被写入和读取。有时，调用套接字的时候会出现"阻止调用"（blocking call）的情况，从某种意义上来说，如果套接字缓冲区在写入操作中无法接受更多的数据，或者在读取操作中

576

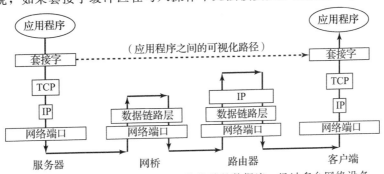

图 14-14　从 TCP 发射端到 TCP 接收端的数据流，经过多台网络设备

不能提供所需的数据，此时调用操作就会被阻止。在服务器端，TCP 负责将数据从套接字缓冲区中清除，并通过 OSI 网络模型的多级协议将其下传至网络。数据一旦进入网络，就会通过不同的设备进行传输。图 14-14 包含一个网桥（包含对硬件地址的再映射，不需要查看 IP 地址）和一台路由器（必须对 IP 地址进行解码，以便确定数据将要通过的端口）。位于客户端主机的 IP 协议识别哪些数据应该通过堆栈上传到 TCP 协议，然后客户端的 TCP 协议负责将数据释放到套接字中——仅以连续数据流的方式进行发送。如果路由器丢弃了该数据流中的某一帧，则客户端的 TCP 协议必须能够以某种方式检测到丢失的情况，并将缺失情况报告给服务器端的 TCP。

　　TCP 将数据流分割成多个"数据段"（segment）。图 14-15 介绍了数据头信息（32 位字长）。首先，需要注意的是，其中唯一的地址信息就是发送设备和接收设备的"端口号码"——IP 负责了解（并记忆）传输过程所涉及设备的身份。从 TCP 协议的角度来看，只有一个发送方和一个接收方。SeqN 和 AckN 是数据流中各点的描述符，被视为"字节流"，每个都需要进行编号。SeqN 是每个数据段第一个字节的序列号。在通信连接开始的时候，发送方和接收方共同确定一个初始的序列值（通常是随机产生的）；SeqN 的值就是这个初始序列值与该数据段首字节的字节索引值之和。因为数据段的大小是固定的，接收方能够精确地获知该数据段首字节之后的剩余字节流。AckN 对于检测丢失的数据段至关重要。每当 TCP 接收方发送关于这个数据流的包头（要依据双方相互确认的规则），它需要将待接收的下一个字节的序列号存放在 AckN 字段中，以保证数据流是连续的。由于 TCP 将接收到的连续数据流发给位于它之上的层，AckN 的值是初始序列号加上 TCP 将要发送给其上层的下一个字节的索引号（如果还有数据需要发送的话）。AckN 的值与数据包丢失事件之间的关系设计得很巧妙。TCP 要求接收方对于接收到的每一个数据段都要回送一个确认信息，并且要求发送方在特定时限内检测是否收到了已发送数据段的确认信息。我们来想象一下，比如发送了三个数据段，其中第二个数据段中途丢失了。假设初始序列号是 0，那么第一个数据段被成功接收，接收方回复一个确认信息，并将 AckN 的值设定为 961（并且 ACK 标记要设定为 1，表示 AckN 字段是有效的）。然后第三个数据段被

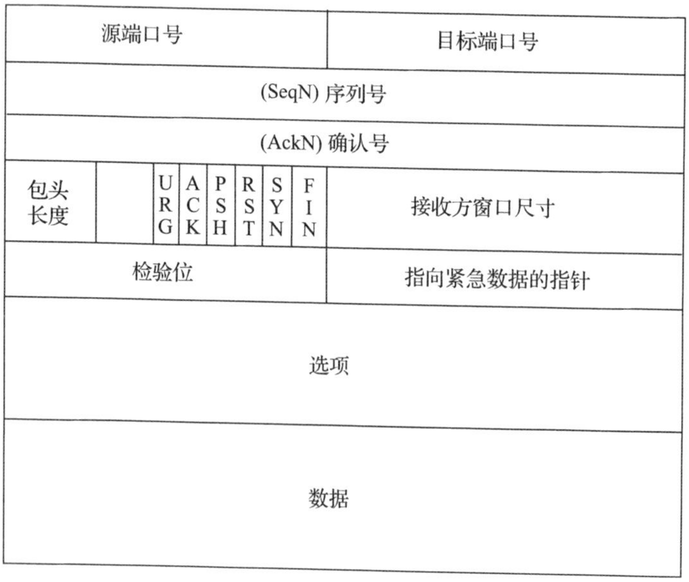

| 源端口号 | | | | | | | 目标端口号 |
|---|---|---|---|---|---|---|---|
| (SeqN) 序列号 | | | | | | | |
| (AckN) 确认号 | | | | | | | |
| 包头长度 | | U R G | A C K | P S H | R S T | S Y N | F I N | 接收方窗口尺寸 |
| 检验位 | | | | | | | 指向紧急数据的指针 |
| 选项 | | | | | | | |
| 数据 | | | | | | | |

图 14-15　TCP 协议数据帧的头格式

接收，但是接收方注意到所接收数据包的 SeqN 比预期值大了一个数据段的长度（通过 Se-qN 可以发现这个漏洞）。因此接收方回送一个确认信息，但是确认信息中 AckN 的值仍然记为 961。如此一来，就表明第二个数据段没有被接收方确认，第三个数据段也没有被确认。TCP 发送方等待确认信息超时后，会重新发送未被确认的数据包。数据包头中还有一个重要的字段，就是接收方窗口尺寸（receiver window size），它包含在确认信息中，用来报告接收方的缓冲区还有多大空间能够用于接收来自发送方的数据。

我们可以将 TCP 看作放置在字节流上的一个滑动的数据发送窗口（send window）。这个窗口里的是已经发送出去但是还未获得确认的数据。TCP 通过维护网络拥塞窗口（con-gestion-window size）尺寸来控制它将数据发传送到网络中的速率。也就是说，在任何时候，网络拥塞窗口尺寸都只能是发送窗口的最大允许尺寸。如果发送窗口尺寸小于网络拥塞窗口尺寸，那么当有数据需要发送的时候，TCP 可以自由发送，直到发送窗口达到网络拥塞窗口的尺寸。当二者尺寸相同时，TCP 发送方停止发送，接收到的确认信息用于减小发送窗口的大小（因为发送窗口左侧的字节被确认了），从而使数据传输得以持续进行。

TCP 协议试图通过对网络拥塞窗口尺寸进行试验的方式决定其网络连接可使用多少带宽。窗口太小，带宽会有富余，不能被充分利用；窗口太大，发送方会造成网络阻塞，导致数据丢失。TCP 的设计理念是：迅速增加网络拥塞窗口尺寸，直到有迹象表明它已经超过了目标尺寸（这是未知的），再使窗口尺寸减小，再以更加缓慢的速度提升。这种设计理念由变量 $cwnd$ 和 $ssthresh$ 加以体现。当 $cwnd < ssthresh$ 时，TCP 处于缓慢开启（slow start）模式；当 $cwnd > ssthresh$ 时，处于防止拥塞（congestion avoidance）模式。在 TCP 运行过程中，这两个变量不断变化。在缓慢开启模式下，$cwnd$ 依据确认信息以某种方式增长；而在防止拥塞模式下，则采用另一种方式。在数据包丢失的时候，$ssthresh$ 也会发生变化。一旦 TCP 连接开始建立，$cwnd$ 的值通常设置为一个数据段的长度，$ssthresh$ 通常初始化为诸如 $2^{16}$ 这样的数值。TCP 首先采用缓慢开启模式运行，其特征是：每当一个数据段被确认，$cwnd$ 的值就会适当增加。

577
~
578

设想一下，在缓慢开启模式下，随着 TCP 多轮次地发送数据段，$cwnd$ 该如何变化？第一轮中，TCP 发出一个数据段，然后立即停止，因为此时发送窗口和网络拥塞窗口尺寸大小相同。当确认信息最终返回的时候，发送方在第二轮发出两个数据段，因为此时 $cwnd$ 数值已经加 1。发送方将这两个数据段发送出去之后就停止了，直至收到它们的确认信息。第二轮收到的两个确认信息使得发送方接下来可以发送四个数据段，其中一半是替代已经被确认的那两个数据段，增加的另一半是因为在缓慢模式下，$cwnd$ 按照每收到一个确认信息就加 1 的规则计值。从这个例子中可以看到，接下来每轮发送数据段的数量都是成倍增长的。

很多原因都会将这种数量翻番的情况中止。第一个原因是检测到数据包丢失，其结果就是将 $ssthresh$ 的值设定为当前发送窗口尺寸的 50%，然后将发送窗口尺寸设置为 0，$cwnd$ 的值设置为 1（只允许重新发送一个数据段，即遗失数据包中的那个数据段）。还有一个原因是网络拥塞窗口的大小超过了某个特定的极限值，如发送方内置缓存区的大小，或者接收方窗口的尺寸，ACK 中的字段会报告还有多少空间可用于接收新数据。最后一个原因是，如果 $cwnd$ 增长超过了 $ssthresh$ 的值，数值翻倍的做法就需要改变，此时 TCP 会被设置成防止拥塞模式。在防止拥塞模式下，$cwnd$ 的值虽然还会继续增长，但是增长速度要比之前慢得多。比如，$cwnd$ 在每一个完整轮次（发送和确认）中增加 1，而无论该

轮次发送了多少个数据段，这和每次有一个数据段被确认就加 1 是不同的。有时我们将其
描述为每确认一次，$cwnd$ 就会增长 $1/cwnd$。

　　仿真是一个很棒的工具，可以帮助我们理解 TCP 协议是如何工作的，并有助于了解
其行为特征的细微之处。我们现在可以对 TCP 的功能特性进行一些简单检测。第一个拓
扑结构包含一台服务器和一个客户端，二者之间连接的带宽为 800kbps。服务器需要将一
个大小为 300 000 字节的文件传送至客户端。我们在网络连接上加挂一个监控器，该监控
器可以对每一个（双向）通过服务器网络端口的 TCP 数据包，发射一个 tcpdump 格式的跟
踪信号（详情浏览 www.tcpdump.org）。通过后期处理这些跟踪信号中的信息，我们就可
以了解我们感兴趣的网络行为，以及 TCP 的相关变量是如何变化的。在第一个情境中，
我们将服务器所发送数据包中的 SeqN 值，以及接收方（客户端）回送数据包中的 AckN 值
绘制在图中。我们只使用了前 6 轮数据，假设初始序列号是 0。相关结果绘制在图 14-16
中，其中 Y 轴标记的是经过对数运算的结果值，以便处理尺度不同的数值。由客户端发起
的 TCP 连接请求发生在时刻 192，这是 TCP 协议中三次握手的第一步，其结果是服务器
于时刻 192.3 发送第一个数据段（图中显示的不是实际值，以便显示后续轮次中出现的更
大的数值）。该数据段头中的 SeqN 值为 1，这是该段第一个字节的索引值。该数据段花费
了大约 100 毫秒到达客户端，客户端发送的确认信息在 100 毫秒之后于时刻 192.5 到达监
控点（实际数值中还包含由于带宽引起的发送延迟时间，因而与图中标记的数值存在一些
差异）。该数据段的 ACK 位也被设定，并且数据包头中 AckN 的值为 961，这是接收方希
望接收到的下一个字节的索引号。服务器的当前发送窗口为空，依据所收到的确认信息，
$cwnd$ 的值由 1 增至 2，因此服务器立即发送两个数据段，一个数据段的 SeqN 是 961，另
一个数据段的 SeqN 值为 961＋960＝1921。字节索引 961 在图中的标记是重叠的，其中一
个标记来自确认信息，另一个来自服务器发送的下一个数据段。从服务器发送数据段到最
终接收到该数据段的确认信息，这个过程中的时间延迟称为 RTT（Round-Trip Time，往返

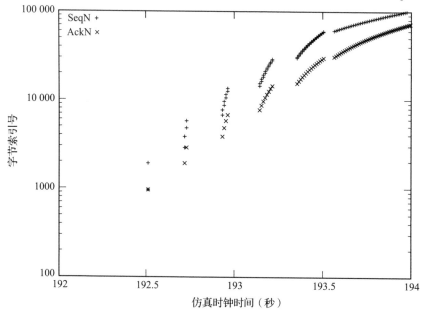

图 14-16　在带宽为 800kbps、单向发送时间为 100 毫秒的网络环境下，TCP 连接的
　　　　　前几轮发送接收循环，在服务器网络接口处附加一个 tcpdump 监测器

时间)。本例中使用的网络已经尽可能地简化了,因此 RTT 就是发送数据段的时间与发送确认信息的时间之和,本例中的这个数值接近 200 毫秒。在时刻 192.3 和 192.5,服务器停止发送数据段,因为此时它的发送窗口和网络拥塞窗口尺寸相同。经过一个 RTT,上一轮的确认信息到达,这就允许服务器在下一轮中将发送的数据段数量翻倍。对于第三轮和第四轮(大约各自发生于时刻 192.7 和 192.9),图形显示确认信息的到达时间和新数据段的发送时间之间的差异令人惊讶。

图 14-16 显示了在缓慢启动模式下,当确认信息呈现突发状态时,服务器是如何突发性地发送新数据段的。系统的即时反应表明,如果在这次突发中,第一个数据段的确认信息是在突发持续的时候收到的,那么这种突发状况就会无限持续。因为在收到确认信息的时刻,发送窗口必须小于网络拥塞窗口,并且在该点之后发送窗口不会变大,而网络拥塞窗口会变大。当下面这种现象发生时,我们就可以计算网络拥塞窗口的大小了:当拥塞窗口增大到一定程度,传输那些字节所需时间恰好等于 RTT。粗略计算后的结果表明,在这种情况下,网络拥塞窗口大小为 20 000 字节,或者恰好小于 21 个数据段的长度。在本次试验中,接收窗口被限制在 32 个段内,所以这种饱和传输发生在流量被客户端缓冲区限制之前。SSFNet 初始化 *ssthresh* 的值为 65 396 字节,因此在缓慢启动模式中,会在 *cwnd* 追上 *ssthresh* 之前达到饱和点,并触发和激活防止拥塞模式。由于 *cwnd* 开始于 1 并且在每轮中翻倍,因此服务器在第 6 轮的中间时段达到发送饱和点。这是由图 14-16 观测而来,才进行到时刻 193.5 就发生了这种情况。

580

在图 14-17 中,我们进行了同一个实验,只有一个条件不同——链路时间为 300 毫秒。同时,我们将试验的仿真时间适当延长。可以看到,在点 SeqN = 65K 附近,100 毫秒网络的 SeqN 数据集出现了有趣的拐点,数据"坡度"明显降低。在该点以下,每一次收到确认信息,都会发送两个新的数据段,同时在 tcpdump 追踪字段中,将发生时间标注为与收到确认信息的时刻相同(SSFNet 认为协议活动不会耗用时间,只有网络传输才会)。

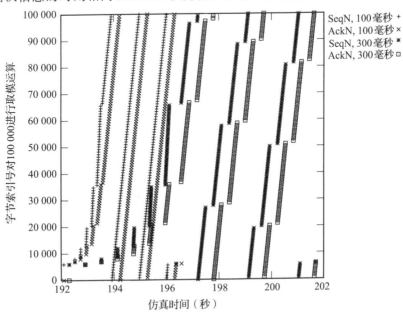

图 14-17    服务器与顾客端之间的 TCP 连接:网络带宽为 800kbps、链路时间为
100 毫秒,对比带宽为 800kbps、链路时间为 300ms 的网络环境

在拐点处，$cwnd$ 的值与接收方窗口大小一样，都是 32 个数据段。发送窗口受到接收方窗口大小的限制，而不是 $cwnd$ 的限制。所以在拐点之后，在收到确认信息与发送另一个数据段之间的这段时间，存在一对一的应答。现在我们看看单向传送时间为 300 毫秒的试验过程。正如我们所期望的，每一轮往返传输大约需要 600 毫秒。为了使链路的利用率达到饱和，理论上说，发送方窗口大小必须是第一个试验的 3 倍，差不多为 64 个数据段。然而，这种情况却从来不会发生，因为发送窗口将由接收方窗口进行限制，即被限制在 32 个数据段的水平。实际上，SeqN 跟踪记录数值发生斜率改变，与第一个实验中的斜率改变，都发生在相同的字节索引值。同样，在每两个连续的轮次中，传输之间都有时隙。

关于应用系统仿真描述 TCP 行为，来看最后一个例子。我们设计一个会发生数据包丢失的仿真实验。网络拓扑结构包含一台服务器、一台路由器和一个客户端。同样地，服务器需要向客户端传送 300 000 字节的数据。服务器和客户端都与路由器相连。服务器与路由器之间的连接具有 8Mbps 带宽以及 5 毫秒的延时。客户端和路由器之间的连接具有 800kbps 带宽和 100 毫秒的延时。与客户端相连的路由器端口有 6000 字节的缓冲区。如果数据包到达该端口，但是已经没有足够的缓冲区空间，该数据包会被丢弃。从针对 TCP 所做的前期分析来看，我们能够部分地预测将会发生什么。在缓慢启动阶段，服务器在每轮次中都会将所发送数据段的数量加倍。但是服务器将数据包发送到路由器的速度是路由器将数据包发送到客户端速度的 10 倍，因此在路由器连接客户端的端口处会形成一个队列。该端口的接收缓冲区最多能存放 6 个数据包（每个数据包的长度为 960 字节）。所以可以预测，在传送 8 个数据包的那一个轮次中，一定会有数据包丢失。图 14-18 描述了这个实验的结果，我们增加一个 $cwnd$ 行为跟踪器，以获得 SeqN 和 AckN 的值（仍然将此跟踪器安装在服务器的网络端口上）。在图 14-18 中，数据包丢失的情况清晰可见。大概在时刻 193.5，服务器开始接收到一系列携带相同 AckN 值的确认信息。这些确认信息是响应那些在丢失一个数据包之后发送的所有数据包。回忆一下 TCP 规则中关于 AckN 的内容，即接收方标识出它希望接收到的下一个字节的序列号，由此才能延展后续传输过程。因此，这些重复发送的 AckN

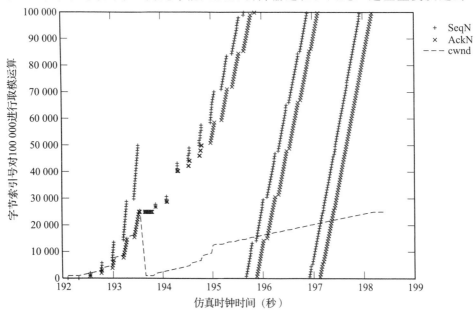

图 14-18　存在数据包丢失的 TCP 连接过程

信息用于标识第一个丢失数据段在整个数据流中的起始位置（该数据段首字节的序列值）。在观测到数据包丢失事件的时点，发送窗口尺寸约为 25 000 字节。为了处理数据段丢失问题，TCP 协议将 ssthresh 的值减半，将 cwnd 的值置为 1，并将发送窗口尺寸降为 0，以便重新发送所有剩余数据段（从第一个丢失的数据段开始算起）。在图中时刻 193 和 194 之间的区域，可以看到数据丢失对于 cwnd 的影响，以及缓慢启动模式如何重新开始将 cwnd 的值进行翻倍（注意，在时刻 194.6、194.8 和 195 临近的较小区域内出现的 cwnd 激增现象）。在时刻 195 之后，当 cwnd 追平 ssthresh，随即进入防止拥塞模式。此后，cwnd 随着时间推进呈线性增长。这样的传输过程持续到 cwnd 的值再一次达到数据包丢失为止。如果传输时间更长，TCP 对 cwnd 的处置方式将和时刻 193.8 以后的情况十分相似。

582

正如这些简单例子所要说明的，相对简单的 TCP 规则催生出复杂的系统行为。仿真就是预测 TCP 在给定环境中如何作为并理解这种行为的有效工具。

## 14.10 模型结构

在上一节中，我们研究了 TCP 是如何运作的，其中用到了 SSFNet。SSFNet 是一个构建和分析网络仿真的多功能工具。本章最后的习题鼓励大家使用 SSFNet，本节通过介绍如何从输入模型构建仿真模型来讨论 SSFNet 的一般过程。然后，我们对这个过程举例说明，这要用到上一节所使用的输入文件。本部分内容不是 SSFNet 的用户手册，网站 www.ssfnet.org 包含更完整的文档。我们只是希望读者对这个方法有一些了解，并鼓励读者进行进一步的研究。

### 14.10.1 结构

SSFNet 输入数据采用所谓的 DML（Domain Modeling Language，域建模语言）文件格式。简单地说，一个 DML 文件只包含递归定义的"属性-数值"数对，其中，"属性"是字符串，"数值"可以是字符串也可以是"属性-数值"数对类型的列表。该结构实际上是一棵树，它的内部节点是那些属性（用属性名称标注），叶子节点是字符型的数值（而不是列表类型）。举例来说，DML 列表如下：

```
Net [
    frequency 1000000
    host [ id 0
        interface [ id 0 bitrate 800000]
        nhi_route [ dest 1(0) interface 0 ]
    ]
    host [ id 1
        interface [ id 0 bitrate 800000]
        nhi_route [ dest default interface 0 ]
    ]
    link [ attach 0(0) attach 1(0) latency 0.1 ]
]
```

在 SSFNet DML 结构中，有一些值得注意的要素。网络描述、网络中的元素，以及元素之间的联系，它们使用的是一种被称为网络主机端口协议（Network-Host-Interface Convention，NHI）的层级式命名协议。网络被定义为端口之间的连接，一个公共主机（common host）拥有所有的端口，每个端口都有唯一的 ID。每个网络可以包含多个子网，每一个子网也都拥有唯一的 ID，以此类推。NHI 地址 0.1.2(4) 代表 0 号网络的 1 号子网的 2 号主机的 4 号端口。在一个网络或子网中，引用值 2(4) 代表当前网络或子网的 2 号主机的 4 号端口。端口的 NHI 地址由 DML 文件中的嵌套描述来决定。在上面的例子中，第一个

583

端口的 NHI 地址为 0(0)；第二个出现的端口地址为 1(0)。本例中的 link 属性确定了一个链接的两个端点，在 NHI 地址中(使用 attach 属性)，一个链接有 100 毫秒的时间延迟。

DML 的递归结构使得它很容易被解析，并且允许人们建造一个解析树，该树的内部节点为属性，树叶为字符型数值。解析树与图 14-19 描述的例子有一定联系。这种数据结构提供了一种简便快捷的方法，可以依据 DML 中的定义信息条理清晰地构建模型。SSFNet 引擎采用递归方式对树进行遍历，并配置核心 SSFNet 对象(比如服务器)。树中的属性或数值可以被从根到目标之间所有节点的属性进行全局引用。这种方法很有效：我们可以在 DML 文件中嵌入一个"属性-数值"数对的库文件，然后引用这个库文件中的元素。

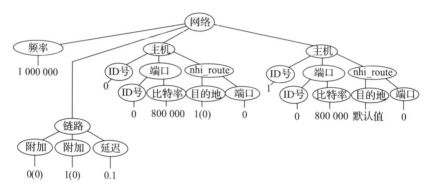

图 14-19　简单 DML 例子的剖析树

SSFNet 可以识别多种属性，其中的一些列于表 14-1 中。

表 14-1　SSFNet DML 模型中的公共属性

| 属性 | 值 |
| --- | --- |
| 网络(net) | 关于网络描述的列表 |
| 频率(frequency) | 仿真时钟每一秒所包含"瞬间"(tick)的数量 |
| 通信(traffic) | 通信方式列表 |
| 模式(pattern) | 关于通信方式的描述，关于接收方(客户端)和服务器(发送方)的描述 |
| 服务器(servers) | 客户端可能连接的服务器描述列表——包含 NHI 识别号和端口号 |
| 链接(link) | 关于端口及链接延迟的描述列表 |
| 主机(host) | 关于主机及其可能具有的各种属性的描述列表 |
| 图(graph) | 关于主机协议栈中存放的各种协议的列表 |
| 协议会话(ProtocolSession) | 指明所用协议的列表 |
| 端口(interface) | 描述网络连接的列表，包括连接带宽以及存储监控信息的目标文件的属性 |
| 路由(route) | 对于 IP 地址的转发表入口的描述信息。*dest* 属性标识被描述的目的地；接口属性描述前往目的地址的数据包应该选择哪一个端口作为路由 |
| 字典(dictionary) | DML 文件中可以随处引用的常量列表 |

### 14.10.2　DML 案例

最后，我们通过研究 TCP 实例中的 DML 输入文件针对以上设计思想进行说明。该 DML 输入文件如图 14-20 所示(为便于使用，标注了行号)。

```
    # basic3a.dml
    #
    # topology
    #  client                ...              server
5   #                800kb  100ms
    #   0(0) ············································1(0)
    #                                            |
    #                                          tcpdump

10  _schema [ _find .schemas.Net ]

    Net [

      frequency 1000000
15    traffic [
        pattern [
          client 0
          servers [ port 10 nhi 1(0) ]
        ]
20    ]

      # ································································· LINKS

      link[attach 0(0) attach 1(0) delay 0.1]

25    # ································································· SERVER

      host [
        id 1
30      graph [
            ProtocolSession [name server use SSF.OS.TCP.test.tcpServer port 10
                      request_size 4
                      show_report   true
                      debug         false
35          ]
            ProtocolSession [name socket use SSF.OS.Socket.socketMaster]
            ProtocolSession [name tcp use SSF.OS.TCP.tcpSessionMaster
                      _find .dictionary.tcpinit
                      debug    true
40                    rttdump "basic3a.rtt"
                      rexdump "basic3a.rto"
                      cwnddump "basic3a.wnd"
                      con_count "basic3a.con_count"
            ]
45          ProtocolSession [name ip use SSF.OS.IP]
        ]
        interface [id 0 bitrate 800000 tcpdump "basic3a.tcpdump"]
        route [dest default interface 0 ]
      ]
50    # ································································· CLIENT

      host [
        id 0
55      graph [
            ProtocolSession [
                      name client use SSF.OS.TCP.test.tcpClient
                      start_time 192       # earliest time to send request to server
                      start_window 0       # start time jitter window size
60                    file_size 300000     # file size
                      request_size  4      # client request datagram size (bytes)
                      show_report true     # print client-server session summary report
                      debug false          # print verbose client/server diagnostics
            ]
65          ProtocolSession [name socket use SSF.OS.Socket.socketMaster]
            ProtocolSession [name tcp use SSF.OS.TCP.tcpSessionMaster
                      _find .dictionary.tcpinit
            ]
            ProtocolSession [name ip use SSF.OS.IP]
70      ]
        interface [id 0 bitrate 800000]
        route [dest default interface 0 ]
      ]
    ]
75



80  dictionary [
          tcpinit[
            ISS 0                    # initial sequence number
            MSS 960                  # maximum segment size
85          RcvWndSize  32           # receive buffer size
            SendWndSize 32           # maximum send window size
            SendBufferSize 32        # send buffer size
            MaxRexmitTimes 12        # maximum retransmission times before drop
            TCP_SLOW_INTERVAL 0.5    # granularity of TCP slow timer
90          TCP_FAST_INTERVAL 0.2    # granularity of TCP fast(delayack) timer
            MSL 60.0                 # maximum segment lifetime
            MaxIdleTime 600.0        # maximum idle time for drop a connection
            delayed_ack false        # delayed ack option
            fast_recovery true       # implement fast recovery algorithm
95          show_report true         # print terse TCP connection diagnostics
          ]
      ]
```

图 14-20　简单网络仿真实验的 DML 规范

在这个文件中，第1～8行是介绍整个架构的注释文字。第10行告诉SSFNet模型的解析器在哪里能够找到某个架构的格式描述；当解析器在DML文件中遇到这些架构的时候，它会进行模式（schema）检查以确保其格式正确；第12行定义了一个包罗万象的列表：关键字Net之后是一个列表；第14行定义1毫秒的长度（为$10^6$个时间单位）；第15～20行描述网络流量，其中的简单模式（pattern）只包含一个作为客户端的主机0，并且使用10号端口。Servers属性给出服务器列表，本例中只有一台服务器，其地址是1(0)（意为主机1、端口0)⊖，使用10号端口。

第24行中的link属性描述了被连接起来的两个端口：一个在NHI地址0(0)处，另一个在地址1(0)处。该链路的延迟时间为0.1秒。

主机包含协议以及连接至网络的端口。第28行开始的host被赋值为NHI id 1并且包含多个协议会话的graph。软件中的每一个模型都被描述为此类协议会话。协议会话在图（graph）中出现的顺序是很重要的，在堆栈中从高到低排列。每个协议会话描述自身类型（比如，服务器、客户端、TCP以及IP，等等）以及定义描述其行为的Java类。通过使用某种方法，这些类生成之后可以组合使用。仿真模型的构建者（与仿真模型构建者所使用模型构件的开发者不是同一批人）无须开发新的类，但是该方法对如何开发新的类也有相应的规范。某个给定类型的协议会话可以包含该类型特有的属性。举例来说，第32行开始的tcpServer协议指定可以访问的端口(10)。第37行开始声明TcpSessionMaster，这是一个管理所有TCP会话的组件。TCP版本特征由包含在DML文件中的属性列表进行描述。声明_find. dictionary. tcpinit实际上将命名列表中的内容插入到声明的位置上。字符串. dictionary. tcpinit命名了一个如何在文件中查找相关信息的列表：第一个点(.)是最高等级的列表，Dictionary是该列表的一个属性名，Tcpinit是与探索列表相关的属性，即Dictionary数值列表中的一个属性。这个列表开始于第82行。

我们对注释中没有明确说明的所有属性加以简单介绍，以便说明在TCP中应用SSF-Net时出现的参数多样性情况。

RcvWndSize、SendWndSize和SendBufferSize定义构成MSS的单元，并限制缓冲区的使用（正如我们已经看到的，缓冲区会影响TCP的行为）。在TCP放弃会话之前，一个丢失的数据段将最多被重新发送MaxRexmitTimes次。TCP_SLOW_INTERVAL和TCP_FAST_INTERVAL将相应的数值发给计时器，该数值可以让TCP协议决定在该间隔时间内，一个已经发送的数据段是否收到了对应的确认信息。如果一个TCP会话的沉寂时间达到MaxIdleTime秒，则该会话被中断。delayed_ack和fast_recovery是布尔型标记，用于描述是否使用针对TCP的、已知的特殊优化方法。

让我们再来看看主机规范（第40～43行）。我们发现有一些属性值是文件，在这些文件中系统保存了TCP变量在仿真过程中是如何工作的。在第40行之后是IP协议的内容。接下来是服务器单一端口的声明，对于NHI坐标，令id为0，确定带宽为800Kbps。服务器的最后一个属性是nhi_route，这是IP转发表中的一个元素，使用NHI坐标进行描述。由于服务器不是路由器，因此只需将数据包从IP引导至接口即可。"属性-数值"数对dest default（第48行）将通过端口的所有信息告知路由器，此处的值为0。

第二个主机的规范是一样的。在这种情况下，最上面的ProtocolSession就是通过套接字请求数据的客户端规范。用于客户端的属性包括初始化该请求的仿真时钟时间。（Pro-

⊖  原文为(meaning hostl, iterface)，1(0)疑为1号网络中的0号主机。

tocolSession 实际上创建了一个仿真时间窗口，在这个窗口内进行初始化，当多个客户端差不多同时发起请求的时候，该窗口适当进行缩放和移动，以进行调整）。请求传送的文件长度是一个属性（第 60 行）。主机 ProtocolSession 的其余内容与服务器的对应内容类似，虽然在这个主机上，我们不会保存太多关于 TCP 行为的信息。

这些简单的例子说明一个精简的 DML 格式是如何用于组合具有复杂行为特征的计算机网络的。DML 格式的另一个优点是让我们可以方便地对特大型网络的组合描述进行编程，这是一种非常有用的能力，我们可以在仿真实验中检验某些网络协议是如何伴随网络规模的扩大而有所作为的。

## 14.11　小结

本章简述了网络计算机系统仿真的基本应用问题，主要介绍如何应用面向流程的方法，以及面向对象概念（比如说继承）是如何被高效实施的。在不同抽象层级，输入建模是仿真和网络建模的关键因素。我们重点介绍了非泊松到达模型，该模型在某些情况下可以更好地满足特定的应用特征，而在其他情况下也可以用于解释、捕获长期的依存关系。

我们讨论了通常用于移动自组织网络仿真的移动模型，然后介绍了 OSI 协议栈，并讨论了与之相关的仿真模型，以及在 OSI 网络模型中位于底部的几个层级中进行仿真的相关问题。我们还介绍了无线网络中物理层无线电波传播的一些常用模型，随后考察了数据链路层和媒介访问控制算法。我们研究了令牌总线协议和以太网协议，讨论其仿真的精妙之处，并通过例子说明流量模型假设为何能对网络性能产生显著影响。在此之后，我们提到了数据链路层中的一些问题，仿真再次成为相关研究的关键工具。

Internet 上的大部分通信是基于 TCP 实现的，所以我们介绍了 TCP 的基本规则，并使用仿真描述了应用这些规则的一些结果。最后，简单介绍了在 SSFNet 模拟器中如何构建网络模型。

本章对于如何应用仿真方法研究网络化计算机系统鲜有涉及。我们希望本章讨论的内容可以引导学生深入探索网络领域的更多问题，而这些问题只能通过系统仿真进行研究。　　587

## 参考文献

ASHENDEN, P.J. [2001], *The Designer's Guide to VHDL*, 2d ed., Morgan Kaufmann, San Fransisco.

BARFORD, P., AND M. CROVELLA [1998], "An Architecture for a WWW Workload Generator," *Proceedings of the 1998 SIGMETRICS Conference*, Madison, WI, pp. 151-160.

BLACK, U. [2001], *Voice Over IP*, Prentice Hall, Upper Saddle River, NJ.

COMER, D. [2000], *Networking with TCP/IP* Vol. 1: *Principles, Protocols, and Architecture*, 4th ed., Prentice Hall, Upper Saddle River, NJ.

COWIE, J., A. OGIELSKI, AND D. NICOL [1999], "Modeling the Global Internet," *Computing in Science and Engineering*, Vol. 1, No. 1, pp. 42–50.

FISCHER, W., AND K. MEIER-HELLSTERN [1993], "The Markov-Modulated Poisson Process (MMPP) Cookbook," *Performance Evaluation*, Vol. 18, No. 2, pp. 149–171.

FISHWICK, P. [1992], "SIMPACK: Getting Started with Simulation Programming in C and C++," *Proceedings of the 1992 Winter Simulation Conference*, Arlington, VA, Dec. 13–16, pp. 154–162.

FLOYD, S., AND V. JACOBSON [1993], "Random Early Detection Gateways for Congestion Avoidance," *IEEE/ACM Transactions on Networking*, Vol. 1, No. 4, pp. 397-413.

GRUNWALD, D. [1995], *User's Guide to Awesime-II*, Department of Computer Science, Univ. of Colorado, Boulder, CO.

ISSARLYKUL AND HOSSIAN [2008], *Introduction to Network Simulator NS2*, Springer, New York.

KARAGIANNIS T., M. FALOUTSOS, AND M. MOLLE [2003], "A User-Friendly Self-Similarity Analysis Tool," *ACM SIGCOMM Computer Communication Review*, Vol. 33, No. 3, pp. 81-93.

KUROSE, J., AND K. ROSS [2002], *Computer Networking: A Top-Down Approach Featuring the Internet*, 2d ed., Addison-Wesley, Reading, MA.

LITTLE, M.C., AND D.L. MCCUE [1994], "Construction and Use of a Simulation Package in C++," *C User's Journal*, Vol. 3, No. 12.

McKNOWN, J.W. AND R.L. HAMILTON [1991], "Ray-tracing as a Design Tool for Radio Networks," *IEEE Networks Magazine*, Vol 5, pp 27–30.

MOY, J. [1998],
*OSPF: Anatomy of an Internet Routing Protocol*, Addison-Wesley, Reading, MA.

NUTT, G. [2004], *Operating Systems, A Modern Prespective*, 3d ed., Addison-Wesley, Reading, MA.

RAPPAPORT, T.S. [2002], *Wireless Communications*, Prentice-Hall, Upper Saddle River, NJ.

SPURGEON, C. [2000], *Ethernet: The Definitive Guide*, O'Reilly, Cambridge, MA.

SCHWETMAN, H. [1986], "CSIM: AC-Based, Process-Oriented Simulation Language," *Proceedings of the 1986 Winter Simulation Conference*, Washington DC, Dec 8–10, pp. 387–396.

SCHWETMAN, H.D. [2001], "CSIM 19: A Powerful Tool for Building Systems Models," *Proceedings of the 2001 Winter Simulation Conference*, Arlington VA, Dec. 9–12, pp. 250–255.

VAN BEIJNUM, I. [2002], *BGP: Building Reliable Networks with the Border Gateway Protocol*, O'Reilly, Cambridge, MA.

ZIMMERMAN, H. [1980], "OSI reference model—The ISO model of architecture for open system interconnection." *IEEE Transactions on Communications*, Vol. COM-28, No. 4, pp. 425–432.

ZUKEMAN, M., D. NEAME, AND R. ADDIE [2003], "Internet Traffic Modeling and Future Technology Implications," *Proceedings of the 2003 InfoCom Conference*, San Franciso, CA.

## 练习题

1. 大致描述一下面向事件的 $M/M/1$ 排队模型。估计处理 5000 个到达作业所需执行的事件数量。如果采用第 4 章中单服务台排队系统中所用的 SSF 方法，则本排队系统采用面向流程的实施方法时，会发生多少次的语境切换？

2. 对下列系统，分别描述面向流程的仿真模型和面向事件的仿真模型的内在逻辑。对上述两种方法，使用任意一种程序设计语言进行仿真模型的开发和仿真：

   a) 中央处理器排队系统模型：当一个任务离开 CPU 时，它经过最短路径加入到输入/输出（I/O）队列中。

   b) 数据库系统排队模型：一个任务收到的服务分为两个部分。该任务首先进入服务器，然后花费很短的时间产生一个随机数（该随机数是其对多个硬盘的访问次数）。然后该任务暂停（此时释放服务器）直到它的所有访问请求都完成了，然后该任务为了第二阶段的服务再次排队，在第二个阶段中，该任务将花费大量的时间，直至退出系统为止。硬盘可以并发地处理不同任务的访问请求，但是需要遵循 FCFS 排队规则。你的模型应报告一个任务在服务过程中的统计数据，包括等待完成第一阶段服务所花费的平均等待时间、完成 I/O 请求的平均等待时间，以及完成 I/O 请求之后的服务所需要的平均等待时间。

3. 考虑一个马尔可夫调制泊松过程，其有三种状态（OFF、ON 和 BURSTY），并有如下特征描述：

   a) 平均而言，MMP 处于状态 OFF 的时间占比为 25%。

   b) 平均而言，MMP 处于状态 BURSTY 的时间占比为 5%。

   c) MMP 由状态 OFF 转换为 BURSTY 的概率为 0.05，从状态 OFF 转换到 ON 的概率为 0.95。

   d) MMP 由状态 ON 转换为 OFF 的概率为 0.9，从状态 ON 转换到 BURSTY 的概率为 0.1。

   e) MMP 由状态 BURSTY 转换为 ON 的概率为 0.5，从状态 BURSTY 转换到 OFF 的概率为 0.5。

   如果系统停留在状态 OFF 的时间服从参数为 0.25 的指数分布，那么系统停留在状态 ON 和 BURSTY 的时间也服从指数分布，则二者的参数分别是多少？对此问题进行仿真实验，并依所得结果绘图。

4. 浏览网络电话（VoIP）通信的相关文献，并对其中一个感兴趣的模型，创建流量负载仿真器。

5. 分别建立一个马尔可夫调制泊松过程和一个 PPBP 模型，这两个模型应产生相同的平均流量比特率。使用 SELFIS 工具（可免费获取）分析其长期依存关系，并比较 MPP 和 PPBP 模型的跟踪结果。

6. 对以下过程进行仿真：

   a) 在铁路系统中的手机用户。

   b) 在城市快速路上的手机用户。

   c) 在购物中心逛商店的手机用户。

   d) 在校园内使用便携式计算机并连接到 wifi 的大学生。

表 A-1　随机数表

| | | | | | | | | |
|---|---|---|---|---|---|---|---|---|
| 94737 | 08225 | 35614 | 24826 | 88319 | 05595 | 58701 | 57365 | 74759 |
| 87259 | 85982 | 13296 | 89326 | 74863 | 99986 | 68558 | 06391 | 50248 |
| 63856 | 14016 | 18527 | 11634 | 96908 | 52146 | 53496 | 51730 | 03500 |
| 66612 | 54714 | 46783 | 61934 | 30258 | 61674 | 07471 | 67566 | 31635 |
| 30712 | 58582 | 05704 | 23172 | 86689 | 94834 | 99057 | 55832 | 21012 |
| 69607 | 24145 | 43886 | 86477 | 05317 | 30445 | 33456 | 34029 | 09603 |
| 37792 | 27282 | 94107 | 41967 | 21425 | 04743 | 42822 | 28111 | 09757 |
| 01488 | 56680 | 73847 | 64930 | 11108 | 44834 | 45390 | 86043 | 23973 |
| 66248 | 97697 | 38244 | 50918 | 55441 | 51217 | 54786 | 04940 | 50807 |
| 51453 | 03462 | 61157 | 65366 | 61130 | 26204 | 15016 | 85665 | 97714 |
| 92168 | 82530 | 19271 | 86999 | 96499 | 12765 | 20926 | 25282 | 39119 |
| 36463 | 07331 | 54590 | 00546 | 03337 | 41583 | 46439 | 40173 | 46455 |
| 47097 | 78780 | 04210 | 87084 | 44484 | 75377 | 57753 | 41415 | 09890 |
| 80400 | 45972 | 44111 | 99708 | 45935 | 03694 | 81421 | 60170 | 58457 |
| 94554 | 13863 | 88239 | 91624 | 00022 | 40471 | 78462 | 96265 | 55360 |
| 31567 | 53597 | 08490 | 73544 | 72573 | 30961 | 12282 | 97033 | 13676 |
| 07821 | 24759 | 47266 | 21747 | 72496 | 77755 | 50391 | 59554 | 31177 |
| 09056 | 10709 | 69314 | 11449 | 40531 | 02917 | 95878 | 74587 | 60906 |
| 19922 | 37025 | 80731 | 26179 | 16039 | 01518 | 82697 | 73227 | 13160 |
| 29923 | 02570 | 80164 | 36108 | 73689 | 26342 | 35712 | 49137 | 13482 |
| 29602 | 29464 | 99219 | 20308 | 82109 | 03898 | 82072 | 85199 | 13103 |
| 94135 | 94661 | 87724 | 88187 | 62191 | 70607 | 63099 | 40494 | 49069 |
| 87926 | 34092 | 34334 | 55064 | 43152 | 01610 | 03126 | 47312 | 59578 |
| 85039 | 19212 | 59160 | 83537 | 54414 | 19856 | 90527 | 21756 | 64783 |
| 66070 | 38480 | 74636 | 45095 | 86576 | 79337 | 39578 | 40851 | 53503 |
| 78166 | 82521 | 79261 | 12570 | 10930 | 47564 | 77869 | 16480 | 43972 |
| 94672 | 07912 | 26153 | 10531 | 12715 | 63142 | 88937 | 94466 | 31388 |
| 56406 | 70023 | 27734 | 22254 | 27685 | 67518 | 63966 | 33203 | 70803 |
| 67726 | 57805 | 94264 | 77009 | 08682 | 18784 | 47554 | 59869 | 66320 |
| 07516 | 45979 | 76735 | 46509 | 17696 | 67177 | 92600 | 55572 | 17245 |
| 43070 | 22671 | 00152 | 81326 | 89428 | 16368 | 57659 | 79424 | 57604 |
| 36917 | 60370 | 80812 | 87225 | 02850 | 47118 | 23790 | 55043 | 75117 |
| 03919 | 82922 | 02312 | 31106 | 44335 | 05573 | 17470 | 25900 | 91080 |
| 46724 | 22558 | 64303 | 78804 | 05762 | 70650 | 56117 | 06707 | 90035 |
| 16108 | 61281 | 86823 | 20286 | 14025 | 24909 | 38391 | 12183 | 89393 |

（续）

| | | | | | | | | |
|---|---|---|---|---|---|---|---|---|
| 74541 | 75808 | 89669 | 87680 | 72758 | 60851 | 55292 | 95663 | 88326 |
| 82919 | 31285 | 01850 | 72550 | 42986 | 57518 | 01159 | 01786 | 98145 |
| 31388 | 26809 | 77258 | 99360 | 92362 | 21979 | 41319 | 75739 | 98082 |
| 17190 | 75522 | 15687 | 07161 | 99745 | 48767 | 03121 | 20046 | 28013 |
| 00466 | 88068 | 68631 | 98745 | 97810 | 35886 | 14497 | 90230 | 69264 |

591
～
592

　　如果想要得到 0～1 之间的一个随机数，可以先找到一组数字，比如某次找到了数值 5，那么在它之前加一个小数点即可。

## 表 A-2　正态随机数表

| | | | | | | | | |
|---|---|---|---|---|---|---|---|---|
| 0.23 | −0.17 | 0.43 | 2.18 | 2.13 | 0.49 | 2.72 | −0.18 | 0.42 |
| 0.24 | −1.17 | 0.02 | 0.67 | −0.59 | −0.13 | −0.15 | −0.46 | 1.64 |
| −1.16 | −0.17 | 0.36 | −1.26 | 0.91 | 0.71 | −1.00 | −1.09 | −0.02 |
| −0.02 | −0.19 | −0.04 | 1.92 | 0.71 | −0.90 | −0.21 | −1.40 | −0.38 |
| 0.39 | 0.55 | 0.13 | 2.55 | −0.33 | −0.05 | −0.34 | −1.95 | −0.44 |
| 0.64 | −0.36 | 0.98 | −0.21 | −0.52 | −0.02 | −0.15 | −0.43 | 0.62 |
| −1.90 | 0.48 | −0.54 | 0.60 | −0.35 | −1.29 | −0.57 | 0.23 | 1.41 |
| −1.04 | −0.70 | −1.69 | 1.76 | 0.47 | −0.52 | −0.73 | 0.94 | −1.63 |
| −.78 | 0.11 | −0.91 | −1.13 | 0.07 | 0.45 | −0.94 | 1.42 | 0.75 |
| 0.68 | 1.77 | −0.82 | −1.68 | −2.60 | 1.59 | −0.72 | −0.80 | 0.61 |
| −0.02 | 0.92 | 1.76 | −0.66 | 0.18 | −1.32 | 1.26 | 0.61 | 0.83 |
| −0.47 | 1.04 | 0.83 | −2.05 | 1.00 | −0.70 | 1.12 | 0.82 | 0.08 |
| −0.40 | 1.40 | 1.20 | 0.00 | 0.21 | −2.13 | −0.22 | 1.79 | 0.87 |
| −0.75 | 0.09 | −1.50 | 0.14 | −2.99 | −0.41 | −0.99 | −0.70 | 0.51 |
| −0.66 | −1.97 | 0.15 | −1.16 | −0.60 | 0.50 | 1.36 | 1.94 | 0.11 |
| −0.44 | −0.09 | −0.59 | 1.37 | 0.18 | 1.44 | −0.80 | 2.11 | −1.37 |
| 1.41 | −2.71 | −0.67 | 1.83 | 0.97 | 0.06 | −0.28 | 0.04 | −0.21 |
| 1.21 | −0.52 | −0.20 | −0.88 | −0.78 | 0.84 | −1.08 | −0.25 | 0.17 |
| 0.07 | 0.66 | −0.51 | −0.04 | −0.84 | 0.04 | 1.60 | −0.92 | 1.14 |
| −0.08 | 0.79 | −0.09 | −1.12 | −1.13 | 0.77 | 0.40 | 0.69 | −0.12 |
| 0.53 | −0.36 | −2.64 | 0.22 | −0.78 | 1.92 | −0.26 | 1.04 | −1.61 |
| −1.56 | 1.82 | −1.03 | 1.14 | −0.12 | −0.78 | −0.12 | 1.42 | −0.52 |
| 0.03 | −1.29 | −0.33 | 2.60 | −0.64 | 1.19 | −0.13 | 0.91 | 0.78 |
| 1.49 | 1.55 | −0.79 | 1.37 | 0.97 | 0.17 | 0.58 | 1.43 | −1.29 |
| −1.19 | 1.35 | 0.16 | 1.06 | −0.17 | 0.32 | −0.28 | 0.68 | 0.54 |
| −1.19 | −1.03 | −0.12 | 1.07 | 0.87 | −1.40 | −0.24 | −0.81 | 0.31 |
| 0.11 | −1.95 | −0.44 | −0.39 | −0.15 | −1.20 | −1.98 | 0.32 | 2.91 |
| −1.86 | 0.06 | 0.19 | −1.29 | 0.33 | 1.51 | −0.36 | −0.80 | −0.99 |
| 0.16 | 0.28 | 0.60 | −0.78 | 0.67 | 0.13 | −0.47 | −0.18 | −0.89 |
| 1.21 | −1.19 | −0.60 | −1.22 | 0.07 | −1.13 | 1.45 | 0.94 | 0.54 |
| −0.82 | 0.54 | −0.98 | −0.13 | 1.52 | 0.77 | 0.95 | −0.84 | 2.40 |
| 0.75 | −0.80 | −0.28 | 1.77 | −0.16 | −0.33 | 2.43 | −1.11 | 1.63 |
| 0.42 | 0.31 | 1.56 | 0.56 | 0.64 | −0.78 | 0.04 | 1.34 | −0.01 |
| −1.50 | −1.78 | −0.59 | 0.16 | 0.36 | 1.89 | −1.19 | 0.53 | −0.97 |
| −0.89 | 0.08 | 0.95 | −0.73 | 1.25 | −1.04 | −0.47 | −0.68 | −0.87 |
| 0.19 | 0.85 | 1.68 | −0.57 | 0.37 | −0.48 | −0.17 | 2.36 | −0.53 |

（续）

| | | | | | | | | |
|---|---|---|---|---|---|---|---|---|
| 0.49 | 0.32 | −2.08 | −1.02 | 2.59 | −0.53 | 0.15 | 0.11 | 0.05 |
| −1.44 | 0.07 | −0.22 | −0.93 | −1.40 | 0.54 | −1.28 | −0.15 | 0.67 |
| −0.21 | −0.48 | 1.21 | 0.67 | −1.10 | −0.75 | −0.37 | 0.68 | −0.02 |
| −0.65 | −0.12 | 0.94 | −0.44 | −1.21 | −0.06 | −1.28 | −1.51 | 1.39 |
| 0.24 | −0.83 | 1.55 | 0.33 | −0.59 | −1.24 | 0.70 | 0.01 | 0.15 |
| −0.73 | 1.24 | 0.40 | −0.61 | 0.68 | 0.69 | 0.07 | −0.23 | −0.66 |
| −1.93 | 0.75 | −0.32 | 0.95 | 1.35 | 1.51 | −0.88 | 0.10 | −1.19 |
| 0.08 | 0.16 | 0.38 | −0.96 | 1.99 | −0.20 | 0.98 | 0.16 | 0.26 |
| −0.47 | −1.25 | 0.32 | 0.51 | −1.04 | 0.97 | 2.60 | −0.08 | 1.19 |

### 表 A-3　累积正态分布数值表

$$\phi(z_a)\int_{-\infty}^{z_a} \frac{1}{\sqrt{2\pi}} e^{-u^2/2}\, du = 1-\alpha$$

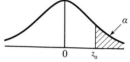

| $z_\alpha$ | 0.00 | 0.01 | 0.02 | 0.03 | 0.04 | $z_\alpha$ |
|---|---|---|---|---|---|---|
| 0.0 | 0.500 00 | 0.503 99 | 0.507 98 | 0.511 97 | 0.515 95 | 0.0 |
| 0.1 | 0.539 83 | 0.543 79 | 0.547 76 | 0.551 72 | 0.555 67 | 0.1 |
| 0.2 | 0.579 26 | 0.583 17 | 0.587 06 | 0.590 95 | 0.594 83 | 0.2 |
| 0.3 | 0.617 91 | 0.621 72 | 0.625 51 | 0.629 30 | 0.633 07 | 0.3 |
| 0.4 | 0.655 42 | 0.659 10 | 0.662 76 | 0.666 40 | 0.670 03 | 0.4 |
| 0.5 | 0.691 46 | 0.694 97 | 0.698 47 | 0.701 94 | 0.705 40 | 0.5 |
| 0.6 | 0.725 75 | 0.729 07 | 0.732 37 | 0.735 65 | 0.738 91 | 0.6 |
| 0.7 | 0.758 03 | 0.761 15 | 0.764 24 | 0.767 30 | 0.770 35 | 0.7 |
| 0.8 | 0.788 14 | 0.791 03 | 0.793 89 | 0.796 73 | 0.799 54 | 0.8 |
| 0.9 | 0.815 94 | 0.818 59 | 0.821 21 | 0.823 81 | 0.826 39 | 0.9 |
| 1.0 | 0.841 34 | 0.843 75 | 0.846 13 | 0.848 49 | 0.850 83 | 1.0 |
| 1.1 | 0.864 33 | 0.866 50 | 0.868 64 | 0.870 76 | 0.872 85 | 1.1 |
| 1.2 | 0.884 93 | 0.886 86 | 0.888 77 | 0.890 65 | 0.892 51 | 1.2 |
| 1.3 | 0.903 20 | 0.904 90 | 0.906 58 | 0.908 24 | 0.909 88 | 1.3 |
| 1.4 | 0.919 24 | 0.920 73 | 0.922 19 | 0.923 64 | 0.925 06 | 1.4 |
| 1.5 | 0.933 19 | 0.934 48 | 0.935 74 | 0.936 99 | 0.938 22 | 1.5 |
| 1.6 | 0.945 20 | 0.946 30 | 0.947 38 | 0.948 45 | 0.949 50 | 1.6 |
| 1.7 | 0.955 43 | 0.956 37 | 0.957 28 | 0.958 18 | 0.959 07 | 1.7 |
| 1.8 | 0.964 07 | 0.964 85 | 0.965 62 | 0.966 37 | 0.967 11 | 1.8 |
| 1.9 | 0.971 28 | 0.971 93 | 0.972 57 | 0.973 20 | 0.973 81 | 1.9 |
| 2.0 | 0.977 25 | 0.977 78 | 0.978 31 | 0.978 82 | 0.979 32 | 2.0 |
| 2.1 | 0.982 14 | 0.982 57 | 0.983 00 | 0.983 41 | 0.983 82 | 2.1 |
| 2.2 | 0.986 10 | 0.986 45 | 0.986 79 | 0.987 13 | 0.987 45 | 2.2 |
| 2.3 | 0.989 28 | 0.989 56 | 0.989 83 | 0.990 10 | 0.990 36 | 2.3 |
| 2.4 | 0.991 80 | 0.992 02 | 0.992 24 | 0.992 45 | 0.992 66 | 2.4 |
| 2.5 | 0.993 79 | 0.993 96 | 0.994 13 | 0.994 30 | 0.994 46 | 2.5 |
| 2.6 | 0.995 34 | 0.995 47 | 0.995 60 | 0.995 73 | 0.995 85 | 2.6 |

（续）

| $z_\alpha$ | 0.00 | 0.01 | 0.02 | 0.03 | 0.04 | $z_\alpha$ |
|---|---|---|---|---|---|---|
| 2.7 | 0.996 53 | 0.996 64 | 0.996 74 | 0.996 83 | 0.996 93 | 2.7 |
| 2.8 | 0.997 44 | 0.997 52 | 0.997 60 | 0.997 67 | 0.997 74 | 2.8 |
| 2.9 | 0.998 13 | 0.998 19 | 0.998 25 | 0.998 31 | 0.998 36 | 2.9 |
| 3.0 | 0.998 65 | 0.998 69 | 0.998 74 | 0.998 78 | 0.998 82 | 3.0 |
| 3.1 | 0.999 03 | 0.999 06 | 0.999 10 | 0.999 13 | 0.999 16 | 3.1 |
| 3.2 | 0.999 31 | 0.999 34 | 0.999 36 | 0.999 38 | 0.999 40 | 3.2 |
| 3.3 | 0.999 52 | 0.999 53 | 0.999 55 | 0.999 57 | 0.999 58 | 3.3 |
| 3.4 | 0.999 66 | 0.999 68 | 0.999 69 | 0.999 70 | 0.999 71 | 3.4 |
| 3.5 | 0.999 77 | 0.999 78 | 0.999 78 | 0.999 79 | 0.999 80 | 3.5 |
| 3.6 | 0.999 84 | 0.999 85 | 0.999 85 | 0.999 86 | 0.999 86 | 3.6 |
| 3.7 | 0.999 89 | 0.999 90 | 0.999 90 | 0.999 90 | 0.999 91 | 3.7 |
| 3.8 | 0.999 93 | 0.999 93 | 0.999 93 | 0.999 94 | 0.999 94 | 3.8 |
| 3.9 | 0.999 95 | 0.999 95 | 0.999 96 | 0.999 96 | 0.999 96 | 3.9 |

| $z_\alpha$ | 0.05 | 0.06 | 0.07 | 0.08 | 0.09 | $z_\alpha$ |
|---|---|---|---|---|---|---|
| 0.0 | 0.519 94 | 0.523 92 | 0.527 90 | 0.531 88 | 0.535 86 | 0.0 |
| 0.1 | 0.559 62 | 0.563 56 | 0.567 49 | 0.571 42 | 0.575 34 | 0.1 |
| 0.2 | 0.598 71 | 0.602 57 | 0.606 42 | 0.610 26 | 0.614 09 | 0.2 |
| 0.3 | 0.636 83 | 0.640 58 | 0.644 31 | 0.648 03 | 0.651 73 | 0.3 |
| 0.4 | 0.673 64 | 0.677 24 | 0.680 82 | 0.684 38 | 0.687 93 | 0.4 |
| 0.5 | 0.708 84 | 0.712 26 | 0.715 66 | 0.719 04 | 0.722 40 | 0.5 |
| 0.6 | 0.742 15 | 0.745 37 | 0.748 57 | 0.751 75 | 0.754 90 | 0.6 |
| 0.7 | 0.773 37 | 0.776 37 | 0.779 35 | 0.782 30 | 0.785 23 | 0.7 |
| 0.8 | 0.802 34 | 0.805 10 | 0.807 85 | 0.810 57 | 0.813 27 | 0.8 |
| 0.9 | 0.824 94 | 0.831 47 | 0.833 97 | 0.836 46 | 0.838 91 | 0.9 |
| 1.0 | 0.853 14 | 0.855 43 | 0.857 69 | 0.859 93 | 0.862 14 | 1.0 |
| 1.1 | 0.874 93 | 0.876 97 | 0.879 00 | 0.881 00 | 0.882 97 | 1.1 |
| 1.2 | 0.894 35 | 0.896 16 | 0.897 96 | 0.899 73 | 0.901 47 | 1.2 |
| 1.3 | 0.911 49 | 0.913 08 | 0.914 65 | 0.916 21 | 0.917 73 | 1.3 |
| 1.4 | 0.926 47 | 0.927 85 | 0.929 22 | 0.930 56 | 0.931 89 | 1.4 |
| 1.5 | 0.939 43 | 0.940 62 | 0.941 79 | 0.942 95 | 0.944 08 | 1.5 |
| 1.6 | 0.950 53 | 0.951 54 | 0.952 54 | 0.953 52 | 0.954 48 | 1.6 |
| 1.7 | 0.959 94 | 0.960 80 | 0.961 64 | 0.962 46 | 0.963 27 | 1.7 |
| 1.8 | 0.967 84 | 0.968 56 | 0.969 26 | 0.969 95 | 0.970 62 | 1.8 |
| 1.9 | 0.974 41 | 0.975 00 | 0.975 58 | 0.976 15 | 0.976 70 | 1.9 |
| 2.0 | 0.979 82 | 0.980 30 | 0.980 77 | 0.981 24 | 0.981 69 | 2.0 |
| 2.1 | 0.984 22 | 0.984 61 | 0.985 00 | 0.985 37 | 0.985 74 | 2.1 |
| 2.2 | 0.987 78 | 0.988 09 | 0.988 40 | 0.988 70 | 0.988 99 | 2.2 |
| 2.3 | 0.990 61 | 0.990 86 | 0.991 11 | 0.991 34 | 0.991 58 | 2.3 |
| 2.4 | 0.992 86 | 0.993 05 | 0.993 24 | 0.993 43 | 0.993 61 | 2.4 |
| 2.5 | 0.994 61 | 0.994 77 | 0.994 92 | 0.995 06 | 0.995 20 | 2.5 |
| 2.6 | 0.995 98 | 0.996 09 | 0.996 21 | 0.996 32 | 0.996 43 | 2.6 |
| 2.7 | 0.997 02 | 0.997 11 | 0.997 20 | 0.997 28 | 0.997 36 | 2.7 |

594

（续）

| $z_\alpha$ | 0. 05 | 0. 06 | 0. 07 | 0. 08 | 0. 09 | $z_\alpha$ |
|---|---|---|---|---|---|---|
| 2. 8 | 0. 997 81 | 0. 997 88 | 0. 997 95 | 0. 998 01 | 0. 998 07 | 2. 8 |
| 2. 9 | 0. 998 41 | 0. 998 46 | 0. 998 51 | 0. 998 56 | 0. 998 61 | 2. 9 |
| 3. 0 | 0. 998 86 | 0. 998 89 | 0. 998 93 | 0. 998 97 | 0. 999 00 | 3. 0 |
| 3. 1 | 0. 999 18 | 0. 999 21 | 0. 999 24 | 0. 999 26 | 0. 999 29 | 3. 1 |
| 3. 2 | 0. 999 42 | 0. 999 44 | 0. 999 46 | 0. 999 48 | 0. 999 50 | 3. 2 |
| 3. 3 | 0. 999 60 | 0. 999 61 | 0. 999 62 | 0. 999 64 | 0. 999 65 | 3. 3 |
| 3. 4 | 0. 999 72 | 0. 999 73 | 0. 999 74 | 0. 999 75 | 0. 999 76 | 3. 4 |
| 3. 5 | 0. 999 81 | 0. 999 81 | 0. 999 82 | 0. 999 83 | 0. 999 83 | 3. 5 |
| 3. 6 | 0. 999 87 | 0. 999 87 | 0. 999 88 | 0. 999 88 | 0. 999 89 | 3. 6 |
| 3. 7 | 0. 999 91 | 0. 999 92 | 0. 999 92 | 0. 999 92 | 0. 999 92 | 3. 7 |
| 3. 8 | 0. 999 94 | 0. 999 94 | 0. 999 95 | 0. 999 95 | 0. 999 95 | 3. 8 |
| 3. 9 | 0. 999 96 | 0. 999 96 | 0. 999 96 | 0. 999 97 | 0. 999 97 | 3. 9 |

资料来源：W. W. Hines 和 D. C. Montgomery，Probability and Statistics in Engineering and Management Science，2d ed.，©1980，pp. 592-3. 获得 John Wiley&Sons，Inc.，New York 的转载许可。

595

### 表 A-4 累积泊松分布数值表

| $x$ | $\alpha$ = Mean | | | | | | | | | | | $x$ |
| | . 01 | 0.5 | . 1 | . 2 | . 3 | . 4 | . 5 | . 6 | . 7 | . 8 | . 9 | |
|---|---|---|---|---|---|---|---|---|---|---|---|---|
| 0 | . 990 | . 951 | . 905 | . 819 | . 741 | . 670 | . 607 | . 549 | . 497 | . 449 | . 407 | 0 |
| 1 | 1. 000 | . 999 | . 995 | . 982 | . 963 | . 938 | . 910 | . 878 | . 844 | . 809 | . 772 | 1 |
| 2 | | 1. 000 | 1. 000 | . 999 | . 996 | . 992 | . 986 | . 977 | . 966 | . 953 | . 937 | 2 |
| 3 | | | | 1. 000 | 1. 000 | . 999 | . 998 | . 997 | . 994 | . 991 | . 987 | 3 |
| 4 | | | | | | 1. 000 | 1. 000 | 1. 000 | . 999 | . 999 | . 998 | 4 |
| 5 | | | | | | | | | 1. 000 | 1. 000 | 1. 000 | 5 |

| $x$ | $\alpha$ = Mean | | | | | | | | | | | $x$ |
| | 1. 0 | 1. 1 | 1. 2 | 1. 3 | 1. 4 | 1. 5 | 1. 6 | 1. 7 | 1. 8 | 1. 9 | 2. 0 | |
|---|---|---|---|---|---|---|---|---|---|---|---|---|
| 0 | . 368 | . 333 | . 301 | . 273 | . 247 | . 223 | . 202 | . 183 | . 165 | . 150 | . 135 | 0 |
| 1 | . 736 | . 699 | . 663 | . 627 | . 592 | . 558 | . 525 | . 493 | . 463 | . 434 | . 406 | 1 |
| 2 | . 920 | . 900 | . 879 | . 857 | . 833 | . 809 | . 783 | . 757 | . 731 | . 704 | . 677 | 2 |
| 3 | . 981 | . 974 | . 966 | . 957 | . 946 | . 934 | . 921 | . 907 | . 891 | . 875 | . 857 | 3 |
| 4 | . 996 | . 995 | . 992 | . 989 | . 986 | . 981 | . 976 | . 970 | . 964 | . 956 | . 947 | 4 |
| 5 | . 999 | . 999 | . 998 | . 998 | . 997 | . 996 | . 994 | . 992 | . 990 | . 987 | . 983 | 5 |
| 6 | 1. 000 | 1. 000 | 1. 000 | 1. 000 | . 999 | . 999 | . 999 | . 998 | . 997 | . 997 | . 995 | 6 |
| 7 | | | | | 1. 000 | 1. 000 | 1. 000 | 1. 000 | . 999 | . 999 | . 999 | 7 |
| 8 | | | | | | | | | 1. 000 | 1. 000 | 1. 000 | 8 |

| $x$ | $\alpha$ = Mean | | | | | | | | | | | $x$ |
| | 2. 2 | 2. 4 | 2. 6 | 2. 8 | 3. 0 | 3. 5 | 4. 0 | 4. 5 | 5. 0 | 5. 5 | 6. 0 | |
|---|---|---|---|---|---|---|---|---|---|---|---|---|
| 0 | . 111 | . 091 | . 074 | . 061 | . 050 | . 030 | . 018 | . 011 | . 007 | . 004 | . 002 | 0 |
| 1 | . 355 | . 308 | . 267 | . 231 | . 199 | . 136 | . 092 | . 061 | . 040 | . 027 | . 017 | 1 |
| 2 | . 623 | . 570 | . 518 | . 469 | . 423 | . 321 | . 238 | . 174 | . 125 | . 088 | . 062 | 2 |
| 3 | . 819 | . 779 | . 736 | . 692 | . 647 | . 537 | . 433 | . 342 | . 265 | . 202 | . 151 | 3 |
| 4 | . 928 | . 904 | . 877 | . 848 | . 815 | . 725 | . 629 | . 532 | . 440 | . 358 | . 285 | 4 |
| 5 | . 975 | . 964 | . 951 | . 935 | . 916 | . 858 | . 785 | . 703 | . 616 | . 529 | . 446 | 5 |
| 6 | . 993 | . 988 | . 983 | . 976 | . 966 | . 935 | . 889 | . 831 | . 762 | . 686 | . 606 | 6 |
| 7 | . 998 | . 997 | . 995 | . 992 | . 988 | . 973 | . 949 | . 913 | . 867 | . 809 | . 744 | 7 |

596

（续）

| x | α = Mean | | | | | | | | | | | x |
|---|---|---|---|---|---|---|---|---|---|---|---|---|
| | 2.2 | 2.4 | 2.6 | 2.8 | 3.0 | 3.5 | 4.0 | 4.5 | 5.0 | 5.5 | 6.0 | |
| 8 | 1.000 | .999 | .999 | .998 | .996 | .990 | .979 | .960 | .932 | .894 | .847 | 8 |
| 9 | | 1.000 | 1.000 | .999 | .999 | .997 | .992 | .983 | .968 | .946 | .916 | 9 |
| 10 | | | | 1.000 | 1.000 | .999 | .997 | .993 | .986 | .975 | .957 | 10 |
| 11 | | | | | | 1.000 | .999 | .998 | .995 | .989 | .980 | 11 |
| 12 | | | | | | | 1.000 | .999 | .998 | .996 | .991 | 12 |
| 13 | | | | | | | | 1.000 | .999 | .998 | .996 | 13 |
| 14 | | | | | | | | | 1.000 | .999 | .999 | 14 |
| 15 | | | | | | | | | | 1.000 | .999 | 15 |
| 16 | | | | | | | | | | | 1.000 | 16 |

| x | α = Mean | | | | | | | | | | | x |
|---|---|---|---|---|---|---|---|---|---|---|---|---|
| | 6.5 | 7.0 | 7.5 | 8.0 | 9.0 | 10.0 | 12.0 | 14.0 | 16.0 | 18.0 | 20.0 | |
| 0 | .002 | .001 | .001 | | | | | | | | | 0 |
| 1 | .011 | .007 | .005 | .003 | .001 | | | | | | | 1 |
| 2 | .043 | .030 | .020 | .014 | .006 | .003 | .001 | | | | | 2 |
| 3 | .112 | .082 | .059 | .042 | .021 | .010 | .002 | | | | | 3 |
| 4 | .224 | .173 | .132 | .100 | .055 | .029 | .008 | .002 | | | | 4 |
| 5 | .369 | .301 | .241 | .191 | .116 | .067 | .020 | .006 | .001 | | | 5 |
| 6 | .527 | .450 | .378 | .313 | .207 | .130 | .046 | .014 | .004 | .001 | | 6 |
| 7 | .673 | .599 | .525 | .453 | .324 | .220 | .090 | .032 | .010 | .003 | .001 | 7 |
| 8 | .792 | .729 | .662 | .593 | .456 | .333 | .155 | .062 | .022 | .007 | .002 | 8 |
| 9 | .877 | .830 | .776 | .717 | .587 | .458 | .242 | .109 | .043 | .015 | .005 | 9 |
| 10 | .933 | .901 | .862 | .816 | .706 | .583 | .347 | .176 | .077 | .030 | .011 | 10 |
| 11 | .966 | .947 | .921 | .888 | .803 | .697 | .462 | .260 | .127 | .055 | .021 | 11 |
| 12 | .984 | .973 | .957 | .936 | .876 | .792 | .576 | .358 | .193 | .092 | .039 | 12 |
| 13 | .993 | .987 | .978 | .966 | .926 | .864 | .682 | .464 | .275 | .143 | .066 | 13 |
| 14 | .997 | .994 | .990 | .983 | .959 | .917 | .772 | .570 | .368 | .208 | .105 | 14 |
| 15 | .999 | .998 | .995 | .992 | .978 | .951 | .844 | .669 | .467 | .287 | .157 | 15 |
| 16 | 1.000 | .999 | .998 | .996 | .989 | .973 | .899 | .756 | .566 | .375 | .221 | 16 |
| 17 | | 1.000 | .999 | .998 | .995 | .986 | .937 | .827 | .659 | .469 | .297 | 17 |
| 18 | | | 1.000 | .999 | .998 | .993 | .963 | .883 | .742 | .562 | .381 | 18 |
| 19 | | | | 1.000 | .999 | .997 | .979 | .923 | .812 | .651 | .470 | 19 |
| 20 | | | | | 1.000 | .998 | .988 | .952 | .868 | .731 | .559 | 20 |
| 21 | | | | | | .999 | .994 | .971 | .911 | .799 | .644 | 21 |
| 22 | | | | | | 1.000 | .997 | .983 | .942 | .855 | .721 | 22 |
| 23 | | | | | | | .999 | .991 | .963 | .899 | .787 | 23 |
| 24 | | | | | | | .999 | .995 | .978 | .932 | .843 | 24 |
| 25 | | | | | | | 1.000 | .997 | .987 | .955 | .888 | 25 |
| 26 | | | | | | | | .999 | .993 | .972 | .922 | 26 |
| 27 | | | | | | | | .999 | .996 | .983 | .948 | 27 |
| 28 | | | | | | | | 1.000 | .998 | .990 | .966 | 28 |
| 29 | | | | | | | | | .999 | .994 | .978 | 29 |
| 30 | | | | | | | | | .999 | .997 | .987 | 30 |
| 31 | | | | | | | | | 1.000 | .998 | .992 | 31 |
| 32 | | | | | | | | | | .999 | .995 | 32 |

（续）

| x | α = Mean | | | | | | | | | | | x |
|---|---|---|---|---|---|---|---|---|---|---|---|---|
| | 6.5 | 7.0 | 7.5 | 8.0 | 9.0 | 10.0 | 12.0 | 14.0 | 16.0 | 18.0 | 20.0 | |
| 33 | | | | | | | | | | 1.000 | .997 | 33 |
| 34 | | | | | | | | | | | .999 | 34 |
| 35 | | | | | | | | | | | .999 | 35 |
| 36 | | | | | | | | | | | 1.000 | 36 |

资料来源：J. Banks 和 R. G. Heikes，Handbook of Tables and Graphs for the Industrial Engineer and Manager，© 1984，pp. 34-35. 获得 John Wiley and Sons，Inc.，New York 的转载许可。

597

### 表 A-5 自由度为 $v$ 的 $t$ 分布百分位值表

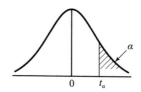

| $v$ | $t_{0.005}$ | $t_{0.01}$ | $t_{0.025}$ | $t_{0.05}$ | $t_{0.10}$ |
|---|---|---|---|---|---|
| 1 | 63.66 | 31.82 | 12.71 | 6.31 | 3.08 |
| 2 | 9.92 | 6.92 | 4.30 | 2.92 | 1.89 |
| 3 | 5.84 | 4.54 | 3.18 | 2.35 | 1.64 |
| 4 | 4.60 | 3.75 | 2.78 | 2.13 | 1.53 |
| 5 | 4.03 | 3.36 | 2.57 | 2.02 | 1.48 |
| 6 | 3.71 | 3.14 | 2.45 | 1.94 | 1.44 |
| 7 | 3.50 | 3.00 | 2.36 | 1.90 | 1.42 |
| 8 | 3.36 | 2.90 | 2.31 | 1.86 | 1.40 |
| 9 | 3.25 | 2.82 | 2.26 | 1.83 | 1.38 |
| 10 | 3.17 | 2.76 | 2.23 | 1.81 | 1.37 |
| 11 | 3.11 | 2.72 | 2.20 | 1.80 | 1.36 |
| 12 | 3.06 | 2.68 | 2.18 | 1.78 | 1.36 |
| 13 | 3.01 | 2.65 | 2.16 | 1.77 | 1.35 |
| 14 | 2.98 | 2.62 | 2.14 | 1.76 | 1.34 |
| 15 | 2.95 | 2.60 | 2.13 | 1.75 | 1.34 |
| 16 | 2.92 | 2.58 | 2.12 | 1.75 | 1.34 |
| 17 | 2.90 | 2.57 | 2.11 | 1.74 | 1.33 |
| 18 | 2.88 | 2.55 | 2.10 | 1.73 | 1.33 |
| 19 | 2.86 | 2.54 | 2.09 | 1.73 | 1.33 |
| 20 | 2.84 | 2.53 | 2.09 | 1.72 | 1.32 |
| 21 | 2.83 | 2.52 | 2.08 | 1.72 | 1.32 |
| 22 | 2.82 | 2.51 | 2.07 | 1.72 | 1.32 |
| 23 | 2.81 | 2.50 | 2.07 | 1.71 | 1.32 |
| 24 | 2.80 | 2.49 | 2.06 | 1.71 | 1.32 |
| 25 | 2.79 | 2.48 | 2.06 | 1.71 | 1.32 |
| 26 | 2.78 | 2.48 | 2.06 | 1.71 | 1.32 |
| 27 | 2.77 | 2.47 | 2.05 | 1.70 | 1.31 |
| 28 | 2.76 | 2.47 | 2.05 | 1.70 | 1.31 |
| 29 | 2.76 | 2.46 | 2.04 | 1.70 | 1.31 |
| 30 | 2.75 | 2.46 | 2.04 | 1.70 | 1.31 |
| 40 | 2.70 | 2.42 | 2.02 | 1.68 | 1.30 |
| 60 | 2.66 | 2.39 | 2.00 | 1.67 | 1.30 |

（续）

| $v$ | $t_{0.005}$ | $t_{0.01}$ | $t_{0.025}$ | $t_{0.05}$ | $t_{0.10}$ |
|---|---|---|---|---|---|
| 120 | 2.62 | 2.36 | 1.98 | 1.66 | 1.29 |
| $\infty$ | 2.58 | 2.33 | 1.96 | 1.645 | 1.28 |

资料来源：Robert E. Shannon, Systems Simulation：The Art and Science，©1975, p.372. 获得 Prentice Hall, Upper Saddle River，NJ 的转载许可。

598

### 表 A-6　自由度为 $v$ 的卡方分布百分位值表

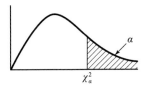

| $v$ | $\chi^2_{0.005}$ | $\chi^2_{0.01}$ | $\chi^2_{0.025}$ | $\chi^2_{0.05}$ | $\chi^2_{0.10}$ |
|---|---|---|---|---|---|
| 1 | 7.88 | 6.63 | 5.02 | 3.84 | 2.71 |
| 2 | 10.60 | 9.21 | 7.38 | 5.99 | 4.61 |
| 3 | 12.84 | 11.34 | 9.35 | 7.81 | 6.25 |
| 4 | 14.96 | 13.28 | 11.14 | 9.49 | 7.78 |
| 5 | 16.7 | 15.1 | 12.8 | 11.1 | 9.2 |
| 6 | 18.5 | 16.8 | 14.4 | 12.6 | 10.6 |
| 7 | 20.3 | 18.5 | 16.0 | 14.1 | 12.0 |
| 8 | 22.0 | 20.1 | 17.5 | 15.5 | 13.4 |
| 9 | 23.6 | 21.7 | 19.0 | 16.9 | 14.7 |
| 10 | 25.2 | 23.2 | 20.5 | 18.3 | 16.0 |
| 11 | 26.8 | 24.7 | 21.9 | 19.7 | 17.3 |
| 12 | 28.3 | 26.2 | 23.3 | 21.0 | 18.5 |
| 13 | 29.8 | 27.7 | 24.7 | 22.4 | 19.8 |
| 14 | 31.3 | 29.1 | 26.1 | 23.7 | 21.1 |
| 15 | 32.8 | 30.6 | 27.5 | 25.0 | 22.3 |
| 16 | 34.3 | 32.0 | 28.8 | 26.3 | 23.5 |
| 17 | 35.7 | 33.4 | 30.2 | 27.6 | 24.8 |
| 18 | 37.2 | 34.8 | 31.5 | 28.9 | 26.0 |
| 19 | 38.6 | 36.2 | 32.9 | 30.1 | 27.2 |
| 20 | 40.0 | 37.6 | 34.2 | 31.4 | 28.4 |
| 21 | 41.4 | 38.9 | 35.5 | 32.7 | 29.6 |
| 22 | 42.8 | 40.3 | 36.8 | 33.9 | 30.8 |
| 23 | 44.2 | 41.6 | 38.1 | 35.2 | 32.0 |
| 24 | 45.6 | 43.0 | 39.4 | 36.4 | 33.2 |
| 25 | 49.6 | 44.3 | 40.6 | 37.7 | 34.4 |
| 26 | 48.3 | 45.6 | 41.9 | 38.9 | 35.6 |
| 27 | 49.6 | 47.0 | 43.2 | 40.1 | 36.7 |
| 28 | 51.0 | 48.3 | 44.5 | 41.3 | 37.9 |
| 29 | 52.3 | 49.6 | 45.7 | 42.6 | 39.1 |
| 30 | 53.7 | 50.9 | 47.0 | 43.8 | 40.3 |
| 40 | 66.8 | 63.7 | 59.3 | 55.8 | 51.8 |
| 50 | 79.5 | 76.2 | 71.4 | 67.5 | 63.2 |
| 60 | 92.0 | 88.4 | 83.3 | 79.1 | 74.4 |
| 70 | 104.2 | 100.4 | 95.0 | 90.5 | 85.5 |
| 80 | 116.3 | 112.3 | 106.6 | 101.9 | 96.6 |
| 90 | 128.3 | 124.1 | 118.1 | 113.1 | 107.6 |
| 100 | 140.2 | 135.8 | 129.6 | 124.3 | 118.5 |

资料来源：Robert E. Shannon, Systems Simulation：The Art and Science©1975, p.372. 获得 Prentice Hall, Upper Saddle River，NJ 的转载许可。

599

表 A-7　F 分布(α=0.05)的百分位值表

| ν₂ \ ν₁ | 1 | 2 | 3 | 4 | 5 | 6 | 7 | 8 | 9 | 10 | 12 | 15 | 20 | 24 | 30 | 40 | 60 | 120 | ∞ |
|---|---|---|---|---|---|---|---|---|---|---|---|---|---|---|---|---|---|---|---|
| 1 | 161.4 | 199.5 | 215.7 | 224.6 | 230.2 | 234.0 | 236.8 | 238.9 | 240.5 | 241.9 | 243.9 | 245.9 | 248.0 | 249.1 | 250.1 | 251.1 | 252.2 | 253.3 | 254.3 |
| 2 | 18.51 | 19.00 | 19.16 | 19.25 | 19.30 | 19.33 | 19.35 | 19.35 | 19.38 | 19.40 | 19.41 | 19.43 | 19.45 | 19.45 | 19.46 | 19.47 | 19.48 | 19.49 | 19.50 |
| 3 | 10.13 | 9.55 | 9.28 | 9.12 | 9.01 | 8.94 | 8.89 | 8.85 | 8.81 | 8.79 | 8.74 | 8.70 | 8.66 | 8.64 | 8.62 | 8.59 | 8.57 | 8.55 | 8.53 |
| 4 | 7.71 | 6.94 | 6.59 | 6.39 | 6.26 | 6.16 | 6.09 | 6.04 | 6.00 | 5.96 | 5.91 | 5.86 | 5.80 | 5.77 | 5.75 | 5.72 | 5.69 | 5.66 | 5.63 |
| 5 | 6.61 | 5.79 | 5.41 | 5.19 | 5.05 | 4.95 | 4.88 | 4.82 | 4.77 | 4.74 | 4.68 | 4.62 | 4.56 | 4.53 | 4.50 | 4.46 | 4.43 | 4.40 | 4.36 |
| 6 | 5.99 | 5.14 | 4.76 | 4.53 | 4.39 | 4.28 | 4.21 | 4.15 | 4.10 | 4.06 | 4.00 | 3.94 | 3.87 | 3.84 | 3.81 | 3.77 | 3.74 | 3.70 | 3.67 |
| 7 | 5.59 | 4.74 | 4.35 | 4.12 | 3.97 | 3.87 | 3.79 | 3.73 | 3.68 | 3.64 | 3.57 | 3.51 | 3.44 | 3.41 | 3.38 | 3.34 | 3.30 | 3.27 | 3.23 |
| 8 | 5.32 | 4.46 | 4.07 | 3.84 | 3.69 | 3.58 | 3.50 | 3.44 | 3.39 | 3.35 | 3.28 | 3.22 | 3.15 | 3.12 | 3.08 | 3.04 | 3.01 | 2.97 | 2.93 |
| 9 | 5.12 | 4.26 | 3.86 | 3.63 | 3.48 | 3.37 | 3.29 | 3.23 | 3.18 | 3.14 | 3.07 | 3.01 | 2.94 | 2.90 | 2.86 | 2.83 | 2.79 | 2.75 | 2.71 |
| 10 | 4.96 | 4.10 | 3.71 | 3.48 | 3.33 | 3.22 | 3.14 | 3.07 | 3.02 | 2.98 | 2.91 | 2.85 | 2.77 | 2.74 | 2.70 | 2.66 | 2.62 | 2.58 | 2.54 |
| 11 | 4.84 | 3.98 | 3.59 | 3.36 | 3.20 | 3.09 | 3.01 | 2.95 | 2.90 | 2.85 | 2.79 | 2.72 | 2.65 | 2.61 | 2.57 | 2.53 | 2.49 | 2.45 | 2.40 |
| 12 | 4.75 | 3.89 | 3.49 | 3.26 | 3.11 | 3.00 | 2.91 | 2.85 | 2.80 | 2.75 | 2.69 | 2.62 | 2.54 | 2.51 | 2.47 | 2.43 | 2.38 | 2.34 | 2.30 |
| 13 | 4.67 | 3.81 | 3.41 | 3.18 | 3.03 | 2.92 | 2.83 | 2.77 | 2.71 | 2.67 | 2.60 | 2.53 | 2.46 | 2.42 | 2.38 | 2.34 | 2.30 | 2.25 | 2.21 |
| 14 | 4.60 | 3.74 | 3.34 | 3.11 | 2.96 | 2.85 | 2.76 | 2.70 | 2.65 | 2.60 | 2.53 | 2.46 | 2.39 | 2.35 | 2.31 | 2.27 | 2.22 | 2.18 | 2.13 |
| 15 | 4.54 | 3.68 | 3.29 | 3.06 | 2.90 | 2.79 | 2.71 | 2.64 | 2.59 | 2.54 | 2.48 | 2.40 | 2.33 | 2.29 | 2.25 | 2.20 | 2.16 | 2.11 | 2.07 |
| 16 | 4.49 | 3.63 | 3.24 | 3.01 | 2.85 | 2.74 | 2.66 | 2.59 | 2.54 | 2.49 | 2.42 | 2.35 | 2.28 | 2.24 | 2.19 | 2.15 | 2.11 | 2.06 | 2.01 |
| 17 | 4.45 | 3.59 | 3.20 | 2.96 | 2.81 | 2.70 | 2.61 | 2.55 | 2.49 | 2.45 | 2.38 | 2.31 | 2.23 | 2.19 | 2.15 | 2.10 | 2.06 | 2.01 | 1.96 |
| 18 | 4.41 | 3.55 | 3.16 | 2.93 | 2.77 | 2.66 | 2.58 | 2.51 | 2.46 | 2.41 | 2.34 | 2.27 | 2.19 | 2.15 | 2.11 | 2.06 | 2.02 | 1.97 | 1.92 |
| 19 | 4.38 | 3.52 | 3.13 | 2.90 | 2.74 | 2.63 | 2.54 | 2.48 | 2.42 | 2.38 | 2.31 | 2.23 | 2.16 | 2.11 | 2.07 | 2.03 | 1.98 | 1.93 | 1.88 |
| 20 | 4.35 | 3.49 | 3.10 | 2.87 | 2.71 | 2.60 | 2.51 | 2.45 | 2.39 | 2.35 | 2.28 | 2.20 | 2.12 | 2.08 | 2.04 | 1.99 | 1.95 | 1.90 | 1.84 |
| 21 | 4.32 | 3.47 | 3.07 | 2.84 | 2.68 | 2.57 | 2.49 | 2.42 | 2.37 | 2.32 | 2.25 | 2.18 | 2.10 | 2.05 | 2.01 | 1.96 | 1.92 | 1.87 | 1.81 |
| 22 | 4.30 | 3.44 | 3.05 | 2.82 | 2.66 | 2.55 | 2.46 | 2.40 | 2.34 | 2.30 | 2.23 | 2.15 | 2.07 | 2.03 | 1.98 | 1.94 | 1.89 | 1.84 | 1.78 |
| 23 | 4.28 | 3.42 | 3.03 | 2.80 | 2.64 | 2.53 | 2.44 | 2.37 | 2.32 | 2.27 | 2.20 | 2.13 | 2.05 | 2.01 | 1.96 | 1.91 | 1.86 | 1.81 | 1.76 |
| 24 | 4.26 | 3.40 | 3.01 | 2.78 | 2.62 | 2.51 | 2.42 | 2.36 | 2.30 | 2.25 | 2.18 | 2.11 | 2.03 | 1.98 | 1.94 | 1.89 | 1.84 | 1.79 | 1.73 |
| 25 | 4.24 | 3.39 | 2.99 | 2.76 | 2.60 | 2.49 | 2.40 | 2.34 | 2.28 | 2.24 | 2.16 | 2.09 | 2.01 | 1.96 | 1.92 | 1.87 | 1.82 | 1.77 | 1.71 |
| 26 | 4.23 | 3.37 | 2.98 | 2.74 | 2.59 | 2.47 | 2.39 | 2.32 | 2.27 | 2.22 | 2.15 | 2.07 | 1.99 | 1.95 | 1.90 | 1.85 | 1.80 | 1.75 | 1.69 |
| 27 | 4.21 | 3.35 | 2.96 | 2.73 | 2.57 | 2.46 | 2.37 | 2.31 | 2.25 | 2.20 | 2.13 | 2.06 | 1.97 | 1.93 | 1.88 | 1.84 | 1.79 | 1.73 | 1.67 |
| 28 | 4.20 | 3.34 | 2.95 | 2.71 | 2.56 | 2.45 | 2.36 | 2.29 | 2.24 | 2.19 | 2.12 | 2.04 | 1.96 | 1.91 | 1.87 | 1.82 | 1.77 | 1.71 | 1.65 |
| 29 | 4.18 | 3.33 | 2.93 | 2.70 | 2.55 | 2.43 | 2.35 | 2.28 | 2.22 | 2.18 | 2.10 | 2.03 | 1.94 | 1.90 | 1.85 | 1.81 | 1.75 | 1.70 | 1.64 |
| 30 | 4.17 | 3.32 | 2.92 | 2.69 | 2.53 | 2.42 | 2.33 | 2.27 | 2.21 | 2.16 | 2.09 | 2.01 | 1.93 | 1.89 | 1.84 | 1.79 | 1.74 | 1.68 | 1.62 |
| 40 | 4.08 | 3.23 | 2.84 | 2.61 | 2.45 | 2.34 | 2.25 | 2.18 | 2.12 | 2.08 | 2.00 | 1.92 | 1.84 | 1.79 | 1.74 | 1.69 | 1.64 | 1.58 | 1.51 |
| 60 | 4.00 | 3.15 | 2.76 | 2.53 | 2.37 | 2.25 | 2.17 | 2.10 | 2.04 | 1.99 | 1.92 | 1.84 | 1.75 | 1.70 | 1.65 | 1.59 | 1.53 | 1.47 | 1.39 |
| 120 | 3.92 | 3.07 | 2.68 | 2.45 | 2.29 | 2.17 | 2.09 | 2.02 | 1.96 | 1.91 | 1.83 | 1.75 | 1.66 | 1.61 | 1.55 | 1.50 | 1.43 | 1.35 | 1.25 |
| ∞ | 3.84 | 3.00 | 2.60 | 2.37 | 2.21 | 2.10 | 2.01 | 1.94 | 1.88 | 1.83 | 1.75 | 1.67 | 1.57 | 1.52 | 1.46 | 1.39 | 1.32 | 1.22 | 1.00 |

分子的自由度(ν₁)

分母的自由度(ν₂)

资料来源：W. W. Hines and D. C. Montgomery, Probability and Statistics in Engineering and Management Science, 2d ed., ©1980, p. 599. 获得 John Wiley & Sons, Inc., NewYork 的转载许可。

600

表 A-8  Kolmogorov-Smirnov 临界值表

| 自由度($N$) | $D_{0.10}$ | $D_{0.05}$ | $D_{0.01}$ |
|---|---|---|---|
| 1 | 0.950 | 0.975 | 0.995 |
| 2 | 0.776 | 0.842 | 0.929 |
| 3 | 0.642 | 0.708 | 0.828 |
| 4 | 0.564 | 0.624 | 0.733 |
| 5 | 0.510 | 0.565 | 0.669 |
| 6 | 0.470 | 0.521 | 0.618 |
| 7 | 0.438 | 0.486 | 0.577 |
| 8 | 0.411 | 0.457 | 0.543 |
| 9 | 0.388 | 0.432 | 0.514 |
| 10 | 0.368 | 0.410 | 0.490 |
| 11 | 0.352 | 0.391 | 0.468 |
| 12 | 0.338 | 0.375 | 0.450 |
| 13 | 0.325 | 0.361 | 0.433 |
| 14 | 0.314 | 0.349 | 0.418 |
| 15 | 0.304 | 0.338 | 0.404 |
| 16 | 0.295 | 0.328 | 0.392 |
| 17 | 0.286 | 0.318 | 0.381 |
| 18 | 0.278 | 0.309 | 0.371 |
| 19 | 0.272 | 0.301 | 0.363 |
| 20 | 0.264 | 0.294 | 0.356 |
| 25 | 0.24 | 0.27 | 0.32 |
| 30 | 0.22 | 0.24 | 0.29 |
| 35 | 0.21 | 0.23 | 0.27 |
| Over35 | $\dfrac{1.22}{\sqrt{N}}$ | $\dfrac{1.36}{\sqrt{N}}$ | $\dfrac{1.63}{\sqrt{N}}$ |

资料来源：F. J. Massey，"The Kolmogorov-Smirnov Test for Goodness of Fit"，The Journal of the American Statis-tical Association，Vol. 46. ©1951，p. 70. 获得 American Statistical Association 的转载许可。

表 A-9  Gamma 分布的极大似然估计值表

| $1/M$ | $\beta$ | $1/M$ | $\beta$ | $1/M$ | $\beta$ |
|---|---|---|---|---|---|
| 0.020 | 0.0187 | 2.700 | 1.494 | 10.300 | 5.311 |
| 0.030 | 0.0275 | 2.800 | 1.545 | 10.600 | 5.461 |
| 0.040 | 0.0360 | 2.900 | 1.596 | 10.900 | 5.611 |
| 0.050 | 0.0442 | 3.000 | 1.646 | 11.200 | 5.761 |
| 0.060 | 0.0523 | 3.200 | 1.748 | 11.500 | 5.911 |
| 0.070 | 0.0602 | 3.400 | 1.849 | 11.800 | 6.061 |
| 0.080 | 0.0679 | 3.600 | 1.950 | 12.100 | 6.211 |
| 0.090 | 0.0756 | 3.800 | 2.051 | 12.400 | 6.362 |
| 0.100 | 0.0831 | 4.000 | 2.151 | 12.700 | 6.512 |
| 0.200 | 0.1532 | 4.200 | 2.252 | 13.000 | 6.662 |
| 0.300 | 0.2178 | 4.400 | 2.353 | 13.300 | 6.812 |
| 0.400 | 0.2790 | 4.600 | 2.453 | 13.600 | 6.962 |

（续）

| 1/M | β | 1/M | β | 1/M | β |
|---|---|---|---|---|---|
| 0.500 | 0.3381 | 4.800 | 2.554 | 13.900 | 7.112 |
| 0.600 | 0.3955 | 5.000 | 2.654 | 14.200 | 7.262 |
| 0.700 | 0.4517 | 5.200 | 2.755 | 14.500 | 7.412 |
| 0.800 | 0.5070 | 5.400 | 2.855 | 14.800 | 7.562 |
| 0.900 | 0.5615 | 5.600 | 2.956 | 15.100 | 7.712 |
| 1.000 | 0.6155 | 5.800 | 3.056 | 15.400 | 7.862 |
| 1.100 | 0.6690 | 6.000 | 3.156 | 15.700 | 8.013 |
| 1.200 | 0.7220 | 6.200 | 3.257 | 16.000 | 8.163 |
| 1.300 | 0.7748 | 6.400 | 3.357 | 16.300 | 8.313 |
| 1.400 | 0.8272 | 6.600 | 3.457 | 16.600 | 8.463 |
| 1.500 | 0.8794 | 6.800 | 3.558 | 16.900 | 8.613 |
| 1.600 | 0.9314 | 7.000 | 3.658 | 17.200 | 8.763 |
| 1.700 | 0.9832 | 7.300 | 3.808 | 17.500 | 8.913 |
| 1.800 | 1.034 | 7.600 | 3.958 | 17.800 | 9.063 |
| 1.900 | 1.086 | 7.900 | 4.109 | 18.100 | 9.213 |
| 2.000 | 1.137 | 8.200 | 4.259 | 18.400 | 9.363 |
| 2.100 | 1.188 | 8.500 | 4.409 | 18.700 | 9.513 |
| 2.200 | 1.240 | 8.800 | 4.560 | 19.000 | 9.663 |
| 2.300 | 1.291 | 9.100 | 4.710 | 19.300 | 9.813 |
| 2.400 | 1.342 | 9.400 | 4.860 | 19.600 | 9.963 |
| 2.500 | 1.393 | 9.700 | 5.010 | 20.000 | 10.16 |
| 2.600 | 1.444 | 10.000 | 5.160 | | |

资料来源：S. C. Choi and R. Wette，"Maximum Likelihood Estimates of the Gamma Distribution and Their Bias," Technometrics，Vol. 11，No. 4，Nov. ©1969，pp. 688-9. 获得 American Statistical Association 的转载许可。

表 A-10 样本量 $n$ 取不同值时双侧 $t$ 检验的操作特征曲线

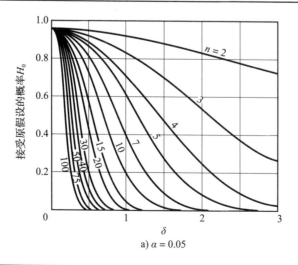

a) $\alpha = 0.05$

（续）

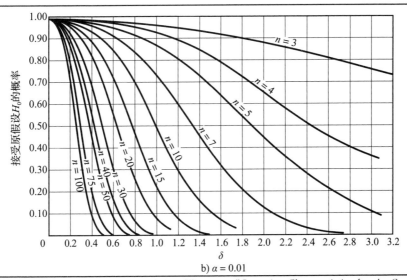

b) $\alpha = 0.01$

资料来源：C. L. Ferris，F. E. Grubbs，and C. L. Weaver，"Operating Characteristics for the CommonStatistical Tests of Significance," Annals of Mathematical Statistics，June 1946. 获得 The Institute of Mathematical Statistics 的转载许可。

表 A-11　样本量 $n$ 取不同值时单侧 $t$ 检验的操作特征曲线

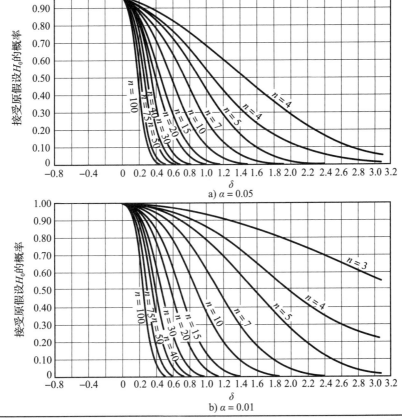

a) $\alpha = 0.05$

b) $\alpha = 0.01$

资料来源：A. H. Bowker and G. J. Lieberman，Engineering Statistics，2d ed.，©1972，p. 203. 获得 Prentice Hall，Upper Saddle River，NJ 的转载许可。

表 A-12 Rinott 常数 $h$ 的值表

| $1-\alpha$ | $R_0$ | K | | | | | | | | |
|---|---|---|---|---|---|---|---|---|---|---|
| | | 2 | 3 | 4 | 5 | 6 | 7 | 8 | 9 | 10 |
| 0.90 | 5 | 2.291 | 3.058 | 3.511 | 3.837 | 4.093 | 4.305 | 4.486 | 4.644 | 4.786 |
| | 6 | 2.177 | 2.871 | 3.270 | 3.552 | 3.771 | 3.951 | 4.103 | 4.235 | 4.352 |
| | 7 | 2.107 | 2.758 | 3.126 | 3.384 | 3.582 | 3.744 | 3.881 | 3.999 | 4.103 |
| | 8 | 2.059 | 2.682 | 3.031 | 3.273 | 3.459 | 3.609 | 3.736 | 3.845 | 3.941 |
| | 9 | 2.025 | 2.628 | 2.963 | 3.195 | 3.372 | 3.515 | 3.635 | 3.738 | 3.829 |
| | 10 | 1.999 | 2.587 | 2.913 | 3.137 | 3.307 | 3.445 | 3.560 | 3.659 | 3.746 |
| | 11 | 1.978 | 2.556 | 2.874 | 3.092 | 3.258 | 3.391 | 3.503 | 3.598 | 3.682 |
| | 12 | 1.962 | 2.531 | 2.843 | 3.056 | 3.218 | 3.349 | 3.457 | 3.551 | 3.632 |
| | 13 | 1.948 | 2.510 | 2.817 | 3.027 | 3.186 | 3.314 | 3.420 | 3.512 | 3.592 |
| | 14 | 1.937 | 2.493 | 2.796 | 3.003 | 3.160 | 3.285 | 3.390 | 3.480 | 3.558 |
| | 15 | 1.928 | 2.479 | 2.779 | 2.983 | 3.138 | 3.261 | 3.364 | 3.453 | 3.530 |
| | 16 | 1.919 | 2.467 | 2.764 | 2.966 | 3.119 | 3.241 | 3.343 | 3.430 | 3.506 |
| | 17 | 1.912 | 2.456 | 2.751 | 2.951 | 3.102 | 3.223 | 3.324 | 3.410 | 3.485 |
| | 18 | 1.906 | 2.447 | 2.739 | 2.938 | 3.088 | 3.208 | 3.308 | 3.393 | 3.467 |
| | 19 | 1.901 | 2.438 | 2.729 | 2.926 | 3.075 | 3.194 | 3.293 | 3.378 | 3.451 |
| | 20 | 1.896 | 2.431 | 2.720 | 2.916 | 3.064 | 3.182 | 3.280 | 3.364 | 3.437 |
| | 30 | 1.866 | 2.387 | 2.666 | 2.855 | 2.997 | 3.110 | 3.204 | 3.284 | 3.354 |
| | 40 | 1.852 | 2.366 | 2.641 | 2.827 | 2.966 | 3.077 | 3.169 | 3.247 | 3.315 |
| | 50 | 1.844 | 2.354 | 2.627 | 2.810 | 2.948 | 3.057 | 3.148 | 3.225 | 3.292 |
| 0.95 | 5 | 3.107 | 3.905 | 4.390 | 4.744 | 5.025 | 5.259 | 5.461 | 5.638 | 5.797 |
| | 6 | 2.910 | 3.602 | 4.010 | 4.303 | 4.533 | 4.722 | 4.884 | 5.025 | 5.150 |
| | 7 | 2.791 | 3.424 | 3.791 | 4.051 | 4.253 | 4.419 | 4.559 | 4.681 | 4.789 |
| | 8 | 2.712 | 3.308 | 3.649 | 3.889 | 4.074 | 4.225 | 4.353 | 4.463 | 4.561 |
| | 9 | 2.656 | 3.226 | 3.550 | 3.776 | 3.950 | 4.091 | 4.210 | 4.313 | 4.404 |
| | 10 | 2.614 | 3.166 | 3.476 | 3.693 | 3.859 | 3.993 | 4.106 | 4.204 | 4.290 |
| | 11 | 2.582 | 3.119 | 3.420 | 3.629 | 3.789 | 3.918 | 4.027 | 4.121 | 4.203 |
| | 12 | 2.556 | 3.082 | 3.376 | 3.579 | 3.734 | 3.860 | 3.965 | 4.055 | 4.135 |
| | 13 | 2.534 | 3.052 | 3.340 | 3.539 | 3.690 | 3.812 | 3.915 | 4.003 | 4.080 |
| | 14 | 2.517 | 3.027 | 3.310 | 3.505 | 3.654 | 3.773 | 3.874 | 3.960 | 4.035 |
| | 15 | 2.502 | 3.006 | 3.285 | 3.477 | 3.623 | 3.741 | 3.839 | 3.924 | 3.998 |
| | 16 | 2.489 | 2.988 | 3.264 | 3.453 | 3.597 | 3.713 | 3.810 | 3.893 | 3.966 |
| | 17 | 2.478 | 2.973 | 3.246 | 3.433 | 3.575 | 3.689 | 3.785 | 3.867 | 3.938 |
| | 18 | 2.468 | 2.959 | 3.230 | 3.415 | 3.556 | 3.669 | 3.763 | 3.844 | 3.914 |
| | 19 | 2.460 | 2.948 | 3.216 | 3.399 | 3.539 | 3.650 | 3.744 | 3.824 | 3.894 |
| | 20 | 2.452 | 2.937 | 3.203 | 3.385 | 3.523 | 3.634 | 3.727 | 3.806 | 3.875 |
| | 30 | 2.407 | 2.874 | 3.129 | 3.303 | 3.434 | 3.539 | 3.626 | 3.701 | 3.766 |
| | 40 | 2.386 | 2.845 | 3.094 | 3.264 | 3.392 | 3.495 | 3.580 | 3.652 | 3.716 |
| | 50 | 2.373 | 2.828 | 3.074 | 3.242 | 3.368 | 3.469 | 3.553 | 3.624 | 3.687 |

# 索　引

索引中的页码为英文原版书的页码，与书中页边标注的页码一致。

## A

Able-Baker call center problem（Able-Baker 呼叫中心问题），51-55，91，249-250

Absolute performance，estimation（绝对性能，估计），417-454

 estimation（估计），423-427

  confidence interval（置信区间），425-427

  point estimation（点估计），423-425

  prediction interval（预测区间），425

 measures（度量，测度），423-427

 output data（输出数据），421-423

  continuous-time data（连续时间数据），423

  discrete-time data（离散时间数据），423

 simulation types（仿真类型），418-421

  nonterminating（非终态仿真），420

  steady-state（稳态仿真），418，420-421

  terminating（终态仿真），418-420，421

  transient（瞬态仿真），419-420

 steady-state output analysis（稳态输出分析），435-453

  batch means method（组均值法），449-452

  error estimation（误差估计），440-444

  initialization bias（初始偏差），436-440

  intelligent initialization（智能初始化），437

  quantiles（分位数），452-453

  replication method（重复仿真法），444-448

  sample size（样本容量），448-449

 terminating output analysis（终态输出分析），427-435

  confidence intervals（置信区间），431-434

  probabilities（概率），434-435

  quantiles（分位数），433-435

  statistical background（统计学背景），427-430

Acceptance-rejection technique（全选法），300，316-323

ACM/SIGSIM，参见 Association for Computing Machinery/Special Interest Group on Simulation

Across replication（外循环重复仿真），427

Action method（活动方法），547

Activity（活动），12，89，90

 completion（完成），90

  primary event（首要事件），90

 delay（延迟，等待），90

  completion（完成），90

  conditional event（条件事件），90

  secondary event（次要事件），90

 downtime（宕机时间），94

 duration（期间），90

  deterministic（确定性的），90

  entity attributes（实体属性），90

  statistical（统计的），90

 runtime（运行时间），94

 unconditional wait（无条件等待），90

Activity-scanning approach（活动扫描法），96-97，108

Activity times（活动持续时间），33

Agent-based model（基于代理的模型），8，121

AGV，参见 automated guided vehicle

Alexopolous，C.，422，453

ALGOL（一种算法语言），119

ALUm，参见 arithmetic logic unit

American Statistical Association（ASA，美国统计协会），7

Analysis software（分析软件），

 Arena（一款仿真软件），153

 AutoMod（一款仿真软件），19，148-149

 AutoStat（一款统计分析软件），19，153

 OptQuest（一款优化软件），19，154

 ProModel（一款仿真软件），19

 SimRunner（一款仿真软件），19，154-155

Analytical method（解析法），16，182

Analytical solution（解析解），6

Anderson-Darling test（A-D 检验），365

Andradóttir，S.，494

Ankenman，B.，490

Annual demand(年度需求)，369

AnyLogic(一款仿真软件)，19，122，146-147

API，参见 application program interface

Application layer(应用层)，562

Application program interface(API，应用程序接口)，141

Applied Research Laboratory：United Steel Corporation(应用研究所：联合钢铁公司)，119

AR(1)model(自回归模型)，372-373

Arena(一款仿真软件)，19，147-148，153

Arithmetic logic unit(ALU，算术逻辑单元)，544

Arnold，E.，361

Array list(数组列表)，110-112

Arrival process(到达过程)，230-232

Arrival rate λ(到达率 λ)，230，241-242

Arrival times(到达时间)，33，180

ASA，参见 American Statistical Association

Ascape(一款仿真软件)，122

AS/RS，参见 automated storage and retrieval system

Association for Computing Machinery /Special Interest Group on Simulation(ACM/SIGSIM，计算机协会/仿真兴趣组)，7

Assumptions(假设)，3

Attribute(属性)，12，89

Autocorrelated(自相关)，418

Autocorrelation test(自相关检验)，286，291-293

Automated guided vehicle(AGV，自动导引车辆)，391，491，512

Automated storage and retrieval system(AS/RS，自动化立体仓库)，513

AutoMod(一款仿真软件)，19，121，148-149

AutoStat(一款统计分析软件)，153

Average system time(每位顾客在系统中的平均逗留时间)，237

Average time spent(平均消耗时间)，237

Awesime(一款仿真软件)，545

**B**

Balci，O.，389

Balintfy，D. S.，4

Banks，J.，4，8，121，137，186，501

Baseline configuration(基准配置)，524

Bates，D. M.，490

Bechhoffer，R. E.，493

Bernoulli distribution(伯努利分布)，183-189，299，347

Bernoulli process(伯努利过程)，184

Bernoulli trials(伯努利试验)，183

Best fit(最佳拟合)，365-366

Beta distribution(贝塔分布)，183，346，358，368

BGP(边界网关协议)，575

Bias(偏差)，424

Binomial distribution(二项分布)，183，184-186，325，346

Black box(黑箱)，401

Blocking(暂停)，546

Bluetooth(蓝牙)，558

Boids simulation(一款仿真软件)，122

Bonferroni approach(Bonferroni 方法)，476-478

Bootstrapping(自举)，94

Bottom(底部)，109-110

Boundary(边界)，12

Bowden，R.，154

Bratley，P.，280，294，317，453

Breakdown(故障)，516

Breakpoint(断点)，368

Bridge(桥)，575

Brunner，D. T.，96

Burdick，D. S.，4

Burstiness(突发度)，550

**C**

C(一种编程语言)，117

C++(一种编程语言)，117

Calibration(校准)，388-414

Calling population(顾客总体)，229-230
　　finite(有限的)，229
　　infinite(无限的)，229

Carrier Sense Multiple Access/Collision Detection(CSMA/CD，载波侦听多路访问/冲突检测)，573

Carroll，D.，389

Carson，J. S.，137，389，450

cdf(累积分布函数)，参见 cumulative distribution function

Cells(组)，359

Chambers，J. M.，349

Chi-square distribution(卡方分布)，325，358-363

Chi-square test(卡方检验)，286，287，289-291，336，358-363

Chu，K.，4

CI，参见 confidence interval

Clark，G. M.，515

Clean data(数据清洗)，339

Cleveland，W. S.，349

Clock(时钟)，90

CLOCK(仿真时钟，表示仿真时间的变量)，34，91

Closed-from model(闭式模型)，6

Coin toss simulation(抛硬币仿真)，29-30，37-40

Combined linear congruential method(混合线性同余法)，283-285

Common random numbers(CRN，通用随机数法)463，468-474

  guidelines(纲领)，470

Component(成分，要素)，152

Composition technique(组合技术)，300

Conceptual model(概念模型)，389

Confidence interval(CI)(置信区间)，527

  estimation(估计)，425-427

  precision(精度)，431-434，474

Congestion avoidance mode(避免拥塞模式)，578

Congestion window size(拥塞窗大小)，578

Connover，W. J.，365

Conservation equation(守恒方程)，239-240

Continuous data(连续型数据)，343，351

Continuous distribution(连续型分布)，189-211

  beta(Beta 分布)，210-211，346，358，368

  chi-square(卡方分布)，325，358-363

  Erlang(爱尔朗分布)，195-197，322，325，326，346

  exponential(指数分布)，191-194，213，231，232，300-303，325，346，353

    memoryless(无记忆性)，193-194

  gamma(伽马分布)，194-195，231，232，310，317，322-323，346，356-358

  lognormal(对数正态分布)，209-210，232，346，356

  normal(正态分布)，197-204，356

  triangular distribution(三角分布)，206-208，300，305-306，368

  truncated normal(截尾正态分布)，232

  uniform(均匀分布)，189-191，277，300，303-304，312，368

  Weibull distribution(韦布尔分布)，204-206，231，232，300，305，310，346，354-356

Continuous model(连续型模型)，16

Continuous random variable(连续型随机变量)，172

Continuous system(连续系统)，14，16

Continuous time data(连续型时间数据)，423

Continuous-time Markov chain(CTMC，连续时间马尔可夫链)，550

Control and Simulation Language(CSL，控制与仿真语言)，119

Controllable parameter(可控参数)，400

Convolution technique(卷积技术)，312，325-326

Cooper，R. B.，228

Cormen，T. H.，114

Correlated sampling(相关抽样)，463

Correlation(相关性)，370

Costs(成本)，246

Covariance(协方差)，370

Covariance stationary(协方差平稳)，370

Cowie，J.，126

Cox，D. R.，287

C++ SIM(一种仿真建模工具)，545

CSIM(一种仿真建模工具)，545

CSL，参见 control and simulation language(控制与仿真语言)

CSMA/CD，参见 carrier sense multiple access/collision detection

CTMC，参见 continuous-time Markov chain

Cumulative distribution function(cdf，累积分布函数)，175-177，187，300

Cumulative Poisson distribution(累积泊松分布)，197

Current contents(当前内容)，392

Customer(顾客)，227，228

cwnd(描述拥塞窗口尺寸的一个参数)，578

D

Dagpunar，J.，300，327

Data assumption(数据假设)，397

Data collection(数据收集)，336

Data frame(数据框架)，561

Data link layer(数据链路层)，561

Data management(数据管理)，118

Debugger(调试器)，391

Decision variable(决策变量)，400

Delay(延迟，等待)，89，238

  Completion(完成)，90

conditional event(条件事件)，90

　　secondary event(次要事件)，90

　conditional wait(条件等待)，90

Departures(离开)，278

Dependent data(相关数据)，338-339

Design specification(设计规范)，544

Design variable(设计变量)，483

Deterministic activity(确定性活动)，90

Deterministic model(确定性模型)，15

Devore，J. L.，172

Devroye，L.，300，327

Dirty data(脏数据)，339

Discrete data(离散型数据)，342

Discrete distribution(离散型分布)，183-189，347

　Bernoulli(伯努利分布)，183-184

　　process(过程)，184

　　trials(试验)，183-184

　binomial(二项分布)，184-186，325，346

　empirical(经验分布)，312

　geometric(几何分布)，186-187，312，346

　negative binomial(负二项分布)，186-187，346

　Poisson distribution(泊松分布)，187-189，317，318-321，346，356

　　cumulative function(累积函数)，187

Discrete event simulation(DS，离散事件仿真)，16，88-114，150

　analytical(解析的)，16

　concepts(概念)，89-108

　　activity(活动)，89

　　clock(时钟)，90

　　delay(延迟)，90

　　entity(实体)，89

　　event(事件)，89

　　event list(事件列表)，89

　　event notice(事件通知)，89

　　list(列表)，89

　　model(模型)，89

　　system(系统)，89

　　system state(系统状态)，89

　numerical(数值的)，16

Discrete model(离散模型)，16

Discrete random variables(离散型随机变量)，172

Discrete system(离散系统)，14，16

Discrete time data(离散型时间数据)，423

Distribution(分布)，181

　Bernoulli(伯努利分布)，183

beta(贝塔分布)，183，346，358，368

binomial(二项分布)，183，325，346

chi-square(卡方分布)，325，358-363

continuous distribution(连续型分布)，189-211，299

　beta(贝塔分布)，210-211，346，368

　Erlang(爱尔朗分布)，195-197，322，325，326，346

　exponential(指数分布)，191-194，213，231，232，300-303，325，346，353

　gamma(伽马分布)，194-195，231，232，310，317，322-323，346，356-358

　lognormal(对数正态分布)，209-210，232，346，356

　normal(正态分布)，197-204，216，346，356

　triangular distribution(三角分布)，206-208，300，305-306，368

　truncated normal(截尾正态分布)，232

　uniform(均匀分布)，189-191，277，300，303-304，312，347，368

　Weibull distribution(威布尔分布)，204-206，231，232，300，305，310，346，354-356

cumulative Poisson distribution(累积泊松分布)，197

discrete distribution(离散分布)，183-189，299，347

　Bernoulli(伯努利分布)，183-184

　binomial(二项分布)，184-186，325，346

　geometric(几何分布)，186-187，346

　negative binomial(负二项分布)，186-187，346

　Poisson distribution(泊松分布)，187-189，317，318-321，346，356

empirical distribution(经验分布)，216-218，288，300，306-311，312-314

　continuous(连续经验分布)，217-218，299

　discrete(离散经验分布)，216-217，299，347

exponential(指数分布)，181，191-194，213，231，232，300-303，325，346，353

gamma(伽马分布)，181，194-195，231，310，317，322-323，346，356-358

geometric(几何分布)，182，346

hyperexponential(超指数分布)，183

identification(辨认、识别)，341-349

Lognormal(对数正态分布)，209-210，232，346，356

negative binomial(负二项分布)，182，346

normal(正态分布)，197-204，216，346，356

parametric(参数的)，216

Poisson(泊松分布)，182，317，318-321，346，356

triangular(三角分布)，183，206-208，300，305-306，368

uniform(均匀分布)，183，277，300，303-304，312，368

Weibull(威布尔分布)，181，231，232，300，305，310，346，354-356

DML，参见 domain modeling language

Documentation(文件)，19，393

Domain modeling language(DML，领域建模语言)，583，584-587

    example(案例)，584-587

Downtime(宕机时间)，515-519

DS，参见 discrete event simulation

Duration(期间)，activity(活动)，90

    deterministic(确定性的)，90

    statistical(统计学的)，90

    entity attributes(实体属性)，90

Durbin，J.，365

Dynamic list(动态列表)，112-114

Dynamic model(动态模型)，15

    event based(基于事件的)，33

### E

EAR(1)model(指数型一阶自回归模型)，373-374

Effective arrival rate(有效到达率)，230

Emergent behavior(涌现行为)，121

Empirical distribution(经验分布)，216-218，288，300，306-311，312-314

    continuous(连续型经验分布)，217-218，299，347

    discrete(离散型经验分布)，216-217，299，347

Empirical test(经验检测)，287

EL，参见 end loading

Endogenous(内生的)，12

Ensemble averages(系统均值)，438

Enterprise dynamics(企业动力学)，19，149

Entity(实体)，1，12，89

Entity attribute activity(实体属性活动)，90

Ergodic(遍历的)，550

Erlang distribution(爱尔朗分布)，195-197，322，325，326，346

Errors(误差)，278

Estimators(估计量)，352-358

Ethernet(以太网)，573-575

    frame(框架)，573

Event(事件)，12，41，89

    completion of an activity(活动完成)，90

    end loading(EL，卸货完成)，106

    in queueing(在队列中)，41

Event list(事件列表)，89

Event notice(事件通知)，89

Event scheduling/time-advance algorithm(事件排程/时间推进算法)，93-94，96，102

Excel(一种办公软件)，25，26

    NORMSINV，28

    RAND()，26

    RANDBETWEEN()，26

    RandomNumberTools. xls，27

Exogenous(外生的)，12，93

    event(事件)，93

Expectation(期望)，177-179

Experiments(实验)，37

Exponential autoregressive order-1 model(指数型一阶自回归模型)，373

Exponential backoff(指数避让)，574

Exponential distribution(指数分布)，181，191-194，211-216，231，232，300-303，325，346，353

ExtendSim(一种仿真软件)，19，121，149-150

### F

Face validity(表面效度)，396

Failure(故障)，516

FCFS，参见 first come，first served

FEL，参见 future event list

Field(领域)，109-110

FIFO，参见 first in first out

Finger，J. M.，389

Finite-calling population(有限呼叫总体)，230

First come，first served(FCFS，先到先服务)41

First in first out，(FIFO，先进先出)，43，238

Fishman，G. S.，352，450

Fitting(拟合)，366-367

Fixed backoff(固定避让)，574

Flexibility(灵活性)，548

Flexscript，150

Flexsim(一种仿真软件)，19，150-151

FORTRAN(一种编程语言)，119

FOX，B. L.，280，294，317，453

Frequency distribution(频率分布)，31

Frequency test(频率检验)，286，287-291

Fu，M. C.，495

Future event list(FEL，未来事件列表)，89，90，92-96

  alternate generation(方案生成)，95

    downtime(宕机时间)，95

    runtime(运行时间)，95

  bootstrapping(自举)，94

  service completion(服务完成)，95

### G

GA，参见 genetic algorithm

Gafarian，A. V.，389

Gamma distribution(伽马分布)，181，194-195，231，232，310，317，322-323，346，356-358

GASP，参见 general activity simulation program

Gass，S. L.，389

General activity simulation program(GASP，通用活动仿真程序)，119，120

Generator matrix(生成矩阵)，550

Genetic algorithm(GA，遗传算法)，495-496

Geometric distribution(几何分布)，182，186-187，346

Ghosh，B. K.，154

Gibson，R. R.，4

Goldsman，D.，493，494

Good，I. J.，287

Goodness of fit test(拟合优度检验)，336，358-366

Good's serial test(Good 序列检验)，287

Gordon，G.，12，119，183

GPSS GPSS/H(general purpose simulation system)(通用型仿真系统)，18，117-118，119，137-141

  queue simulation(排队系统仿真)，137-141

Gross，D.，228

Grouped data(分组数据)，350

Gumbell，E. J.，361

### H

Hadley，G.，57，182

Hall，R. W.，228

Harrell，C. R.，154

Harris，C.，228

Harrison，J. M.，41

Head，109-110

Heikes，R. G.，186

Henderson，S. G.，18

Henrickson，J. O.，137

Heuristics(启发式方法)，495-498

  genetic algorithm(GA，遗传算法)，495-496

  tabu search(TS，禁忌搜索)，496-497

Hikson，H.，119

Hillier，R. W.，228

Hines，W. W.，172，183，186，341，467

Histograms(直方图)，31，341-344

Historical input data(历史输入数据)，408-412

Hub(集线口)，575

Hurst parameter(Hurst 参数)，554

Hyper-exponential distribution(超指数分布)，183

### I

i. i. d.，参见 independent and identically distributed

IIE，参见 Institute of industrial engineers

Implementation point of view(实施的观点)，548

Independence，random number generator(独立，随机数生成器)，26，27，277，286

Independent and identically distributed(I. I. D.)(独立同分布)，339

Independent replication method(独立重复仿真法)，427

Independent sampling(独立抽样)，463，467-468

Infinite-calling population(无限呼叫总体)，230

Infinite population model(无限总体模型)，230

Input modeling(输入模型)，335-378

  correlation(相关性)，370

  covariance(协方差)，370

  data collection(数据收集)，336-341

    dependent data(非独立数据)，338-339

    stale data(过期数据)，336-337

    time-varying data(时变数据)，338

    unexpected data(意料之外的数据)，337-338

  development steps(开发步骤)，335-336

  goodness-of-fit(拟合优度)

    best-fits(最佳拟合)，365-366

    chi-square(卡方检验)，358-363

    equal probabilities(等概率)，361

    exponential probabilities(指数概率)，362-363

    exponential distribution(指数分布)，364-365

    Kolmogorov-Smirnov，358，363-365

    Poisson assumption(泊松假设)，360-361

*p*-values(p 值)，365-366
identifying distribution(识别分布)，341-349
 beta(贝塔分布)，346
 binomial(二项分布)，346
 continuous data(连续型数据)，343-344
 continuous uniform(连续均匀)，347
 discrete(离散分布)，347
 discrete data(离散数据)，342-343
 distribution families(分布族)，344-347
 Erlang(爱尔朗分布)，346
 exponential(指数分布)，346
 gamma(伽马分布)，346
 geometric(几何分布)，346
 histograms(直方图)，341-344
 lognormal(对数正态分布)，346
 negative binomial(负二项分布)，346
 normal(正态分布)，346
 Poisson(泊松分布)，346
 Weibull(威布尔分布)，346
multivariate(多元)，369-372
nonstationary Poisson process(非平稳泊松过程)，366-367
parameter estimation(参数估计)，350-358
 beta(贝塔分布)，358
 continuous data(连续型数据)，351
 estimators(估计量)，352-358
 exponential distribution(指数分布)，353
 gamma distribution(伽马分布)，356-358
 grouped data(分组数据)，350-351
 lognormal distribution(对数正态分布)，356
 normal distribution(正态分布)，356
 Poisson distribution(泊松分布)，356
 preliminary statistics(初步统计)，350-352
 sample mean(样本均值)，350-352
 sample variance(样本方差)，350-352
 Weibull distribution(威布尔分布)，354-356
quantile-quantile(q-q)plots(Q-Q 图)，347-349
fit(拟合)，347
 time-series(时间序列)，369，372-374
 AR(1)model(一阶自回归模型)，372-373
 EAR(1)model(指数型一阶自回归模型)，373-374
 exponential autoregressive order-1 model(指数型一阶自回归模型)，373
 normal-to-anything transformation(NORTA，由正态分布向其他任何分布的转换方法)，374-376
 without data(无数据)，367-369
Institute for operations research and the management sciences：simulation society(INFORMS-SIM，运筹和管理科学学会：仿真社区)
Institute of electrical and electronics engineers：system, man, and cybernetics(IEEE/SMCS，电子和电气工程师学会：系统、人和控制)
Institute of industrial engineers(IIE，工业工程学会)，7
Intelligent initialization(智能初始化)，437
Interactive run controller(IRC，交互运行控制器)，391
Internet protocol(IP)(互联网协议)，561
Inventory simulation(库存仿真)，55-65
Inverse-transform technique(逆变换技术)，300-316
IP，参见 internet protocol
IRC，参见 interactive run controller
Iterative process(迭代过程)，395

**J**

JAVA，117，126-137
 queue simulation(排队系统仿真)，126-137
Johnson，M. A.，366

**K**

Kelton，W. D.，172，389，515
Kernel events(内核事件)，548
Kim，S，494
Kiviat，P. J.，119
Kleijnen，J. P. C.，389，422，490
Knuth，D. W.，294
Kolmogorov-Smirnov test(柯莫格罗夫-斯米尔诺夫检验)，286，287-289，290-291，336，358，363-365
Krahl，D.，149
lack of fit testing(失拟检验)，488

**L**

Lada，E. K.，450
lag-h
 autocorrelation(自相关)，370
 autocovariance(自协方差)，370
Lag test(间隔检验)，291-292
Last in first out(后进先出)，232

Law，A. M. ，12，219，280，287，294，300，310，352，361，389，422，443，450，453，501，515

Lead time(提前期)，182，369

Least squares function(最小二乘函数)，484

Least squares method(最小二乘法)，484

L'Ecuyer，P. ，294

Lee，S. ，366

Lehmer，D. H. ，280

Leiseronn，C. E. ，114

Lewie，P. A. W. ，287

Lieberman，G. J. ，228

LIFO，参见 last in fist out

Lilliefors，H. W. ，365

Linear congruential method(线性同余法)，279，280-283

  mixed(混合线性同余法)，280

  multiple(乘线性同余法)，280

Linked list(链表)，112-114

List(表)，89

  array(数组)，110~112

  bottom(底部)，109-110

  bootstrapping(自举法)，94

  dynamic(动态的)，112-114

  entity(实体)，109

    field(领域)，109

    record(记录)，109

  head(头部)，109-110

  headptr(头部指针)，110

  linked(链接的、链式的)，112-114

  main operations(主操作)，109

  management(管理)，93

  mid(中间的)，114

  tail(尾部)，109-110

  tailptr(尾指针)，112

  top(顶部)，109-110

  type(类型)，583

List Processing(表处理)，93，108-114

  arrays(数组)，110~112

  basic properties(基本性质)，109-110

  dynamic allocation(动态分配)，112-14

  linked(链接的、链式的)，112

  operations(操作)，109-110

Little，J. D. C. ，239

Lognormal distribution(对数正态分布)，209-210，232，346，356

Long-run average system time(长期平均系统时间)，237

Long-run measure(长期估算值)，235

Lucas，R. C. ，389

## M

Manufacturing system simulation(制造系统仿真)，509-531

  assembly-line simulation example(装配线仿真案例)，523-530

    analysis(分析)，527-530

    assumptions(假设)，523-526

    description(描述)，523-526

    model(模型)，527

    presimulation analysis(预仿真分析)，526-527

  case studies(案例研究)，520-523

  issues(问题)，515-519

    breakdowns(故障)，516

    clock-time breakdown(基于仿真时钟的故障)，516

    cycle breakdown(循环故障)，516

    failure(故障、失效)，516

    scheduled downtime(计划宕机时间)，515

    time-to-failure(无故障工作时间)，516

    unscheduled downtime(计划外宕机时间)，515

  models(模型)，510-511

    characteristics(特征，因素)，510-511

    trace drive(轨迹还原)，519-520

Markovian model(马尔可夫模型)，247-259

Markowitz，H. ，119

MASON(一种仿真软件)，122

Material handling system simulation(物料搬运系统仿真)，491，509-531

  case studies(案例研究)，520-523

  equipment(设备)，512-514

  goals(目标)，514

  issues(问题)，515-519

    breakdowns(故障)，516

    clock-time breakdown(基于仿真时钟的故障)，516

    cycle breakdown(循环故障)，516

    failure(故障、失效)，516

    scheduled downtime(计划宕机时间)，515

    time-to-failure(无故障工作时间)，516

    unscheduled downtime(计划外宕机时间)，515

models(模型)，512

    trace drive(轨迹还原)，519-520

  performance(性能，绩效)，514

Mathematical model(数学模型)，15

Maximum density(最大密度)，281

Maximum period(最长周期)，281

Maximum service rate(最大服务率)，243

Mean$\mu$(期望值 $\mu$)，177-178

Mean plot(均值图)，438

Mean-time-to-failure(MTTF，平均无故障工作时间)，525

Mean-time-to-repair(MTTR，平均维修时间)，525

Measure of error(误差度量)，425

Measure of risk(风险评测)，425

Measure of system performance(系统性能测度)，35

Media access control(MAC，媒介访问控制)，562，569-575

Median spectrum test(中位数频谱检验)，286，287

Memoryless(无记忆性的)，193

Metamodeling(元模型)，483-491

  computer simulation(计算机仿真)，489

Methods(方法)

  analytical(解析法)，16

  numerical(数值方法)，16

Mixed congruential method(混合同余法)，280

Mode(众数)，179

Model(模型)，1，15，89

  components(组件)，15，25

  continuous(连续的)，16

  deterministic(确定性的)，15

  discrete(离散的)，16

  dynamic(动态的)，15

    event-based(基于事件的)，33

  elements(要素)，24

  finite-calling population(有限呼叫总体)，230

  infinite-calling population(无限呼叫总体)，230

  infinite population(无限总体)，230

  mathematical(数学的)，15

  physical(自然的)，15

  rough cut(粗略)，265-267

  static(静态的)，15

  stochastic(随机的)，15

  system(系统)，15

Model output(模型输出)，35

Model response(模型响应)，35

Modulated Poisson process(MPP，调制泊松过程)，550-551

Monoticity(单调性)，471

Monte Carlo simulation(蒙特卡罗仿真)，24，71-73，74-76

Montgomery，D. C.，172，183，186

Morris，W. T.，18

MPP，参见 modulated Poisson process

MRG32k3a，26

MTTF，参见 mean-time-to failure

MTTR，参见 mean-time-to-repair

Multiple comparison(多重比较)，47-478

  Bonferroni approach(Bonferroni 方法)，476

Multiple congruential method(多重同余法)，280

Multiple linear regression model(多元线性回归模型)，489

Multiplicative congruential model(乘同余法)，280，281

Multivariate input model(多元输入模型)，369-372

Musselman，K. J.，20

Myers，R. H.，172

### N

Nance，R. E.，117，118

National Institute of Standards and Technology(NIST，美国国家标准技术研究所(NIST))，7

Naylor，T. H. 4，，389

Negative binomial distribution(负二项式分布)，182，186-187，346

Nelson，B. L.，228，422，469，489-490，494

NetLogo(一种基于代理的仿真软件)，122

Networked computer system simulation(网络化计算机系统仿真)，541-588

  data link layer(数据链路层)，575-576

  event orientation(面向事件的)，548-549

  media access control(MAC，媒介访问控制)，569-575

    Ethernet(以太网)，573-575

    polling protocol(轮询协议)，570

    token bus protocol(令牌总线协议)，570，572

    token-passing protocols(令牌传递协议)，569-573

  mobility model(移动模型)，558-560

    cell-based(基于单元的)，558

    random way point(随机路点模型)，558

  model construction(模型结构)，583-587

    attributes(属性)，585

domain modeling language(DML)example(域建模语言(DML)案例), 584-587

model input(模型输入), 549-558

 modulated Poisson process(MPP, 调制泊松过程), 550-551

 Pareto-length phase time(帕累托长度相位时间), 555-557

 Poisson-Pareto process(泊松-帕累托过程), 551-555

 world wide web(WWW)traffic(万维网(WWW)流量), 557-558

open system interconnection(OSI)stack model(开放系统互联(OSI)堆栈模型), 560-562

physical layer(物理层), 558-560

process orientation(面向过程的), 546-548

propagation models(传播模型), 562-568

 free space(自由区域), 563, 565

 lognormal shadowing(对数正态阴影), 563, 569

 ray tracing(光线跟踪法), 563

 receivers(接收方), 568-569

 shadow fading(遮蔽衰弱), 563

 two-ware(双波), 563, 569

tools(工具), 544-549

 Awesime(一种仿真工具), 549

 CSIM(一种仿真工具), 545

 C++ SIM(一种仿真工具), 545

 SimPack(一种仿真工具), 545

 SSF(一种仿真工具语言), 545

 VHDL(甚高级设计语言), 544-545

transport control protocol(TCP, 传输控制协议), 576-583

 tcpdump(一种基于命令行的数据包分析工具), 579

Network layer(网络层), 561

Nguyen, V., 41

NIST, 参见 National Institute of Standards and Technology

Nonstationary Poisson process(NSPP, 非平稳泊松过程), 214-216, 317, 321-322, 338, 366-367

Nonterminating simulation(非终态仿真), 420-421

Nonzero autocorrelation test(非零自相关检验), 292

Norden Systems(一种仿真语言), 120

Nordgren, W. B., 150

Normal distribution(正态分布), 197-204, 216, 346, 356

Normal equation(正态方程), 485

Normal to anything transformation(NORTA, 由正态分布向其他任何分布的转换方法), 374-376

NORTA, 参见 normal to anything transformation

NSPP, 参见 nonstationary Poisson process(NSPP)

Numerical methods(数值法), 16

O

Objective test(客观测验), 395

Offered load(输入负载), 242

Ólafsson, S., 495

One-to-one mapping(一对一映射), 18

Open system interconnection(OSI, 开放系统互联), 541, 560-562

Operational model(操作模型), 389

Optimization via simulation(仿真优化), 491-500

Optimization models(优化模型), 5

OptQuest(一种仿真优化工具), 154

Ord, J. K., 154

Oren, T., 389

OSI, 参见 open system interconnection

OSPF(开放式最短路径优先(协议)), 575

Output analyzer(输出分析器), 118, 417-454, 463-501

Overall error probability(总体误差概率), 476

Overall process(总体过程), 395

Owen, D. G., 119

P

Papoulis, A., 172

Parameter estimation(参数估计), 350-358

Parameter distribution(参数分布), 216

PDF, 参见 probability density function

Pegden, C. D., 5, 120, 183

Pending(暂挂), 231

Physical layer(物理层), 561

Physical model(物理模型), 15

pmf(分布律、概率质量函数, 用于离散分布), 187

Point estimation(点估计), 423-425

Poisson arrival process(泊松到达过程), 230-232

Poisson distribution(泊松分布), 182, 187-189, 317, 318-321, 346, 356

Poisson-Pareto burst process(PPBP, 泊松-帕累托突发过程), 551-555, 571

Poisson Process(泊松过程), 211-216, 326

counting process(计数过程)，211

nonstationary(NSPP，非平稳泊松过程)，214-216，317，321-322，338，366-367

stationary(平稳的)，215，338

properties(特性)，213-214

pooling(池化)，214

random splitting(随机分割)，213

PPBP，参见 Poisson-Pareto burst process

PR，参见 service according to priority

Practically significant(实践意义、应用显著性)，467

Preliminary Statistics(初步统计)，350-352

Presentation layer(表示层)，561

Preventative maintenance(PM，预防性检修)，511

Prikster, A. A. B.，18，20，74，120

Primary event(首要事件)，90

end of downtime(故障结束时间)，95

end of runtime(运行结束时间)，95

Probability density function(PDF，概率密度函数)，173，300

Probability distribution(概率分布)，172，299，323-327

Probability estimation(概率估计)，434-435

Probability mass(概率质量)，172

Process(进程)，96-98

actively-scanning approach(主动扫描法)，96，98

evvnt-scheduling approach(事件调度法)，96

process-interaction approach(进程交互法)，96，98

Process class(进程类)，547

Process documentation(进程文档)，19

Process-interaction approach(进程交互法)，96

Program documentation(程序文档)，19

ProModel(一种仿真软件)，19，151

Proof Animation(与 GPSS/H 一起使用的动画展示软件)，137

Pseudo-random numbers(伪随机数)，26

$p$ values($p$ 值)，365-366

## Q

Quantile-Quantile($q$-$q$)plots(Q-Q 图)，347-349

generation(生成)，278-279

Quantiles(分位数、分位点)，433-434

estimating(估计)，434-435

steady state(稳态)，453-454

Queue(队列)，40-55，126，179-181，227-268

GPSS(一种仿真语言)，137-141

Java(一种程序开发语言)，126-137

SSF(一种仿真工具)，141-145

Queueing model(排队模型)，227-268

arrival process(到达过程)，230-232

Poisson(泊松分布)，230

probability(概率)，230

random(随机)，230

scheduled(计划的、排程的)，230，231

unscheduled(未计划的)，230

arrival rate(到达率)，$\lambda$，241

arrive(到达)，231

behavior(行为)，232

calling population(呼叫总体)，229-230

finite(有限)，229

infinite(无限)，229

capacity(容量)，230

characteristics(特性)，228-234

customer(顾客)，227

discipline(规则)，232

effect of downtime(宕机的影响)，517

event(事件)，41

arrival(到达)，41

departure(离开)，41

service beginning(开始服务)，41

$G/G/c/N/K$，235-247

key elements(关键要素)，228

customers(顾客)，228

servers(服务台)，228

Little equation(Little 公式)，239

Markovian model(马尔可夫模型)，247-259

maximum service rate(最大服务率)，$c\mu$，243

measure of performance(性能度量)，235-246

average time spent(平均花费时间)，$\hat{w}$，237-239

average time system(顾客在系统中的平均停留时间)，237

conservation equation(守恒等式)，$L = \lambda\omega$，239-240

costs(成本)，246

long-run average(长时期运行的均值)，237

long-run time average(长期运行的平均时间)，237

server utilization(服务台利用率)，$\hat{\rho}$ 240-246

time-average number(基于时间平均的系统顾

客平均值），$\hat{L}$ 236-237，247

　　time-integrated average（基于时间积分的系统
　　　顾客平均值），236

networks（网络），262-264

　　rough-cut modeling（粗略建模），264，
　　　265-267

notation $A/B/c/N/K$（符号 $A/B/c/N/K$），
　　234-235

　　arbitrary（任意的），234

　　constant（常数），234

　　deterministic（确定的），234

　　Erlang（爱尔朗分布），234

　　exponential（指数分布），234

　　general（一般），234

　　general independent（一般独立），234

　　hyperexponential（超指数分布），234

　　Markov（马尔可夫），234

　　parallel server（并行服务台），234

　　phase-type（相形），234

not pending（非暂挂），231

offered load（有效负荷），$\lambda/\mu$，242

pending（等待、暂挂），231

rough-cut modeling（粗略建模），265-267

runtime（运行时间），231

serve（服务），231

server utilization（服务台利用率），241-245

　　in $G/G/1/\infty/\infty$，241-242

　　in $G/G/c/\infty/\infty$，242-244

　　system performance（系统性能），244-245

service mechanism（服务机制），232-234

service rate（服务率），$\mu$，241

service times（服务时间），232-234

simulation（仿真），490-491

　　clock（时钟），41

　　effect of downtime（宕机的影响），517

statistical equilibrium（统计均衡），247

steady-state（稳态），247

steady-state behavior（稳态行为），247-259

　　finite population（有限总体），

　　infinite population（无限总体），247-259

　　Markovian model（马尔可夫模型），247-259

　　$M/G/1$，248-252

　　$M/M/c/\infty/\infty$，253-257

　　$M/M/c/k/k$，260-263

steady-state parameter（稳态参数），L，247

　　$M/G/1$，248-250

　　$M/G/c/\infty$，25

　　$M/G/\infty/\infty$，257

　　$M/M/1$，250-252

　　$M/M/c/\infty/\infty$，253-257

　　$M/M/c/K/K$，260-261

　　$M/M/c/N/\infty$，258-259

system（系统），232，235，335

　　state（状态），41

　　time-integrated average（基于时间积分的平均
　　　值），236

time to failure（无故障工作时间），231

Queueing simulation（排队系统仿真），40-55

R

RAND（一个生成随机数的指令），26

RANDBETWEEN（一个生成随机数的指令），26

Random arrival times（随机到达时间），33-34

Random early detection（RED，随机早期检
　　测），576

Random number（随机数），25-37

Random number generation（随机数生成），25，
　　277-294

　　considerations（考虑事项），279

　　departures（离开），278

　　errors（错误），278

　　Excel，276

　　　RAND（一个生成随机数的指令），26

　　　RANDBETWEEN（一个生成随机数的指
　　　　令），26

　　Independence（独立性），26

　　manual（人工），27

　　methods（方法），279-286

　　　combined linear congruential（组合线性同余），
　　　　283-285

　　　linear congruential（线性同余），279，280-283

　　　mixed congruential（混合同余），280

　　　multiplicative congruential（乘同余），280，281

　　properties（属性），26，277-278，286

　　　consequences（结果），278

　　　independence（独立性），277，286

　　　maximum density（最大密度），281

　　　maximum period（最大周期），281

　　　uniformity（统一的），277，286

　　pseudo-random numbers（伪随机数）278-279

　　seed（种子），27，285

techniques(技术)，279-286

  combined linear congruential(组合线性同余)，283-285

  linear congruential(线性同余)，279，280-283

  random-number stream(随机数流)，285-286

tests(检验)，286-293

  autocorrelation(自相关检验)，286，291-193

  chi-square(卡方检验)286，289-291，358-363

  empirical(经验检验)，287

  frequency(频率检验)，286，287-291

  Good's serial(Good 序列检验)，287

  Kolmogorov-Sminorv(柯莫格罗夫-斯米尔诺夫检验)286，287-289，290-291，358，363-365

  lag(间隔检验)，291-292

  median-spectrum(中位数频谱检验)，286

  nonzero autocorrelation(非零自相关检验)，292

  runs(运行)，287

  variance heterogeneity(方差异质性检验)，287

uniformity(统一的)，26

Visual Basic(一种编程语言)，26

  RND(生成随机数的指令)，26

  RND01，26

  MRG32k3a(素数模乘同余法)，26

Random number generator(RNG，随机数生成器)，25

Random number stream(随机数流)，285

RandomNumberTools. xls(本书用到的一个 Excel 文件)，27

Random search algorithm(随机搜索算法)，498-500

Random service time simulation(随机服务时间仿真)，30-33

Random variable(随机变量)，483

Random variate generation(随机变量生成)，299-327

  acceptance-rejection technique(舍选法)，300，316-323

    gamma distribution(伽马分布)，322-323

    nonstationary Poisson process(非平稳泊松过程)，321-322

    Poisson distribution(泊松分布)，318-321

  convolution technique(卷积技术)，312，327

  inverse-transform technique(逆变换技术)，300-316

    continuous distribution(连续分布)，311

    discrete distribution(离散分布)，312-316

    discrete uniform distribution(离散均匀分布)，314-315

    empirical continuous distribution(经验连续分布)，306-311，312

    empirical discrete distribution(经验离散分布)，312-314

    exponential distribution(指数分布)，300-303，325

    geometric distribution(几何分布)，315-316

    triangular distribution(三角分布)，305-306

    uniform distribution(均匀分布)，303-304

    Weibull distribution(威布尔分布)，305，310

  table-lookup generation scheme(随机数查表生成法)，310

  variate-generation technique(随机变量生成技术)，323-327

    chi-square distribution(卡方分布)，325

    convolution method(卷积法)，325-326，327

    direct transformation(直接转化法)，324-325

    exponential distribution(指数分布)，325

    Erlang distribution(爱尔朗分布)，325，326

Record(记录)，109-110

RED，参见 random early detection

Regression analysis(回归分析)，488-489

  multiple linear(多元线性)，488

  random number assignment(随机数分配)，489-490

  simple linear regression(简单线性回归)，483-488

  test for significance(显著性试验)，48

Rejection(拒绝)，317

Relative performance(相对性能)，417

Relative performance estimation(相对性能评估)，463-501

  comparing designs(方案比较)，464-474

    Bonferroni approach(Bonferroni 方法)，476-478

    correlated sampling(相关性抽样)，468-474

    independent sampling(独立抽样)，467-468

    select-the-best procedure(择优过程)，478-483

  metamodeling(元模型)，483-491

    computer simulation(计算机仿真)，489-491

    design variable(方案变量)，483

    multiple linear regression(多元线性回归)，488-489

    random variable(随机变量)，483

    random number assignment(随机数分

配），489
　　simple linear regression(简单线性回归)，488
　　testing for significance(显著性检验)，488
optimization via simulation(仿真优化)，491-500
　　clean up(清理)，497-498
　　genetic algorithm(遗传算法)，498-500
　　restarting(重新开始)，497
　　tabu search algorithm(禁忌搜索算法)，498-500
　　sampling variability(抽样变异性)，497
　　precision confidence intervals(置信区间精度)，474
　　system designs(系统方案)，475-483
　　　fixed-sample-size(固定样本量)，475
　　　multistage(多级)，475
　　　sequential sampling(顺序抽样)，475
Reliability(可靠性)，183
Reliability function(可靠性方程)，196
RePast(一种基于 agent 的仿真软件)，122
Response(响应)，35
Ripley. B. D.，280，287，294
Rivest. R. L.，114
Rnd(一种生成随机数的指令)，26
Rnd01(一种生成 0~1 之间的随机数的指令)，26
RNG，参见 random number generator
Ross，S. M.，172
Rough-cut model(粗略模型)，265
Round trip time(往返行程时间 RTT)，579
Round up function⌈·⌉(上取整功能)，314
Router(路由器)，575
Routine algorithms(常规算法)，575
　　BGP(一种路由算法)，575
　　OSPF(一种路由算法)，575
RTT，参见 round trip time
Runs test(运行实验)，287
Runtime(运行时间)，231

S

Sadowski，R. P.，5，183
Sample mean(样本均值)，350
Sample variance(样本方差)，350
Sanchez，S. R.，19
Santner，T. J.，493
Sargent，R. G.，18.389
Scalable Simulation Framework(可扩展仿真框架SSF)，126，141-145
　　queue simulation(排队系统仿真)，131-145
Scheduled arrivals(按计划到达)，231

Scheduled downtime(计划内宕机)，515
Schmeiser，B. W.，327，450
Schrage，L. E.，280，294，317，453
Schriber，T. J.，96
Schruben，L. W.，389，413
SCS，参见 Society for Modeling and Simulation International
Sedgewick，R.，114
Seed(种子)，27，285
Segments(段)，577
Seila，A. F.，422，453
Select the best(择优)，478-483
Selective trace(选择性追踪)，394
SELFIS tool(SELFIS 工具)，554
Send window(发送窗)，578
Sequence number(序列值)，578
Server(服务台)，228，231
　　utilization(利用率)，240-246
Service according to priority(SR，按照优先级进行服务)，232
Service completion(服务完成)，95
Service in random order(SIRO，按照随机顺序进行服务)，232
Service mechanism(服务机制)，232
Service rate $\mu$(服务率 $\mu$)，241-242
Service time(服务时间)，180，232
　　constant(常数)，180
　　probabilistic(概率)，180
Session layer(会话层)，561
Shannon，R. E.(香农，R. E.)，4，5，18，183，389
Shecter，M.，389
Shortest processing time first(最短处理时间优先SPT)，
Signal-to-noise ratio(信噪比 SNR)，568
SIMAN V(SIMulation Analysis)(一种仿真分析工具)，117，120
SimPack(一种仿真工具)，545
Simple linear regression model(简单线性回归模型)，483-488
Simple process(简单过程)，548
SimRunner(一种仿真优化软件)，154-155
SIMSCRIPT，119
SIMULA9，67，119
Simulation(仿真)，1-21
　　advantages(优势)，5-6
　　application(应用)，7-9

appropriateness(适宜性)，4-5

　not appropriate(不适宜性)，4-4

basics(基本的)，25

coin toss(掷硬币)，29-30

concepts(概念)，24

disadvantages(劣势)，6

documentation(文档)，19

dynamic(动态的)，24

entities(实体)，1

examples(案例)，24-77

experiments(实验)，145-152

key concept(主要概念)，25

models(模型)，1

Monte Carlo(蒙特卡罗)，24，71-73，74-76

optimization(优化)，495-500

purpose(目的，目标)，4

specification(规格，规范)，544

spreadsheet(电子表格程序)，24-77

　activity network example(作业网络案例)，73-76

　inventory example(库存案例)，55-65

　guidelines(准则，指导方针)，36

　model responses(模型响应)，35

　queue examples(排队案例)，40-55

　reliability example(可靠性案例)，65-68

　target example(目标案例)，68-71

steady-state(稳态)，418

　batch means method(组均值法)，499-452

　initialization bias(初始偏差)，436-4440

　output analysis(输出分析)，435-453

　quantiles(分位数)，453-454

　replication method(重复仿真方法)，444-448

　sample size(样本量)，448-449

steps(步骤)，16-21

stopping event(终止事件)，95-96

termination(终止)，418-421

tools(工具)，544-549

transient(瞬态的，瞬时的)，418-421

trials(试验)，37

tuples(组)，418-421

Simulation model(仿真模型)，388-414

　assumption(假设)，397

　　data(数据)，397

　　structural(结构的)，397

　building(构建)，20，389

　calibration(校准)，388，395-413

　documentation(文档)，19

program(程序)，19

progress(过程)，19

deterministic(确定性的)，15

dynamic(动态的)，15

efficiency(效率)，128

errors(误差)，406

　modeling terminology(建模术语)，406-407

　statistical terminology(统计术语)，406-407

face validity(表面效度)，396

input-output(输入-输出)，397-413

　transformation(转换)，397-408

　Turing test(图灵测试)，412-413

　validation(确认)，408-412

objective test(客观检验)

static(静态的)，15

stochasitic(随机的)，15

subjective testing(主观检验)，395

validation(确认)，389-390，395-413

verification(验证)，398-390，395-413

Simulation programming languages(SPL，仿真编程语言)，119

Simulation software，参见 Software, simulation

Simulation specification(仿真规范)，544

Simulation time(仿真时钟)，438

Simulation trace(仿真追踪)，394

SIMUL8(一种仿真软件)，19，151-152

SIRO(SIRO)，参见 service in random order

SLAM(simulation language for alternative modeling，可替代模型仿真语言)，120

Slot times(时隙，间隔时间)，572

Slow start mode(缓慢启动模式)，578

SNR，参见 signal-to-noise ratio

Society for Modeling and Simulation International (SCS，国际建模与仿真学会)，7

Sockets(套接字)，576

Software, simulation(软件，仿真)117-154

　categories(种类)，117-118

　　general-purpose(通用的)，117

　　simulation environments(仿真环境)，117

　　simulation programming languages(仿真程序语言)，117

　experimentation and analysis tools(实验与分析工具)，152-155

　　Arena(一种仿真软件)，153

　　AutoStat(一种仿真分析软件)，153

　　common features(共同特性)，152

OptQuest(一种仿真优化软件)，154

　　products(产品)，152-155

　　SimRunner(一种仿真语言)，154-155

GPSS　GPSS/H(一种仿真语言)，18，117，137-141

history(历史)，118-122

　　periods(时期)，118

Java，117，126-137

packages(软件包)

　　AnyLogic，122，146-147

　　Arena，147-148

　　Ascape，122

　　AutoMod，148-149

　　Enterprise Dynamics，149

　　ExtendSim，149-150

　　Flexsim，150-151

　　MASON，122

　　NetLogo，122

　　ProModel，151

　　RePast，122

　　SIMUL8，151-152

　　StarLogo，122

　　Swarm，122

scalable simulation framework(SSF，可扩展仿真框架)，141-145

selecting(筛选)，122-126

SIMANV，117

SPL，参见 Simulation programming languages

Spread(传播)，525

Spreadsheet simulation(电子表格仿真)，24-77

basics(基础)，25-37

example(实例)，37-76

　　coin tossing(掷硬币)，37-40

　　queueing(排队论)，40-55

Experiment(实验)，28

framework(架构)，35-37

key concepts(主要概念)，25

One Trial(一次试验)，28

random number generator(RNG，随机数生成器)

randomness(随机性)，25-27

SPT，参见 shortest processing time first

SSF 参见 scalable simulation framework

SSFNet，541，583-587

ssthresh，578

Stale data(陈旧数据)，336-337

Standard deviation(标准差)，178

StarLogo，122

State(状态)，12，546

　　system(系统)，12

　　variable s(变量)，12

Static model(静态模型)，15

Stationary(平稳)，338

Stationary probability(稳态概率)，550

Statistical Models(统计模型)，171-219

concepts(概念)，172-179

systems(系统)

　　inventory and supply-chain(库存与供应链)，182

　　limited data(有限数据)，183

　　reliability and maintainability(可靠性与可维护性)，183

terminology(术语)，172-179

　　continuous random variables(连续型随机变量)，173-175

　　cumulative distribution function(累积分布函数)，175-177

　　discrete random variables(离散型随机变量)，172-173

　　expectation(期望)，177-179

　　mode(众数)，179

Stationary process(平稳过程)，338

Statistical activity(统计活动)，90

Statistical equilibrium(统计均衡)，247

Statistically significant(统计显著性)，467

Steady state(稳态) 247，249

behavior(行为)，247

parameter(参数)，247

simulation(仿真)，418，420-421

　　batch means method(组均值法)，449-452

　　error estimation(误差估计)，440-444

　　initialization bias(初始偏差)，436-440

　　output analysis(输出分析)，435-453

　　quantiles(分位数)，453-454

　　replication method(重复仿真法)，444-448

　　sample size(样本量)，448-449

Steiger，N. M.，450

Steps in simulation(仿真步骤)，16-21

Stochastic model(随机模型)，15

Stochastic nature(随机性)，421-423

Stochastic simulation(随机仿真)，421

string(字符串)，583

Structural assumption(结构性假设)，397

Stuart，A.，361

Subjective test(主观检验) 395

Swain，J. J.，122

Swarm，122

Sy，J. N.，137

System(系统)，12，89，235

　activity(活性)，12

　attribute(属性)，12

　boundary(边界)，12

　components(构件)，12-14

　continuous(连续)，14，16

　design(方案)，475-483

　　fixed-sample-size(固定样本量)，475

　　multistage(多阶段)，475

　　sequential sampling(序贯抽样、顺序抽样)，475

　discrete(离散)，14，16

　entity(实体)，12

　environment(环境)，12

　event(事件)，12

　model(模型)，15

　queueing(队列)，235

　snapshot(快照)，91-92

　state(状态)，12

System environment(系统环境)，12

System performance(系统性能)，244

System state(系统状态)，89

T

Tablelookup generation scheme(查表生成方案)，310

Tabu search(TS，禁忌搜索)，496-497

Tail(尾部)，109-110

Template(模板)，152

Terminating simulation(终态仿真)，418-422，427-435

Test vectors(检验向量)，543

Test(检验)，336

　chi-square(卡方检验)，336，358-363

　goodness-of-fit(拟合优度检验)，336

　Kolmogorov-Smirnov(柯莫格罗夫-斯米尔诺夫检验)，336，358，363-365

Thinning(稀释)，321

Thread(线程)，546

Three phase approach(三阶段法)，97

Time-average(基于时间的平均)，235，424

Time-integrated average(基于时间积分的平均)，236

Time-to-failure(TTF，无故障工作时间)，305，525

Time-to-repair(TTR，维修时间)，525

Time series(时间序列)，441

Time-series input model(时间序列输入模型)，369，372-374

Time varying data(时变数据)，338

Tocher，D. D.，119

Token，569

Top，109-110

Torus domain，560

Total count(总数)，392

Trace driven model(轨迹还原模型)，519-520

Transform(转换)，374

Transformed linear regression model(变换线性回归模型)，484

Transient simulation(瞬态仿真)，418-421

Transport control protocol(TCP，传输控制协议)，562，576-583

Transport layer(传输层)，561

Trials(试验)，37

Triangular distribution(三角分布)，183，206-208，300，305-306，368

Truncated normal distribution(截尾正态分布)，232

TS，参见 tabu search

TTF，参见 time-to-failure

TTR，参见 time-to-repair

Tukey，P. A.，349

Turing test(图灵测试)，412-413

U

Uncontrollable variables(不可控变量)，400

Unexpected data(意料之外的数据)，337

Uniform(均匀)，33

Uniform distribution(均匀分布)，183，189-191，300，303-304，312，347，368

Uniformity，random number generator(均匀性，随机数生成器)，26，27，277，286

Units(单元)，41

Unscheduled downtime(计划外宕机时间)，515

V

Validation(确认)，388-414

van Horn，R. L.，389，413

Variable(变量)，12，90

CLOCK(仿真时钟)，90

Variance(方差)，178

Variance heterogeneity test(方差齐性检验)，287

Variate-generation, technique(变量生成，技术)，323
binomial(二项的)，325
Erlang(爱尔朗)，325-326

Variance stabilizing transformation(方差稳定变换)，491

VBA，参见 Visual Basic for applications

Verification(验证)，388-414

Very high-design language(VHDL)，544-545(甚高级设计语言)

VHDL，参见 very high-design language

Visual Basic for applications(VBA，Visual Basic 应用)26，147
DiscreteEmp(一种用于离散经验分布的指令)，28，32
DiscreteUniform(一种用于离散均匀分布的指令)，27，33
InitializeRNSeed(一种初始化仿真种子值的指令)，27
MRG32k3a，26
Rnd(一种生成随机数的指令)，26
Rnd01(一种生成 0～1 之间随机数的指令)，26
Uniform(均匀)，27

Voice over Internet protocol(VoIP，基于互联网协议的语音服务)，551

**W**

Wald, A.，361

Walsh, J. E.，389

Wampole, R. E.，172

Watts, D. G.，490

Weibull distribution(韦布尔分布)，181，204-206，231，232，300，305，310，346，354-356

Whitman, T. M.，57，182

Whitt, W.，490

Williams, E. J.，515

Wilson, J. R.，118，119，366，450

Wilson, N.，389

Winston, W. L.，228

Winter Simulation Conference(WSC，冬季仿真大会)，7，520-523
Analysis of Manufacturing Systems(制造系统分析)，522
Control of Manufacturing Systems(制造系统控制)，521
Flexible Manufacturing(柔性制造)，522
Manufacturing Analysis and Control(制造分析与控制)，523
Manufacturing Case Studies(制造案例研究)，522
Modeling of Production Systems(生产系统建模)，522
papers(论文)
The Winter Simulation Conference：Perspective of the Founding Fathers(冬季仿真大会：开国元勋的视角)
Simulation Implements Demand-Driven Workforce Scheduler for Service Industry(服务性行业的仿真实施需求驱动的劳动力排程)，11
Simulation Improves End-of-Line Sortation and Material Handling Pickup Scheduling at Appliance Manufacturer(针对家用电器生产商应用仿真提升生产线尾端分拣和物料搬运拣货排程)，11
Semiconductor Wafer Manufacturing(半导体晶圆制造)，521
Simulation in Aerospace Manufacturing(航天制造中的仿真)，521
www. informs-cs. org/wscpapers. html，7
www. wintersim. org，7

Within replication(一次仿真之内)，427

Wolverine Software(Wolverine 软件)，120，137

Work in progress(WIP)(在制品)，524

Worksheet(工作表)28
Experiment(实验)，28
One trial(一次试验)，28

World View(全局视角)，96-98
event scheduling(事件计划)，92-96
actively-scanning approach(主动扫描法)，96，98
event-scheduling approach(事件排程法)，96
process-interaction approach(进程交互法)96，98

World Wide Web(万维网)557-558

Wysowski, C. H.，389

**Y**

Yang, F.，490

Yarberry, L. S.，450

Youngblood, S. M.，389

# 推荐阅读

**数理统计与数据分析**（原书第3版）

作者：John A. Rice  ISBN：978-7-111-33646-4  定价：85.00元

**数理统计学导论**（原书第7版）

作者：Robert V. Hogg，Joseph W. McKean，Allen Craig
ISBN：978-7-111-47951-2  定价：99.00元

**统计模型：理论和实践**（原书第2版）

作者：David A. Freedman  ISBN：978-7-111-30989-5  定价：45.00元

**例解回归分析**（原书第5版）

作者：Samprit Chatterjee；Ali S.Hadi  ISBN：978-7-111-43156-5  定价：69.00元

**线性回归分析导论**（原书第5版）

作者：Douglas C.Montgomery  ISBN：978-7-111-53282-8  定价：99.00元

# 推荐阅读

**概率论基础教程**（英文版·第9版）

作者：Sheldon M. Ross ISBN：978-7-111-56148-4 定价：79.00元

**数学建模方法与分析**（英文版·第4版）

作者：Mark Meerschaert ISBN：978-7-111-44809-9 定价：69.00元

**复变函数及应用**(英文版·第9版)

作者：James Ward Brown等 ISBN：978-7-111-47087-8 定价：85.00元

**实分析**（英文版·第4版）

作者：H.L.Royden ISBN：978-7-111-31305-2 定价：49.00元